龙马高新教育 ◎ 编著

Photoshop CC 2018 从入门到精通

北京大学出版社
PEKING UNIVERSITY PRESS

内 容 提 要

本书通过精选案例引导读者深入学习，系统地介绍Photoshop CC 2018的相关知识和应用方法。

本书分为5篇，共19章。第1篇为入门篇，主要介绍Photoshop CC 2018的基础操作，通过对本篇的学习，读者可以了解Photoshop CC 2018的基础知识，学会如何安装与设置Photoshop CC 2018、文件的基础操作及图像的基础操作等；第2篇为功能篇，主要介绍Photoshop CC 2018中的各种功能操作，通过对本篇的学习，读者可以掌握Photoshop CC 2018的基础操作，如选区操作、图像的调整、绘制与修饰图像、绘制矢量图像、创建文字及效果，以及效果快速呈现——滤镜等操作；第3篇为应用篇，主要介绍Photoshop CC 2018中的应用操作，通过对本篇的学习，读者可以掌握Photoshop CC 2018的基础应用，如图层和图层混合技术的应用、通道与蒙版的应用等操作；第4篇为实战篇，主要介绍如何处理照片、艺术设计、网页设计、动画设计等；第5篇为高手秘籍篇，主要介绍自动处理图像及打造强大的Photoshop。

在本书附赠的网盘资源中的多媒体教学视频中，包含了13小时与图书内容同步的教学录像及所有案例的配套素材和效果文件。此外，还赠送了大量相关学习内容的教学录像及扩展学习电子书等。为了满足读者在手机和平板电脑上学习的需要，还赠送了本书教学录像的手机版视频学习文件。

本书不仅适合Photoshop CC 2018初、中级用户学习，也可以作为各类院校相关专业学生和计算机培训班学员的教材或辅导用书。

图书在版编目（CIP）数据

Photoshop CC 2018 从入门到精通 / 龙马高新教育编著 . — 北京：北京大学出版社，2019.1
ISBN 978-7-301-30023-7
Ⅰ . ① P… Ⅱ . ①龙… Ⅲ . ①图像处理软件 Ⅳ . ① TP391.413

中国版本图书馆 CIP 数据核字 (2018) 第 246787 号

书　　名　Photoshop CC 2018从入门到精通
　　　　　PHOTOSHOP CC 2018 CONG RUMEN DAO JINGTONG
著作责任者　龙马高新教育　编著
责 任 编 辑　吴晓月
标 准 书 号　ISBN 978-7-301-30023-7
出 版 发 行　北京大学出版社
地　　址　北京市海淀区成府路205 号　100871
网　　址　http://www.pup.cn　　新浪微博：@ 北京大学出版社
电 子 信 箱　pup7@ pup. cn
电　　话　邮购部 010-62752015　发行部 010-62750672　编辑部 010-62570390
印 刷 者　三河市博文印刷有限公司
经 销 者　新华书店
　　　　　787毫米×1092毫米　16开本　30印张　747千字
　　　　　2019年1月第1版　2019年1月第1次印刷
印　　数　1—4000册
定　　价　69.00 元

Photoshop CC 2018 很神秘吗?

不神秘!

学习 Photoshop CC 2018 难吗?

不难!

阅读本书能掌握 Photoshop CC 2018 的使用方法吗?

能!

为什么要阅读本书

Photoshop 是由 Adobe Systems 公司开发的图像处理软件，用它可以有效地进行图像处理工作。本书从实用的角度出发，结合实际应用案例，模拟了真实的图像处理方法，介绍 Photoshop CC 2018 的基础知识、使用方法与技巧。旨在帮助读者全面、系统地掌握 Photoshop CC 2018 在图像处理工作中的应用。

本书内容导读

本书分为 5 篇，共设计了 19 章内容，具体内容安排如下。

第 0 章 共 3 段教学录像，主要介绍 Photoshop CC 2018 的最佳学习方法，读者可以在学习前对 Photoshop 有初步了解。

第 1 篇（第 1 ~ 3 章）为入门篇，共 29 段教学录像，主要介绍 Photoshop CC 2018 的基础操作，通过对本篇的学习，读者可以了解 Photoshop CC 2018 的基础知识，学会如何安装与设置 Photoshop CC 2018、文件的基础操作及图像的基础操作。

第 2 篇（第 4 ~ 9 章）为功能篇，共 46 段教学录像，主要介绍 Photoshop CC 2018 中的各种功能操作。通过对本篇的学习，读者可以掌握 Photoshop CC 2018 的基础操作，如选区操作、图像的调整、绘制与修饰图像、绘制矢量图像、创建文字及效果，以及效果快速呈现——滤镜等操作。

第 3 篇（第 10 ~ 12 章）为应用篇，共 26 段教学录像，主要介绍 Photoshop CC 2018 中的应用操作，通过对本篇的学习，读者可以掌握 Photoshop CC 2018 的基础应用，如图层和图层混合技术的应用、通道与蒙版的应用等操作。

第 4 篇（第 13 ~ 16 章）为实战篇，共 17 段教学录像，主要介绍如何处理照片、艺术设计、网页设计、动画设计等。

第 5 篇（第 17、18 章）为高手秘籍篇，共 9 段教学录像，主要介绍自动处理图像及打造强大的 Photoshop。

选择本书的 *N* 个理由

❶ 简单易学，案例为主

以案例为主线，贯穿知识点，实操性强。与读者需求紧密吻合，模拟真实的工作学习环境，帮助读者解决在工作中遇到的问题。

❷ 高手支招，高效实用

每章最后提供有质量的实用技巧，以满足读者的阅读需求，也能有效解决读者在工作学习中遇到的一些常见问题。

❸ 举一反三，巩固提高

每章案例讲述完后，提供一个与本章知识点或类型相似的综合案例，以帮助读者巩固和提高所学内容。

❹ 海量资源，实用至上

赠送大量实用的模板、实用技巧及学习辅助资料等，便于读者结合赠送资料学习。另外，本书赠送《高效能人士效率倍增手册》，在强化读者学习的同时也可以在工作中提供便利。

配套资源

❶ 13 小时名师视频指导

教学录像涵盖本书所有知识点，详细讲解每个实例及实战案例的操作过程和关键点。读者可以更轻松地掌握 Photoshop CC 2018 软件的使用方法和技巧，而且扩展性讲解部分可以使读者获得更多的知识。

❷ 超多、超值资源大奉送

随书奉送 Photoshop CC 2018 常用快捷键查询手册、Photoshop CC 2018 常用技巧查询手册、颜色代码查询表、网页配色方案速查表、颜色英文名称查询表、500 个经典 Photoshop 设计案例效果图、Photoshop CC 2018 安装指导录像、通过互联网获取学习资源和解题方法、手机办公 10 招就够、微信高手技巧随身查、QQ 高手技巧随身查、高效人士效率倍增手册，以方便读者扩展学习。

配套资源下载

为了方便读者学习，本书配备了多种学习方式，供读者选择。

❶ 下载地址

扫描下方二维码或在浏览器中输入下载链接：http://v.51pcbook.cn/download/30023.html，即可下载本书配套视频。

提示：如果下载链接失效，请加入“办公之家”QQ 群（218192911），联系管理员获取最新下载链接。

❷ 使用方法

下载配套资源到电脑端，单击相应的文件夹可查看对应的资源。每一章所用到的素材文件均在“本书实例的素材文件、结果文件 \ 素材 \ch*”文件夹中。读者在操作时可随时取用。

❸ 扫描二维码观看同步视频

使用微信、QQ 及浏览器中的“扫一扫”功能，扫描每节中对应的二维码，即可观看相应的同步教学视频。

❹ 手机 APP，让学习更有趣

用户可以扫描下方二维码下载龙马高新教育手机 APP，可以直接安装到手机中，随时随地问同学、问专家，尽享海量资源。同时，我们也会不定期向读者手机中推送学习中的常见难点、使用技巧、行业应用等精彩内容，让学习更加简单高效。

本书读者对象

1. 没有任何 Photoshop 基础的初学者。
2. 有一定 Photoshop 基础，想精通 Photoshop 的人员。
3. 有一定 Photoshop 基础，没有实战经验的人员。

4．大专院校及培训学校的教师和学生。

后续服务：QQ群（218192911）答疑

本书为了更好地服务读者，专门设置了QQ群为读者答疑解惑。读者在阅读和学习本书过程中可以把遇到的疑难问题整理出来，在“办公之家”群里探讨学习。另外，群文件中还会不定期上传一些办公小技巧，帮助读者更方便、快捷地操作办公软件。“办公之家”QQ群的群号是218192911（如果QQ群已满，请联系管理员），读者也可直接扫描下方二维码加入本群。欢迎加入“办公之家”！

创作者说

本书由龙马高新教育策划，王锋任主编，张春燕、谭玉波任副主编，其中河南工业大学王锋老师负责第0~4章的编写，河南工业大学张春燕老师负责第5~7章的编写，河南工业大学谭玉波老师负责的第8~9章的编写，河南工业大学王贵财老师负责的第10~12章的编写编写，河南工业大学张建华老师负责的第13~14章的编写，河南工业大学李永锋老师负责的第15~18章的编写。读完本书后，读者会惊奇地发现“我已经是Photoshop达人了”，这也是让编者最欣慰的结果。

编写过程中，编者竭尽所能地为读者呈现最好、最全的实用功能，但仍难免有疏漏和不妥之处，敬请广大读者不吝指正。若读者在学习过程中产生疑问或有任何建议，可以通过以下方式与我们联系。

投稿邮箱：pup7@pup.cn

读者邮箱：2751801073@qq.com

QQ交流群：218192911（办公之家）

目 录

第 0 章　Photoshop CC 最佳学习方法

第 1 篇　入门篇

第 1 章　快速上手——Adobe Photoshop CC 2018 的安装与设置

本章 7 段教学录像

Adobe Photoshop CC 2018 是专业的图形图像处理软件，是优秀设计师的必备工具之一。Photoshop 不仅为图形图像设计提供了一个更加广阔的发展空间，而且在图像处理中还有“化腐朽为神奇”的功能。

第 2 章　文件的基础操作

本章 10 段教学录像

要绘制或处理图像，首先需要新建、导入或打开图像文件，处理完成后进行保存，这是最基本的流程。本章主要介绍 Photoshop CC 2018 中文版的基础操作。

第 3 章 图像的基础操作

本章 12 段教学录像

本章介绍使用 Photoshop CC 2018 软件处理和编辑图像的常用方法，如查看图像、修改画布、复制与粘贴、图像的变换与变形，以及恢复与还原等操作。

第 2 篇 功能篇

第 4 章 选区操作

本章 6 段教学录像

在 Photoshop CC 2018 软件中不论是绘图还是图像处理，图像的选取都是这些操作的基础。本章将针对 Photoshop CC 2018 软件中常用的选取工具进行详细讲解。

高手支招

第 5 章　图像的调整

本章 8 段教学录像

颜色模型是指用数字描述颜色。用户可以通过不同的方法用数字来描述颜色，而颜色模式则决定着在显示和打印图像时使用哪一种方法或哪一组数字。Photoshop CC 的颜色模式基于颜色模型，而颜色模型对于印刷中使用的图像有很大作用。本章介绍图像颜色的相关知识。

高手支招

第 6 章　绘制与修饰图像

本章 8 段教学录像

在 Photoshop CC 2018 软件中不仅可以直接绘制各种图形，还可以通过处理各种位图或矢量图来制作出各种图像效果。本章的内容比较简单易懂，读者可以按照案例步骤进行操作，也可以导入自己喜欢的图片进行编辑处理。

第 7 章　绘制矢量图像

本章 7 段教学录像

本章主要介绍位图和矢量图的特征，形状图层、路径和填充像素的区别，以及使用【钢笔工具】和【形状工具】绘制矢量对象，并以简单案例进行详细演示。学习本章时应多练习在案例中的操作，以加强学习效果。

第 8 章　创建文字及效果

本章 9 段教学录像

文字是平面设计的重要组成部分，它不仅可以传递信息，还能起到美化版面、强化主题的作用。Photoshop CC 2018 软件提供了多个用于创建文字的工具，文字的编辑和修改也非常灵活。

第 9 章　效果快速呈现——滤镜

本章 8 段教学录像

在 Photoshop CC 2018 软件中有传统滤镜和新滤镜，每一种滤镜又提供了多种细分的滤镜效果，为用户处理位图提供了极大的方便。本章的内容丰富有趣，可以按照案例的操作步骤进行制作，建议打开素材中提供的素材文件进行对照学习，以提高学习效率。

第 3 篇　应用篇

第 10 章　图层

本章 8 段教学录像

图层功能是 Photoshop CC 2018 处理图像的基本功能，也是 Photoshop CC 2018 软件中很重要的一部分。图层就像玻璃纸，每张玻璃纸上有一部分图像，将这些玻璃纸重叠起来，构成一幅完整的图像，而修改一张玻璃纸上的图像不会影响其他图像。本章将介绍图层的基本操作和应用。

第 11 章 图层混合技术

本章 6 段教学录像

在 Photoshop CC 2018 软件中，图层是图像的重要属性和构成方式，Photoshop CC 2018 软件为每个图层都设置了图层特效和样式属性，如阴影效果、立体效果和描边效果等。

第 12 章 通道与蒙版

本章 12 段教学录像

本章首先介绍【通道】面板、通道的类型、编辑通道和通道的计算，然后讲解一个特殊的图层——蒙版。在 Photoshop CC 2018 软件中有一些具有特殊功能的图层，使用这些图层可以在不改变图层中原有图像的基础上制作出多种特殊的效果。

第 4 篇　实战篇

第 13 章　照片处理

本章 7 段教学录像

本章主要介绍使用 Photoshop CC 2018 软件的各种工具处理各类照片，如翻新旧照片、修复模糊照片等照片修复方法，更换发色、美白牙齿、手臂瘦身等人物肌肤美白瘦身的方法，光晕梦幻、浪漫雪景、电影胶片等特效制作方法，以及生活照片处理和照片合成的操作等。

高手支招

第 14 章　艺术设计

本章 4 段教学录像

本章介绍使用 Photoshop CC 2018 软件解决人们身边所遇到的问题，如房地产广告设计、海报设计和包装设计等。

高手支招

第 15 章　网页设计

本章 3 段教学录像

使用 Photoshop CC 2018 软件不仅可以处理图片，还可以进行网页设计，本章主要介绍汽车网页设计和房地产网页设计的制作方法。

高手支招

第 16 章 动画设计

本章 3 段教学录像

使用 Photoshop CC 2018 软件不仅可以处理图像，还可以设计简单的动画。通过对本章的学习，读者可以掌握如何制作简单的动画。

高手支招

第 5 篇 高手秘籍篇

第 17 章 自动处理图像

本章 4 段教学录像

程序是将实现的功能编成代码，在 Photoshop CC 2018 软件中，同样可以将各种功能录制为动作，这样就可以重复使用。另外，Photoshop CC 2018 软件还提供了各种自动处理的命令，让用户的工作更加高效快捷。

高手支招

第 18 章 打造强大的 Photoshop

本章 5 段教学录像

除了使用 Photoshop CC 2018 软件自带的滤镜、笔刷、纹理外，还可以使用其他的外挂滤镜来实现更多、更精彩的效果。本章主要介绍外挂滤镜、笔刷和纹理的使用方法。

高手支招

第 0 章 Photoshop CC 最佳学习方法

本章导读

Photoshop CC 是专业的图形图像处理软件，本章将介绍 PhotoshopCC 最佳的学习方法，并为广大的设计学习者提供一个更加广阔的发展空间。

思维导图

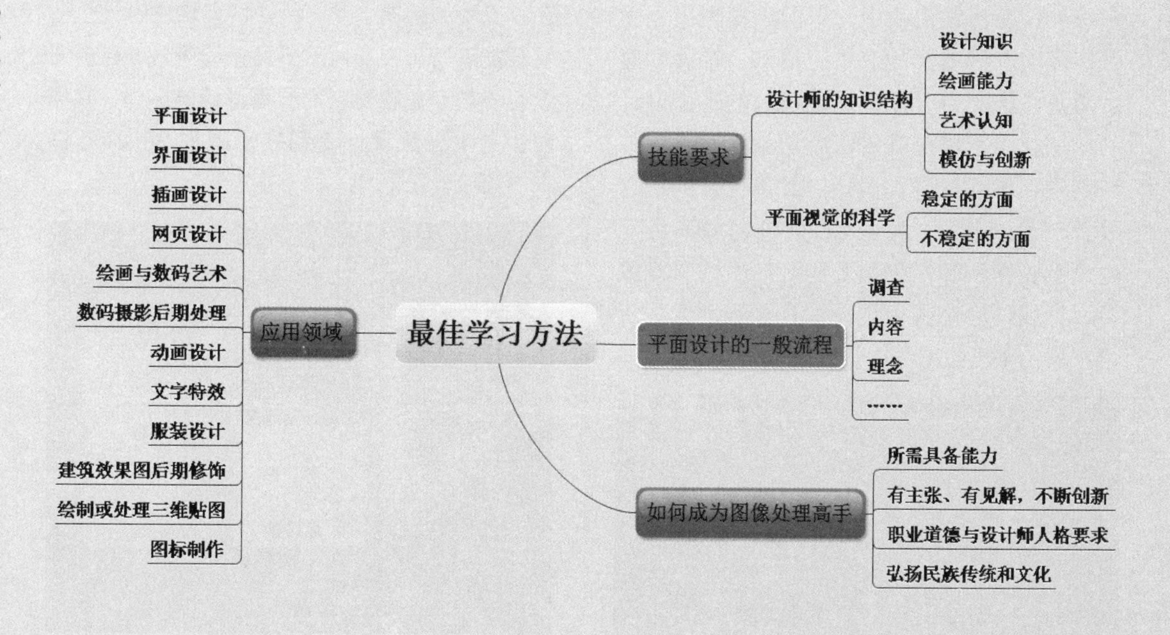

0.1 Photoshop CC 的应用领域

Photoshop 作为一款专业的图形图像处理软件，是很多从事平面设计工作人士的必备工具。它被广泛地应用于各类广告公司、婚纱影楼、插画设计公司、印刷厂、软件界面设计公司、制版公司、网页设计类公司等。

1. 平面设计

Photoshop 在平面设计上的应用是最为广泛的；在日常生活中，人们走在大街上就可以随时看到各类的海报、招贴、招牌和宣传单等，这类带有图像处理技术的平面设计的印刷品，一般都需要使用 Photoshop 软件对其进行图像处理。例如，百事可乐的广告设计，通过 Photoshop CC 软件将百事可乐的产品主体和其广告语及让人产生的味觉效果设计在同一个画面中，使其更好地体现出该产品的突出口感和视觉效果，如下图所示。

2. 界面设计

界面设计是近些年新产生的设计领域，在其产生的初期，就已经被许多软件设计企业及开发者所重视。对于界面设计来说，目前还没有一款专业软件针对界面设计及制作，其原因也是大部分设计者都在使用 Photoshop 进行界面设计及制作，如下图所示。

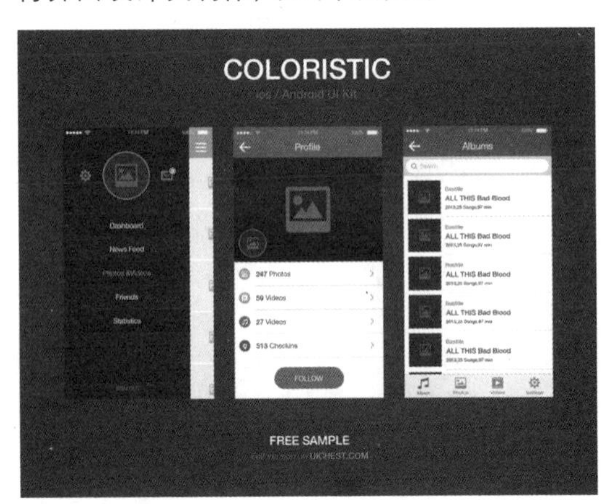

3. 插画设计

插画主要是通过图案来表现内容的，其创作需要遵循的原则是审美与实用相统一，在创作设计的过程中通过线条和图案来表现内容的清晰、明快。插画是世界上通用的一种语言表现形式，在各种商业应用上，很多设计师都使用 Photoshop 来进行插画设计，如下图所示。

4. 网页设计

当今是网络盛行的年代，很多人需要掌握 Photoshop 软件。因为在网页制作时，Photoshop是必不可少的网页图像处理软件，如下图所示。

5. 绘画与数码艺术

Photoshop具有良好的绘画与调色功能，设计师可以先手绘草图，再使用 Photoshop 进行填色，用这种传统与现代结合的方法来绘制各类插画；当然，设计师也可以在 Photoshop 中使用图层功能，直接进行绘画与填色。通过 Photoshop 设计师可以绘制出各类效果，如水彩画、插画、国画等，也可以使用各式各样的表现手法，如油画风格、水彩风格、素描风格、马克笔风格等，如下图所示。

6. 数码摄影后期处理

现在，数码摄影基本已经取代了传统的胶片摄影，设计师可以使用 Photoshop 强大的图像修饰功能来处理数码摄影的后期效果。摄影师通过 Photoshop 可以调整色调、替换颜色、抠图、校正偏色、快速修复破损的老照片、后期模拟特技拍摄、合成全景照片、上色、修复照片缺陷等，如下图所示。

7. 动画设计

动画设计师既可以采用手绘底稿，然后使用扫描仪进行数码化，再采用 Photoshop 软件进行动画处理，也可以直接在 Photoshop 软件中进行动画设计制作，如下图所示。

8. 文字特效

设计师可以使用 Photoshop 软件的强大文字处理功能，处理后的文字就发生了各种各样的变化，并且使用这些特效处理后的文字为其他图像增加了各种效果，以完善整体风格，如下图所示。

9. 服装设计

最常见的，是在各大影楼中设计师使用 Photoshop 对婚纱的设计进行处理。然而 Photoshop 在服装行业中也有非常重要的作用，在服装的设计及服装设计效果图等方面，设计师都可以使用 Photoshop 进行创作和设计制作，如下图所示。

10. 建筑效果图后期修饰

设计师在制作建筑效果图，或者三维建筑场景时，使用 Photoshop 可以对人物与配景，场景的颜色，图像整体效果进行增加或调整处理，如下图所示。

11. 绘制或处理三维贴图

在使用三维软件制作模型过程中，如果模型贴图的色调、规格或其他因素不适合，可通过 Photoshop 对贴图进行适当的调整，还可以使用 Photoshop 制作出在三维软件中无法得到的材质贴图，如下图所示。

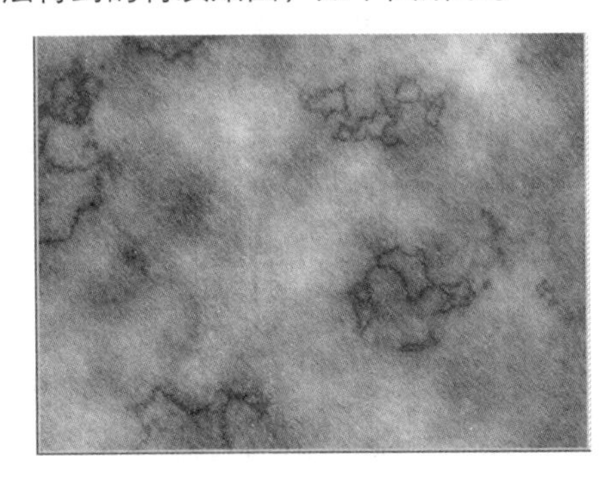

12. 图标制作

Photoshop 除了能应用于以上各行业外，还可以用来制作小小的图标；而且，使用 Photoshop 制作出来的图标非常精美，如下图所示。

0.2 学习 Photoshop CC 的技能要求

1. 设计师的知识结构

学习设计可以选择很多不同的路，这是由设计的多元化知识结构决定的。在学习设计之后，设计师将会受到以前的阅历和知识的影响，所以学习设计的过程也是多元化知识不断积累的过程。

因此，学习设计既要求设计师具有多元化的知识结构，同时他们也需要从中再次获取这些多元化知识。我们可以通过下面的方式来获取信息。

① 学习设计需要从点、线、面的认识开始，掌握平面构成、色彩构成、立体构成、材料构成和透视学等基础知识；平面设计师需要具备客观的视觉经验，发散的形象思维，以及掌握视觉的生理学规律。

② 作为平面设计师应具备良好的视觉图形表达能力，因为设计师的创意都是通过设计草图的形式表达出来的，所以草图也是平面设计师的设计基础。

③ 平面设计师可以根据自身的情况选择学习传统课程，如陶艺、版画、水彩、油画、摄影、书法、国画、黑白画等。这些课程都将在不同层次和程度上加强设计师的动手能力、表现能力和审美能力，更重要的是通过不断地学习可以发现自己的个性，但这是一个长期的过程。

④ 除以上的学习外，在设计之前还需要具备各种各样的背景知识，如图形设计原则，图片处理的方法，专题设计，静态页制作，HTML，网站优化，制版原则，标志设计的原则，广告设计的方法，与色彩搭配师配合等。还需要理解为什么品牌的设计产品会得到大多数人的青睐？为什么

优秀的平面设计作品会使产品的销量大增？为什么人们喜欢进入精致漂亮的产品店铺？

⑤ 能分辨出设计的好坏吗，并且知道其原因是什么？通过对设计基础知识的学习，可能就进入了设计的模仿阶段，为了提升初学者必须向优秀的平面设计师学习。这个阶段是一个比较长期的过程，由于初学者的设计水平很不稳定，会有潮起潮落的感觉，但是伴随着大量的设计实践及对设计流程的掌握，已经开始向成熟的平面设计师迈进。

2. 平面视觉的科学

通过视觉，人们会在生理上、心理上、情感上、行动上引起一连串的反应和反馈，设计本身就是一种视觉经验的科学，其包括两个方面：一方面是人的基本反应即生理感受，这种感受是不以人的意志而改变的；另一方面是随机的，或者是由不确定因素导致的。例如，个人的职业、喜好、性格和成长因素等。

① 相对稳定方面：这里主要指人生理上的视知觉，即人们通常的视觉习惯、视觉逻辑和视觉流程，如看东西会从上到下，从左到右，并且喜欢连贯的、重复的图形元素，喜欢有一定对比的效果，在颜色方面则最喜欢有对比的互补色效果等。这些都与人的心理和生理习惯有关，也是人们生理机能的本能反应。作为一名设计师应该对这些相对稳定的知识进行充分了解和研究，并且灵活运用到自己的设计作品中。设计活动本身就是对“人本”的关注，需要设计师在设计实践中去总结。

② 不稳定方面：这里主要是指人们情感、品位、职业、素质和阅历在个体上的不同，设计师的判断和把握能力在设计的过程中尤为重要，需要通过客观地观察和分析，才能完成优秀的设计。

③ 设计思维科学：设计本身就需要设计师具有科学的思维方法，如设计师不仅需要在相同中找出差别，还需要在不同中找到共同的地方，并且能够运用各种思维方法。这里的思维方法包含纵向关联思维、横向关联思维和发散式思维。设计师如果能够灵活多变地运用这些科学的思维方法，就能够找到一些奇特的、新颖的视觉形象，最终才能不断产生新的创意，创造出卓越的作品。

通过上面的认知可以发现，平面视觉的科学是非常深广的，包含的知识也是非常丰富的，设计师必须深入地扩展，才能保证自己的设计水平不断地提高，而且还需要设计师在设计的过程中结合其他学科的研究成果进行整合和创新。

0.3 Photoshop CC 平面设计的一般流程

平面设计的一般流程是一个有计划、有步骤、不断完善的设计创意表达过程，设计作品的成功与否在很大程度上取决于设计理念的准确性和设计思维的完善性。下面介绍一下平面设计的一般流程。

① 调查：通过调查，设计师可以了解事物的整体过程，当然设计调查需要有目的的完整的调查过程。例如，设计背景，市场调研，关于品牌、受众和产品等行业调查，关于定位、素材和表现手法的调查，这些都是设计的开始和基础。

② 内容：内容是设计师在进行设计前需要准备的基本材料，主要分为主题和具体内容两部分。

③ 理念：在设计创作之前进行构思立意，是设计创作的第一步。因为在整个设计过程中，思路是最重要的，而理念通常是独立于设计之上的。一般在视觉平面作品中能够准确地传达出理念是最难的一件事。

④ 视觉元素：设计作品其实就是一些基本视觉元素的构成。其中的每一个元素都需要达到传递和加强传递信息的目的。一名优秀的设计师会从作品的整体需要出发去考虑，然后再使用每一种元素。例如，在一个版面设计中，其构成元素可以通过类别来进行划分：标题、正文、背景、主体图形、色调、留白和视觉中心等。在这些视觉元素的使用上，能体现出一名设计师对版面设计的理解和自身的修养。因此，善于使用各类视觉元素是设计师必备的能力之一。

⑤ 表现手法：表现手法即技巧。当代，想创作出打动受众的视觉产品并非易事，人们会自动忽略很多视觉作品。设计师要把自己的信息传递出去可以通过 3 种方式：一是通过传统美学去完美表现的设计方式，这种方式容易被受众欣赏并记住；二是利用新奇的或出奇不意的表达方式；三是利用疯狂的广告投放量，即地毯式的强行轰炸。虽然这 3 种方法都能达到目的，但是设计师选择哪一种表现手法，最终取决于设计师自己的目的和目标群体，以及设计师的设计水平。

⑥ 平衡：设计师可以利用平衡感给人们带来视觉和心理的满足，平衡感也是设计师构图所需要的能力之一。在一幅作品中，设计师需要解决画面中前后衔接的平衡性和力场的平衡性，当然这种平衡与不平衡都是相对的，其标准是以是否达到主题要求为目标。

⑦ 出彩：设计师需要创造出视觉兴奋点来升华自己的设计作品，达到出彩的效果。

⑧ 风格：设计师如果形成固定的风格就意味着自我的僵死，因此设计师需要根据作品要求来选择合适的风格。风格同时也可以表达设计师的性格、阅历、喜好和修养等，也是设计师成熟的一个标志。

⑨ 制作：在最后的制作过程中，设计师需要检查的项目包括字体、正文、图形、色彩、比例、编排、出血等。

0.4 如何成为 Photoshop CC 图像处理高手

如果想要成为一名 Photoshop CC 图像处理高手，一般需要具备以下能力和知识。

（1）成功的设计师应该具备的几点：① 非常灵敏的感受能力；② 非凡的创造能力；③ 设计作品的鉴定能力；④ 对设计思维的表达能力；⑤ 比较全面的专业技能。

现代设计师必须具有宽广的设计视角，丰富的专业知识；必须是具有创新精神并能解决问题的人，应考虑市场反响、市场效果，力求设计作品对社会和市场有益，能提高人们的审美能力，心理上的愉悦和满足。优秀的设计师应有“自己”的手法、清晰的形象、合乎逻辑的创意点。

（2）设计师一定要有自信，坚信自己的经验、眼光和品位。对于设计作品，不为个性而个性，不为设计而设计。作为一名设计师，遇到各类问题都要认真总结经验，用心思考，反复推敲，并分析汲取同类型的优秀设计作品的精华，在自己的作品中不断创新。

（3）设计师将设计作为一种职业，需要设计师具有较高的职业道德和完整的人格，因此设计师必须注重个人素养的提高。

（4）很多有个性和品位的设计，其根源都来自各民族悠久的传统文化，作为设计师有必要认真看待优秀的民族传统和文化，在其中提取各种设计元素并应用到自己的设计中，将其发扬光大。

第
1
篇

入门篇

第 1 章　快速上手——Adobe Photoshop CC 2018 的安装与设置

第 2 章　文件的基础操作

第 3 章　图像的基础操作

本篇主要介绍 Adobe Photoshop CC 2018 的基础操作，通过对本篇的学习，读者可以掌握 Photoshop CC 2018 的基础知识，学会如何安装设置 Photoshop CC 2018、文件的基础操作及图像的基础操作。

第 1 章

快速上手——Adobe Photoshop CC 2018 的安装与设置

本章导读

Adobe Photoshop CC 2018 是专业的图形图像处理软件，是优秀设计师的必备工具之一。Photoshop 不仅为图形图像设计提供了一个更加广阔的发展空间，而且在图像处理中还有“化腐朽为神奇” 的功能。

思维导图

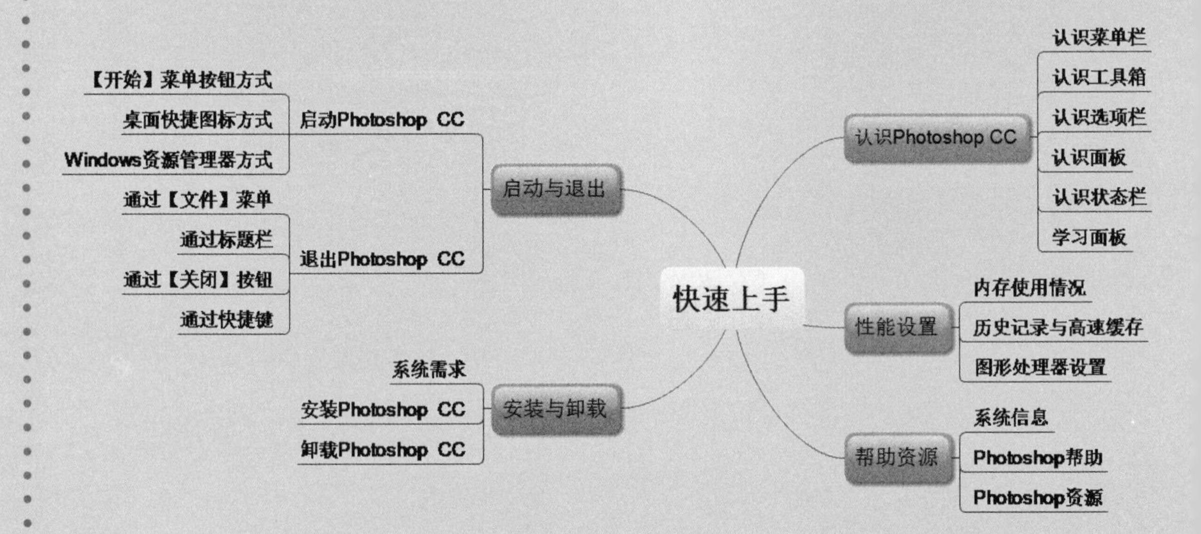

1.1 Adobe Photoshop CC 2018 的安装与卸载

在学习 Adobe Photoshop CC 2018 之前，首先要安装 Adobe Photoshop CC 2018 软件。下面介绍在 Windows 7 系统中安装、启动与退出 Adobe Photoshop CC 2018 的具体方法。

提示

最新版的 Adobe Photoshop CC 2018 只支持 Windows 7 及以上系统，不支持 Windows XP 系统。

1.1.1 系统需求

在 Windows 系统中运行 Adobe Photoshop CC 2018 的配置要求如下表所示。

CPU	Intel Pentium 4 或 AMD Athlon 64 处理器 (2GHz 或更快)
内存	2GB 内存（推荐 8GB 或更大的内存）
硬盘	安装所需的 2.5GB 可用硬盘空间，安装过程中需要更多的可用空间（无法在基于闪存的存储设备上安装）
操作系统	Microsoft Windows 7 Service Pack 1 或 Windows 8
显示器	1024 像素 ×768 像素的显示器分辨率(推荐 1280 像素 ×800 像素)，具有 OpenGL 2.0、16 位色彩和 512MB 的 VRAM（建议使用 1GB)
驱动器	DVD-ROM 驱动器

在 MAC OS 系统中运行 Adobe Photoshop CC 2018 的配置要求如下表所示。

CPU	多核心 Intel 处理器，支持 64 位
内存	2GB 内存（推荐 8GB 或更大的内存）
硬盘	安装所需的 3.2GB 可用硬盘空间，安装过程中需要更多的可用空间（无法在基于闪存的存储设备上安装）
操作系统	Mac OS X v10.7、v10.8、v10.9 或 v10.10
显示器	1024 像素 ×768 像素的显示器分辨率（推荐 1280 像素 ×800 像素），具有 OpenGL 2.0、16 位色彩和 512MB 的 VRAM（建议使用 1GB)
驱动器	DVD-ROM 驱动器

1.1.2 安装 Photoshop CC

Adobe Photoshop CC 2018 为 Adobe Photoshop Creative Cloud 2018 的简写。对用户来说，CC 版 Photoshop 软件将带来一种新的“云端”工作方式。首先，所有 CC 版 Photoshop 软件均取消了传统的购买单个序列号的授权方式，改为在线订阅制。用户可以按月或按年付费订阅，可以订阅单个软件也可以订阅全套产品，如下图所示。

用户到 Adobe 官网的下载页面就可以购买 Adobe Photoshop CC 2018 软件或者使用 Adobe Photoshop CC 2018 软件。

Adobe Photoshop CC 2018 是专业的设计软件，其安装方法比较简单，具体的安装步骤如下。

第1步 在计算机光驱中放入安装盘，双击安装文件图标，弹出【Adobe Photoshop CC 安装程序】对话框，进入安装进度界面，如下图所示。

第2步 安装结束后，准备启动 Adobe Photoshop CC 2018 软件，如下图所示。

第3步 进入【登录】界面，需要登录用户的 Adobe ID，如果用户没有 Adobe ID，需要进行注册，如下图所示。

1.1.3 卸载 Photoshop CC

卸载 Adobe Photoshop CC 2018 的具体操作步骤如下。

第 1 步 选择【开始】→【控制面板】命令，如下图所示。

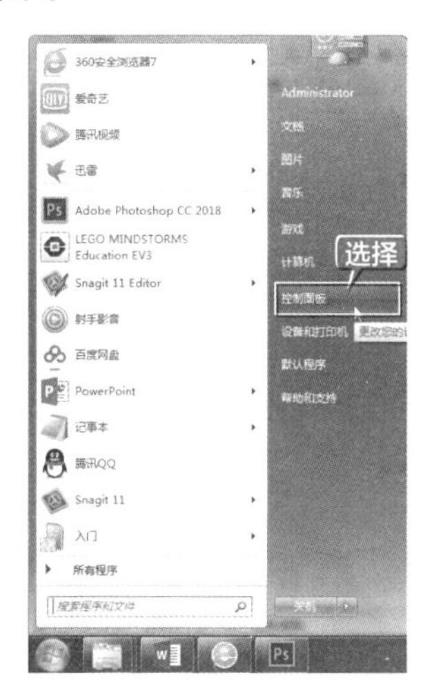

第 2 步 在弹出的窗口中单击【卸载程序】超链接，如下图所示。

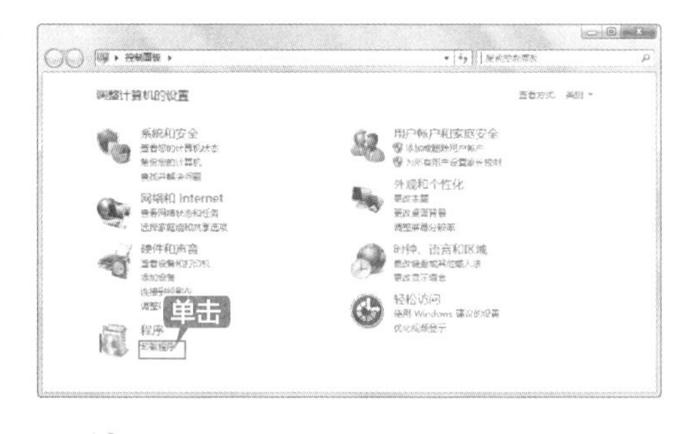

第 3 步 选择 Adobe Photoshop CC 2018 软件并右击，在弹出的快捷菜单中选择【卸载/更改（U）】命令，如下图所示。

第 4 步 根据提示卸载 Adobe Photoshop CC 2018 软件即可，如下图所示。

1.2 Adobe Photoshop CC 2018 的启动与退出

安装好软件后，首先需要掌握正确启动与退出的方法。Adobe Photoshop CC 2018 软件的启动方法与其他的软件类似，用户可以在计算机中选择【开始】→【所有程序】命令，在弹出的菜单中选择相应的软件即可。如果需要关闭软件，用户只需单击 Adobe Photoshop CC 2018 软件窗口标题栏右侧的 x 按钮即可。

1.2.1 启动 Photoshop CC

下面来介绍启动 Adobe Photoshop CC 2018 软件的 3 种方法。

1. 【开始】菜单按钮方式

用户选择【开始】→【所有程序】→【Adobe Photoshop CC 2018】命令，即可启动 Adobe Photoshop CC 2018 软件，如下图所示。

2. 桌面快捷图标方式

用户在安装 Adobe Photoshop CC 2018 软件时，安装向导会自动在桌面上生成一个 Adobe Photoshop CC 2018 软件的快捷方式图标Ps；用户可以双击桌面上的快捷方式图标，即可启动 Adobe Photoshop CC 2018 软件。

3. Windows 资源管理器方式

用户也可以在 Windows 资源管理器中双击 Adobe Photoshop CC 2018 软件的文档文件来启动 Adobe Photoshop CC 2018 软件。

1.2.2 退出 Photoshop CC

用户如果需要退出 Adobe Photoshop CC 2018 软件，可以采用以下 4 种方法。

1. 通过【文件】菜单

用户可以通过选择 Adobe Photoshop CC 2018 软件菜单栏中的【文件】→【退出】命令来退出 Adobe Photoshop CC 2018 程序。

2. 通过标题栏

第 1 步 单击 Adobe Photoshop CC 2018 软件标题栏左侧的图标Ps。

第 2 步 在弹出的下拉菜单中选择【关闭】命令，即可退出 Adobe Photoshop CC 2018 程序，如下图所示。

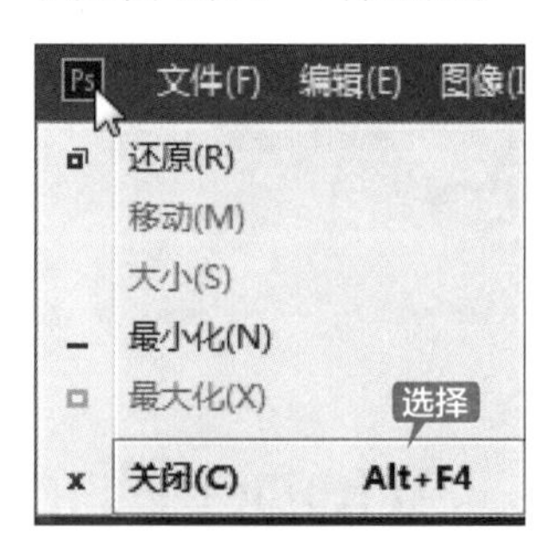

3. 通过【关闭】按钮

第 1 步 用户只需要单击 Adobe Photoshop CC 2018 软件界面右上角的【关闭】按钮 × 即可退出 Adobe Photoshop CC 2018 程序。

第 2 步 此时若用户的文件没有保存，程序会弹出对话框提示用户是否需要保存文件；若用户的文件已经保存，程序则会直接关闭，如下图

所示。

4. 通过快捷键

用户只需要按【Alt+F4】组合键即可退出 Adobe Photoshop CC 2018 程序。

1.3 基本操作 1——在实战中认识 Photoshop CC

随着版本的不断升级，Photoshop 工作界面的布局设计也更加合理和人性化，便于人们操作和理解，同时也易于被人们接受。Adobe Photoshop CC 2018 软件的工作界面主要由标题栏、菜单栏、工具箱、状态栏、面板和工作区等几个部分组成，如下图所示。

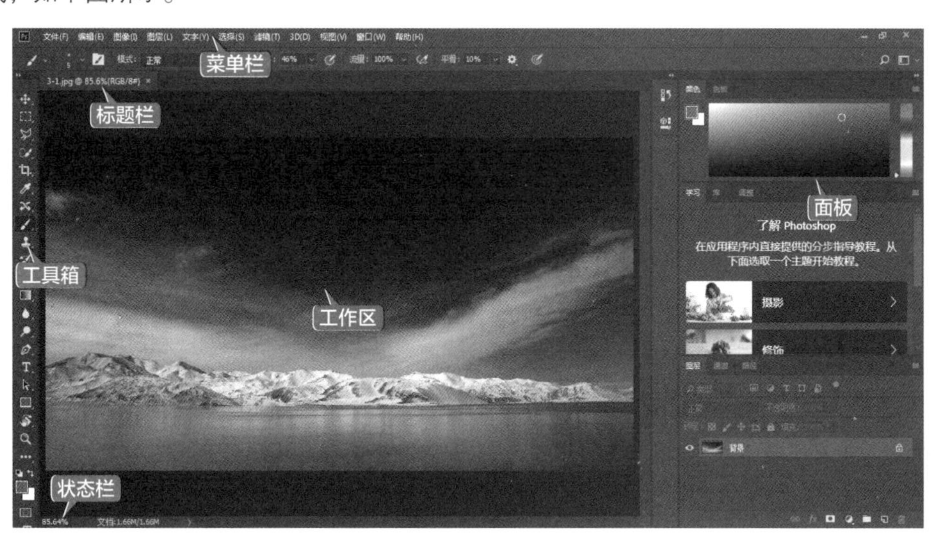

1.3.1 认识菜单栏

Adobe Photoshop CC 2018 软件的菜单栏中包含 11 组主菜单，分别是文件、编辑、图像、图层、文字、选择、滤镜、3D、视图、窗口和帮助。每组菜单内都包含一系列的命令，这些命令按照不同的功能采用分割线进行分离，如下图所示。

文件(F) 编辑(E) 图像(I) 图层(L) 文字(Y) 选择(S) 滤镜(T) 3D(D) 视图(V) 窗口(W) 帮助(H)

菜单栏中包含可以执行任务的各种命令，选择菜单名称即可打开相应的菜单。

1.3.2 认识工具箱

工具箱中集合了图像处理过程中使用最频繁的工具，是 Adobe Photoshop CC 2018 中文版中比较重要的功能。执行【窗口】→【工具】命令可以隐藏和打开工具箱；默认情况下，工具箱在屏幕的左侧。用户可通过拖曳工具箱的标题栏来移动它。

工具箱中的某些工具会出现在上下文相关工具选项栏中。通过这些工具，可以进行文字、选择、绘画、绘制、取样、编辑、移动、注释和查看图像等操作。通过工具箱中的工具，还可以更改前景色和背景色，以及在不同的模式下工作。

单击工具箱上方的双箭头按钮可以双排显示工具箱；再单击按钮，恢复工具箱单排显示。

将鼠标指针放在任何工具上，用户可以查看有关该工具的名称及其对应的快捷键，如下图所示。

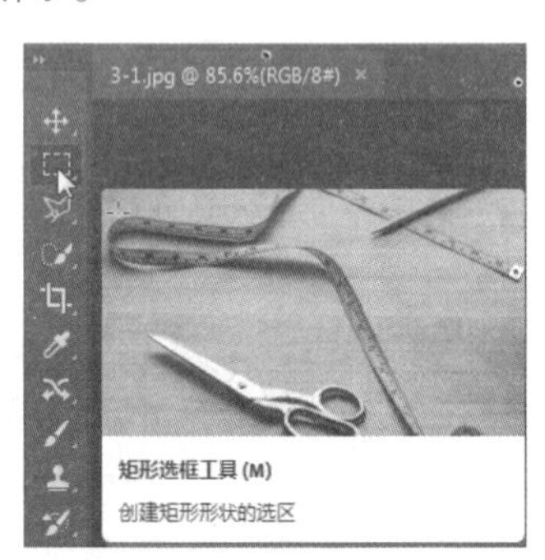

工具箱如下图所示。

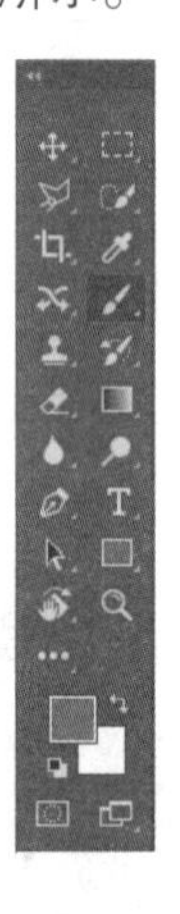

1.3.3 认识选项栏

在选择某项工具后，工具选项栏中会出现相应的选项，在其中可对工具参数进行相应设置。选择【移动工具】时的选项栏如下图所示。

选项栏中的一些设置（如绘画模式和不透明度）对于许多工具都是通用的，但是有些设置则专用于某个工具（如用于铅笔工具的【自动抹掉】设置）。

1.3.4 认识面板

控制面板是 Adobe Photoshop CC 2018 软件中进行颜色选择、编辑图层、编辑路径、编辑通道和撤销编辑等操作的主要功能面板，是工作界面的一个重要组成部分。

1. Adobe Photoshop CC 2018 面板的基本认识

第1步 执行 Adobe Photoshop CC 2018【窗口】→【工作区】→【基本功能（默认）】命令，Adobe Photoshop CC 2018 的面板状态如下图所示。

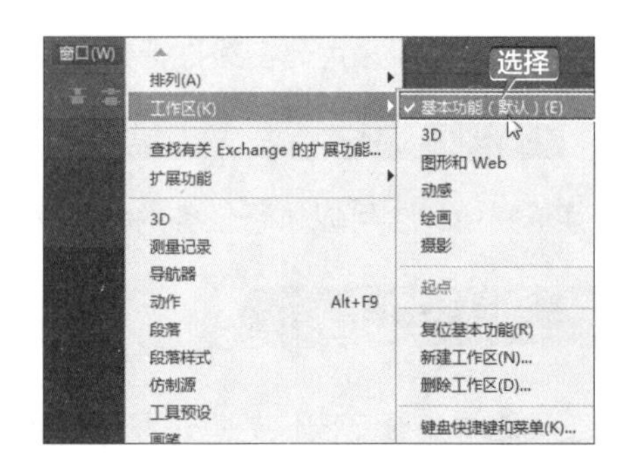

第 2 步 单击 Adobe Photoshop CC 2018 右上方的【折叠为图标】按钮，可以折叠面板；再次单击【折叠为图标】按钮，可恢复控制面板，如下图所示。

第 3 步 执行 Adobe Photoshop CC 2018【窗口】→【工作区】→【绘画】命令后的面板状态，选择【画笔】工具即可激活【画笔】面板，如下图所示。

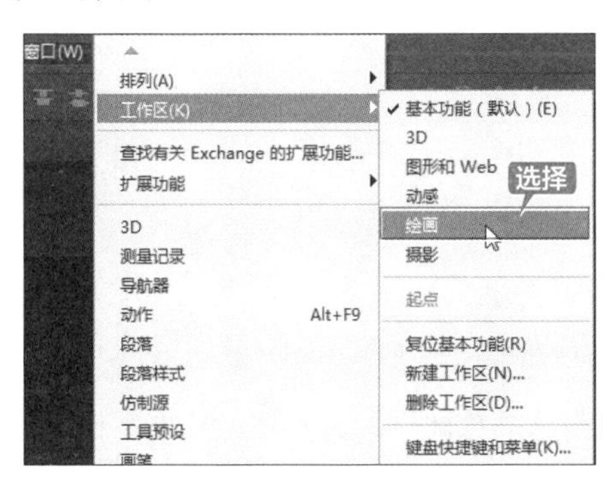

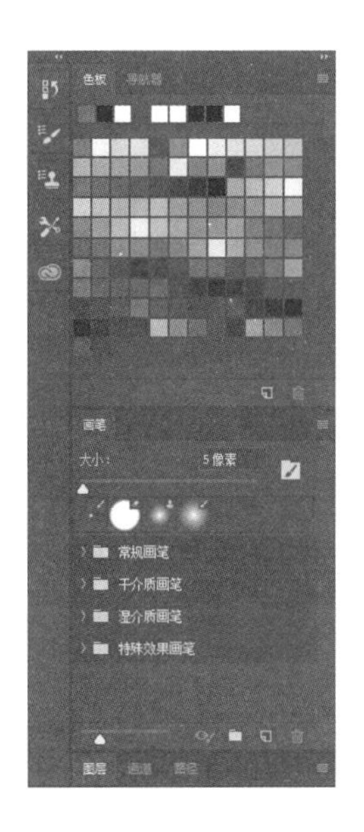

2. Adobe Photoshop CC 2018 控制面板的操作

第 1 步 执行 Adobe Photoshop CC 2018【窗口】→【图层】命令，可以打开或隐藏面板，如下图所示。

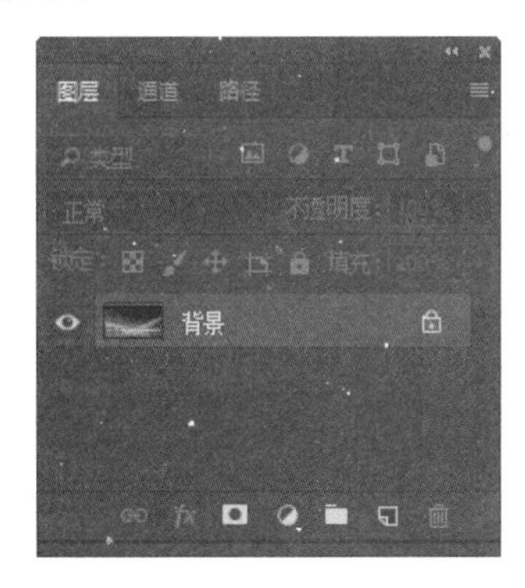

第 2 步 将鼠标指针放在面板位置，拖曳鼠标可以移动面板；将鼠标指针放在【图层】按钮上拖曳鼠标，可以将【图层】面板移出所在面板，也可以将其拖曳至其他面板中，如下图所示。

第3步 通过拖曳面板下方可以调整面板的大小。当鼠标指针变成双箭头时拖曳鼠标，即可调整面板大小，如下图所示。

第4步 单击面板右上角的【关闭】按钮，可以关闭面板，如下图所示。

提示

按【F5】键可以打开【画笔】面板，按【F6】键可以打开【颜色】面板，按【F7】键可以打开【图层】面板，按【F8】键可以打开【信息】面板，按【Alt+F9】组合键可以打开【动作】面板。

1.3.5 认识状态栏

Adobe Photoshop CC 2018 中文版状态栏位于文档窗口底部，状态栏可以显示文档窗口的缩放比例、文档大小、当前使用工具等信息，如下图所示。

85.64%　文档:1.66M/1.66M　>

单击状态栏上的右三角按钮可以弹出菜单，如下图所示。

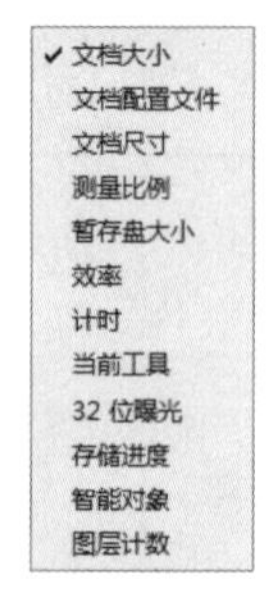

第1步 在 Adobe Photoshop CC 2018 软件状态栏单击【缩放比例】文本框，在文本框中输入缩放比例，按【Enter】键确认，可按输入比例缩放文档中的图像，如下图所示。

100% 文档:1.66M/1.66M

第2步 如果在状态栏上按住鼠标左键，则可显示图像的宽度、高度、通道、分辨率等信息，如下图所示。

第3步 按住【Ctrl】键的同时单击状态栏，可以显示图像的拼贴宽度、拼贴高度、图像宽度、图像高度等信息，如下图所示。

第4步 单击 Adobe Photoshop CC 2018 软件状态栏中的 按钮，可在打开的菜单中选择状态栏显示内容，如下图所示。

【文档大小】：显示有关图像中的数据量信息。选择该选项后，状态栏中会出现两组数字，如下图所示。左边的数字显示了拼合图层并存储文件后的大小，右边的数字显示了包含图层和通道的近似大小。

文档:2.82M/2.82M

【文档配置文件】：显示了图像所使用的颜色配置文件的名称，如下图所示。

100% 未标记的 RGB (8bpc)

【文档尺寸】：显示图像的尺寸，如下图所示。

100% 36.12 厘米 x 19.93 厘米 (72 ppi)

【测量比例】：显示文档的比例，如下图所示。

100% 1 像素 = 1.0000 像素

【暂存盘大小】：显示有关处理图像的内存和 Adobe Photoshop CC 2018 软件暂存盘信息。选择该选项后，状态栏会出现两组数字，左边的数字表示程序用来显示所有打开的图像的内存量，右边的数字表示可用于处理图像的总内存量。如果左边的数字大于右边的数字，Adobe Photoshop CC 2018 软件将启用暂存盘作为虚拟内存来使用，如下图所示。

100% 暂存盘: 121.8M/2.05G

【效率】：显示执行操作实际花费时间的百分比。当效率为 100% 时，表示当前处理的图像在内存中生成；如果低于该值，则表示 Adobe Photoshop CC 2018 软件正在使用暂存盘，操作速度会变慢，如下图所示。

100% 效率: 100%*

【计时】：显示完成上一次操作所用的时间，如下图所示。

100% 0.1 秒

【当前工具】：显示当前使用的工具名称，如下图所示。

100% 移动

【32 位曝光】：用于调整预览图像，以便在计算机显示器上查看 32 位 / 通道高动态范围（HDR）图像的选项。只有文档窗口中显示 HDR 图像时，该选项才可用。

【存储进度】：保存文件时，显示存储进度。

1.3.6 学习面板

Adobe Photoshop CC 2018 中文版新增了【学习】面板，其中内置了摄影、修饰、合并图像、图形设计 4 个主题的教程，每一个教程都有各种常见的应用场景，选择后会有文字提示，手把手地引导用户实现这些操作。

（1）用户可以通过选择【窗口】→【学习】命令打开该面板，如下图所示。

（2）选择【学习】面板中的【修饰】选项可以打开具体的主题教程，如下图所示。

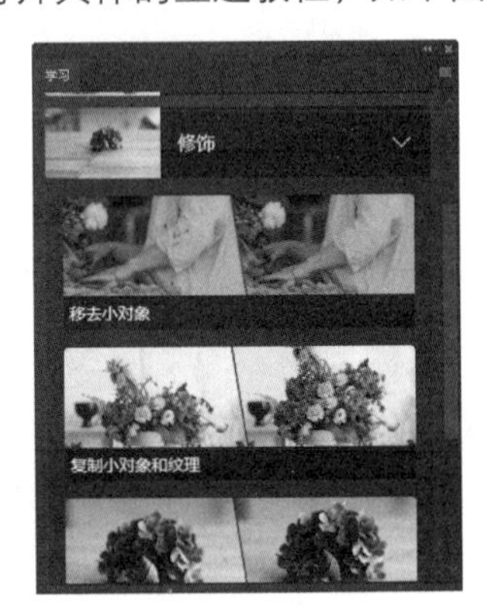

（3）选择【移去小对象】教程即可打开该教程进行学习，如下图所示。

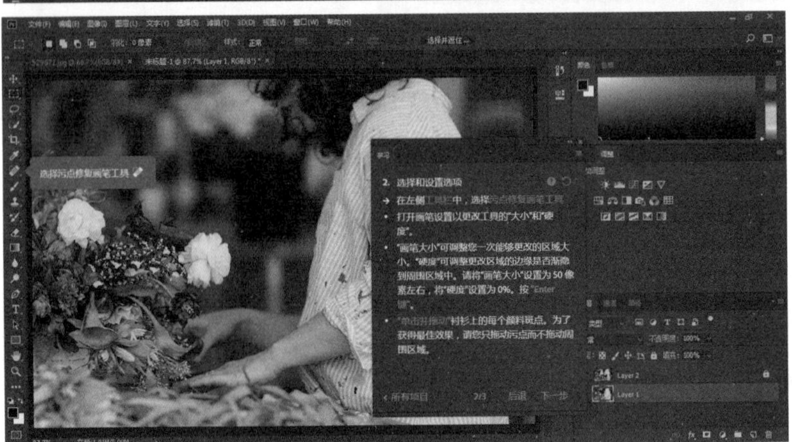

1.4 基本操作 2——性能设置

在使用 Adobe Photoshop CC 2018 软件之前需要进行一些性能设置，这个操作十分重要，不仅影响 Adobe Photoshop CC 2018 软件的运行速度及程序运行的各个方面，更关联着图像处理的准确性和质量。

第1步 用户可以选择【编辑】→【首选项】→【性能】命令，如下图所示。

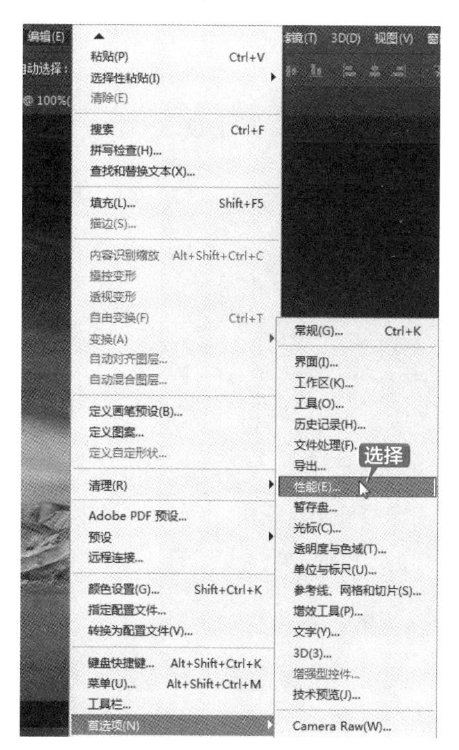

第2步 系统弹出【首选项】对话框，如下图所示。

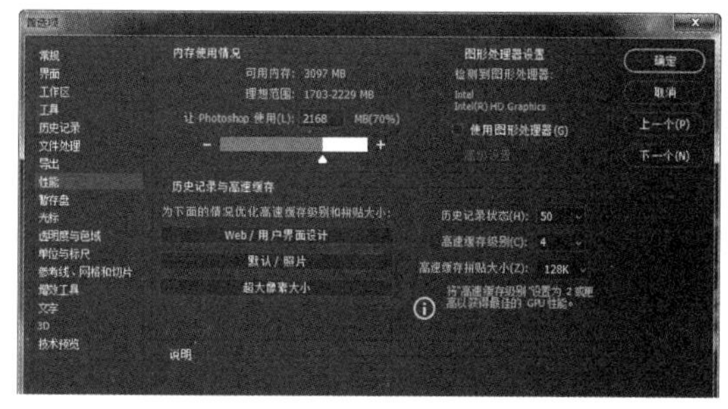

1. 内存使用情况

显示【可用内存】和【理想范围】信息，可以在【让 Photoshop 使用】右侧的文本框中输入数值，或者拖曳滑块来调整分配给 Photoshop 的内存量。修改后，需重新启动 Photoshop 才能生效。

2. 历史记录与高速缓存

【历史记录状态】：【历史记录】面板中所能保留的历史记录状态的最大数量。

【高速缓存级别】：图像数据的高速缓存级别数。用于提高屏幕重绘和直方图显示的速度。如果为具有少量图层的大型文档选择较多的高速缓存级别，则速度越快；如果为具有较多图层的小型文档选择较少的高速缓存级别，则品质越高。所做的更改将在下一次启动 Photoshop 时生效。

【高速缓存拼贴大小】：Photoshop 一次存储或处理的数据量。对于要快速处理的、具有较大像素的文档，要选择较大的拼贴；对于像素较小的、具有许多图层的文档，要选择较小的拼贴。所做的更改将在下一次启动 Photoshop 时生效。

3. 图形处理器设置

选中【使用图形处理器】复选框，然后单击【高级设置】按钮，可以启用某些功能和增强界面，即可以启用 OpenGL 绘图功能。否则该软件不会对已打开的文档启用 OpenGL 绘图功能。

可以启用的功能有【旋转视图工具】【鸟瞰缩放】【像素网格】【轻击平移】【细微缩放】【HUD 拾色器】和【丰富光标】信息、【取样环】(【吸管工具】)、【画布画笔大小调整】【硬毛刷笔尖预览】【油画】【自适应广角】【光效库】等。

界面增强方面有【模糊画廊】(仅用于 OpenGL)、【液化】【操控变形】【平滑的平移和缩放】【画布边界投影】【绘画】性能、【变换】/【变形】等。

提示

选中【使用图形处理器】复选框以后，重新启动 Photoshop CC 2018 软件，如果能够使用上面的功能，则说明计算机显卡支持 OpenGL 加速。

如果计算机检测到了图形处理器，却没有选中【使用图形处理器】复选框，Adobe Photoshop CC 2018 则会出现未响应，以致影响使用。

选择【暂存盘】选项，可设置软件系统的暂存盘，如下图所示。

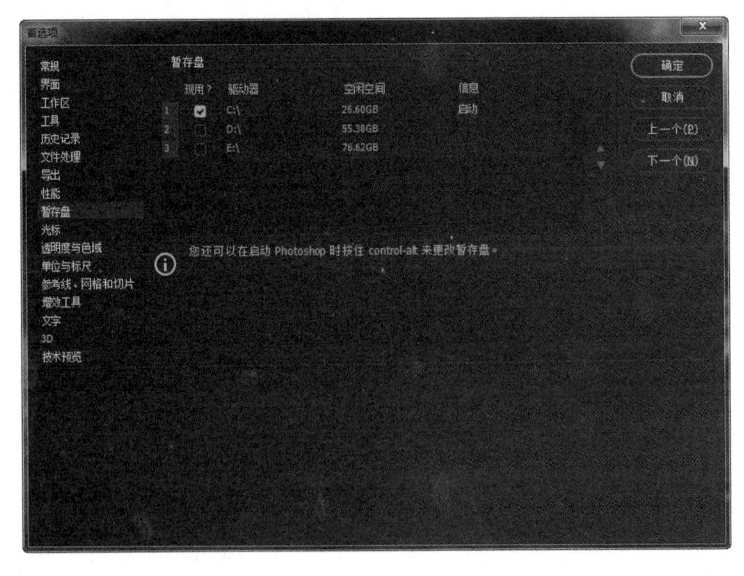

如果系统没有足够的内存来执行某个操作，则 Photoshop 将使用一种专有的虚拟内存技术（也称为暂存盘）。暂存盘是任何具有空闲空间的驱动器或驱动器分区。默认情况下，Photoshop 将安装了操作系统的硬盘驱动器用作主暂存盘，可在该选项中将暂存盘修改到其他驱动器上。另外，包含暂存盘的驱动器应定期进行碎片整理。

1.5 基本操作 3——帮助资源

通过【帮助】菜单用户可以得到一些帮助的信息和资源。

第 1 步 用户可以通过选择【帮助】→【系统信息】命令，打开【系统信息】对话框，查看系统的相关信息，如下图所示。

第 2 步 用户可以通过选择【帮助】→【Photoshop 帮助】命令，打开联机网页查看联机帮助信息，如下图所示。

第 3 步 用户可以通过选择【帮助】→【Photoshop 教程】命令，打开联机网页查看联机教程资源，如下图所示。

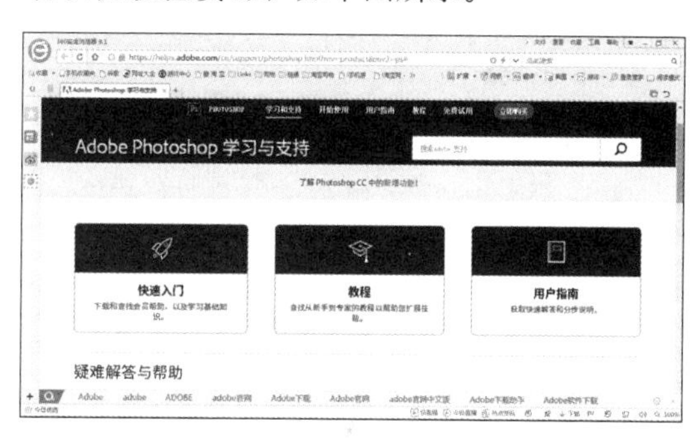

第一个 Photoshop 平面作品

下面介绍如何使用 Photoshop 的合成技术制作出青蛙唱歌的样子，具体来说就是将一只青蛙制作成生动的流行歌手模样。毫无疑问，伟大的作品都是源于使用最基本的技巧。具体操作步骤如下。

第 1 步 选择【文件】→【打开】命令，打开本书“素材 \ch01\3、4 和 5.jpg”文件，如下图所示。

第2步 使用【磁性套索】工具 在Photoshop中进行操作，选择墨镜的区域，如下图所示。

第3步 复制选择出来的墨镜区域，并将其粘贴到另一只青蛙的图像中，按【Ctrl+T】组合键使用【自由变换】工具调整墨镜的大小和形状，并摆放好大致位置；调整墨镜图层的【不透明度】为“90%”，如下图所示。

第4步 使用同样的方法在青蛙的手上放置一个麦克风，如下图所示。

第5步 由于麦克风是被握在手中的，所以应该可以看见前面的手指。将麦克风图层的【不透明度】设置为“50%”，使用【多边形套索】工具 选择前面的手指部分，再删除选区内被遮挡的部分，最后调整麦克风图层的【不透明度】设置为“100%”，如下图所示。

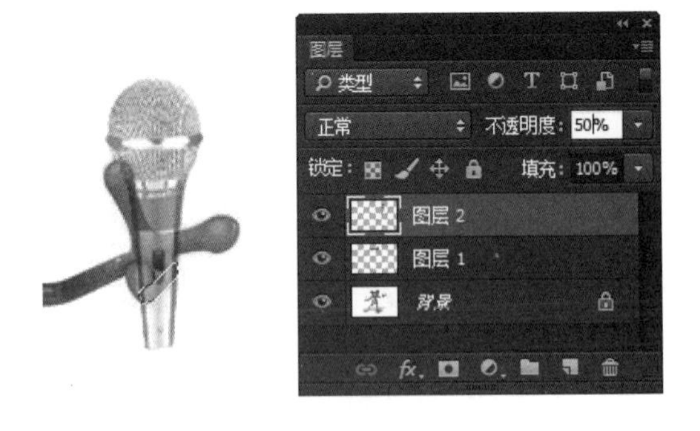

第6步 制作太阳镜的阴影和高光，可以使青蛙和太阳镜融合在一起。具体步骤是通过复制太阳镜图层，并在太阳镜图层的底部应用投影效果，如下图所示。

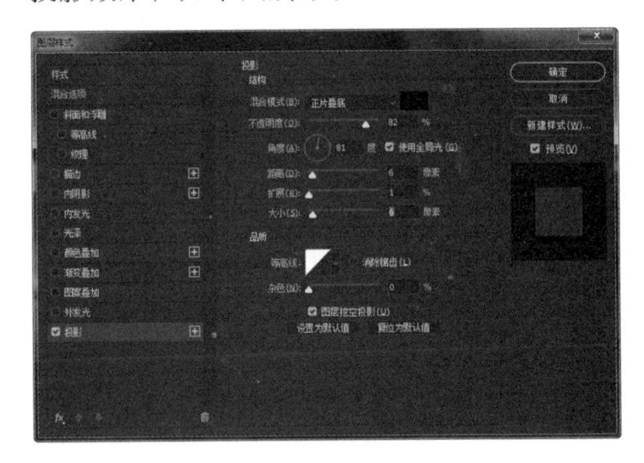

第7步 将太阳镜阴影层上多出的投影删除即可，如下图所示。

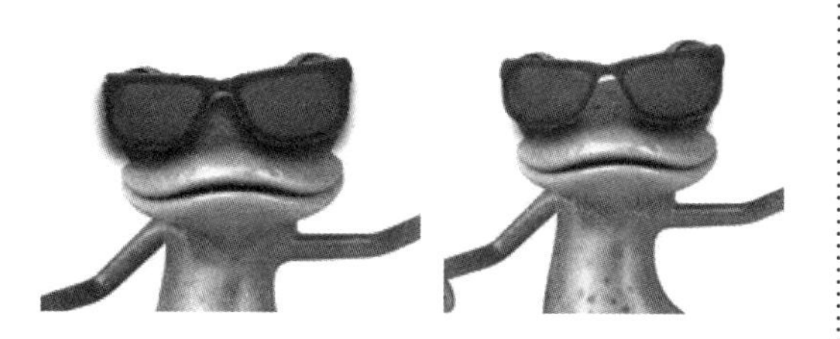

第8步 使用相同的方法制作出麦克风的投影效果后，最终的效果如下图所示。

◇ 如何更改安装位置

安装 Adobe Photoshop CC 2018 软件时，默认的安装路径是 C 盘，而 C 盘是系统盘，随着软件安装的增多，系统盘文件也会增多，会造成系统运行缓慢、卡顿。因此，修改系统默认的安装路径可以很好地留存 C 盘空间。当安装界面进入 Adobe Photoshop CC 2018 安装【选项】界面时，单击【更改】按钮，可以更改安装的位置，如下图所示。

选择安装的位置后单击【确定】按钮，即可更改 Adobe Photoshop CC 2018 软件的安装位置。

◇ 如何优化工作界面

第1步 Adobe Photoshop CC 2018 软件提供了【屏幕模式】按钮，单击此按钮右侧的三角形按钮可以选择【标准屏幕模式】【带有菜单栏的全屏模式】和【全屏模式】3 个选项来改变屏幕的显示模式，也可以使用【F】键来实现 3 种模式之间的切换。建议初学者使用【标准屏幕模式】，如下图所示。

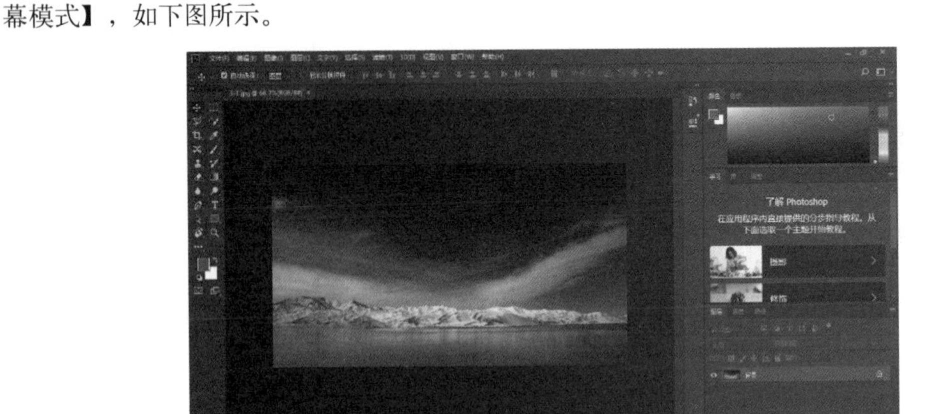

提示

当工作界面较为混乱时，可以选择【窗口】→【工作区】→【默认工作区】命令恢复到默认的工作界面。

第 2 步 如果想拥有更大的画面观察空间则可使用两种全屏模式。带有菜单栏的全屏模式如下图所示。

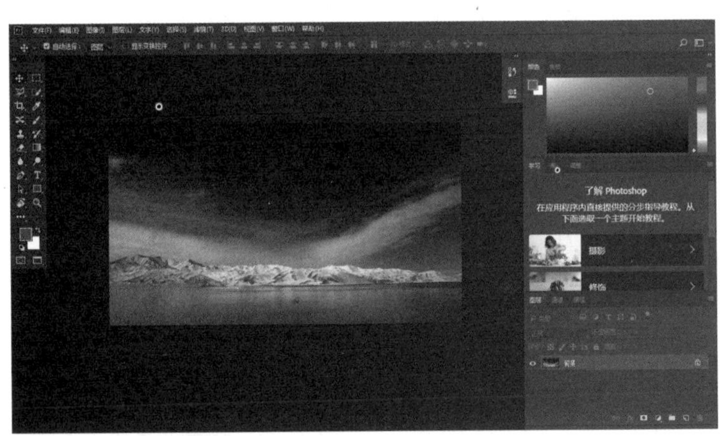

第 3 步 单击【屏幕模式】按钮，选择【全屏模式】选项，即可转换为全屏模式。全屏模式如下图所示。

第 4 步 在全屏模式下，可以按【Esc】键返回到主界面。

第 2 章
文件的基础操作

本章导读

要绘制或处理图像，首先需要新建、导入或打开图像文件，处理完成后进行保存，这是最基本的流程。本章主要介绍 Photoshop CC 2018 中文版的基础操作。

思维导图

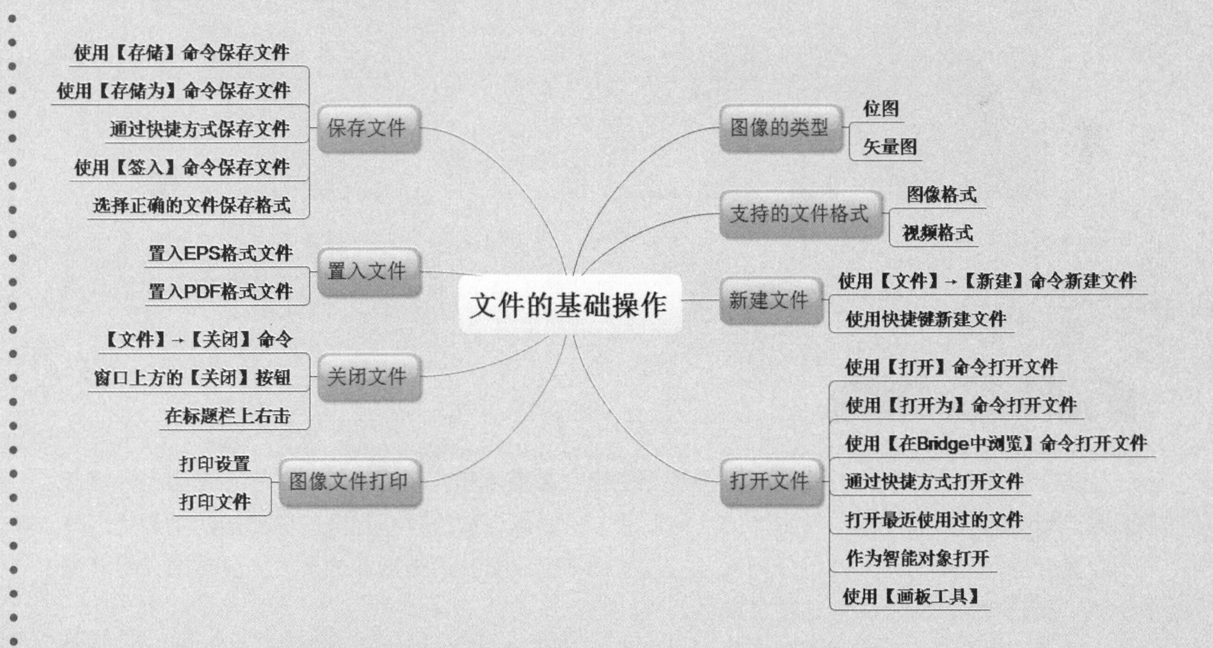

2.1 图像的类型

现代计算机图像的基本类型其本质就是数字图像，它是以数字的方式记录、处理和保存的一种图像文件。根据图像生成方式的不同，通常可以将其分为位图和矢量图两种类型。Photoshop CC 是典型的位图图像处理软件，但它也包含一部分矢量图处理功能，通过 Photoshop CC 可以创建矢量图形和路径。用户通过了解两类图像之间的差异，对后面图像的创建、编辑及导入都是非常有帮助的。

2.1.1 位图

位图也被称为像素图或点阵图，是由网格上的点组成，这些点被称为像素。当位图被放大到一定程度时，用户可以看到它是由一个个的小方格所组成的，这些小方格其实就是像素，如下图所示。像素是位图图像中最小的组成元素，位图的大小和质量都是由像素的多少决定的。像素越多，图像越清晰，颜色之间的过渡也越平滑。位图图像的主要优点是表现力强、细腻、层次多、细节丰富，可以十分逼真地模拟出照片一样的真实效果。位图图像可以通过扫描仪和数码相机获得，也可以通过如 Photoshop 和 Corel PHOTO–PAINT 等软件生成。

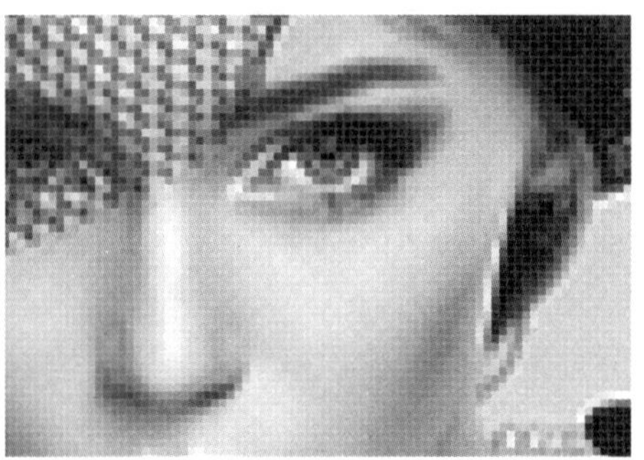

在屏幕上缩放位图图像时，可能会丢失细节，因为位图图像与分辨率有关，它们包含固定数量的像素，并且为每个像素分配了特定的位置和颜色值。 如果在打印位图图像时采用的分辨率过低，位图图像可能会呈现锯齿状，因为此时增加了每个像素的大小。

2.1.2 矢量图

矢量图和位图不同，它是用一系列计算机指令来描述和记录图像的。矢量图是由点、线、面等元素组成的，其记录的是图形的几何形状、色彩属性和线条粗细等。矢量图的主要优点是不会受分辨率影响，用户进行任何尺寸的缩放都不会改变其清晰度和光滑度。矢量图只能通过 CorelDRAW 或 Illustrator 等软件生成。

由于矢量图形与分辨率无关，所以用户不仅可以将它们缩放到任意尺寸，可以按任意分辨率进行打印，而且不会丢失细节或降低清晰度。 因此，矢量图形最适合表现醒目的图形，如下图所示。

2.2 Photoshop CC 2018 支持的文件格式

Photoshop 是编辑各种图像的必用软件，它功能强大，支持几十种文件格式，因此能很好地支持多种应用程序。Photoshop CC 2018 软件支持的文件类型主要分成图像和视频两类，如下表所示。

文件类型	格式
图像	JPEG、PNG、PSD、BMP、DICOM、Targa、TIFF、OpenEXR
视频	MOV、MPEG-1（.mpg 或 .mpeg）、MPEG-4（.mp4 或 .m4v）、AVI 如果计算机上已安装 MPEG-2 编码器，则支持 MPEG-2 格式

2.3 文件操作 1——扩展的新建文件

新建文件的方法有以下两种。

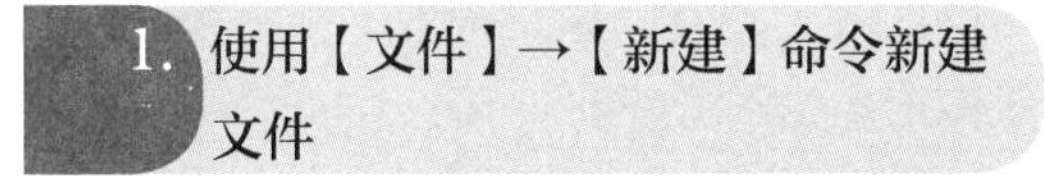

1. 使用【文件】→【新建】命令新建文件

第 1 步 启动 Photoshop CC 2018 软件，选择【文件】→【新建】命令，如下图所示。

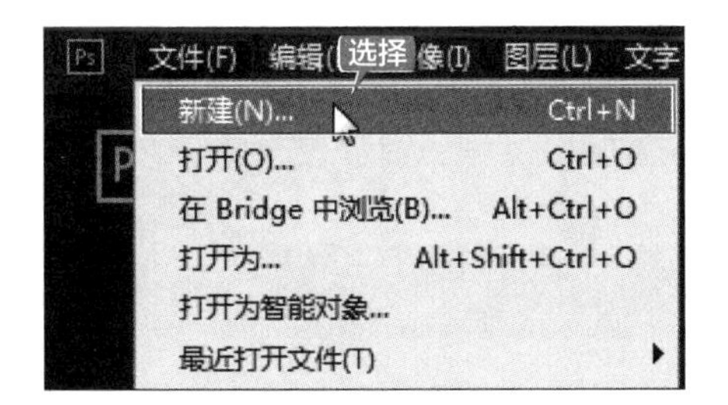

第 2 步 系统弹出【新建】对话框，如下图所示。

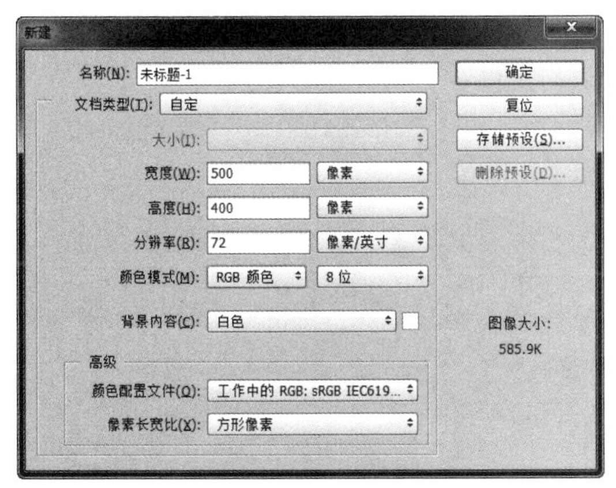

提示

在制作网页图像时一般是用【像素】作单位，在制作印刷品时则是用【厘米】作单位。

【名称】文本框：用于填写新建文件的名称。【未标题 -1】是 Photoshop 默认的文件名称，可以将其修改为其他名称。

【最近使用项】选项卡：用于提供预设文件尺寸及自定义尺寸。

【宽度】设置框：用于设置新建文件的宽度，默认以“像素”为单位，也可以选择“英寸”“厘米”“毫米”“点”“派卡”和“列”等为单位。

【高度】设置框：用于设置新建文件的高度。

【分辨率】设置框：用于设置新建文件的分辨率。默认“像素 / 英寸”为分辨率的单位，也可以选择“像素 / 厘米”为单位。

【颜色模式】下拉列表：用于设置新建文件的模式，包括位图、灰度、RGB 颜色、CMYK 颜色和 Lab 颜色等几种模式。

【背景内容】下拉列表：用于选择新建文件的背景内容，包括白色、背景色和透明 3 种。

①白色：白色背景。

②背景色：以所设定的背景色（相对于前景色）为新建文件的背景。

③透明：透明的背景（以灰色与白色交错的格子表示）。

【照片】选项卡：用于提供预设照片文件尺寸及自定义尺寸，并提供相关模板使用，如下图所示。

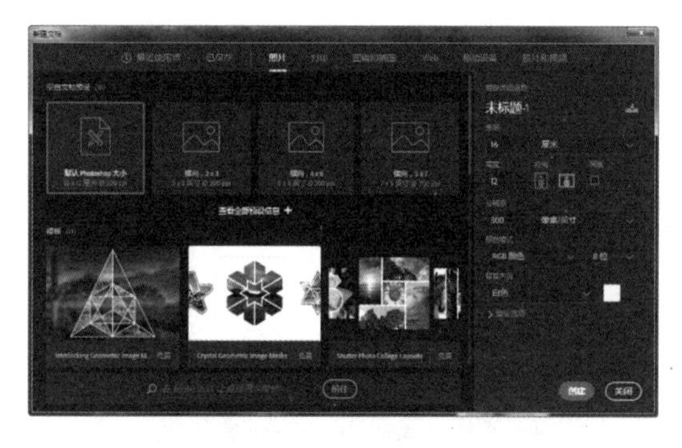

【打印】选项卡：用于提供预设打印文件尺寸及自定义尺寸，并提供相关模板使用，如下图所示。

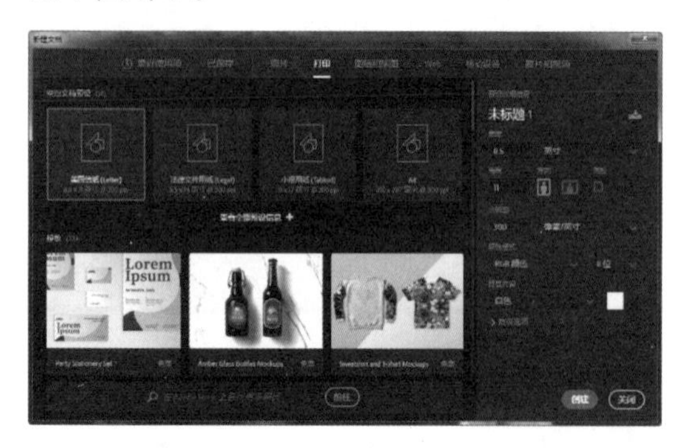

【图稿和插图】选项卡：用于提供预设图稿和插图的文件尺寸及自定义尺寸，并提供相关模板使用，如下图所示。

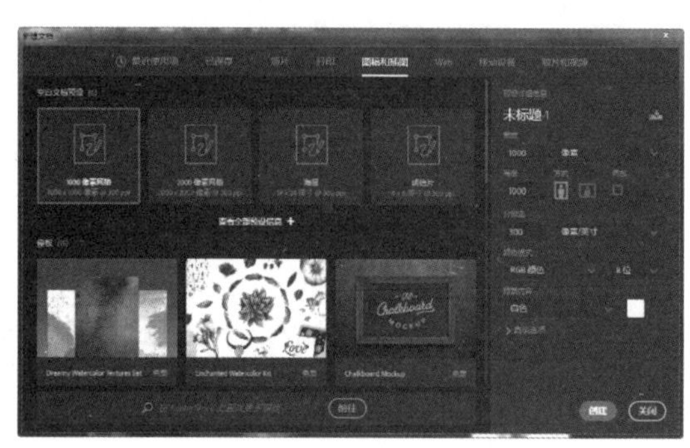

【Web】选项卡：用于提供预设 Web 使用的图形尺寸及自定义尺寸，并提供相关模板使用，如下图所示。

【移动设备】选项卡：用于提供预设移动设备使用的图形尺寸及自定义尺寸，并提供相关模板使用，如下图所示。

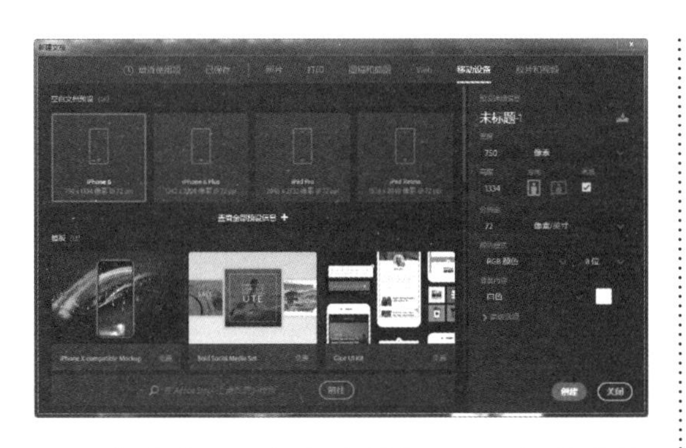

【胶片和视频】选项卡：用于提供预设胶片和视频使用的常用尺寸及自定义尺寸，并提供相关模板使用，如下图所示。

第 3 步 单击【确定】按钮即可新建一个空白文件，如下图所示。

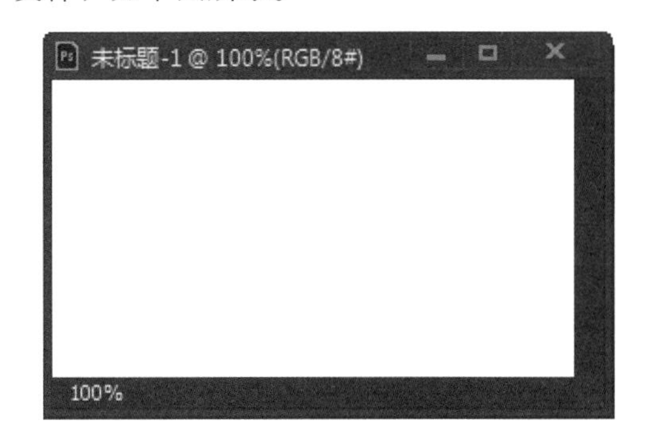

2. 使用快捷键新建文件

使用【Ctrl+N】组合键也可新建一个空白文件。

2.4 文件操作 2——打开文件

打开文件的方法有以下 6 种。

2.4.1 使用【打开】命令打开文件

第 1 步 选择【文件】→【打开】命令，如下图所示。

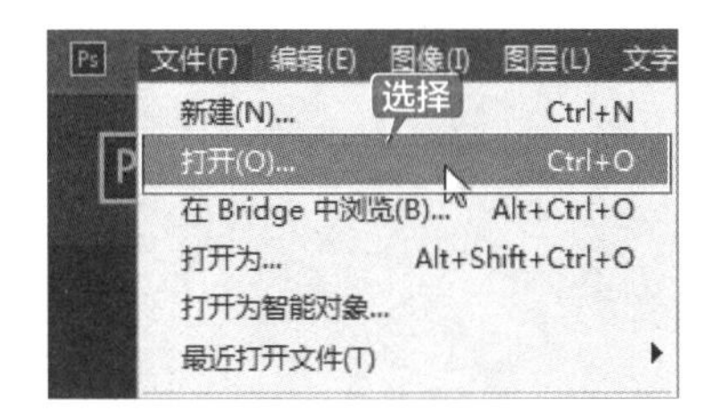

第 2 步 系统弹出【打开】对话框。一般情况下文件类型默认为【所有格式】，也可以选择某种特定的文件格式，然后在大量的文件中进行筛选，如下图所示。

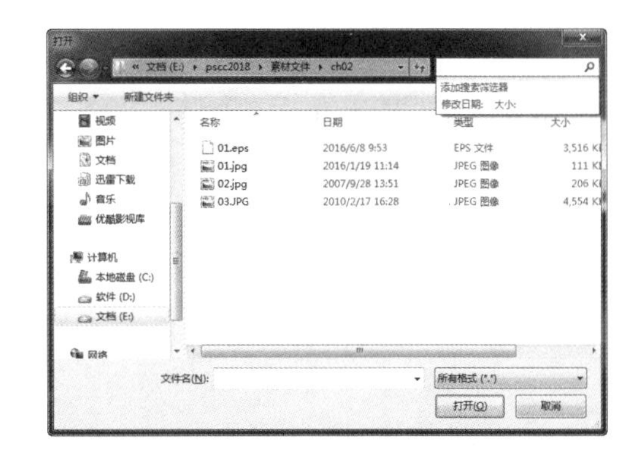

第 3 步 单击【打开】对话框中的【显示预览窗格】图标，可以选择以预览图的形式来显示图像，如下图所示。

第 4 步 选中要打开的文件，然后单击【打开】按钮或者直接双击文件名即可打开文件。

2.4.2 使用【打开为】命令打开文件

当需要打开一些没有后缀名的图形文件时（通常这些文件的格式是未知的），要用到【打开为】命令。

第 1 步 选择【文件】→【打开为】命令，如下图所示。

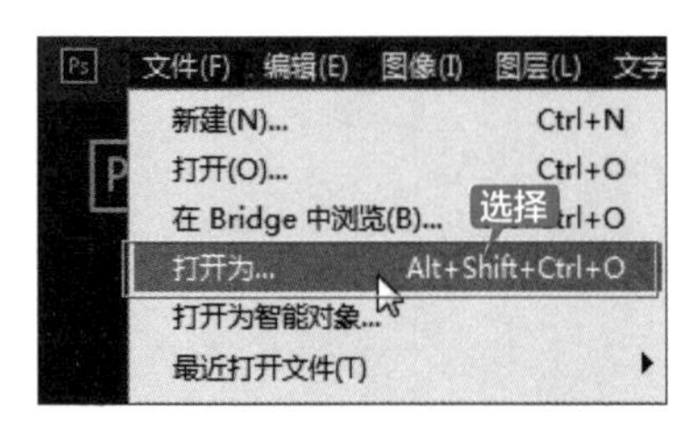

第 2 步 打开【打开】对话框，具体操作同【打开】命令，如下图所示。

2.4.3 使用【在 Bridge 中浏览】命令打开文件

第 1 步 选择【文件】→【在 Bridge 中浏览】命令，如下图所示。

第 2 步 系统弹出【Bridge】对话框，双击某个文件名将打开该文件，如下图所示。

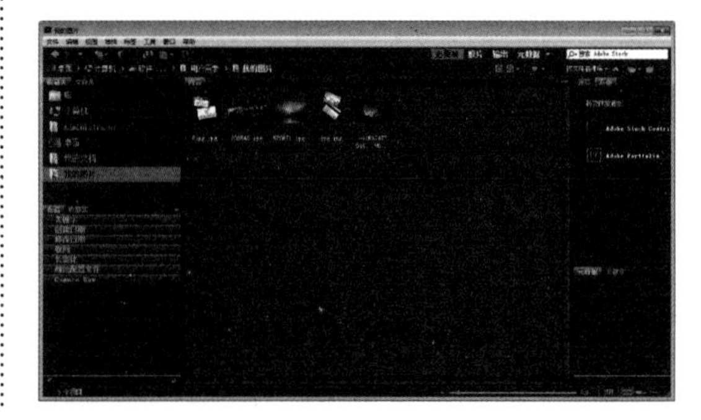

2.4.4 通过快捷方式打开文件

① 使用【Ctrl+O】组合键即可打开文件。

② 在工作区域内双击也可以打开【打开】对话框。

2.4.5 打开最近使用过的文件

第 1 步 选择【文件】→【最近打开文件】命令，如下图所示。

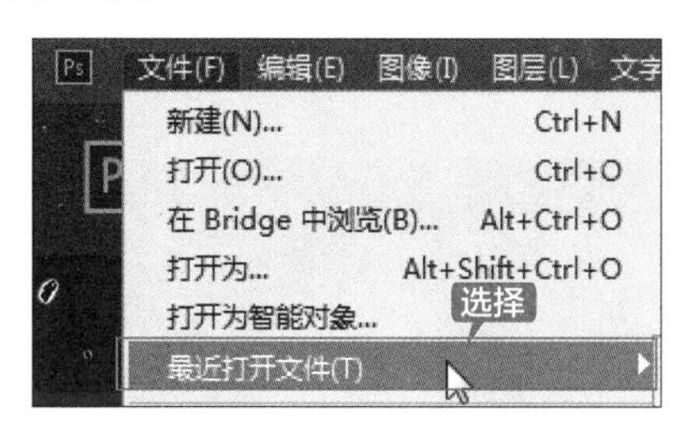

第 2 步 弹出最近处理过的文件菜单，选择某个文件名将打开该文件，如下图所示。

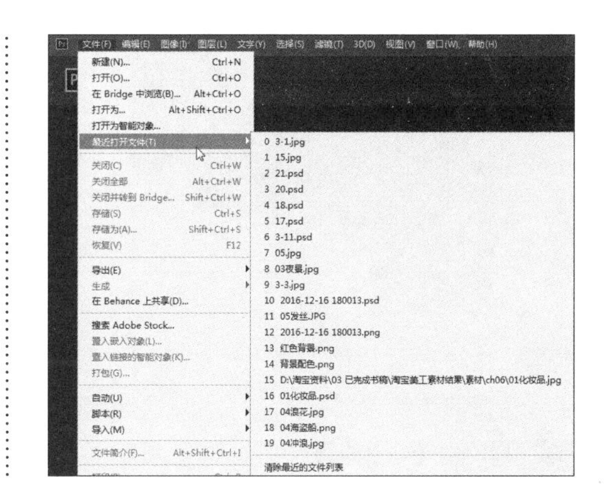

2.4.6 作为智能对象打开

第 1 步 选择【文件】→【打开为智能对象】命令，如下图所示。

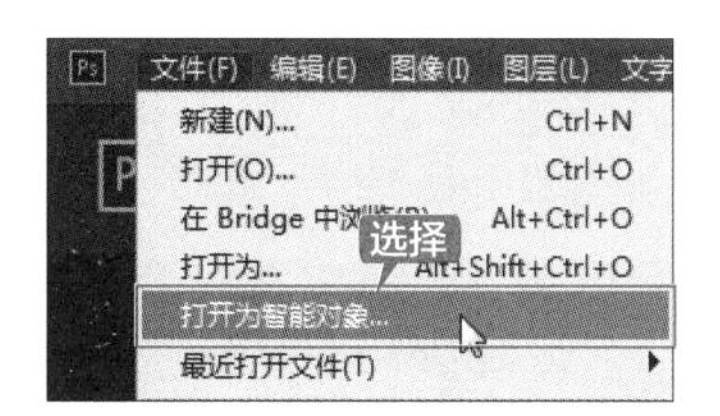

第 2 步 出现【打开】对话框，双击某个文件名将该文件作为智能对象打开，如下图所示。

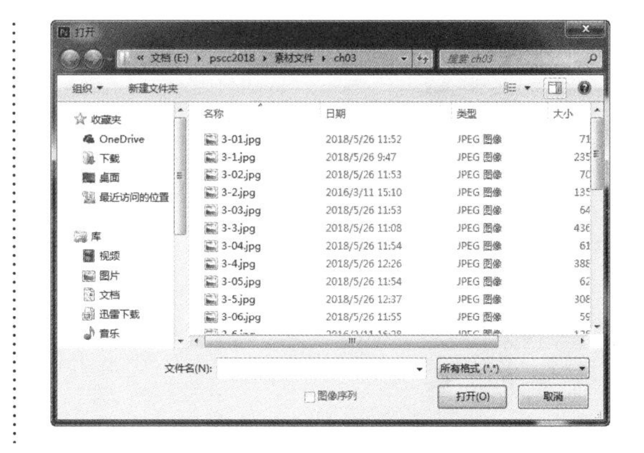

2.4.7 使用【画板工具】

Photoshop CC 2018 的【画板工具】在进行草案设计阶段或方案比较时有着很重要的作用，设计师可以通过【画板工具】方便地进行各种手机尺寸、名片的设计等。

第 1 步 打开 Photoshop CC 2018 软件后，新建一个文件，设置一个符合需要的画布尺寸，如下图所示。

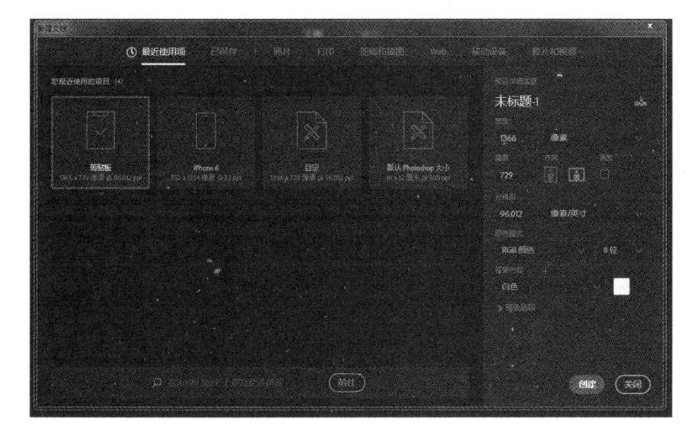

第 2 步 创建新文件后，选择主工具栏中的【画板工具】，如下图所示。

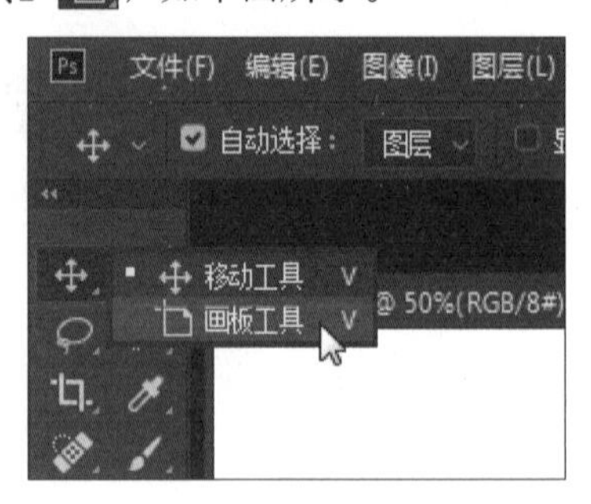

第 3 步 用户在选项栏的【大小】中可以设置自己想要的手机尺寸或其他尺寸，这里选择的是 iPhone 6 Plus 的尺寸，如下图所示。

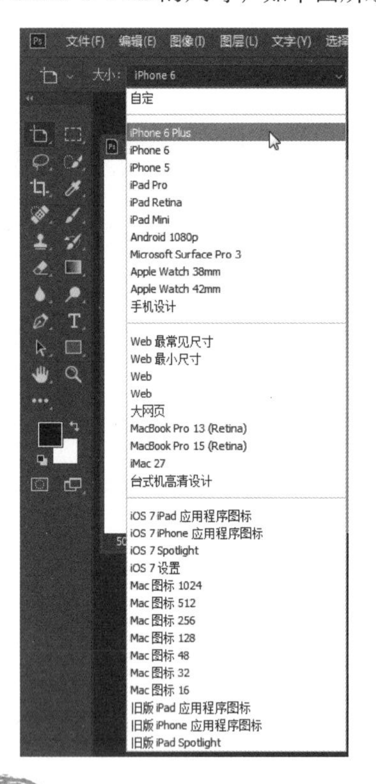

第 4 步 选中之后，单击选项栏中的【添加新画板】按钮，然后在工作区域单击画板就可以快速地设置好 iPhone 6 Plus 的尺寸，如下图所示。

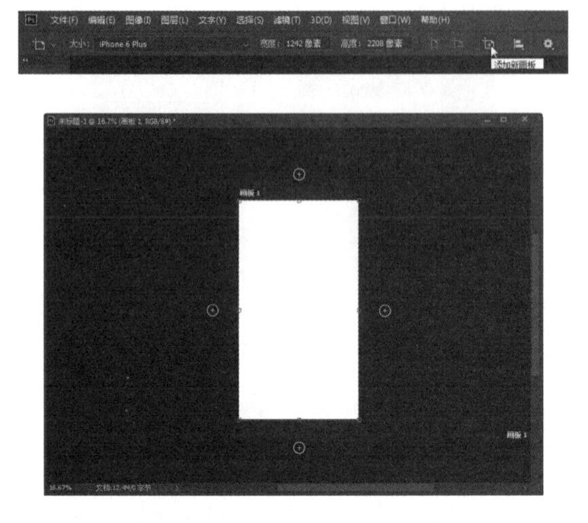

第 5 步 当选中【画板】图层时，在操作区域上有“+”号的标志。用户可以在上、下、左、右建立个多 iPhone 6 Plus 尺寸的画板，这样就可以进行设计比较了，如下图所示。

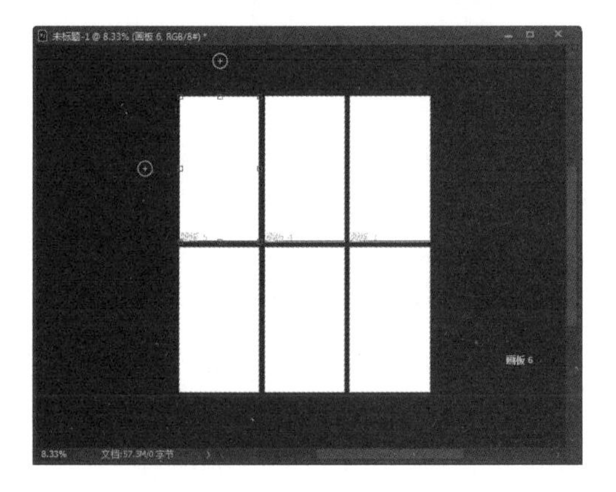

2.5 文件操作 3——保存文件

保存文件的方法有以下几种方法。

2.5.1 使用【存储】命令保存文件

第 1 步 选择【文件】→【存储】命令，可以以原有的格式存储正在编辑的文件，如下图所示。

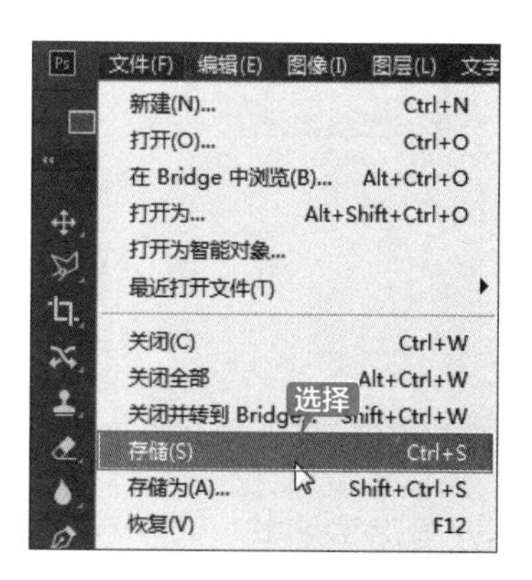

第 2 步 打开【另存为】对话框，设置保存位置和名称后，单击【保存】按钮就可以保存为 .psd 格式的文件，如下图所示。

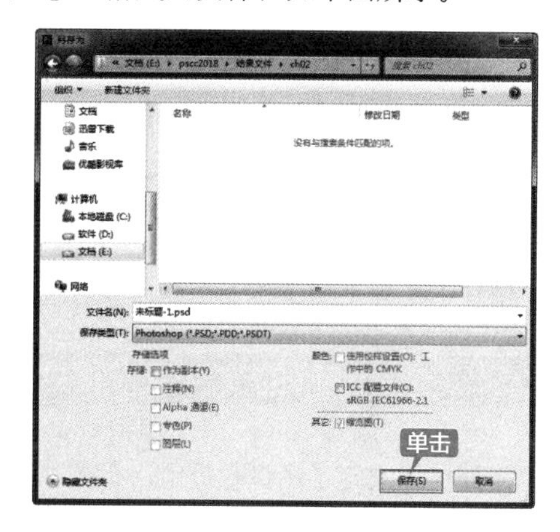

2.5.2 使用【存储为】命令保存文件

第 1 步 选择【文件】→【存储为】命令（或按【Shift+Ctrl+S】组合键）即可打开【另存为】对话框，如下图所示。

第 2 步 不论是新建的文件还是已经存储过的文件，用户都可以在【另存为】对话框中将文件另外存储为某种特定的格式，如下图所示。

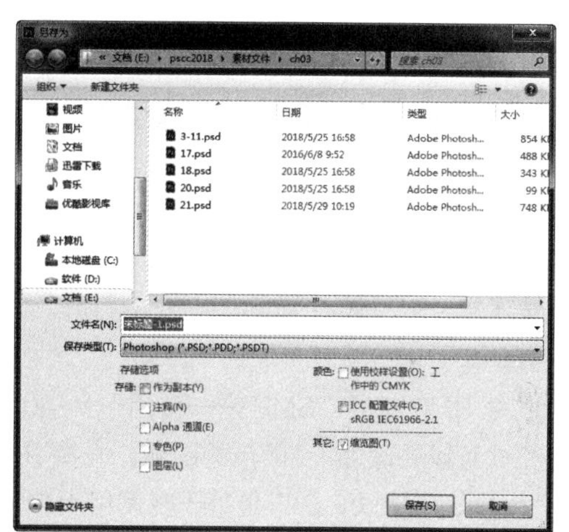

【另存为】对话框中的重要选项介绍如下。

【保存在】：选择文件的保存路径。

【文件名】：设置保存的文件名。

【保存类型】：选择文件的保存格式。

【作为副本】：选中该复选框后，可以另外保存一个复制文件。

【注释 /Alpha 通道 / 专色 / 图层】：可以选择是否保存注释、Alpha 通道、专色和图层。

【使用校样设置】：将文件的保存格式设置为 EPS 或 PDF 时，该选项才可用。选中该复选框可以保存打印用的校样设置。

【ICC 配置文件】：可以保存嵌入在文档中的 ICC 配置文件。

【缩览图】：为图像创建并显示缩览图。

2.5.3 通过快捷方式保存文件

使用【Ctrl+ S】组合键也可以保存文件。

2.5.4 使用【签入】命令保存文件

选择【文件】→【签入】命令保存文件时，允许存储文件的不同版本及各版本的注释。

2.5.5 选择正确的文件保存格式

文件格式决定了图像数据的存储方式、压缩方法及支持什么样的 Photoshop 功能，以及文件是否与一些应用程序兼容。Photoshop CC 2018 软件支持 PSD、JPEG、TIFF、GIF、EPS 等多种格式， 每一种格式都有各自的特点。用户在使用【存储】【存储为】命令保存图像时，可以在打开的对话框中选择文件的保存格式。例如，TIFF 格式是用于印刷的格式，GIF 是用于网络的格式等， 用户可根据文件的使用目的，选择合适的保存格式。

① PSD 格式：PSD 是 Photoshop 默认的文件格式，可以保留文档中的所有图层、蒙版、通道、路径、未栅格化的文字、图层样式等。通常情况下，都是将文件保存为 PSD 格式，以便可以对其进行修改。PSD 是除大型文档格式（PSB）之外支持所有 Photoshop 功能的格式。其他 Adode 应用程序，如 Illustator、InDesign、Premiere 等可以直接置入 PSD 文件。

② PSB 格式：PSB 格式是 Photoshop 的大型文档格式，可支持最高达到 300 000 像素的超大图像文件。PSB 格式支持 Photoshop 所有功能，可以保持图像中的通道、图层样式和滤镜效果不变，但只能在 Photoshop 中打开。如果要创建一个 2GB 以上的 PSB 文件，可以使用此格式。

③ BMP 格式：BMP 是一种用于 Windows 操作系统的图层格式，主要用于保存位图文件。该格式可以处理 24 位颜色的图像，支持 RGB、位图、灰度和索引模式，但不支持 Alpha 通道。

④ GIF 格式：GIF 是基于在网络上传输图像而创建的文件格式，因支持透明背景和动画，被广泛地应用于传输和存储医学图像，如超声波和扫描图像。DICOM 文件包含图像数据和表头，其中存储了有关病人和医学的图像信息。

⑤ EPS 格式：EPS 是为在 PostScript 打印机上输出图像而开发的文件格式，几乎所有的图形、图表和页面排版程序都支持该格式。EPS 格式可以同时包含矢量图形和位图图像、支持 RGB 、CMYK、位图、双色调、灰度、索引和 Lab，但不支持 Alpha 通道。

⑥ JPEG 格式：JPEG 是由联合图像专家组开发的文件格式。它采用有损压缩方式，具有较好的压缩效果，但是当压缩品质数值设置得较大时，会损失图像的某些细节。JPEG 格式支持 RGB、CMYK 和灰度模式，但不支持 Alpha 通道。

⑦ PCX 格式：PCX 格式采用 RLE 无损压缩方式，支持 24 位、256 色图像，适合保存索引和线画稿模式的图像。该格式支持 RGB、索引、灰度和位图模式，以及一个颜色通道。

⑧ PDF 格式：便携文档格式（PDF）是一种通用的文件格式，支持矢量数据和位图数据。具有电子文档搜索和导航功能，是 Adobe Illusteator 和 Adpbe Aeronat 的主要格式。PDF 格式

支持 RGB、CMYK、索引灰度、位图和 Lab 模式，但不支持 Alpha 通道。

⑨ RAW 格式：Photoshop Raw (RAW) 是一种灵活的文件格式，用于在应用程序与计算机平台之间传递图像。该格式支持具有 Alpha 通道的 CMYK、RFB 和灰度模式，以及无 Alpha 通道的多通道、Lab、索引和双色调整模式。

⑩ PIXAR 格式：PIXAR 是专为高端图形应用程序（如用于渲染三维图像和动画应用程序）设计的文件格式。它支持具有单个 Alpha 通道的 CMYK、RGB 和灰度模式图像。

⑪ PNG 格式：PNG 是作为 GIF 的无专利代替产品而开发的。与 GIF 不同，PNG 支持 244 位图像并产生无锯齿状的透明背景度，但某些早期的浏览器不支持该格式。

⑫ SCT 格式：Seitex(SCT) 格式用于 Seitx 计算机上的高端图像处理。该格式支持 CMYK、RGB 和灰度模式，但不支持 Alpha 通道。

⑬ TGA 格式：TGA 格式专门用于使用 Truevision 视屏版的系统，它支持一个单独 Alpha 通道的 32 位 RGB 文件，以及无 Alpha 通道的索引、灰度模式，16 位和 24 位 RGB 文件。

⑭ TIFF 格式：TIFF 是一种通用文件格式，所有的绘画、图像编辑和排版都支持该格式。而且，几乎所有的桌面扫描仪都可以产生 TIFF 图像。该格式支持具有 Alpha 通道的 CMYK、RGB、Lab、索引颜色和灰度图像，以及没有 Alpha 通道的位图模式图像。Photoshop 可以在 TIFF 文件中存储图层，但是如果在另一个应用程序中打不开该文件，则只有拼合图像是可见的。

⑮ PBM 格式：便携位图（PBM）文件格式支持单色位图（1 位 / 像素），可用于无损数据传输。因为许多应用程序都支持此格式，所以还可以在简单的文本编辑器中编辑或创建此类文件。

2.6 文件操作 4——置入文件

使用【打开】命令打开的各个图像之间是独立的，如果想将图像导入另一个图像上，需要使用【置入】命令。

2.6.1 置入 EPS 格式文件

第 1 步 打开“素材 \ch02\01.jpg”文件，如下图所示。

第 2 步 选择【文件】→【置入嵌入的对象】命令，弹出【置入嵌入的对象】对话框。选择“素材文件 \ch02\01.eps”文件，然后单击【置入】按钮，如下图所示。

第3步 图像即被置入“01.jpg”图片上，并在其四周显示控制线，如下图所示。

第4步 将鼠标指针放在置入图像的控制线上，当其变成旋转箭头时，按住鼠标左键即可旋转图像，如下图所示。

第5步 将鼠标指针放在置入图像的控制线上，当其变成双向箭头时，按住鼠标左键即可等比例缩放图像。设置完成后，按【Enter】键即可完成设置，如下图所示。

2.6.2 置入 PDF 格式文件

用户置入 PDF 格式文件和置入 EPS 格式文件的操作方法类似，只是在单击【置入嵌入的对象】按钮后会弹出【打开为智能对象】对话框，在该对话框中的【选择】选项区域中，根据要导入的 PDF 文档的元素，选中【页面】或【图像】单选按钮。如果 PDF 文件包含多个页面或图像，就可以单击要置入的页面或图像的缩览图，如下图所示。

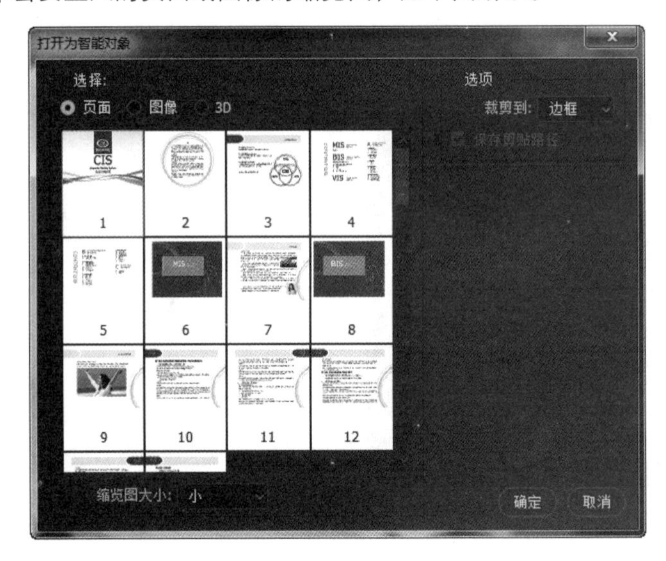

提示

可以使用【缩览图大小】菜单，在预览窗口中调整缩览图视图。【适合页面】选项用于在整个预览窗口中显示一个缩览图。如果有多个项目，则会出现一个滚动条。

2.7 文件操作 5——关闭文件

用户关闭文件的方法有以下 3 种。

① 以“素材\ch02\04.jpg”文件为例，选择【文件】→【关闭】命令，即可关闭正在编辑的文件，如下图所示。

② 单击编辑窗口上方的【关闭】按钮，即可关闭正在编辑的文件，如下图所示。

③ 在标题栏上右击，在弹出的快捷菜单中选择【关闭】命令，如果关闭所有打开的文件，可以选择【关闭全部】命令，如下图所示。

2.8 文件操作 6——图像文件打印

对于已经完成的设计工作，如果需要将设计的作品打印出来，在打印之前还需要对所输出的版面和相关的参数进行设置，以确保更好地打印效果，更准确地表达设计的意图。

无论是用桌面打印机还是要将图像发送到印前设备，了解一些有关打印的基础知识都会使打印工作更顺利，并有助于打印完成的图像达到预期的效果。

2.8.1 打印设置

用户如果要进行打印预览，以打开“素材\ch02\05.jpg”文件为例，可以选择【文件】→【打印】命令，系统弹出【Photoshop 打印设置】对话框，如下图所示。

【Photoshop 打印设置】对话框中各个选项的功能如下。

【打印机】下拉列表：选择一款打印机。

【份数】：用来设置打印的份数。

【打印设置】按钮：单击此按钮可以在打开的【文档属性】对话框中设置字体嵌入和颜色等参数。

> **提示**
>
> 选择不同的打印机，此对话框的名称不一致，但都是进行设置字体嵌入和颜色等参数。

【位置】：用来设置所打印的图像在画面中的位置。

【缩放后的打印尺寸】：用来设置缩放的比例、高度、宽度和分辨率等参数，如下图所示。

【纵向打印纸张】按钮：用来设置纵向打印。

【横向打印纸张】按钮：用来设置横向打印。

【套准标记】：在图像上打印套准标记（包括靶心和星形靶），这些标记主要用于对齐分色。

【角裁剪标志】：在要裁剪页面的位置打印裁剪标志，也可以在角上打印裁剪标志。在

PostScript 打印机上，选中此复选框也将打印星形靶。

【中心裁剪标志】：在要裁剪页面的位置打印裁剪标志，可在每个边的中心打印裁剪标志。

【说明】：打印在【文件简介】对话框中输入的任何说明文本。将始终采用 9 号 Helvetica 无格式字体打印说明文本。

【标签】：在图像上方打印文件名。如果打印分色，则将分色名称作为标签的一部分打印。

【药膜朝下】：使文字在药膜朝下（即胶片或像纸上的感光层背对用户）时可读。正常情况下，打印在纸上的图像是药膜朝上打印的，打印在胶片上的图像通常采用药膜朝下的方式打印。

【负片】：打印整个输出（包括所有蒙版和任何背景色）的反相版本。与【图像】菜单中的【反相】命令不同，【负片】复选框将输出（而非屏幕上的图像）转换为负片。尽管正片胶片在许多国家 / 地区应用很普遍，但是如果将分色直接打印到胶片，则可能需要负片。若要确定药膜的朝向，要在冲洗胶片后于亮光下检查胶片。暗面是药膜，亮面是基面。

【背景】：选择要在页面上的图像区域外打印的背景色。例如，对于打印到胶片记录仪的幻灯片，黑色或彩色背景可能很理想。要使用该选项，则单击【背景】按钮，然后从拾色器中选择一种颜色。这仅是一个打印选项，它不影响图像本身，如下图所示。

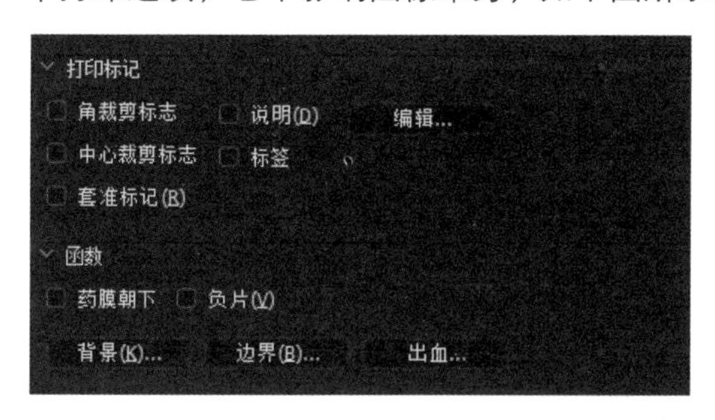

【边界】：在图像周围打印一个黑色边框。输入一个数字并选取单位值，指定边框的宽度。

【出血】：在图像内而不是在图像外打印裁剪标志。使用此选项可在图形内裁剪图像。输入一个数字并选取单位值，指定出血的宽度。

2.8.2 打印文件

打印中最为直观简单的操作就是【打印一份】命令，可选择【文件】→【打印一份】命令（或按【Alt+Shift+Ctrl+P】组合键）打印。

在打印时也可以同时打印多份。选择【文件】→【打印】命令，在弹出的【打印】对话框中的【份数】文本框中输入要打印的数值，即可一次打印多份。

2.9 文件操作 7——搜索功能

Photoshop CC 2018 软件新增加了强大的搜索功能，用户可以搜索图层、工具、面板、菜单命令等。

第 1 步 选择【编辑】→【搜索】命令或者单击选项栏最右侧的【搜索】图标 ，该图标位于【工作区切换器】图标的左侧，如下图所示。

第 2 步 系统弹出【搜索】面板，用户可以根据需要输入搜索的内容，如下图所示。

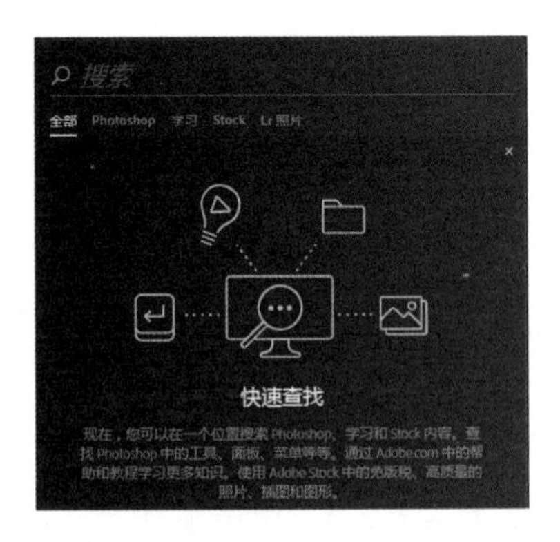

第 3 步 要关闭【搜索】对话框，可以按【Esc】键。

制作 PDF 格式文件

有些打印机首选接受 PDF 文件格式的作品，在工作中可以先将图像转换为 PDF 文档。创建 PDF 文档的具体操作步骤如下。

第 1 步 打开“素材 \ch02\03.jpg”文件，如下图所示。

第 2 步 选择【文件】→【另存为】命令，弹出【另存为】对话框。在【保存类型】下拉列表中选择【Photoshop PDF】选项，然后单击【保存】按钮，如下图所示。

第 3 步 在弹出的【存储 Adobe PDF】对话框中的【Adobe PDF 预设】下拉列表中选择【PDF/ X-4:2008(Japan)】选项，【标准】下拉列表中选择【PDF/X-4:2010】选项，如下图所示。

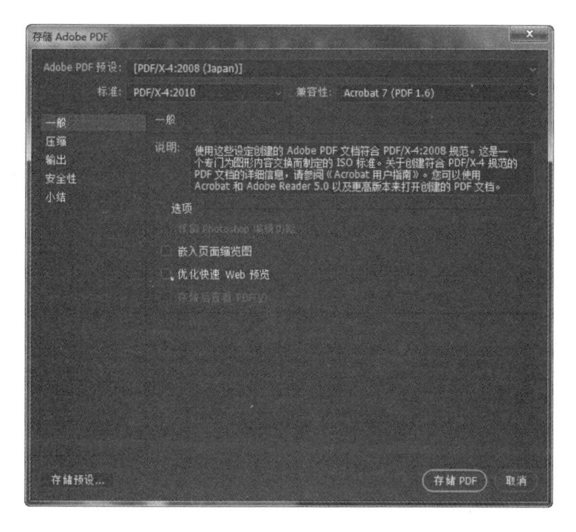

第 4 步 单击【存储 PDF】按钮，文档即可被保存为 PDF 格式，如下图所示。

◇ Photoshop CC 2018 临时文件位置

Photoshop 在处理图像时会产生临时的缓存文件，这个临时文件一般默认保存在 C 盘中名称为“Photoshop Temp***”的文件中（* 代表数字）。

① 暂存盘的“启动”，意思是启动盘，即 C 盘。建议将计算机的所有分区都设为暂存盘，这样就不会因暂存盘小而导致软件不能正常使用。选择【编辑】→【首选项】→【性能】命令即可打开【首选项】对话框，在【暂存盘】选项中可以设置暂存盘位置。

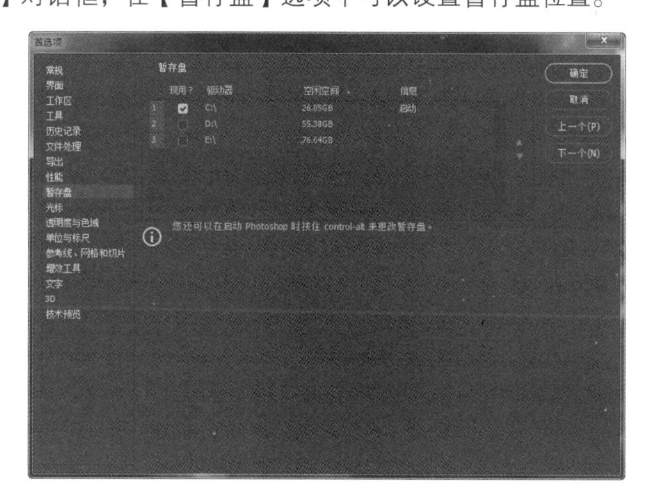

② 暂存盘只是暂时存放工作中的一些数据，一旦退出（或非法关闭）暂存盘中的内容就自动删除了。

③ 没有保存，文件就不存在，是无法找回的。

◇ 常用图像输出要求

喷绘是指户外广告画面的输出，一般输出的画面都很大，如公交车站的广告灯箱中的广告设计画，就是喷绘机输出打印的结果。喷绘输出机型主要有 NRU SALSA 3200 和彩神 3200 等，一般最大幅宽为 3.2m。喷绘机使用的打印介质通常都是广告布，也有称为灯箱布的，其打印使用的墨水一般是油性墨水。为了保证喷绘出的图像画面的持久性，一般喷绘的画面色彩比显示器上显示的颜色要深一些。喷绘实际输出的图像分辨率一般只需要 30~45 点 / 英寸，画面实际尺寸比较大。

写真是指在室内使用的图像，它的输出画面通常就只有几平方米大小而已。例如，在室内使用的小广告画面或者是宣传页等。写真输出机型如 HP5000，其最大幅宽一般为 1.5m。写真机使用的打印介质一般是 PP 纸和灯片等，使用的墨水一般是水性墨水。通常在打印输出图像完毕后还要对画面进行覆膜和裱板。写真输出分辨率可以达到 300~1200 点 / 英寸（机型不同会有不同的分辨率），写真的色彩比较饱和、清晰。

◇ Adobe Illustrator 和 Photoshop CC 2018 文件互用

Adobe Illustrator 作为全球最著名的矢量图形处理软件，能够高效和精确处理大型复杂的图形文件。

① Photoshop CC 是位图设计软件，其主要用于图像处理。软件中有许多功能和滤镜，用户可以随心所欲地做出非常绚丽的画面。而 Adobe Illustrator 是矢量图设计软件，主要用于图形的设计，如要做一个图标，需要无限放大尺寸，Adobe Illustrator 就可以做到，但 Photoshop CC 做出的就是模糊的。

② 将下载的 Adobe Illustrator 源文件拖入 Adobe Illustrator 中完成简单修改。

③ Adobe Illustrator 与 Photoshop CC 的存储区别在于：Photoshop CC 是直接选择【文件】→【存储为】命令即可，而到了 Adobe Illustrator 中则需要选择【文件】→【导出】→【选择文件格式】命令。

第 3 章
图像的基础操作

本章导读

本章介绍使用 Photoshop CC 2018 软件处理和编辑图像的常用方法，如查看图像、修改画布、复制与粘贴、图像的变换与变形，以及恢复与还原等操作。

思维导图

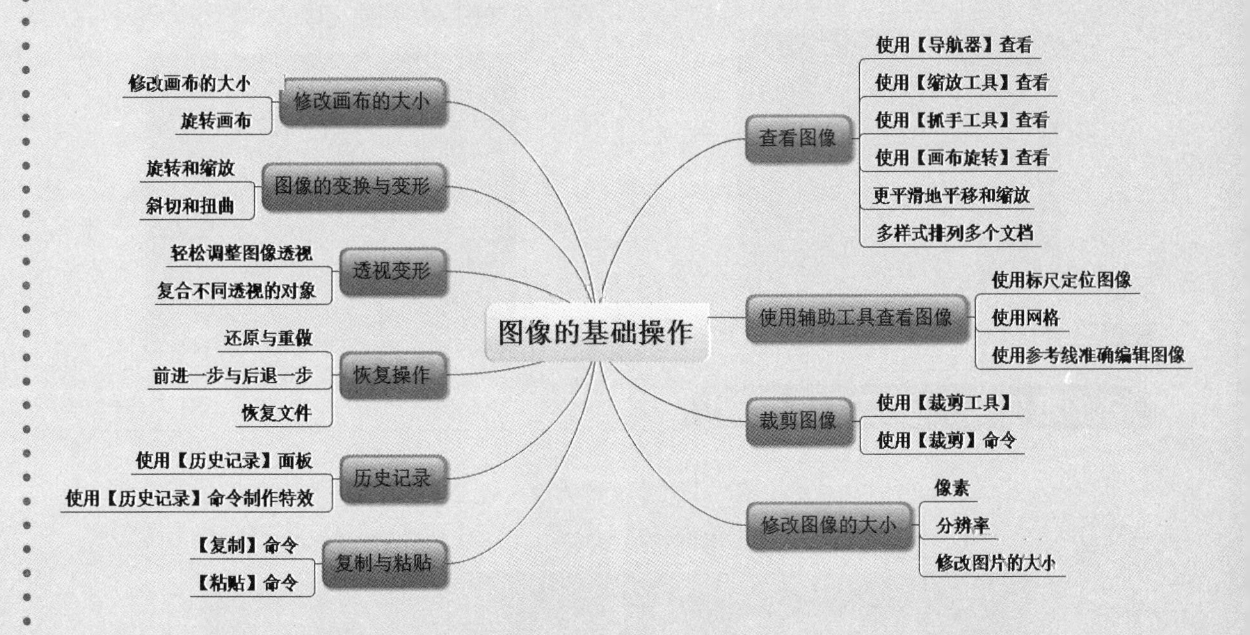

3.1 图像操作 1——查看图像

在编辑图像时，常常需要进行放大或缩小窗口的显示比例、移动图像的显示区域等操作，通过对整体的把握和对局部的修改来达到最终的设计效果。Photoshop CC 2018 软件提供了一系列的图像查看命令，可以方便地完成这些操作，如【缩放工具】【抓手工具】【导航器】面板和各种缩放窗口的命令。

3.1.1 使用【导航器】查看

【导航器】面板中包含图像的缩略图和各种缩放窗口工具。如果文件尺寸较大，画面中不能显示完整的图像，用户通过该面板定位图像的查看区域会更加方便。

第 1 步 打开“素材 \ch03\3−1.jpg”文件。

第 2 步 选择【窗口】→【导航器】命令，打开【导航器】面板，如下图所示。

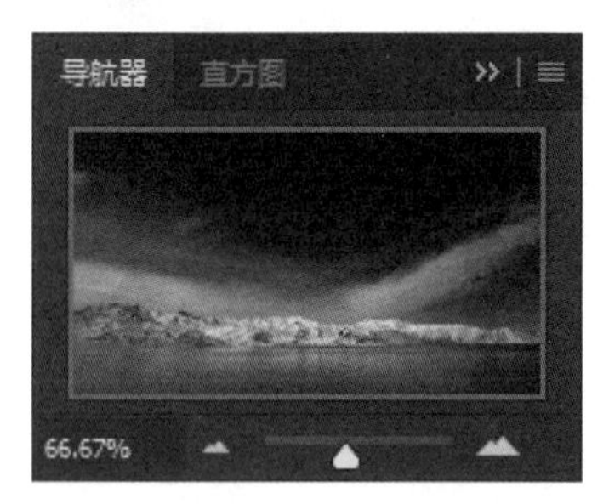

第 3 步 单击【导航器】中的【缩小】图标可以缩小图像，单击【放大】图标可以放大图像，如下图所示。

第 4 步 也可以在左下角直接输入缩放的数值，如下图所示。

66.67%

在【导航器】缩略窗口中使用【抓手工具】可以改变图像的局部区域，如下图所示。

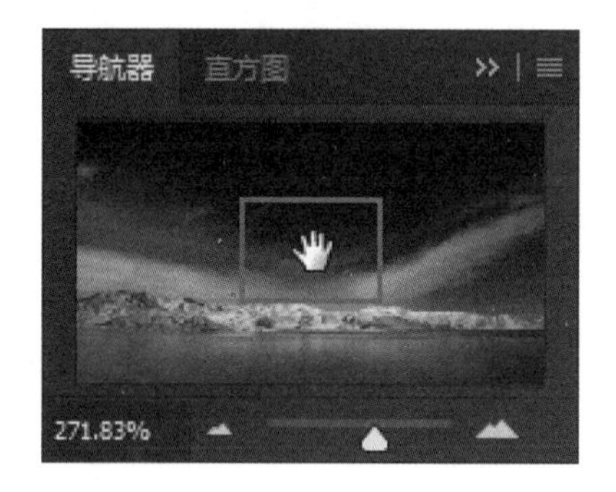

3.1.2 使用【缩放工具】查看

Photoshop CC 2018 软件的【缩放工具】又称为放大镜工具，可以对图像进行放大或缩小。选择【缩放工具】并单击图像时，对图像进行放大处理，按住【Alt】键将缩小图像，如下图所示。

使用 Photoshop CC 2018 软件的【缩放工具】时，每单击一次都会将图像放大或缩小到下

一个预设百分比，并以单击的点为中心进行显示。当图像达到最大放大级别 3 200% 或最小尺寸 1 像素时，放大镜看起来是空的。

调整窗口大小以满屏显示：在 Photoshop CC 2018 软件的【缩放工具】处于现用状态时，选中选项栏内的【调整窗口大小以满屏显示】复选框。当放大或缩小图像视图时，窗口的大小随即会调整。

如果取消选中【调整窗口大小以满屏显示】复选框（默认设置），则无论怎样放大图像，窗口大小都会保持不变。如果用户使用的显示器比较小或是在平铺视图中工作，这种方式会有所帮助。

缩放所有窗口：选中【缩放所有窗口】复选框，可以同时缩放 Photoshop CC 2018 软件中已打开的所有窗口图像。

✓ 细微缩放：选中【细微缩放】复选框，在 Photoshop CC 2018 软件的图像窗口中按住鼠标左键拖曳，可以随时缩放图像大小，向左拖曳鼠标为缩小，向右拖曳鼠标为放大。取消选中【细微缩放】复选框，在 Photoshop CC 2018 软件的图像窗口中按住鼠标左键拖曳，可创建一个矩形选区，将以矩形选区内的图像为中心进行放大。

适合屏幕：单击此按钮，Photoshop CC 2018 软件的图像将自动缩放到窗口大小，方便用户对图像进行整体预览。

填充屏幕：单击此按钮，Photoshop CC 2018 软件的图像将自动填充至整个图像窗口大小，但实际长宽比例不变。

第 1 步 选择 Photoshop CC 2018【工具箱】中的【缩放工具】选项，鼠标指针将变为中心带有加号的放大镜，单击想要放大的区域。每单击一次，图像便放大至下一个预设百分比，并以单击的点为中心进行显示，如下图所示。

提示

用户使用【缩放工具】拖曳出想要放大的区域即可对局部区域进行放大。

第 2 步 按住【Alt】键以启动【缩小工具】（或单击其选项栏上的缩小按钮），鼠标指针将变为中心带有一个减号的放大镜，单击想要缩小的区域。每单击一次，图像便缩小到上一个预设百分比，如下图所示。

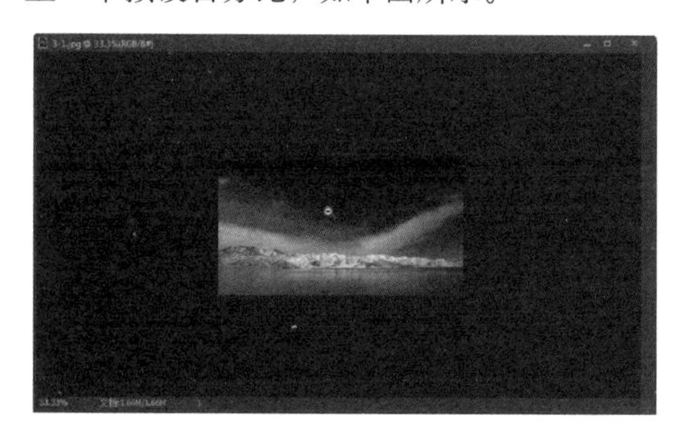

提示

按【Ctrl++】组合键以画布为中心放大图像；按【Ctrl+ －】组合键以画布为中心缩小图像。

第 3 步 选中【细微缩放】复选框，在图像窗口中按住鼠标左键，向左拖曳鼠标为缩小图像，向右拖曳鼠标为放大图像。

提示

按【Ctrl+0】组合键以满画布显示图像，即图像窗口充满整个工作区域。

第 4 步 在左下角缩放比例框中直接输入要缩放的百分比值，按【Enter】键确认缩放即可。

3.1.3 使用【抓手工具】查看

Photoshop CC 2018 软件使用【抓手工具】可以在图像窗口中移动整个画布，移动时不会影响图层间的位置，【抓手工具】常常配合【导航器】面板一起使用。

滚动所有窗口：如果取消选中此复选框，使用【抓手工具】移动图像时，只会移动当前所选择的窗口内的 Photoshop CC 2018 图像；如果选中此复选框，使用【抓手工具】时，将移动已打开窗口内的所有 Photoshop CC 2018 图像。

100%：单击此按钮，Photoshop CC 2018 图像将自动还原到图像实际大小尺寸。

适合屏幕：单击此按钮，Photoshop CC 2018 图像将自动缩放到窗口大小，方便用户对图像整体进行预览。

填充屏幕：单击此按钮，Photoshop CC 2018 图像将自动填充至整个图像窗口大小，而实际长宽比例不变。

第 1 步 选择 Photoshop CC 2018 软件的【工具箱】中的【抓手工具】选项，此时鼠标指针变成手的形状，按住鼠标左键，即可在图像窗口中拖曳图像。

第 2 步 在使用 Photoshop CC 2018【工具箱】中的任何工具时，按住【Space】键，即可自动切换到【抓手工具】，此时按住鼠标左键，可在图像窗口中拖曳图像。

第 3 步 也可以拖曳水平滚动条和垂直滚动条来查看图像。使用【抓手工具】查看部分图像，如下图所示。

3.1.4 画布旋转查看

用户使用【旋转视图工具】可自由地旋转画布，以便以所需的任意角度进行查看，如下图所示。

旋转角度：45°：可直接输入角度值，以达到精确旋转 Photoshop CC 2018 软件视图的目的。

：在此按钮上按住鼠标左键移动，也可以旋转 Photoshop CC 2018 软件视图图像。

旋转所有窗口：默认为取消选中状态；选中此复选框后对一个窗口图像进行旋转操作时，其他 Photoshop CC 2018 软件窗口图像也一起旋转。

第 1 步 选择【编辑】→【首选项】→【性能】命令，在弹出的【首选项】对话框中的【图形处理器设置】选项区域中选中【使用图形处理器】复选框，然后单击【确定】按钮，如下图所示。

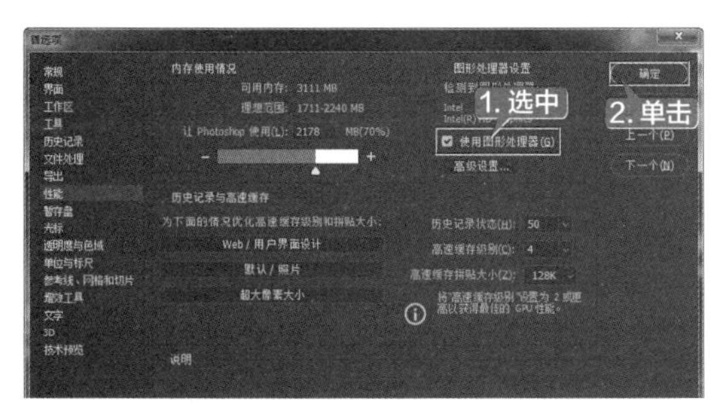

第 2 步 打开“素材 \ch03\3-2.jpg”文件，如下图所示。

第 3 步 在【工具箱】上单击【旋转视图工具】选项，在图像窗口中按住鼠标左键拖曳，图像中出现罗盘指针，即可任意旋转 Photoshop CC 2018 软件视图图像，如下图所示。

第 4 步 移动鼠标即可实现图像的旋转，如下图所示。

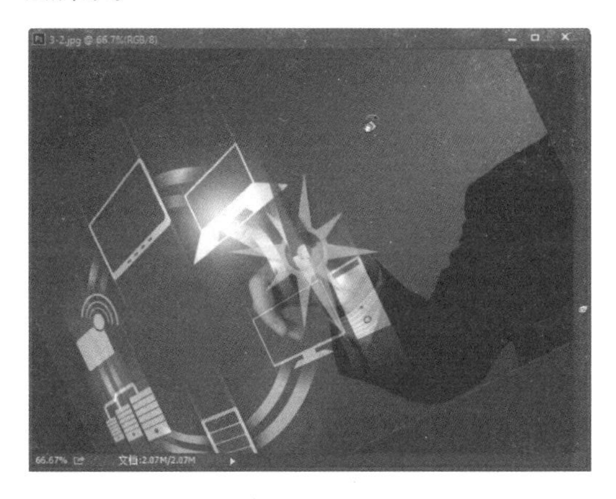

第 5 步 单击 Photoshop CC 2018 中文版【旋转视图工具】选项栏上的【复位视图】按钮，可以复位还原视图。按【Esc】键，同样可以复位视图，如下图所示。

提示

选中【启用 OpenGL 绘图】复选框对显卡有一定的要求。

① 显卡硬件支持 DirectX 9。

② Pixel Shader 至少为 1.3 版。

③ Vertex Shader 至少为 1.1 版。

3.1.5 更平滑地平移和缩放

用户利用【缩放工具】和【抓手工具】配合快捷键，可以更加顺畅地浏览图像的任意区域。在缩放到单个像素时仍能保持清晰，并且可以使用新的像素网格轻松地在最高放大级别下进行编辑，具体的操作步骤如下。

第1步 打开“素材\ch03\3-3.jpg”文件，如下图所示。

第2步 单击【缩放工具】按钮🔍可对图像进行放大，当图像放大到一定程度时会出现网格，如下图所示。

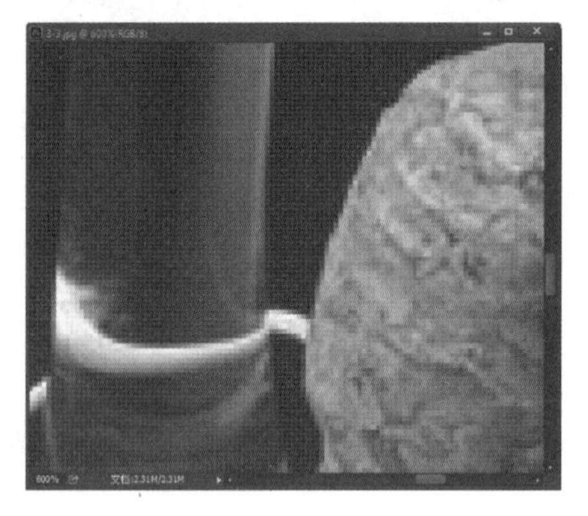

第3步 切换到【抓手工具】可以随意地拖曳图像查看。如果由于图像过大导致不容易查看另外一处的图像，为此可以按住【H】键，然后单击图像，此时图像就会变为全局图像，且图像中会出现一个方框，可以移动方框到需要查看的位置，如下图所示。

第4步 松开鼠标即可跳转到需要查看的区域，如下图所示。

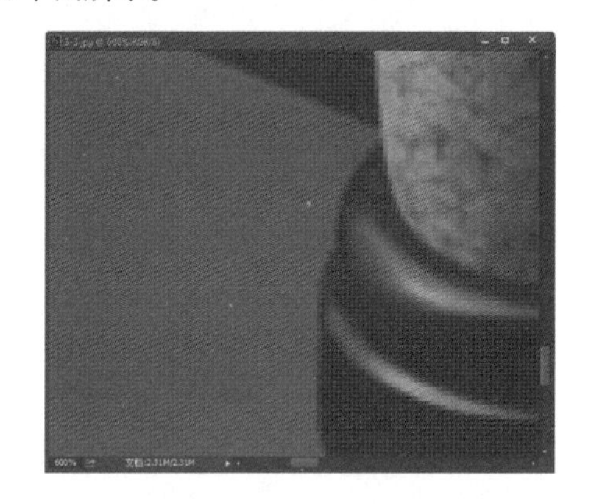

3.1.6 多样式排列多个文档

Photoshop CC 2018 软件可以多样式排列多个文档。作图时，很多时候会同时打开多个图像文件，为了操作方便，可以将文档排列展开，包括双联、三联、四联、全部网格拼贴等。下面介绍排列多个文档的具体操作步骤。

第1步 打开“素材\ch03\3-01.jpg、3-02.jpg、3-03.jpg、3-04.jpg、3-05.jpg、3-06.jpg”文件，如下图所示。

第 2 步 选择【窗口】→【排列】→【全部垂直拼贴】命令，如下图所示。

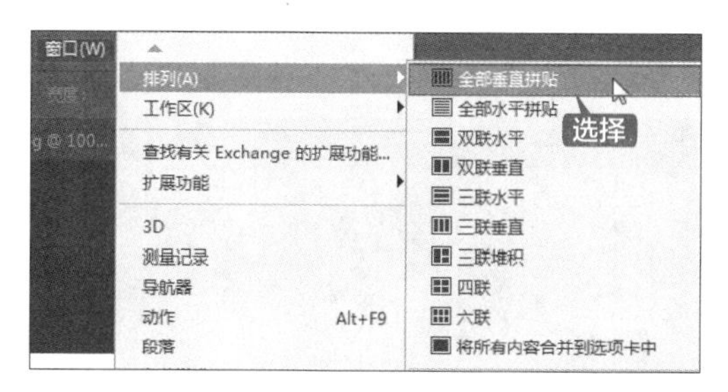

第 3 步 图像的排列将发生明显的变化。切换为【抓手工具】，选择“3–06”文件，可拖曳进行查看，如下图所示。

第 4 步 按住【Shift】键的同时，拖曳“3–06”文件，可以发现其他图像也随之移动，如下图所示。

第 5 步 选择【窗口】→【排列】→【六联】命令，图像的排列发生了变化，如下图所示。

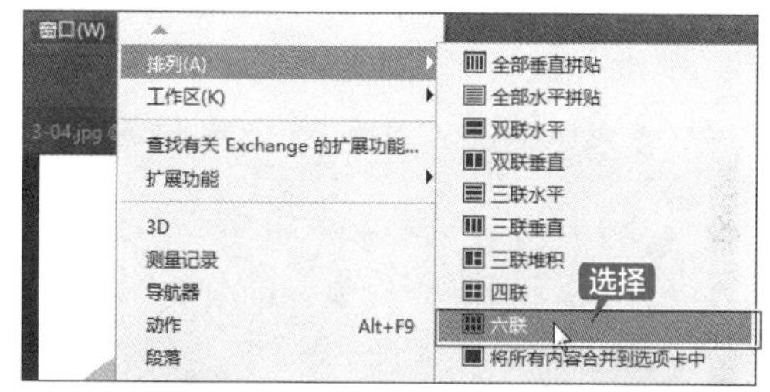

用户可以根据需要选择适合的排列样式。

3.2 图像操作 2——使用辅助工具查看图像

辅助工具的主要作用是辅助操作，可以利用辅助工具提高操作的精确程度和工作的效率。在 Photoshop 中可以利用参考线、网格和标尺等工具来完成辅助操作。

3.2.1 使用标尺定位图像

利用标尺可以精确地定位图像中的某一点及创建参考线。

第 1 步 打开“素材 \ch03\04.jpg”文件。选择【视图】→【标尺】命令或按【Ctrl+R】组合键，标尺即会出现在当前窗口的顶部和左侧，如下图所示。

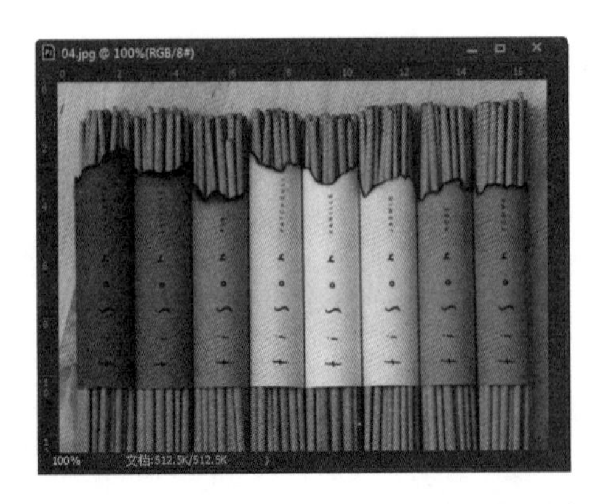

第 2 步 标尺内的虚线可显示出当前鼠标移动时的位置。更改标尺原点【左上角标尺上的 (0, 0) 标志】，可以从图像上的特定点开始度量。在左上角按下鼠标左键，然后拖曳到特定的位置释放，即可改变原点的位置，如下图所示。

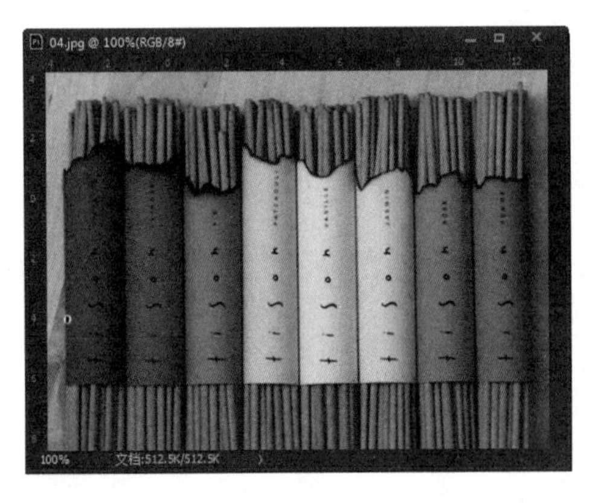

提示

要恢复原点的位置，只需在左上角双击即可。

第 3 步 标尺原点还决定网格的原点，网格的原点位置会随着标尺的原点位置而改变。

第 4 步 默认情况下标尺的单位为“厘米”。如果要改变标尺的单位，可以在标尺位置右击，会弹出一列单位，然后选择相应的单位即可，如下图所示。

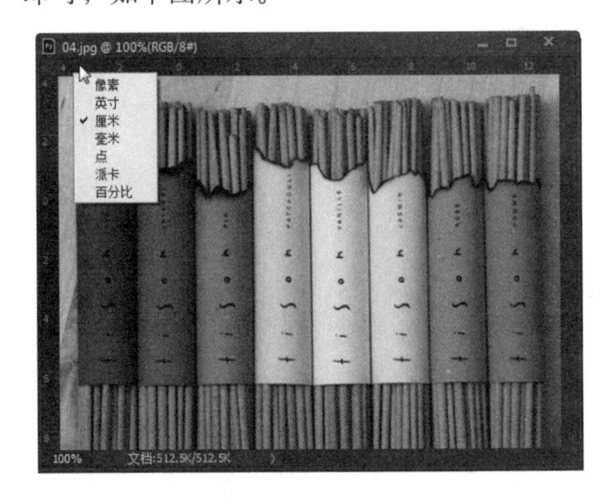

3.2.2 使用网格

网格对于对称地布置图像有很大作用。

第 1 步 选择【视图】→【显示】→【网格】命令或按【Ctrl+ “】组合建，即可显示网格。

提示

网格在默认的情况下显示为无法打印出来的线条，但也可以显示为点。使用网格可以查看和跟踪图像扭曲的情况。

第 2 步 以直线方式显示的网格，如下图所示。

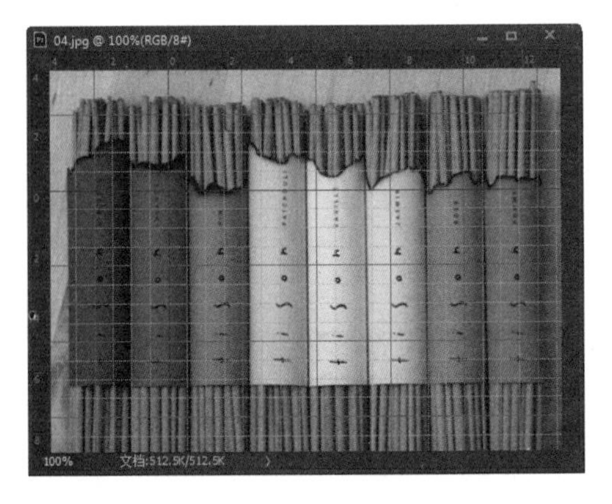

第 3 步 选择【编辑】→【首选项】→【参考线、网格和切片】命令，打开【首选项】对话框，

在【参考线】【智能参考线】【网格】【切片】等选项区域中设定网格的大小和颜色。也可以存储一幅图像中的网格，然后将其应用到其他的图像中，如下图所示。

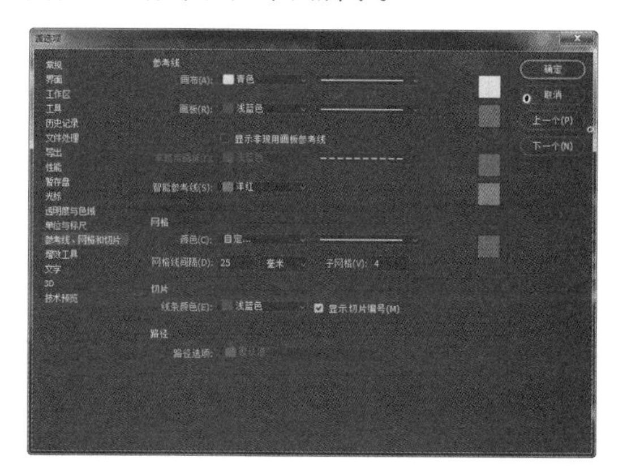

第 4 步 选择【视图】→【对齐到】→【网格】命令，然后拖曳选区、选区边框和工具。如果拖曳的距离小于 8 个屏幕（不是图像）像素，那么它们将与网格对齐。

3.2.3 使用参考线准确编辑图像

参考线是浮在整个图像上但无法打印出来的线条。可以移动或删除参考线，也可以锁定参考线，以免不小心被移动。

打开“素材\ch03\05.jpg”文件。选择【视图】→【显示】→【参考线】命令或按【Ctrl+;】组合键，即可显示参考线，如下图所示。

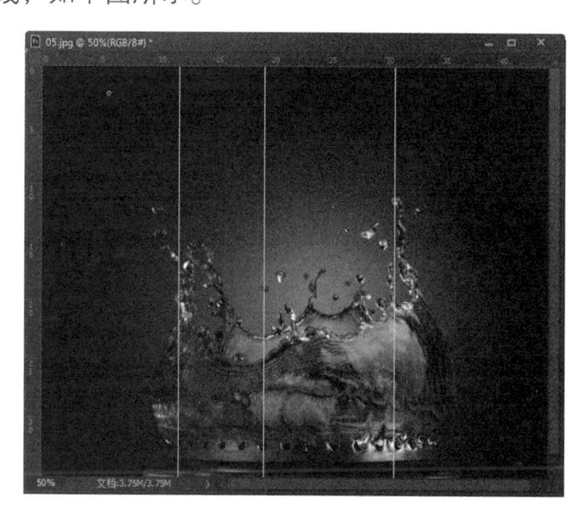

① 创建参考线的具体方法如下。

a. 从标尺处直接拖曳出参考线，按【Shift】键并拖曳参考线可以使参考线与标尺对齐。

b. 如果要精确地创建参考线，可以选择【视图】→【新建参考线】命令，打开【新建参考线】对话框，再输入相应的【水平】和【垂直】参考线数值即可，如下图所示。

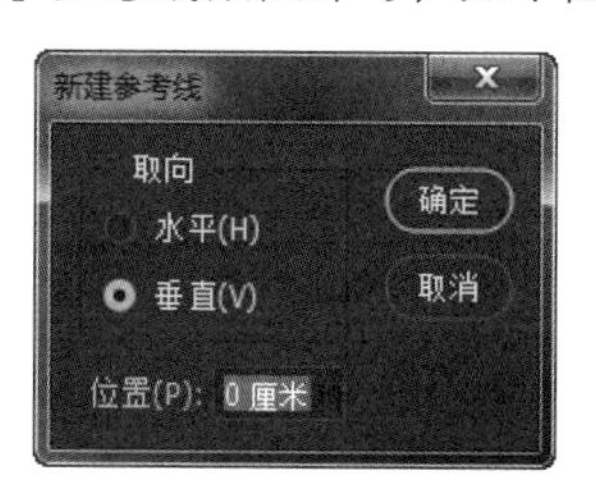

c. 也可以将图像放到最大限度，然后直接从标尺位置拖曳出参考线。

② 删除参考线的具体方法如下。

a. 使用【移动工具】将参考线拖曳到标尺位置，可以一次删除一条参考线。

b. 选择【视图】→【清除参考线】命令，可以一次将图像窗口中的所有参考线全部删除。

③ 锁定参考线的具体方法如下。

为了避免在操作中移动参考线，可以选择【视图】→【锁定参考线】命令来锁定参考线。

④ 隐藏参考线的具体方法如下。

按【Ctrl+H】组合键可以隐藏参考线。

3.3 图像操作 3——裁剪图像

在处理图像时，如果图像的边缘有多余的部分，可以通过裁剪对其进行修整。常见的裁剪图像的方法有 3 种：使用【剪裁工具】、使用【裁剪】命令和使用【裁切】命令。

3.3.1 使用【裁剪工具】

Photoshop CC 2018 软件中的【裁剪工具】是将图像中被选取的图像区域保留，将其他区域删除的一种工具。裁剪的目的是移去部分图像以形成突出或加强构图效果的过程。

默认情况下，裁剪后照片的分辨率与原照片的分辨率相同。通过【裁切工具】可以保留图像中需要的部分，裁剪去不需要的内容。

1. 选项栏参数设置

选择【裁剪工具】选项，工具选项栏如下图所示。

【下拉】：单击工具选项栏左侧的下拉按钮，可以打开工具【预设选取器】，如下图所示。在【预设选取器】中可以选择预设的参数对图像进行裁剪。

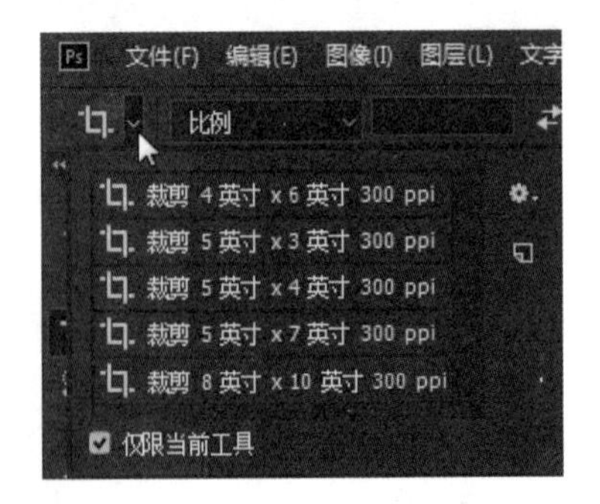

【比例】：该按钮可以显示当前的裁剪比例或设置新的裁剪比例，其下拉选项如下图所示。如果 Photoshop CC 2018 软件图像中有选区，则按钮显示为选区。

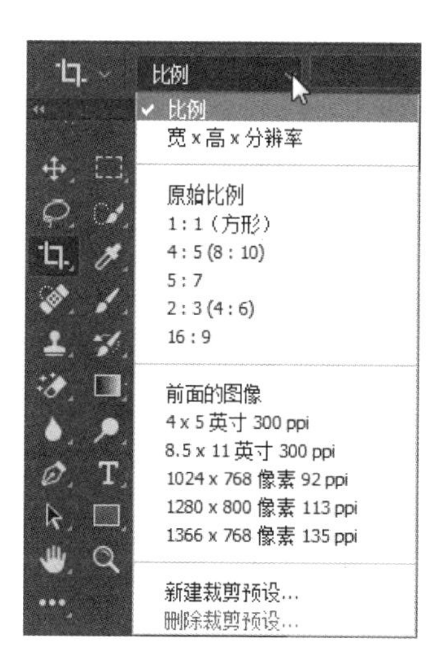

【裁剪输入框】：可以自由设置裁剪的长宽比。

【拉直】：可以矫正倾斜的照片。

【设置裁切工具的叠加】选项 ：可以设置 Photoshop CC 2018 软件裁剪框的视图形式，如黄金比例和金色螺线等，如下图所示。可以参考视图辅助线裁剪出完美的构图。

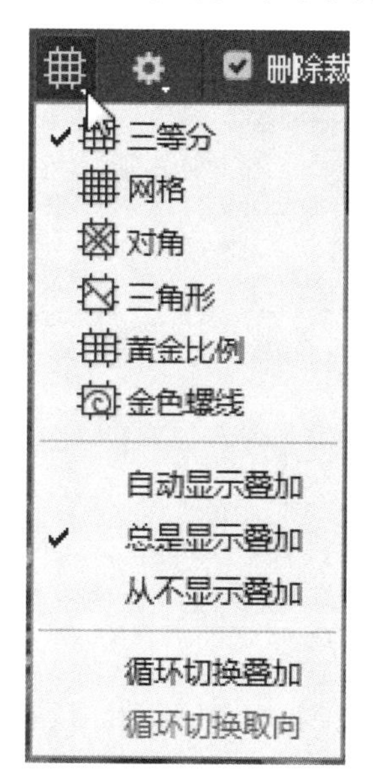

【设置其他裁剪选项】：可以设置裁剪的显示区域，以及裁剪屏蔽的颜色、不透明度等，其下拉列表如下图所示。

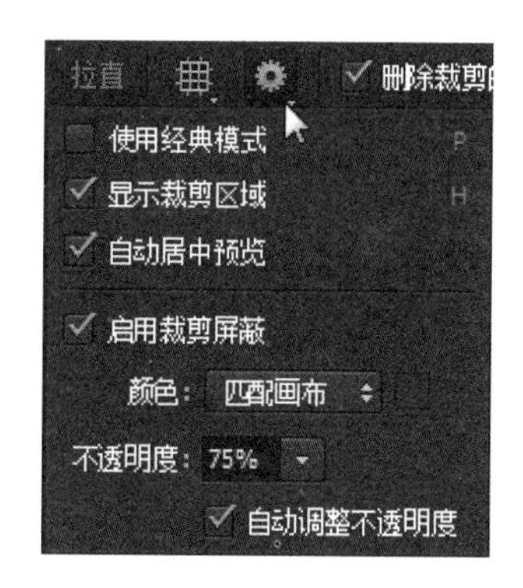

【删除裁剪的像素】：选中该复选框后，裁剪完毕后的图像将不可更改；取消选中该复选框，即使裁剪完毕后选择 Photoshop CC 2018【裁剪工具】单击图像区域，仍可显示裁剪前的状态，并且可以重新调整裁剪框。

2. 使用【裁剪工具】裁剪图像

第1步 打开“素材\ch03\3-4.jpg”文件，如下图所示。

第2步 选择工具箱中的【裁剪工具】选项，在图像中拖曳创建一个矩形，松开鼠标后即可创建裁剪区域，如下图所示。

第3步 将鼠标指针移至定界框的控制点上，单击并拖曳鼠标调整定界框的大小，也可以进行旋转，如下图所示。

第4步 按【Enter】键确认裁剪，最终效果如下图所示。

3.3.2 使用【裁剪】命令

使用【裁剪】命令裁剪图像的具体操作步骤如下。

第1步 打开“素材\ch03\3-5.jpg”文件，使用【选取工具】来选择要保留的图像部分，如下图所示。

第2步 选择【图像】→【裁剪】命令，如下图所示。

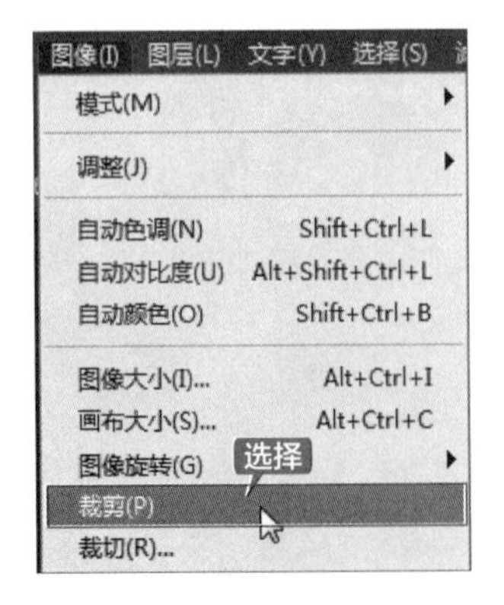

第3步 完成图像的裁剪，按【Ctrl+D】组合键取消选区，如下图所示。

3.4 图像操作 4——修改图像的大小

通常情况下，通过扫描或导入图像不能直接满足设计的需要，还需要调整图像大小，以使图像能够满足实际操作的需要。

3.4.1 像素

Photoshop CC 2018 软件的图像是基于位图格式的，而位图的基本单位是像素，因此在创建位图图像时需要指定分辨率的大小。图像的像素与分辨率能体现出图像的清晰度，决定图像的质量。

位图图像的像素大小（图像大小或高度和宽度）是由沿图像的宽度和高度测量出的像素数目多少决定的。像素（Pixel）是 Picture(图像）和 Element(元素）这两个单词组合的缩写，是计算图像常见的单位。如同摄影的相片一样，数码影像也具有连续性的浓淡色调，若把影像放大数倍，会发现这些连续色调其实是由许多色彩相近的小方格所组成的，这些小方格就是构成影像的最小单位——像素（Pixel）。这种最小的图形单元能在屏幕上显示时，通常是单个的点的色彩信息。像素越大，其拥有的色彩信息也就越丰富，也就能更好的表达颜色的真实感。

一幅位图图像，像素越多，图像越清晰，效果越细腻；选择【工具箱】中的【缩放工具】放大图像，可以看到构成图像的方格状像素，如下图所示。

3.4.2 分辨率

分辨率是指单位长度上像素的多少。单位长度上像素越多，分辨率越高，图像就相对越清晰。分辨率有多种类型，可以分为图像分辨率、显示器分辨率和打印机分辨率等。

1. 图像分辨率

图像分辨率是指图像中每个单位长度所包含的像素的数目，常以“像素 / 英寸 (ppi) ”为单位，如“96ppi” 表示图像中每英寸包含 96 个像素或点。分辨率越高，图像文件所占用的磁盘空间就越大，编辑和处理图像文件所需花费的时间也就越长。

在分辨率不变的情况下改变图像尺寸，文件大小也将发生变化，尺寸大则保存的文件大。若改变分辨率，文件大小也会相应改变。

2. 显示器分辨率

显示器分辨率是指显示器上每个单位长度显示的点的数目，常以“点/英寸(dpi)”为单位，如“72dpi”表示显示器上每英寸显示 72 个像素或点。PC 显示器的典型分辨率约为 96dpi，MAC 显示器的典型分辨率约为 72dpi。当图像分辨率高于显示器分辨率时，图像在显示器屏幕上显示的尺寸会比指定的打印尺寸大。需要注意的是，图像分辨率可以更改，而显示器分辨率是不可更改的。图像分辨率和图像尺寸（高宽）的值一起决定文件的大小及输出的质量，该值越大，图像文件所占用的磁盘空间就越多。图像分辨率以比例关系影响着文件的大小，即文件大小与其图像分辨率的平方成正比。例如，保持图像尺寸不变，将图像分辨率提高 1 倍，则其文件大小增大为原来的 4 倍。

如下图所示的两幅相同的图像，分辨率分别为 72ppi 和 300ppi。

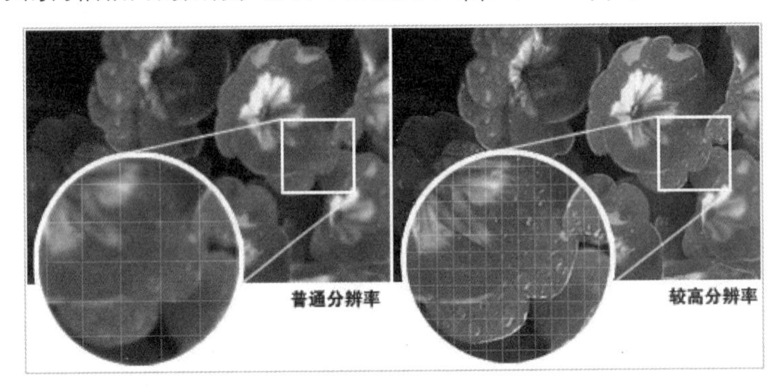

3.4.3 修改图片的大小

Photoshop CC 2018 软件为用户提供了修改图像大小这一功能，用户可以使用【图像大小】对话框来调整图像的像素大小、打印尺寸和分辨率等参数，让使用者在编辑处理图像时更加方便、快捷。具体操作步骤如下。

第1步 选择【文件】→【打开】命令，打开“素材\ch03\3-7.jpg”图像，如下图所示。

第2步 选择【图像】→【图像大小】命令（或按【Alt+Ctrl+I】组合键），打开【图像大小】对话框，如下图所示。

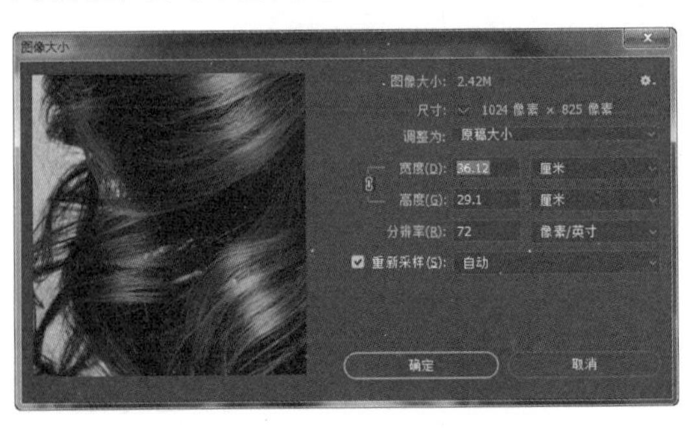

第3步 在【图像大小】对话框中可以方便地

设置图像的宽度、高度和分辨率等信息；还可以更改图像的尺寸。这里设置【分辨率】为“10”，单击【确定】按钮，如下图所示。

第 4 步 改变图像大小后的效果如下图所示。

提示

在调整图像大小时，位图数据和矢量图数据会产生不同的结果。位图数据与分辨率有关，因此更改位图图像的像素大小可能导致图像品质和锐化程度受损失。相反，矢量图数据与分辨率无关，调整其大小不会降低图像边缘的清晰度。

【图像大小】对话框中各个选项的功能如下。

① 【像素大小】设置区：在此设置【宽度】和【高度】。如果要输入当前尺寸的百分比，应选取【百分比】作为度量单位。图像的新文件大小会出现在【图像大小】对话框的顶部， 而旧文件大小在括号内显示。

② 【约束比例】按钮 ：如果要保持当前的像素宽度和像素高度的比例，则应单击【约束比例】按钮。更改【高度】时，该选项将自动更新【宽度】，反之亦然。

③ 【重新采样】复选框：在其后面的下拉列表框中包括【邻近】【两次线性】【两次立方】【两次立方较平滑】【两次立方较锐利】等选项。

【邻近】：选择此选项，速度快但精度低。建议对包含未消除锯齿边缘的插图使用该选项，以保留硬边缘并产生较小的文件。但是使用该选项可能导致锯齿状效果，在对图像进行扭曲或缩放，或在某个选区上执行多次操作时，这种效果会变得非常明显。

【两次线性】：对于中等品质图像可使用两次线性插值。

【两次立方】：选择此选项，速度慢但精度高，可得到最平滑的色调层次。

【两次立方较平滑】：在两次立方的基础上，适用于放大图像。

【两次立方较锐利】：在两次立方的基础上，适用于图像的缩小，以保留更多在重新取样后的图像细节。

3.5 图像操作 5——修改画布的大小

使用【图像】→【画布大小】命令可添加或移去现有图像周围的工作区。该命令还可用于通过减小画布区域来裁剪图像。在 Photoshop CC 2018 软件中，所添加的画布有多个背景选项。如果图像的背景是透明的，那么添加的画布也将是透明的。

3.5.1 修改画布的大小

在使用 Photoshop CC 2018 软件编辑制作图像文件时，当图像的大小超过原有画布的大小时，就需要扩大画布的大小，以便图像能够被全部显示出来。选择【图像】→【画布大小】命令，打开【画布大小】对话框，如下图所示。

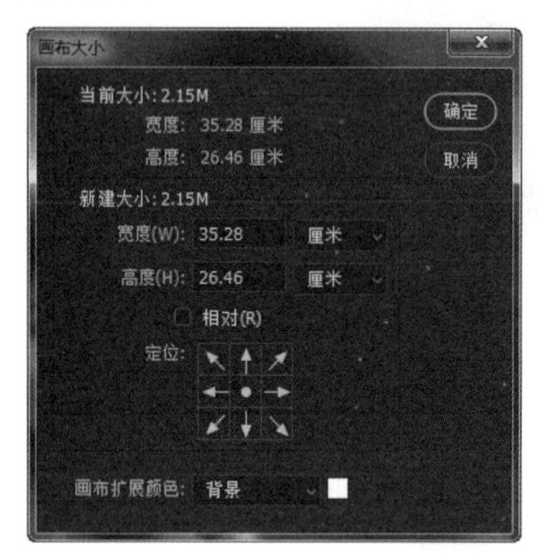

1. 【画布大小】对话框参数设置

【宽度】和【高度】参数框：设置画布的宽度和高度。

【相对】复选框：在【宽度】和【高度】参数框内根据所需要的画布大小输入增加或减少的数值（输入负数将减小画布大小）。

【定位】：单击某个方块可以指示现有图像在新画布上的位置。

【画布扩展颜色】下拉列表框中包含 4 个选项。

①【前景】选项：选中此选项则用当前的前景颜色填充新画布。

②【背景】选项：选中此选项则用当前的背景颜色填充新画布。

③【白色】【黑色】或【灰色】选项：选中这 3 项之一则用所选颜色填充新画布。

④【其他】选项：选中此选项则使用【拾色器】选择新画布颜色。

2. 增加画布尺寸

第 1 步 打开“素材\ch03\3-8.jpg”文件，如下图所示。

第 2 步 选择【图像】→【画布大小】命令，系统弹出【画布大小】对话框。在【宽度】和【高度】参数框中设置尺寸，然后单击【画布扩展颜色】后面的小方框，如下图所示。

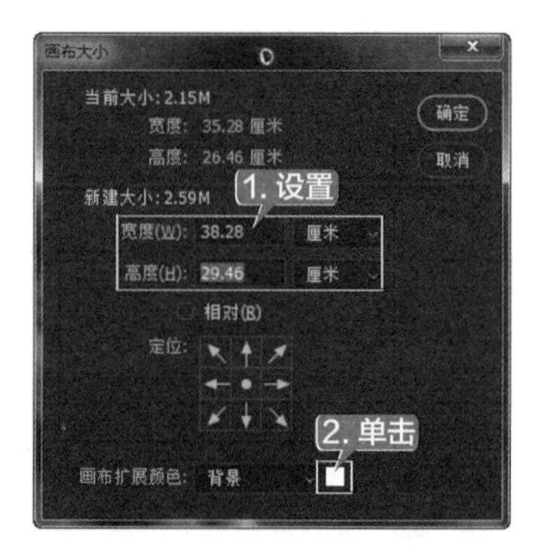

第 3 步 在弹出的对话框中选择一种颜色作为扩展画布的颜色，然后单击【确定】按钮，

如下图所示。

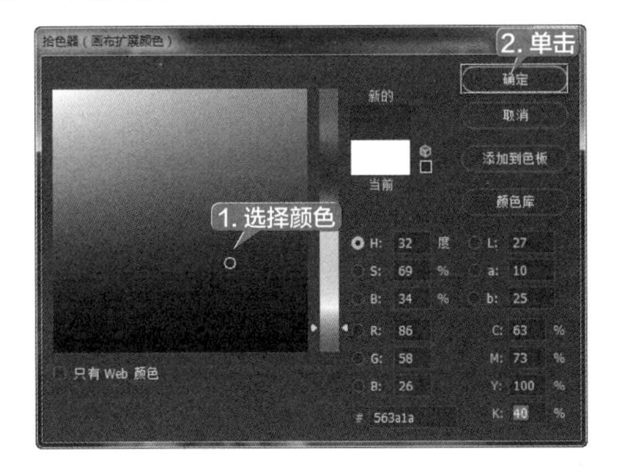

第 4 步 返回【画布大小】对话框，单击【确定】按钮，最终效果如下图所示。

3.5.2 旋转画布

在 Photoshop CC 2018 软件中用户可以通过【图像旋转】命令来进行旋转画布操作，这样可以将图像调整至需要的角度。具体操作步骤如下。

第 1 步 打开“素材 \ch03\13.jpg”文件，然后选择【图像】→【图像旋转】命令，在弹出的菜单中选择旋转的角度。其中包括 180 度、90 度（顺时针和逆时针）、任意角度和水平翻转画布等操作，如下图所示。

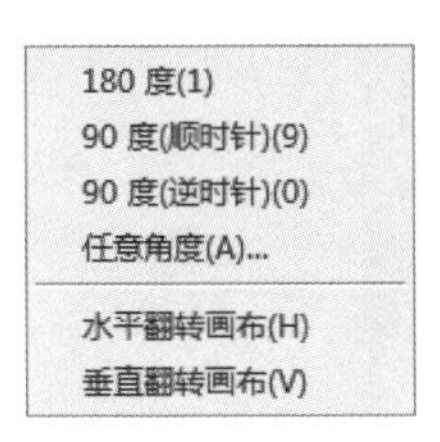

第 2 步 如下图所示的两幅图像便是使用【水平翻转画布】命令后的效果对比图。

3.6 图像操作 6——图像的变换与变形

在 Photoshop CC 2018 软件中，对图像的旋转、缩放、扭曲等是图像处理的基本操作。其中，旋转和缩放称为变换操作，斜切和扭曲称为变形操作。在【编辑】→【变换】下拉菜单中包含对图像进行变换的各种命令。通过这些命令可以对选区内的图像、图层、路径和矢量图形状进行变换操作，如旋转、缩放、扭曲等，执行这些命令时，当前对象上会显示出定界框，拖曳定界框中的控制点便可以进行变换操作。

使用【变换】命令调整图像的具体操作步骤如下。

第 1 步 打开“素材 \ch03\3-9.jpg”和“3-10.jpg”文件，如下图所示。

第2步 选择【移动工具】选项，将“3-9.jpg”拖曳到“3-10.jpg”文档中，同时生成【图层 1】图层，如下图所示。

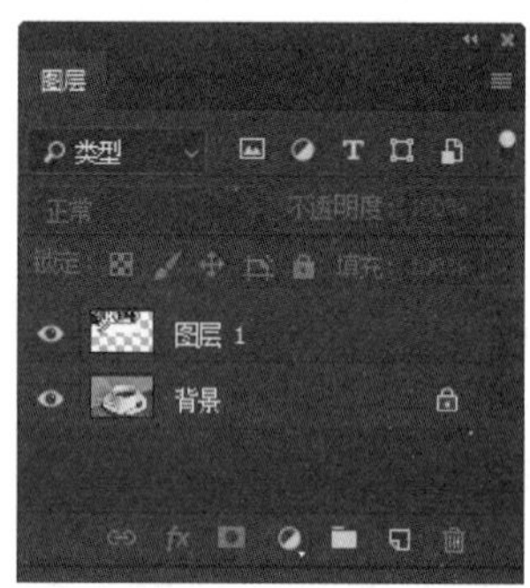

第3步 在【图层 1】图层中，选择【编辑】→【变换】→【缩放】命令来调整“3-9.jpg”的大小和位置，如下图所示。

第4步 在定界框内右击，在弹出的快捷菜单中选择【变形】命令来调整透视。然后按【Enter】键确认调整，如下图所示。

第5步 在【图层】面板中设置【图层 1】图层的混合模式为【深色】，最终效果如下图所示。

3.7 图像操作 7——Photoshop CC 2018 的透视变形

在生活中由于照相机镜头的原因，有时照出的建筑照片透视严重变形，此时使用 Photoshop CC 的透视变形命令可以轻松调整图像透视效果。此功能对于包含直线和平面的图像（如建筑图像和房屋图像）尤其有效。用户也可以使用此功能来复合在单个图像中具有不同透视效果的对象。

有时图像中显示的某个对象可能与现实生活中所看到的不同。这种不匹配是由于透视扭曲造成的。使用不同照相距离和视角拍摄的同一对象的图像会呈现不同的透视扭曲，如下图所示。

第 1 步 打开“素材 \ch03\3-11.psd”文件，如下图所示。

第 2 步 选择【图层 1】图层，再选择【编辑】→【变换】→【透视】命令来调整图像，如下图所示。

第3步 按【Enter】键确认调整，最终效果如下图所示。

3.8 图像操作 8——恢复操作

使用 Photoshop CC 2018 软件编辑图像过程中，如果操作出现了失误或对创建的效果不满意，可以撤销操作，或者将图像恢复到最近保存过的状态。Photoshop CC 2018 中文版提供了很多帮助用户恢复操作的功能，有了它们作保证，用户就可以放心大胆地创作了。下面就介绍如何进行图像的恢复与还原操作。

3.8.1 还原与重做

在 Photoshop CC 2018 软件的菜单栏选择【编辑】→【还原】命令或按【Ctrl+Z】组合键，可以撤销对图像所作的最后一次修改，并将其还原到上一步编辑状态中。如果想要取消还原操作，可以在菜单栏中选择【编辑】→【重做】命令或按【Shift+Ctrl+Z】组合键。

3.8.2 前进一步与后退一步

在 Photoshop CC 2018 软件中【还原】命令只能还原一步操作，而选择【编辑】→【后退一步】命令则可以连续还原。连续执行该命令，或者连续按【Alt+Ctrl+Z】组合键，便可以逐步撤销操作。

选择【后退一步】命令操作后，可选择【编辑】→【前进一步】命令恢复被撤销的操作，连续执行该命令，或者连续按【Shift+Ctrl+Z】组合键，可逐步恢复被撤销的操作。

3.8.3 恢复文件

在 Photoshop CC 2018 软件中选择【文件】→【恢复】命令，可以直接将文件恢复到最后一次保存的状态。

3.9 图像操作 9——历史记录

在使用 Photoshop CC 2018 中文版编辑图像时，用户每进行一步操作，Photoshop CC 2018 中文版都会将其记录在【历史记录】面板中，通过该面板可以将图像恢复到某一步状态，也可以返回当前的操作状态，或者将当前处理结果创建为快照或创建一个新的文件。

3.9.1 使用【历史记录】面板

在 Photoshop CC 2018 中文版菜单栏选择【窗口】→【历史记录】命令，打开【历史记录】面板，如下图所示。【历史记录】面板可以撤销历史操作，返回到图像编辑前的状态。下面就来介绍【历史记录】面板上的选项功能。

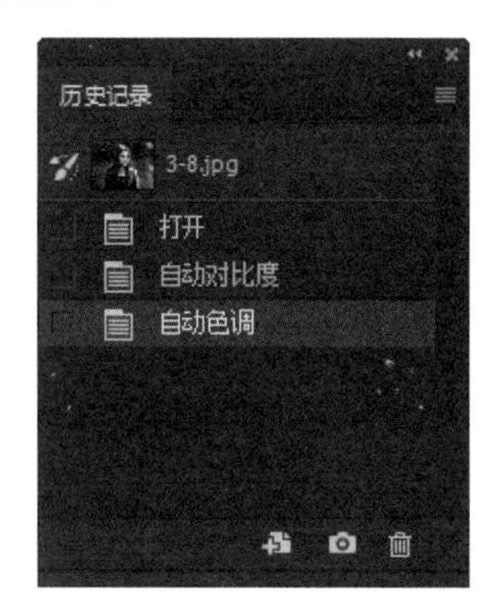

【设置历史记录画笔的源】：在使用【历史记录画笔】时，该图标所在的位置将作为历史画笔的源图像。

【历史记录状态】：被记录的操作命令。

【当前状态】：将图像恢复到当前命令的编辑状态。

【从当前状态创建新文档】：单击该按钮，可以基于当前操作步骤中图像的状态创建一个新的文件。

【创建新快照】：单击该按钮，可以基于当前的图像状态创建快照。

【删除当前状态】：在面板中选择某个操作步骤后，单击该按钮可将该步骤及后面的步骤删除。

【快照缩览图】：被记录为快照的图像状态。

3.9.2 使用【历史记录】命令制作特效

使用【历史记录】面板可在当前工作状态下跳转到所创建图像的任一最近状态。每次对图像应用更改时，图像的新状态都会添加到【历史记录】面板中。使用【历史记录】面板也可以删除图像状态，并且在 Photoshop CC 2018 软件中，用户可以使用【历史记录】面板依据某个状态或快照创建文件。可以选择【窗口】→【历史记录】命令，打开【历史记录】面板。

第1步 打开“素材\ch03\3-12.jpg”文件，如下图所示。

第2步 选择【图层】→【新建填充图层】→【渐变】命令，弹出【新建图层】对话框，单击【确定】按钮，如下图所示。

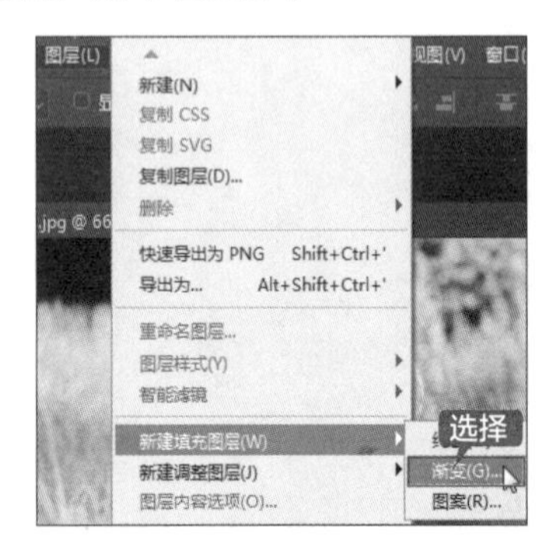

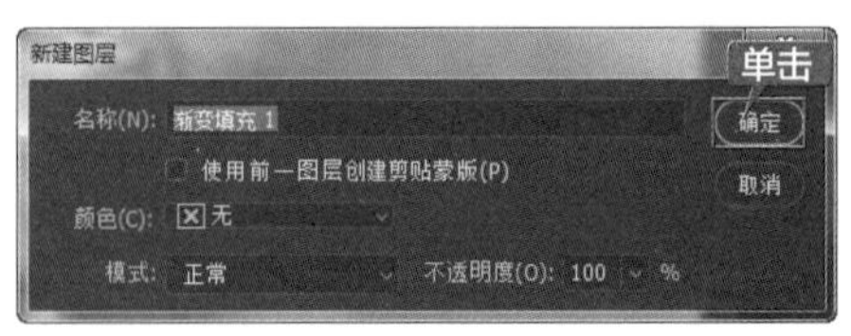

第3步 在弹出的【渐变填充】对话框中，单击【渐变】选项右侧的按钮，在【渐变】下拉列表中选择【透明彩虹】渐变选项，然后单击【确定】按钮，如下图所示。

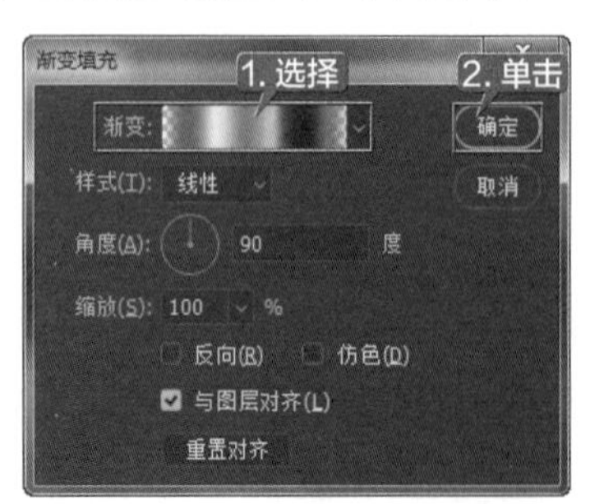

第4步 在【图层】面板中将【渐变填充 1】图层的混合模式设置为【颜色】，效果如下图所示。

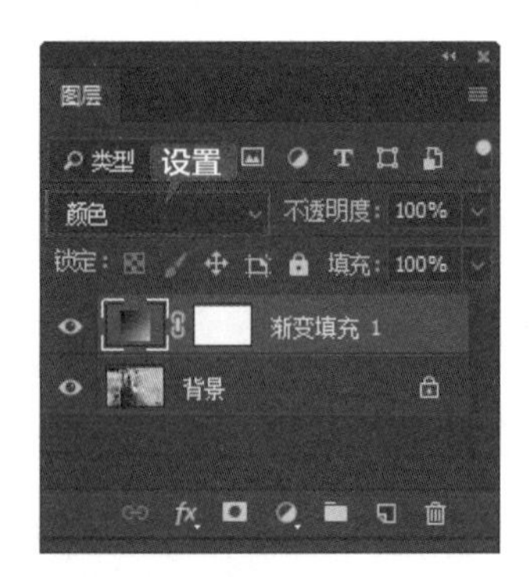

第5步 选择【窗口】→【历史记录】命令，在弹出的【历史记录】面板中选择【新建渐变填充图层】选项，可将图像恢复为渐变填充前的状态，如下图所示。

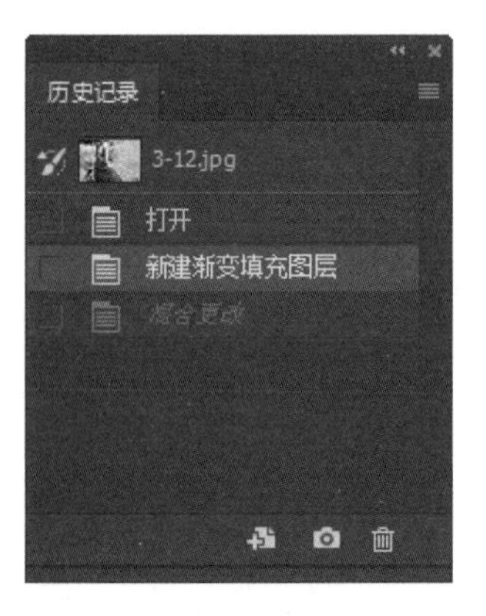

第6步 选择【快照】选项可撤销对图形进行的所有操作，即使中途保存过该文件，也可将其恢复到最初打开的状态，如下图所示。

第 7 步 要恢复所有被撤销的操作，可在【历史记录】面板中选择【混合更改】选项，如下图所示。

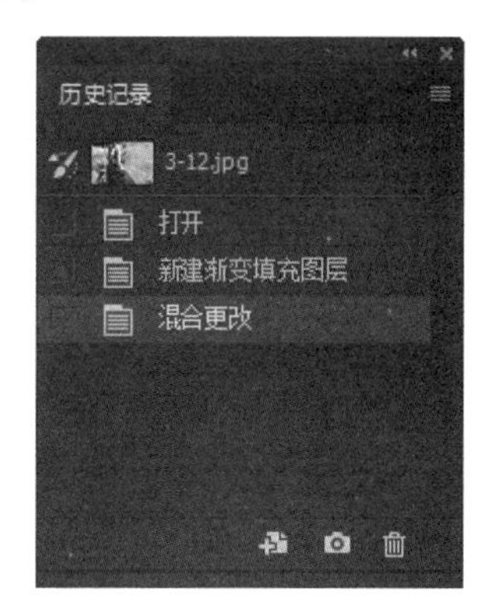

3.10 图像操作 10——复制与粘贴

复制和粘贴都是应用程序中最普通的命令，主要用来完成复制和粘贴任务，与其他程序不同的是，在 Photoshop CC 2018 软件中还可以对选区内的图像进行特殊的复制与粘贴操作。例如，在选区内粘贴图像或清除选区内的图像。

下面介绍通过使用【复制】和【粘贴】命令复制图像，具体操作步骤如下。

第 1 步 打开“素材\ch03\3-14.jpg”和“素材\ch03\3-15.jpg”文件，如下图所示。

第 2 步 选择【椭圆选框工具】选项，按【Shift+Alt】组合键，以青花图案中心为起点绘制一个圆形选区，如下图所示。

第 3 步 选择“3-15.jpg”文件，再选择【编辑】→【复制】命令，选择“3-14.jpg”文件，再选择【编辑】→【粘贴】命令，然后使用【变形】命令调整图像大小和位置即可，如下图所示。

第 4 步 设置青花图层的混合模式为【线性加深】，效果如下图所示。

图像的艺术化修饰

本案例主要介绍使用【移动工具】和【变换】命令制作一幅具有奇幻效果的图片。制作图像的艺术化修饰的具体操作步骤如下。

1. 新建文件

第 1 步 选择【文件】→【打开】命令。

第 2 步 打开“素材 \ch03\18.psd”“20.psd”和“19.jpg”3 幅图片，如下图所示。

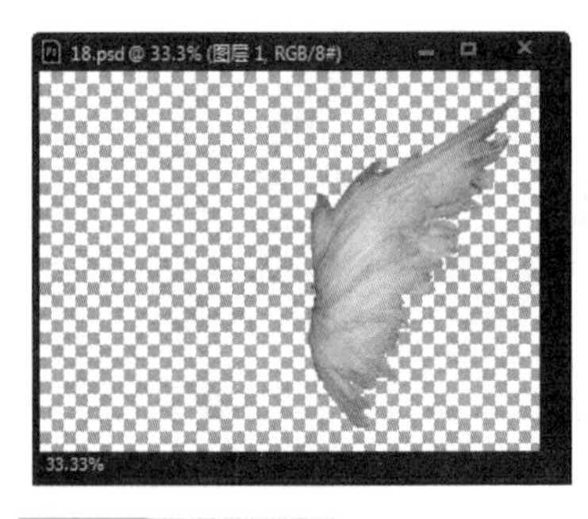

2. 移动图像

第 1 步 选择【工具箱】中的【移动工具】选项将素材“18.psd”拖曳到“19.jpg”中，如下图所示。

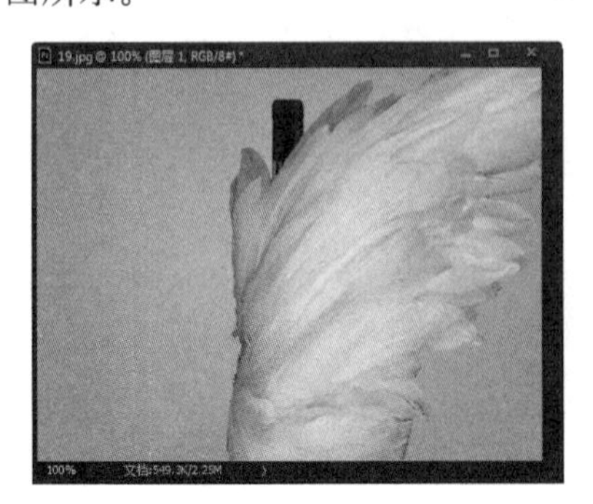

第 2 步 Photoshop 自动新建【图层 1】图层，关闭“18.psd”文件。

3. 调整图像的大小

第 1 步 选择“翅膀”所在的【图层 1】图层。

第 2 步 按【Ctrl+T】组合键执行【自由变换】命令来调整“翅膀”的位置和大小，调整完毕后按【Enter】键确定，如下图所示。

4. 继续修整图像

第 1 步 选择【工具箱】中的【移动工具】选项将素材“20.psd”拖曳到“19.jpg”中。

第 2 步 按【Ctrl+T】组合键执行【自由变换】命令来调整“翅膀”的位置和大小，调整完毕后按【Enter】键确定，如下图所示。

第 3 步 使用【魔棒工具】选择背景，然后反选酒瓶图层将其复制到新图层并放在最上面，得到最终效果如下图所示。

◇【自由变形工具】使用技巧

① 打开“素材\ch03\ 21.psd”文件，选择【铅笔图层】后使用【自由变形工具】。如果要将选框移动到其他的位置，则可将鼠标指针放在定界框内并拖曳，如果要缩放选框，则可拖曳手柄。

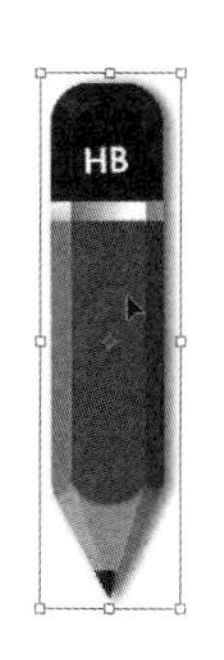

② 如果要约束比例，可在拖曳手柄时按住【Shift】键。如果要旋转选框，可将鼠标指针放在定界框外（指针变为弯曲的箭头形状）并拖曳。

③ 如果要移动选框旋转时所围绕的中心点，则可拖曳位于定界框中心的圆。

④ 如果要使自由变形的内容发生透视，可以选择快捷菜单中的【透视】选项，并在4个角的定界点上拖曳鼠标，这样选区内容就会发生透视。如果要提交透视，可以单击选项栏中的✓按钮；如果要取消当前透视，则可单击⊘按钮。

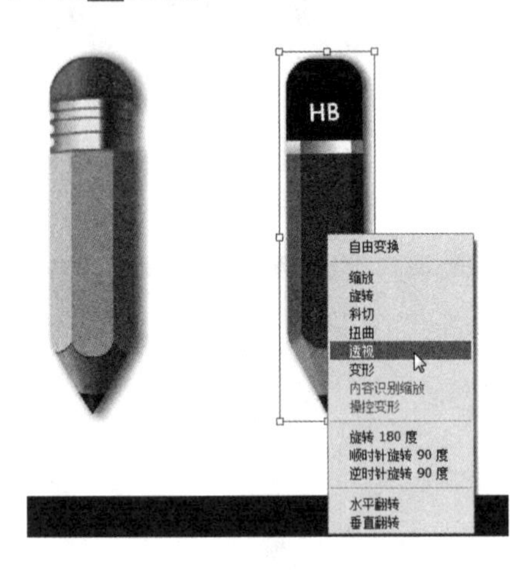

◇ 使用【渐隐】命令制作特效

【渐隐】命令主要用于降低颜色调整命令或滤镜效果的强度。当使用【画笔】【滤镜】，进行了填充或颜色调整、添加了图层效果等操作后，【编辑】菜单中的【渐隐】命令为可用状态，执行该命令，可以修改操作的不透明度和混合模式。

下面使用【渐隐】命令修改图像，具体操作步骤如下。

第1步 打开"素材\ch03\15.jpg"文件，如下图所示。

第2步 选择【滤镜】→【滤镜库】命令，在弹出的对话框中选择【艺术效果】→【木刻】选项，设置【色阶数】为"5"、【边缘简化度】为"5"、【边缘逼真度】为"2"，如下图所示。

第3步 单击【确定】按钮，即可将木刻效果应用到图层中，如下图所示。

第4步 选择【编辑】→【渐隐滤镜库】命令，在弹出的【渐隐】对话框中设置【不透明度】为"50%"，减弱滤镜效果的强度，如下图所示。

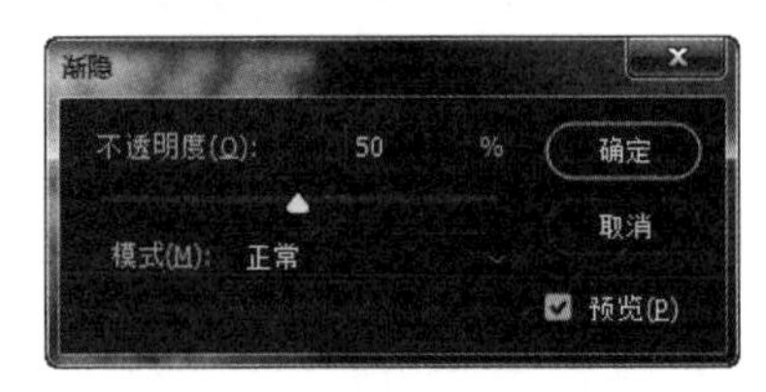

第5步 单击【确定】按钮，效果如下图所示。

第
2
篇

功能篇

本篇主要介绍 Photoshop CC 2018 软件中的各种功能操作。通过对本篇的学习，读者可以掌握 Photoshop CC 2018 软件的基础操作，如选区操作、图像的调整、绘制与修饰图像、创建文字及效果和效果快速呈现——滤镜等操作。

第 4 章
选区操作

本章导读

在 Photoshop CC 2018 软件中不论是绘图还是图像处理，图像的选取都是这些操作的基础。本章将针对 Photoshop CC 2018 软件中常用的选取工具进行详细讲解。

思维导图

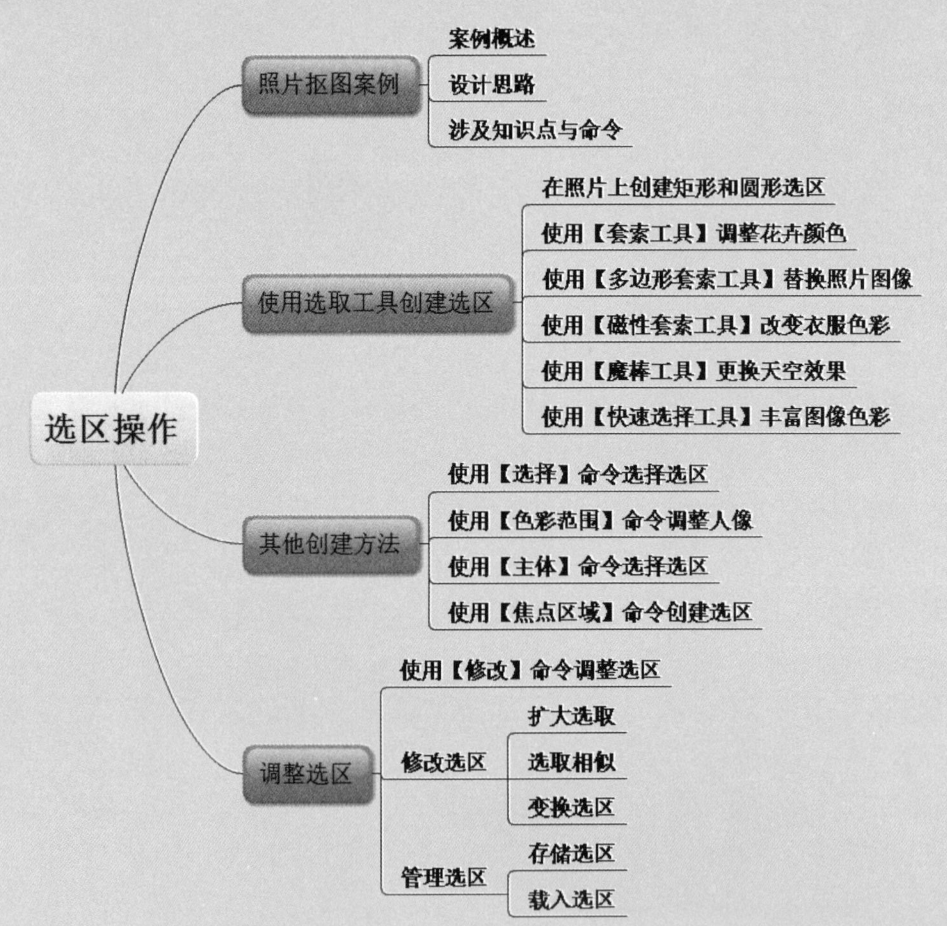

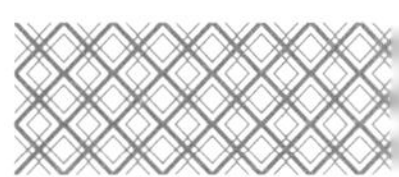

4.1 照片抠图案例

在 Photoshop 中进行图像处理最常用的操作就是 “抠图”，也就是将图像中人们需要使用的部分从画面中精确地抠取出来，这个操作就称为抠图。抠图也是后续图像处理的基础操作之一。

案例名称：照片抠图案例		
案例目的：将图像中需要的部分从画面中精确地提取出来		
	素材	素材 \ch04\4-1.jpg、4-2.jpg 等
	结果	结果 \ch04\CD 光盘设计 .psd
	录像	视频教学录像 \04 第 4 章

4.1.1 案例概述

初学者一般都觉得抠图不好掌控，其实抠图也不是很难，只要用户在操作时有足够的耐心和细心，并且掌握 Photoshop 的选区等相关知识就能完美地抠出图像。在这个案例中，主要整理了 Photoshop CC 中与抠图相关的选区技巧和实例。相信通过学习这个案例，用户可以学会更简便、快速、高效的抠图方法。

4.1.2 设计思路

首先要了解什么是抠图，其实就是把图片或图像的某一部分从原始图片或图像中分离出来形成单独的图层。其主要作用是为了后期的合成做基础准备。方法有用套索工具、选框工具直接选择；快速蒙版；钢笔勾画路径后转选区；抽出滤镜；外挂滤镜抽出；通道；计算等。抠图是指把前景和背景分离的基本操作，当然什么是前景和背景取决于设计师自己根据需要的判断。例如，一幅绿色背景的人像图，用【魔棒工具】或其他的工具把绿色部分选出来再删除，就是一种抠图的过程。

4.1.3 涉及知识点与命令

本案例主要涉及以下知识点。

下面各图所示分别为通过不同的选取工具来选取不同的图像效果。

【矩形选框工具】

【椭圆选框工具】

【单行选框工具】

【单列选框工具】

【套索工具】

【多边形套索工具】

【磁性套索工具】

【魔棒工具】

4.2 使用选取工具创建选区

Photoshop CC 2018 软件中的选区大部分是通过选取工具来实现的。选取工具共 8 个，集中在工具箱上部。分别是【矩形选框工具】【椭圆选框工具】【单行选框工具】【单列选框工具】【套索工具】【多边形套索工具】【磁性套索工具】【魔棒工具】。其中，前 4 个属于规则选取工具。在抠图的过程中，首先需要学会如何选取图像。在 Photoshop CC

2018 软件中对图像的选取可以通过多种选取工具。

4.2.1 在照片上创建矩形和圆形选区

选框工具的作用就是获得选区，选框工具在工具箱中的位置如下图所示。

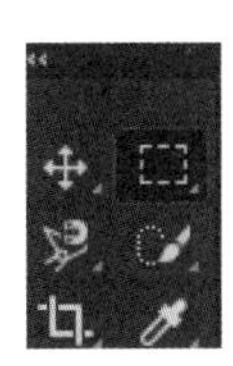

【矩形选框工具】主要用于创建矩形的选区，从而选择矩形的图像，是 Photoshop CC 2018 中比较常用的工具。使用该工具仅限于选择规则的矩形，不能选取其他形状。

【椭圆选框工具】用于选取圆形或椭圆的图像。

1. 使用【矩形选框工具】创建选区

第 1 步 打开“素材 \ch04\4-1.jpg”文件，如下图所示。

第 2 步 在工具箱中选择【矩形选框工具】选项，如下图所示。

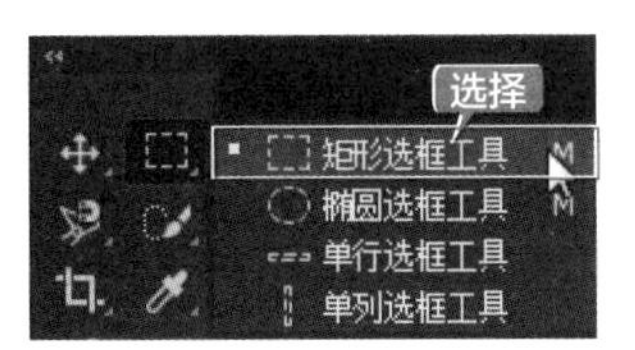

第 3 步 从选区的左上角到右下角拖曳鼠标，从而创建矩形选区（按【Ctrl+D】组合键可以取消选区），如下图所示。

第 4 步 按【Ctrl】键的同时拖曳鼠标，可移动选区及选区内的图像，如下图所示。

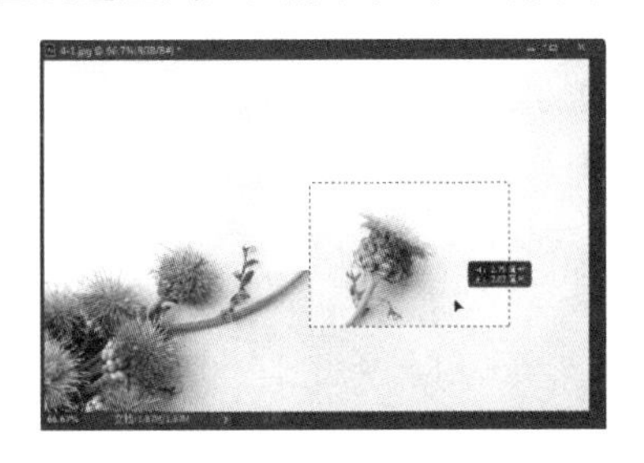

第 5 步 按【Ctrl+Alt】组合键的同时拖曳鼠标，则可复制选区及选区内的图像，如下图所示。

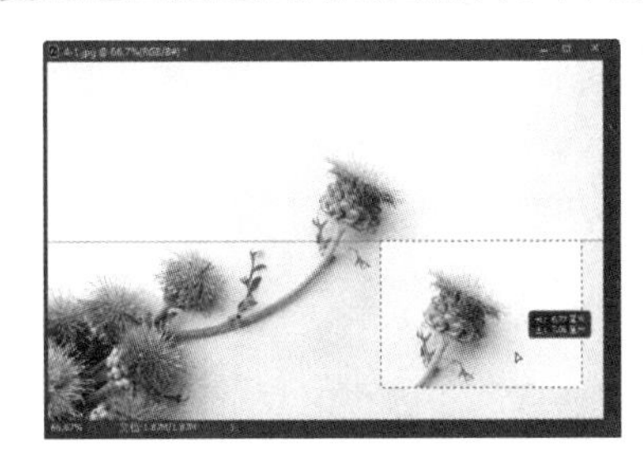

提示

在创建选区的过程中，按【Space】键的同时拖曳选区可使其位置改变，松开【Space】键则继续创建选区。

2. 【矩形选框工具】参数设置

在使用【矩形选框工具】时可对选区的加减、【羽化】【样式】选项和【调整边缘】

等参数进行设置。【矩形选框工具】的选项栏如下图所示。

羽化：0 像素　消除锯齿　样式：正常　宽度：　高度：　选择并遮住 ...

所谓选区的运算，就是指添加、减去、交集等操作。它们以按钮形式分布在选项栏上。分别是新选区、添加到选区、从选区减去、与选区交叉。

（1）选区的加减。

第 1 步 打开“素材\ch04\4-2.jpg”文件。选择【矩形选框工具】选项，单击选项栏上的【新选区】按钮（或按【M】键）。

第 2 步 在需要选择的图像上拖曳鼠标从而创建矩形选区，如下图所示。

第 3 步 单击选项栏上的【添加到选区】按钮（在已有选区的基础上按【Shift】键），在需要选择的图像上拖曳鼠标可添加矩形选区，如下图所示。

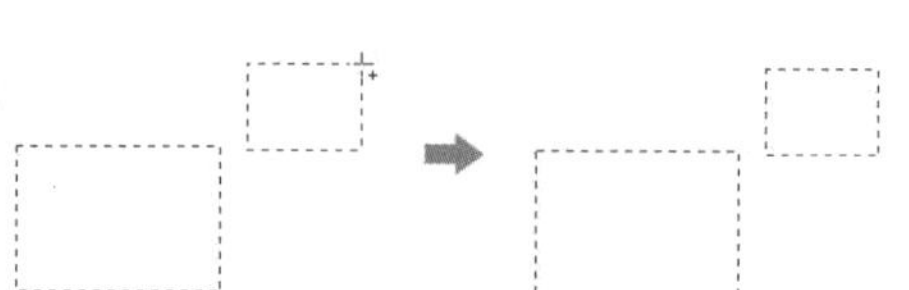

第 4 步 如果彼此相交，则只有一个虚线框出现，如下图所示。

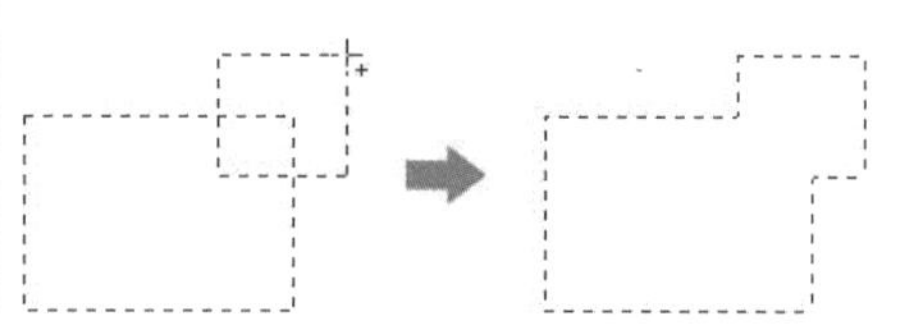

第 5 步 单击选项栏上的【从选区减去】按钮（在已有选区的基础上按【Alt】键），在需要选择的图像上拖曳鼠标可减去选区，如下图所示。

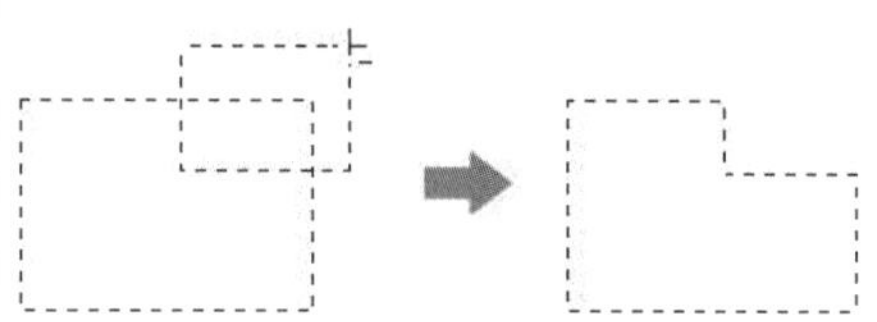

第 6 步 如果新选区在旧选区里面，则会形成一个中空的选区，如下图所示。

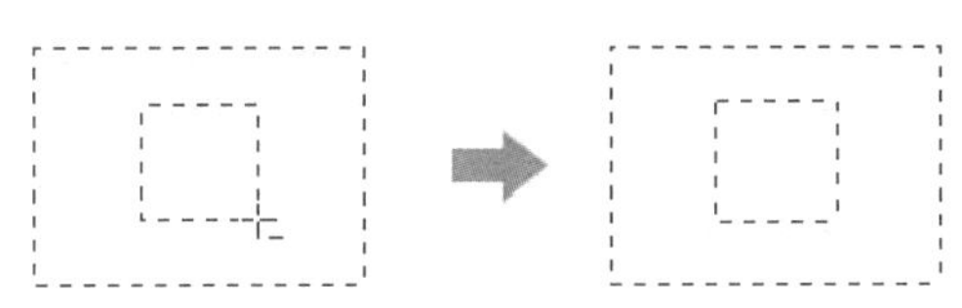

第 7 步 单击选项栏上的【与选区交叉】按钮（在已有选区的基础上同时按【Shift】键和【Alt】键），在需要选择的图像上拖曳鼠标可创建与选区交叉的选区，如下图所示。

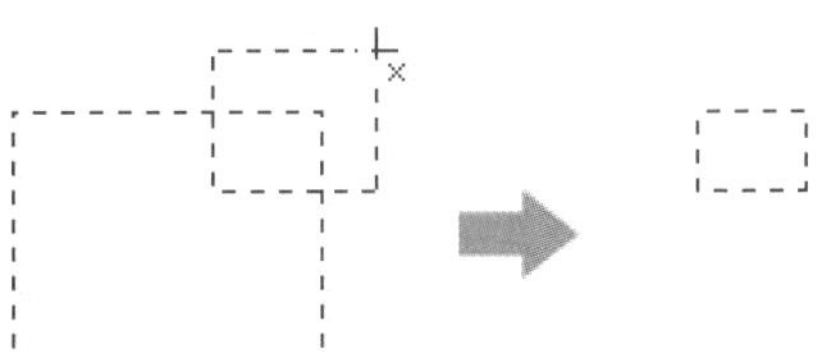

（2）羽化参数设置。

第 1 步 打开“素材 \ch04\4-3.jpg”文件，如下图所示。

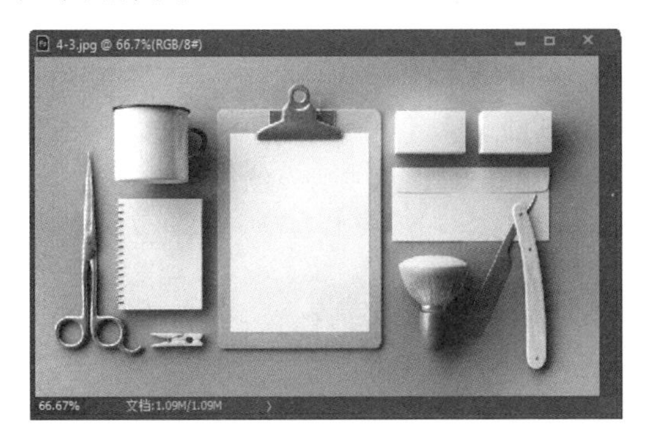

第 2 步 选择工具箱中的【矩形选框工具】选项，在选项栏中设置【羽化】为“0px”，然后在图像中创建选区，如下图所示。

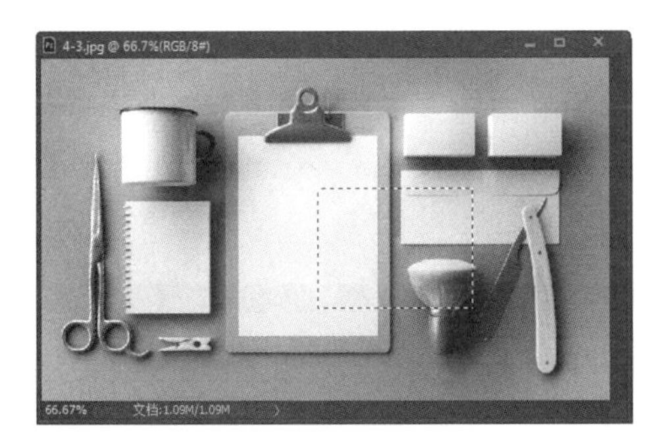

第 3 步 按【Ctrl+Shift+I】组合键反选选区，按【Delete】键删除选区内的图像，最终效果如下图所示。

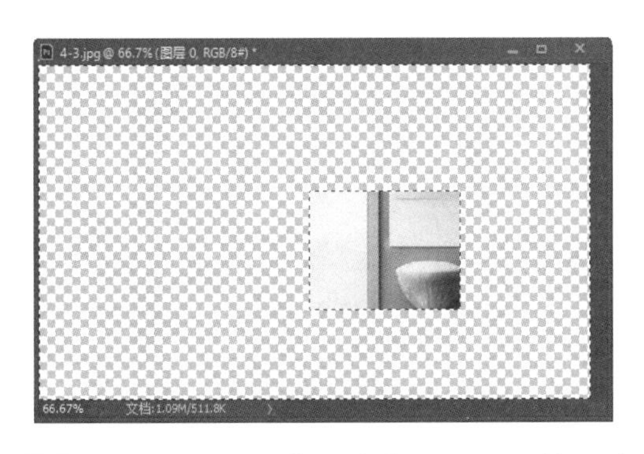

第 4 步 重复第 1~3 步，其中设置【羽化】为“10px”时，效果如下图所示。

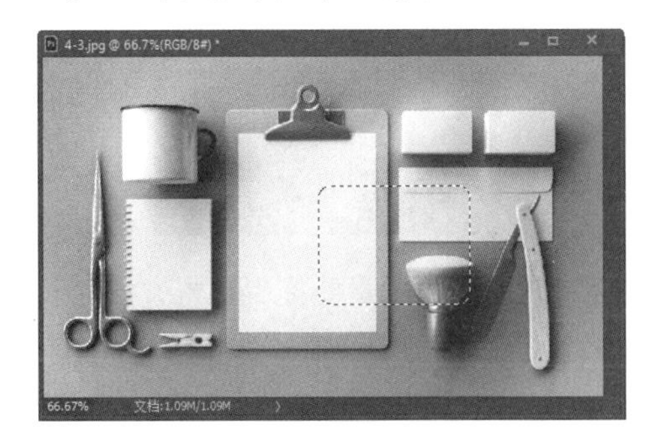

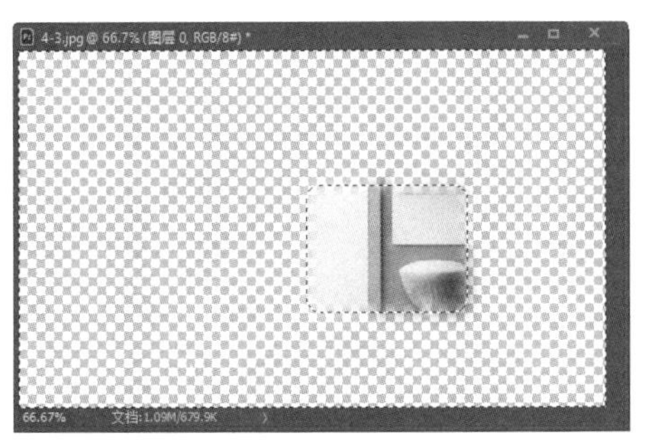

第5步 重复第1~3步，其中设置【羽化】为“30px”时，效果如下图所示。

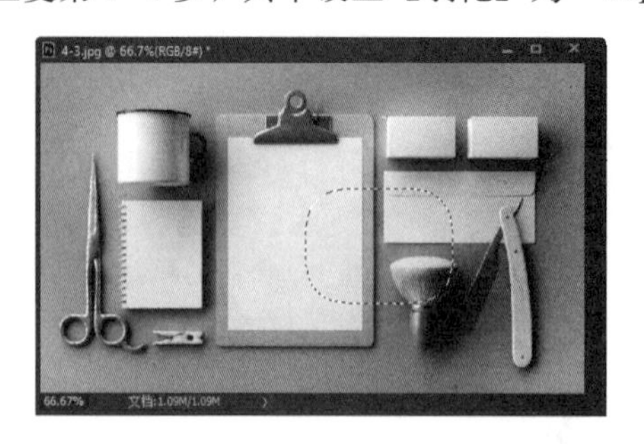

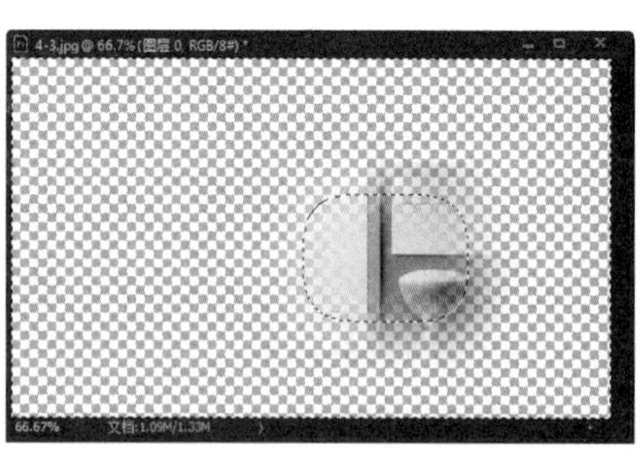

3. 使用【椭圆选框工具】创建选区

第1步 打开“素材\ch04\4-4.jpg”文件，如下图所示。

第2步 选择工具箱中的【椭圆选框工具】选项，如下图所示。

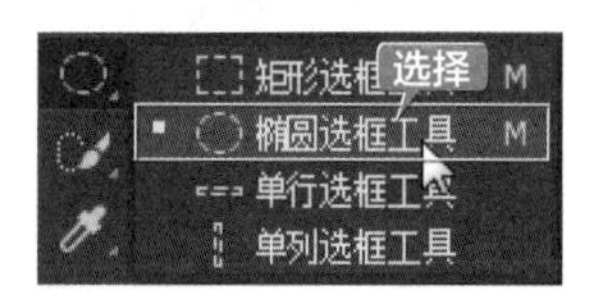

第3步 在画面中彩蛋处拖曳鼠标，创建一个椭圆选区，如下图所示。

第4步 按【Shift】键并拖曳鼠标，可以绘制一个圆形选区，如下图所示。

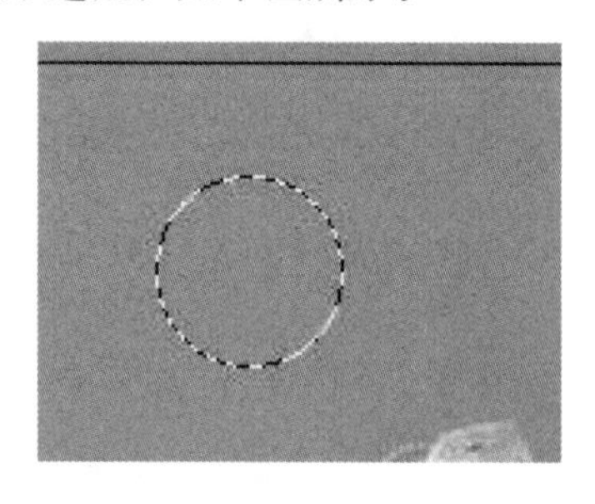

第5步 按【Alt】键拖曳鼠标，可以从中心点绘制椭圆选区（同时按【Shift+Alt】组合键拖曳鼠标，可以从中心点绘制圆形选区），如下图所示。

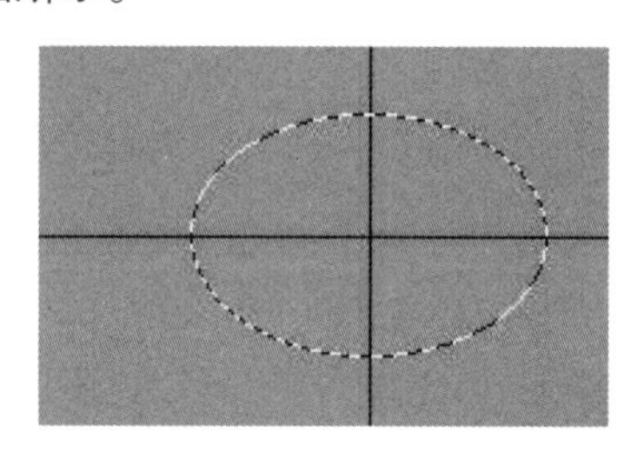

4. 【椭圆选框工具】参数设置

【椭圆选框工具】与【矩形选框工具】的参数设置基本一致。这里主要介绍它们之间的不同之处。

【消除锯齿】前后的对比效果如下图所示。

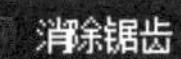

提示

在系统默认的状态下，【消除锯齿】复选框自动处于选中状态。

4.2.2 使用【套索工具】调整花卉颜色

【套索工具】的作用是可以在画布上任意地创建选区，选区没有固定的形状。应用【套索工具】可以手绘形式随意地创建选区，例如，需要改变一朵花的颜色，可以使用【套索工具】选择花的不规则边缘。

1. 使用【套索工具】创建选区

第 1 步 打开“素材\ch04\4-5.jpg”文件，如下图所示。

第 2 步 选择工具箱中的【套索工具】选项，如下图所示。

第 3 步 单击图像上的任意一点作为起始点，按住鼠标左键拖曳出需要选择的区域，在到达合适的位置后松开鼠标，选区将自动闭合，如下图所示。

第 4 步 选择【图像】→【调整】→【色相/饱和度】命令，在打开的【色相/饱和度】对话框中调整花的颜色。本案例中只调整红色郁金香，所以在【色相/饱和度】对话框中选择【红色】选项，这样可以只调整图像中的红色部分，如下图所示。

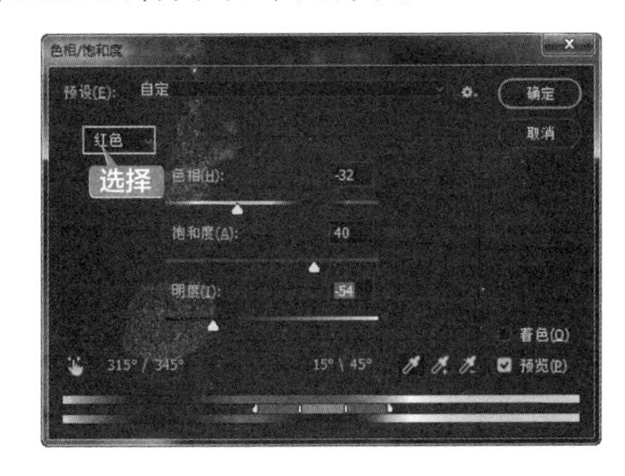

2.【套索工具】的使用技巧

① 在使用【套索工具】创建选区时，如果松开鼠标后起始点和终点没有重合，系统会在它们之间创建一条直线来连接选区，如下图所示。

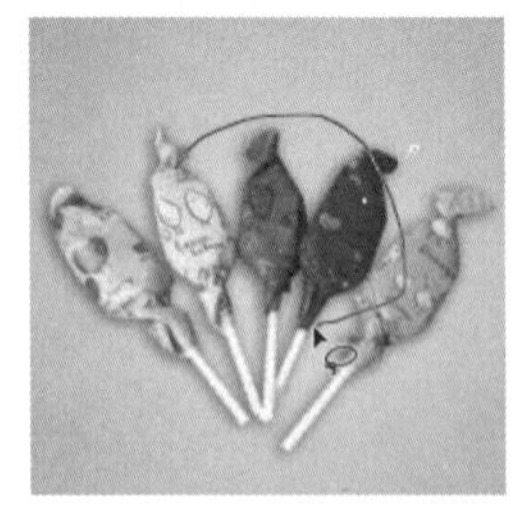

② 在使用【套索工具】创建选区时，按【Alt】键然后松开鼠标左键，可切换为【多边形套索工具】，移动鼠标至其他区域单击可绘制直线，松开【Alt】键可恢复为【套索工具】。

4.2.3 使用【多边形套索工具】替换照片图像

使用【多边形套索工具】可以创建一个边缘规则的多边形选区，适合选择多边形选区。在下面的案例中，需要使用【多边形套索工具】在一个蓝色大门对象周围创建选区并将其替换为另一扇白色的门，具体操作步骤如下。

第1步 打开"素材\ch04\4-6.jpg 和 4-7.jpg"文件，如下图所示。

第2步 选择工具箱中的【多边形套索工具】选项，如下图所示。

第3步 单击木门上的一点作为起始点，然后依次在木门的边缘选择不同的点，最后汇合到起始点或双击即可自动闭合选区，即选择木门，如下图所示。

第4步 按【Ctrl】键使用鼠标拖曳木门到白色大门的图像中即可，然后选择【编辑】→【自由变换】命令调整木门的大小，使其正好覆盖白色大门，如下图所示。

第5步 复制木门图层，然后按【Ctrl+T】组合键将其垂直翻转，调整位置，设置该图层

【不透明度】为“50%”，制作出倒影效果，如下图所示。

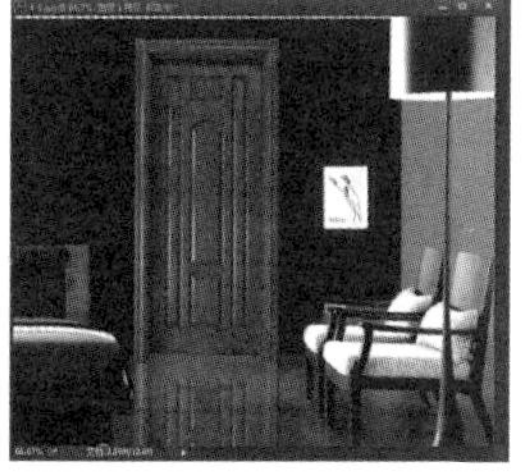

提示

虽然可以为【多边形套索工具】在选项栏中指定【羽化】值，但这不是最佳方法，因为该工具在下次你更改【羽化】值之前会一直保留该值。如果发现需要羽化用【多边形套索工具】创建的选区，可以选择【选择】→【羽化】命令为选区指定合适的羽化值。

4.2.4 使用【磁性套索工具】改变衣服色彩

【磁性套索工具】可以智能地自动选取，特别适用于快速选择与背景对比强烈而且边缘复杂的对象。使用【磁性套索工具】选择一块布料，然后更改其颜色的具体操作步骤如下。

第1步 打开“素材\ch04\4-8.jpg”文件，如下图所示。

第2步 选择工具箱中的【磁性套索工具】选项，如下图所示。

第3步 在图像上单击以确定第一个紧固点。如果想取消使用【磁性套索工具】，可按【Esc】键。将鼠标指针沿着要选择图像的边缘慢慢地移动，选取的点会自动吸附到有色彩差异的边缘，如下图所示。

提示

需要选择的图像如果与边缘的其他色彩接近，自动吸附会出现偏差，这时可单击鼠标手动添加一个紧固点。如果要删除刚创建的线段和紧固点，可按【Delete】键，连续按【Delete】键可以倒序依次删除紧固点。

第4步 拖曳鼠标使线条移动至起点，鼠标指针会变为形状，单击即可闭合选区，如下图所示。

第5步 使用【磁性套索工具】创建了选区后，选择【图层】→【新建】→【通过拷贝的图层】命令将选区复制到一个新图层，如下图所示。

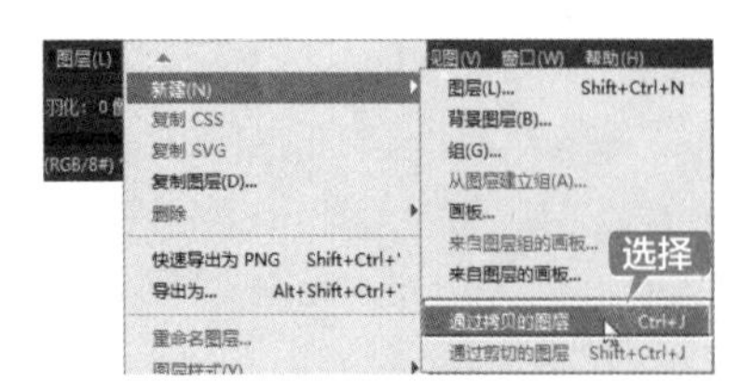

第6步 选择【图像】→【调整】→【替换颜色】命令，在打开的【替换颜色】对话框中修改裙子的颜色，如下图所示。

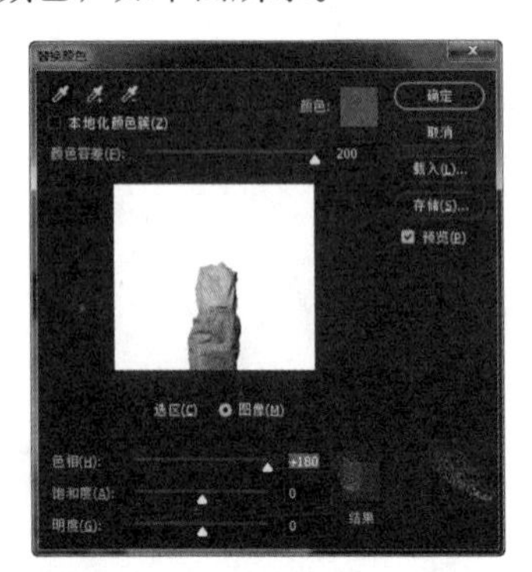

提示

在没有使用【抓手工具】时，按【Space】键后可转换成【抓手工具】，即可移动视窗内图像的可见范围。在【抓手工具】上双击可以使图像以最适合的窗口大小显示，在【缩放工具】上双击可使图像以1∶1的比例显示。

4.2.5 使用【魔棒工具】更换天空效果

使用【魔棒工具】同样可以快速地建立选区，并且对选区进行一系列的编辑。使用【魔棒工具】可以自动地选择颜色一致的区域，不必跟踪其轮廓，特别适用于选择颜色相近的区域。

提示

不能在位图模式的图像中使用【魔棒工具】。

1. 使用【魔棒工具】创建选区

第1步 打开“素材\ch04\4-9.jpg”文件，如下图所示。

第2步 选择工具箱中的【魔棒工具】选项，如下图所示。

第3步 设置【容差】为“25”，在图像中单击想要选取的天空颜色，即可选取相近颜色的区域。单击建筑上方的蓝色区域，所选区域的边界以选框形式显示，如下图所示。

第 4 步 可以看见建筑下边有未选择的区域，按【Shift】键单击该蓝色区域可以进行加选，如下图所示。

第 5 步 新建一个图层，为选区填充一个渐变颜色也可以达到更好的天空效果。单击工具箱上的【渐变工具】按钮，然后单击选项栏上的图标，弹出【渐变编辑器】对话框，设置渐变颜色，如下图所示。

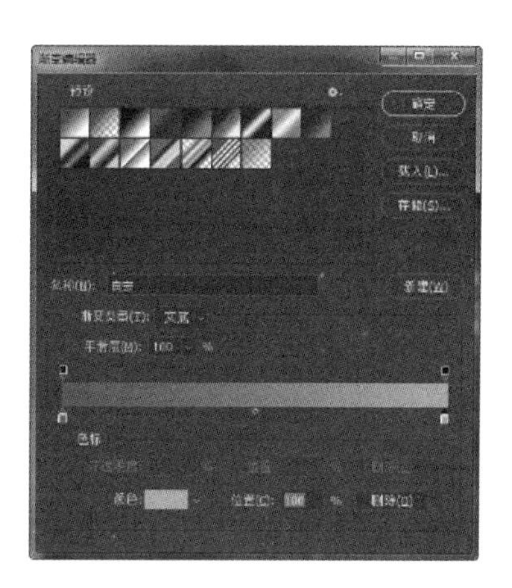

提示

这里选择默认的线性渐变，将前景色设置为“R：38，G：123，B：203”（深蓝色），背景色设置为“R：212，G：191，B：172”（浅粉色），然后使用鼠标从上向下拖曳进行填充，即可得到更好的天空背景。

2. 【魔棒工具】基本参数

【魔棒工具】选项栏如下图所示。

取样大小：取样点 容差：15 消除锯齿 连续 对所有图层取样 选择主体 选择并遮住...

使用【魔棒工具】时可对以下参数进行设置。

【容差】文本框：容差是颜色取样的范围。数值越大，允许取样的颜色偏差就越大；数值越小，取样的颜色就越接近纯色。在【容差】文本框中可以设置色彩范围，输入的范围为0~255，单位为“像素”，不同容差的效果如下图所示。

【消除锯齿】复选框：用于消除选区边缘的锯齿。若要使所选图像的边缘平滑，可选中【消除锯齿】复选框。

【连续】复选框：选中【连续】复选框，单击图像，则可选中与单击处连接的地方。【连续】复选框用于选择相邻的区域。若选中【连续】复选框则只能选择具有相同颜色的相邻区域。取消选中【连续】复选框，则可使具有相同颜色的所有区域图像都被选中，如下图所示。

【对所有图层取样】复选框：当图像中含有多个图层时，选中该复选框，将对所有可见图层的图像起作用，取消选中该复选框时，Photoshop CC 2018 中的【魔棒工具】只对当前图层起作用。

4.2.6 使用【快速选择工具】丰富图像色彩

使用【快速选择工具】可以通过拖曳鼠标，快速地选择相近的颜色，并且建立选区。使用【快速选择工具】可以更加方便快捷地进行选取操作。

使用【快速选择工具】创建选区的具体操作步骤如下。

第1步 打开"素材\ch04\4-10.jpg"文件，如下图所示。

第 2 步 选择工具箱中的【快速选择工具】选项，如下图所示。

第 3 步 在【快速选择工具】选项栏中设置合适的画笔大小，在图像中单击想要选取的颜色，即可选取相近颜色的区域。如果需要继续加选，单击按钮后继续单击或者双击进行选取，如下图所示。

第 4 步 选择【图像】→【调整】→【色彩平衡】命令，在打开的【色彩平衡】对话框中调整颜色，然后按【Ctrl+D】组合键取消选取。调整颜色后画面显得更加丰富，如下图所示。

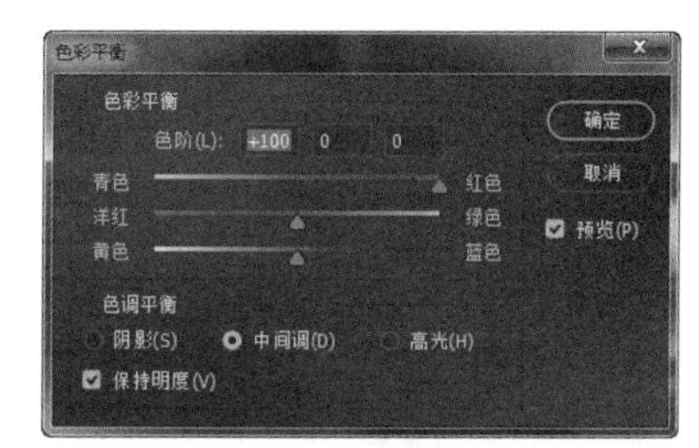

4.3 其他创建方法

本节介绍图像选取的其他方法，用户还可以使用【选择】命令、使用【色彩范围】命令等来创建选区。

4.3.1 使用【选择】命令选择选区

在【选择】菜单中也包含选择对象的命令，如选择【选择】→【全部】命令或按【Ctrl+A】

组合键，可以选择当前文档边界内的全部图像。

1. 选择全部与取消选择

第1步 打开“素材\ch04\4-11.jpg”文件，如下图所示。

第2步 选择【选择】→【全部】命令，即可选择当前图层中图像的全部，如下图所示。

第3步 选择【选择】→【取消选择】命令，取消对当前图层中图像的选择。

2. 重新选择

用户也可以通过选择【选择】→【重新选择】命令来重新选择已取消的选项。

3. 反向选择

用户通过选择【选择】→【反向】命令，可以选择图像中选中区域以外的所有区域。

第1步 打开“素材\ch04\4-12.jpg”文件，如下图所示。

第2步 选择【魔棒工具】选项，设置【容差】为“25”，选择白色背景区域，如下图所示。

第3步 选择【选择】→【反向】命令，从而选中图像中的小狗，如下图所示。

提示

使用【魔棒工具】时在选项栏中要选中【连续】复选框。

4.3.2 使用【色彩范围】命令调整人像

用户通过使用【色彩范围】命令可以对图像中的现有选区或整个图像内需要的颜色或颜色子集进行选择。

使用【色彩范围】命令选取图像的具体操作步骤如下。

第 1 步 打开“素材 \ch04\4-13.jpg”文件，选择如下图所示的纯色背景。选择【选择】→【色彩范围】命令，弹出【色彩范围】对话框，如下图所示。

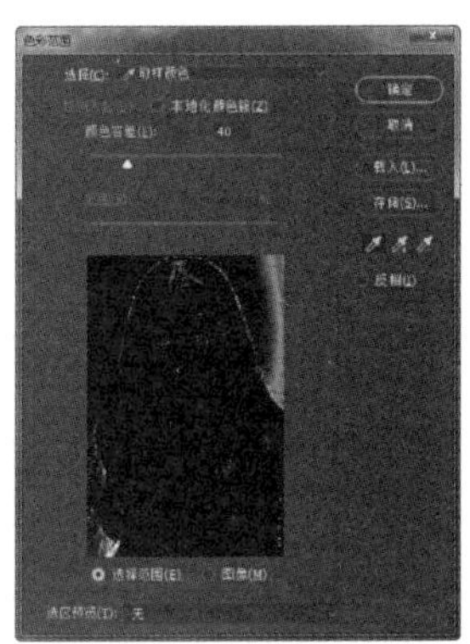

第 2 步 在弹出的【色彩范围】对话框中选中【图像】或【选择范围】单选按钮，单击图像或预览区选取想要的颜色，然后单击【确定】按钮即可。使用【吸管】工具创建选区，对图像中想要的区域进行取样。如果选区不是想要的，可使用【添加到取样】则吸管向选区添加色相，或者使用【从取样中减去】则吸管从选区中删除某种颜色，如下图所示。

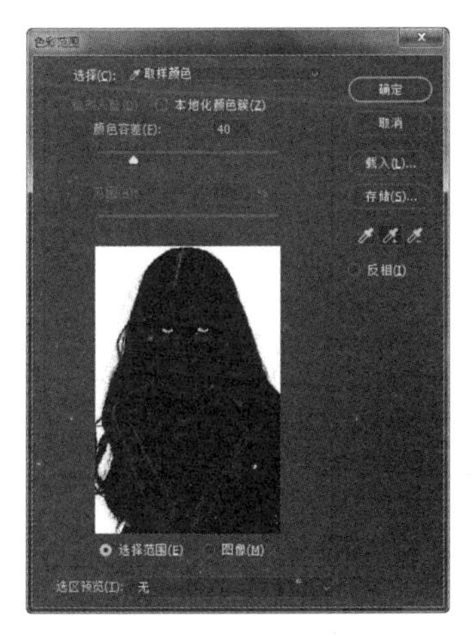

提示

用户还可以在想要添加到选区的颜色上按【Shift】键并单击【吸管】工具以添加选区。另一种修改选区的方法是在想要从选区删除某种颜色时按【Alt / Option】键并单击【吸管】工具。

第 3 步 这样在图像中就建立了与选择的色彩相近的图像选区。建立选区后反选，然后使用【曲线】命令调整图像，如下图所示。

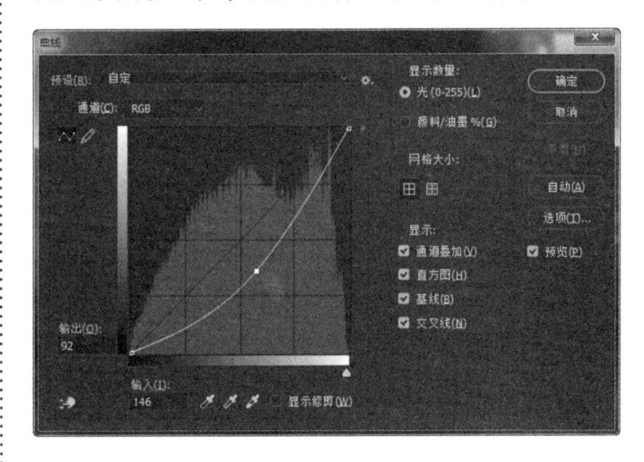

4.3.3 使用【主体】命令选择选区

Photoshop CC 2018 版本新增主体选择功能，即一键智能抠图功能终于来了。下面介绍如何运用识别主体这一新增功能，快速完美地制作选区并合理地增强摄影作品的艺术氛围。

第1步 打开“素材\ch04\4-22.jpg”文件，复制背景图层，如下图所示。

第2步 选择【选择】→【主体】命令，如下图所示。

第3步 软件自动识别出主体内容建立选区，如下图所示。

第4步 如果建立的主体选区不够精细，用户可以选择【快速选择工具】选项进行选区的修饰，按【Alt】键进行减选，按【Shift】键进行加选，如下图所示。

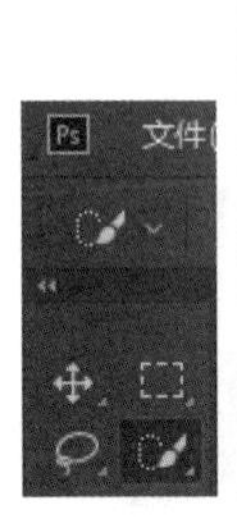

第5步 选择【选择】→【修改】→【羽化】命令，在打开的【羽化选区】对话框中对选区进行“1”像素的羽化操作，如下图所示。

第6步 选择【选择】→【反选】命令，对选区进行反选操作，选择背景图像，如下图所示。

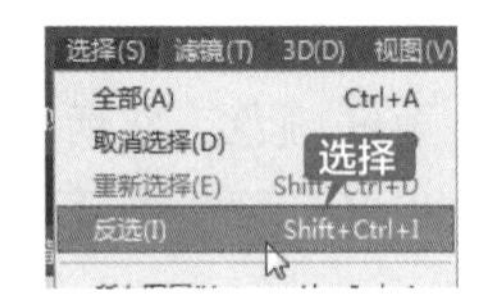

第7步 选择【图像】→【调整】→【色彩平衡】命令，在打开的【色彩平衡】对话框中对背景图像进行色调调整，如下图所示。

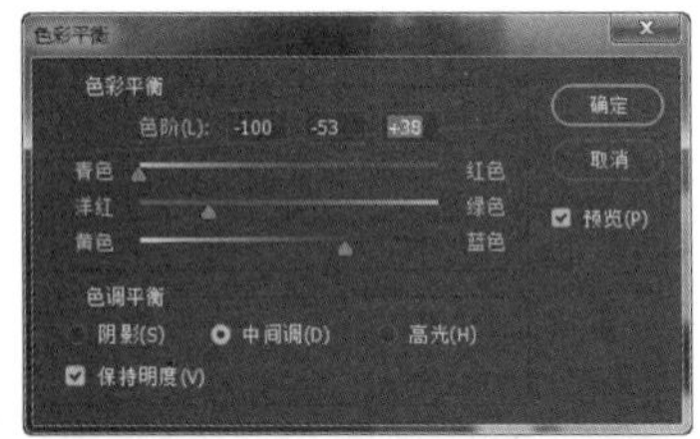

4.3.4 使用【焦点区域】命令创建选区

Photoshop CC 2018 版本的新增功能【焦点区域】可以针对焦点明确的图片进行抠图工作。下面来介绍如何使用该功能。

第 1 步 打开“素材 \ch04\4–23.jpg”文件，复制背景图层，如下图所示。

第 2 步 选择【选择】→【焦点区域】命令，如下图所示。

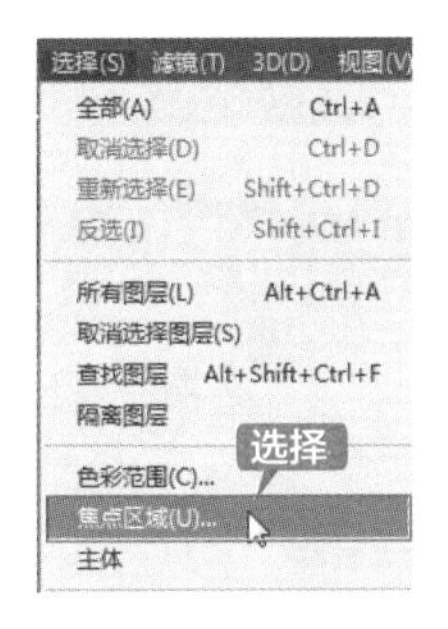

第 3 步 系统弹出【焦点区域】对话框，其设置如下图所示，单击【焦点区域添加工具】按钮可以添加选区，单击【焦点区域减去工具】按钮可以减去选区。

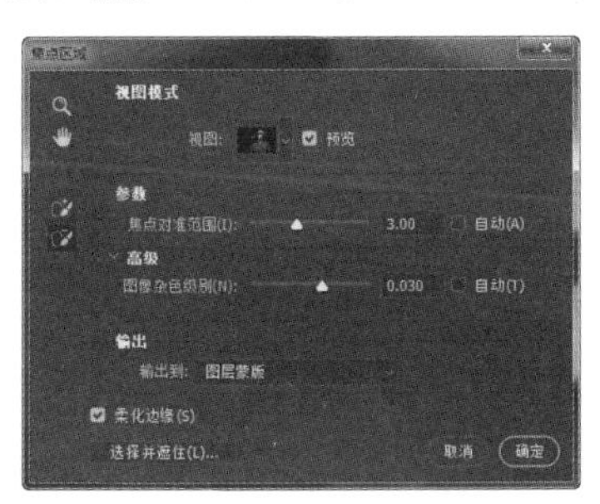

第 4 步 单击【确定】按钮可以建立选区，如下图所示。

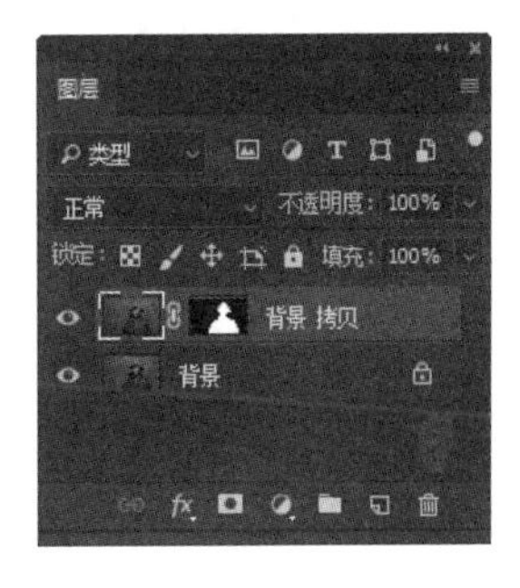

4.4 调整选区

在很多时候建立的选区并不是设计所需要的范围，因此还需要对选区进行修改。可以通过添加或删除像素（按【Delete】键）或者改变选区范围的方法来修改选区。

4.4.1 使用【修改】命令调整选区

选择【选择】→【修改】命令可以对当前选区进行修改，如修改选区的边界、平滑度、扩展与收缩选区及羽化边缘等，如下图所示。

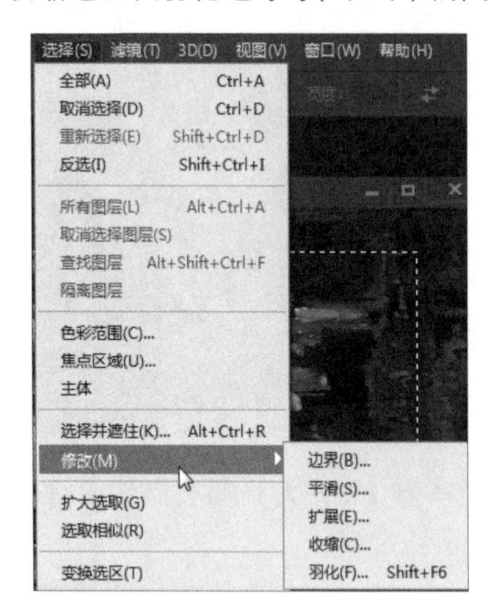

1. 修改选区边界

使用【边界】命令可以使当前选区的边缘产生一个边框，其具体操作步骤如下。

第1步 打开“素材\ch04\4-14.jpg”文件，选择【矩形选框工具】选项，在图像中建立一个矩形边框选区，如下图所示。

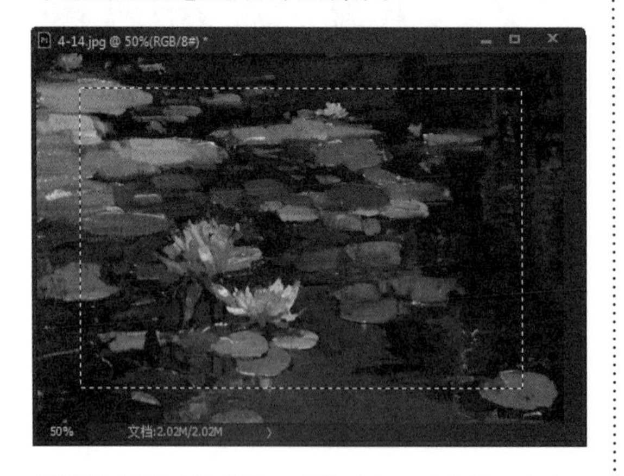

第2步 选择【选择】→【修改】→【边界】命令，弹出【边界选区】对话框。在【边界选区】对话框的【宽度】文本框中输入“50”像素，单击【确定】按钮，如下图所示。

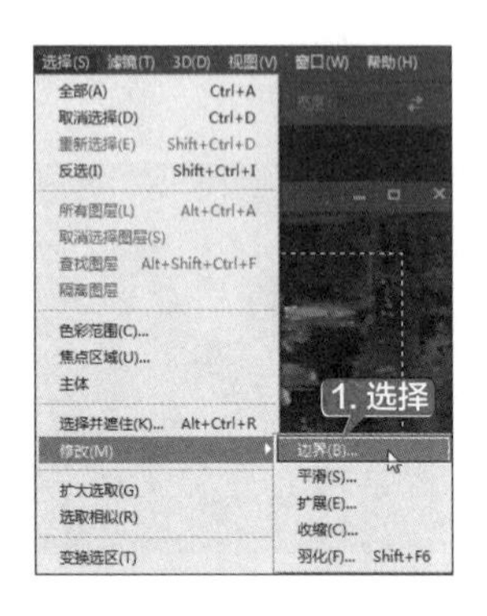

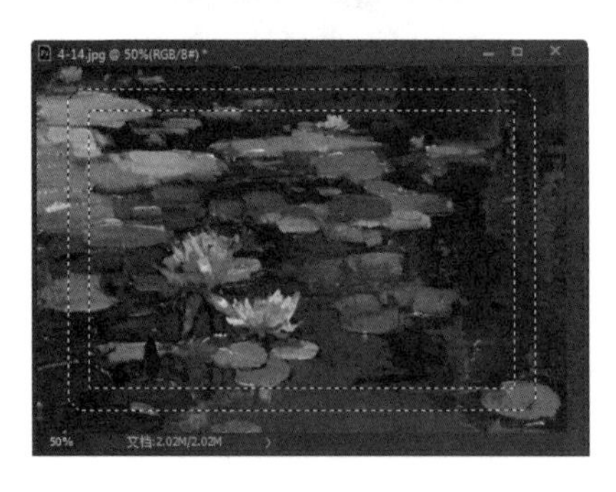

第3步 选择【编辑】→【清除】命令（或按【Delete】键），再按【Ctrl+D】组合键取消选择，制作出一个选区边框，如下图所示。

2. 平滑选区边缘

使用【平滑】命令可以使尖锐的边缘变得平滑，其具体操作步骤如下。

第 1 步 打开“素材 \ch04\4–15.jpg”文件，然后使用【多边形套索工具】在图像中建立一个多边形选区，如下图所示。

第 2 步 选择【选择】→【修改】→【平滑】命令，如下图所示。

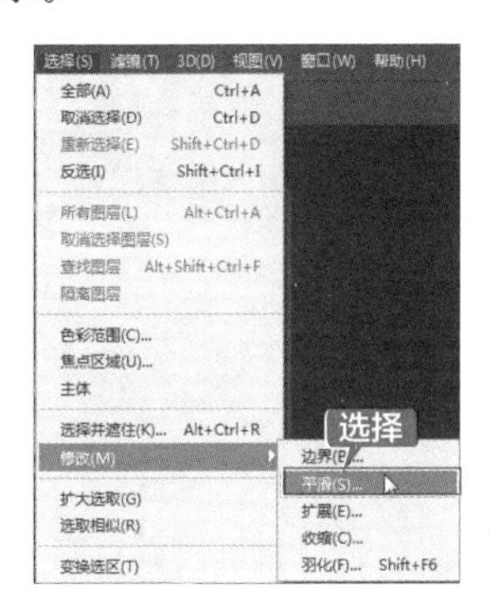

第 3 步 弹出【平滑选区】对话框。在【平滑选区】对话框的【取样半径】文本框中输入“30”像素， 然后单击【确定】按钮，即可看到图像的边缘变得平滑了，如下图所示。

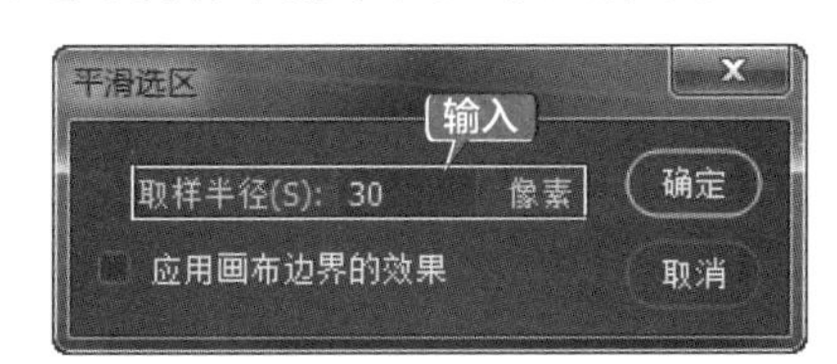

第 4 步 按【Ctrl+Shift+I】组合键反选选区，按【Delete】键删除选区内的图像，然后按【Ctrl+D】组合键取消选区。此时，一个多边形的相框就制作好了，如下图所示。

3. 扩展选区

用户通过使用【扩展】命令可以对已有的选区进行扩展，具体操作步骤如下。

第 1 步 打开“素材 \ch04\4–16.jpg”文件，然后建立一个椭圆形选区，如下图所示。

第 2 步 选择【选择】→【修改】→【扩展】命令，

如下图所示。

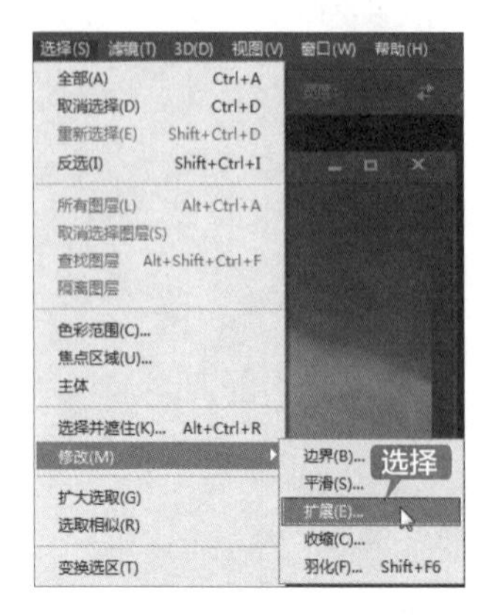

第3步 弹出【扩展选区】对话框。在【扩展量】文本框中输入“45”像素，然后单击【确定】按钮，即可看到图像的边缘得到了扩展，如下图所示。

4. 收缩选区

用户通过使用【收缩】命令可以使选区收缩，具体操作步骤如下。

第1步 继续上面的案例操作，选择【选择】→【修改】→【收缩】命令，如下图所示。

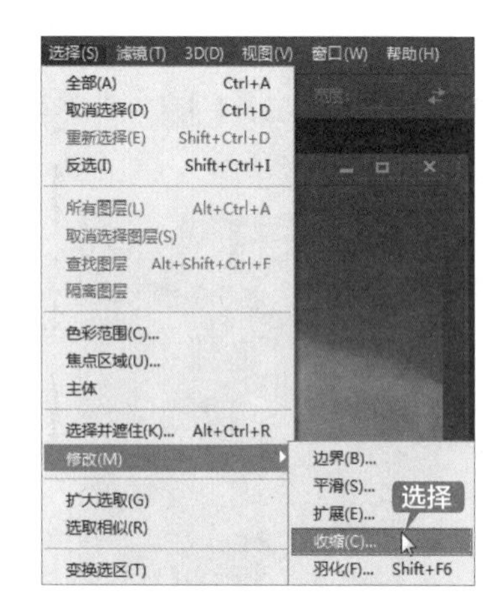

第2步 弹出【收缩选区】对话框。在【收缩量】文本框中输入“80”像素，然后单击【确定】按钮， 即可看到图像边缘得到了收缩，如下图所示。

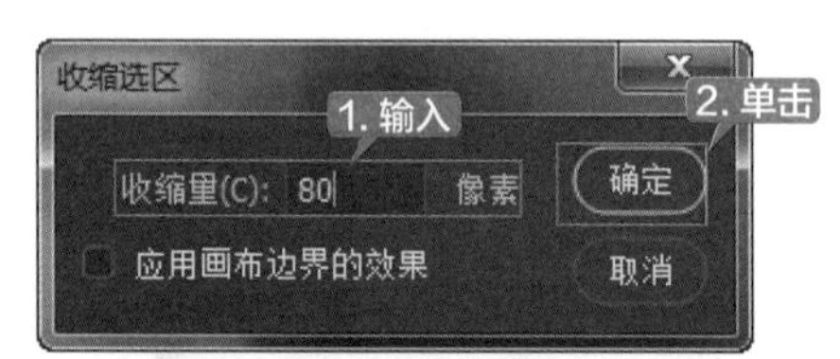

提示

物理距离和像素距离之间的关系取决于图像的分辨率。例如，72 像素 / 英寸图像中的 5 像素距离就比在 300 像素 / 英寸图像中的长。

5. 羽化选区边缘

用户选择【羽化】命令，可以通过羽化

使硬边缘变得平滑，其具体操作步骤如下。

第 1 步 打开“素材 \ch04\4-17.jpg”文件，选择【椭圆工具】选项，在图像中建立一个椭圆形选区，如下图所示。

第 2 步 选择【选择】→【修改】→【羽化】命令，如下图所示。

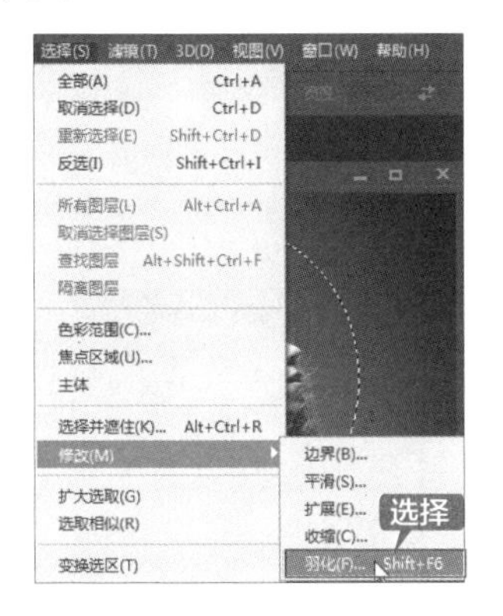

第 3 步 弹出【羽化选区】对话框。在【羽化半径】文本框中输入数值，其范围为 0.2 ~ 255，单击【确定】按钮，如下图所示。

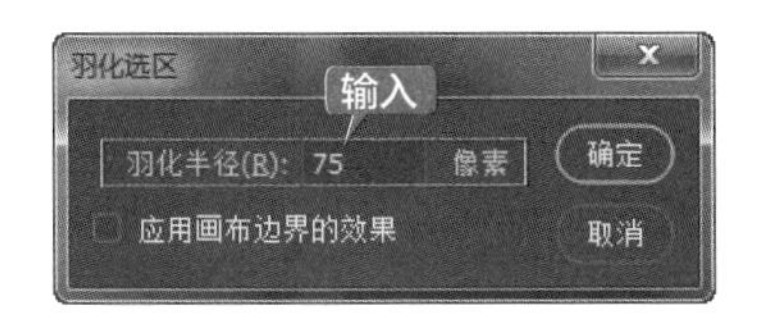

第 4 步 选择【选择】→【反向】命令，反选选区，如下图所示。

第 5 步 选择【编辑】→【清除】命令，按【Crl+D】组合键取消选区。清除反选选区后效果如下图所示。

提示

如果选区小，而羽化半径过大，小选区则可能变得非常模糊，以至于看不到其显示，因此系统会出现【任何像素都不大于 50% 选择】的提示信息，此时应减小羽化半径或增大选区大小，或者单击【确定】按钮，接受蒙版当前的设置并创建看不到边缘的选区。

4.4.2 修改选区

用户创建了选区后，有时需要对选区进行深入编辑，才能使选区符合要求。【选择】下拉菜单中的【扩大选取】【选取相似】和【变换选区】命令，可以对当前的选区进行扩展、收缩等编辑操作。

1. 扩大选取

使用【扩大选取】命令可以选择所有和现有选区颜色相同或相近的相邻像素。

第1步 打开“素材\ch04\4-18.jpg”文件，选择【矩形选框工具】选项，在珊瑚中创建一个矩形选区，如下图所示。

第2步 选择【选择】→【扩大选取】命令，如下图所示。

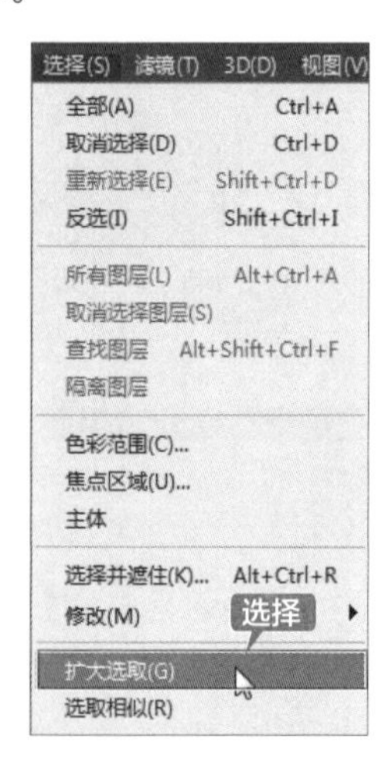

第3步 可以看到与矩形选区内颜色相近的相邻像素都被选中了。可以多次执行此命令，直至选择了合适的范围为止，如下图所示。

2. 选取相似

用户通过使用【选取相似】命令可以选择整个图像中与现有选区颜色相邻或相近的所有像素，而不只是相邻的像素。

第1步 继续前面的操作步骤。选择【矩形选框工具】选项，在珊瑚上创建一个矩形选区，如下图所示。

第2步 选择【选择】→【选取相似】命令，如下图所示。

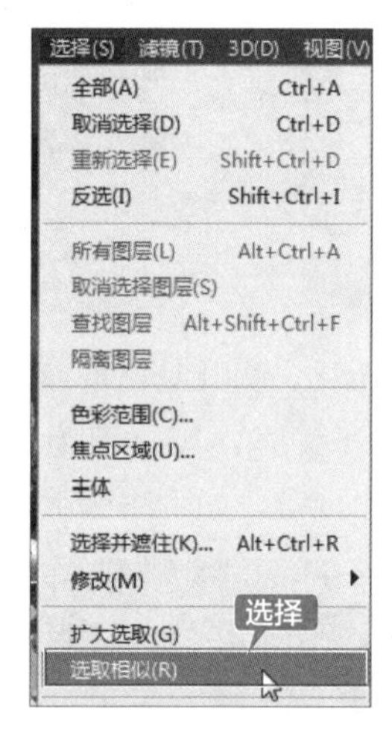

第3步 这样包含于整个图像中的与当前选区颜色相邻或相近的所有像素就都会被选中，如下图所示。

3. 变换选区

使用【变换选区】命令可以对选区的范围进行变换。

第 1 步 打开“素材\ch04\4-19.jpg”文件，选择【矩形选框工具】选项，在其中一张便签纸上用鼠标拖曳出一个矩形选区，如下图所示。

第 2 步 选择【选择】→【变换选区】命令，或者在选区内右击，在弹出的快捷菜单中选择【变换选区】命令，如下图所示。

第 3 步 按【Ctrl】键来调整节点以完整而准确地选取蓝色便签纸区域，然后按【Enter】键确认，如下图所示。

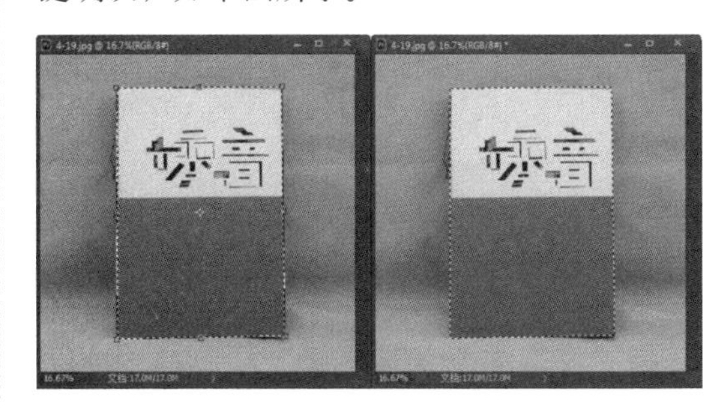

4.4.3 管理选区

选区创建之后，用户可以对需要的选区进行管理，具体方法如下。

1. 存储选区

使用【存储选区】命令可以将制作好的选区进行存储，以方便下一次操作。

第 1 步 打开“素材\ch04\4-20.jpg”文件，然后选择饮料的选区，如下图所示。

> **提示**
>
> 这里使用【魔棒工具】先选择白色的背景区域，然后使用【反选】命令即可。

第 2 步 选择【选择】→【存储选区】命令，如下图所示。

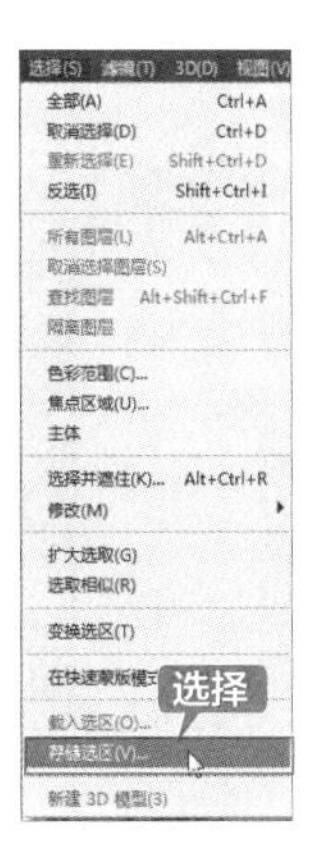

第 3 步 弹出【存储选区】对话框。在【名称】文本框中输入“饮料选区”，然后单击【确定】按钮，如下图所示。

第 4 步 在【通道】面板中可以看到新建立的一个名为【饮料选区】的通道，如下图所示。

第 5 步 如果在【存储选区】对话框中的【文档】下拉列表框中选择【新建】选项，那么就会出现一个新建的【存储文档】通道文件，如下图所示。

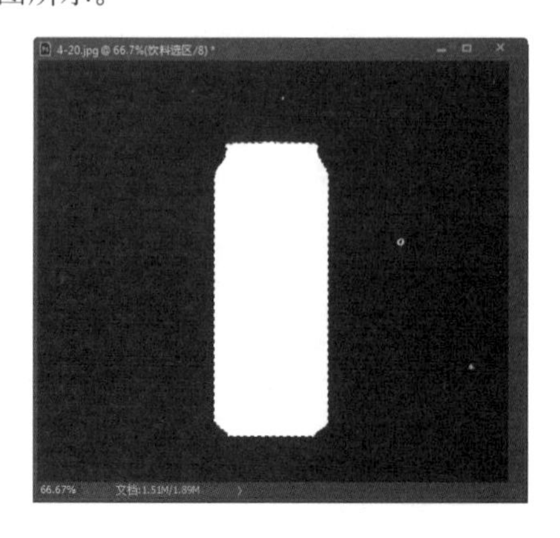

2. 载入选区

将选区存储以后，就可以根据需要随时载入保存好的选区。

第 1 步 继续前面的操作步骤，当需要载入存储好的选区时，可以选择【选择】→【载入选区】命令，如下图所示。

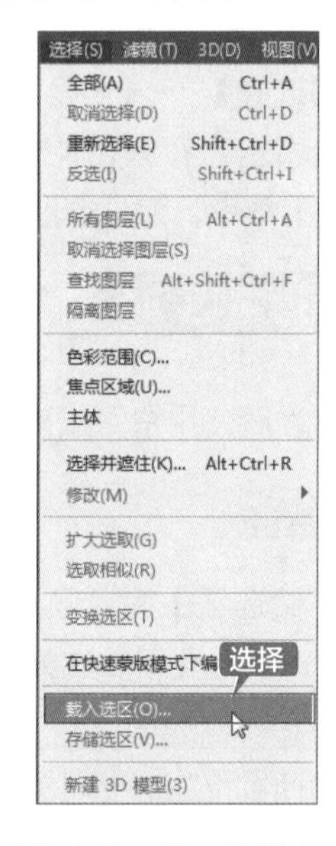

第 2 步 打开【载入选区】对话框，如下图所示。

第 3 步 在【通道】下拉列表框中会出现已经存储好的通道名称——饮料选区，然后单击【确定】按钮即可。如果选择相反的选区，可选中【反选】复选框，如下图所示。

CD 光盘设计

本案例介绍通过使用【反选】命令、【椭圆选框工具】【变换选区】命令和【文字工具】制作一张 CD 光盘设计效果。

第 1 步 选择【文件】→【新建】命令来新建一个名称为“CD 光盘设计”、大小为 120 毫米 ×120 毫米、分辨率为 200 像素 / 英寸、颜色模式为“CMYK 颜色”的文件，如下图所示。

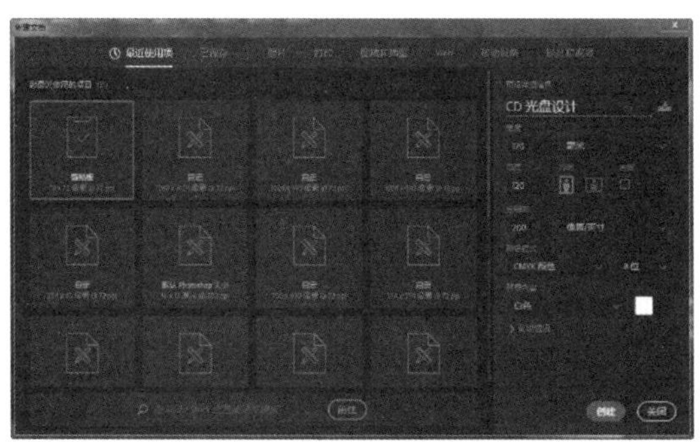

第 2 步 在【图层】面板中单击【创建新图层】按钮，新建【图层 1】图层，如下图所示。

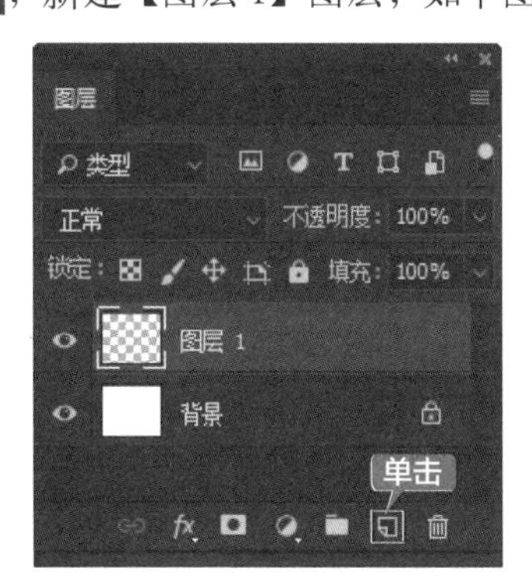

第 3 步 选择【椭圆选框工具】选项，在文档中按【Shift+Alt】组合键来创建一个如下图所示的正圆。

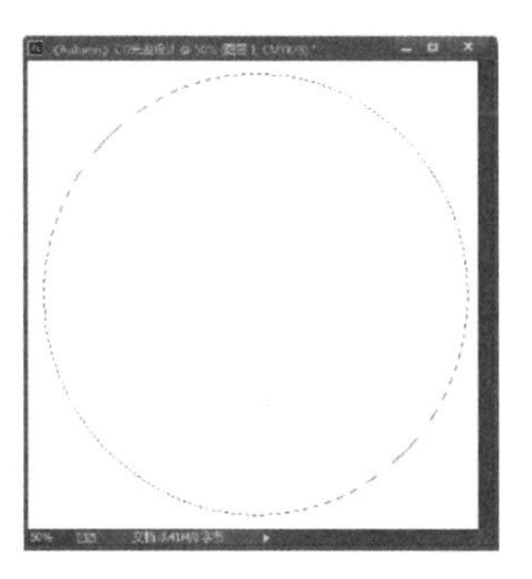

第 4 步 在工具箱中单击【设置前景色】按钮，在打开的【拾色器（前景色）】对话框中设置背景色为灰色（C：0，M：0，Y：0，

K：20），如下图所示。

第 5 步 按【Ctrl+Delete】组合键进行填充，如下图所示。

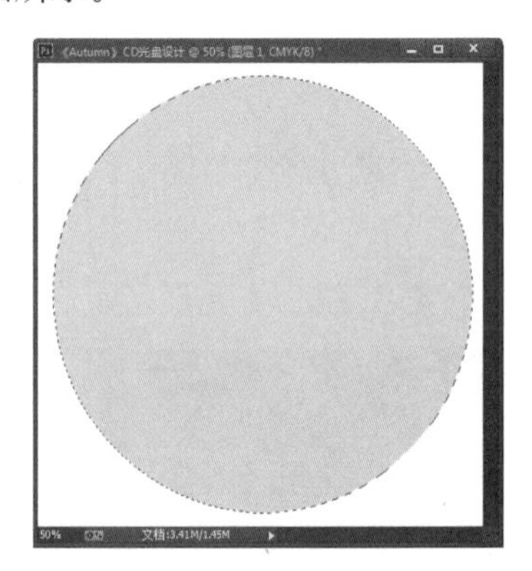

第 6 步 选择【选择】→【修改】→【收缩】命令，在打开的【收缩选区】对话框中设置【收缩量】为“10”像素，再单击【确定】按钮，如下图所示。

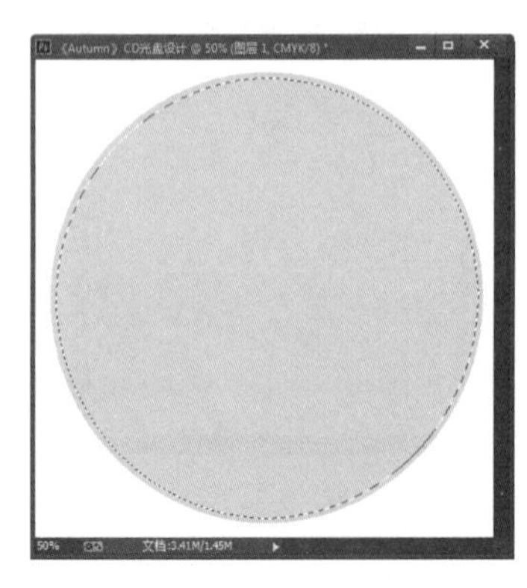

第 7 步 新建【图层 2】图层，设置背景色为橘黄色（C：8，M：56，Y：100，K：1），如下图所示。

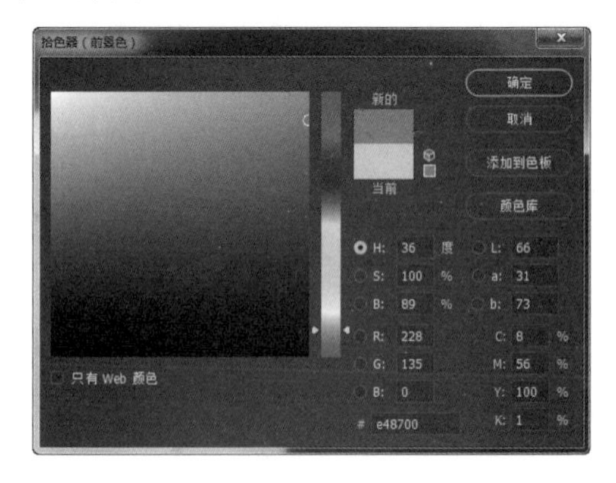

第 8 步 按【Ctrl+Delete】组合键填充，效果如下图所示。

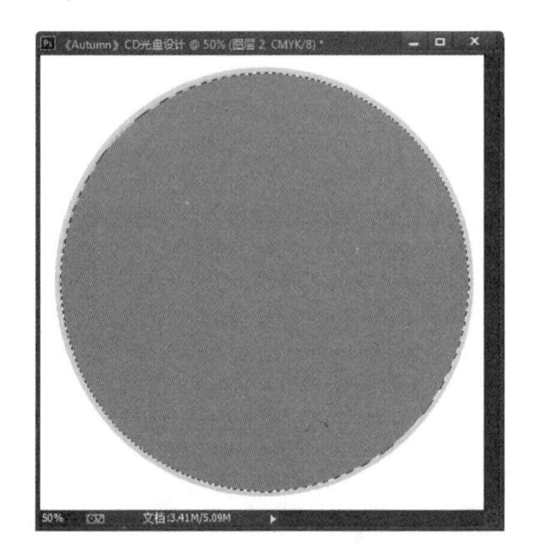

第 9 步 选择【椭圆选框工具】选项，在选区内右击，在弹出的快捷菜单中选择【变换选区】命令，来调整选区的大小，如下图所示。

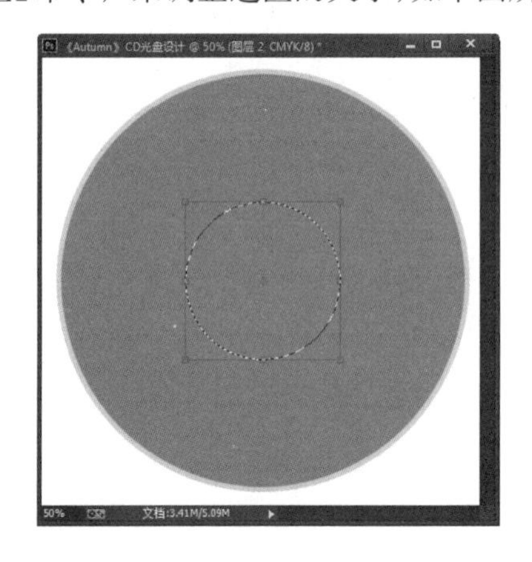

第 10 步 调整到适当大小后，按【Enter】键确定，效果如下图所示。

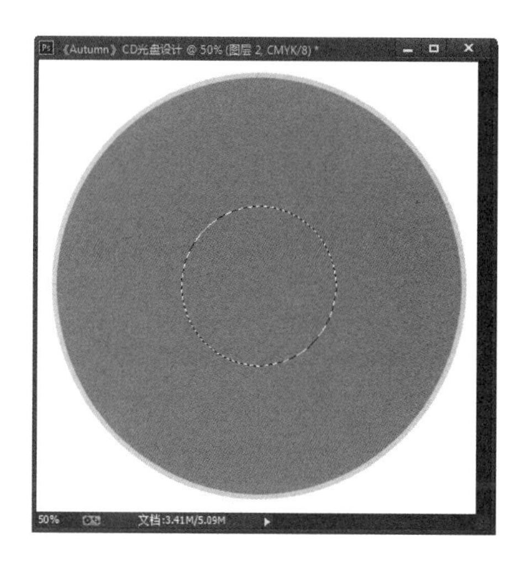

提示

在调整选区时可按【Shift+Alt】组合键来等比例放大或缩小选区。

第 11 步 新建【图层 3】图层，设置背景色为白色，按【Ctrl+Delete】组合键填充，效果如下图所示。

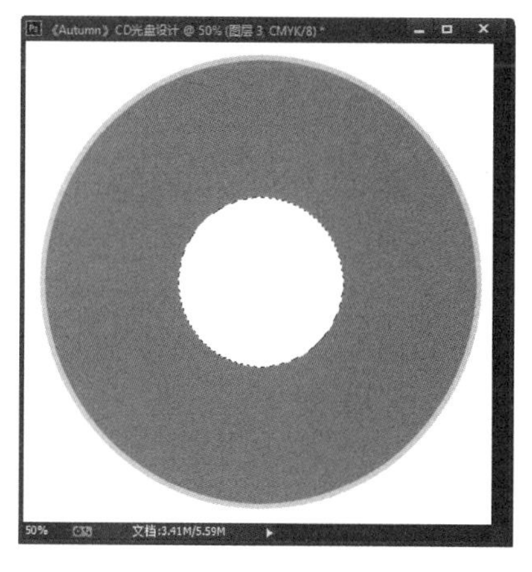

第 12 步 选择【选择】→【修改】→【收缩】命令，在【收缩选区】对话框中设置【收缩量】为“10”像素，再单击【确定】按钮，并按【Delete】键删除选区中的内容，效果如下图所示。

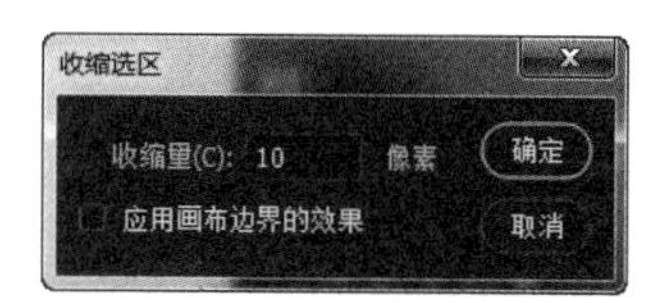

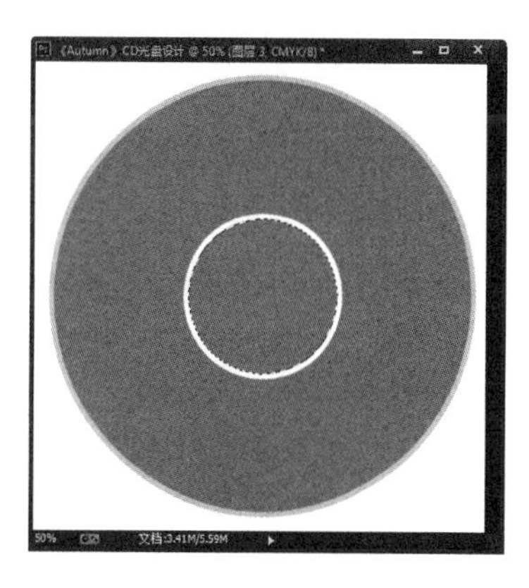

第 13 步 执行【变换选区】命令来缩小选区。新建【图层 4】图层，并将选区填充为白色，效果如下图所示。

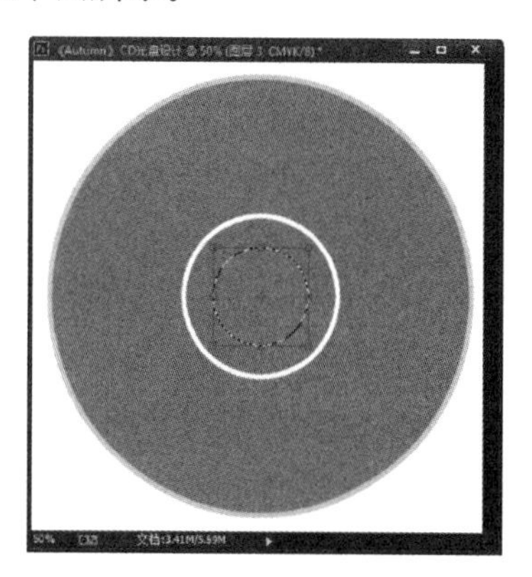

第 14 步 再次缩小选区，选择【编辑】→【描边】命令来描一个灰色的边，具体设置及效果如下图所示。

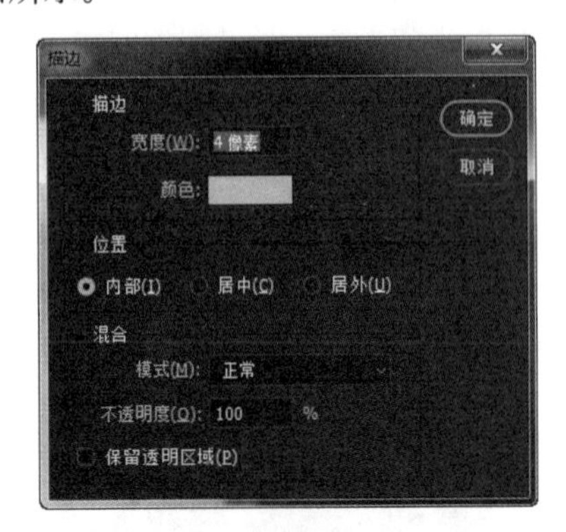

设置嵌入的具体操作步骤如下。

第 1 步 选择【文件】→【置入嵌入的智能对象】命令，打开“素材 \ch04\ 线描 .psd” 文件，使用【移动工具】将“线描”拖曳到 CD 光盘画面中，如下图所示。

第 2 步 按【Ctrl+T】组合键来调整大小和位置，并调整图层顺序，效果如下图所示。

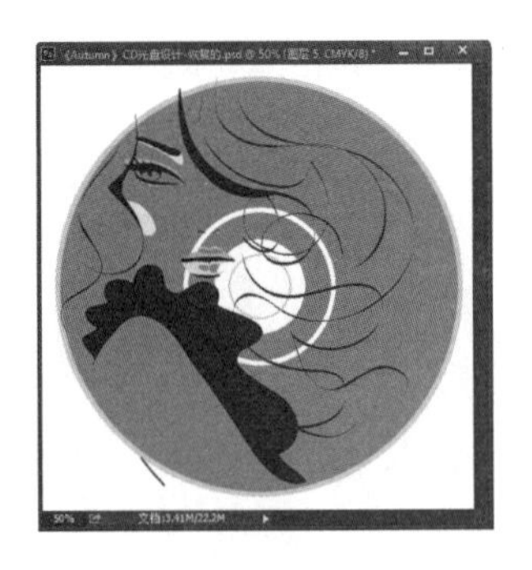

第 3 步 新建【图层 6】图层，选择【矩形选框工具】选项，在选项栏中选择【像素】选项 像素 ，在图形下方绘制一个矩形，效果如下图所示。

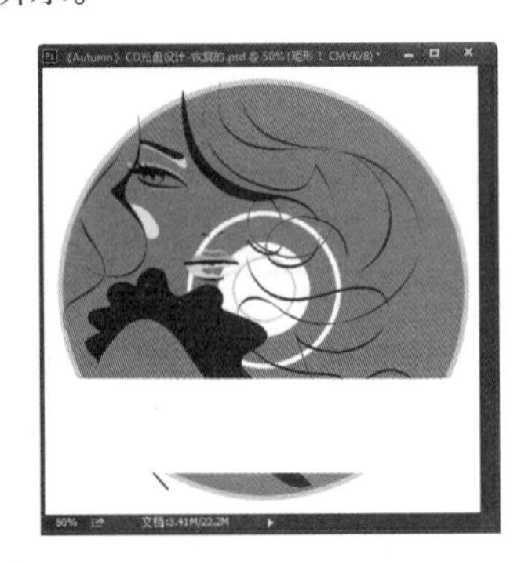

第 4 步 选择【文字工具】选项，在【字符】面板中设置各项参数，颜色设置为“C：22，M：64，Y：100，K：8”。然后在图形中输入“AUTUMNAL”和“FEELING AUTUMN'S LOVE”，小字字号为 14 点，如下图所示。

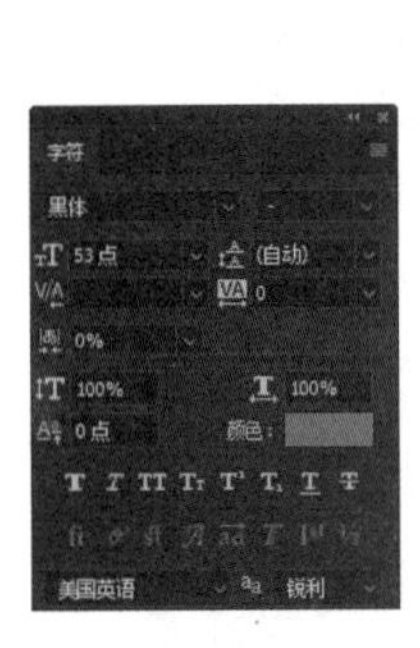

第 5 步 按【Alt】键在【图层】面板上同时选择【图层 6】和【文字】图层及两个形状图层，再按【Ctrl + T】组合键来调整位置，效果如下图所示。

第 6 步 选择【线描】图层并右击，在弹出的快捷菜单中选择【栅格化图层】选项，按【Ctrl】键的同时单击【图层 2】前面的【图层缩览图】建立选区，如下图所示。

第 7 步 按【Ctrl + Shift + I】组合键执行【反选】命令，对图形进行反选，再按【Delete】键删除多余部分，如下图所示。

第 8 步 同理，建立中间小圆图层的选区，按【Delete】键删除多余部分，再按【Ctrl+D】组合键取消选区，如下图所示。

第 9 步 完成上面的操作，按【Ctrl+S】组合键进行保存。

◇ 使用【橡皮擦工具】配合【磁性套索工具】选取照片中的人物

第 1 步 打开“素材 \ch04\4-21.jpg”文件，如下图所示。

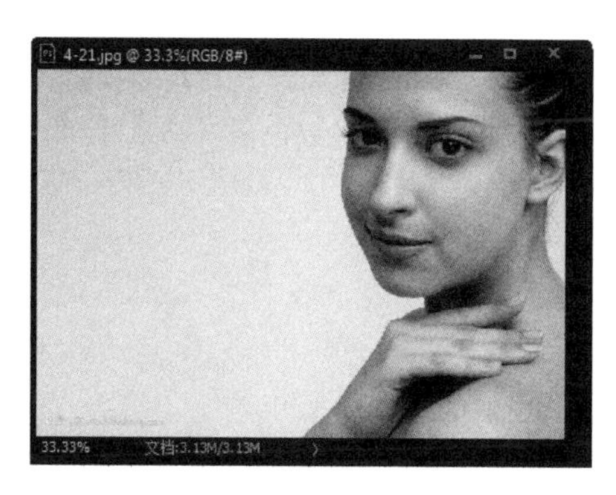

第 2 步 选择【磁性套索工具】，在图像中创建如下图所示的选区。

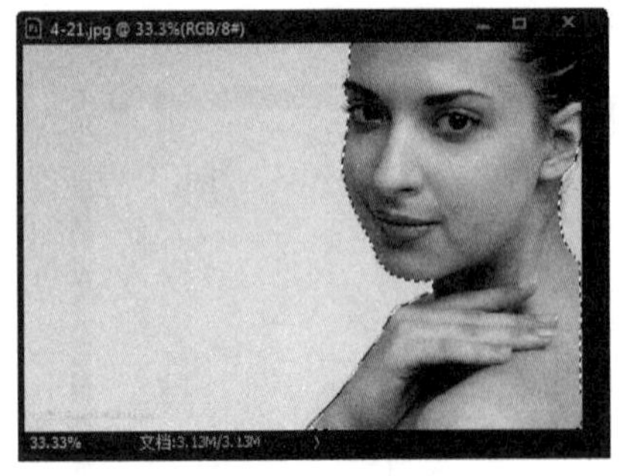

第3步 选择【选择】→【反选】命令，反选选区，如下图所示。

第4步 双击将背景图层转变成普通图层，选择【编辑】→【清除】命令，按【Crl+D】组合键取消选区。清除反选选区后如下图所示。

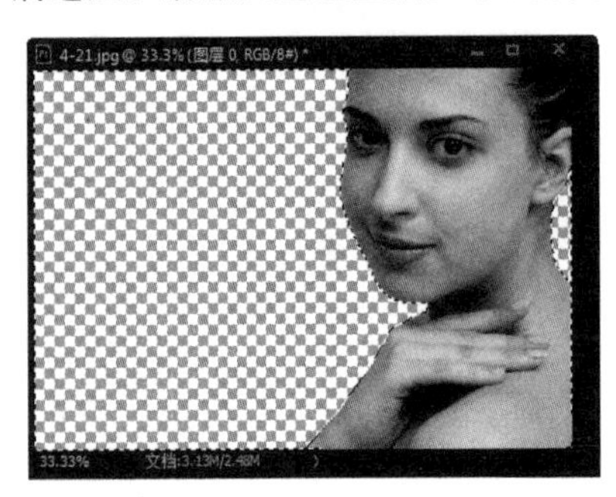

第5步 选择【背景橡皮擦工具】选项，在选项栏中设置各项参数，在人物边缘单击，如下图所示。

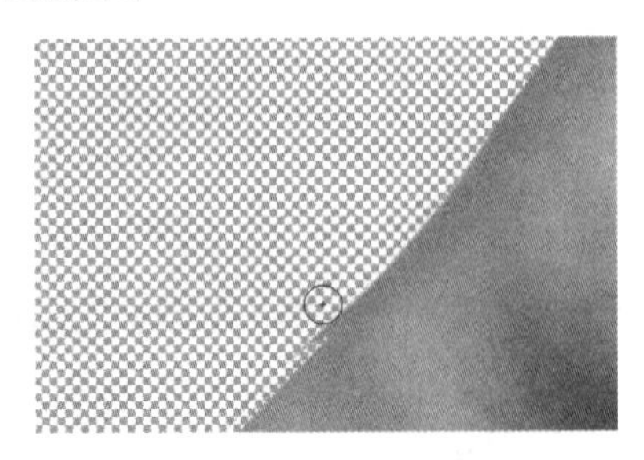

第6步 将人物抠取出来，如下图所示。

◇ 最精确的抠图工具——钢笔工具

适用范围：图像边界复杂、不连续，加工精度高。

方法意图：使用鼠标逐一放置边界点来抠图。

方法缺陷：速度比较慢。

具体使用方法如下。

（1）使用【套索工具】建立粗略路径

① 使用【套索工具】粗略圈出图形的外框。

② 右击，在弹出的快捷菜单中选择【建立工作路径】选项，“容差”一般输入“2”。

（2）使用【钢笔工具】细调路径

① 选择【钢笔工具】，并在【钢笔工具】栏中选择第二项“路径”图标。

② 按住【Ctrl】键，单击各个节点（控制点），并用鼠标拖曳改变位置。

③ 每个节点都有两个弧度调节点，调节两节点之间的弧度，使线条尽可能地贴近图形边缘，这是光滑的关键步骤。

④ 增加节点：如果节点不够，可以松开【Ctrl】键，在路径上单击增加。

⑤ 删除节点：如果节点过多，可以松开【Ctrl】键，将鼠标指针移到节点上，鼠标指针旁边出现“—”号时，单击该节点即可删除。

（3）右击“建立选区”，“羽化半径”一般输入“0”

① 按【Ctrl+C】组合键复制该选区。

② 新建一个图层或文件。

③ 在新图层中，按【Ctrl+V】组合键粘贴该选区即可。

④ 按【Ctrl+D】组合键取消选区。

第5章 图像的调整

本章导读

颜色模型是指用数字描述颜色。用户可以通过不同的方法用数字来描述颜色，而颜色模式则决定着在显示和打印图像时使用哪一种方法或哪一组数字。Photoshop CC的颜色模式基于颜色模型，而颜色模型对于印刷中使用的图像有很大作用。本章介绍图像颜色的相关知识。

思维导图

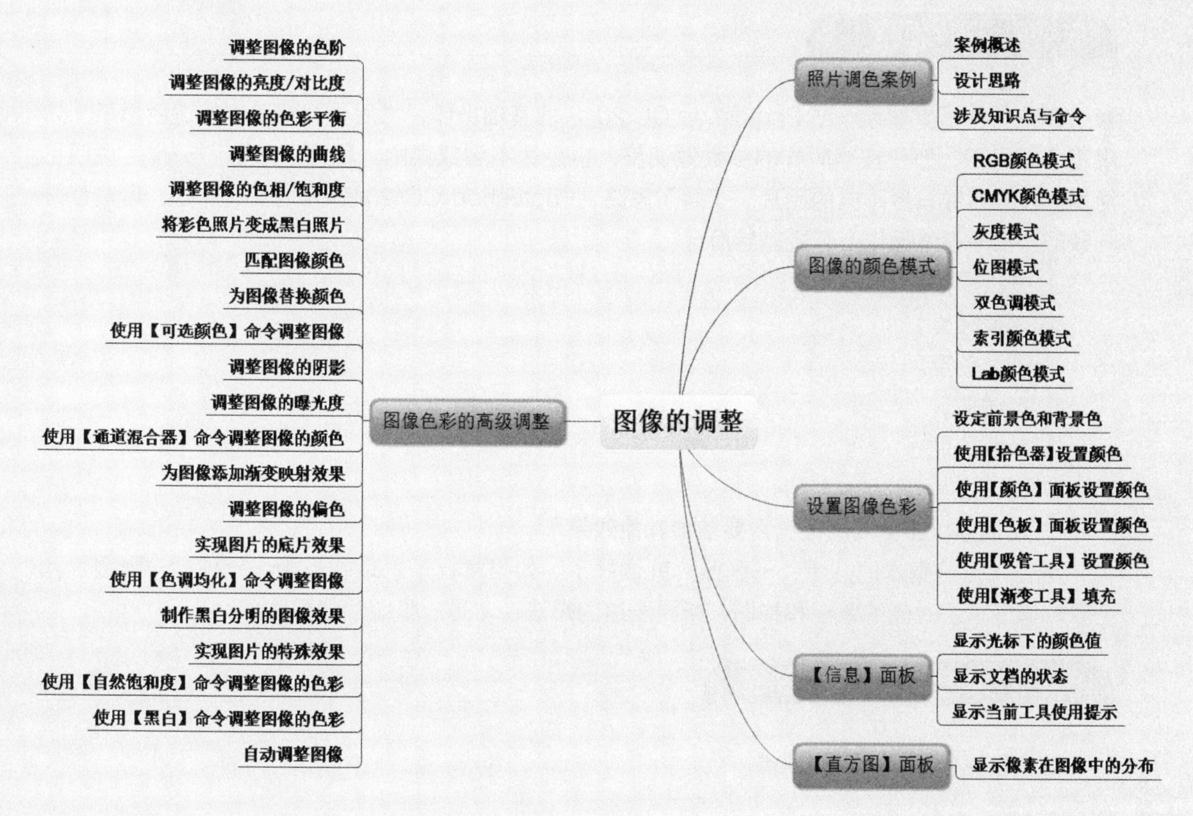

5.1 照片调色案例

Photoshop CC 是目前图像后期处理的主要工具，其中使用最多的就是调色方法，调色既是最常用的，也是最复杂的图像处理手段。

案例名称：照片调色案例

案例目的：图像调整

	素材	素材 \ch05\5-1.jpg 等
	结果	结果 \ch05\ 为旧照片着色 .jpg、为照片制作泛白 lomo 风格 .jpg
	录像	视频教学录像 \05 第 5 章

5.1.1 案例概述

在调色之前，用户需要对色彩有一定的基础认识，也要了解自己最终想要达到什么样的效果，不要盲目相信不同照相机的色彩取向，任何数码相机的图像都可以通过后期调出理想的色彩。调色中准确表达的色调也是照片最重要的因素，这里准确色调的范畴包括色调（色温）、饱和度、色彩平衡、反差、亮暗部层次等。如果用户能够掌握 Photoshop 多种多样的调色手段，也就拥有了一个强大的彩色照片后期处理的数字暗房。

5.1.2 设计思路

用户首先需要掌握一些 Photoshop CC 2018 的基础操作，然后再介绍基本的调色思路。如果不了解思路，即使按照同样的参数做调整，也是达不到效果的。每张照片都不一样，说明不能用同样的参数设置不同的照片。了解了思路，Photoshop CC 2018 只是工具而已，调法都是一致的，只是具体操作上有所差异而已。

① 分析照片。

② 调整曝光。

③ 调整色温。

④ 色调微调。

⑤ 颜色的调整。

⑥ 锐化。

⑦ 增加颗粒感（或者根据需要增加其他效果）。

遵循以上这基本的几步，一张照片就调好了。如果掌握了思路并且操作熟练，一张照片几分钟就调好了。对光的掌控和构图，所要表达的想法，才是一张照片的灵魂。

5.1.3 涉及知识点与命令

本案例主要涉及以下知识点。

进入 Photoshop CC 2018 软件界面，打开保存的图片后，选择【图像】→【调整】选项，在出现的【调整】子菜单中会显示以下调整图像的命令，如下图所示。

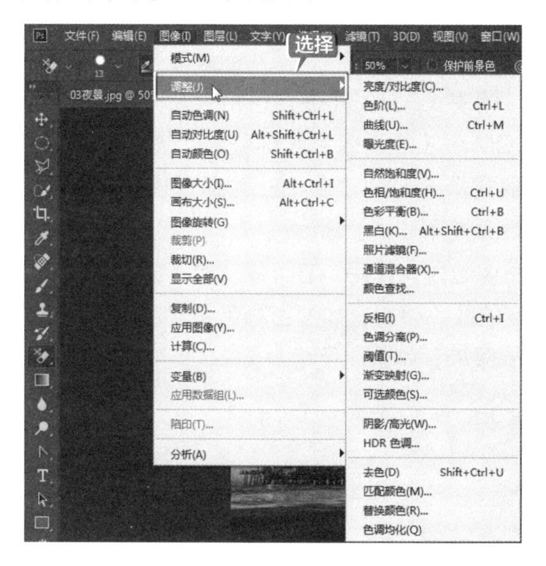

这些调整图像的主要命令的作用如下。

（1）亮度 / 对比度：此命令可以简单地调节图像的明亮度和对比度。

（2）色阶：此命令可以调节图像中的亮度值范围，同时可调节图像的饱和度、对比度、明亮度等色彩值。

（3）曲线：此命令可以精确地改变图像的颜色变化范围。

（4）曝光度：此命令可以用于调整相机拍摄的曝光不足或曝光过度的照片。

（5）自然饱和度：此命令可以改变图像的自然饱和度值。

（6）色相 / 饱和度：此命令可以改变图像的色调饱和度和亮度值。

（7）色彩平衡：对整体图像做色彩平衡调整。

（8）黑白：此命令可以制作黑白或单色图片效果。

（9）照片滤镜：此命令可以用来调色，主要是调整色温，暖色调和冷色调。

（10）通道混合器：可以编辑图像的通道，从而改变图像的颜色并转换图像的颜色范围，可以转换高质量的灰度图像和彩色图像。此命令可以精确调整图像。

（11）颜色查找：对 Photoshop 图像色彩进行校正。

（12）反相：可使图像变成负片，即好像相底一样。

（13）色调分离：可以减少图像层次而产生特殊的层次分离效果。

（14）阈值：又称为临界值，能把彩色或灰阶图像转换为高对比度的黑白图像。用户可以指定一定色阶作为阈值，然后执行命令，于是比指定阈值亮的像素会转换为白色，比指定阈值暗的像素会转换为黑色。

（15）渐变映射：是作用于其下一图层的一种调整控制，它将不同亮度映射到不同的颜色上。

（16）可选颜色：可分别对各原色调整 CMYK 色彩比例，主要在印刷时各色都是 CMYK 四种色彩形成的网点组合而成的，通过调整四色达到调整图像的颜色。

（17）阴影 / 高光：此命令可以修复图像中过亮或过暗的区域。

（18）HDR 色调：此命令可以用来修补太亮或太暗的图像，制作出高动态范围的图像效果。

（19）去色：将使图像中的色相 / 饱和度为零，图像变成灰度。此命令可在不改变图像的色彩模式的情况下使图像变成单色图像。

（20）匹配颜色：此命令可以使两张或多张图片的颜色倾向一个色调，使得图片统一色调。

（21）替换颜色：其本质是使用【魔棒工具】选取图像范围，使用【色相 / 饱和度】对选取部分的色调、饱和度进行调整替换。

（22）色调均化：使图像像素被平均分配到各层次中，使图像较偏向于中间色调，它不是将像素在各层次进行平均化，而是最低层次设置为 0，最高层次设置为 255 并将层次拉开。

5.2 图像的颜色模式

颜色模式决定显示和打印电子图像的色彩模型（简单来说，色彩模型是用于表现颜色的一种数学算法），即一幅电子图像要用什么样的方式在计算机中显示或打印输出。

常见的颜色模式包括位图模式、灰度模式、双色调模式、HSB（表示色相、饱和度、亮度）模式、RGB（表示红色、绿色、蓝色）颜色模式、CMYK（表示青色、洋红色、黄色、黑色）颜色模式、Lab 颜色模式、索引颜色模式、多通道模式及 8 位 /16 位 /32 位通道模式。每种模式的图像描述和重现色彩的原理及所能显示的颜色数量是不同的。Photoshop CC 2018 的颜色模式基于颜色模型，而颜色模型对于印刷中使用的图像起很大作用。它可以从以下模式中选取：RGB、CMYK、Lab 和灰度，以及用于特殊色彩输出的颜色模式，如索引颜色和双色调。

选择【图像】→【模式】命令，打开【模式】子菜单，如下图所示。

5.2.1 RGB 颜色模式

Photoshop CC 2018 软件的 RGB 颜色模式使用 RGB 模型，对于彩色图像中的每个 RGB（红色、绿色、蓝色）分量，为每个像素指定一个 0（黑色）到 255（白色）之间的强度值。例如，亮红色可能的 R 值为 246、G 值为 20，而 B 值为 50。

不同的图像中 RGB 各个的成分也不尽相同，可能有的图中 R（红色）成分多一些，有的 B（蓝色）成分多一些。在计算机显示器显示时，RGB 的多少是指亮度，并用整数来表示。通常情况下 RGB 的 3 个分量各有 256 级亮度，用数字 0、1、2、……、255 表示。注意，虽然数字最高是 255，但 0 也是数值之一，因此共有 256 级。当这 3 个分量的值相等时，结果是灰色，如下图所示。

当所有分量的值均为 255 时，结果是纯白色，如下图所示。

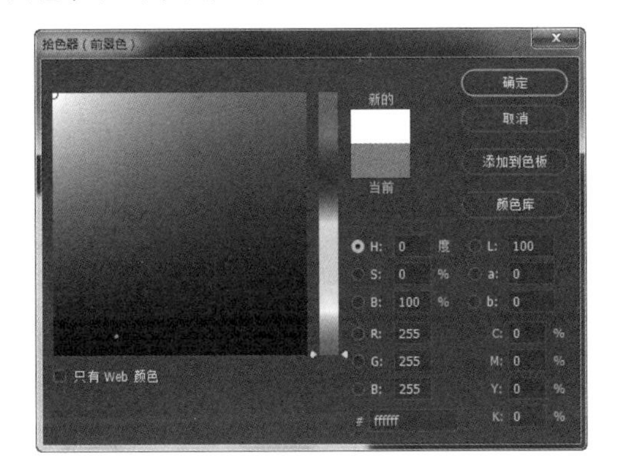

当所有分量的值都为 0 时，结果是纯黑色，如下图所示。

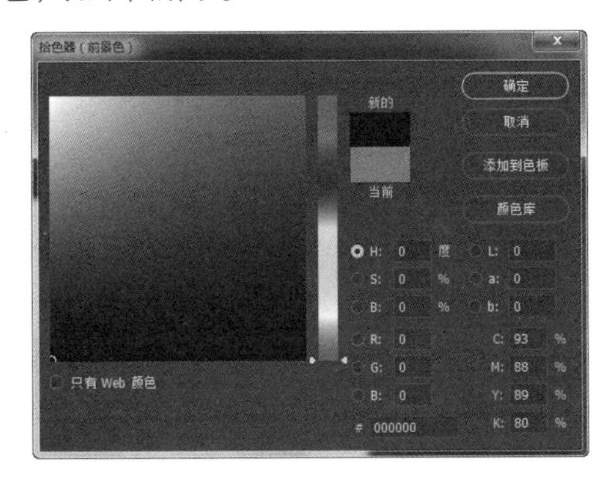

RGB 图像使用 3 种颜色或 3 个通道在屏幕上重现颜色，如下图所示。

这 3 个通道将每个像素转换为 24 位（8 位 ×3 通道）色信息。对于 24 位图像可重现多达 1 670 万种颜色，对于 48 位图像（每个通道 16 位）可重现更多的颜色。新建的 Photoshop CC 2018 图像的默认模式为 RGB，计算机显示器、电视机、投影仪等均使用 RGB 模型显示颜色。这意味着在使用非 RGB 颜色模式（如 CMYK）时，Photoshop CC 2018 会将 CMYK 图像插值处理为 RGB，以便在屏幕上显示。

5.2.2 CMYK 颜色模式

当阳光照射到一个物体上时，这个物体将吸收一部分光线，并将剩下的光线进行反射，反射的光线就是人们所看见的物体颜色。这是一种减色色彩模式，同时也是与 RGB 模式的根本不同之处。不但人们在看物体的颜色时用到了这种减色模式，而且在纸上印刷时应用的也是这种减色模式，如下图所示。

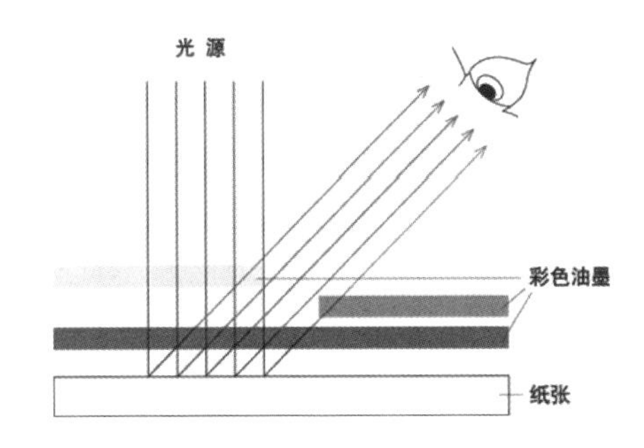

按照这种减色模式，就演变出了适合印刷的 CMYK 色彩模式。

CMYK 代表印刷上用的 4 种颜色，C 代表青色（Cyan），M 代表洋红色（Magenta），Y

代表黄色（Yellow），K 代表黑色（Black），如下图所示。

因为在实际应用中，青色、洋红色和黄色很难叠加形成真正的黑色，最多不过是褐色而已。所以才引入了 K——黑色。黑色的作用是强化暗调，加深暗部色彩。每个通道的颜色也是 8 位， 即 256 种亮度级别，4 个通道组合使每个像素具有 32 位的颜色容量，在理论上能产生 232 种颜色。但是由于目前的制造工艺还不能制造出高纯度的油墨，CMYK 相加的结果实际上是一种暗红色，所以还需要加入一种专门的黑墨来中和，如下图所示。

CMYK 模式以打印纸上的油墨的光线吸收特性为基础，当白光照射到半透明油墨上时，色谱中的一部分被吸收，而另一部分被反射回眼睛。理论上，纯青色（C）、洋红色（M）和黄色（Y）色素混合将吸收所有的颜色并生成黑色，因此 CMYK 模式是一种减色模式，即为最亮（高光）颜色指定的印刷油墨颜色百分比较低，而为较暗（暗调）颜色指定的百分比较高。例如，亮红色可能包含 2% 青色、93% 洋红色、90% 黄色和 0% 黑色。因为青色的互补色是红色（洋红色和黄色混合即能产生红色），减少青色的百分含量，其互补色红色的成分也就越多，所以模式是靠减少一种通道颜色来加亮它的互补色，这显然符合物理学原理，如下图所示。

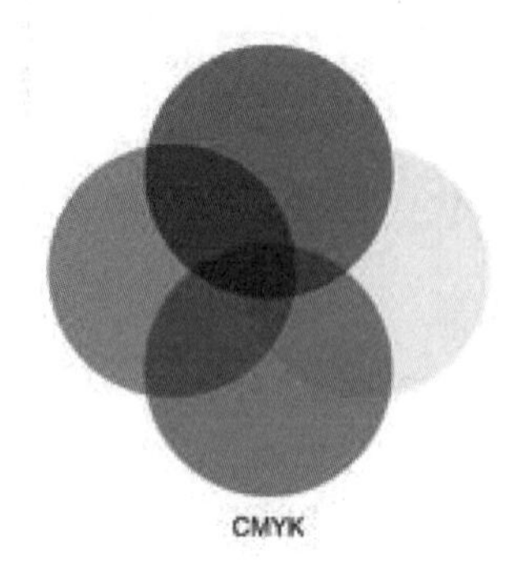

CMYK 通道的灰度图和 RGB 类似。RGB 灰度表示色光亮度，CMYK 灰度表示油墨浓度。但二者对灰度图中的明暗有着不同的定义。

RGB 通道灰度图中较白部分表示亮度较高，较黑部分表示亮度较低，纯白表示亮度最高， 纯黑表示亮度为零。RGB 模式下通道明暗的含义如下图所示。

CMYK 通道灰度图中较白部分表示油墨含量较低，较黑部分表示油墨含量较高，纯白表示完全没有油墨，纯黑表示油墨浓度最高。CMYK 模式下通道明暗的含义如下图所示。

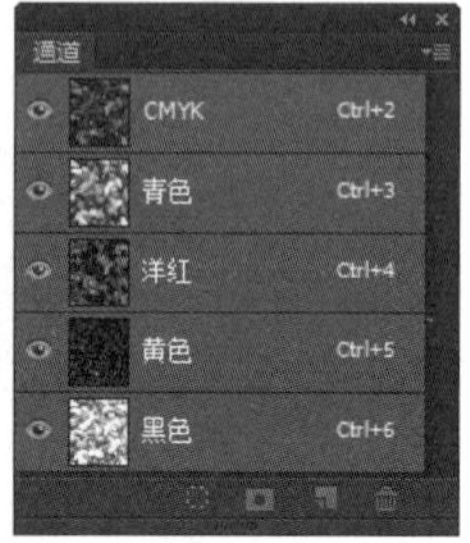

在制作要用印刷色打印的图像时应使用

CMYK 模式。将 RGB 图像转换为 CMYK，即产生分色。如果从 RGB 图像开始，则最好首先在 RGB 模式下编辑，然后在处理结束时转换为 CMYK。在 RGB 模式下，可以使用【校样设置】(选择【视图】→【校样设置】)命令模拟 CMYK 转换后的效果，而无须更改图像的数据。也可以使用 CMYK 模式直接处理从高端系统扫描或导入的 CMYK 图像。

5.2.3 灰度模式

灰度模式：用单一色调表现图像，一个像素的颜色用 8 位元来表示，一共可表现 256 阶(色阶)的灰色调(含黑和白)，也就是 256 种明度的灰色。是黑色→灰色→白色的过渡，如同黑白照片。

灰度图像就是指纯白色、纯黑色及两者中的一系列从黑到白的过渡色。灰度色中不包含任何色相，即不存在红色、黄色这样的颜色。灰度通常的表示方法是百分比，范围为 0%~100%。

在 Photoshop CC 2018 软件中只能输入整数，百分比越高颜色越黑，百分比越低颜色越白。灰度最高相当于最高的黑，就是纯黑，灰度为 100%，如下图所示。

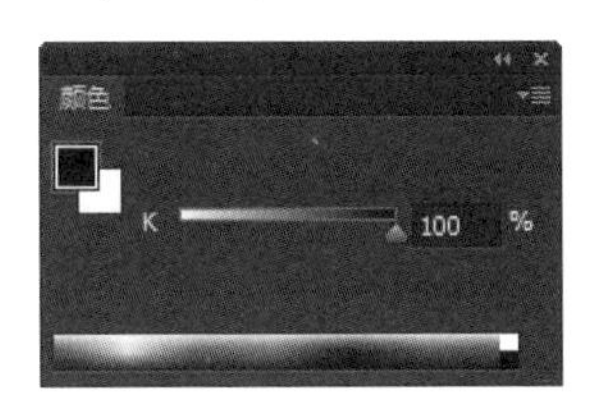

灰度最低相当于最低的黑，也就是没有黑，那就是纯白，灰度为 0%，如下图所示。

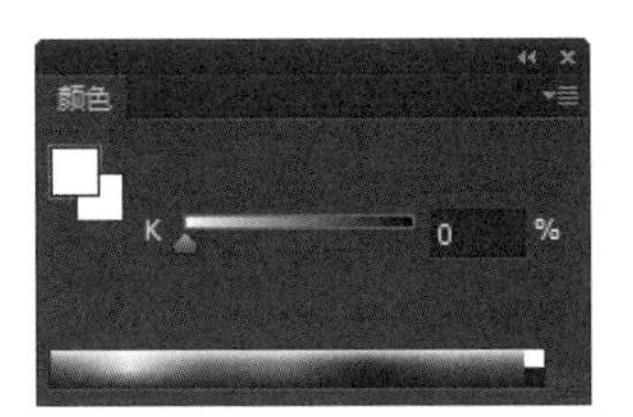

将彩色图像转换为灰度模式时，所有的颜色信息都将被删除。虽然 Photoshop CC 2018 允许将灰度模式的图像转换为彩色模式，但是原来已经丢失的颜色信息将不能再恢复，如下图所示。

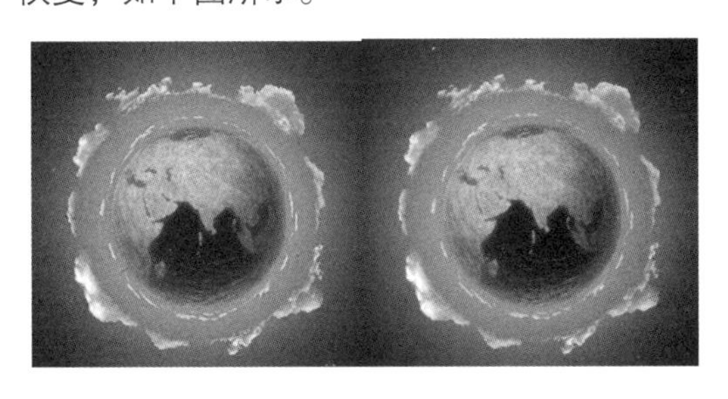

当灰度图像是从彩色图像模式转换而来时，灰度图像反映的是原彩色图像的亮度关系，即每个像素的灰阶对应着原像素的亮度，如下图所示。

在灰度图像模式下，只有一个描述亮度信息的通道。

提示

只有灰度模式和双色调模式的图像才能转换为位图模式，其他模式的图像必须先转换为灰度模式，然后才能进一步转换为位图模式。

5.2.4 位图模式

Photoshop CC 2018 软件使用的位图模式只使用黑白两种颜色中的一种表示图像中的像素。位图模式的图像也称为黑白图像，它包含的信息最少，因而图像也最小。

在位图模式下，图像的颜色容量是一位，即每个像素的颜色只能在两种深度的颜色中选择， 不是黑色就是白色。相应的图像也就是由许多个小黑块和小白块组成的，如下图所示。

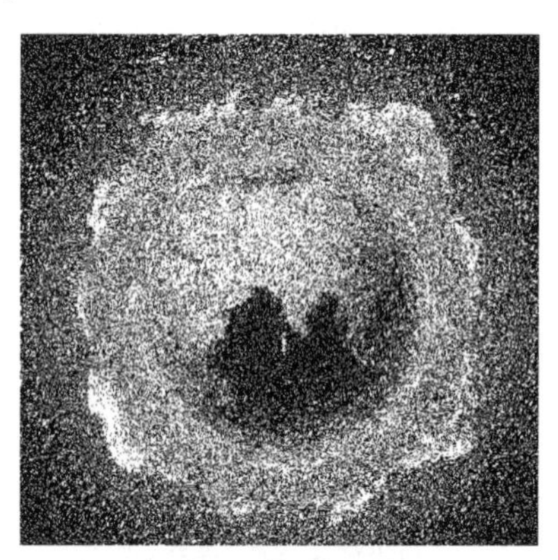

选择【图像】→【模式】→【位图】命令，弹出【位图】对话框，从中可以设置转换过程中的减色处理方法，如下图所示。

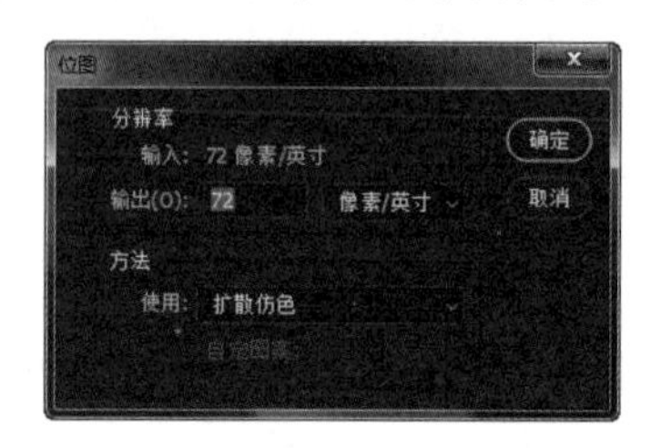

提示

当一幅彩色图像要转换成黑白模式时，不能直接转换，必须先将图像转换成灰度模式。

5.2.5 双色调模式

双色调模式是用一种灰色油墨或彩色油墨来渲染一个灰度图像的。该模式最多可向灰度图像添加 4 种颜色，从而可以打印出比单纯灰度更有趣的图像。

双色调模式采用 2~4 种彩色油墨混合其色阶来创建双色调 (2 种颜色)、三色调 (3 种颜色)、四色调 (4 种颜色) 的图像，在将灰度图像转换为双色调模式的图像过程中，可以对色调进行编辑，产生特殊的效果。使用双色调的重要用途之一是使用尽量少的颜色表现尽量多的颜色层次，减少印刷成本。

双色调模式可以弥补灰度图像的不足。因为灰度图像虽然拥有 256 种灰度级别，但是在印刷输出时，印刷机的每种油墨最多只能表现 50 种的灰度。这意味着如果只用一种黑色油墨打印灰度图像，图像将非常粗糙，灰度模式的图像如下图所示。

但是如果混合另一种、两种或三种彩色油墨，因为每种油墨都能产生 50 种左右的灰度级别，那么理论上至少可以表现出 5 050 种灰度级别，这样打印出来的双色调、三色调或四色调图像就能表现得非常流畅了。这种靠几盒油墨混合打印的方法被称为“套印”，绿色套印的双色调图像如下图所示。

以双色调套印为例，一般情况下双色调套印应用较深的黑色油墨和较浅的灰色油墨进行印刷。黑色油墨用于表现阴影，灰色油墨用于表现中间色调和高光。但更多的情况是将一种黑色油墨与一种彩色油墨配合，用彩色油墨来表现高光区，利用这一技术能给灰度图像轻微上色。

因为双色调使用不同的彩色油墨重新生成不同的灰阶，所以在 Photoshop CC 2018 中将双色调视为单通道、8 位的灰度图像。在双色调模式中，不能像在 RGB、CMYK 和 Lab 模式中那样直接访问单个的图像通道，而是通过【双色调选项】对话框中的曲线来控制通道，如下图所示。

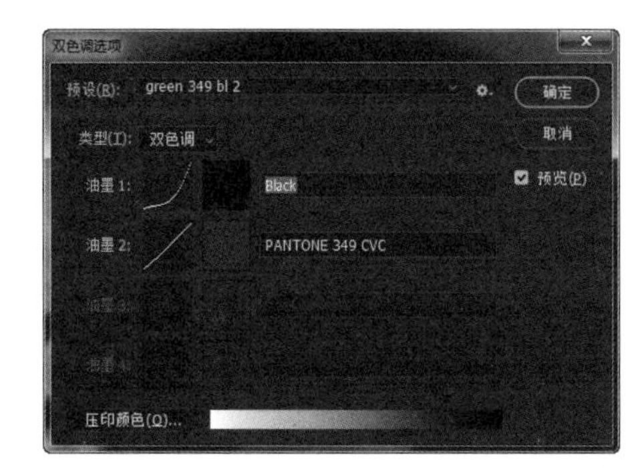

【类型】下拉列表：可以从【单色调】【双色调】【三色调】和【四色调】中选择一种套印类型。

【油墨】设置项：选择了套印类型后，即可在各色通道中用【曲线】工具调节套印效果。

5.2.6 索引颜色模式

索引颜色模式采用一个颜色表存放并索引图像中的颜色，使用最多 256 种颜色，当转换为索引颜色时，Photoshop CC 2018 将构建一个颜色查找表 (CLUT)，用以存放并索引图像中的颜色。如果原图像中的某种颜色没有出现在该表中，程序将选取现有颜色中最接近的一种，或者使用现有颜色模拟该颜色。它只支持单通道图像 (8 位 / 像素)，因此通过限制调色板、索引颜色减小文件大小，同时保持视觉上的品质不变，如用于多媒体动画的应用或网页。

索引颜色模式的优点是它的文件格式比较小，同时保持视觉品质不单一，因此非常适合用来做多媒体动画和 Web 页面。在索引颜色模式下只能进行有限的编辑，若要进一步进行编辑， 应临时转换为 RGB 模式。索引颜色文件可以存储为 Photoshop、BMP、GIF、Photoshop EPS、PSB (大 型 文 档 格 式)、PCX、Photoshop PDF、Photoshop Raw、Photoshop 2.0、PICT、PNG、Targa 或 TIFF 等格式。

选择【图像】→【模式】→【索引颜色】命令，即可弹出【索引颜色】对话框，如下图所示。

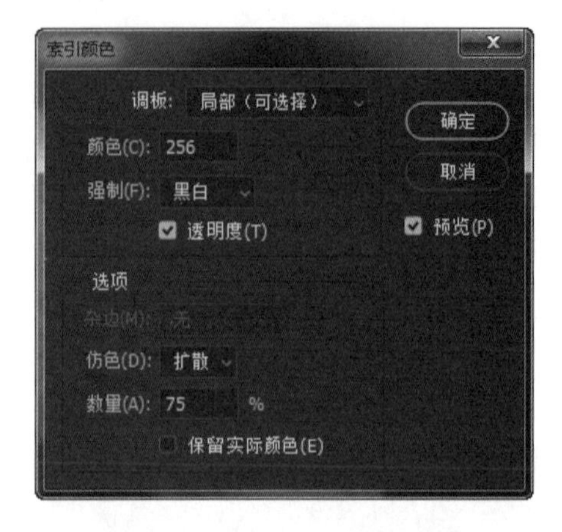

【调板】下拉列表：用于选择在转换为索引颜色时使用的调色板。例如，需要制作 Web 网页，则可选择 Web 调色板。

【强制】下拉列表：可以选择将某些颜色强制加入颜色表中，如选择【黑白】选项，就可以将纯黑色和纯白色强制添加到颜色表中。

【杂边】下拉列表：可以指定用于消除图像锯齿边缘的背景色。在索引颜色模式下，图像只有一个图层和一个通道，滤镜全部被禁用。

【仿色】下拉列表：可以选择是否使用仿色。

【数量】设置框：输入仿色数量的百分比值。该值越高，所仿颜色越多，但是可能会增加文件大小。

5.2.7 Lab 颜色模式

Lab 颜色模式是在 1931 年国际照明委员会（CIE）制定的颜色度量国际标准模型的基础上建立的。1976 年，该模式经过重新修订后被命名为 CIE L*a*b*。

Lab 颜色模式与设备无关，无论使用哪种设备（如显示器、打印机、计算机或扫描仪等）创建或输出图像，这种模型都能生成一致的颜色。

Lab 颜色模式是 Photoshop CC 2018 在不同颜色模式之间转换时使用的中间颜色模式。

Lab 颜色模式将亮度通道从彩色通道中分离出来成为一个独立的通道。将图像转换为 Lab 颜色模式，然后去掉色彩通道中的 a、b 通道而保留明度通道，这样就能获得 100% 逼真的图像亮度信息，得到 100% 准确的黑白效果，如下图所示。

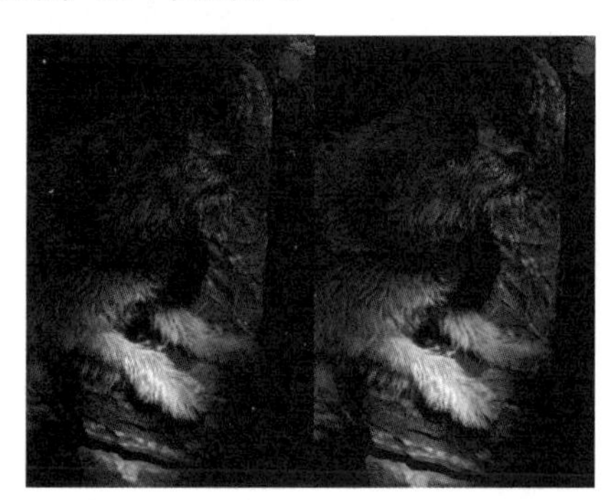

5.3 设置图像色彩

色彩是事物外在的一个重要特征，不同的色彩可以传递不同的信息，带来不同的感受。成功的设计师应该有很好的驾驭色彩的能力，Photoshop CC 2018 软件提供了强大的色彩设置功能。本节将介绍如何在 Photoshop CC 2018 中随心所欲地进行颜色的设置。

5.3.1 设置前景色和背景色

前景色和背景色是用户当前使用的颜色，前景色图标表示【油漆桶】【画笔】【铅笔】【文

字工具】和【吸管工具】在图像中拖曳时所用的颜色。在前景色图标下方的就是背景色，背景色表示【橡皮擦工具】所表示的颜色，简单来说，背景色就是纸张的颜色，前景色就是画笔画出的颜色。【工具箱】中包含前景色和背景色的设置选项，它由【设置前景色】【设置背景色】【切换前景色和背景色】及【默认前景色和背景色】等部分组成。

利用下图中的色彩控制图标可以设置前景色和背景色。

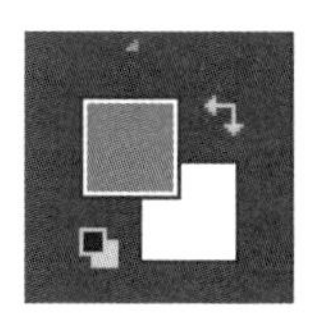

【设置前景色】按钮：单击此按钮将弹出【拾色器】对话框来设置前景色，它会影响到【画笔】【填充】命令和滤镜等的使用。

【设置背景色】按钮：设置背景色和设置前景色的方法相同。

【默认前景色和背景色】按钮：单击此按钮默认前景色为黑色、背景色为白色，也可以按【D】键来完成。

【切换前景色和背景色】按钮：单击此按钮可以使前景色和背景色相互交换，也可以按【X】键来完成。

用户可以使用以下 4 种方法来设置前景色和背景色。

① 单击【设置前景色】或【设置背景色】按钮，在弹出的【拾色器】对话框中进行设置，如下图所示。

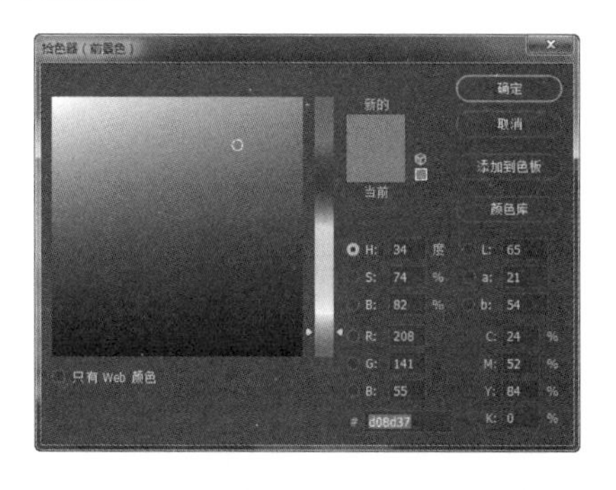

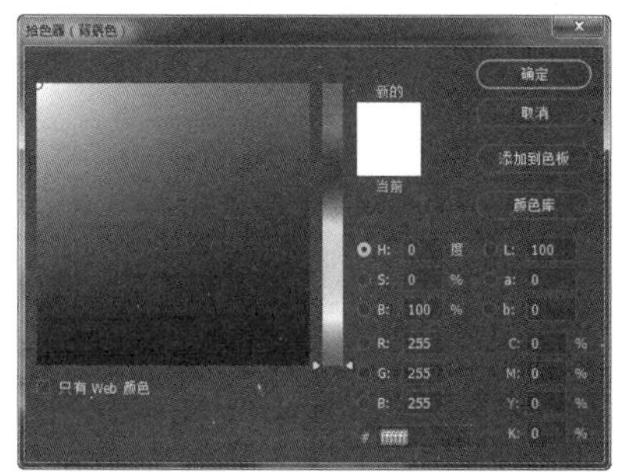

② 使用【颜色】面板设置，如下图所示。

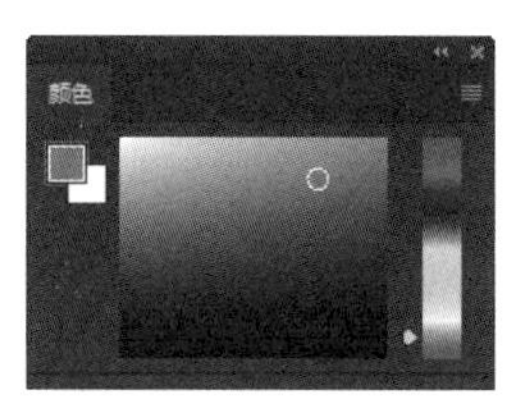

③ 使用【色板】面板设置，如下图所示。

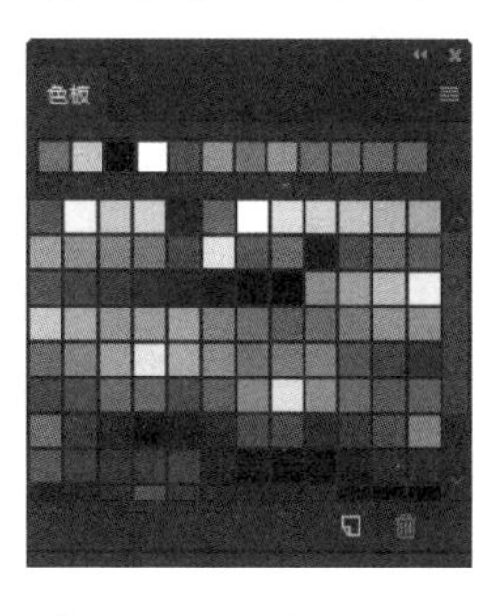

④ 使用【吸管工具】设置，如下图所示。

5.3.2 使用【拾色器】设置颜色

在 Adobe【拾色器】中，可以使用 4 种颜色模型来选取颜色：HSB、RGB、Lab 和 CMYK。使用 Adobe【拾色器】可以设置前景色、背景色和文本颜色。用户可以为不同的工具、命令和选项设置目标颜色，如下图所示。

通常使用 HSB 色彩模型，因为它是以人们对色彩的感觉为基础的。它把颜色分为色相、饱和度和明度 3 个属性，这样便于观察。

Adobe【拾色器】中的色域将显示 HSB 颜色模式、RGB 颜色模式和 Lab 颜色模式中的颜色分量。如果用户知道所需颜色的数值，则可以在文本字段中输入该数值。也可以使用颜色滑块和色域来预览要选取的颜色。在使用色域和颜色滑块调整颜色时，对应的数值会相应地调整。颜色滑块右侧的颜色框中的上半部分将显示调整后的颜色，下半部分将显示原始颜色。

在设置颜色时可以拖曳彩色条两侧的三角滑块来设置色相。然后在【拾色器（前景色）】对话框的颜色框中单击（这时鼠标指针变为一个圆圈）来确定饱和度和明度。完成后单击【确定】按钮即可。也可以在色彩模型不同的组件后面的文本框中输入数值来完成，如下图所示。

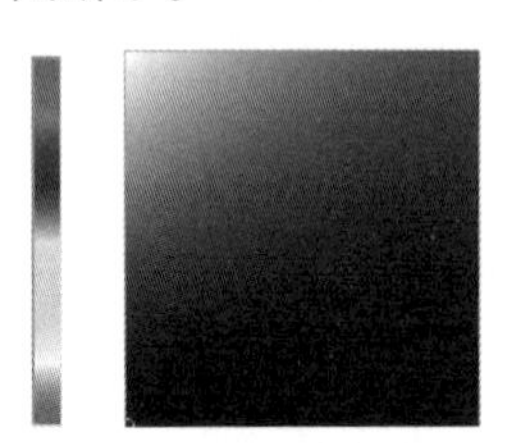

提示

在实际工作中一般是用数值来确定颜色的。

在【拾色器（前景色）】对话框中右上方有一个颜色预览框，分为上下两个部分，上方代表新设置的颜色，下方代表原来的颜色，这样便于进行对比。如果在它的旁边出现了感叹号，则表示该颜色无法被打印，如下图所示。

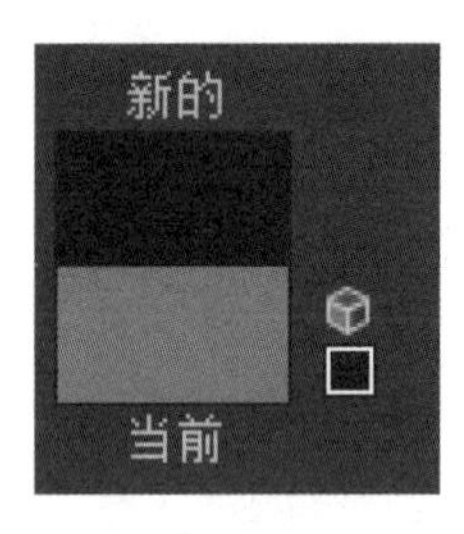

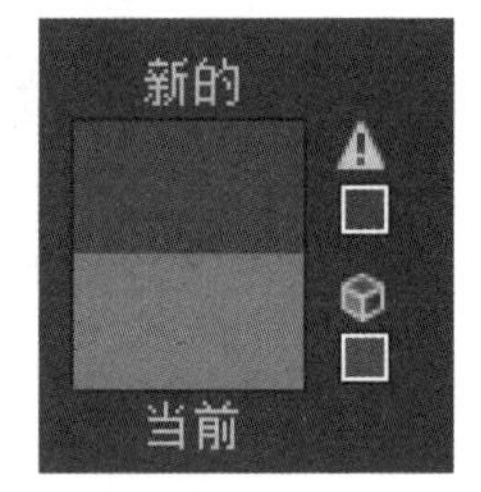

如果在【拾色器（前景色）】对话框中选中【只有 Web 颜色】复选框，颜色则变得很少，Web 安全颜色是浏览器使用的 216 种颜色，与平台无关。在 8 位屏幕上显示颜色时，浏览器会将图像中的所有颜色更改为这些颜色。216 种颜色是 Mac OS 的 8 位颜色调板的子集。只使用这些颜色时，准备的 Web 图片在 256 色的系统上绝对不会出现仿色，如下图所示。

5.3.3 使用【颜色】面板设置颜色

【颜色】面板显示当前前景色和背景色的颜色值。使用【颜色】面板中的滑块，可以利用几种不同的颜色模型来编辑前景色和背景色。也可以从显示在面板底部的四色曲线图中的色谱中选取前景色或背景色。

第 1 步 用户可以通过选择【窗口】→【颜色】命令或按【F6】键，调出【颜色】面板，如下图所示。

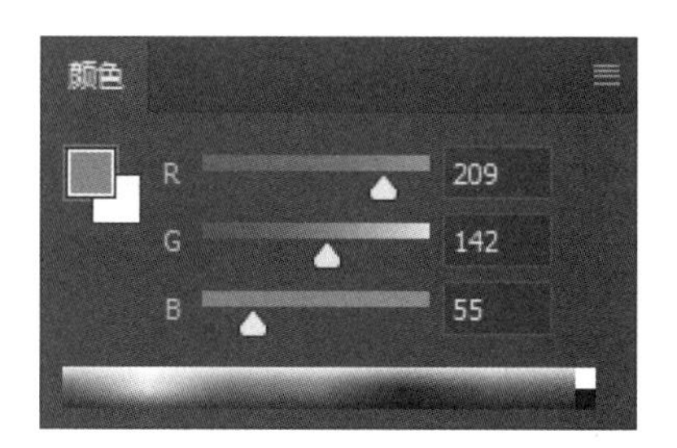

第 2 步 在设置颜色时要单击面板右侧的黑三角按钮，弹出面板菜单，然后在菜单中选择合适的色彩模式和色谱，如下图所示。

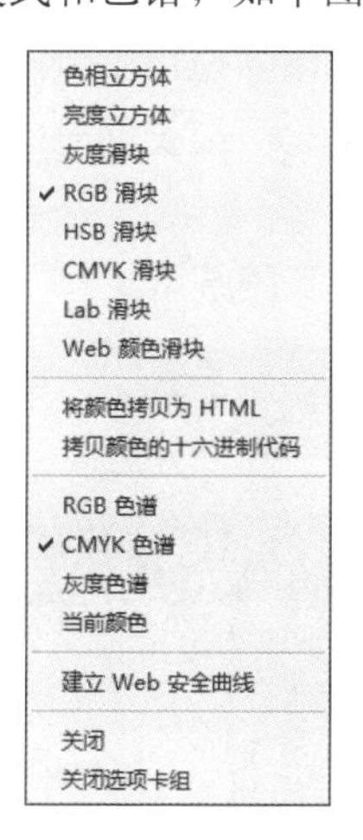

【CMYK 滑块】：在 CMYK 颜色模式中（PostScript 打印机使用的模式）指定每个图案值（青色、洋红色、黄色和黑色）的百分比。

【RGB 滑块】：在 RGB 颜色模式（监视器使用的模式）中指定 0 到 255（0 是黑色，255 是纯白色）之间的像素值。

【HSB 滑块】：在 HSB 颜色模式中指定饱和度和亮度的百分数，指定色相为一个与色轮上位置相关的 0° ～ 360° 的角度。

【Lab 滑块】：在 Lab 模式中输入 0 到 100 之间的亮度值（L）和从绿色到洋红色的值（–128 ～ +127 及从蓝色到黄色的值）。

【Web 颜色滑块】：Web 安全颜色是浏览器使用的 216 种颜色，与平台无关。在 8 位屏幕上显示颜色时，浏览器会将图像中的所有颜色更改为这些颜色，这样可以确保为 Web 准备的图片在 256 色的显示系统上不会出现仿色。可以在文本框中输入颜色代号来确定颜色。

单击【前景色】或【背景色】按钮来确定要设置的或更改的是前景色还是背景色。然后可以通过拖曳不同色彩模式下不同颜色组件中的滑块来确定色彩。也可以在文本框中输入数值来确定色彩，其中在灰度模式下可以通过在文本框中输入不同的百分比来确定颜色，如下图所示。

当把鼠标指针移至面板下方的色条上时，指针会变为【吸管工具】。这时单击，同样可以设置需要的颜色，如下图所示。

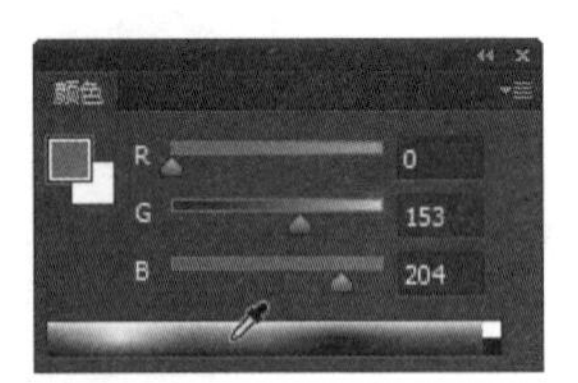

5.3.4 使用【色板】面板设置颜色

【色板】面板可存储用户经常使用的颜色，也可以在面板中添加或删除颜色，或者为不同的项目显示不同的颜色库。选择【窗口】→【色板】命令，即可打开【色板】面板，如下图所示。

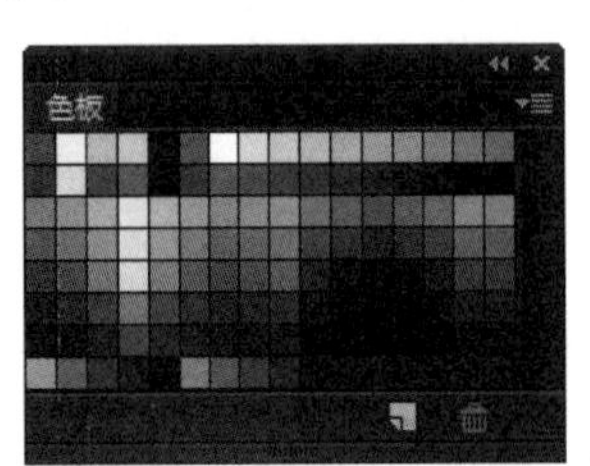

【色板】：在它上面单击可以把该颜色设置为前景色，如下图所示。

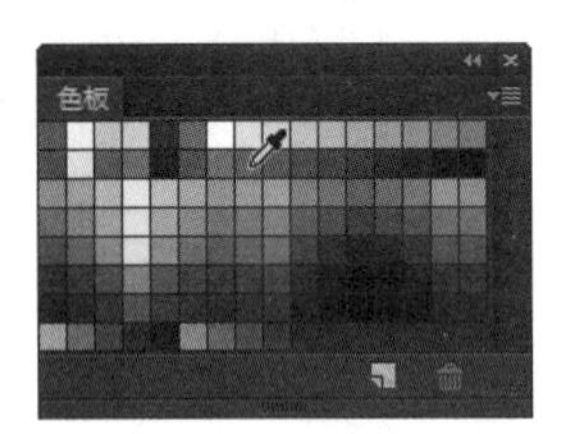

如果在色标上面双击就会弹出【色板】名称对话框，可以为该色标重新命名，如下图所示。

【创建前景色的新色板】：单击此按钮可以把常用的颜色设置为色标。

【删除色标】：选择一个色标，然后拖曳到该按钮上可以删除该色标。

5.3.5 使用【吸管工具】设置颜色

【吸管工具】采集色样以指定新的前景色或背景色。用户可以从现用图像或屏幕上的任何位置采集色样。选择【吸管工具】选项在所需要的颜色上单击，可以把同一图像中不同部分的颜色设置为前景色，也可以把不同图像中的颜色设置为前景色。

Photoshop CC 2018【工具箱】中的【吸管工具】选项栏如下图所示。

【取样大小】：单击选项栏中的【取样大小】选项的下三角按钮，可以弹出下拉菜单，在其中可选择要在怎样的范围内吸取颜色，如下图所示。

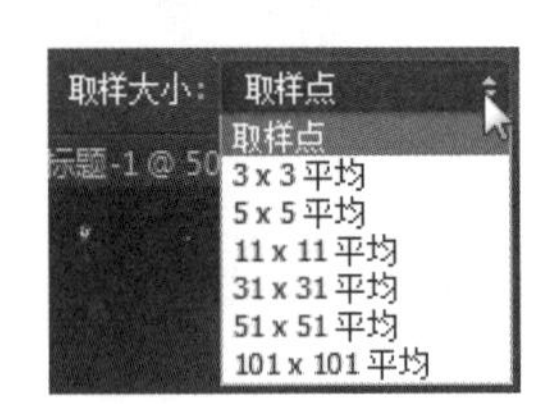

【样本】：如一幅 Photoshop CC 2018 图像文件有很多图层，【所有图层】表示在 Photoshop CC 2018 图像中单击取样点，取样得到的颜色为所有的图层，如下图所示。

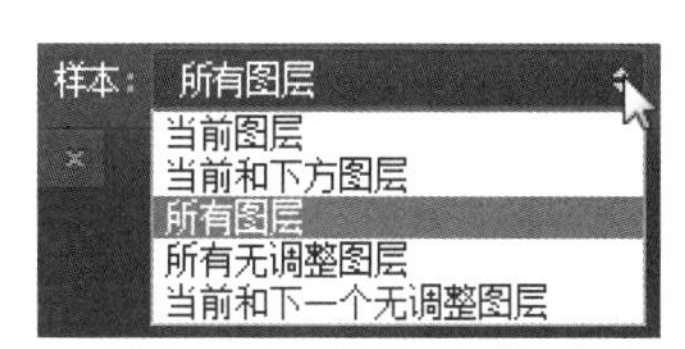

【显示取样环】：选中【显示取样环】复选框，在 Photoshop CC 2018 图像中单击取样点时出现取样环，如下图所示。

① 处所指为当前取样点颜色。

② 处所指为上一次取样点颜色。

5.3.6 使用【渐变工具】填充

Photoshop CC 2018 中的【渐变工具】用来填充渐变色，如果不创建选区，【渐变工具】将作用于整个图像。此工具的使用方法是按住鼠标左键拖曳，形成一条直线，直线的长度和方向决定了渐变填充的区域和方向，拖曳鼠标的同时按【Shift】键可保证鼠标的方向是水平、竖直或 45° 。

选择【渐变工具】后的选项栏如下图所示。

【点按可编辑渐变】：选择和编辑渐变的色彩，是【渐变工具】最重要的部分，通过它能够看出渐变的情况。

渐变方式包括线性渐变、径向渐变、角度渐变、对称渐变和菱形渐变 5 种。

【线性渐变】：从起点到终点，颜色在一条直线上过渡，如下图所示。

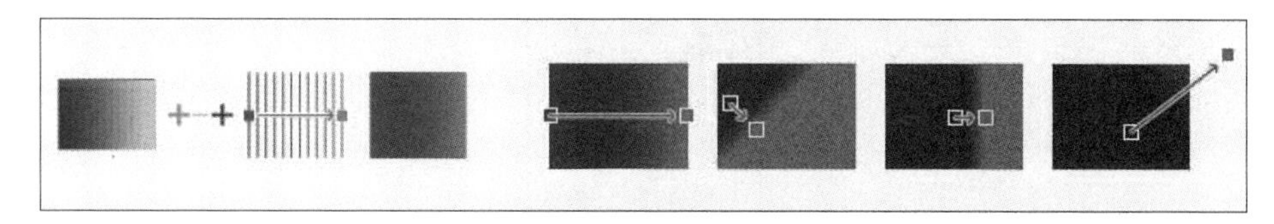

【径向渐变】：从起点到终点，颜色按圆形向外发散过渡，如下图所示。

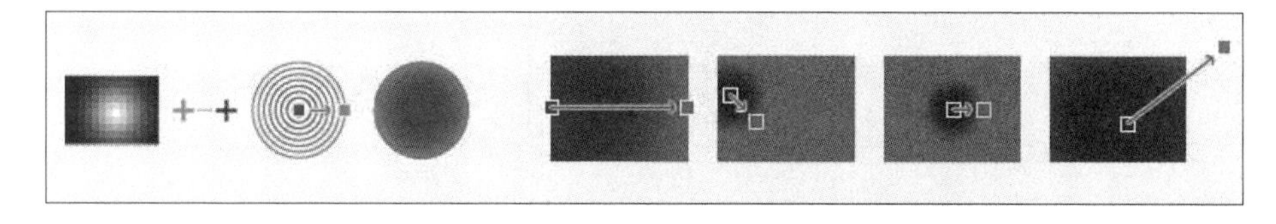

【角度渐变】：从起点到终点，颜色做顺时针过渡，如下图所示。

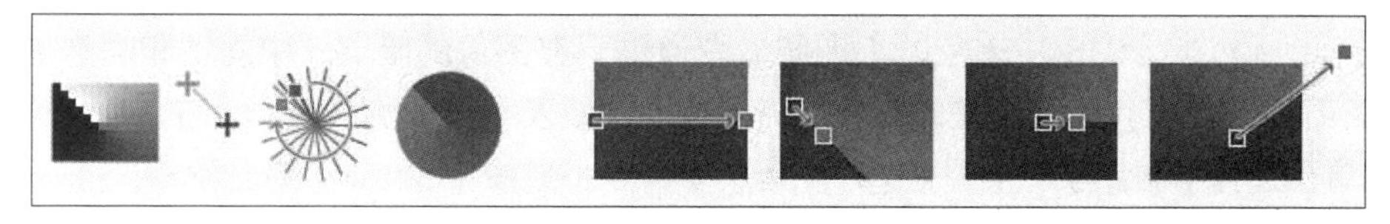

【对称渐变】：从起点到终点，颜色在一条直线上同时做两个方向的对称过渡，如下图所示。

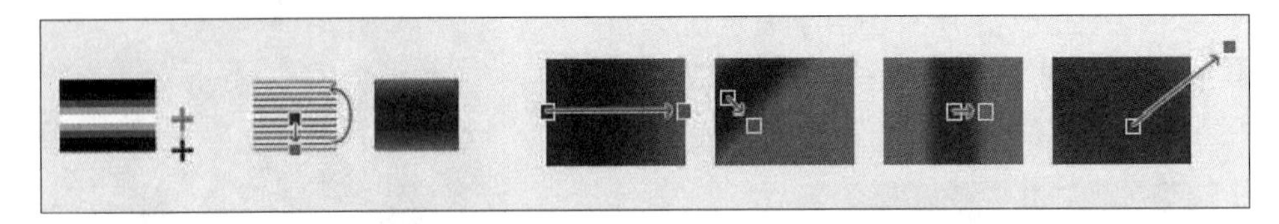

【菱形渐变】：从起点到终点，颜色按菱形向外发散过渡，如下图所示。

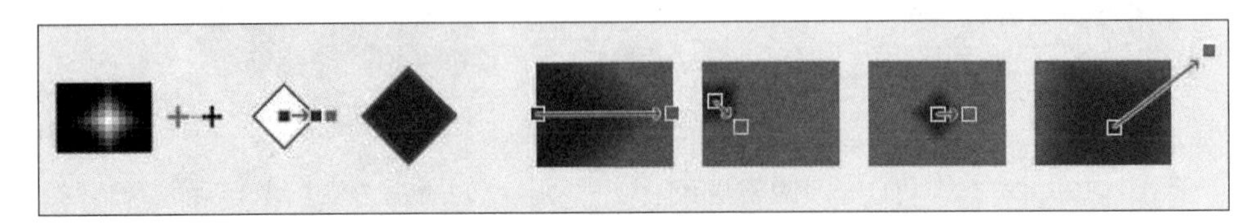

【模式】下拉列表：用于选择填充时的色彩混合方式。

【反向】复选框：用于决定调转渐变色的方向，即将起点颜色和终点颜色进行交换。

【仿色】复选框：选中此复选框会添加随机杂色以平滑渐变填充的效果。

【透明区域】复选框：只有选中此复选框，不透明度的设置才会生效，包含有透明的渐变才能被体现出来。

5.4 图像色彩的高级调整

色彩调整命令是 Photoshop CC 2018 软件的核心内容，各种调整命令是对图像进行颜色调整不可缺少的命令。选择【图像】→【调整】命令，从其子菜单中可以选择各种命令，如下图所示。

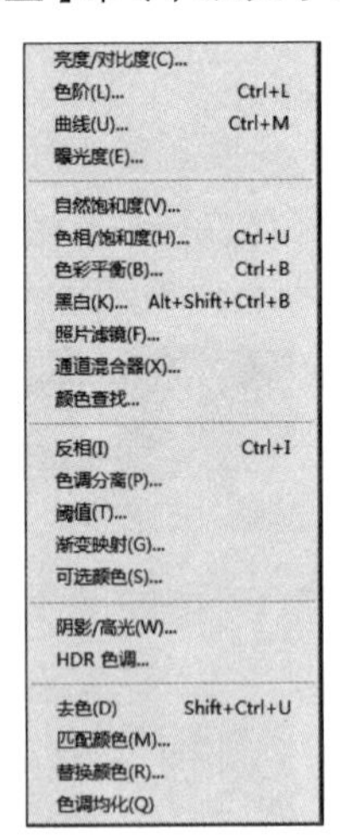

5.4.1 调整图像的色阶

Photoshop CC 2018 中【色阶】调整命令通过调整图像的暗调、中间调和高光的亮度级别来校正图像的影调，包括反差、明暗和图像层次，以及平衡图像的色彩。在 Photoshop CC 2018 菜单栏选择【图像】→【调整】→【色阶】命令（或按【Ctrl+L】组合键），打开【色阶】

对话框，如下图所示。

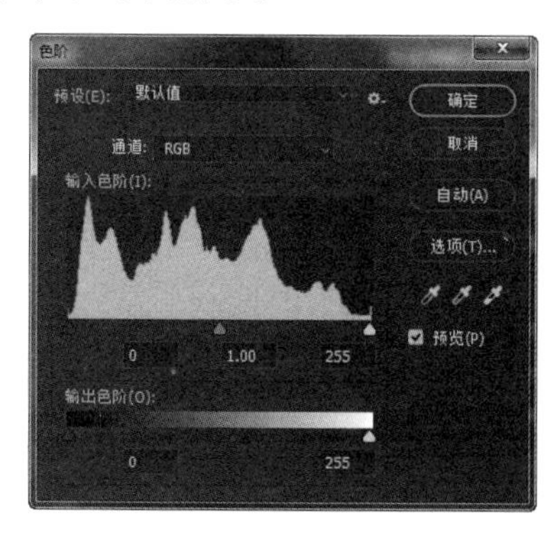

1.【预设】下拉列表

在【预设】下拉列表中，Photoshop CC 2018 自带几个调整预设，可以直接选择该选项对图像进行调整。单击【预设】右侧的按钮，弹出包含存储、载入和删除当前预设选项的下拉列表，可以自定预设选项并进行编辑。利用此下拉列表可根据 Photoshop CC 2018 预设的色彩调整选项对图像进行色彩调整，如下图所示。

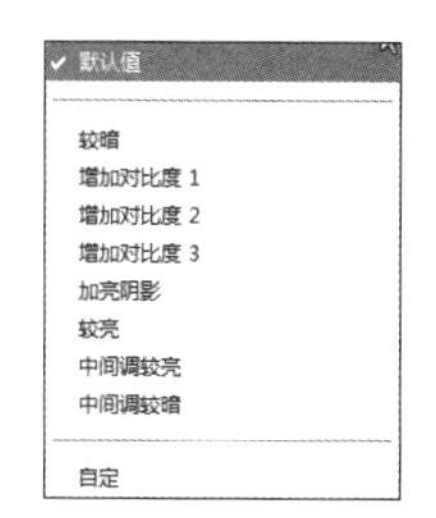

2.【通道】下拉列表

在【通道】下拉列表中可以选择所要进行色调调整的颜色通道；可以分别对每个颜色通道进行调整，也可以同时编辑两个单色颜色通道。利用此下拉列表，可以在整个颜色范围内对图像进行色调调整，也可以单独编辑特定颜色的色调。若要同时编辑一组颜色通道，在选择【色阶】命令之前应按【Shift】键，在【通道】面板中选择这些通道。然后【通道】下拉列表会显示目标通道的缩写，如“红”代表红色。【通道】下拉列表还包含所选组合的个别通道，可以分别编辑专色通道和 Alpha 通道，如下图所示。

3. 阴影滑块

用户向右拖曳该滑块可以增大图像的暗调范围，使图像显得更暗。同时拖曳的程度会在【输入色阶】最左边的方框中得到量化。

4.【输入色阶】参数框

通过调整【输入色阶】下方相对应的滑块可以调整图像的亮度和对比度；向左调整滑块可增加图像亮度，反之为降低图像亮度。在【输入色阶】参数框中，可以通过调整暗调、中间调和高光的亮度级别来分别修改图像的色调范围，以提高或降低图像的对比度。可以在【输入色阶】参数框中输入目标值，这种方法比较精确，但直观性不好。以输入色阶直方图为参考，通过拖曳 3 个【输入色阶】滑块来调整，可使色调的调整更为直观，如下图所示。

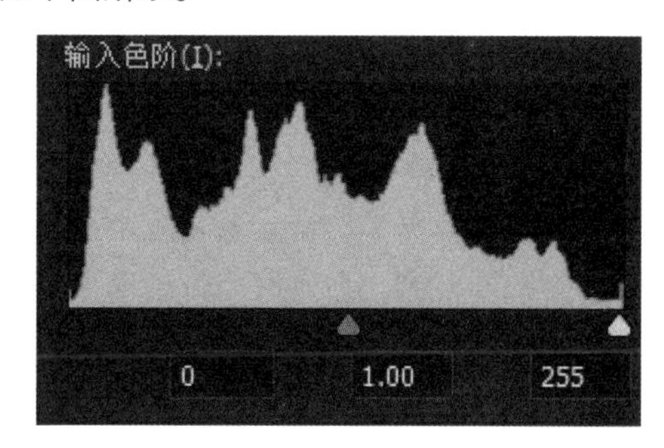

5.【输出色阶】参数框

在【输出色阶】参数框中输入数值或拖曳两侧的滑块，可以调整图像整体的亮调和暗调。

在【输出色阶】参数框中只有暗调滑块和高光滑块，通过拖曳滑块或在参数框中输入目标值，可以降低图像的对比度。具体来说，向右拖曳暗调滑块，【输出色阶】左侧的参数框中的值会相应增加，但此时图像却会变亮；向左拖曳高光滑块，【输出色阶】右侧的参数框中的值会相应减小，但图像却会变暗。这是因为在输出时，Photoshop CC 2018 的处理过程是这样的：如将第一个参数框的值调为“10”，则表示输出图像会以在输入图像中色调值为 10 像素的暗度为最低暗度， 所以图像会变亮；将第二个参数框的值调为“245”，则表示输出图像会以在输入图像中色调值为“245”像素的亮度为最高亮度，所以图像会变暗。总之，【输入色阶】的调整是用来增加对比度的，而【输出色阶】的调整则是用来减少对比度的，如下图所示。

6. 中间调滑块

左右拖曳此滑块，可以增大或减小中间色调范围，从而改变图像的对比度。其作用与在【输入色阶】中间的参数框中输入数值相同。

7. 高光滑块

向左拖曳此滑块，可以增大图像的高光范围，使图像变亮。高光的范围会在【输入色阶】最右侧的参数框中显示。

8. 【自动】按钮

单击【自动】按钮可以将高光和暗调滑块自动地移动到最亮点和最暗点。

9. 吸管工具

选择【设置黑场吸管】选项在图像中单击，所单击的点定为图像中最暗的区域，也就是黑色，比该点暗的区域都变为黑色，比该点亮的区域相应地变暗。用于完成图像中的黑场、灰场和白场的设置。使用【设置黑场吸管】在图像中的某点颜色上单击，该点则成为图像中的黑色， 该点与原来黑色的颜色色调范围内的颜色都将变为黑色，该点与原来白色的颜色色调范围内的颜色整体都进行亮度的降低。使用【设置白场吸管】完成的效果则正好与【设置黑场吸管】的效果相反。使用【设置灰场吸管】可以完成图像中的灰度设置。

下面通过调整图像的对比度来介绍【色阶】命令的使用方法。

第1步 打开“素材\ch05\5-1.jpg”图像，如下图所示。

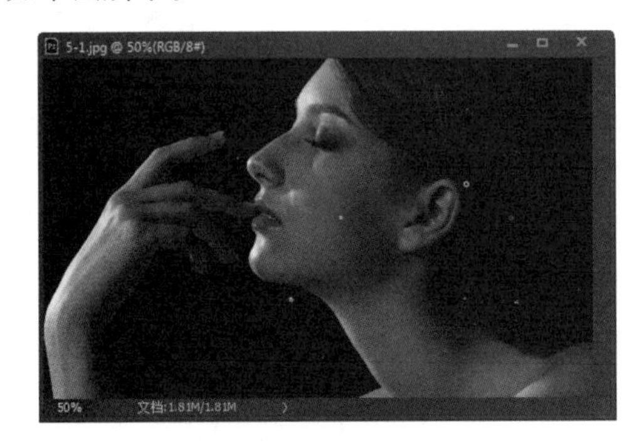

第2步 选择【图像】→【调整】→【色阶】命令，弹出【色阶】对话框，如下图所示。

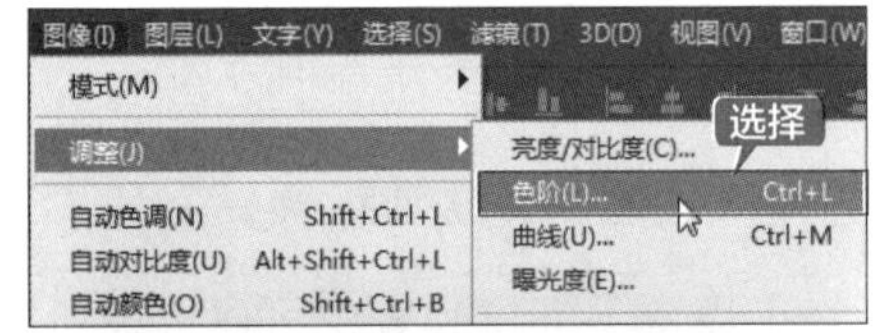

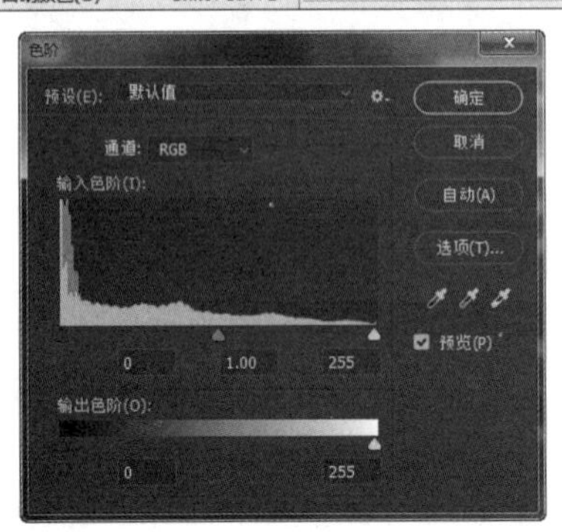

第3步 调整中间调滑块，使图像的整体色调的亮度有所提高，最终效果如下图所示。

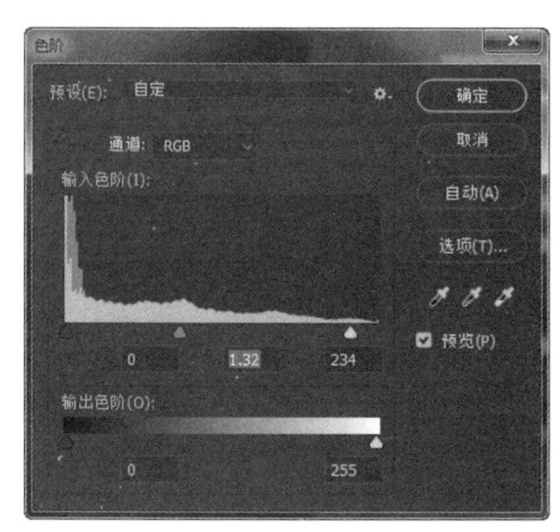

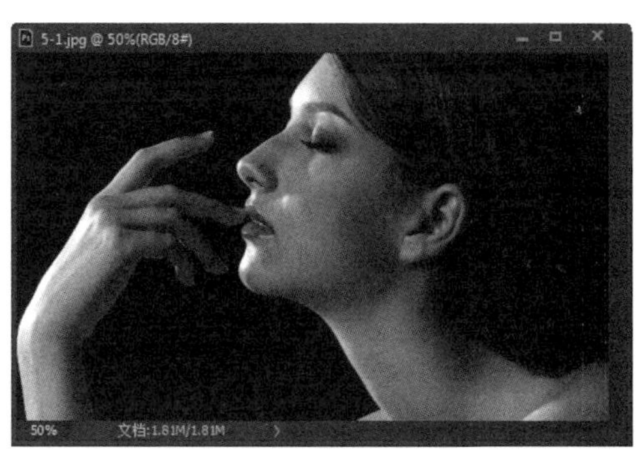

5.4.2 调整图像的亮度 / 对比度

使用【亮度 / 对比度】命令，可以对图像的亮度和对比度进行直接的调整，与【色阶】命令和【曲线】命令不同的是，【亮度 / 对比度】命令不考虑图像中各通道颜色，而是对图像进行整体的调整。

选择【亮度 / 对比度】命令，可以对图像的色调范围进行简单的调整，具体操作步骤如下。

第 1 步 打开“素材 \ch05\5−2.jpg”图像，如下图所示。

第 2 步 选择【图像】→【调整】→【亮度 / 对比度】命令，如下图所示。

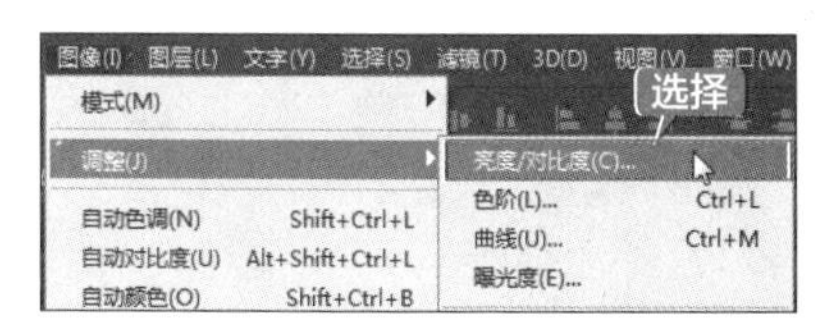

第 3 步 弹出【亮度 / 对比度】对话框，设置【亮度】为“−70”，【对比度】为“100”，如下图所示。

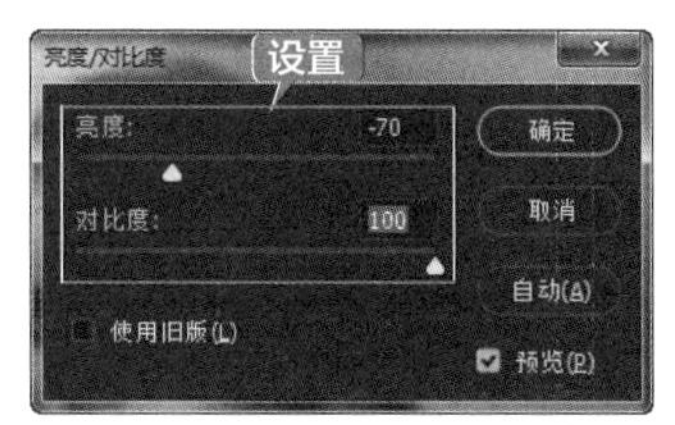

第 4 步 单击【确定】按钮，得到最终图像效果，如下图所示。

5.4.3 调整图像的色彩平衡

使用【色彩平衡】命令可以更改图像的总体颜色混合，并且在暗调区、中间调区和高光区通过控制各个单色的成分来平衡图像的色彩。

在使用【色彩平衡】命令前要了解互补色的概念，这样可以更快地掌握【色彩平衡】命令的使用方法。所谓“互补”，就是 Photoshop CC 2018 图像中一种颜色成分的减少，必然导致它的互补色成分的增加，绝不可能出现一种颜色和它的互补色同时增加的情况；另外，每一种颜色可以由它的相邻颜色混合得到。例如，绿色的互补色洋红色是由绿色和红色重叠混合而成的，红色的互补色青色是由蓝色和绿色重叠混合而成的。

1.【色彩平衡】参数设置

选择【图像】→【调整】→【色彩平衡】命令，即可打开【色彩平衡】对话框，如下图所示。

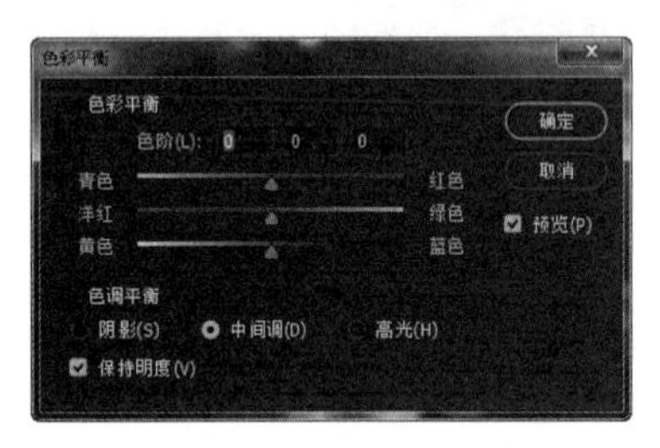

【色彩平衡】设置区：可将其中的滑块拖曳至要在图像中增加的颜色，或者将滑块拖离要在图像中减少的颜色。利用上面提到的互补性原理，即可完成对图像色彩的平衡。

【色阶】：可将滑块拖向要在图像中增加的颜色，或者将滑块拖离要在图像中减少的颜色。

【色调平衡】：通过选中【阴影】【中间调】和【高光】单选按钮可以控制图像中不同色调区域的颜色平衡。

【保持明度】：选中该复选框，可以防止图像的亮度值随着颜色的更改而改变。

2. 使用【色彩平衡】命令调整图像

第 1 步 打开“素材 \ch05\5-3.jpg”图像，如下图所示。

第 2 步 选择【图像】→【调整】→【色彩平衡】命令，如下图所示。

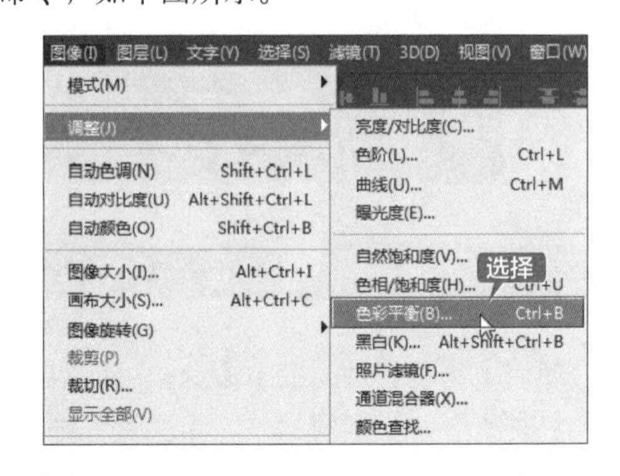

第 3 步 在弹出的【色彩平衡】对话框中的【色阶】参数框中依次输入“30”“-20”和“-10”，如下图所示。

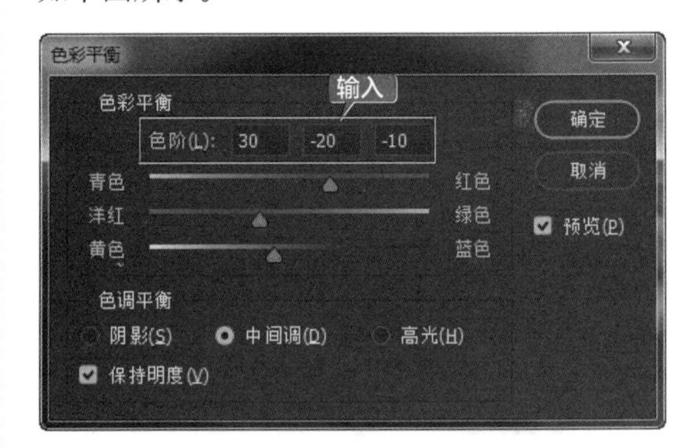

第 4 步 单击【确定】按钮，得到最终图像效果，如下图所示。

5.4.4 调整图像的曲线

使用【曲线】命令可以综合调整图像的亮度、对比度和色彩，使画面色彩显得更为协调。因此，

【曲线】命令实际是对【色调】【亮度 / 对比度】设置的综合使用。

Photoshop CC 2018 可以调整图像的整个色调范围及色彩平衡。但它不是通过控制 3 个变量（阴影、中间调和高光）来调节图像的色调，而是对 0~255 色调范围内的任意点进行精确调节。同时，也可以选择【图像】→【调整】→【曲线】命令对个别颜色通道的色调进行调节以平衡图像色彩，如下图所示。

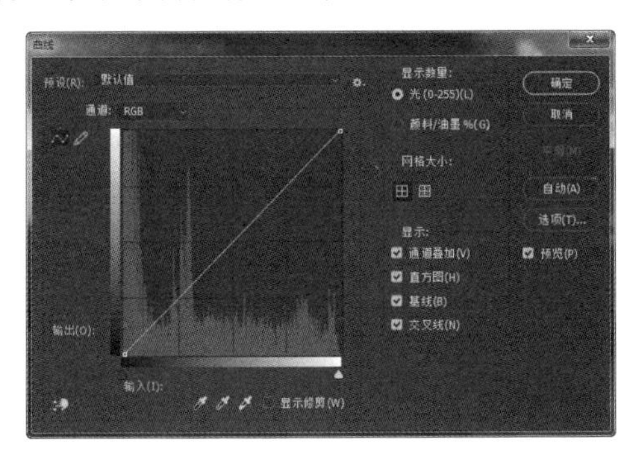

【预设】：在【预设】下拉列表中，可以选择 Photoshop CC 2018 提供的一些设置好的曲线。

【通道】下拉列表：若要调整图像的色彩平衡，可以在【通道】下拉列表中选取所要调整的通道，然后对图像中的某一个通道的色彩进行调整。

【输入】：显示 Photoshop CC 2018 原来图像的亮度值，与色调曲线的水平轴相同。

【输出】：显示 Photoshop CC 2018 图像处理后的亮度值，与色调曲线的垂直轴相同。

【通过添加点来调整曲线】：此工具可在图表中各处添加节点而产生色调曲线；在节点上按住鼠标左键并拖曳可以改变节点位置，向上拖曳时色调变亮，向下拖曳则变暗（如果需要继续添加控制点，只要在曲线上单击即可；如果需要删除控制点，只要拖曳控制点到对话框外即可）。

【使用铅笔绘制曲线】：选择该工具后，鼠标指针形状变成一支铅笔形状，可以在图标区中绘制所要的曲线，如果要将曲线绘制为一条线段，可以按【Shift】键，在图表中单击定义线段的端点。按【Shift】键单击图表的左上角和右下角，可以绘制一条反向的对角线， 这样可以将图像中的颜色像素转换为互补色，使图像变为反色；单击【平滑】按钮可以使曲线变得平滑。

使用工具可以在曲线缩略图中手动绘制曲线，如下图所示。

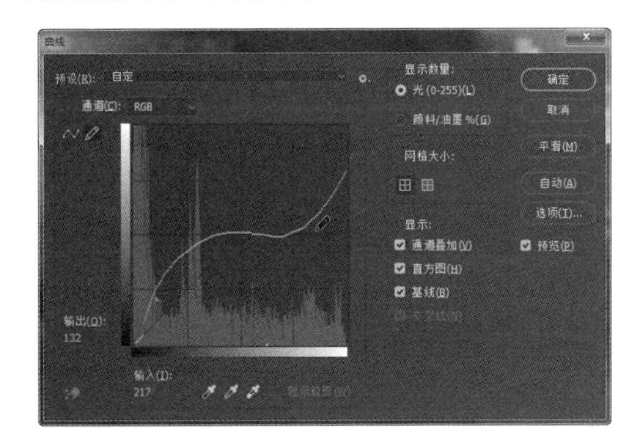

为了精确地调整曲线，可以增加曲线后面的网格数，按【Alt】键单击缩略图即可，如下图所示。

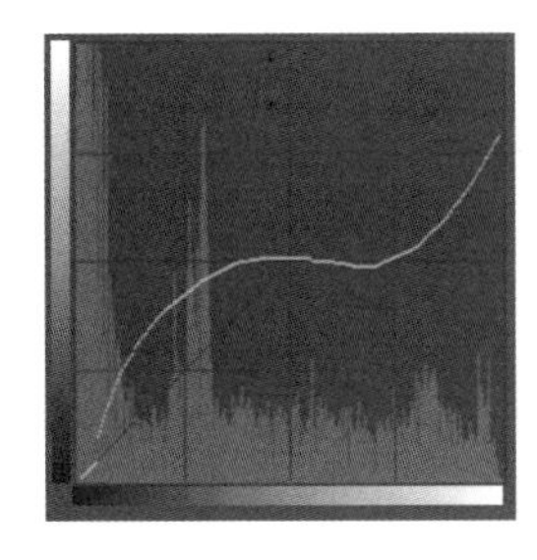

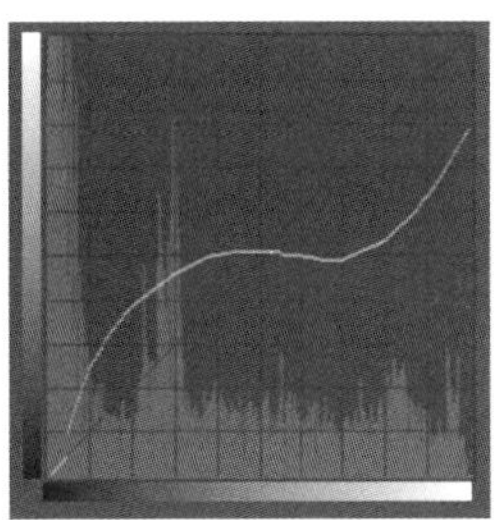

光谱条：拖曳光谱条下方的滑块，可在黑色和白色之间切换。

曲线：水平轴（输入色阶）代表原图像中像素的色调分布。初始时分成了 5 个带，从左到右依次是暗调（黑）、1/4 色调、中间色调、3/4 色调、高光（白）；垂直轴代表新的颜色值，即输出色阶，从下到上亮度值逐渐增加。默认的曲线形状是一条从下到上的对角线，表示所有像素的输入与输出色调值相同。调整图像色调的过程就是通过调整曲线的形状来改变像素的输入和输出色调，从而改变整个图像的色调分布。

将曲线向上弯曲会使图像变亮，将曲线向下弯曲会使图像变暗。

曲线上比较陡直的部分代表图像对比度较高的区域；相反，曲线上比较平缓的部分代表图像对比度较低的区域。

默认状态下在【曲线】对话框中：

① 移动曲线顶部的点主要是调整高光；

② 移动曲线中间的点主要是调整中间调；

③ 移动曲线底部的点主要是调整暗调。

将曲线上的点向下或向右移动会将【输入】值映射到较小的【输出】值，并会使图像变暗；相反，将曲线上的点向上或向左移动会将较小的【输入】值映射到较大的【输出】值，并会使图像变亮。因此，如果希望将暗调图像变亮，则可向上移动靠近曲线底部的点；如果希望高光变暗，则可向下移动靠近曲线顶部的点。使用【曲线】命令来调整图像，其具体操作步骤如下。

第 1 步 打开"素材\ch05\5-4.jpg"图像，如下图所示。

第 2 步 选择【图像】→【调整】→【曲线】命令，如下图所示。

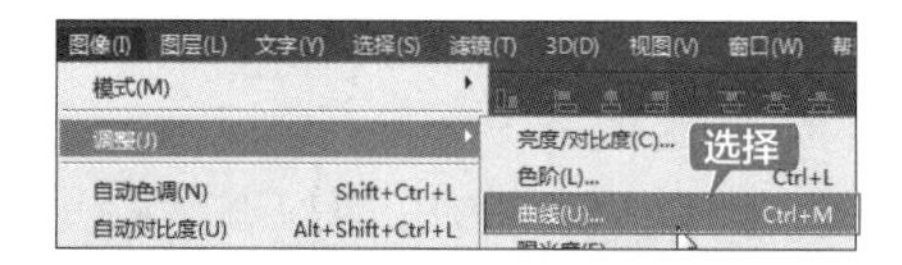

第 3 步 在弹出的【曲线】对话框中调整曲线（或者设置【输入】为"145"、【输出】为"92"），如下图所示。

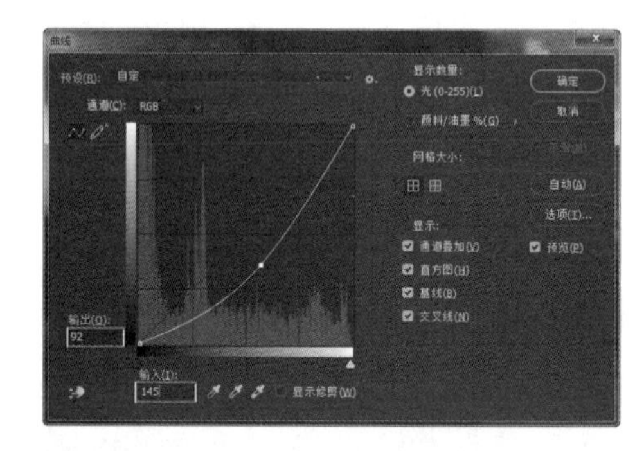

第 4 步 在【通道】下拉列表中选择【红】选项，调整曲线（或者设置【输入】为"150"、【输出】为"112"），如下图所示。

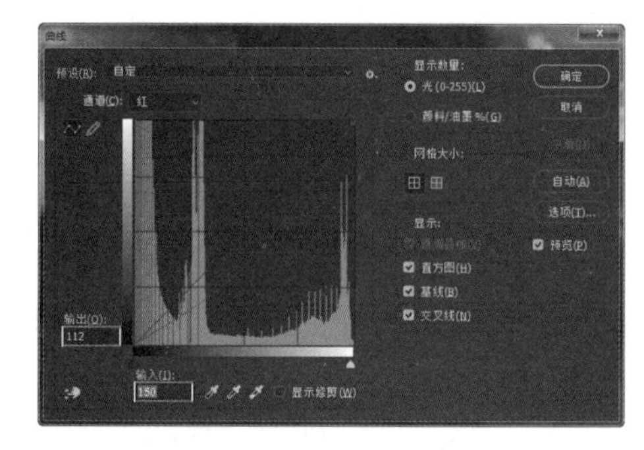

第 5 步 单击【确定】按钮，得到最终图像效果，如下图所示。

5.4.5 调整图像的色相 / 饱和度

使用 Photoshop CC 2018【色相 / 饱和度】命令，可以调整整个图像或图像中单个颜色成分的色相、饱和度和亮度。色相就是通常所说的颜色，即红色、橙色、黄色、绿色、青色、蓝色和紫色。饱和度简单地说是一种颜色的纯度，颜色纯度越高，饱和度越大，颜色纯度越低，

相应颜色的饱和度就越小。亮度就是指色调，即图像的明暗度。

按【Ctrl+U】组合键打开【色相 / 饱和度】对话框（或在菜单栏中选择【图像】→【调整】→【色相 / 饱和度】命令，也可以打开【色相 / 饱和度】对话框。下面利用【色相 / 饱和度】命令来改变衣服的颜色，具体操作步骤如下。

第 1 步 打开“素材 \ch05\5−5.jpg”图像，如下图所示。

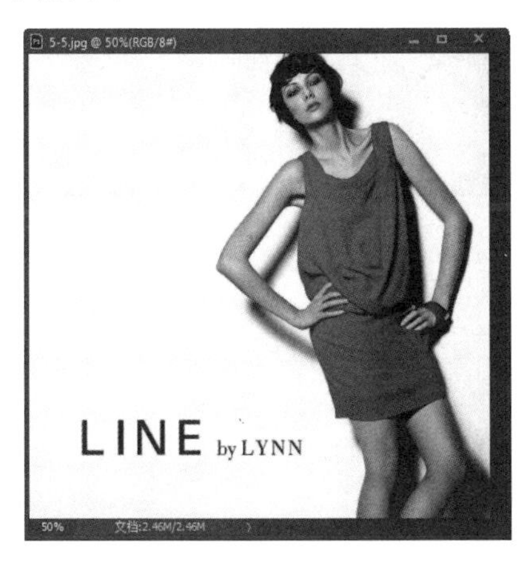

第 2 步 选择【图像】→【调整】→【色相 / 饱和度】命令，如下图所示。

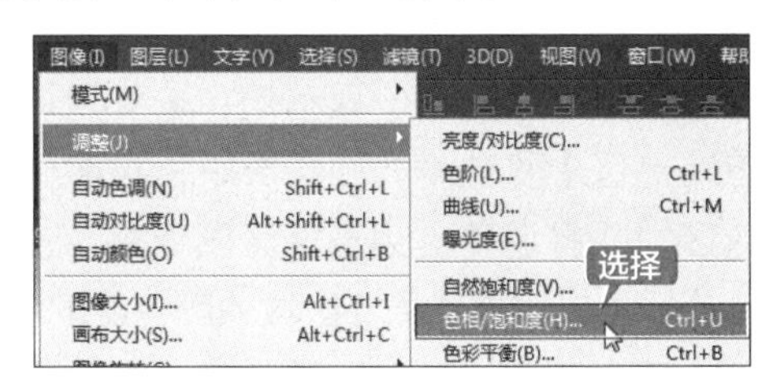

第 3 步 在弹出的【色相 / 饱和度】对话框中选择【红色】选项，设置【色相】为“+30”，【饱和度】为“+50”，【明度】为“+30”，如下图所示。

提示

如果蓝色改变的效果不完整，可以单击工具在图像上添加没有改变颜色的蓝色部分图像即可。

第 4 步 单击【确定】按钮，得到最终图像效果，如下图所示。

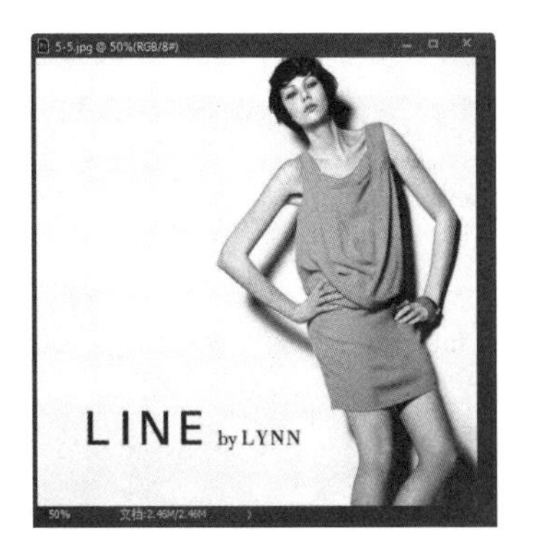

5.4.6 将彩色照片变成黑白照片

利用【去色】命令，可以快速地把彩色照片转换为黑白照片。变成相同颜色模式下的灰度图像，每个像素仅保留原有的明暗度。例如，给 RGB 图像中的每个像素指定相等的红色、绿色和蓝色值，使图像表现为灰度图像。把照片转换为黑白色有很多方法，如之前学过的【色相 / 饱和度】命令，把饱和度降低到 0，照片就会变为黑白色。

下面通过为图像去色来介绍【去色】命令的具体操作步骤。

第1步 打开“素材\ch05\5-6.jpg”图像，如下图所示。

第2步 选择【图像】→【调整】→【去色】命令，图像即变成黑白效果，如下图所示。

5.4.7 匹配图像颜色

【匹配颜色】命令可以将两个图像或图像中的两个图层的颜色和亮度相匹配，使其颜色色调和亮度协调一致；其中，被调整修改的图像称为“目标图像”，而要采样的图像称为“源图像”。如果希望不同的照片中的颜色看上去一致，或者当一个图像中特定元素的颜色（如肤色）必须与另一个图像中某个元素的颜色相匹配时，该命令会起很大作用。

1. 【匹配颜色】对话框参数设置

选择【图像】→【调整】→【匹配颜色】命令，即可打开【匹配颜色】对话框，如下图所示。

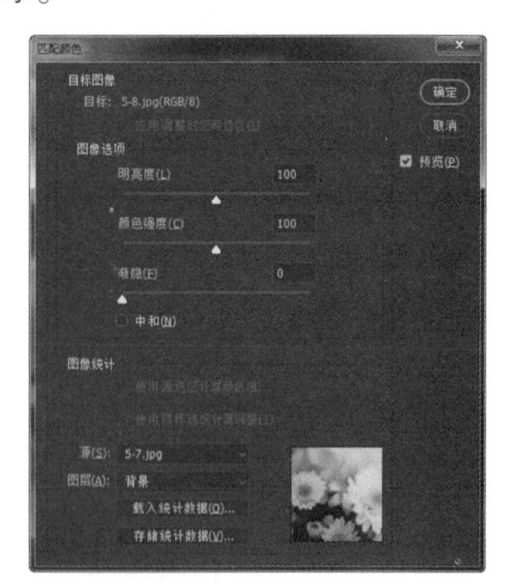

【源】下拉列表：选取要将其颜色与目标图像中的颜色相匹配的源图像。如果不希望参考另一个图像来计算色彩调整，可选择【无】选项。选择【无】选项后目标图像和源图像相同。

【图层】下拉列表：从要匹配其颜色的源图像中选取图层。如果要匹配源图像中所有图层的颜色，可从【图层】下拉列表中选择【合并】选项。

【应用调整时忽略选区】复选框：如果在图像中建立了选区，取消选中【应用调整时忽略选区】复选框，则会影响目标图像中的选区，并将调整应用于选区图像中。使用该复选框可以实现对局部区域的颜色匹配。

【明亮度】选项：可增加或减少目标图像的亮度。可以在【明亮度】参数框中输入一个值，最大值是 200，最小值是 1，默认值是 100。

【颜色强度】选项：可以调整目标图像的色彩饱和度。可以在【颜色强度】参数框中输入一个值，最大值是 200，最小值是 1（生成灰度图像），默认值是 100。

【渐隐】选项：可控制应用于图像的调整量。向右移动该滑块可以减小调整量。

2. 使用【匹配颜色】命令来调整图像颜色

第1步 打开“素材\ch05\5-7.jpg”和“素材\ch05\5-8.jpg”图像，如下图所示。

第 2 步 将“5-7.jpg”的颜色色调应用到“5-8.jpg”中。选择【图像】→【调整】→【匹配颜色】命令，如下图所示。

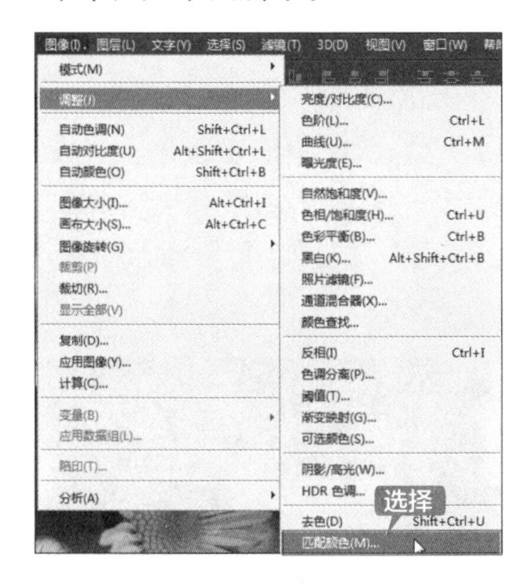

第 3 步 在弹出的【匹配颜色】对话框中设置【明亮度】为“100”、【颜色强度】为“100”、【渐隐】为“0”，【源】设置为“5-7.jpg”，如下图所示。

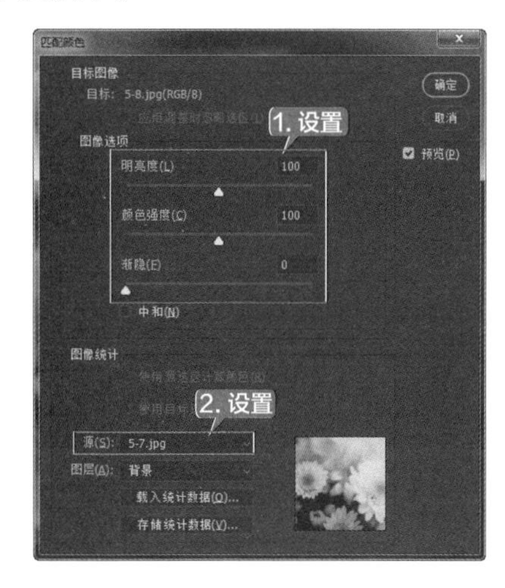

第 4 步 单击【确定】按钮，得到最终图像效果，如下图所示。

5.4.8 为图像替换颜色

选择【替换颜色】命令可以创建蒙版，以选择图像中的特定颜色，然后替换这些颜色。可以设置选定区域的色相、饱和度和亮度，也可以使用【拾色器】选择替换颜色。

提示

由【替换颜色】命令创建的蒙版是临时性的。

1. 【替换颜色】对话框参数设置

选择【图像】→【调整】→【替换颜色】命令，即可弹出【替换颜色】对话框，如下图所示。

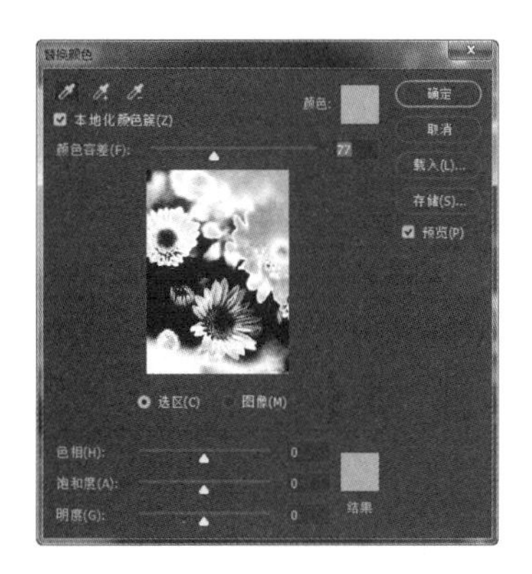

【本地化颜色簇】复选框：如果正在图像中选择多个颜色范围，则选中【本地化颜色簇】复选框来构建更加精确的蒙版。

【颜色容差】设置项：通过拖曳颜色容差滑块或在参数框中输入数值可以调整蒙版的容差，以扩大或缩小所选颜色区域。向右拖曳滑块，将增大颜色容差，使选区扩大；向左拖曳滑块，将减小颜色容差，使选区减小。

【选区】单选按钮：选中【选区】单选按钮将在预览框中显示蒙版。未蒙版区域为白色，被蒙版区域为黑色，部分被蒙版区域（覆盖有半透明蒙版）会根据其不透明度而显示不同亮度级别的灰色。

【图像】单选按钮：选中【图像】单选按钮，将在预览框中显示图像。在处理大的图像或屏幕空间有限时，该单选按钮非常有用。

【吸管工具】：选择一种吸管在图中单击，可以确定将以哪种颜色建立蒙版。带加号的吸管可用于增大蒙版（即选区），带减号的吸管可用于去掉多余的区域。

【色相】【饱和度】和【明度】：通过拖曳【色相】【饱和度】和【明度】等滑块可以变换图像中所选区域的颜色，调节的方法和效果与应用【色相/饱和度】对话框的效果一样。

2. 使用【替换颜色】命令来替换花朵颜色

第1步 打开"素材\ch05\08.jpg"图像，如下图所示。

第2步 选择【图像】→【调整】→【替换颜色】命令，如下图所示。

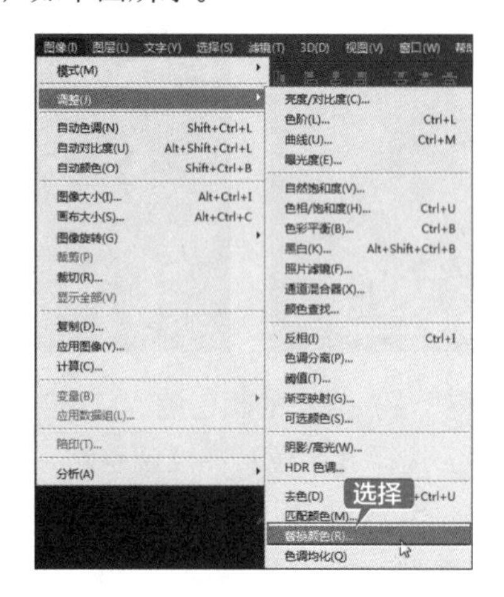

第3步 在弹出的【替换颜色】对话框中使用【吸管工具】吸取图像中的粉红色，并设置【颜色容差】为"77"、【色相】为"+105"、【饱和度】为"0"、【明度】为"0"，如下图所示。

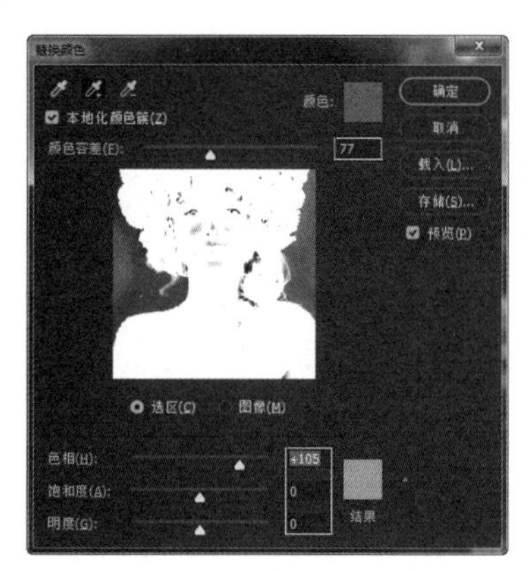

第4步 单击【确定】按钮后的图像效果如下图所示。

5.4.9 使用【可选颜色】命令调整图像

【可选颜色】命令的作用是选择某种颜色范围进行有针对性的修改，在不影响其他颜色的情况下修改图像中的某种彩色的数量，可以用来校正色彩不平衡问题和调整颜色；【可选颜色】命令可以有选择地对 Photoshop CC 2018 图像中某一主色调成分增加或减少印刷颜色的含量，而不影响该印刷颜色在其他主色调中的表现，从而对颜色进行调整。

可选颜色校正是在高档扫描仪和分色程序中使用的一项技术，它基于组成图像某一主色调的 4 种基本印刷色（CMYK），选择性地改变某一主色调（如红色）中某一印刷颜色（如青色 C）的含量，而不影响该印刷颜色在其他主色调中的表现，从而对图像的颜色进行校正。

提示

操作时首先应确保在【通道】面板中选择了复合通道。

1. 【可选颜色】对话框参数设置

选择【图像】→【调整】→【可选颜色】命令，即可打开【可选颜色】对话框，如下图所示。

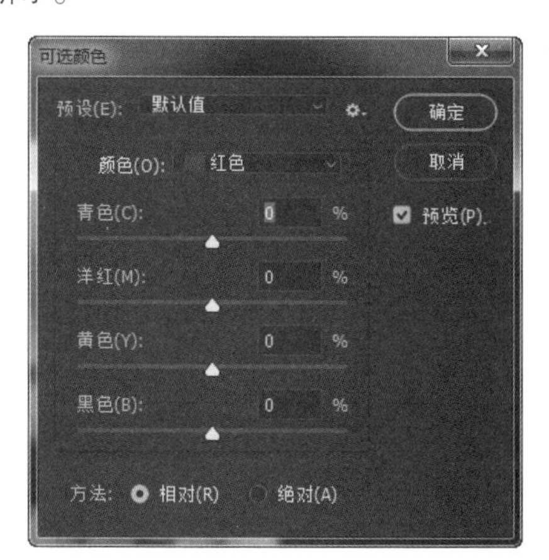

【预设】下拉列表：可以选择默认选项和自定选项。

【颜色】下拉列表：用来设置 Photoshop CC 2018 图像中要改变的颜色，单击下拉列表按钮，在弹出的下拉列表中选择要改变的颜色；设置的参数越小颜色越淡，参数越大颜色越浓。选择要进行校正的主色调，可选颜色有 RGB、CMYK 中的各通道颜色及白色、中性色和黑色。

【相对】单选按钮：相对是指按照调整后总量的百分比来更改现有的青色、洋红色、黄色或黑色的量，该选项不能调整纯反白光，因为它不包含颜色成分。例如，为一个起始含有 50% 洋红色的像素增加 10%，该像素的洋红色含量则会变为 55%。

【绝对】单选按钮：用于增加或减少每一种印刷色的绝对改变量。例如，为一个起始含有 50% 洋红色的像素增加 10%，该像素的洋红色含量则会变为 60%。

2. 使用【可选颜色】命令来调整图像

第 1 步 打开“素材 \ch05\5-9.jpg”图像，如下图所示。

第2步 选择【图像】→【调整】→【可选颜色】命令，如下图所示。

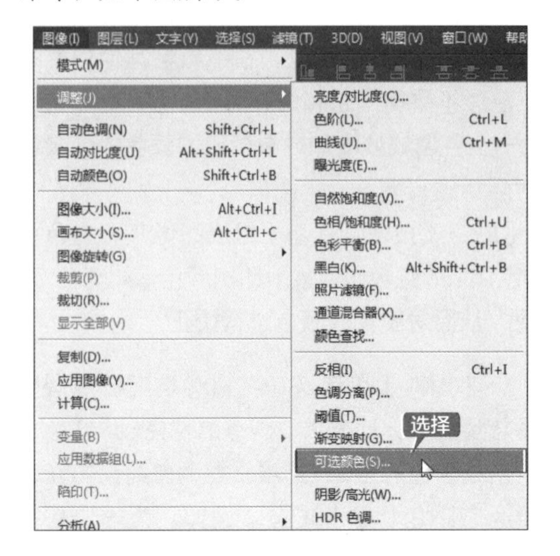

第3步 在弹出的【可选颜色】对话框中的【颜色】下拉列表中选择【绿色】选项，并设置【青色】为“+100”，【洋红】为“+100”，【黄色】为“－ 100”，【黑色】为“0”，如下图所示。

第4步 单击【确定】按钮，调整后的效果如下图所示。

5.4.10 调整图像的阴影

调整图像的阴影 / 高光，【 阴影 / 高光 】命令可以修复图像中过亮或过暗的区域，从而使图像尽量显示更多的细节；不是简单地使图像变亮或变暗，而是根据图像中的阴影或高光的像素色调增亮或变暗。【 阴影 / 高光 】命令允许分别控制图像的阴影或高光，非常适用于校正强逆光而形成的剪影的照片或校正由于太接近闪光灯而有些发白的照片，在以其他采光方式拍摄的照片中，这种调整也可用于使阴影区域变亮。

提示

【 阴影 / 高光 】命令能基于阴影或高光中的局部相邻像素来校正每个像素，从而调整图像的阴影和高光区域。

1. 【 阴影 / 高光 】对话框参数设置

选择【 图像 】→【 调整 】→【 阴影 / 高光 】命令，即可打开【 阴影 / 高光 】对话框，如下图所示。

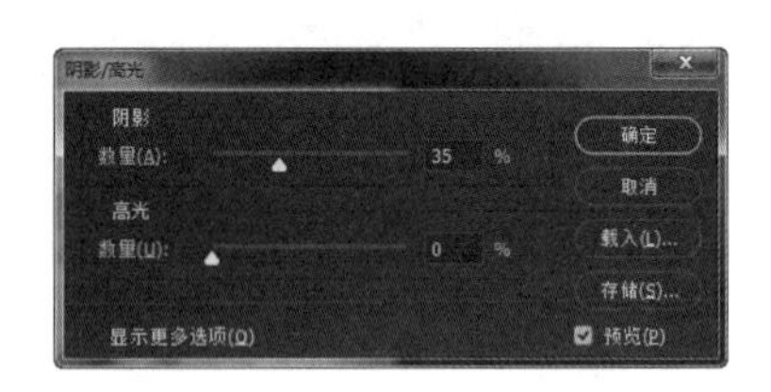

【 阴影 】设置区：用来设置阴影变亮的程度，通过调整【 数量 】的值可以控制阴影区域的强度，该值越高，图像的阴影区域越亮。

【 高光 】设置区：用来设置高光变暗的程度，通过调整【 数量 】的值可以控制高光区域的强度，该值越高，图像的高光区域越暗。

2. 使用【阴影/高光】命令来调整图像

第1步 打开“素材\ch05\5-10.jpg”图像，如下图所示。

第2步 选择【图像】→【调整】→【阴影/高光】命令，如下图所示。

第3步 在弹出的【阴影/高光】对话框中的【阴影】设置区中将【数量】设置为“0”，在【高光】设置区中将【数量】设置为“20%”，如下图所示。

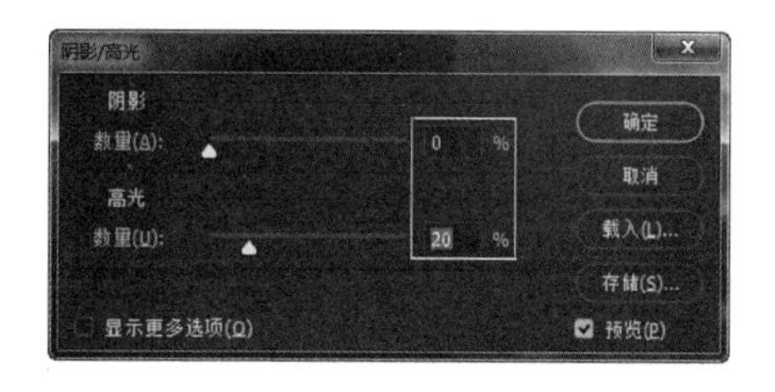

第4步 单击【确定】按钮，调整后的效果如下图所示。

5.4.11 调整图像的曝光度

在用照相机拍摄时，会经常提到曝光度这个词。曝光度越大，照片高光的部分就显得越明亮，曝光度越小，照片就显得暗淡一些。【曝光度】命令的原理是模拟数码相机内部的曝光程序对图片进行二次曝光处理，一般用于调整照相机拍摄的曝光不足或曝光过度的照片，可以利用【曝光度】功能来对图片进行后期调整。

> **提示**
>
> 【曝光度】命令专门用于调整 HDR 图像的色调，也可以用于 8 位和 16 位图像。

1. 【曝光度】对话框参数设置

选择【图像】→【调整】→【曝光度】命令，即可弹出【曝光度】对话框，如下图所示。

【曝光度】设置项：在【曝光度】下方

拖曳滑块或输入相应数值可以调整图像的高光。正值增加图像曝光度，负值降低图像曝光度。可以调整色调范围的高光端，对极限阴影的影响很小。

【位移】设置项：用于调整图像的阴影，对图像的高光区域影响较小；向右拖曳滑块，使图像的阴影变亮。可以使阴影和中间调变暗，对高光的影响很小。

【灰度系数校正】设置项：用于调整图像的中间调，对图像的阴影和高光区域影响较小；向左拖曳滑块，使图像的中间调变亮。

2. 使用【曝光度】命令调整图像

第1步 打开“素材\ch05\5-11.jpg”图像，如下图所示。

第2步 选择【图像】→【调整】→【曝光度】命令，在弹出的【曝光度】对话框中进行如下图所示的参数设置。

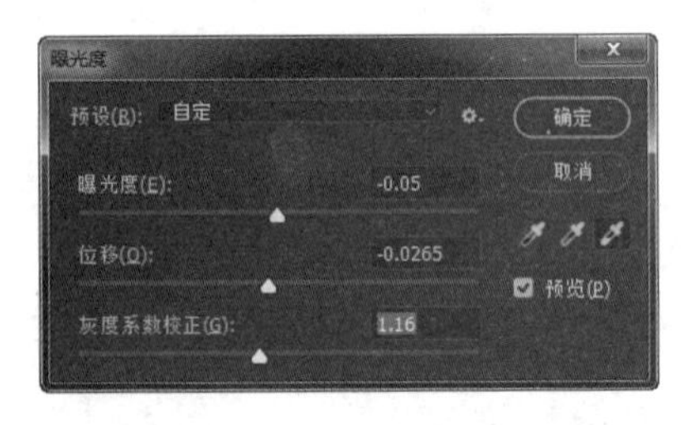

第3步 单击【确定】按钮，调整后的效果如下图所示。

5.4.12 使用【通道混合器】命令调整图像的颜色

【通道混合器】命令可以将 Photoshop CC 2018 图像中的颜色通道相互混合，起到对目标颜色通道进行调整和修复的作用；颜色通道记录了图像中某种颜色分布情况。例如，一幅 RGB 图像中的“红”（R）通道记录了该图像中红色的分布情况，对于一幅偏色的图像，通常是因为某种颜色过多或缺失造成的，此时可以执行【通道混合器】命令对问题通道进行调整。

【通道混合器】是使用图像中现有（源）颜色通道的混合来修改目标（输出）颜色通道。颜色通道是代表图像（RGB 或 CMYK）中颜色分量的色调值的灰度图像。

提示

使用【通道混合器】可以通过源通道向目标通道加减灰度数据。利用这种方法可以向特定颜色分量中增加或减少颜色。

1. 【通道混合器】对话框参数设置

选择【图像】→【调整】→【通道混合器】命令，即可打开【通道混合器】对话框，如下图所示。

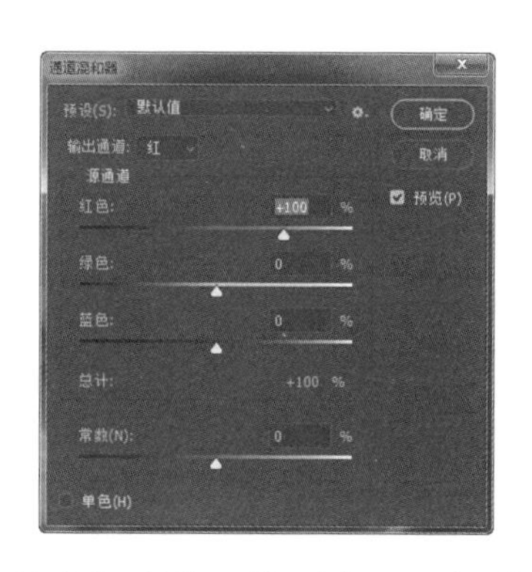

【输出通道】下拉列表：选择进行调整后作为最后输出的颜色通道，可随颜色模式而异。

【源通道】设置区：向右或向左拖曳滑块可以增大或减小该通道颜色对输出通道的贡献。在参数框中输入一个“－200”至“+200”之间的数也能起到相同的作用。如果输入一个负值，则先将源通道反相，再混合到输出通道上。

【常数】设置项：在参数框中输入数值或拖曳滑块，可以将一个具有不透明度的通道添加到输出通道上。负值作为黑色通道，正值作为白色通道。

【单色】复选框：选中【单色】复选框，同样可以将相同的设置应用于所有的输出通道，不过创建的是只包含灰色值的彩色模式图像。如果先选中【单色】复选框，然后再取消选中该复选框，则可单独地修改每个通道的混合，从而创建一种手绘色调的效果。

2. 使用【通道混和器】来调整图像的颜色

第1步 打开“素材\ch05\5-12.jpg”图像，如下图所示。

第2步 选择【图像】→【调整】→【通道混和器】命令，如下图所示。

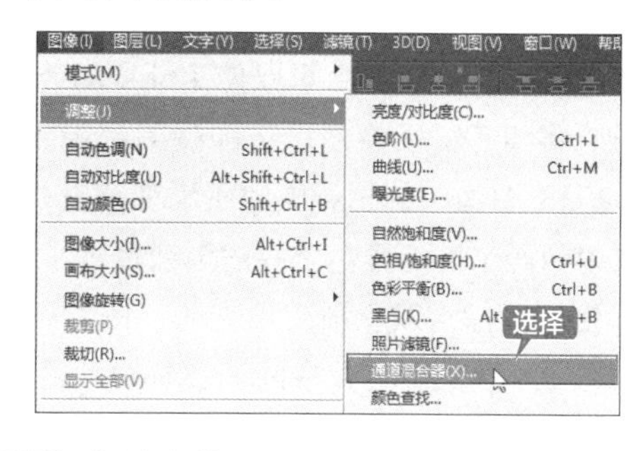

第3步 在弹出的【通道混合器】对话框中的【输出通道】下拉列表中选择【红】选项，并在【源通道】设置区中设置【红色】为“+125”，【绿色】为“0”，【蓝色】为“0”，如下图所示。

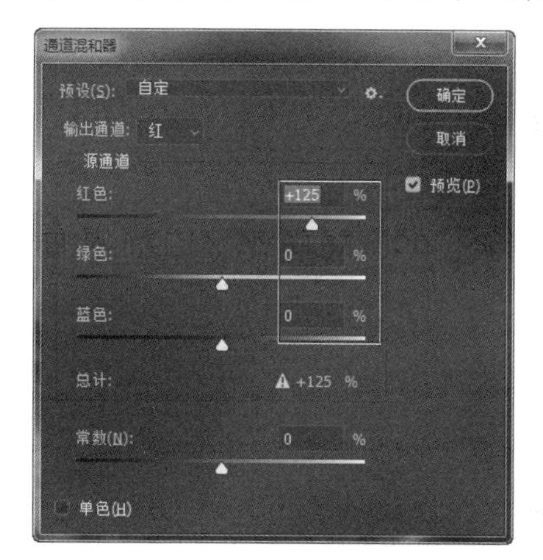

第4步 单击【确定】按钮，调整后的效果如下图所示。

5.4.13 为图像添加渐变映射效果

【渐变映射】命令可以使用渐变颜色对 Photoshop CC 2018 图像进行叠加，从而改变图像色彩。将相等的图像灰度范围映射到指定的渐变填充色。如果指定双色渐变填充，Photoshop CC 2018 图像中的阴影映射到渐变填充的一个端点颜色，高光映射到另一个端点颜色，而中间调映射到两个端点颜色之间的渐变色。

例如，指定双色渐变填充时，图像中的暗调被映射到渐变填充的一个端点颜色，高光被映射到另一个端点颜色，中间调被映射到两个端点之间的层次。

1. 【渐变映射】对话框参数设置

选择【图像】→【调整】→【渐变映射】命令，即可打开【渐变映射】对话框，如下图所示。

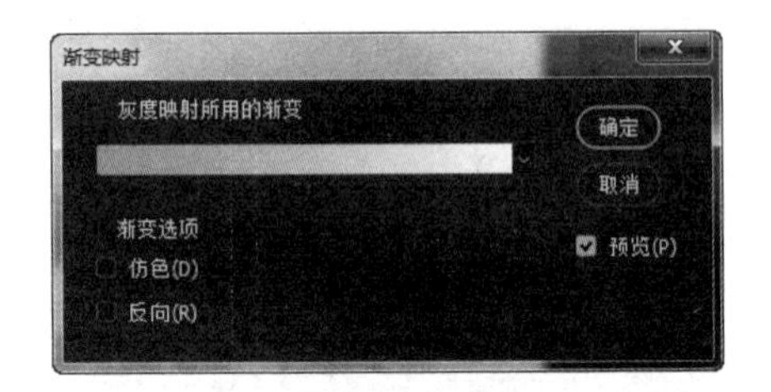

【灰度映射所用的渐变】下拉列表：从下拉列表中选择一种渐变类型，默认情况下，图像的暗调、中间调和高光分别映射到渐变填充的起始（左端）颜色、中间点和结束（右端）颜色。

【仿色】复选框：通过添加随机杂色，可使渐变映射效果的过渡显得更为平滑。

【反向】复选框：颠倒渐变填充方向，以形成反向映射的效果。

2. 为图像添加渐变映射效果

第1步 打开“素材\ch05\5-13.jpg”图像，如下图所示。

第2步 选择【图像】→【调整】→【渐变映射】命令，在弹出的【渐变映射】对话框中选择一种渐变映射，如下图所示。

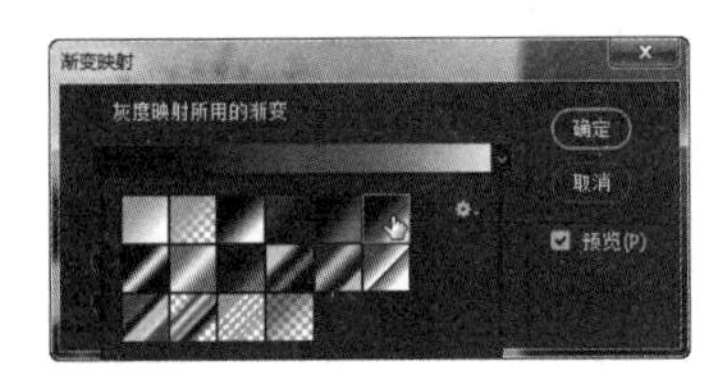

第3步 单击【确定】按钮，调整后的效果如下图所示。

5.4.14 调整图像的偏色

选择【照片滤镜】命令可以模仿在照相机镜头前面加彩色滤镜，以便调整通过镜头传输的光的色彩平衡和色温。

1.【照片滤镜】对话框参数设置

选择【图像】→【调整】→【照片滤镜】命令，即可弹出【照片滤镜】对话框，如下图所示。

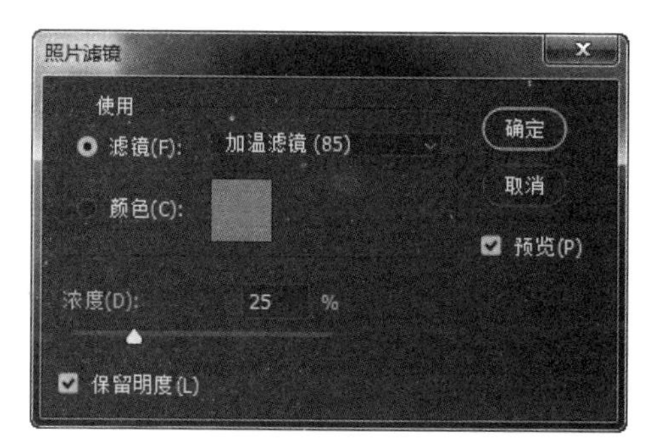

【滤镜】单选按钮：选择各种不同镜头的彩色滤镜，用于平衡色彩和色温。

【颜色】单选按钮：根据预设颜色，调整图像应用色相。可以为图像添加颜色滤镜，单击右侧的【颜色】复选框，打开【拾色器】（照片滤镜颜色）设置框，选择一种颜色，单击【确定】按钮，为图像添加所选颜色滤镜，并调整浓度值。

> **提示**
>
> 如果照片有色痕，则可选择补色来中和色痕，还可以选用特殊颜色效果或增强应用颜色。例如，【水下】颜色可模拟在水下拍摄时产生的稍带绿色的蓝色色痕。

【浓度】设置项：调整应用于图像的颜色数量，可拖曳【浓度】滑块或在【浓度】参数框中输入百分比。【浓度】越大，应用的颜色调整越大。

【保留明度】复选框：选中此复选框可以避免通过添加颜色滤镜导致图像变暗。

2. 使用照片滤镜调整图像偏色

第 1 步 打开“素材 \ch05\5-14.jpg”图像，如下图所示。

第 2 步 该图像整体色调偏暖色。选择【图像】→【调整】→【照片滤镜】命令，如下图所示。

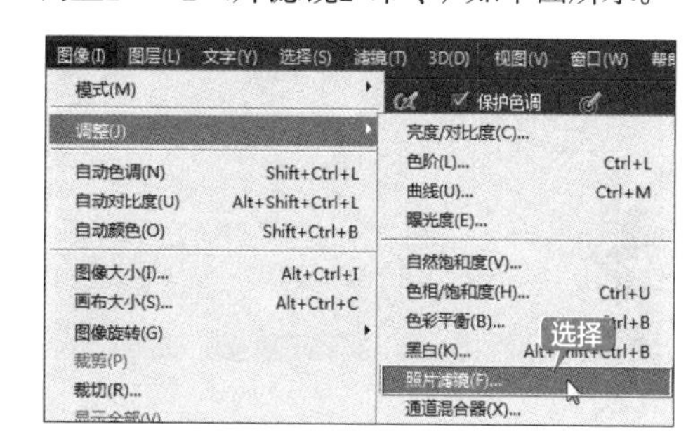

第 3 步 在弹出的【照片滤镜】对话框中设置【滤镜】为“深黄”，【浓度】为“55%”，如下图所示。

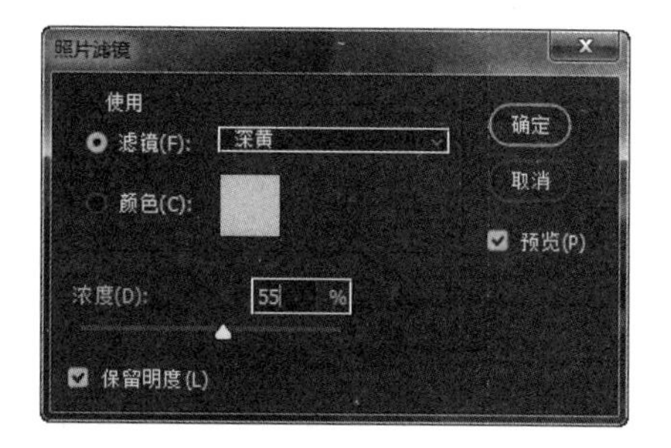

第 4 步 单击【确定】按钮后的效果如下图所示。

5.4.15 实现图片的底片效果

【反相】命令可以将图像中的颜色和亮度全部翻转，转换为 256 级中相反的值；常用来制作一些有反转效果的 Photoshop CC 2018 图像。【反相】命令的最大特点就是将所有颜色都以它的相反的颜色显示，如将黄色转换为蓝色、红色转换为青色。

例如，值为 255 的正片图像中的像素会转换为 0，值为 5 的像素会转换为 250。下面使用【反相】命令给图片制作出一种底片的效果。

第1步 打开“素材\ch05\5-15.jpg”图像，如下图所示。

第2步 选择【图像】→【调整】→【反相】命令，得到的效果如下图所示。

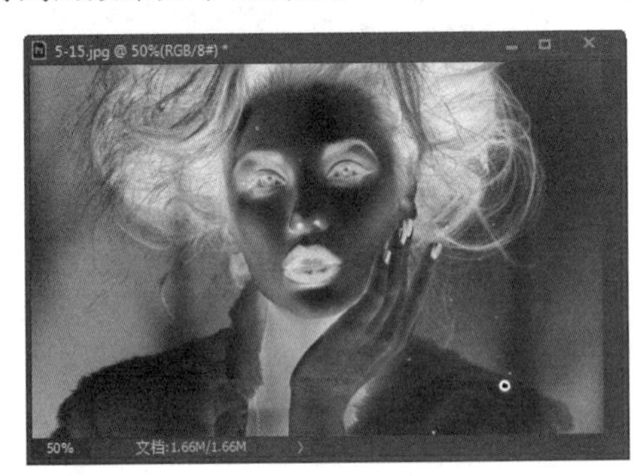

5.4.16 使用【色调均化】命令调整图像

【色调均化】命令可以在图像过暗或过亮时，通过平均值调整图像的整体亮度。【色调均化】命令可以重新分布图像中像素的亮度值，使图像均匀地呈现所有范围的亮度值。

Photoshop CC 2018 会将最亮值均调整为白色，最暗的值均调整为黑色，而中间值则均匀地分布在整个灰度范围中。

第1步 打开“素材\ch05\5-16.jpg”图像，如下图所示。

第2步 选择【图像】→【调整】→【色调均化】命令，得到的效果如下图所示。

5.4.17 制作黑白分明的图像效果

【阈值】命令可以将彩色图像或灰度图像转换为高对比度的黑白图像；当指定某个色阶作

为阈值时，所有比阈值暗的像素都转换为黑色，而所有比阈值亮的像素都转换为白色。【阈值】命令对确定图像的最亮和最暗区域有很大作用。

下面介绍使用【阈值】命令制作一张黑白分明的图像效果。

第 1 步 打开“素材 \ch05\5-17.jpg”图像，如下图所示。

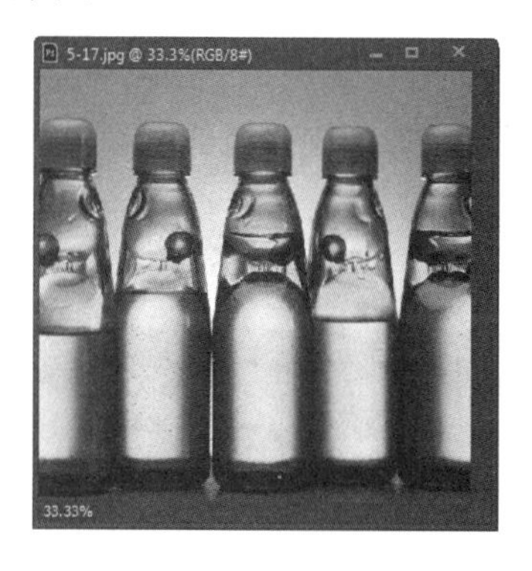

第 2 步 选择【图像】→【调整】→【阈值】命令，在弹出的【阈值】对话框中设置【阈值色阶】为“80”，如下图所示。

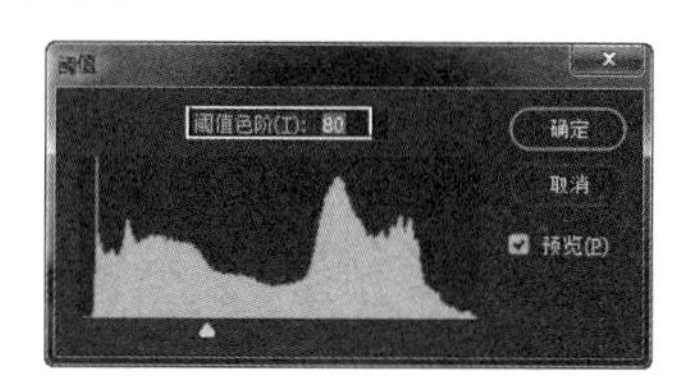

第 3 步 单击【确定】按钮后得到的效果如下图所示。

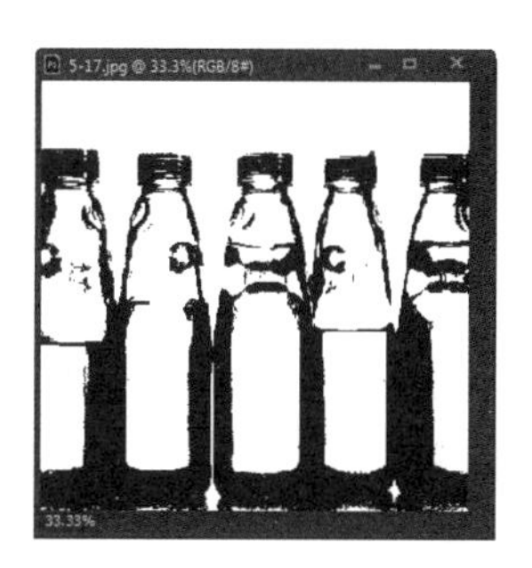

5.4.18 实现图片的特殊效果

【色调分离】命令可以指定图像中每个通道的色调级（或亮度值）的数量，并将这些像素映射为最接近的匹配色调上。例如，将 RGB 图像中的通道设置为只有两个色调，那么图像只能产生 6 种颜色，即两个红色、两个绿色和两个蓝色。

在图像中创建特殊效果（如创建大的单调区域）时此命令非常有用，在减少灰度图像中的灰色色阶数时，它的效果最为明显。但它也可以在彩色图像中产生一些特殊的效果。

下面介绍使用【色调分离】命令来制作特殊效果的具体操作步骤。

第 1 步 打开“素材 \ch05\5-18.jpg”图像，如下图所示。

第 2 步 执行【图像】→【调整】→【色调分离】命令，在弹出的【色调分离】对话框中设置【色阶】为“3”，如下图所示。

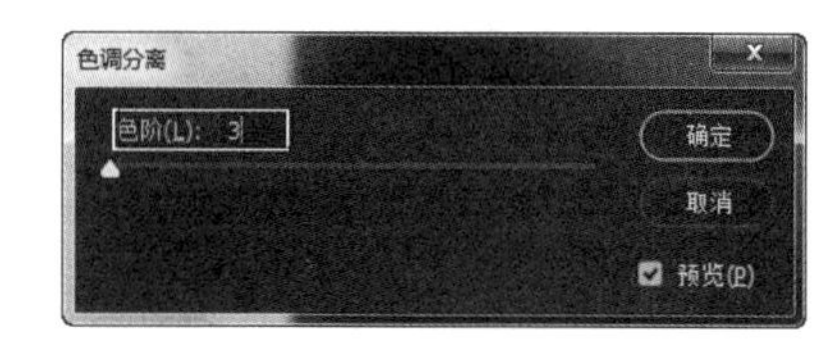

第 3 步 单击【确定】按钮后得到的效果如下图所示。

5.4.19 使用【自然饱和度】命令调整图像的色彩

在 Photoshop CC 2018 软件中增加了一个新的调整图像的命令，即【自然饱和度】，但是它和原来的【饱和度】命令是不相同的。【自然饱和度】命令的功能和【色相 / 饱和度】命令类似，可以使图片更加鲜艳或暗淡，但效果会更加细腻，会智能地处理图像中不够饱和的部分和忽略足够饱和的颜色。在使用【自然饱和度】调整图像时，会自动保护图像中已饱和的部分，只对其做小部分的调整，而着重调整不饱和的部分，这样会使图像整体的饱和趋于正常。

提示

【自然饱和度】在调节图像饱和度时会保护已经饱和的像素，即在调整时会大幅增加不饱和像素的饱和度，而对已经饱和的像素只做很少、很细微的调整，特别是对皮肤的肤色有很好的保护作用，这样不但能够增加图像某一部分的色彩，而且还能使整幅图像的饱和度正常。

下面使用【自然饱和度】命令调整图像的色彩，具体操作步骤如下。

第 1 步 打开“素材 \ch05\5-19.jpg”图像，如下图所示。

第 2 步 选择【图像】→【调整】→【自然饱和度】命令，如下图所示。

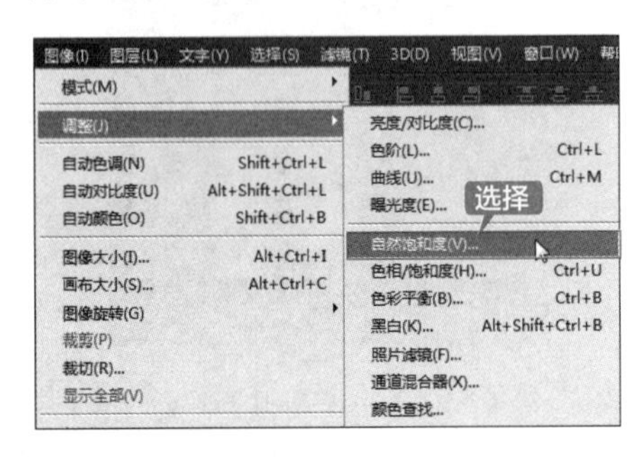

第 3 步 在弹出的【自然饱和度】对话框中设置【自然饱和度】为“70”、【饱和度】为“20”，如下图所示。

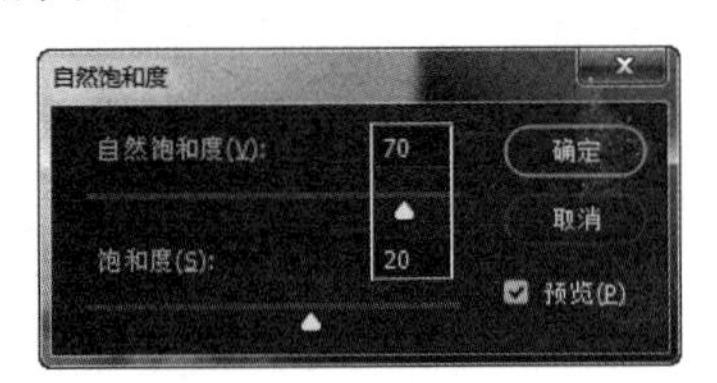

第 4 步 单击【确定】按钮后得到的效果如下图所示。

5.4.20 使用【黑白】命令调整图像的色彩

【黑白】命令将图像中的颜色丢弃，使图像以灰色或单色显示，并且可以根据图像中的颜色范围调整图像的明暗度。另外，通过对图像应用色调可以创建单色的图像效果。通过丰富的设置，可以创作高反差的黑白图片、红外线模拟图片及复古色调等，极富有新意。

下面介绍使用【黑白】命令调整图像色彩的具体操作步骤。

第 1 步 打开“素材\ch05\5-20.jpg”图像，如下图所示。

第 2 步 选择【图像】→【调整】→【黑白】命令，如下图所示。

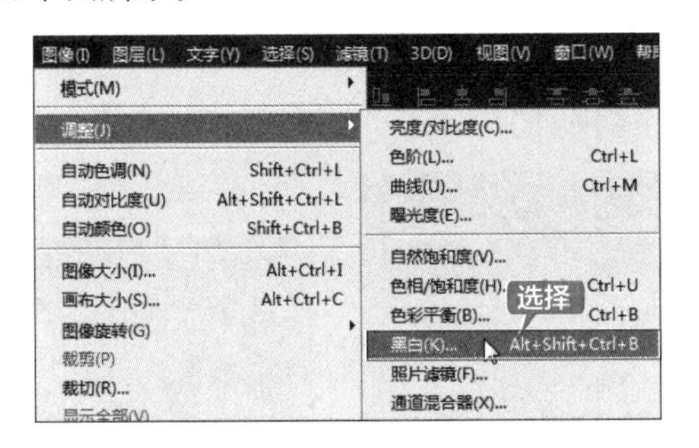

第 3 步 在弹出的【黑白】对话框中设置【红色】为“65%”，设置【黄色】为“30%”，如下图所示。

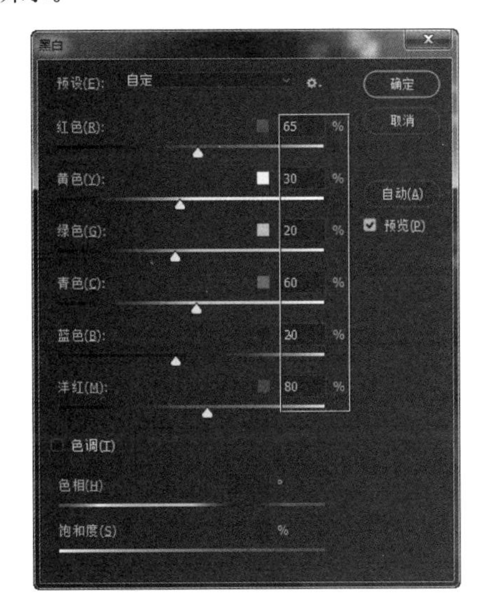

第 4 步 单击【确定】按钮后得到的效果如下图所示。

5.4.21 自动调整图像

在 Photoshop CC 2018 软件中，将【自动色调】【自动对比度】和【自动颜色】3 个命令从【调整】菜单中提取出放到【图像】菜单中，使菜单命令的分类更清晰。

1. 自动色调

Photoshop CC 2018 中，【自动色调】命令可以自动调整图像中的黑场和白场，将每个颜色通道中最亮的和最暗的像素映射到纯白，中间像素值按比例重新分布。

使用【自动色调】命令可以增强图像的对比度，在像素值平均分布并且需要以简单的方式增加对比度的特定图像中，该命令可以提供较好的结果。

2. 自动对比度

Photoshop CC 2018 中【自动对比度】命令可以自动调整图像的对比度，使高光看上去更亮，阴影看上去更暗，该命令可以改善摄影或连续色调图像的外观，但无法改善单调颜色的图像。

3. 自动颜色

Photoshop CC 2018 中【自动颜色】命令可以自动搜索图像来标识阴影、中间调和高光，从而调整图像的对比度和颜色。

5.5 图像查看案例 1——【信息】面板

【信息】面板是个多面手，当用户没有任何操作时，【信息】面板会显示鼠标指针下面的颜色值、文档的状态、当前工具使用提示等信息；如果执行了操作，如进行了变换或创建了选区、调整了颜色等，【信息】面板中就会显示与当前操作有关的各种信息。

【信息】面板显示鼠标指针下的颜色值及其他有用的信息（显示的信息取决于所使用的工具）。

【信息】面板还显示有关使用选定工具的提示、提供文档状态信息，并可以显示 8 位、16 位或 32 位值。

第 1 步 打开“素材 \ch05\5-21.jpg”图像。选择【窗口】→【信息】命令，打开【信息】面板，如下图所示。

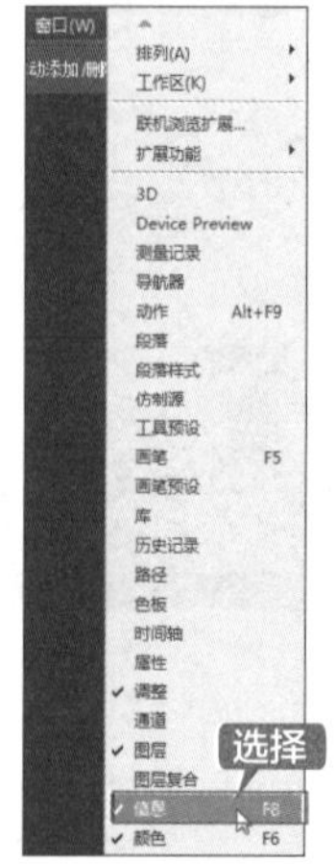

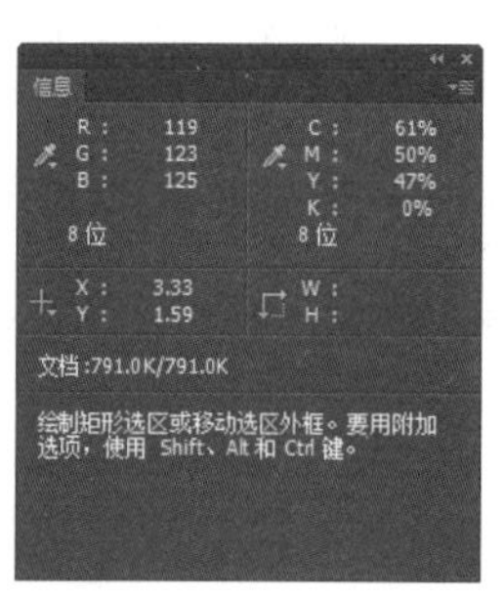

第 2 步 在显示 CMYK 值时，如果鼠标指针或颜色取样器下的颜色超出了可打印的 CMYK 色域，则【信息】面板将在 CMYK 数值后边显示一个感叹号，如下图所示。

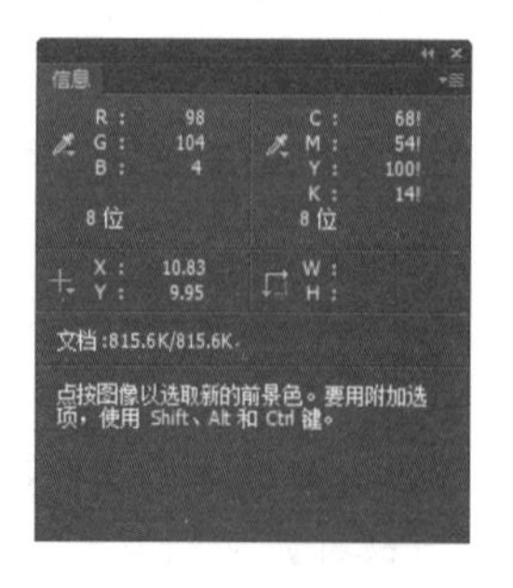

第 3 步 当使用【选框工具】时，【信息】面板会随着鼠标的拖曳显示指针位置的 x 坐标和 y 坐标以及选框的宽度 (W) 和高度 (H)，如下图所示。

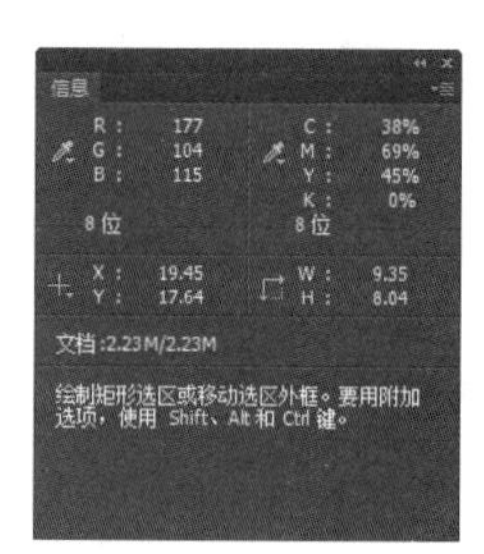

第 4 步 在使用【裁剪工具】或【缩放工具】时，【信息】面板会随着鼠标的拖曳显示选框的宽度（W）和高度（H），还显示裁剪选框的旋转角度，如下图所示。

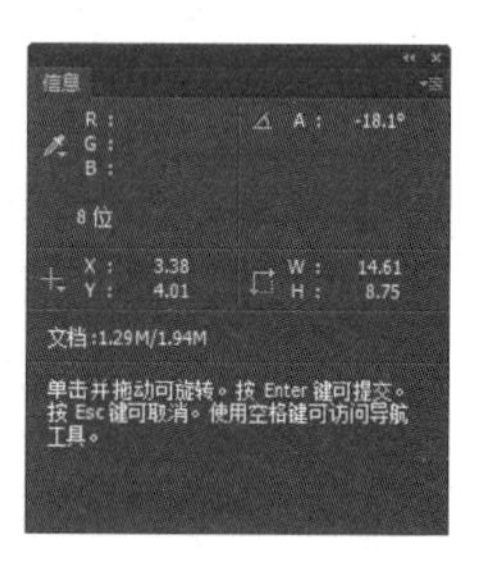

第 5 步 当使用【直线工具】【钢笔工具】【渐变工具】或移动选区时，【信息】面板将在

进行拖曳时显示起始位置的 X 坐标和 Y 坐标、X 坐标的变化（DX）、Y 坐标的变化（DY）、角度（A）和长度（L），如下图所示。

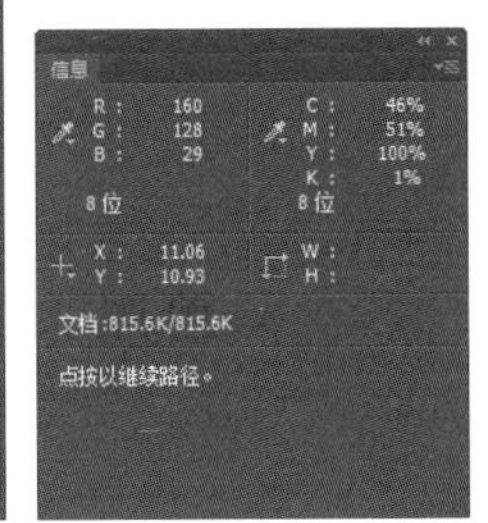

第 6 步 在使用【二维变换】命令时（如旋转和缩放等命令），【信息】面板会显示宽度（W）和高度（H）的百分比变化、旋转角度（A）及水平切线（H）或垂直切线（V）的角度，如下图所示。

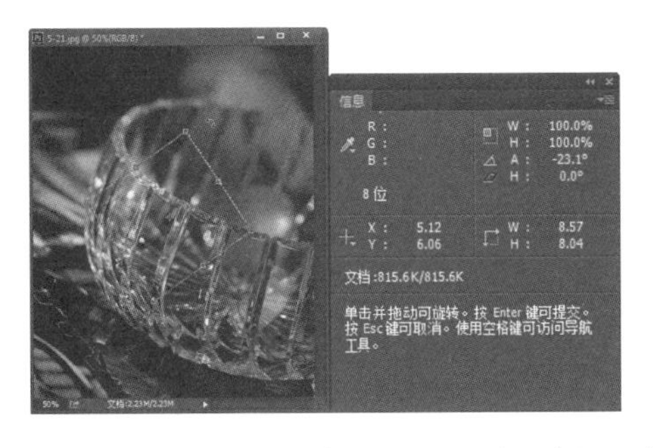

第 7 步 在使用任一颜色调整对话框（如【信息】）时，【信息】面板会显示鼠标指针和颜色取样器下的像素的前后颜色值。

提示

如果启用了【显示工具提示】选项，【信息】面板会显示状态信息，如文档大小、文档配置文件、文档尺寸、暂存盘大小、效率、计时及当前工具。

5.6 图像查看案例 2——【直方图】面板

直方图是用图形表示图像的每个亮度级别的像素数量，显示了像素在图像中的分布情况，通过查看直方图，可以判断图像在阴影、中间调和高光中包含的细节是否充足，以便对图像进行适当的调整。

第 1 步 打开“素材 \ch05\5-22.jpg”图像。选择【窗口】→【直方图】命令，打开【直方图】面板，如下图所示。

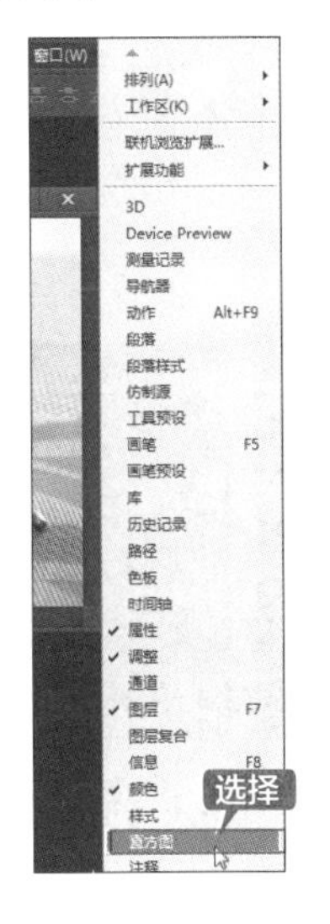

第 2 步 直方图提供了许多选项，用以查看有关图像的色调和颜色信息。默认情况下，直方图会显示整个图像的色调范围，如下图所示。

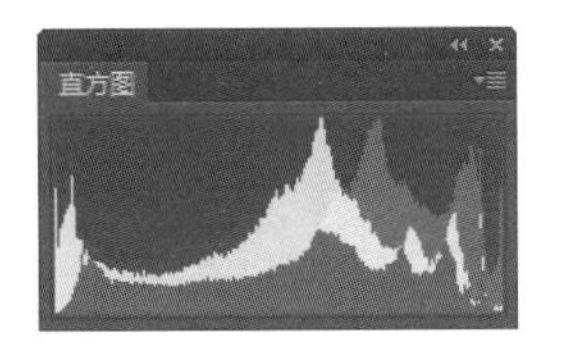

第3步 单击【直方图】面板右上侧的三角形按钮，可从弹出的面板菜单中选取下列视图之一，如下图所示。

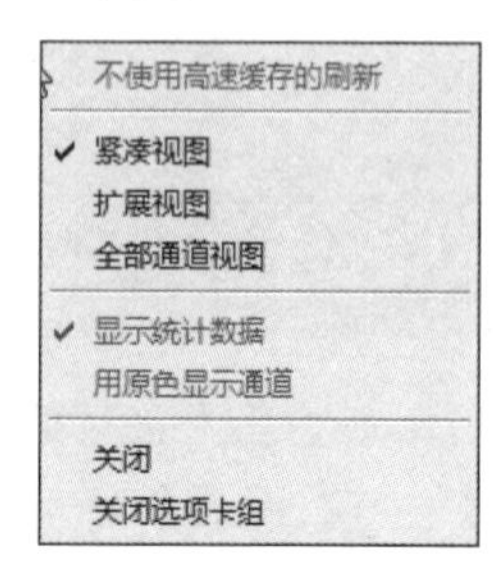

第4步 选择【紧凑视图】选项，可显示不带控件或统计的直方图，该直方图代表整个图像。

第5步 选择【扩展视图】选项，可查看带有统计和访问控件的直方图，以便选取由直方图表示的通道。查看【直方图】面板中的选项，刷新直方图以显示未被高速缓存的数据，以及在多图层文档中选取特定图层，如下图所示。

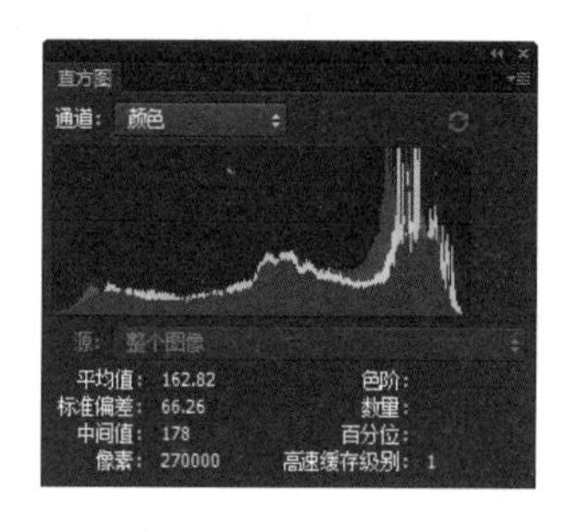

有关像素亮度值的统计信息出现在【直方图】面板中直方图的下方。【直方图】面板必须位于【扩展视图】或【全部通道视图】中，而且必须从面板菜单中选择【显示统计数据】选项。

统计信息包括以下几项。

① 平均值：表示平均亮度值。

② 标准偏差：表示亮度值的变化范围。

③ 中间值：显示亮度值范围内的中间值。

④ 像素：表示用于计算直方图的像素总数。

⑤ 高速缓存级别：显示鼠标指针所指的区域的亮度级别。

⑥ 数量：表示鼠标指针所指的亮度级别的像素总数。

⑦ 百分位：显示鼠标指针所指的级别或该级别以下的像素累计数。该值表示图像中所有像素的百分数，从最左侧的 0% 到最右侧的 100%。

⑧ 色阶：显示鼠标指针所指的区域的亮度级别。

选择【全部通道视图】选项时，除了显示【扩展视图】中的所有选项以外，还显示通道的单个直方图。单个直方图不包括 Alpha 通道、专色通道或蒙版，如下图所示。

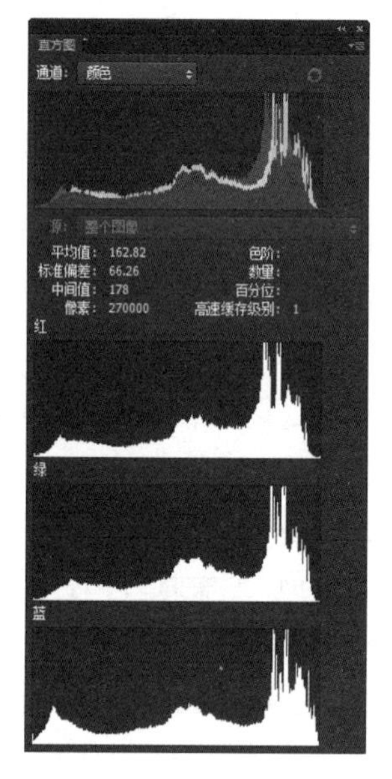

通过查看直方图可以清楚地知道图像所存在的颜色问题。直方图由左到右标明图像色调由暗到亮的变化情况。

低色调图像（偏暗）的细节集中在暗调处，如下图所示。

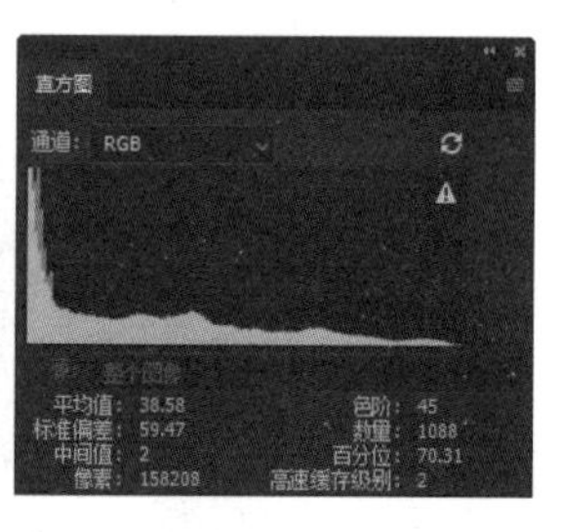

高色调图像（偏亮）的细节集中在高光处，如下图所示。

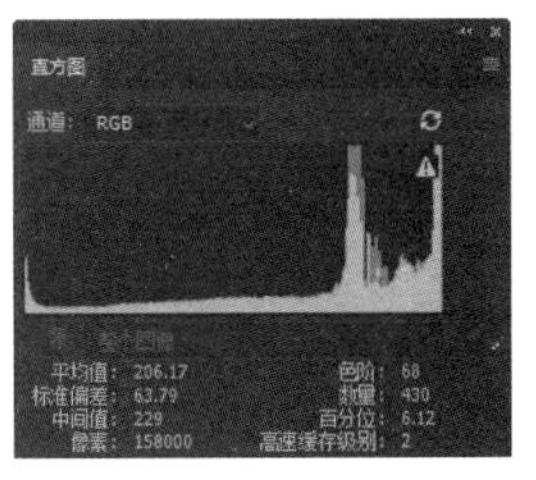

平均色调图像（偏灰）的细节则集中在中间调处，如下图所示。

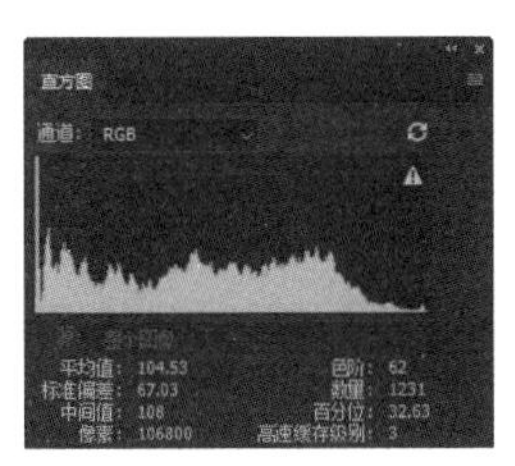

全色调范围的图像在所有的区域中都有大量的像素。识别色调范围有助于确定相应的色调校正方法。

举一反三

为照片制作泛白 lomo 风格

本案例介绍如何快速为照片制作泛白 lomo 风格效果。

1. 打开文件

第 1 步 选择【文件】→【打开】命令。

第 2 步 打开"素材 \ch05\22.jpg"图像，如下图所示。

第 3 步 单击【确定】按钮，效果如下图所示。

2. 调整照片颜色

第 1 步 选择【图像】→【调整】→【色彩平衡】命令。

第 2 步 在【色彩平衡】对话框中设置【色阶】为"−70、−12、−18"，如下图所示。

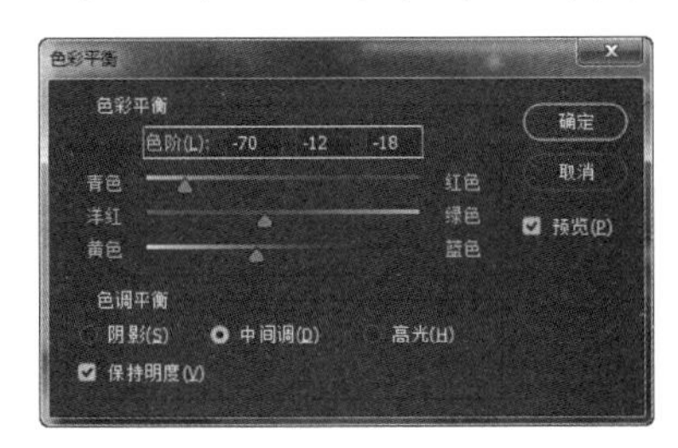

3. 调整照片整体色调

第 1 步 新建一个透明图层，如下图所示。

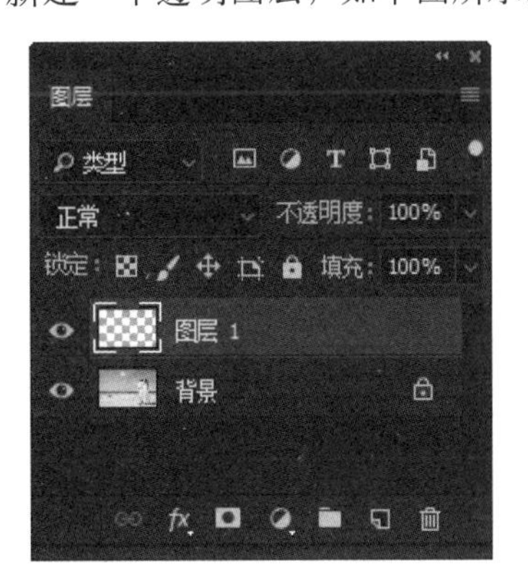

第 2 步 选择【渐变工具】→【径向渐变】选项，

选择前景到透明，颜色设置为白色。图片中人像的一条渐变线是编辑选择渐变的范围，大家可以根据需要适当调整，如下图所示。

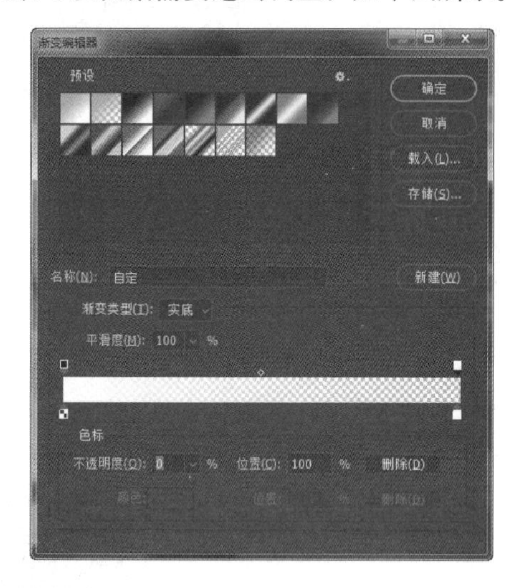

第 3 步 改变图层不透明度，可以根据效果调整不透明度。此图片【不透明度】为 70%，如下图所示。

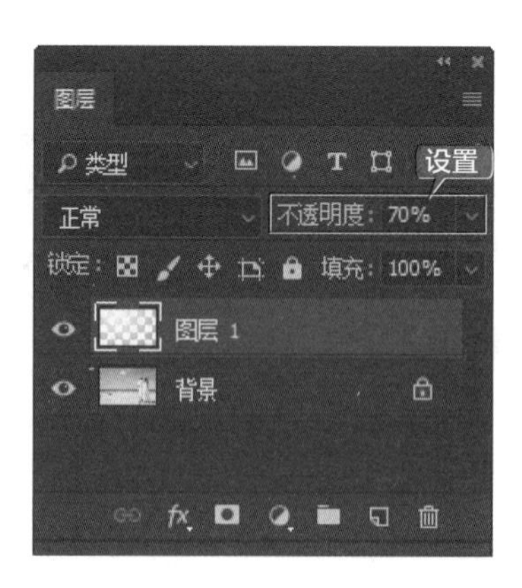

第 4 步 完成图像调整后的效果如下图所示。

◇ 为旧照片着色

当打开很早以前的照片时，发现照片已经失去原来的色彩，不免让人伤心，不过可以使用 Photoshop CC 2018 强大的图像色彩调整功能来为照片着色。

具体的操作步骤如下。

第 1 步 选择【文件】→【打开】命令。

第 2 步 打开“素材 \ch05\5–23.jpg”图像，如下图所示。

第 3 步 选择【图像】→【调整】→【色阶】命令，如下图所示。

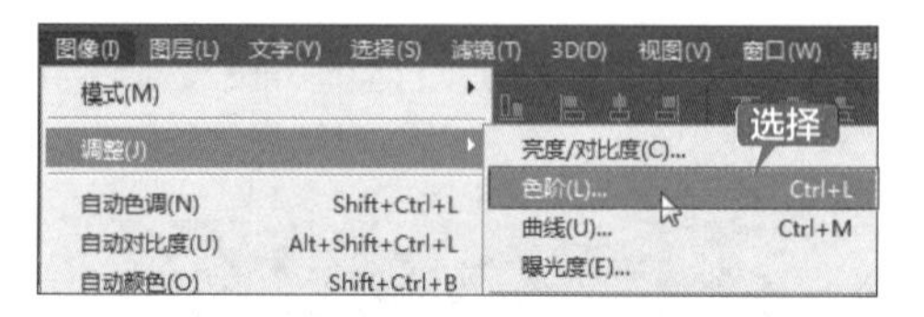

第 4 步 打开【色阶】对话框。在该对话框中可通过调整【输入色阶】和【输出色阶】来控制图像的明暗对比。调整时用鼠标拖曳对话框下方的三角形滑杆或在参数栏中直接输

入数值即可。例如，把输入色阶调整为 38、0.7 和 248；输出色阶则保持不变。这样就可以加大色彩的明暗对比度，使图像得到曝光过度的效果，如下图所示。

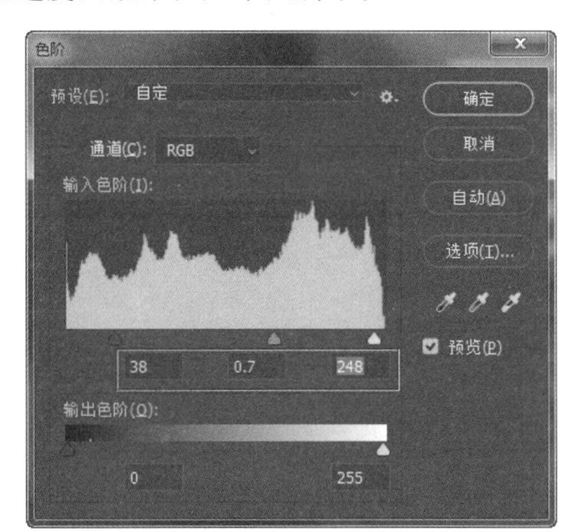

第 5 步 选择【图像】→【调整】→【色相/饱和度】命令，打开【色相/饱和度】对话框，在其中选中【着色】复选框。这样可以将图像变为单一色相调整，以便给图像着色，如下图所示。

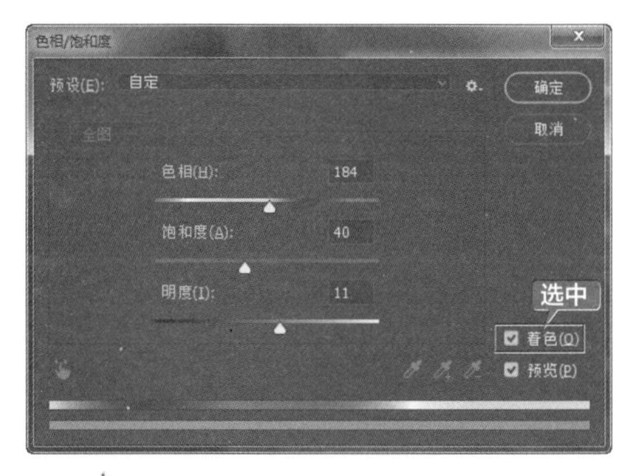

◇ 唯美人像色彩调色技巧

通常，服装的色彩要有主色和配色，配色以 2~3 种色彩就可以达到理想效果，如果使用太过烦琐复杂的色彩会干扰观者的观看体验，造成比较混乱的视觉心理感受。

一些需要规避的色彩。这里所说的规避，并不是绝对的禁止，而是相对一般情况而言的，唯美人像摄影有多种多样的风格，为了配合不同的主题和风格，看似禁忌色彩的服装，同样可拍摄出精彩的摄影作品。另外，这里所说的色彩，主要是指在服装上占主体大面积的色彩。

例如，黑色——表达硬朗、沉着、肃穆、紧张的心理感受。但就拍摄整体而言，黑色在自然场景的拍摄中会显得相当沉寂，这时需要环境中有很鲜艳的色彩与其进行搭配及衬托，如配合使用红色和金色以显示出沉稳、奢华和高雅的视觉效果。

紫色——显示尊贵的一种颜色，在实际的拍摄过程中搭配黑色、白色、灰色和黄色等色彩效果会非常不错。同时，紫色也是最难搭配的颜色之一，在色彩靓丽的拍摄环境中，紫色会很容易显得媚俗，非常不好把握。灰色——表现柔和、庄重和高雅的感觉，属于中间色调。在实际拍摄过程中，如果使用大面积灰色的服装很容易产生沉闷、呆板和僵硬的感觉。数码相机只是如实地拍摄画面、尽可能多地记录镜头数字信息，并不知道哪些是需要的，哪些是不需要的。因此，就需要用户在后期处理过程中，根据自己的需求进行选择，强化需要的，以达到预期效果。

第 6 章

绘制与修饰图像

本章导读

在 Ptotoshop CC 2018 软件中不仅可以直接绘制各种图形，还可以通过处理各种位图或矢量图来制作出各种图像效果。本章的内容比较简单易懂，读者可以按照案例步骤进行操作，也可以导入自己喜欢的图片进行编辑处理。

思维导图

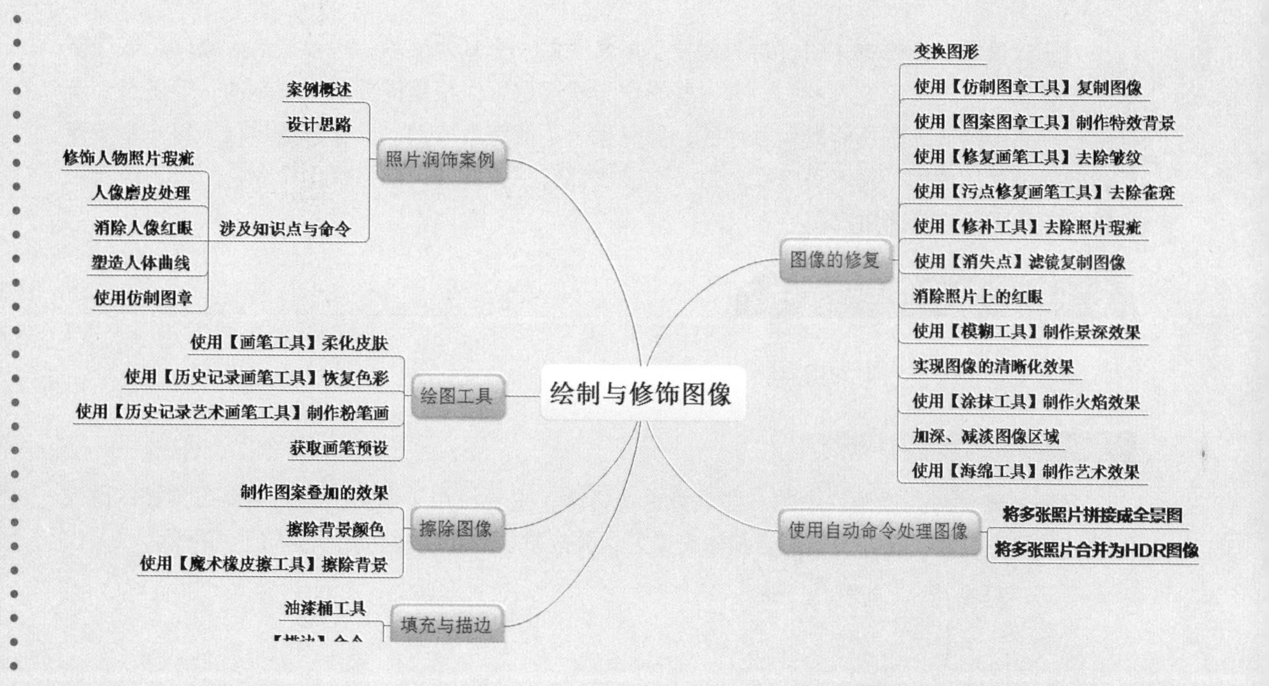

6.1 照片润饰案例

不论是专业的图像数字处理人员、专业摄影师，还是各相关专业的从业和学习人员，或者是对 Photoshop CC 有深厚兴趣的爱好者，都会从照片润饰案例中学到大量的知识，快速地提高图像修饰和修复技能。

案例名称：照片润饰案例

案例目的：快速地提高图像修饰和修复技能

	素材	素材 \ch06\6-1.jpg、6-2.jpg 等
	结果	结果 \ch06\6-1.jpg
	录像	视频教学录像 \06 第 6 章

6.1.1 案例概述

本案例主要讲解人像修片过程中的一些实用的常规方法和技巧，对于初学习修片的学员来说非常实用。案例前面将讲述相关理论知识，内容组织独具匠心，以解决学员心中“为什么要修图？”和“怎样修图？”的疑惑，后面则把重点放在案例具体的操作方法和技巧上，并针对每个需要解决的问题详细地列出所有操作步骤和具体的设置方法。学员在学习完本案例之后，就可以了解到怎样修饰人像，其中包括对眼睛、皮肤、嘴唇和身体等的修饰，以及调整身形、色调处理等方面的方法和技巧，了解到专业修图师所采用的人像修饰技巧。

6.1.2 设计思路

对于人像照片的修饰来讲，首先需要了解修图的一个基本流程，也就是前后顺序。当然整个流程顺序不一定是固定不变的，有一些操作步骤还是可以根据需要前后颠倒的。但是整个流程中一些必须的步骤是不能颠倒顺序的，同时也是不能随意取消的，在修图过程中每一个步骤都起着很重要的作用，都不可忽视。每一个步骤都有相关的知识点与操作命令，所以了解流程的前提还是要学习基础知识。

6.1.3 涉及知识点与命令

本案例主要涉及以下知识点。

1. 修饰人物照片瑕疵

案例主要针对人像照片中的一些瑕疵进行修饰，主要使用了修复工具和图章工具等，通过案例的学习来巩固理论知识，适合初学者学习，并能掌握一定的技巧知识，如下图所示。

2. 人像磨皮处理

案例主要通过对人物皮肤进行美白和柔化处理，使初学者能够了解影响人像皮肤效果的一些关键因素。通过实际的案例去掌握这些因素带来的不同效果，从而掌握人物皮肤处理的技巧和方法，让读者真正做到学以致用，如下图所示。

3. 消除人像红眼

案例主要通过软件中的红眼工具来消除人物照片中由于反光产生的红眼效果，达到理想的照片效果，如下图所示。

4. 塑造人体曲线

案例主要通过变形工具、液化滤镜和图章工具等对人体曲线进行塑造，既可以达到为人物减肥的效果，也可以对人物进行塑型。在塑造之前，初学者需要了解一些人物形体比例的知识，可以更好地帮助学习，如下图所示。

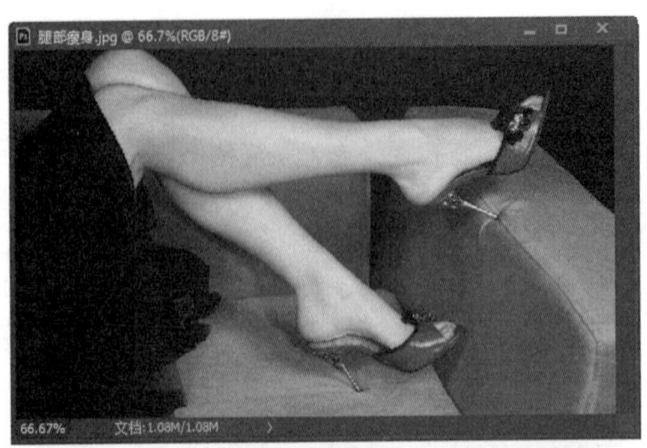

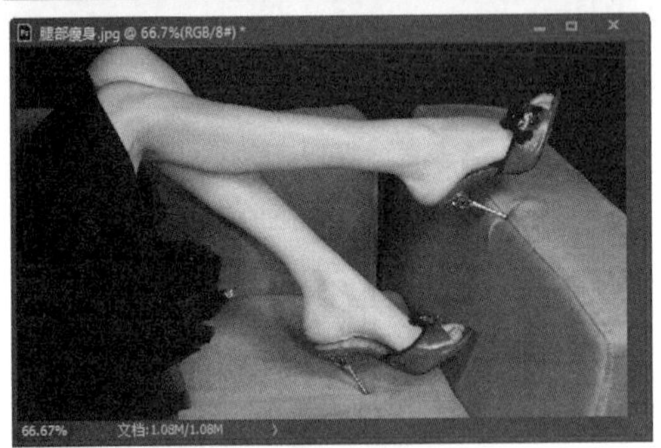

5. 使用仿制图章

案例主要针对仿制图章的使用手法和技巧进行非常细致的讲解，力求让读者通过对案例的学习，真正掌握仿制图章的精髓，如下图所示。

6.2 绘画工具

掌握画笔的使用方法，不仅可以绘制出美丽的图画，还可以为其他工具的使用打下基础。

6.2.1 使用【画笔工具】柔化皮肤

在 Photoshop CC 2018 工具箱中单击【 画笔工具 】按钮或按【 Shift+B 】组合键可以选择【 画笔工具 】选项，使用【 画笔工具 】可绘制出边缘柔软的效果，画笔的颜色为工具箱中的前景色。【 画笔工具 】是工具箱中较为重要且复杂的一款工具。运用非常广泛，手绘爱好者可以用来绘画，在日常中也可以下载一些笔刷来装饰画面等。

在 Ptotoshop CC 2018 中使用【 画笔工具 】配合图层蒙版可以对人物的脸部皮肤进行柔化处理，具体操作步骤如下。

第 1 步 选择【文件】→【打开】命令，打开“素材 \ch06\6-1.jpg”图像，如下图所示。

第 2 步 复制背景图层的副本。对【背景 拷贝】图层进行高斯模糊。选择【滤镜】→【模糊】→【高斯模糊】命令，打开【高斯模糊】对话框，设置半径为“8”像素的模糊，如下图所示。

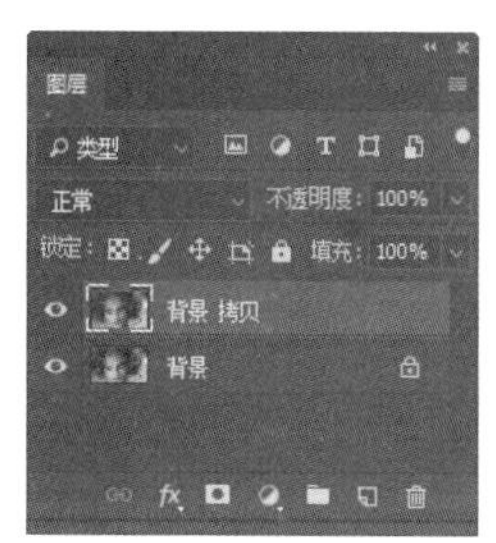

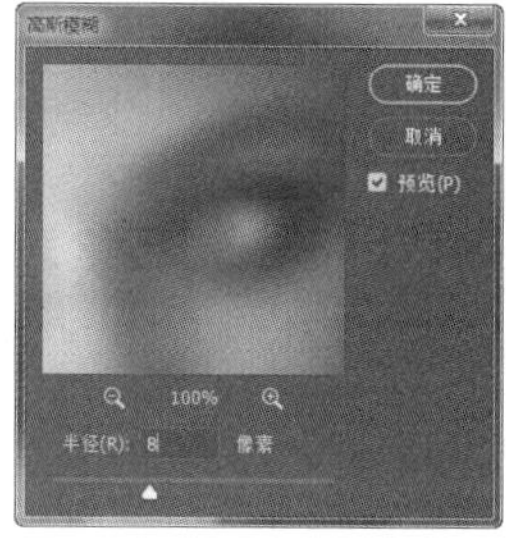

第 3 步 按【Alt】键单击【图层】面板中的【添加图层蒙版】按钮，可以向图层添加一个黑色蒙版，并将显示背景图层的所有像素，如下图所示。

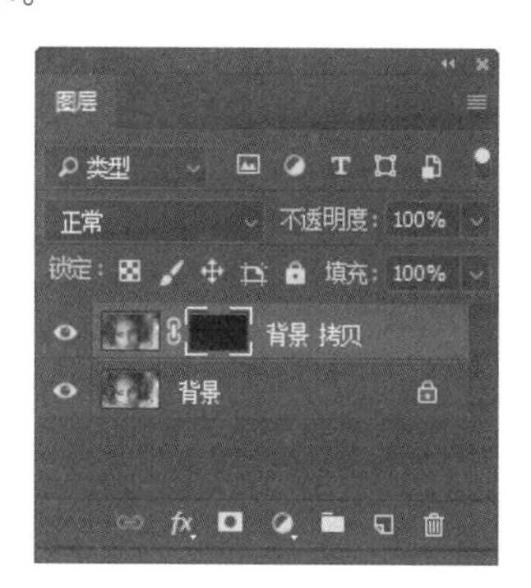

第 4 步 选择【背景 拷贝】图层蒙版图标，然后选择【画笔工具】。选择【柔和边缘】笔尖，从而不会留下破坏已柔化图像的锐利边缘，如下图所示。

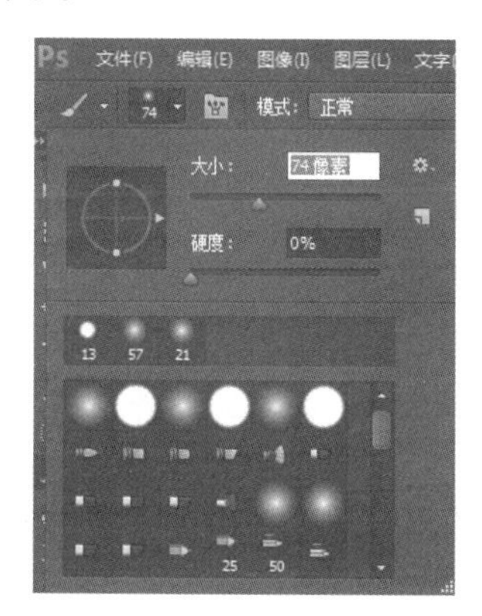

第 5 步 在模特面部的皮肤区域绘制白色，但不要在想要保留细节的区域（如模特的眼睛、嘴唇、鼻孔和牙齿）绘制颜色。如果不小心在不需要蒙版的区域填充了颜色，可以将前景色切换为黑色，绘制该区域以显示背景图层的锐利边缘。在工作流程阶段，图像是不可信的，因为皮肤没有显示可见的纹理，如下图所示。

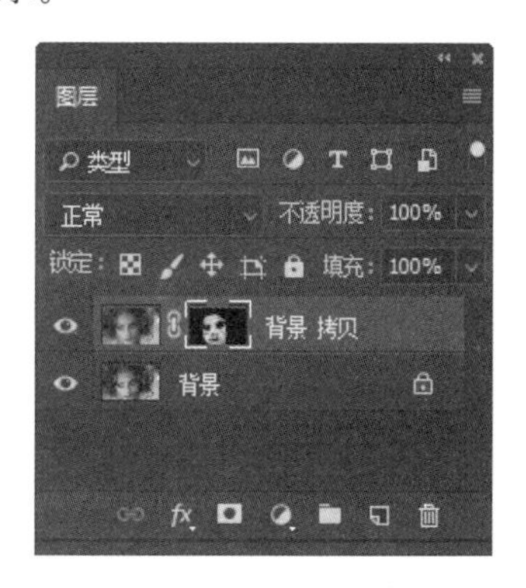

第 6 步 在【图层】面板中，将【背景 拷贝】图层的【不透明度】设置为 80%。此步骤可将纹理添加到皮肤，但仍保留了柔化，如下图所示。

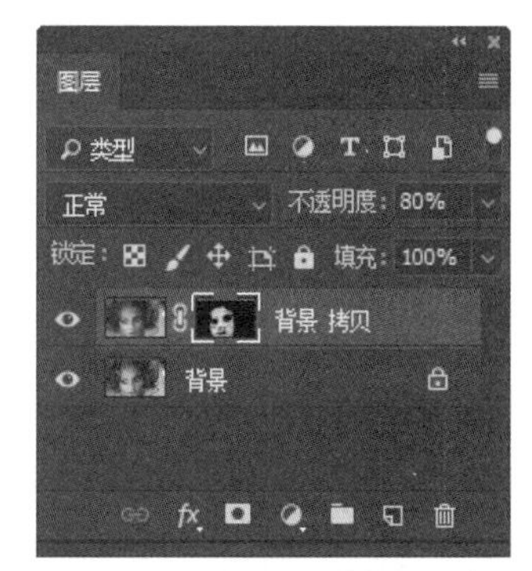

第 7 步 最后合并图层，使用【曲线】命令调整图像的整体亮度和对比度即可。

【画笔工具】是直接使用鼠标进行绘画的工具。绘画原理和现实中的画笔相似。选择【画笔工具】选项，其选项栏如下图所示。

提示

在使用【画笔工具】过程中，按【Shift】键可以绘制水平、垂直或以 45° 为增量角的直线；如果在确定起点后，按【Shift】键单击画布中任意一点，则两点之间以直线相连接，如下图所示。

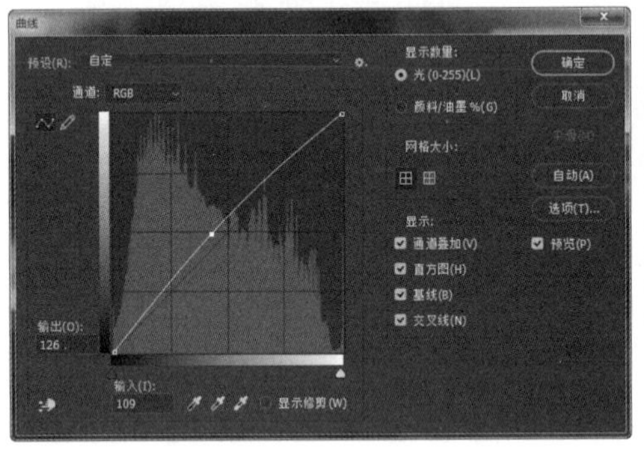

1. 更改画笔的颜色

通过设置前景色和背景色可以更改画笔的颜色。

2. 更改画笔的大小

在【画笔工具】选项栏中单击画笔后面的三角形按钮，会弹出【画笔预设】选取器，如下图所示。在【主直径】文本框中可以输入 1~2 500 像素的数值，或者通过直接拖曳滑块来更改画笔直径。也可以通过快捷键更改画笔的大小：按【[】键缩小，按【]】键可放大。

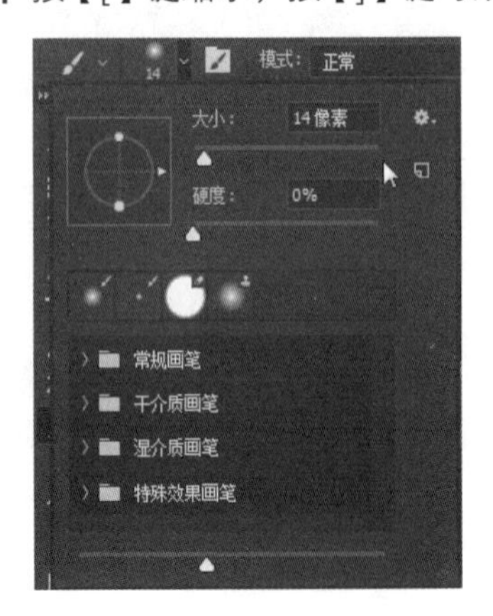

3. 更改画笔的硬度

可以在【画笔预设】选取器中的【硬度】文本框中输入 0%~100% 的数值，或者直接拖曳滑块更改画笔硬度。【硬度】为 0% 的效果和【硬度】为 100% 的效果分别如下图所示。

4. 更改笔尖样式

在【画笔预设】选取器中可以选择不同的笔尖样式，如下图所示。

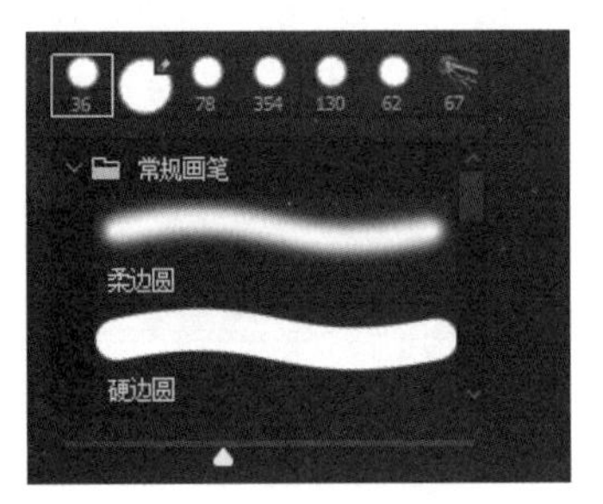

5. 设置画笔的混合模式

在【画笔工具】选项栏中通过【模式】选项可以选择绘画时的混合模式（关于混合模式将在第 11 章中详细讲解）。

6. 设置画笔的不透明度

在【画笔工具】选项栏中的【不透明度】参数框中可以输入 1%~100% 的数值来设置画笔的不透明度。【不透明度】为 20% 时的效果和【不透明度】为 100% 时的效果分别如下图所示。

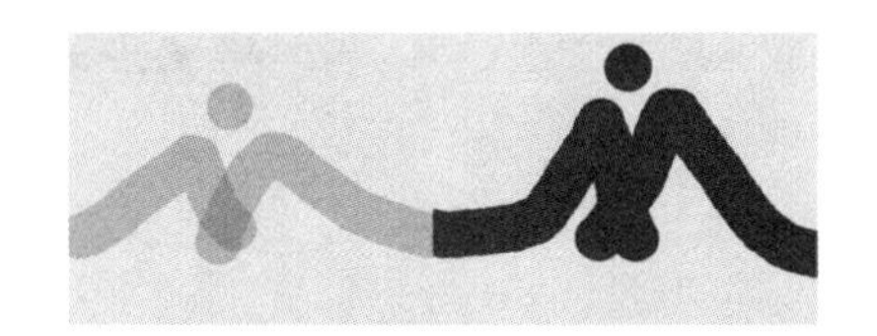

7. 设置画笔的流量

【流量】控制画笔在绘画中涂抹颜色的速度。在【流量】参数框中可以输入 1%~100% 的数值来设置画笔的流量。【流量】为 20% 时的效果和【流量】为 100% 时的效果分别如下图所示。

8. 启用喷枪功能

喷枪功能是用来制造喷枪效果的。在【画笔工具】选项栏中单击图标，图标为反白时表示启动，图标为灰色时则表示取消该功能。

6.2.2 使用【历史记录画笔工具】恢复色彩

Photoshop CC 2018 中的【历史记录画笔工具】的主要作用是将部分图像恢复到某一历史状态，可以形成特殊的图像效果。

【历史记录画笔工具】必须与【历史记录】面板配合使用，它用于恢复操作，但不是将整个图像都恢复到以前的状态，而是对图像的部分区域进行恢复，因而可以对图像进行更加细微的控制。

下面通过制作局部为彩色的图像来介绍【历史记录画笔工具】的具体操作步骤。

第 1 步 打开“素材\ch06\6-2.jpg”文件，如下图所示。

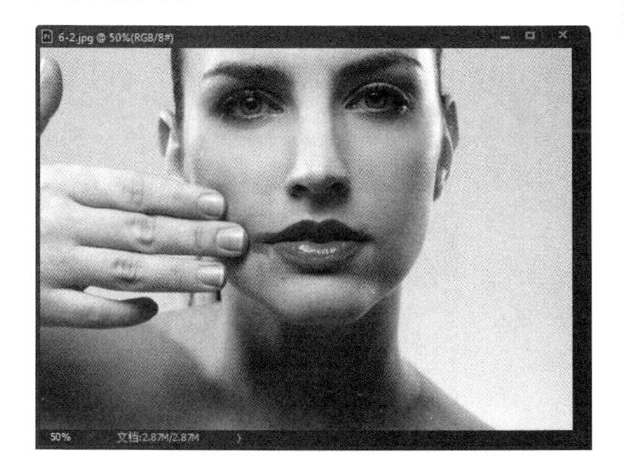

第 2 步 选择【图像】→【调整】→【黑白】命令，在弹出的【黑白】对话框中单击【确定】按钮，将图像调整为黑白颜色，如下图所示。

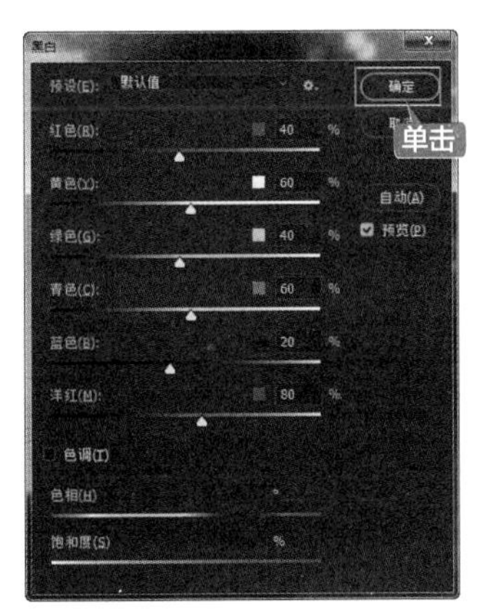

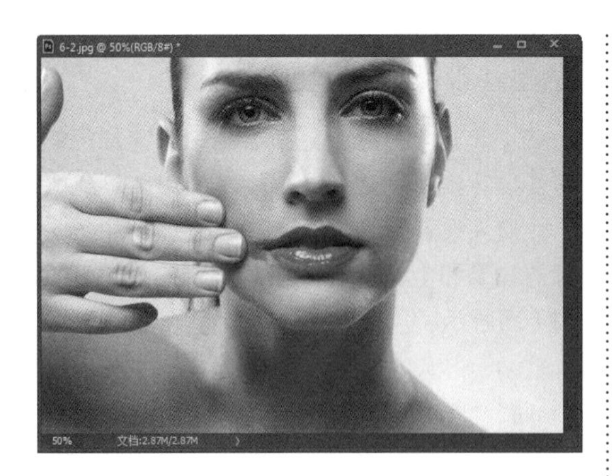

第3步 选择【窗口】→【历史记录】命令，在弹出的【历史记录】面板中选择【黑白】选项，以设置【历史记录画笔的源】图标所在位置，将其作为历史记录画笔的源图像，如下图所示。

第4步 选择【历史记录画笔工具】选项，在选项栏中设置【画笔大小】为“21”、【模式】为“正常”、【不透明度】为“100%”、【流量】为“100%”，如下图所示。

> **提示**
>
> 在绘制过程中可根据需要调整画笔的大小。

第5步 在图像的红色嘴唇部分进行涂抹以恢复嘴唇的色彩，如下图所示。

6.2.3 使用【历史记录艺术画笔工具】制作粉笔画

【历史记录艺术画笔工具】可以将指定的历史记录状态或快照用作源数据。但是，【历史记录画笔工具】是通过重新创建指定的源数据来绘画的，而【历史记录艺术画笔工具】在使用这些数据的同时，还可以应用不同的颜色和艺术风格。

下面通过使用【历史记录艺术画笔工具】将图像处理成特殊效果。具体操作步骤如下。

第1步 打开“素材\ch06\6-3.jpg”文件，如下图所示。

第2步 在【图层】面板的下方单击【创建新图层】按钮，新建【图层 1】图层，如下图所示。

第 3 步 双击【工具箱】中的【设置前景色】按钮，在弹出的【拾色器（前景色）】对话框中设置颜色为灰色（C：0，M：0，Y：0，K：10），然后单击【确定】按钮，如下图所示。

第 4 步 按【Alt+Delete】组合键为【图层 1】图层填充前景色，如下图所示。

第 5 步 选择【历史记录艺术画笔工具】选项，在选项栏中设置参数，如下图所示。

第 6 步 选择【窗口】→【历史记录】命令，在弹出的【历史记录】面板中单击【打开】按钮，指定图像被恢复的位置，如下图所示。

第 7 步 将鼠标指针移至画布中单击并拖曳鼠标进行图像的恢复，创建类似粉笔画的效果，如下图所示。

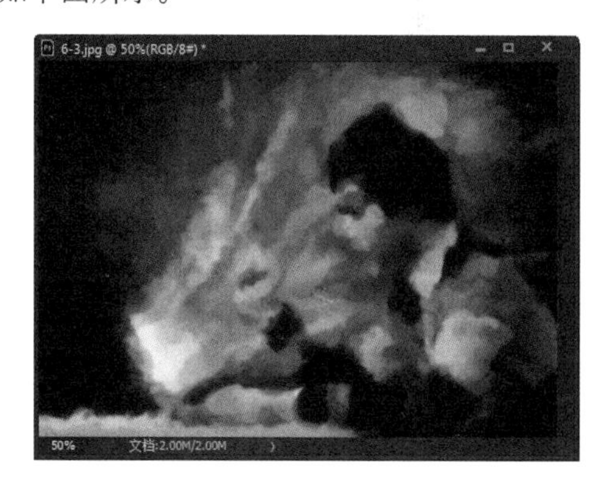

6.2.4 获取画笔预设

Photoshop CC 2018 软件加强了画笔工具功能，特别是增加了一个非常好用的预设画笔的功能，下面介绍使用这项功能的具体操作步骤。

第 1 步 新建任意大小画布或打开一张素材图像。

第 2 步 单击【主工具箱】中的【画笔工具】按钮，如下图所示。

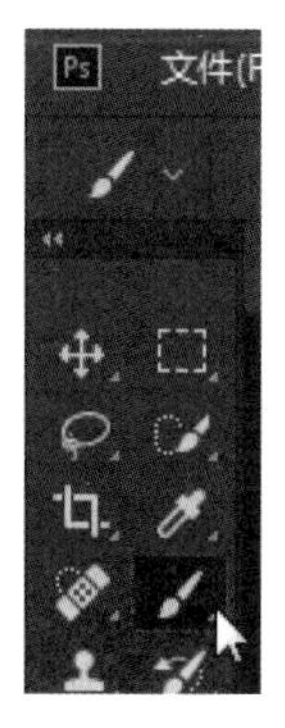

第3步 选择【窗口】→【画笔】命令可以打开【画笔】面板，如下图所示。

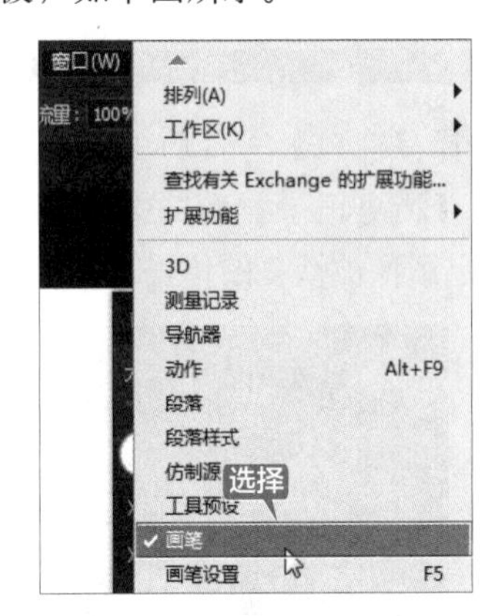

第4步 在【画笔】面板中用户可以找到新增的画笔预设，如下图所示。

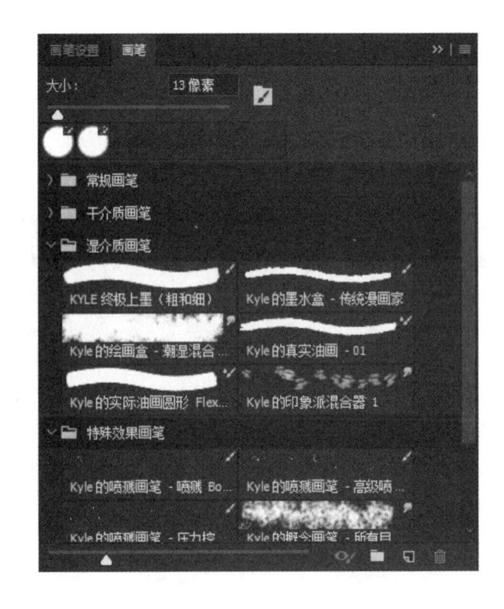

6.3 图像的修复

用户可以通过 Photoshop CC 2018 所提供的命令和工具对不完美的图像进行修复，使之符合工作的要求或审美情趣。这些工具包括图章工具、修补工具和修复画笔工具等。

6.3.1 变换图形

【自由变换】是 Photoshop 功能强大的制作手段之一，熟练掌握它的用法会给工作带来很大的方便。对于大小和形状不符合要求的图片和图像可以使用【自由变换】命令对其进行调整。选择要变换的图层或选区，执行【编辑】→【自由变换】命令，或者按【Ctrl+T】组合键，图形的周围会出现具有 8 个定界点的定界框，用鼠标拖曳定界点即可变换图形。在自由变换状态下，可以完成对图形的缩放、旋转、扭曲、斜切和透视等操作，如下图所示。

选择【编辑】→【自由变换】命令或按【Ctrl+T】组合键后，在选项栏中将出现如下图所示的属性。

X: 482.00 像素 Y: 315.00 像素 W: 100.00% H: 100.00% ⊿ 0.00 度 H: 0.00 度 V: 0.00 度 插值: 两次立方

【参考点位置】按钮：所有变换都围绕一个称为参考点的固定点执行。默认情况下，这个点位于正在变换的项目的中心。此按钮中有 9 个小方块，单击任一方块即可更改对应的参考点。

【X】（水平位置）和【Y】（垂直位置）参数框：输入参考点的新位置的值也可以更改参考点。

【相关定位】按钮：单击此按钮可以相对于当前位置指定新位置。

【W】【H】参数框：分别表示水平和垂直缩放比例，在参数框中可以输入 0% ~ 100% 的数值进行精确地缩放。

【链接】按钮：单击此按钮可以保持在变换时图像的长宽比不变。

【旋转】按钮：在此参数框中可指定旋转角度。

【H】【V】参数框：分别表示水平斜切和垂直斜切的角度。

在选项栏中还包含以下 3 个按钮：表示在自由变换和变形模式之间切换；表示应用变换；表示取消变换，按【Esc】键也可以取消变换。

提示

在 Photoshop CC 中【Shift】键是一个锁定键，它可以锁定水平、垂直、等比例和 15° 等。

可以利用关联菜单实现变换效果。在自由变换状态下的图像中右击，弹出的菜单称为关联菜单。在该菜单中可以完成自由变换、缩放、旋转、斜切、扭曲、透视、变形，旋转 180 度、顺时针旋转 90 度、逆时针旋转 90 度、水平翻转和垂直翻转等操作，如下图所示。

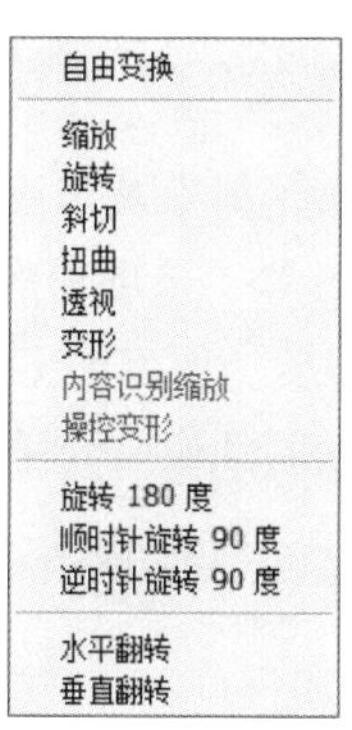

6.3.2 使用【仿制图章工具】复制图像

【仿制图章工具】可以将一幅图像的选定点作为取样点，将该取样点周围的图像复制到同一图像或另一幅图像中。【仿制图章工具】也是专门的修图工具，可以用来消除人物脸部斑点、背景部分不相干的杂物、填补图片空缺等。使用方法为：选择【仿制图章工具】，在需要取样的地方按【Alt】键取样，然后在需要修复的地方涂抹即可快速消除污点，同时也可以在选项栏中调节笔触的混合模式、大小、流量等，以便更为精确地修复污点。

下面通过复制图像来介绍【仿制图像工具】的具体操作步骤。

第 1 步 打开“素材 \ch06\6–4.jpg”文件，如下图所示。

第 2 步 选择【仿制图章工具】选项，把鼠标指针移动到想要复制的图像上，按【Alt】键，这时指针会变为形状，单击即可把鼠标指针落点处的像素定义为取样点，如下图所示。

第 3 步 在要复制的位置单击或拖曳鼠标即可，如下图所示。

第 4 步 多次取样多次复制，直至画面饱满为止，如下图所示。

6.3.3 使用【图案图章工具】制作特效背景

【图案图章工具】类似图案填充效果，使用工具之前需要先定义好想要的图案，再适当设置好 Photoshop CC 选项栏的相关参数，如笔触大小、不透明度、流量等，然后在画布上涂抹就可以制作出想要的图案效果，绘出的图案会重复排列。

下面通过绘制图像来介绍【图案图章工具】的具体操作步骤。

第 1 步 打开“素材 \ch06\6-5.psd”文件，如下图所示。

第 2 步 选择【图案图章工具】选项，并在选项栏中单击【点按可打开“图案”拾色器】按钮，在弹出的菜单中选择【白色木质纤维纸】图案，如下图所示。

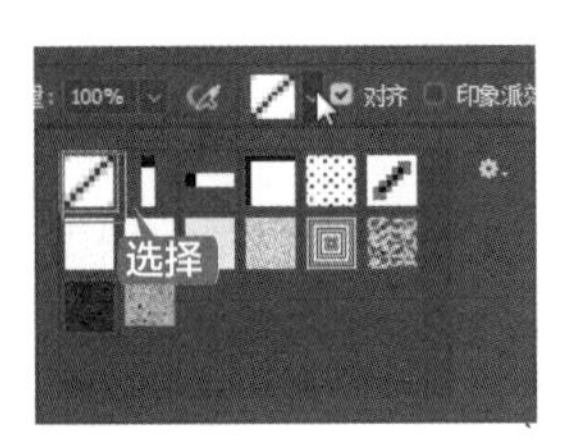

提示

如果读者没有“嵌套方块”图案，可以单击面板右侧的按钮，在弹出的菜单中选择【图案】选项进行加载。

第 3 步 在需要填充图案的位置单击或拖曳鼠标，如下图所示。

6.3.4 使用【修复画笔工具】去除皱纹

【修复画笔工具】的工作方式与【污点修复画笔工具】类似，不同的是【修复画笔工具】必须从图像中取样，并在修复的同时将样本像素的纹理、光照、不透明度和阴影等与源像素进行匹配，从而使修复后的像素不留痕迹地融入图像的其余部分。

【修复画笔工具】可用于消除并修复瑕疵，使图像完好如初。与【仿制图章工具】一样，使用【修复画笔工具】可以利用图像或图案中的样本像素来绘画。

1.【修复画笔工具】相关参数设置

【修复画笔工具】的选项栏中包括【画笔】设置项、【模式】下拉列表框、【源】选项区和【对齐】复选框等，如下图所示。

【画笔】设置项：在该选项的下拉列表中可以选择画笔样本。

【模式】下拉列表框：其中的选项包括【替换】【正常】【正片叠底】【滤色】【变暗】【变亮】【颜色】和【亮度】等。

【源】选项区：在其中可选中【取样】或【图案】单选按钮。按【Alt】键定义取样点，然后才能使用【源】选项区。选中【图案】单选按钮后要先选择一个具体的图案，使用才会有效果。

【对齐】复选框：选中该复选框会对像素进行连续取样，在修复过程中，取样点随修复位置的移动而变化。取消选中该复选框，则在修复过程中始终以一个取样点为起始点。

2. 使用【修复画笔工具】修复照片

第 1 步 选择【文件】→【打开】命令，打开“素材\ch06\6-6.jpg”图像，如下图所示。

第 2 步 创建背景图层的副本，如下图所示。

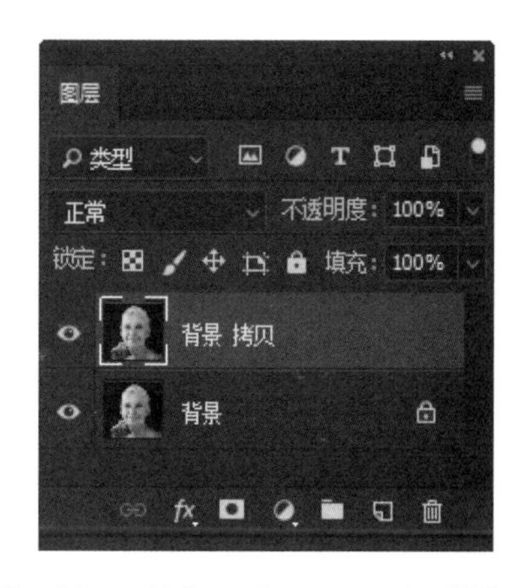

第 3 步 选择【修复画笔工具】选项。确保选中选项栏中的【对所有图层取样】复选框，并确保画笔略宽于要去除的皱纹，而且该画笔足够柔和，能与未润色的边界混合，如下图所示。

第 4 步 按【Alt】键并单击皮肤中与要修复的

区域具有类似色调和纹理的干净区域。选择无瑕疵的区域作为目标；否则，【修复画笔工具】不可避免地会将瑕疵应用到目标区域，如下图所示。

提示

在本案例中，对任务面颊中的无瑕疵区域取样。

第5步 在要修复的皱纹上涂抹。确保覆盖全部皱纹，包括皱纹周围的所有阴影，覆盖范围要略大于皱纹。继续这样的操作直到去除所有明显的皱纹。是否要在修复来源中重新取样，取决于需要修复的瑕疵数量，如下图所示。

提示

如果无法在皮肤上找到作为修复来源的无瑕疵区域，需要打开具有干净皮肤的人像照。其中包含与要润色图像中的人物具有相似色调和纹理的皮肤。将第二个图像作为新图层复制到要润色的图像中。解除背景图层的锁定，将其拖曳至新图层的上方。确保【修复画笔工具】设置为【对所有图层取样】。按【Alt】键并单击新图层中干净皮肤的区域，使用【修复画笔工具】去除对象脸上的皱纹。

6.3.5 使用【污点修复画笔工具】去除雀斑

【污点修复画笔工具】自动将需要修复区域的纹理、光照、不透明度和阴影等元素与图像自身进行匹配，快速修复污点。

要快速移去图像中的污点，使用【污点修复画笔工具】从图像中某一点取样，将该点的图像复制到当前要修复的位置，并将取样像素的纹理、光照、不透明度和阴影与所修复的像素相匹配，从而达到自然的修复效果。

第1步 打开“素材\ch06\6-7.jpg”文件，如下图所示。

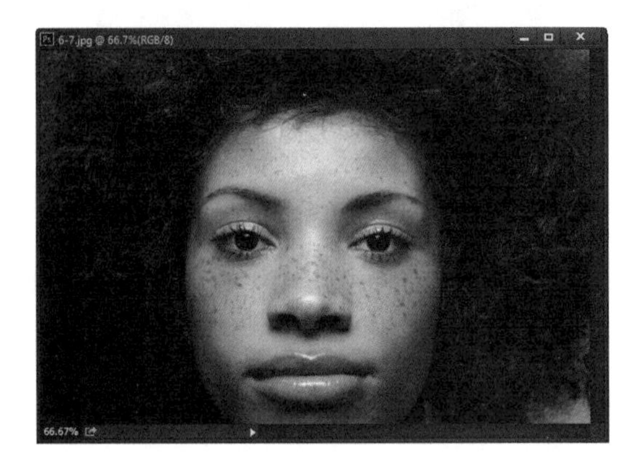

第 2 步 选择【污点修复画笔工具】选项，在选项栏中设置各项参数保持不变（画笔大小可根据需要进行调整），如下图所示。

第 3 步 将鼠标指针移动到污点上单击即可修复斑点，如下图所示。

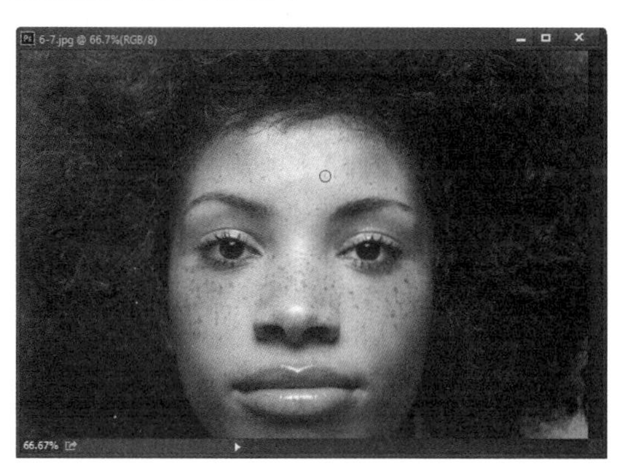

第 4 步 修复其他斑点区域，直至图片修饰完毕，如下图所示。

6.3.6 使用【修补工具】去除照片瑕疵

使用 Photoshop CC 2018 中的【修补工具】可以用其他区域或图案中的像素来修复选中的区域。【修补工具】是较为精确的修复工具。使用方法为：选择【修补工具】把需要修复的部分圈起来，这样就得到一个选区，把鼠标指针放置在选区上按住鼠标左键拖曳即可修复。同时在 Photoshop CC 选项栏上，设置相关的属性，可同时选取多个选区进行修复，极大地方便了用户操作。

第 1 步 打开“素材 \ch06\6-8.jpg”文件，如下图所示。

第 2 步 选择【修补工具】选项，在选项栏中设置【修补】为“源”，如下图所示。

第 3 步 在需要修复的位置绘制一个选区，将鼠标指针移动到选区内，再从周围没有瑕疵的区域拖曳来修复瑕疵，如下图所示。

第4步 修复其他瑕疵区域，直至图片修饰完毕，如下图所示。

6.3.7 使用【消失点】滤镜复制图像

通过使用【消失点】可以在图像中指定透视平面，然后应用到绘画、仿制、复制或粘贴等编辑操作。使用【消失点】修饰、添加或去除图像中的内容时，效果会更加逼真，Photoshop CC 可以准确地确定这些编辑操作的方向，并将它缩放到透视平面。下面通过复制图像来介绍【消失点】滤镜的具体操作步骤。

第1步 打开“素材\ch06\6-9.jpg”文件，如下图所示。

第2步 选择【滤镜】→【消失点】命令，弹出【消失点】对话框，如下图所示。

第3步 单击【创建平面工具】按钮，在笔记本上创建透视网格，如下图所示。

第 4 步 选择【图章工具】选项，按【Alt】键复制书本，再在空白处单击即可复制图像，如下图所示。

第 5 步 复制完毕后单击【确定】按钮，如下图所示。

6.3.8 消除照片上的红眼

【红眼工具】是专门用来消除人物眼睛因灯光或闪光灯照射后，瞳孔产生的红点、白点等反射光点的工具。

> **提示**
>
> 红眼是由于照相机闪光灯在主体视网膜上反光所引起的。在光线暗淡的条件下照相时，由于主体的虹膜张开得很宽，更加容易地出现红眼现象。因此在照相时，最好使用相机的红眼消除功能，或者使用远离相机镜头位置的独立闪光装置。

1. 【红眼工具】相关参数设置

选择【红眼工具】选项后的选项栏如下图所示。

瞳孔大小: 50%　变暗量: 50%

【瞳孔大小】设置框：设置瞳孔（眼睛暗色的中心）的大小。

【变暗量】设置框：设置瞳孔的暗度。

2. 修复一张有红眼的照片

第 1 步 打开“素材 \ch06\6-10.jpg”文件，如下图所示。

第 2 步 选择【红眼工具】选项，设置其参数，如下图所示。

瞳孔大小: 80%　变暗量: 80%

第 3 步 单击照片中的红眼区域可得到如下图所示的效果。

6.3.9 使用【模糊工具】制作景深效果

【模糊工具】一般用于柔化图像边缘或减少图像中的细节，使用【模糊工具】涂抹的区域，图像会变模糊。从而使图像的主体部分变得更清晰。【模糊工具】主要通过柔化图像中的突出的色彩和僵硬的边界，从而使图像的色彩过渡平滑，产生模糊图像效果。使用方法为：选择【模糊工具】选项，然后在选项栏中设置相关属性，主要是设置笔触大小及强度大小，然后在需要模糊的部分涂抹即可，涂抹时间越久，涂抹后的效果越模糊。

1. 【模糊工具】相关参数设置

选择【模糊工具】选项后的选项栏如下图所示。

模式： 正常　强度： 50%　对所有图层取样

【画笔】设置项：用于选择画笔的大小、硬度和形状。

【模式】下拉列表：用于选择色彩的混合方式。

【强度】设置框：用于设置画笔的强度。

【对所有图层取样】复选框：选中此复选框，可以使【模糊工具】作用于所有图层的可见部分。

2. 使用【模糊工具】模糊背景

第1步 打开“素材\ch06\6-11.jpg”文件，如下图所示。

第2步 选择【模糊工具】选项，设置【模式】为“正常”、【强度】为“50%”，如下图所示。

模式： 正常　强度： 50%　对所有图层取样

第3步 按住鼠标左键，在需要模糊的背景上拖曳鼠标即可，如下图所示。

6.3.10 实现图像的清晰化效果

【锐化工具】的作用与【模糊工具】相反，通过锐化图像边缘来增加清晰度，使模糊的图像边缘变得清晰。【锐化工具】用于增加图像边缘的对比度，以达到增强外观上的锐化程度的效果，简单来说，就是使用【锐化工具】能够使 Photoshop CC 图像看起来更加清晰，清晰的程度同样与在工具选项栏中设置的强度有关。

下面通过将模糊图像变为清晰图像来介绍【锐化工具】的具体操作步骤。

第 1 步 打开“素材 \ch06\6-12.jpg”文件，如下图所示。

第 2 步 选择【锐化工具】选项，设置【模式】为“正常”、【强度】为“50%”，如下图所示。

第 3 步 按住鼠标左键在人像的五官上进行拖曳即可，如下图所示。

6.3.11 使用【涂抹工具】制作火焰效果

使用【涂抹工具】可以模拟手指绘图在图像中产生流动的效果，被涂抹的颜色会沿着鼠标拖曳的方向将颜色展开。这款工具的效果类似用刷子在颜料没有干的油画布上涂抹，会产生刷子划过的痕迹。涂抹的起始点颜色会随着【涂抹工具】的滑动而延伸。这款工具操作起来很简单，运用非常广泛，可以用来修正物体的轮廓，制作火焰字时可以用来制作火苗，美容时还可以用来磨皮，再配合一些路径可以制作非常漂亮的彩带等。

1. 【涂抹工具】的参数设置

选择【涂抹工具】选项后的选项栏如下图所示。

选中【手指绘画】复选框后可以设置涂痕的色彩，就好像用蘸上色彩的手指在未干的油画上绘画一样。

2. 制造火焰效果

第 1 步 打开“素材 \ch06\6-13.jpg”文件，如下图所示。

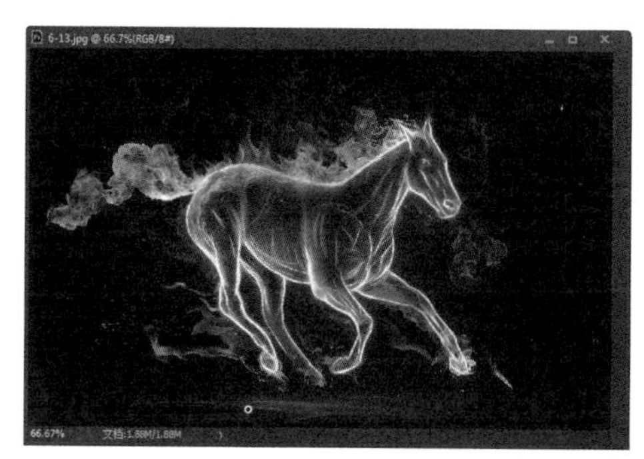

第 2 步 选择【涂抹工具】选项，各项参数保持不变，可根据需要更改画笔的大小，如下图所示。

第 3 步 按住鼠标左键，在火焰边缘上进行拖曳即可，如下图所示。

6.3.12 加深、减淡图像区域

【减淡工具】可以快速增加图像中特定区域的亮度，表现出发亮的效果。这款工具可以把图片中需要变亮或增强质感的部分颜色加亮。通常情况下，选择中间调范围，曝光度较低的数值进行操作。这样涂亮的部分过渡会较为自然。

【加深工具】与【减淡工具】刚好相反，通过降低图像的曝光度来降低图像的亮度。这款工具主要用来增加图片的暗部，加深图片的颜色。可以用来修复一些曝光过度的图片、制作图片的暗角、加深局部颜色等。这款工具与【减淡工具】搭配使用效果会更好。

选择【加深工具】选项后的选项栏如下图所示。

65 范围：中间调 曝光度：50% 保护色调

1. 【减淡工具】和【加深工具】的参数设置

【范围】下拉列表：有以下选项。暗调，选中后只作用于图像的暗调区域；中间调，选中后只作用于图像的中间调区域；高光，选中后只作用于图像的高光区域。

【曝光度】设置框：用于设置图像的曝光强度。建议使用时先把【曝光度】的值设置得小一些，一般情况选择 15% 比较合适。

2. 对图像的中间调进行处理从而突出背景

第 1 步 打开“素材 \ch06\6-14.jpg”文件，如下图所示。

第 2 步 选择【减淡工具】选项，保持各项参数不变，可根据需要更改画笔的大小，如下图所示。

第 3 步 按住鼠标左键在人物上进行涂抹，如下图所示。

第 4 步 同样，使用【加深工具】来涂抹背景，如下图所示。

提示

在使用【减淡工具】时，如果同时按【Alt】键可暂时切换为【加深工具】。同样，在使用【加深工具】时，如果同时按【Alt】键则可暂时切换为【减淡工具】。

6.3.13 使用【海绵工具】制作艺术效果

【海绵工具】用于增加或降低图像的饱和度，类似于海绵吸水的效果，从而为图像增加或减少光泽感。当图像为灰度模式时，该工具通过使灰阶远离或靠近中间灰色来增加或降低对比度。在修改颜色时经常用到。如果图片局部的色彩浓度过大，可以使用降低饱和度模式来减少颜色。同理，图片局部颜色过淡时，可以使用增加饱和度模式来增加颜色。这款工具只会改变颜色，不会对图像造成任何损害。

选择【海绵工具】选项后的选项栏如下图所示。

1. 【海绵工具】的参数设置

在【模式】下拉列表中可以选择【降低饱和度】选项以降低色彩饱和度，选择【饱和度】选项以提高色彩饱和度。

2. 使用【海绵工具】制作艺术效果

第 1 步 打开“素材\ch06\6-15.jpg”文件，如下图所示。

第 2 步 选择【海绵工具】选项，设置【模式】为“加色”，其他参数保持不变，可根据需要更改画笔的大小，如下图所示。

第 3 步 按住鼠标左键在图像上进行涂抹，如下图所示。

第 4 步 在选项栏的【模式】下拉列表中选择【去色】选项，再涂抹背景，如下图所示。

6.4 擦除图像

使用【橡皮擦工具】在图像中涂抹，如果图像为背景图层，则涂抹后的色彩默认为背景色；其下方有图层则显示下方图层的图像。选择工具箱中的【橡皮擦工具】后，在其工具选项栏中可以设置笔刷的大小和硬度，硬度越大，绘制出的笔迹边缘越锋利。如擦除人物图片的背景等，没有新建图层时，擦除的部分默认是背景颜色或透明的。同时可以在选项栏中设置相关的参数，如模式、不透明度、流量等，可以更好地控制擦除效果。与 Photoshop CC 中的【画笔工具】类似，这款工具还可以配合蒙版使用。

6.4.1 制作图案叠加的效果

使用【橡皮擦工具】，可以通过拖曳鼠标来擦除图像中的指定区域。

1. 【橡皮擦工具】的参数设置

选择【橡皮擦工具】选项后的选项栏如下图所示。

30 模式：画笔 不透明度：100% 流量：100% 平滑：0% 抹到历史记录

【画笔】选项：对橡皮擦的笔尖形状和大小进行设置，与【画笔工具】的设置相同。

【模式】下拉列表中有【画笔】【铅笔】和【块】3 个选项。

2. 制作一张图案叠加的效果

第 1 步 打开“素材\ch06\6-16.jpg”和“素材\ch06\6-17.jpg”文件，如下图所示。

第 2 步 选择【移动工具】选项，将“6-17.jpg”素材拖曳到“6-16.jpg”素材中，并调整其大小和位置，如下图所示。

第 3 步 选择【橡皮擦工具】选项，保持各项参数不变，设置画笔的硬度为“0”，画笔的大小可根据涂抹的需要进行更改，如下图所示。

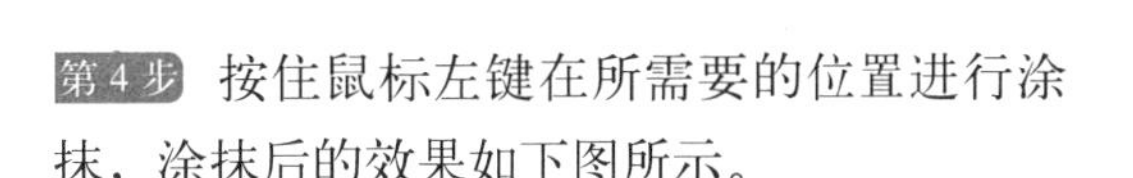

第 4 步 按住鼠标左键在所需要的位置进行涂抹，涂抹后的效果如下图所示。

第 5 步 设置图层的【不透明度】为“80%”，图层混合模式为【正片叠底】，最终效果如下图所示。

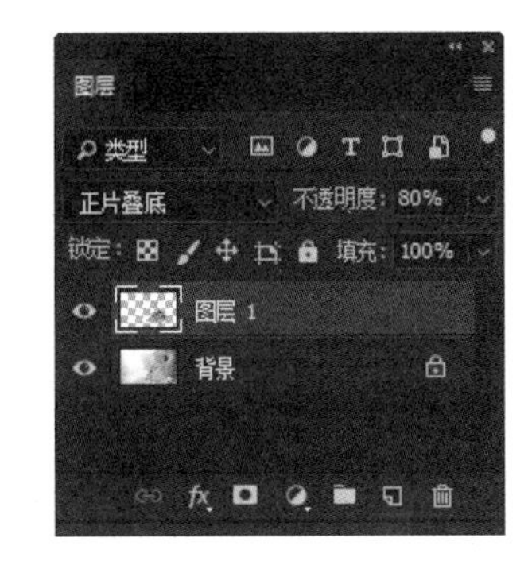

6.4.2 擦除背景颜色

【背景橡皮擦工具】是一种可以擦除指定颜色的擦除器，这个指定颜色称为标本色，表现为背景色。【背景橡皮擦工具】只擦除白色区域，其擦除的功能非常灵活，在一些情况下可以达到事半功倍的效果。

选择【背景橡皮擦工具】选项后的选项栏如下图所示。

限制：连续 容差：50% 保护前景色

【画笔】设置项：用于选择形状。

【限制】下拉列表：用于选择【背景橡皮擦工具】的擦除界限，包括以下 3 个选项。

不连续：在选定的色彩范围内可以多次重复擦除。

连续：在选定的标本色内不间断地擦除。

查找边界：在擦除时保持边界的锐度。

【容差】设置框：可以输入数值或拖曳滑块进行调节。数值越低，擦除的范围越接近标本色。大的容差值会把其他颜色擦成半透明的效果。

【保护前景色】复选框：用于保护前景色，使之不会被擦除。

【取样】设置：用于选取标本色方式的选择设置，有以下 3 种。

连续：单击此按钮，擦除时会自动选择所擦的颜色为标本色。此按钮用于抹去不同颜色的相邻范围。在擦除一种颜色时，【背景橡皮擦工具】不能超过这种颜色与其他颜色的边界而完全进入另一种颜色，因为这时已不再满足相邻范围这个条件。当【背景橡皮擦工具】完全进入另一种颜色时，标本色即随之变为当前颜色，也就是说当前所在颜色的相邻范围为可擦除的范围。

一次：单击此按钮，擦除时首先在要擦除的颜色上单击以选定标本色，这时的标本色已固定，然后就可以在图像上擦除与标本色相同的颜色范围。每次单击选定标本色只能做一次不间断的擦除，如果要继续擦除则必须重新单击选定标本色。

背景色板：单击此按钮即选定背景色，即标本色，然后就可以擦除与背景色相同的色彩范围。

在 Photoshop CC 2018 中是不支持背景图层有透明部分的，而【背景橡皮擦工具】则可以直接在背景图层上擦除。因此，擦除后 Photoshop CC 2018 会自动把背景图层转换为一般图层。

6.4.3 使用【魔术橡皮擦工具】擦除背景

【魔术橡皮擦工具】类似【魔棒工具】，不同的是【魔棒工具】是用来选取图片中颜色近似的色块，【魔术橡皮擦工具】则是擦除色块。这款工具使用起来非常简单，只需要在 Photoshop CC 选项栏设置相关的容差值，然后在相应的色块上用鼠标单击即可。

1.【魔术橡皮擦工具】的参数设置

选择【魔术橡皮擦工具】选项后的选项栏如下图所示。

容差：32 消除锯齿 连续 对所有图层取样 不透明度：100%

【容差】文本框：输入容差值以定义可擦除的颜色范围。低容差会擦除颜色值范围内与所选像素非常相似的像素，高容差会擦除范围更广的像素。【魔术橡皮擦工具】与【魔棒工具】选取原理类似，可以通过设置容差的大小确定擦除范围的大小，容差越大，擦除范围越大；容差越小，擦除范围越小。

【消除锯齿】复选框：选中该复选框可使擦除区域的边缘平滑。

【连续】复选框：选中该复选框，可以只擦除相邻的图像区域；未选中该复选框时，可将不相邻的区域擦除。

【对所有图层取样】复选框：选中该复选框，以便利用所有可见 Photoshop CC 图层中的组合数据来采集擦除色样。

【不透明度】参数框：指定不透明度以定义擦除强度。100% 的不透明度将完全擦除像素。较低的不透明度将部分擦除像素。

2. 使用【魔术橡皮擦工具】擦除背景

第1步 打开“素材\ch06\6-18.jpg”文件抹除，如下图所示。

第2步 选择【魔术橡皮擦工具】选项，设置【容差】为“8”、【不透明度】为“100%”，如下图所示。

容差：8 消除锯齿 连续 对所有图层取样 不透明度：100%

第3步 在紧贴人物的背景处单击，此时可以看到已经清除了相似的背景，如下图所示。

6.5 填充与描边

填充与描边在 Photoshop CC 2018 中是一个比较简单的操作，但是利用填充与描边可以为图像制作出美丽的边框、文字的衬底、填充一些特殊的颜色等，产生让人意想不到的图像处理效果。下面就来介绍使用 Photoshop CC 2018 中的【油漆桶工具】和【描边】命令为图像增添特殊效果。

6.5.1 油漆桶工具

【油漆桶工具】是一款填色工具。这款工具可以对选区、画布、色块等进行快速填色或填充图案。操作也较为简单，先选择这款工具，在相应的地方单击即可填充。如果要在色块上填色，需要设置好选项栏中的容差值。【油漆桶工具】可根据像素颜色的近似程度来填充颜色，填充的颜色为前景色或连续图案（【油漆桶工具】不能作用于位图模式的图像）。

第1步 打开“素材\ch06\6-19.JPG”文件，如下图所示。

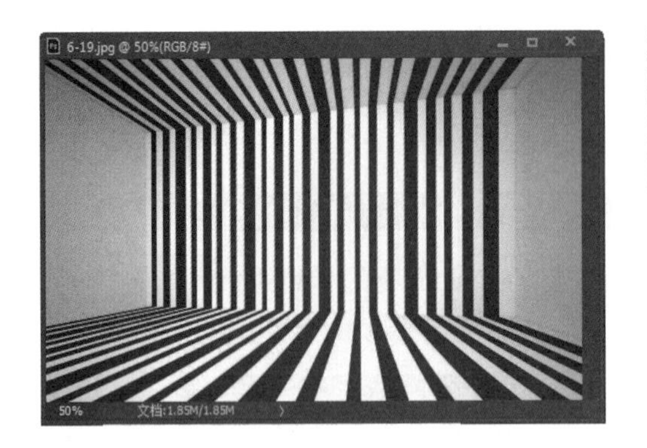

第 2 步 选择【油漆桶工具】选项，在选项栏中设置各项参数，如下图所示。

第 3 步 在【工具箱】中单击【设置前景色】按钮，在弹出的【拾色器（前景色）】对话框中，设置颜色（C：65，M：66，Y：71，K：21），然后单击【确定】按钮，如下图所示。

第 4 步 把鼠标指针移动到需要填充的位置上并单击，如下图所示。

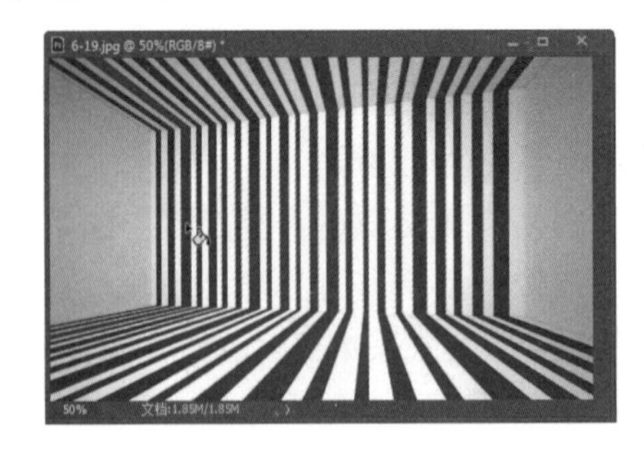

第 5 步 同理，设置颜色（C：18，M：53，Y：69，K：0），再设置颜色（C：48，M：22，Y：30，K：0），并分别填充其他部位，如下图所示。

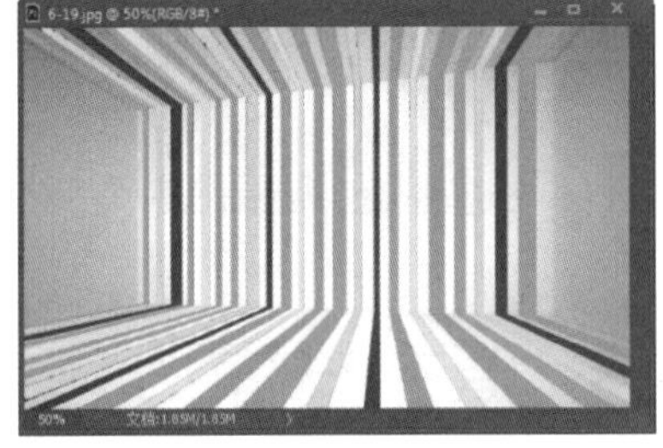

6.5.2 【描边】命令

用户利用【编辑】菜单中的【描边】命令，可以为选区、图层和路径等勾画彩色边缘。与【图层样式】对话框中的描边样式相比，使用【描边】命令可以更加快速地创建更为灵活、柔和的边界，而描边图层样式只能作用于图层边缘，如下图所示。

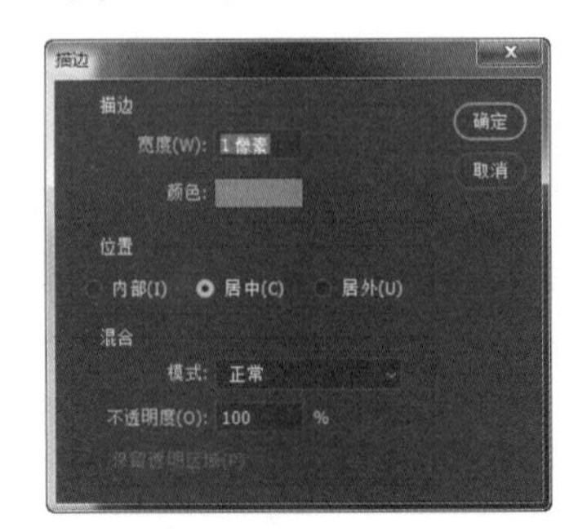

【描边】对话框中的各参数作用如下。

【描边】设置区：用于设置描边的画笔宽度和边界颜色。

【位置】设置区：用于指定描边位置是在内部、居中还是居外。

【混合】设置区：用于设置描边颜色的模式及不透明度，并可选择描边范围是否包括透明区域。

下面通过为图像添加边框的效果来介绍【描边】命令的具体操作步骤。

第 1 步 打开“素材 \ch06\6–20.jpg”文件，如下图所示。

第 2 步 使用【魔棒工具】在图像中单击，选择人物外轮廓，如下图所示。

第 3 步 选择【编辑】→【描边】命令，在弹出的【描边】对话框中设置【宽度】为“2 像素”，根据自己的喜好设置颜色，【位置】设置为“居外”，如下图所示。

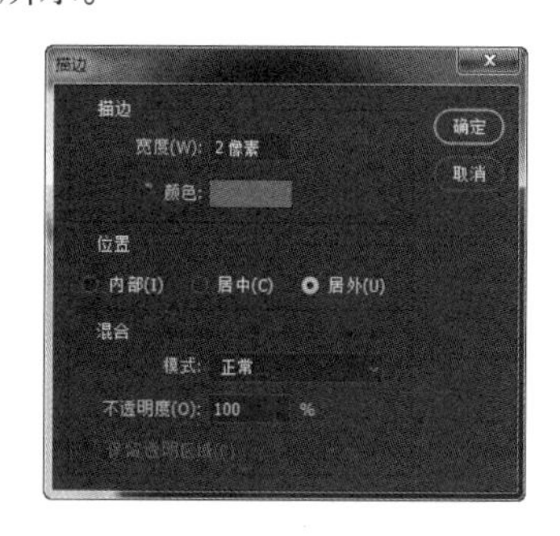

第 4 步 单击【确定】按钮，然后按【Ctrl+D】组合键取消选区，如下图所示。

6.6 使用自动命令处理图像

Photoshop CC 2018 中有一些可以自动处理照片的命令，通过这些命令可以合并全景照片、裁切照片、合并 HDR 照片等。

6.6.1 将多张照片拼接成全景图

拍摄照片时，有时无法将需要的景物完全纳入镜头中。这时就可以多次拍摄景物的各个部分，然后通过 Photoshop CC 的【Photomerge】命令，将照片的各个部分合成一幅完整的照片。

下面通过使用【Photomerge】命令来介绍将多张照片拼接成全景图的具体操作步骤。

第 1 步 打开“素材\ch06\ p1 ~ p3.jpg”文件，如下图所示。

第 2 步 选择【文件】→【自动】→【Photomerge】命令，打开【Photomerge】对话框，在【版面】选项区域中选中【自动】单选按钮，然后单击【添加打开的文件】按钮，选中【混合图像】复选框，让 Photoshop CC 自动调整图像曝光并拼接图像，如下图所示。

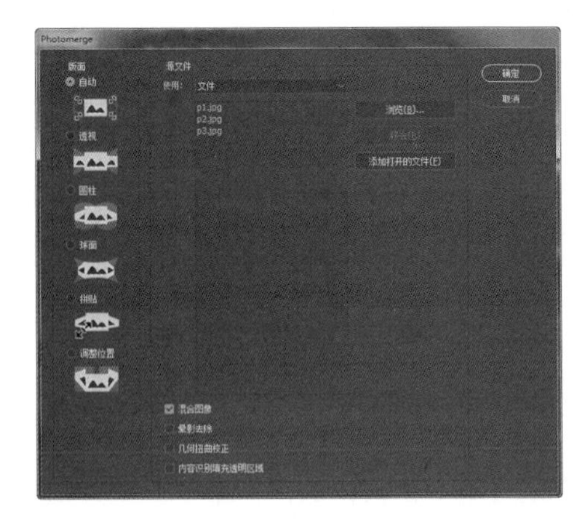

第 3 步 单击【确定】按钮，然后对图像进行裁切处理，使图像边缘整齐，最终效果如下图所示。

【Photomerge】对话框中主要参数含义如下。

【自动】：Photoshop 分析源图像并应用【透视】或【圆柱】或【球面】版面，具体应用取决于哪一种版面能够生成更好的 Photomerge。

【透视】：通过将源图像中的一个图像（默认情况下为中间的图像）指定为参考图像来创建一致的复合图像。然后变换其他图像（必要时，进行位置调整、伸展或斜切），以便匹配图层的重叠内容。

【圆柱】：通过在展开的圆柱上显示各个图像来减少在【透视】版面中出现的【圆柱形】扭曲。图像的重叠内容仍然可以匹配起来，并将参考图像居中放置，比较适合于创建全景图。

【球面】：对齐并转换图像，使其映射球体内部。如果拍摄了一组环绕 360° 的图像，使用此选项可创建 360° 全景图。也可以将【球面】与其他文件集搭配使用，以产

生完美的全景效果。

【拼贴】：对齐图层并匹配重叠内容，同时变换（旋转或缩放）任何源图层。

【调整位置】：对齐图层并匹配重叠内容，但不会变换（伸展或斜切）任何源图层。

【使用】下拉列表：有两个选项，一个是【文件】，表示使用个别文件生成 Photomerge 合成图像；另一个是【文件夹】，表示使用存储在一个文件夹中的所有图像来创建 Photomerge 合成图像。

【混合图像】：找出图像间的最佳边界并根据这些边界创建接缝，以使图像的颜色相匹配。取消选中【混合图像】复选框时，将执行简单的矩形混合，如果要手动修饰混合蒙版，此操作将更为可取。

【晕影去除】：在由于镜头瑕疵或镜头遮光处理不当而导致边缘较暗的图像中去除晕影并执行曝光度补偿。

【几何扭曲校正】：补偿桶形、枕形或鱼眼失真。

6.6.2 将多张照片合并为 HDR 图像

Photoshop CC 2018 使用【合并到 HDR Pro】命令，可以将具有不同曝光度的同一景物的多幅图像合在一起，并在随后生成的 HDR 图像中捕捉常见的动态范围。

使用【合并到 HDR Pro】命令，可以创建写实的或超现实的 HDR 图像。借助自动消除叠影及对色调映射，可更好地调整控制图像，以获得更好的效果，甚至可使单次曝光的照片获得 HDR 图像的外观。

总体来说，HDR 效果主要有以下 3 个特点。

① 亮的地方可以非常亮。

② 暗的地方可以非常暗。

③ 亮暗部分的细节都很明显。

下面通过使用【合并到 HDR Pro】命令来介绍将多张照片合并为 HDR 图像的具体操作步骤。

第 1 步 打开“素材\ch06\ p4 ~ p6.jpg”文件，如下图所示。

第 2 步 选择【文件】→【自动】→【合并到 HDR Pro】命令，打开【合并到 HDR Pro】对话框，然后单击【添加打开的文件】按钮，如下图所示。

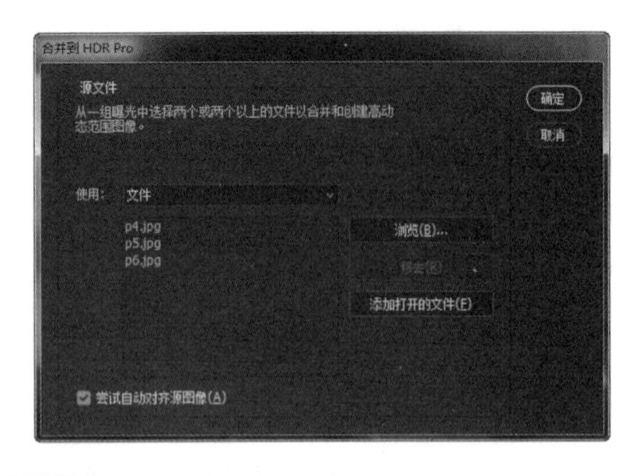

第 3 步 单击【确定】按钮，让 Photoshop CC 2018 自动拼接图像，并且打开【手动设置曝光值】对话框，显示源图像，可以设置曝光参数，如下图所示。

第 4 步 单击【确定】按钮，打开【合并到 HDR Pro】对话框，设置相关参数后，单击【确定】按钮，最终效果如下图所示。

羽化、透视功能和图章工具的使用

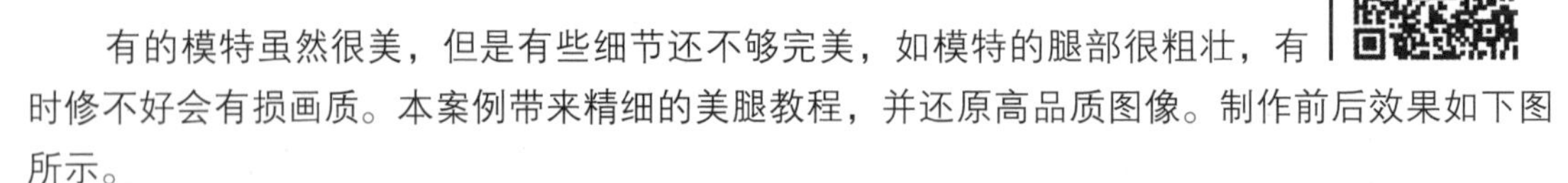

1. 腿部瘦身

有的模特虽然很美，但是有些细节还不够完美，如模特的腿部很粗壮，有时修不好会有损画质。本案例带来精细的美腿教程，并还原高品质图像。制作前后效果如下图所示。

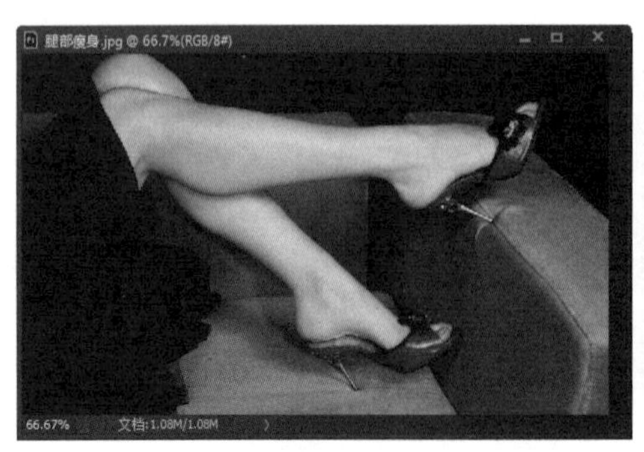

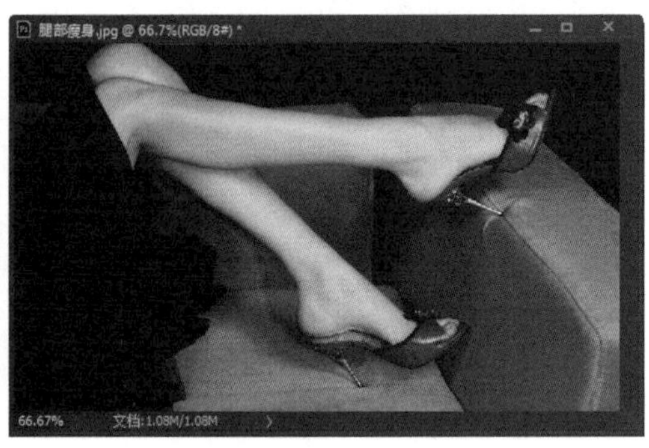

第1步 打开“素材\ch06\腿部瘦身.jpg”文件，如下图所示。

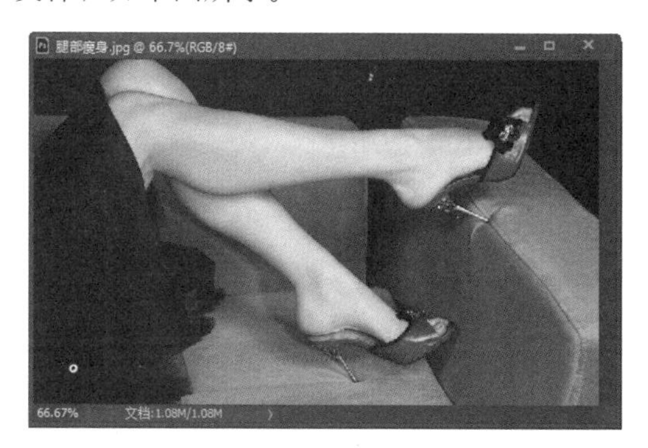

第2步 整体瘦腿，用【自由变换】中的【变形】功能，向上提拉大腿，以达到瘦腿的效果。所以在使用【套索工具】圈大腿时，不要圈到腿的外部曲线，如下图所示。

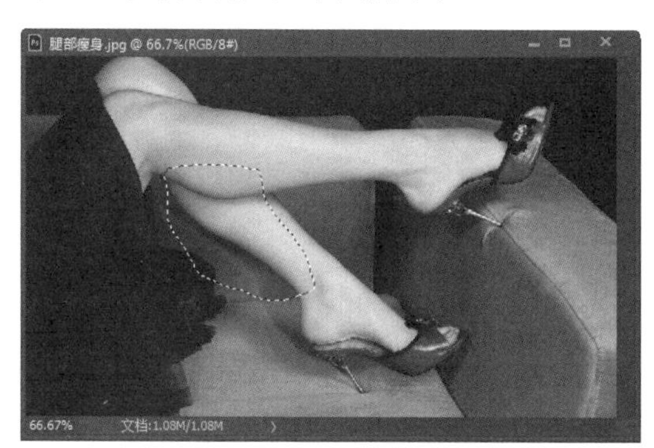

第3步 右击，在弹出的快捷菜单中选择【羽化】命令，弹出【羽化选区】对话框，设置【羽化半径】为“10”像素，如下图所示。

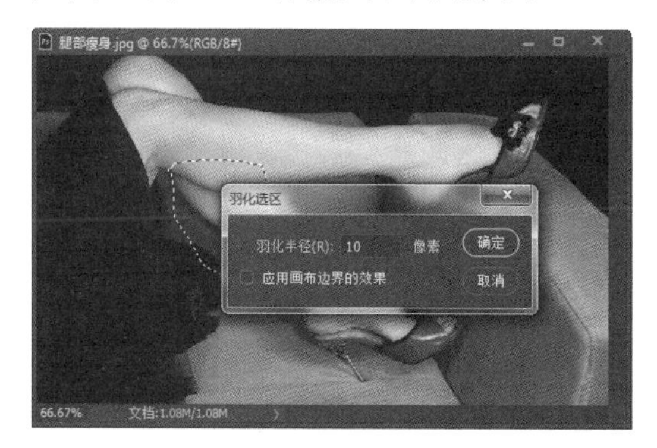

第4步 按【Ctrl+J】组合键，复制图层，得到【背景拷贝】图层，按【Ctrl+T】组合键，选择【自由变换】命令，如下图所示。

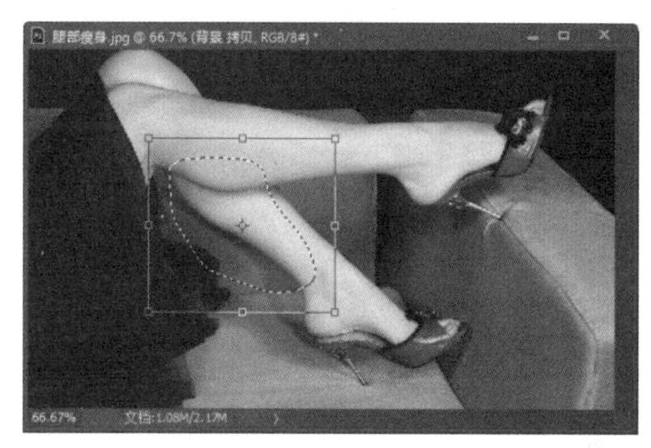

第5步 右击，在弹出的快捷菜单中选择【透视】命令，按住左键向上推动曲线，如下图所示。

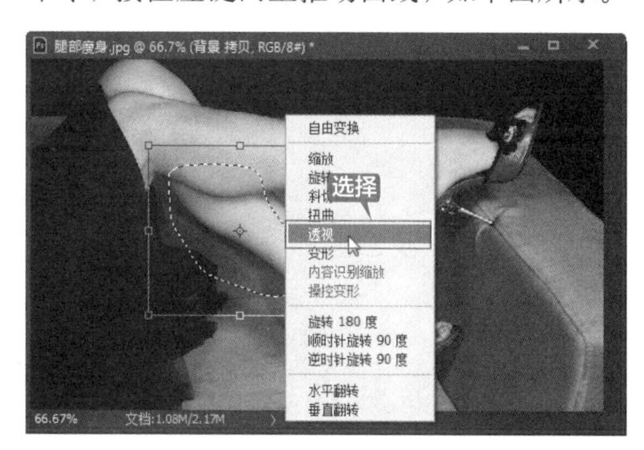

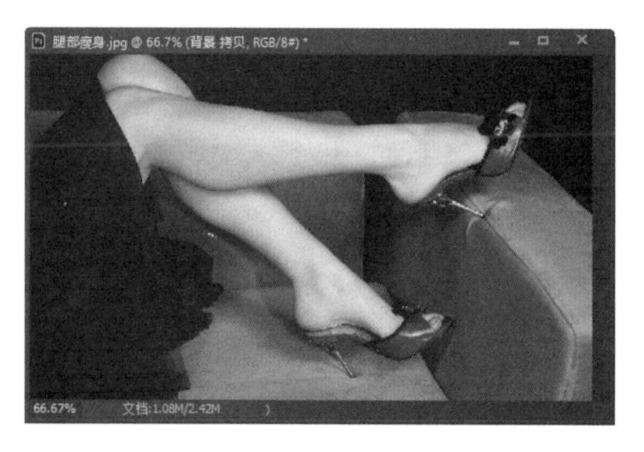

第6步 按【Enter】键，完成瘦腿。放大图片，观察是否有穿帮现象，如果有，则使用【橡

皮图章工具】进行修复，如下图所示。

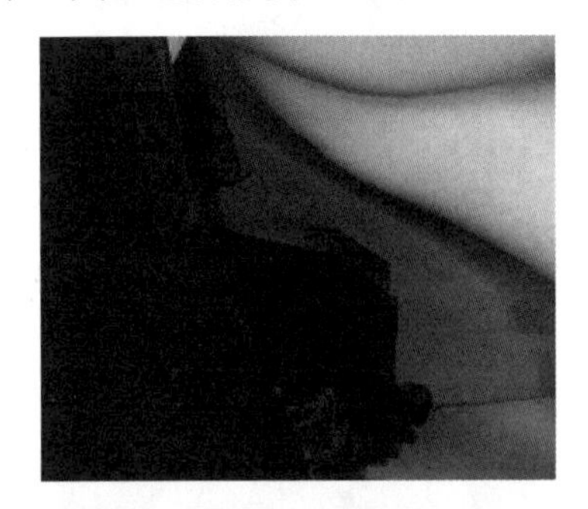

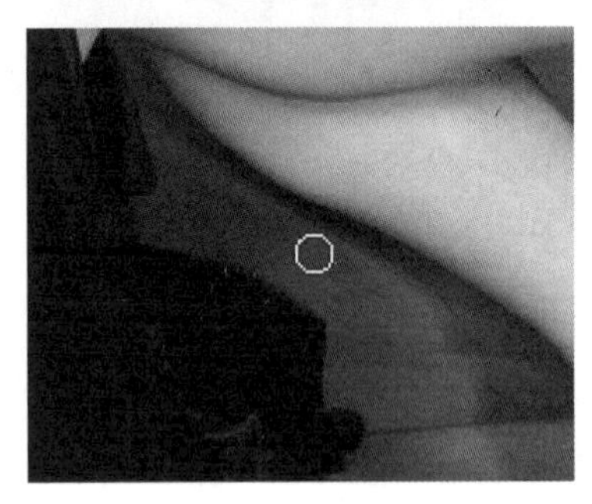

第 7 步 合并图层，执行滤镜液化，使用【褶皱工具】在左大腿上单击，收缩大腿，如下图所示。

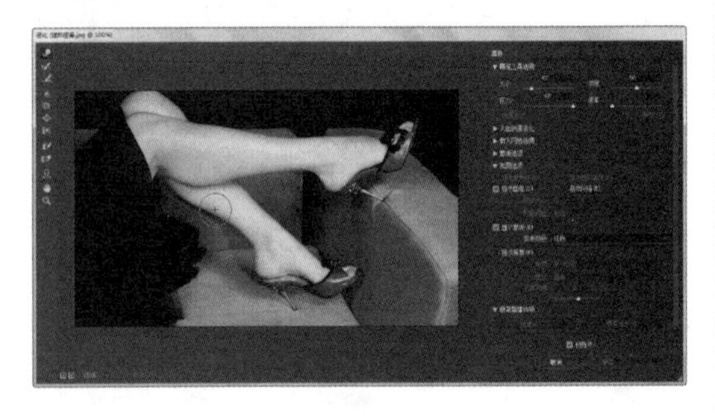

第 8 步 使用【向前变形工具】调整两条大腿的曲线，让大腿的线条更匀称。调整臀部线条，使线条更饱满，最终效果如下图所示。

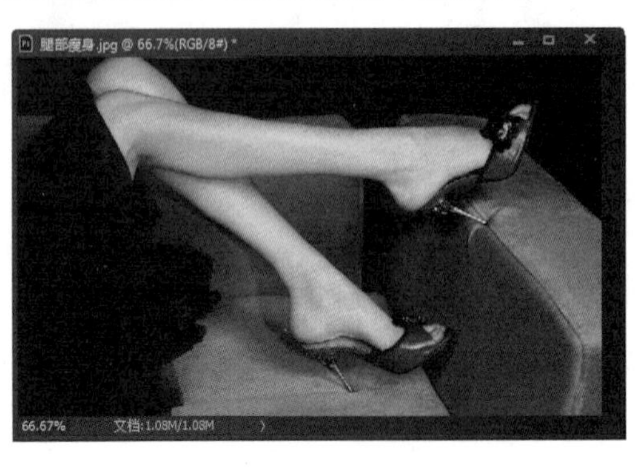

2. 去除纹身内容

本案例学习使用【橡皮擦工具】【修复画笔工具】和【放大工具】来去除照片中的纹身内容，如下图所示。

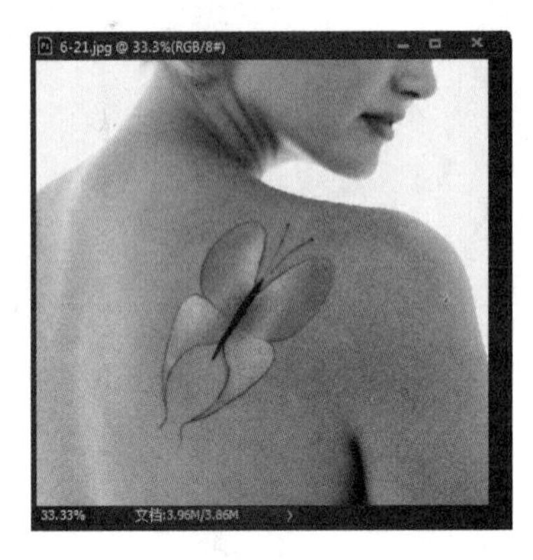

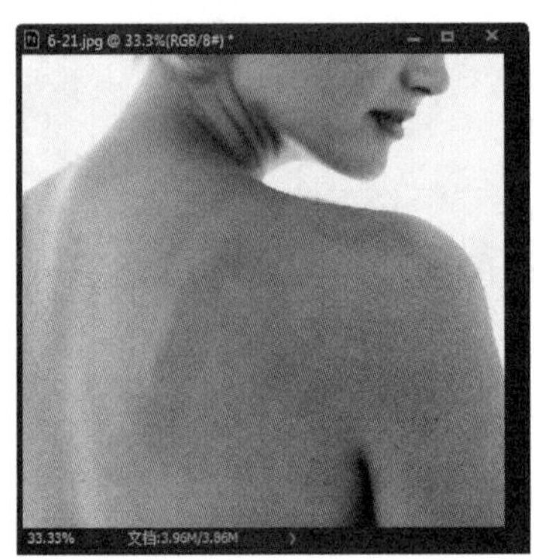

第 1 步 选择【文件】→【打开】命令。

第 2 步 打开“素材 \ch06\6-21.jpg”图像，如下图所示。

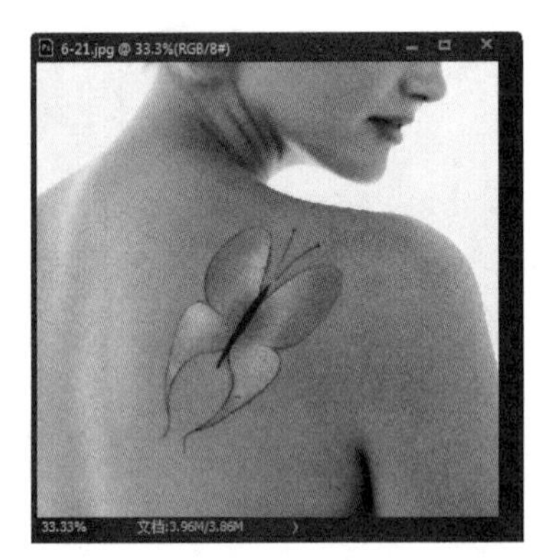

第 3 步 选择【仿制图章工具】选项，然后按【Alt】键单击复制图像的起点，在需要修饰的地方开始单击并拖曳鼠标，如下图所示。

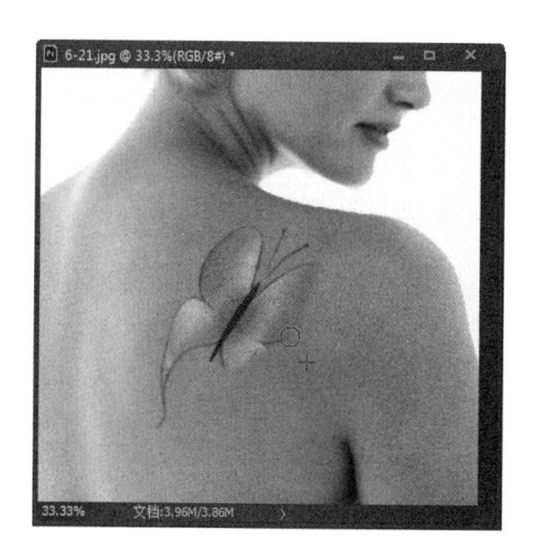

第 4 步 继续修复其他的图案。根据位置适时调整画笔的大小，直至修复完毕，如下图所示。

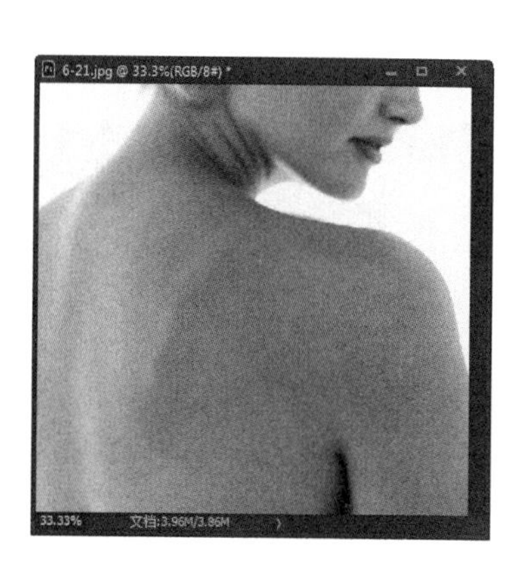

提示

在练习的时候，可灵活地综合运用各种修复工具并适时地调整画笔的大小和笔尖的硬度来完美地修复图像。

◇ 如何巧妙抠图

抠图其实并不难，只要在制作过程中有足够的耐心和细心，并掌握最基础的 Photoshop 知识就能完美地抠出图像。当然，好的抠图效果是靠时间换来的，用户应当掌握更为简便、快速和效果好的抠图方法。

抠图，也就是在图像处理中进行“移花接木”术，是学习 Photoshop 的必修课，也是 Photoshop 最重要的功能之一。抠图方法主要包含两大类：一是作选区抠图；二是运用滤镜抠图，如下图所示。

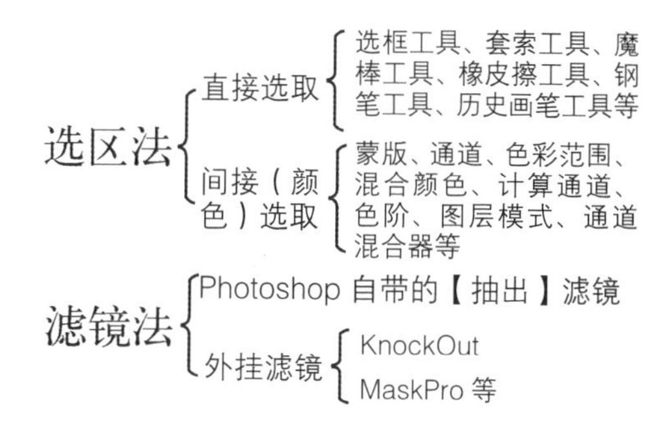

◇ 无损缩放照片大小

有时为了满足打印输出或存储的要求，需要适时地更改图片的像素大小，本案例主要使用【移动工具】和【图像大小】等命令更改图片的大小。

第 1 步 打开“素材 \ch21\ 无损缩放照片大小 .jpg”图片，如下图所示。

第 2 步 选择【图像】→【图像大小】命令，

弹出【图像大小】对话框，如下图所示。

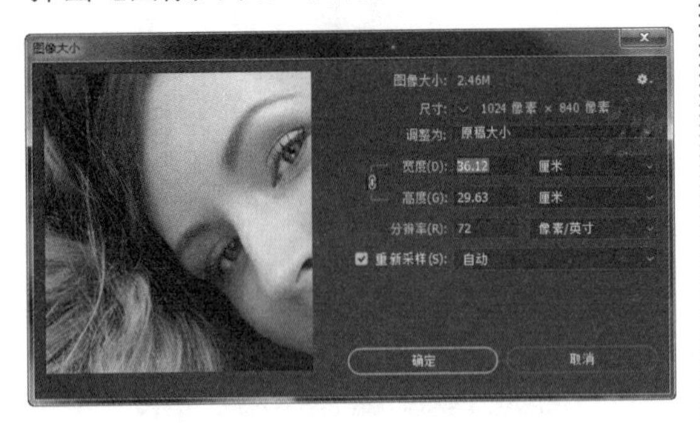

第 3 步 在【图像大小】对话框中选中【重新采样】复选框，设置插补方法为【两次立方（较平滑）（扩大）】。设置文档大小的单位为【百分比】，设置【宽度】为“110”、【高度】为“110”， 即只把图像增大 10%，如下图所示。

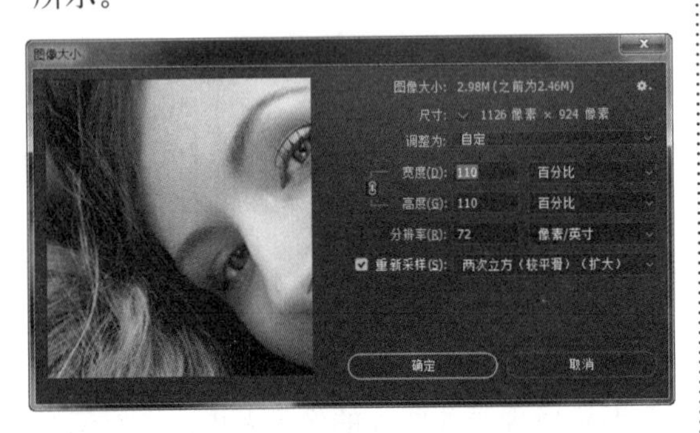

第 4 步 单击【确定】按钮，如下图所示。

第 5 步 重复第 3 步操作，每操作一次图像扩大 10%。使用相同的方法也可以缩小照片，设置【宽度】为“90”、【高度】为“90”即可，如下图所示。

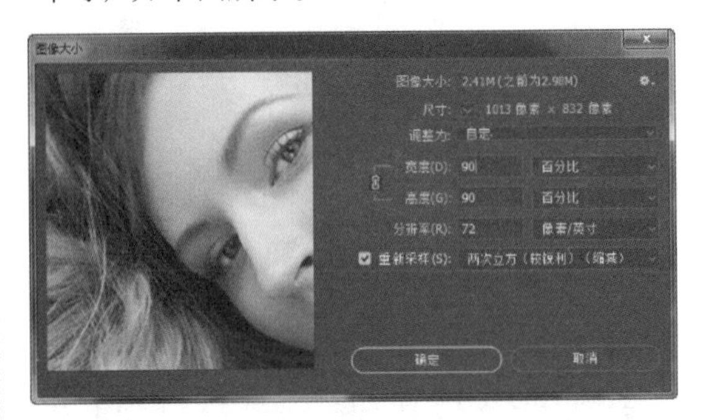

提示

虽然图像可以调整大小，但是也不能无限制地放大，放得过大，图像也会失真。

第7章 绘制矢量图像

本章导读

本章主要介绍位图和矢量图的特征，形状图层、路径和填充像素的区别，以及使用【钢笔工具】和【形状工具】绘制矢量对象，并以简单案例进行详细演示。学习本章时应多练习在案例中的操作，以加强学习效果。

思维导图

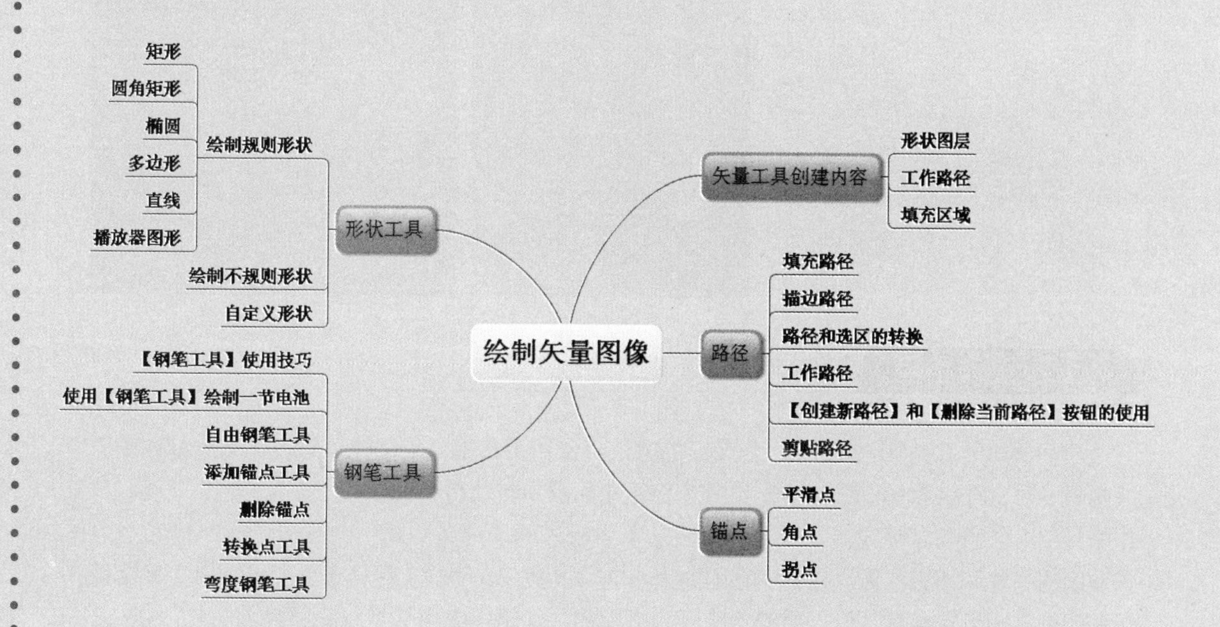

7.1 矢量工具创建的内容

在 Photoshop 软件中的矢量工具包括矩形工具、圆角矩形工具、椭圆工具、多边形工具、直线工具和自定义形状工具。这些工具绘制的图形都是矢量图像，保存后占用的空间非常小，并且放大图像或任意拉大后，图形都不会模糊，边缘非常清晰。使用 Photoshop CC 中的矢量工具可以创建不同类型的对象，主要包括形状图层、工作路径和填充像素。在选择了矢量工具后，在工具的选项栏上单击相应的按钮指定一种绘制模式，然后才能进行操作。

7.1.1 形状图层

【形状】图层中包含了位图、矢量图两种元素，因此使得 Photoshop 软件在进行绘画时，可以以某种矢量形式保存图像。使用【形状工具】或【钢笔工具】可以创建形状图层，形状中会自动填充当前的前景色，也可以更改为其他颜色，或者用渐变或图案来进行填充。形状的轮廓存储在链接图层的矢量蒙版中。

选择【工具】选项栏中的【形状】选项 形状 后，可在单独的形状图层中创建形状。形状图层由填充区域和形状两部分组成，填充区域定义了形状的颜色、图案和图层的不透明度；形状则是一个矢量蒙版，定义图像显示和隐藏区域，它是路径，出现在【路径】面板中，如下图所示。

7.1.2 工作路径

Photoshop CC 2018 建立工作路径的方法：使用工具箱中的钢笔等路径工具直接在图像中绘制路径时，Photoshop CC 2018 会在【路径】面板中自动将其命名为“工作路径”，而且“工作路径”4 个字是以倾斜体显示的。【路径】面板显示了存储的路径、当前工作路径和当前矢量蒙版的名称和缩览图像。减小缩览图的大小或将其关闭，可在【路径】面板中列出更多路径，而关闭缩览图可提高其性能。要查看路径，必须先在【路径】面板中选择路径名。

使用【钢笔工具】选择【路径】选项 路径 后，可绘制工作路径，它出现在【路径】面板中。

创建工作路径后， 可以使用它来创建选区、矢量蒙版，或者对路径进行填充和描边，从而得到光栅化的图像。在通过绘制路径选取对象时，需要选择【路径】选项，如下图所示。

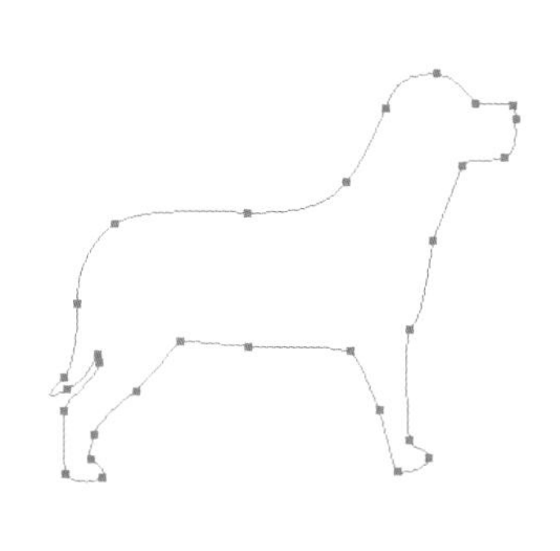

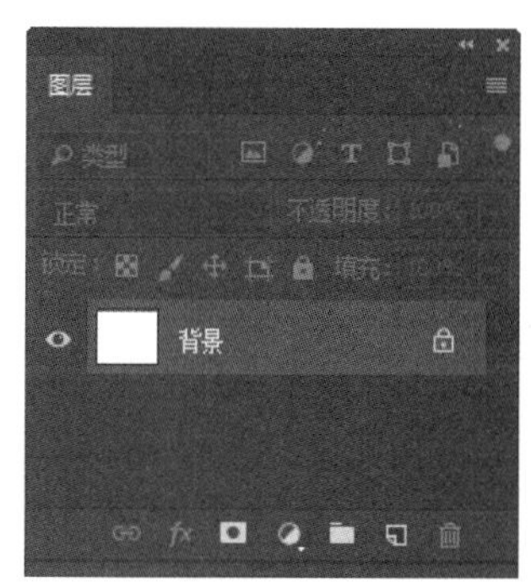

7.1.3 填充区域

Photoshop CC 2018 软件在填充区域创建的是位图图形，选择【像素】选项 像素 后，绘制的将是光栅化的图像，而不是矢量图形。在创建填充区域时 Photoshop CC 2018 会使用前景色作为填充色， 此时【路径】面板中不会创建工作路径，在【图层】面板中可以创建光栅化图像，但不会创建形状图层，该选项不能用于【钢笔工具】。只有使用各种形状工具（矩形工具、椭圆工具、自定形状等工具）时才能使用该选项，如下图所示。

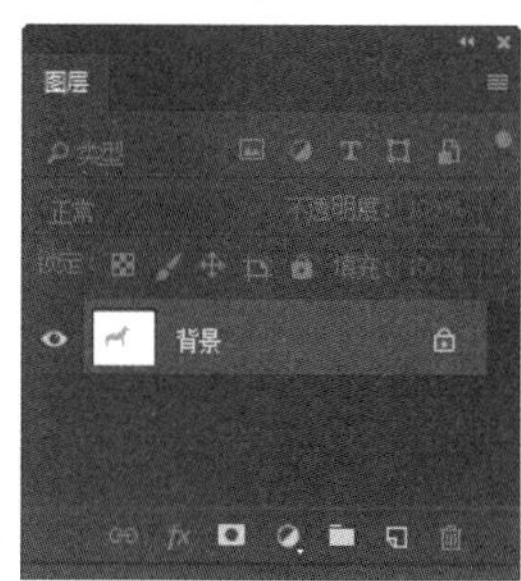

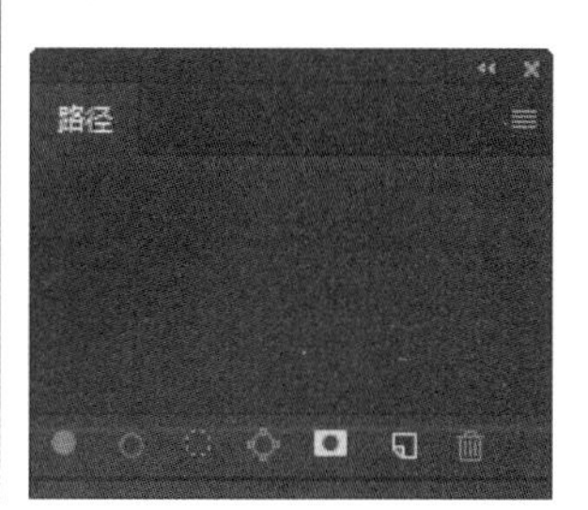

7.2 矢量工具 1——路径

【钢笔工具】属于矢量绘图工具，其优点是可以勾画平滑的曲线，在缩放或变形之后仍能保持平滑效果。

如下图所示，【钢笔工具】画出来的矢量图形称为路径，如果将起点与终点重合绘制，就可以得到封闭的路径。路径可以转换为选区，也可以进行填充或描边。

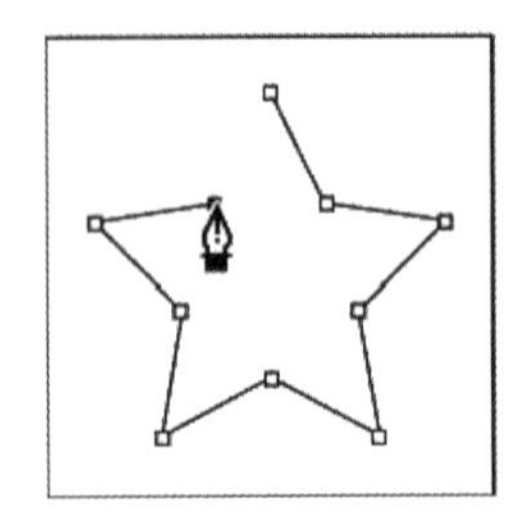
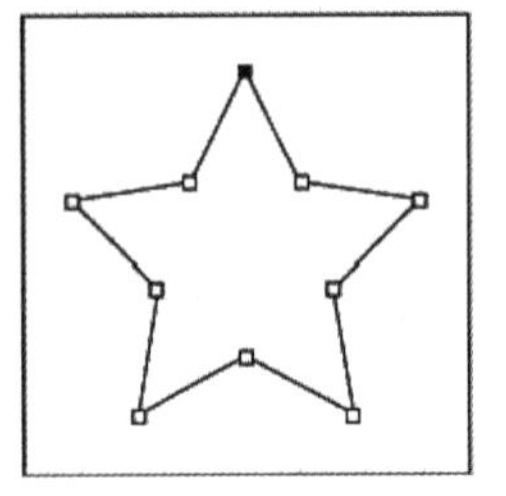

1. 路径的特点

路径是不包含像素的矢量对象，与图像是分开的，并且无法打印出来，因而也更易于重新选择、修改和移动。修改路径后不影响图像效果。

2. 路径的组成

路径由一个或多个曲线段、直线段、方向点、锚点和方向线构成，如下图所示。

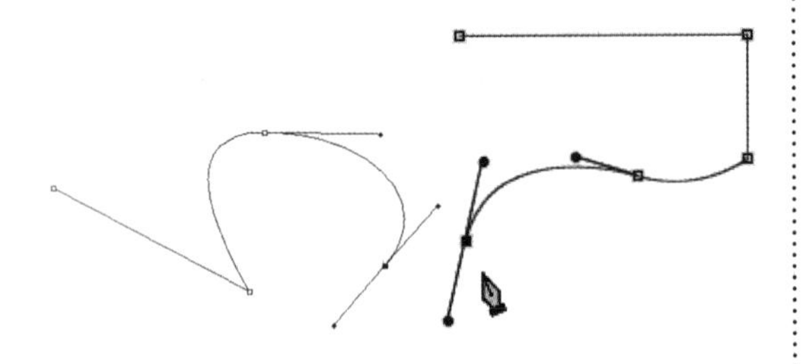

提示

锚点被选中时为一个实心的方点，未选中时是空心的方点。控制点在任何时候都是实心的方点，而且比锚点小。

选择【窗口】→【路径】命令，打开【路径】面板，如下图所示，其主要作用是对已经建立的路径进行管理和编辑处理。在【路径】面板中可以对路径进行快速而方便的管理，可以说【路径】面板是集编辑路径和渲染路径的功能于一身。在这个面板中不仅可以完成从路径到选区和从自由选区到路径的转换，还可以对路径施加一些效果，使路径看起来不那么单调。

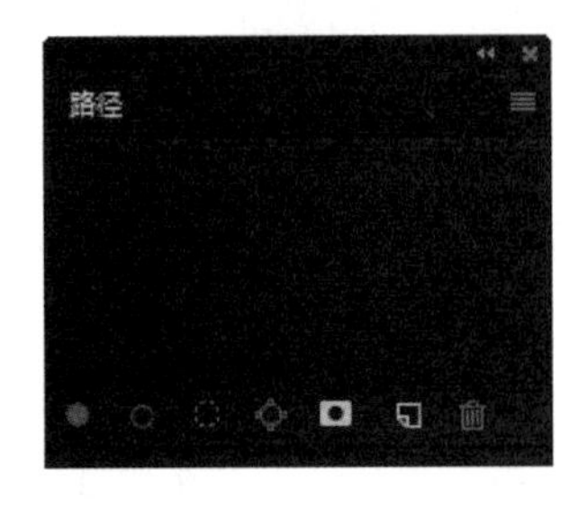

【用前景色填充路径】按钮：使用前景色填充路径区域。

【用画笔描边路径】按钮：使用画笔工具描边路径。

【将路径作为选区载入】按钮：将当前的路径转换为选区。

【从选区生成工作路径】按钮：从当前的选区中生成工作路径。

【创建新路径】按钮：可创建新的路径。

【删除当前路径】按钮：可删除当前选择的路径。

7.2.1 填充路径

单击【路径】面板上的【用前景色填充路径】按钮可以用前景色对路径进行填充。

1. 用前景色填充路径

第1步 新建一个 8 厘米 ×8 厘米的文档。

第 2 步 选择【自定形状工具】选项绘制任意一个路径，如下图所示。

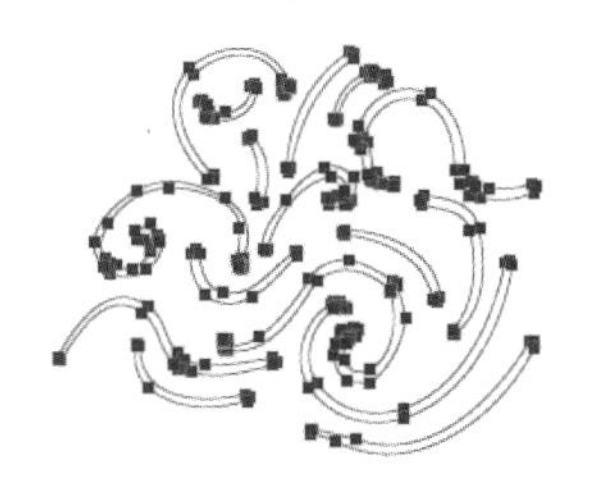

第 3 步 如下图所示，在【路径】面板中单击【用前景色填充路径】按钮填充前景色。

2. 【用前景色填充路径】使用技巧

按【Alt】键的同时单击【用前景色填充路径】按钮可弹出【填充路径】对话框，如下图所示。在该对话框中可设置使用的方式、混合模式及渲染的方式，设置完成后，单击【确定】按钮，即可对路径进行填充。

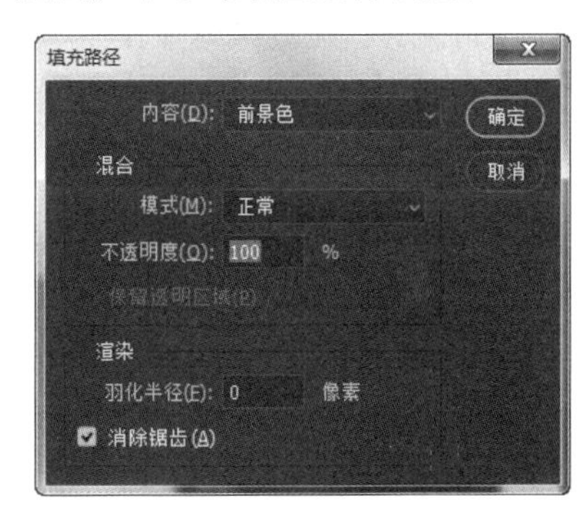

7.2.2 描边路径

单击【用画笔描边路径】按钮可以实现对路径的描边。

1. 用画笔描边路径

第 1 步 新建一个 8 厘米 ×8 厘米的图形。

第 2 步 选择【自定形状工具】选项绘制任意一个路径，如下图所示。

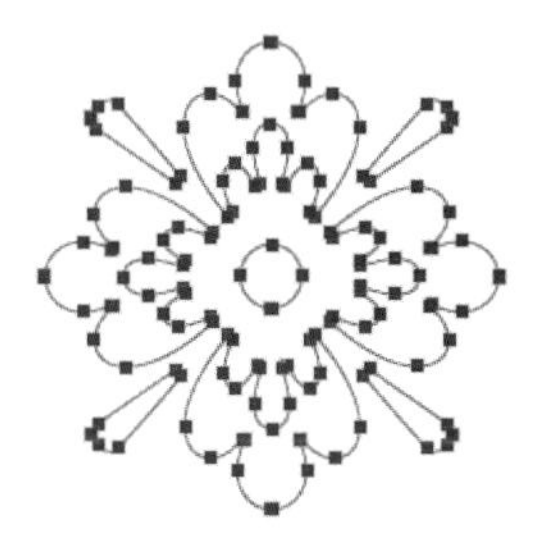

第 3 步 在【路径】面板中单击【用画笔描边路径】按钮填充路径，如下图所示。

2. 【用画笔描边路径】使用技巧

用【画笔描边路径】的效果与【画笔】的设置有关，所以要对描边进行控制就需先对画笔进行相关设置（如画笔的大小和硬度等）。按【Alt】键的同时单击【用画笔描边路径】按钮，弹出【描边路径】对话框，如下图所示。设置完描边的方式后，单击【确定】按钮，即可对路径进行描边。

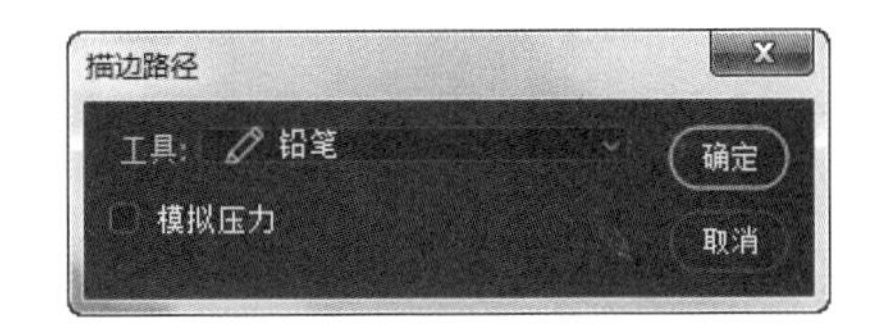

7.2.3 路径和选区的转换

路径转化为选区命令在工作中的使用频率很高，因为在图像文件中任何局部的操作都必须在选区范围内完成，所以一旦获得了准确的路径形状后，一般情况下都要将路径转换为选区。单击【将路径作为选区载入】按钮可以将路径转换为选区，也可以按【Ctrl+Enter】组合键完成这一操作。

将路径转化为选区的具体操作步骤如下。

第 1 步 打开“素材\ch07\7-1.jpg”图像，如下图所示。

第 2 步 选择【多边形套索工具】选项，在玻璃杯区域创建选区，如下图所示。

第 3 步 在【路径】面板上单击【从选区生成工作路径】按钮，将选区转换为路径，如下图所示。

第 4 步 单击【将路径作为选区载入】按钮，将路径载入为选区，如下图所示。

7.2.4 工作路径

对于工作路径，也可以控制其显示与隐藏。在【路径】面板中选择【路径预览图】选项，路径将以高亮显示，如下图所示。

如果在面板中的灰色区域单击，路径将变为灰色，这时的路径将被隐藏，如下图所示。

工作路径是出现在【路径】面板中的临时路径，用于定义形状的轮廓。用【钢笔工具】在画布中直接创建的路径及由选区转换的路径都是工作路径，如下图所示。

当工作路径被隐藏时可使用【钢笔工具】直接创建路径，原来的路径将被新路径所代替。双击工作路径的名称将会弹出【存储路径】对话框，如下图所示，在该对话框中可以实现对工作路径的重命名并将其保存。

7.2.5 【创建新路径】和【删除当前路径】按钮的使用

单击【创建新路径】按钮后，再使用【钢笔工具】建立路径，路径将被保存。

在按【Alt】键的同时单击此按钮，可弹出【新建路径】对话框，如下图所示，可以在该对话框中为生成的路径重命名。

在按【Alt】键的同时，若将已存在的路径拖曳到【创建新路径】按钮上，则可实现对路径的复制并得到该路径的副本，如下图所示。

将已存在的路径拖曳到【删除当前路径】按钮 上，则可将该路径删除。可以在选中路径后按【Delete】键将路径删除；按【Alt】键的同时再单击【删除当前路径】按钮，也可将路径直接删除。

7.2.6 剪贴路径

如果要将 Photoshop 中的图像输出到专业的页面排版程序，如 InDesign、PageMaker 等软件时，可以通过剪贴路径来定义图像的显示区域。在输出到这些程序中后，剪贴路径以外的区域将变为透明区域。下面介绍剪贴路径的具体操作步骤。

第 1 步 打开“素材 \ch07\7-2.jpg”图像，如下图所示。

第 2 步 选择【钢笔工具】选项，在玻璃瓶图像周围创建路径，如下图所示。

第 3 步 在【路径】面板中，双击【工作路径】，在弹出的【存储路径】对话框中输入路径的名称， 然后单击【确定】按钮，如下图所示。

第 4 步 单击【路径】面板右上角的小三角按钮，选择【剪贴路径】命令，在弹出的【剪贴路径】对话框中设置路径的名称和展平度（定义路径由多少个直线片段组成），然后单击【确定】按钮，如下图所示。

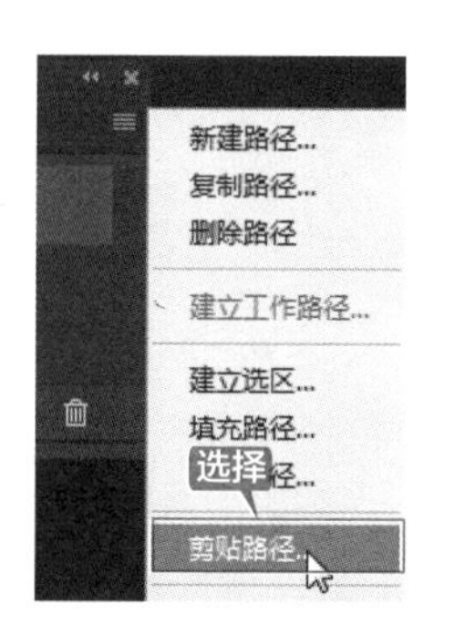

第 5 步 选择【文件】→【存储】命令，在弹出的【另存为】对话框中设置文件的名称、保存的位置和文件存储格式，然后单击【保存】按钮，如下图所示。

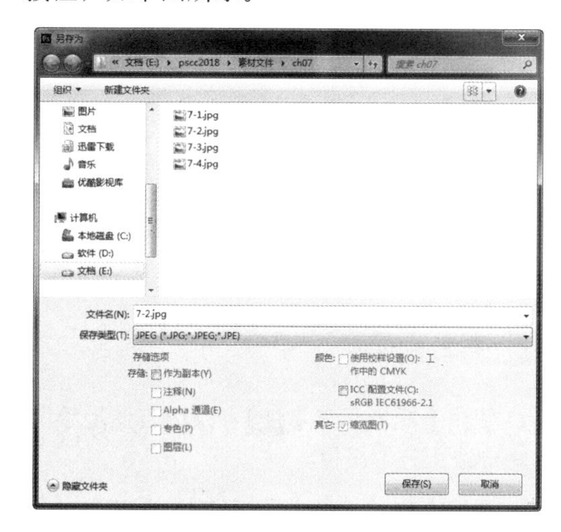

7.3 矢量工具 2——锚点

锚点又称为定位点，它的两端会连接直线或曲线，如下图所示。锚点数量越少越好，较多的锚点使可控制的范围更广，而且问题也正是出在这里，因为锚点多，可能使后期修改的工作量更大。根据控制柄和路径的关系，可以将锚点分为以下 3 种不同的性质。

① 平滑点：指方向线是一体的锚点。

② 角点：指没有公共切线的锚点。

③ 拐点：指控制柄独立的锚点。

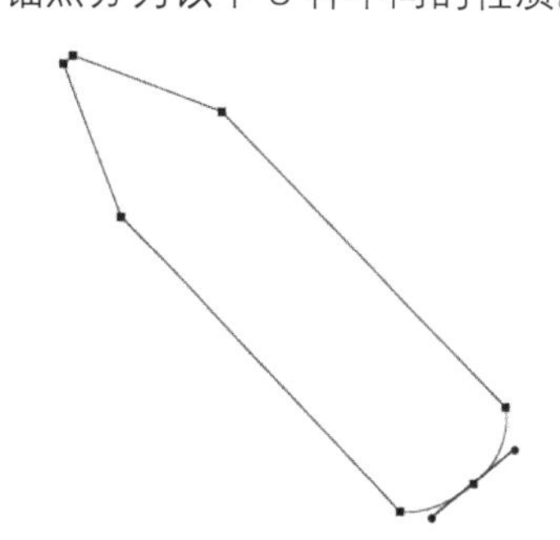

7.4 矢量工具 3——形状工具

使用【形状工具】可以轻松地创建按钮、导航栏，以及其他在网页上使用的项目。使用【形状工具】不仅可以方便地绘制出许多特定的形状，还可以通过形状的运算及自定义形状让绘制出的形状更加丰富。绘制形状的工具有【矩形工具】【圆角矩形工具】【椭圆工具】【多边形工具】【直线工具】及【自定形状工具】等，如下图所示。

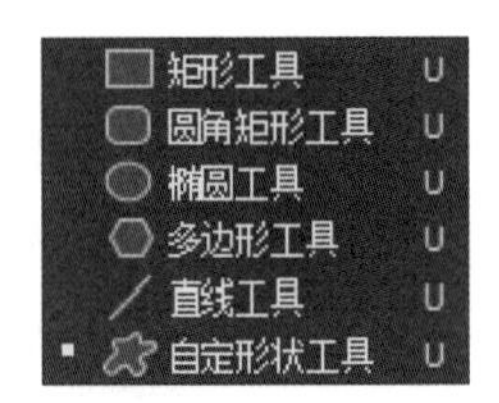

7.4.1 绘制规则形状

Photoshop CC 2018 软件提供了 5 种绘制规则形状的工具：【矩形工具】【圆角矩形工具】【椭圆工具】【多边形工具】和【直线工具】。

1. 绘制矩形

使用【矩形工具】可以很方便地绘制出矩形或正方形路径。

选中【矩形工具】选项，在画布上单击并拖曳鼠标即可绘制出所需要的矩形，若在拖曳鼠标同时按【Shift】键则可绘制出正方形，如下图所示。

矩形工具的选项栏如下。

路径 建立：选区... 蒙版 形状

单击按钮会出现矩形工具选项面板，其中包括【不受约束】单选按钮、【方形】单选按钮、【固定大小】单选按钮、【比例】单选按钮、【从中心】复选框等，如下图所示。

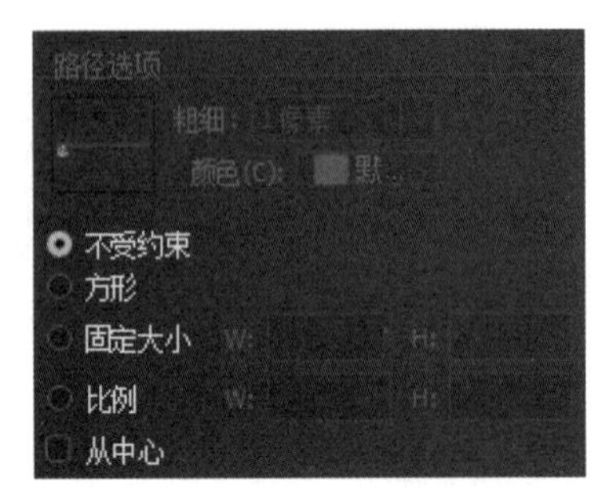

【不受约束】单选按钮：选中此单选按钮，可拖曳鼠标绘制任意大小和比例的矩形。

【方形】单选按钮：选中此单选按钮，可绘制正方形。

【固定大小】单选按钮：选中此单选按钮，可以在【W】和【H】参数框中输入所需的宽度和高度的值后绘制出有固定值的矩形，默认的单位为像素。

【比例】单选按钮：选中此单选按钮，可以在【W】和【H】参数框中输入所需的宽度和高度的整数比后绘制出有固定宽度和高度比例的矩形。

【从中心】复选框：选中此复选框，绘制矩形起点为矩形的中心。

绘制完矩形后，右侧会出现【属性】面板，如下图所示，在其中可以分别设置矩形 4 个角的圆角值。

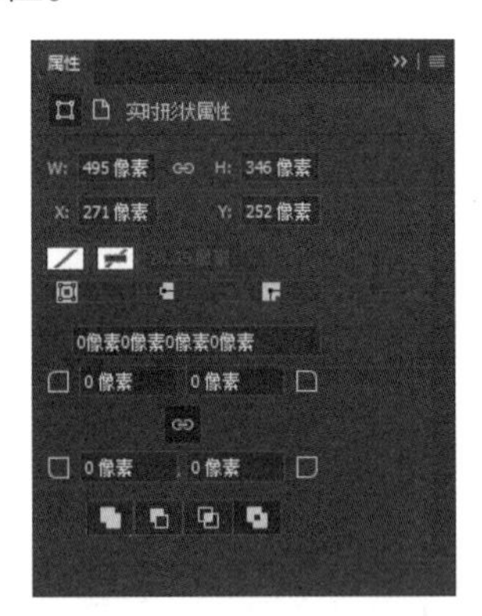

2. 绘制圆角矩形

使用【圆角矩形工具】可以绘制具有平滑边缘的矩形，如下图所示。其使用方法与【矩形工具】相同，只需用鼠标在画布上

拖曳即可。

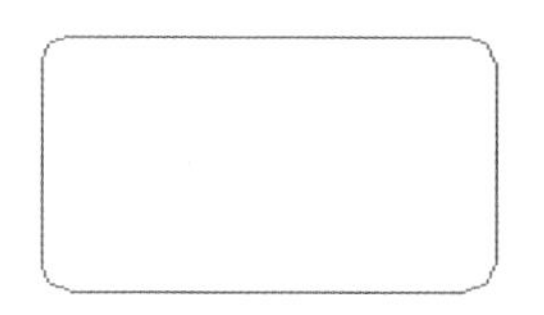

【圆角矩形工具】的选项栏与【矩形工具】的相同，只是多了【半径】参数框一项，如下图所示。

【半径】参数框用于控制圆角矩形的平滑程度。输入的数值越大越平滑，输入 0 时为矩形，输入一定数值时则为圆角矩形。

3. 绘制椭圆

使用【椭圆工具】可以绘制椭圆，按【Shift】键可以绘制圆。【椭圆工具】选项栏如下图所示，其用法与前面介绍的选项栏基本相同。

4. 绘制多边形

使用【多边形工具】可以绘制出所需的正多边形，如下图所示。绘制时鼠标指针的起点为多边形的中心，而终点则为多边形的一个顶点。

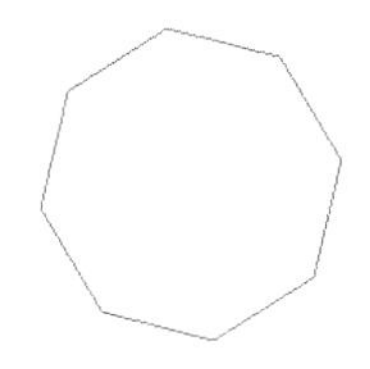

【多边形工具】的选项栏如下图所示。

【边】参数框：用于输入所需绘制的多边形的边数。

单击选项栏中的按钮，可以打开【多边形选项】设置面板，如下图所示。

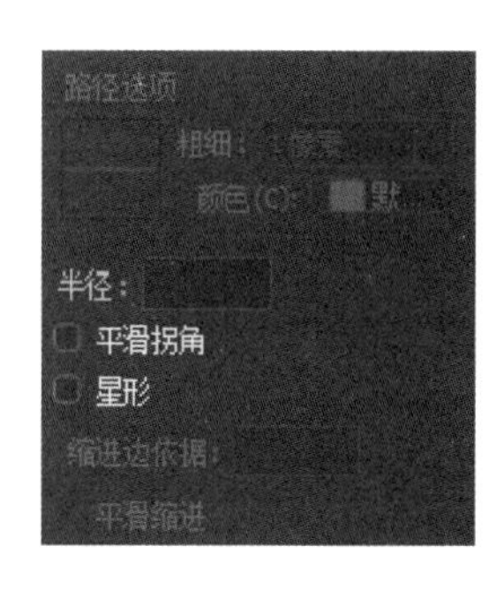

其中包括【半径】【平滑拐角】【星形】【缩进边依据】和【平滑缩进】等选项。

【半径】参数框：用于输入多边形的半径长度，单位为像素。

【平滑拐角】复选框：选中此复选框，可使多边形具有平滑的顶角。多边形的边数越多越接近圆形。

【星形】复选框：选中此复选框，可使多边形的边向中心缩进呈星形。

【缩进边依据】设置框：用于设定边缩进的程度。

【平滑缩进】复选框：只有选中【星形】复选框时此复选框才可选。选中【平滑缩进】复选框可使多边形的边平滑地向中心缩进。

5. 绘制直线

使用【直线工具】可以绘制直线或带有箭头的线段，如下图所示。

使用的方法：以鼠标指针拖曳的起点为线段起点，拖曳的终点为线段的终点。按【Shift】键可以将直线的方向控制在 0°、45° 或 90° 方向。

【直线工具】的选项栏如下图所示，其中【粗细】参数框用于设定直线的宽度。

单击选项栏中的⚙按钮可弹出【箭头】设置面板，包括【起点】【终点】【宽度】【长度】和【凹度】等选项，如下图所示。

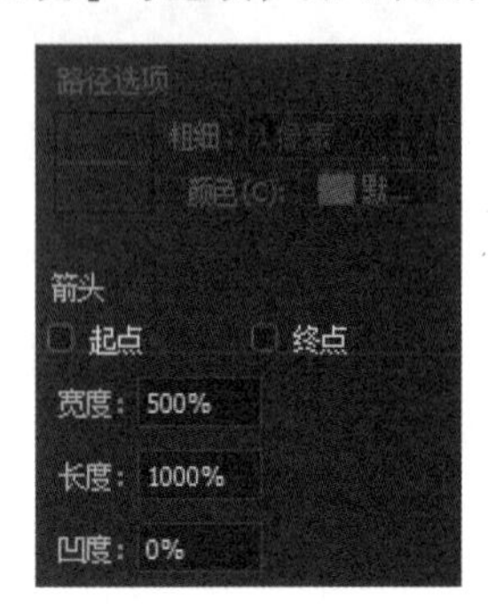

【起点】【终点】复选框：二者可选择一个，也可以同时选择，用于决定箭头在线段的哪一方。

【宽度】参数框：用于设置箭头宽度和线段宽度的比值，可输入 10% ~ 1000% 的数值。

【长度】参数框：用于设置箭头长度和线段宽度的比值，可输入 10% ~5000% 的数值。

【凹度】参数框：用于设置箭头中央凹陷的程度，可输入 – 50% ~ 50% 的数值。

6. 使用形状工具绘制播放器图形

第 1 步 新建一个 15 厘米 ×15 厘米的图形，如下图所示。

第 2 步 选择【圆角矩形工具】选项▢，在选项栏中选择【像素】选项 像素 。设置前景色为黑色，将圆角半径设置为 20 像素，绘制一个圆角矩形作为播放器轮廓图形，如下图所示。

第 3 步 新建一个图层，设置前景色为白色，使用【矩形工具】▢绘制一个矩形作为播放器屏幕图形，如下图所示。

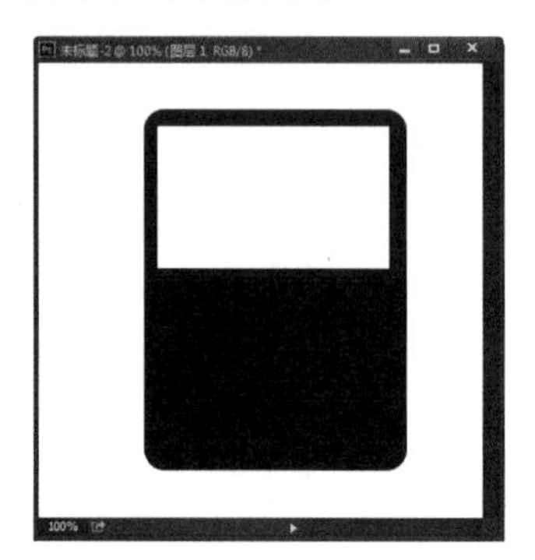

第 4 步 新建一个图层，设置前景色为白色，使用【椭圆工具】◯绘制一个圆形作为播放器按钮图形，如下图所示。

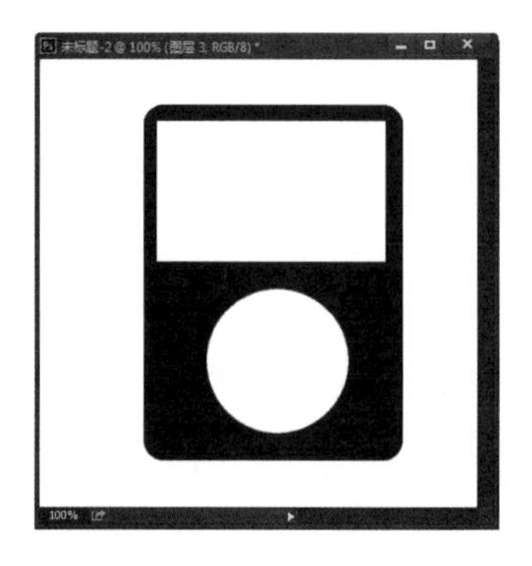

第 5 步 新建一个图层，设置前景色为黑色，再次使用【椭圆工具】◯绘制一个圆形作为播放器按钮内部图形，如下图所示。

第6步 新建一个图层，设置前景色为黑色，使用【多边形工具】和【直线工具】绘制按钮内部符号图形，将多边形的【边】设置为【3】，效果如下图所示。

7.4.2 绘制不规则形状

使用【自定形状工具】可以绘制一些特殊的形状、路径及像素等，其选项栏如下图所示。绘制的形状可以自己定义，也可以从形状库中选择。

1.【自定形状工具】选项栏参数设置

【形状】设置项用于选择所需绘制的形状。单击右侧的下拉按钮会出现形状面板，这里存储着可供选择的形状，如下图所示。

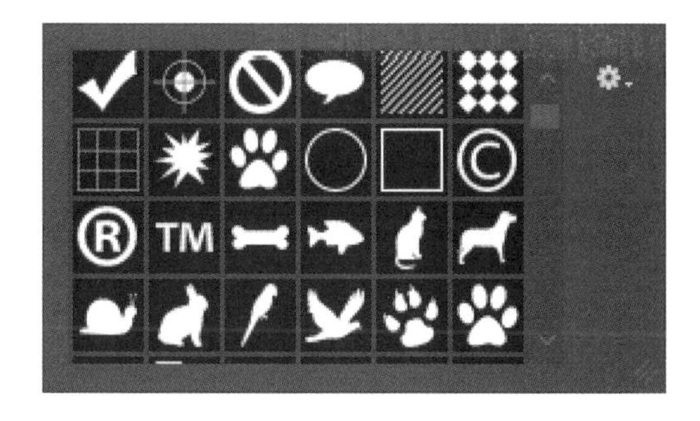

单击面板右上侧的按钮可以弹出一个下拉菜单，如下图所示。

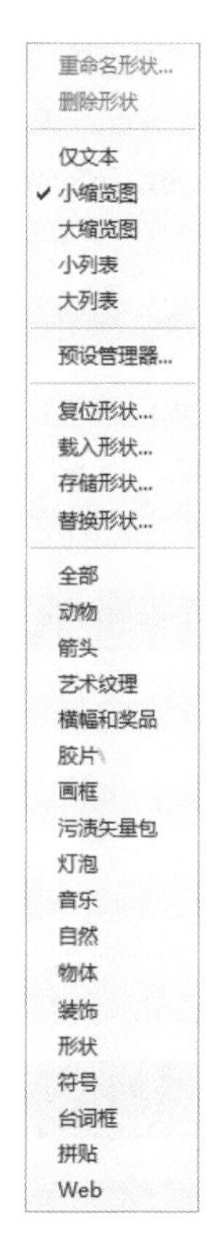

从中选择【载入形状】选项可以在弹出的【载入】对话框中载入需要的文件，其文件类型为“*.CSH”，如下图所示。

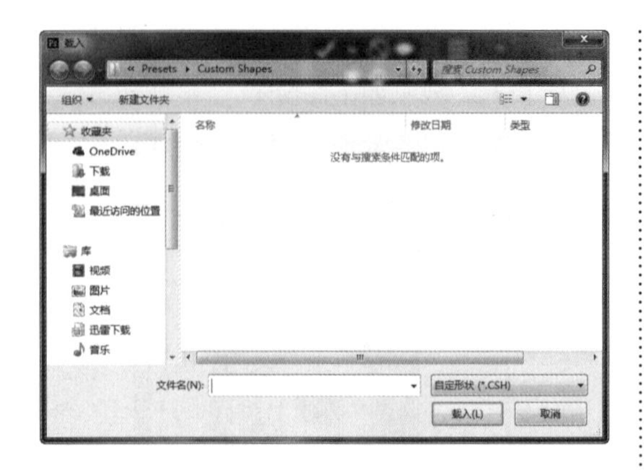

2. 使用【自定义形状工具】绘制图画

第1步 如下图所示，新建一个 15 厘米 ×15 厘米的图形，并填充黑色。

第2步 新建一个图层。选择【圆角矩形工具】选项，在选项栏中选择【像素】选项 像素 。设置前景色为白色，圆角半径设置为“20”像素，绘制一个圆角矩形作为纸牌轮廓图形，如下图所示。

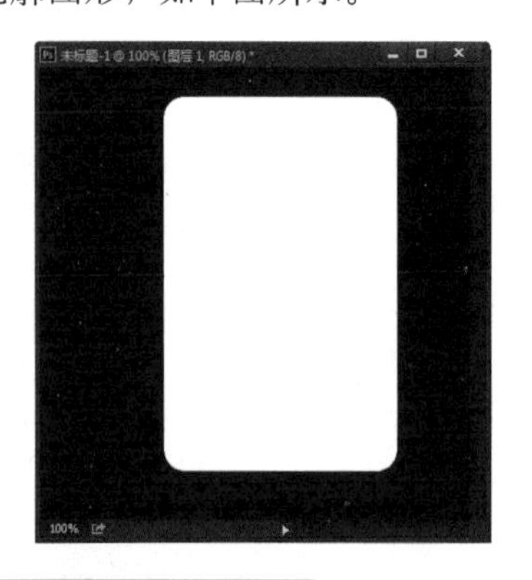

第3步 再新建一个图层。选择【自定义形状工具】选项，在自定义形状下拉列表中选择【红心形卡】图形，设置前景色为红色，如下图所示。

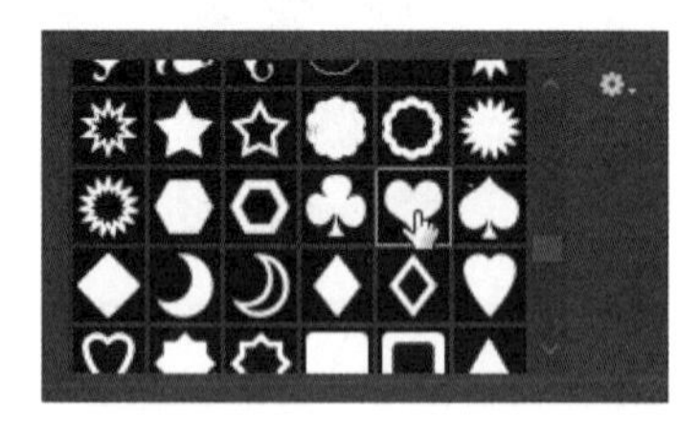

第4步 在图像上单击并拖曳鼠标，即可绘制一个自定义形状，多次单击并拖曳鼠标可以绘制出大小不同的形状，如下图所示。

第5步 最后使用【横排文字工具】输入文字“A”完成绘制，如下图所示。

7.4.3 自定义形状

Photoshop CC 2018 软件不仅可以使用预置的形状，还可以把自己绘制的形状定义为自定义形状，以便于以后使用。

自定义形状的操作步骤如下。

第 1 步 选择【钢笔工具】绘制出喜欢的图形，如下图所示。

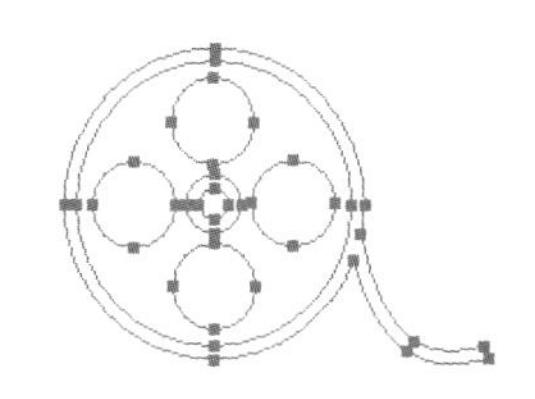

第 2 步 选择【编辑】→【定义自定形状】命令，在弹出的【形状名称】对话框中输入自定义形状的名称，然后单击【确定】按钮，如下图所示。

第 3 步 选择【自定形状工具】选项，然后在【形状】面板中找到自定义的形状即可，如下图所示。

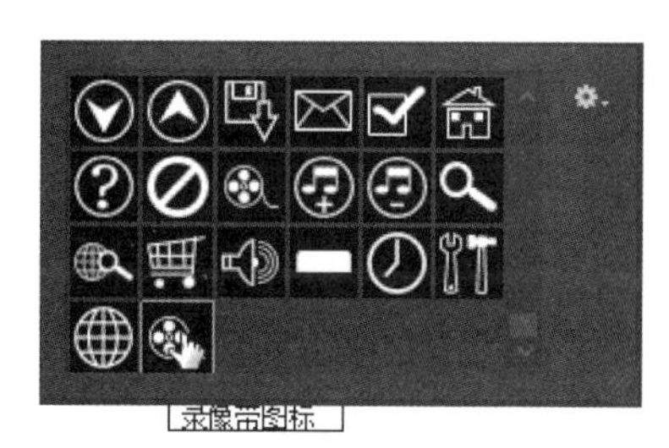

7.5 矢量工具 4——弧形钢笔工具

钢笔工具组是描绘路径的常用工具，而路径是 Photoshop CC 2018 提供的一种最精确、最灵活的绘制选区边界的工具，特别是其中的【钢笔工具】，使用它可以直接绘制线段路径和曲线路径。【钢笔工具】可以创建精确的直线和曲线，它在 Photoshop 中主要有两种用途：一是绘制矢量图形，二是选取对象。在作为选取工具使用时，【钢笔工具】描绘的轮廓光滑、准确，是精确的选取工具之一。

1. 【钢笔工具】使用技巧

① 绘制直线：分别在两个不同的地方单击就可以绘制直线。

② 绘制曲线：单击鼠标绘制出第一点，然后单击并拖曳鼠标绘制出第二点，这样就可以绘制曲线并使锚点两端出现方向线。方向点的位置及方向线的长短会影响曲线的方向和曲度。

③ 曲线之后接直线：绘制出曲线后，若要接着绘制直线，需要按【Alt】键暂时切换为转换点工具，然后在最后一个锚点上单击，使控制线只保留一段，再松开【Alt】键在新的位置单击另一点即可。

选择【钢笔工具】选项，单击选项栏中的按钮可以弹出【钢笔选项】设置面板。从中选中【橡皮带】复选框，即可在绘制时直观地看到绘制下一点的轨迹。

2. 使用【钢笔工具】绘制一节电池

第 1 步 新建一个 15 厘米 ×15 厘米的图形，如下图所示。

第 2 步 选择【钢笔工具】选项，并在选项栏中选择【路径】选项，在画面确定一个点开始绘制电池。电池下面部分，如下图所示。

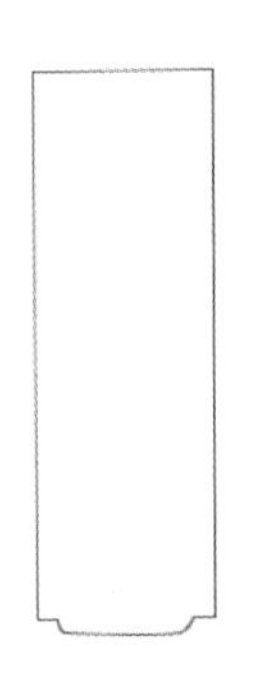

第3步 继续绘制电池上面部分，最终效果如下图所示。

3. 自由钢笔工具

【自由钢笔工具】可随意绘图，就像用铅笔在纸上绘图一样，绘图时将自由添加锚点，绘制路径时无须确定锚点位置；用于绘制不规则路径，其工作原理与磁性套索工具相同，它们的区别在于后者建立的是选区，前者建立的是路径。选择该工具后，在画面单击并拖曳鼠标即可绘制路径，路径的形状为鼠标指针运动的轨迹，Photoshop CC 2018 会自动为路径添加锚点，因而无须设定锚点的位置。

4. 添加锚点工具

【添加锚点工具】可以在路径上添加锚点，选择该工具后，将鼠标指针移至路径上，待指针显示为 形状时单击，即可添加一个锚点，如下图所示。

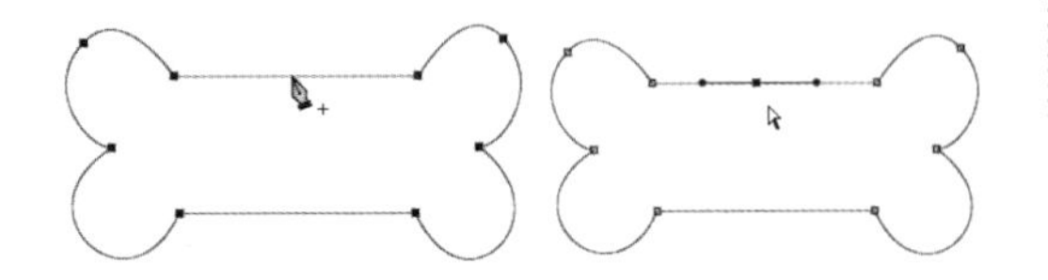

如果单击并拖曳鼠标，则可添加一个平滑点，如下图所示。

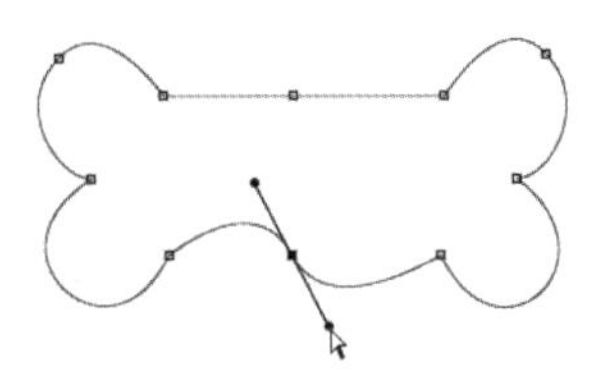

5. 删除锚点

使用【删除锚点工具】可以删除路径上的锚点。选择该工具后，将鼠标指针移至路径锚点上，待指针显示为 形状时单击，即可删除该锚点，如下图所示。

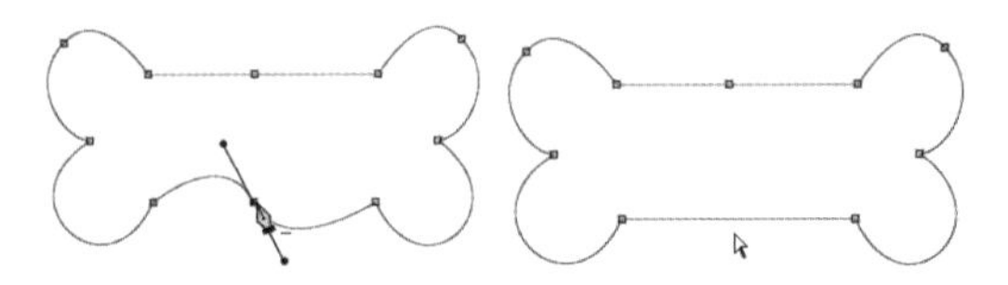

6. 转换点工具

【转换点工具】用来转换锚点类型，它可将角点转化为平滑点，也可将平滑点转换为角点。选择该工具后，将鼠标指针移至路径的锚点上，如果该锚点是平滑点，单击该锚点可以将其转化为角点，如下图所示。

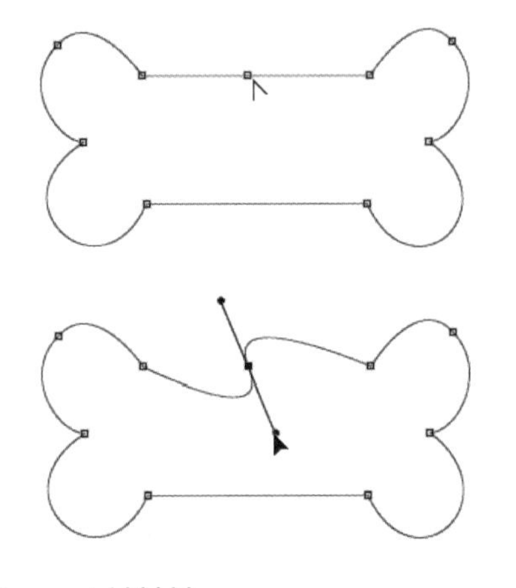

提示

如果该锚点是角点，单击该锚点可以将其转化为平滑点。

7. 弯度钢笔工具

【弯度钢笔工具】可以轻松地绘制平滑曲线和直线段。使用弯度钢笔工具，用户可以在设计中创建自定义形状或定义精确的路径。在执行该操作时，用户无须切换工具就能创建、切换、编辑、添加或删除平滑点或角点。

第 1 步 打开“素材 \ch07\7–5.jpg”图像，如下图所示。

第 2 步 如下图所示，选择主【工具箱】中的【弯度钢笔工具】选项。

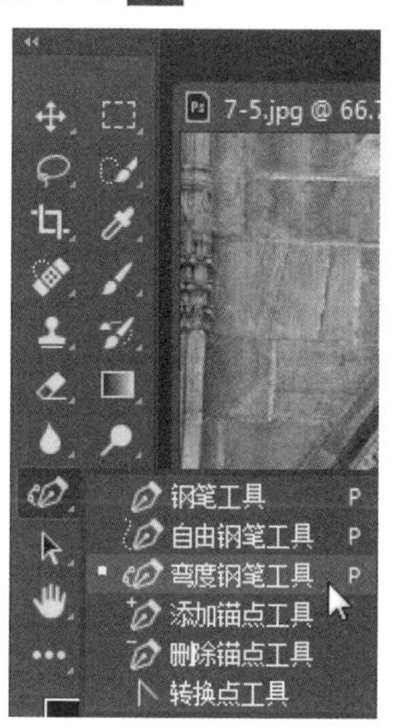

第 3 步 在图像上根据拱门结构单击创建路径，如下图所示。

第 4 步 用户可以在路径的任意位置单击来调节路径的曲率和位置，如下图所示。

第 5 步 在路径的锚点上双击，可以在弧线和角点之间切换，调整到需要的弧形路径即可，如下图所示。

渐变工具、图层和钢笔工具的使用

1. 商业插画绘制

第1步 选择【文件】→【新建】命令，新建一个名称为“春”、大小为 290 毫米 ×210 毫米、分辨率为“72 像素 / 英寸”、颜色模式为“CMYK 颜色”的文件，如下图所示。

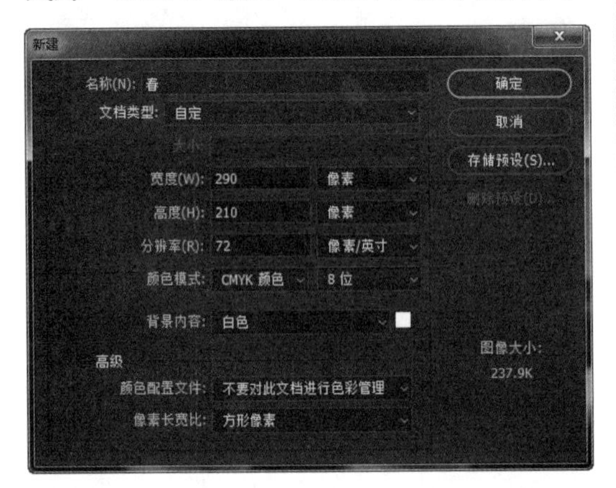

第2步 选择【渐变工具】选项，并在工具选项栏中单击【径向渐变】按钮和选择【点按可编辑渐变】选项。在弹出的【渐变编辑器】对话框中单击颜色条右下方的【色标】按钮，添加从米白色（C： 4、M：1、Y：19）到浅绿色（C：34、Y：100）的渐变色，如下图所示。

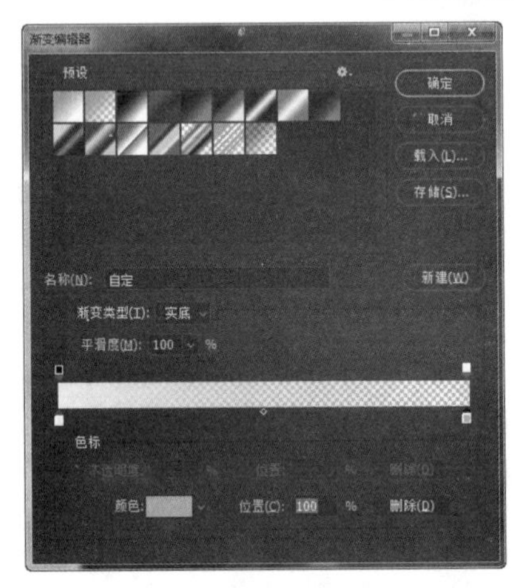

第3步 在画面中按住鼠标左键由中间向右边拖曳来进行径向渐变填充，如下图所示。

第4步 选择【文字工具】选项，分别输入“S”“p”“r”“i”“n”和“g”，如下图所示。

第5步 分别按【Ctrl+T】组合键来调整这些

字母的大小和位置，效果如下图所示。

第 6 步 按【Alt】键在【图层】面板上同时选择所有文字图层，再按【Ctrl ＋ E】组合键来合并图层，如下图所示。

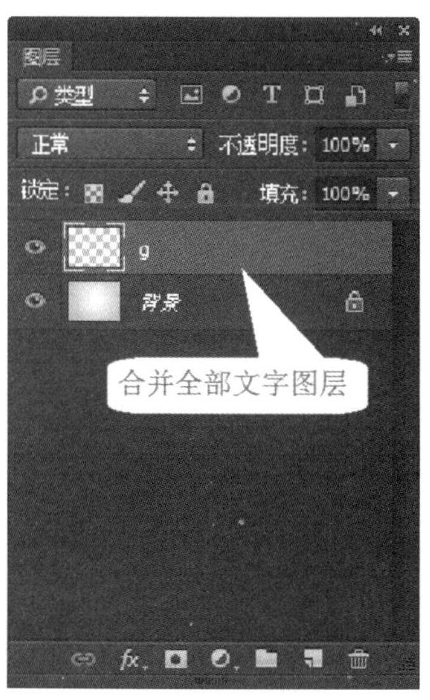

第 7 步 按【Ctrl 键】单击“图层 g”前面的“图层缩览图”建立选区，如下图所示。

渐变工具的应用及调整选区的具体操作步骤如下。

第 1 步 选择【渐变填充工具】选项，并在选项栏中单击【线性渐变】按钮 和选择【点按可编辑渐变】选项，如下图所示。

第 2 步 在弹出的【渐变编辑器】对话框中单击颜色条中间端下方的“色标”按钮，添加从橘红色（C： 0、M：70，Y：100、K：0）到黄色（C：0、M：0，Y：100、K：0）渐变色，如下图所示。

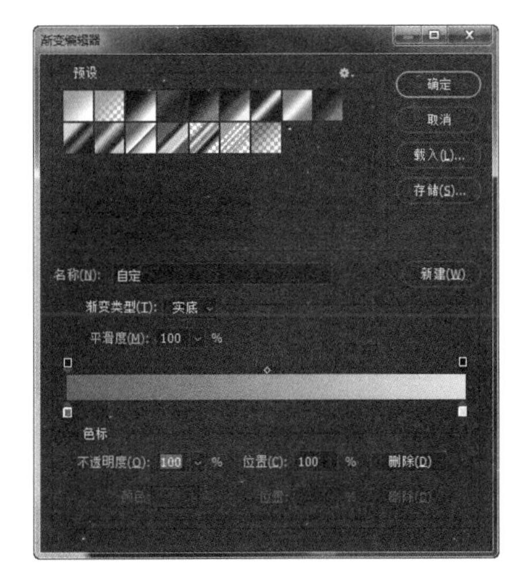

第 3 步 按住鼠标左键从上到下进行拖曳填充，再按【Ctrl+D】组合键取消选区，如下图所示。

第4步 选择【编辑】→【描边】命令，在打开的【描边】对话框中设置【宽度】为“3像素”，颜色为绿色（C：62，M：0，Y：100，K：0），如下图所示。

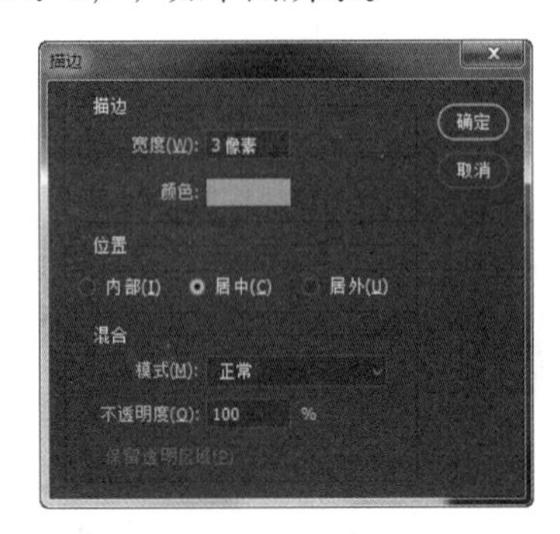

第5步 选择【文件】→【打开】命令，打开“素材\ch07\花边 01.psd”文件，使用【移动工具】将线描拖曳到春的画面中。

第6步 按【Ctrl+T】组合键，调整其大小和位置，并调整图层顺序，使文字在最顶端，效果如下图所示。

第7步 导入素材“花边 02.psd”和“花边 03.psd”，并将【图层 3】置于【图层 2】的上方，效果如下图所示。

第8步 导入素材“花边 04.psd”和“花边 05.psd”，调整图层顺序使【图层 4】置于“背景层”上方，【图层 5】置于【图层 1】的下方，效果如下图所示。

调整图层顺序的具体操作步骤如下。

第1步 导入素材“花边06.psd”和“花边07.psd”，调整图层顺序使【图层6】置于【图层1】上方，【图层7】置于【背景层】的上方，效果如下图所示。

第2步 导入素材“蝴蝶”，调整图层顺序将【图层6】置于图层顶端，效果如下图所示。

第3步 选择【多边形套索工具】选项，在需要调整位置的“蝴蝶”处绘制一个选区，再选择【移动工具】选项来移动位置，也可按【Ctrl+T】组合键来调整大小，效果如下图所示。

第4步 在【图层g】的蓝色区域双击，打开【图层样式】对话框，分别选中【投影】和【内阴影】复选框，设置【投影】颜色为（C：85，M：39，Y：100，K：39），其他设置如下图所示。

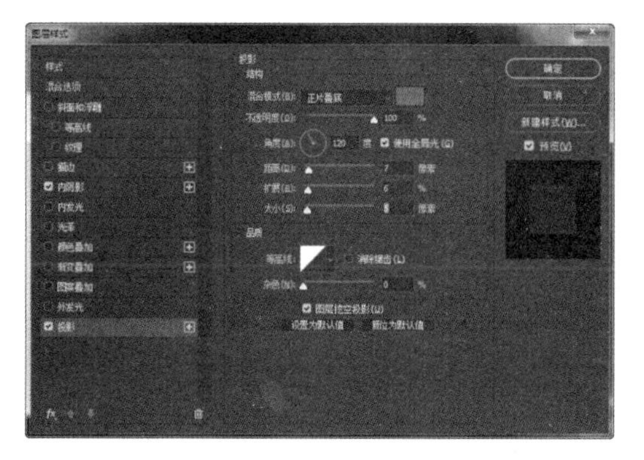

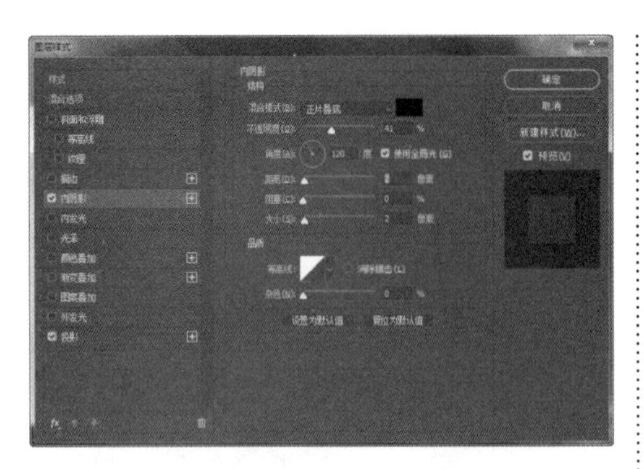

第 5 步 选择【文字工具】选项T，在图形右下角中输入相应文字信息，在【字符】面板中设置各项参数，将颜色设置为“白色”，大字字号设置为“14 点”，如下图所示。

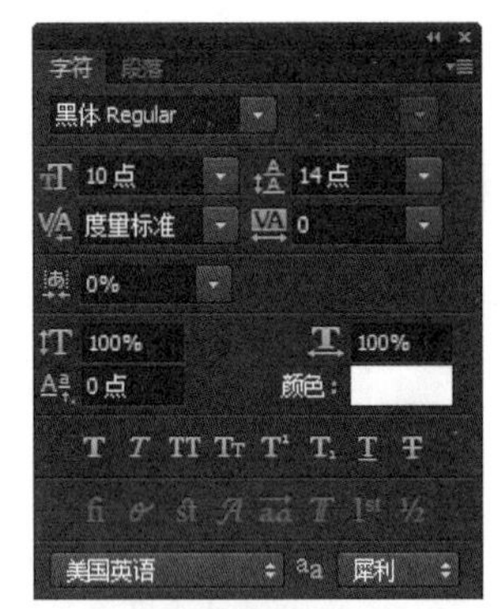

第 6 步 操作完成后效果如下图所示。

2. 手绘智能手表

本案例介绍使用【圆角矩形工具】【钢笔工具】等来绘制一个精美的智能手表，如下图所示。

（1）新建文件。

第 1 步 选择【文件】→【新建】命令。

第 2 步 在弹出的【新建】对话框中的【名称】文本框中输入“手表”，设置【宽度】为“800 像素”、【高度】为“1200 像素”、【分辨率】为“72 像素 / 英寸”，如下图所示。

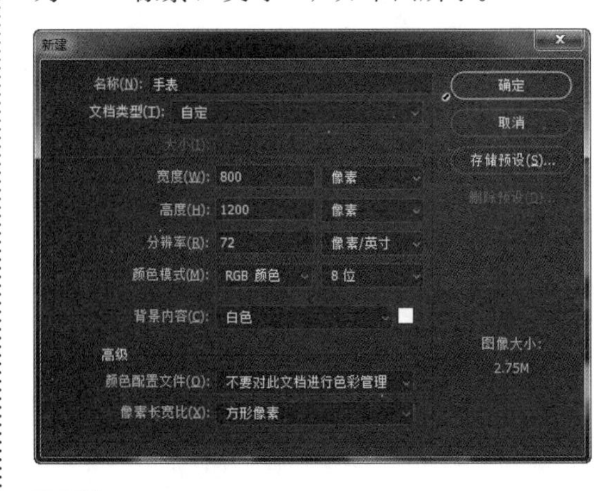

第 3 步 单击【确定】按钮，创建一个空白文档，如下图所示。

（2）绘制正面。

第 1 步 在【图层】面板中单击【创建新图层】按钮，新建【图层 1】图层。

第 2 步 选择【圆角矩形工具】选项，在选项栏中单击【形状】按钮，设置半径为“45”像素，单击按钮，在打开的【圆角矩形选项】设置面板中设置【W】为“12 厘米”、【H】为“14 厘米”，如下图所示。

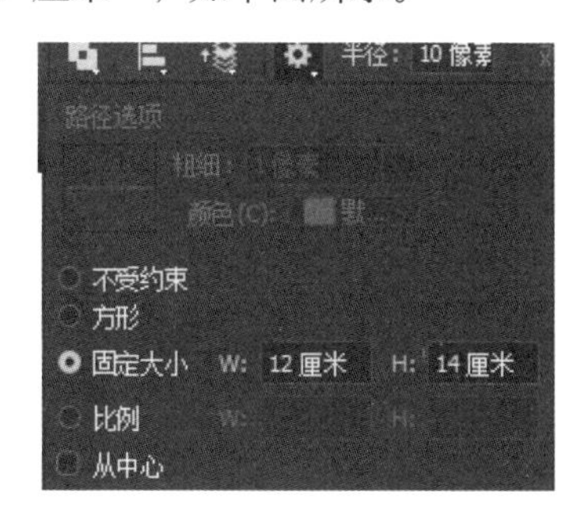

第 3 步 设置前景色为白色，在画面上单击绘制一个白色圆角矩形，如下图所示。

第 4 步 由于背景色也是白色，看不出图形，所以为【图层 1】添加【投影】图层样式，效果如下图所示。

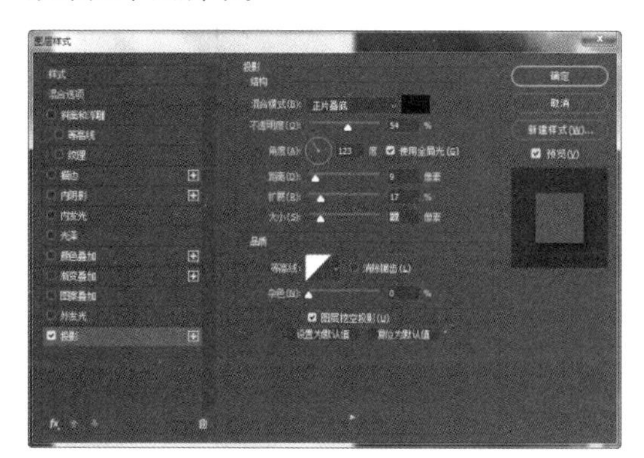

第 5 步 在【图层】面板中单击【创建新图层】按钮，新建【图层 2】图层。

第 6 步 选择【圆角矩形工具】选项，在选项栏中单击【形状】按钮，设置半径为“40”像素，单击按钮，在打开的【圆角矩形选项】设置面板中设置【W】为“11 厘米”、【H】为“13 厘米”，如下图所示。

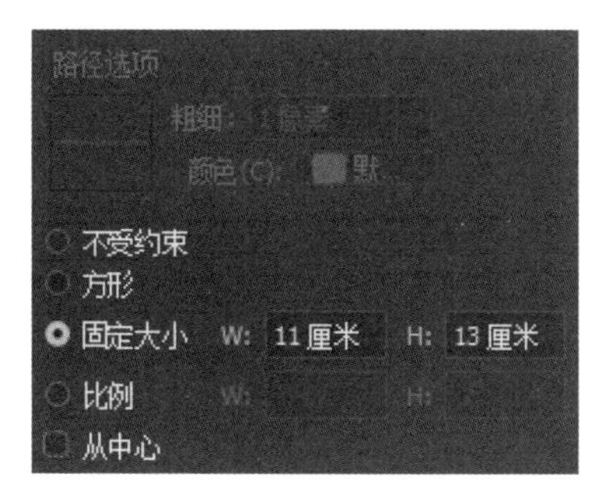

第7步 设置前景色为黑色，在画面上单击绘制一个黑色圆角矩形，如下图所示。

（3）填充渐变色。

第1步 单击【图层 1】，并建立【图层 1】的选区，如下图所示。

第2步 选择【选择】→【修改】→【收缩】命令，在弹出的【收缩选区】对话框中设置【收缩量】为“3”像素，如下图所示。

第3步 选择【渐变工具】选项■，在选项栏上选择【点按可编辑渐变】选项，在弹出的【渐变编辑器】对话框中设置渐变颜色，单击【确定】按钮，如下图所示。

位置	颜色 CMYK
0	93，88，89，80
14	0，0，0，0
92	0，0，0，0
100	93，88，89，80

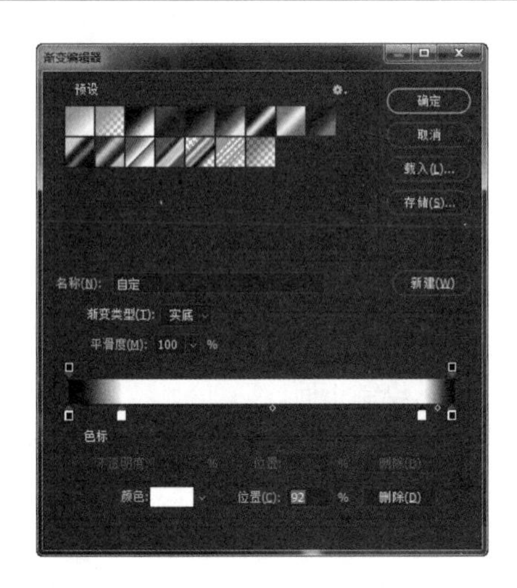

第4步 新建【图层 2】，按【Shift】键在矩形上创建一个线性渐变，效果如下图所示。

（4）添加内投影效果。

第1步 在【图层】面板上双击【图层 2】缩览图，弹出【图层样式】对话框，如下图所示，选择【内发光】选项，设置颜色为“黑色”。

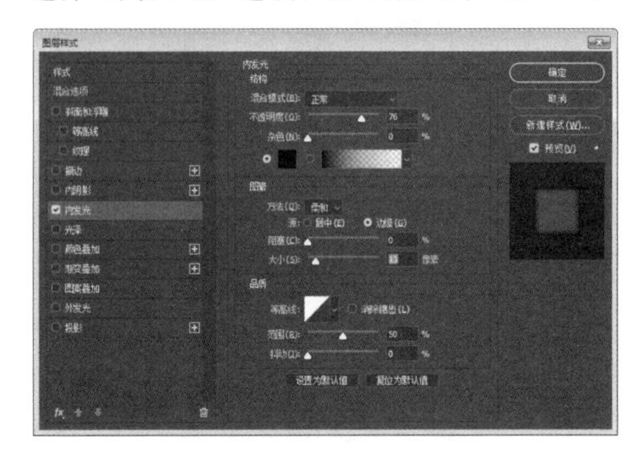

第 2 步 单击【确定】按钮，效果如下图所示。

（5）绘制反光细节。

第 1 步 新建【图层 3】，选择【多边形套索工具】选项，创建一个矩形选区，如下图所示。

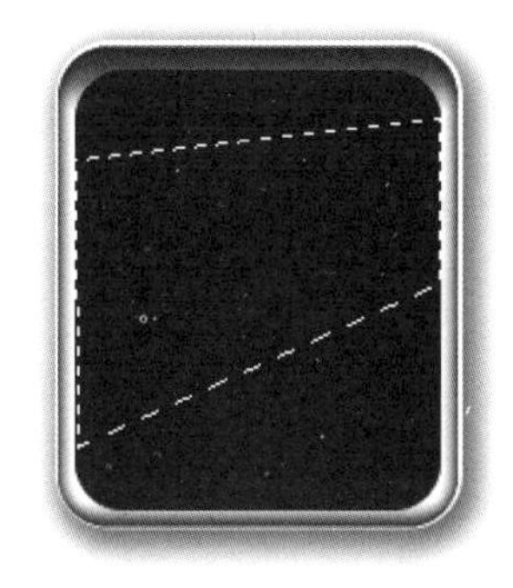

第 2 步 选择【渐变工具】选项，在选项栏上选择【点按可编辑渐变】选项，在弹出的【渐变编辑器】对话框中设置白色到白色的渐变，并设置左边的白色不透明度为“0”，单击【确定】按钮，如下图所示。

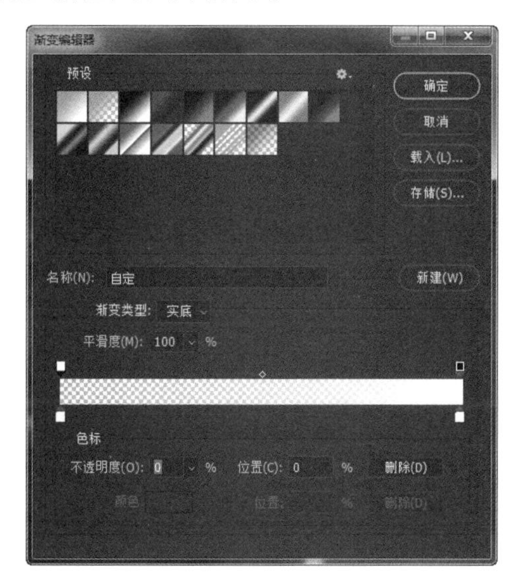

第 3 步 按【Shift】键在矩形上创建一个线性渐变，然后取消选择，如下图所示。

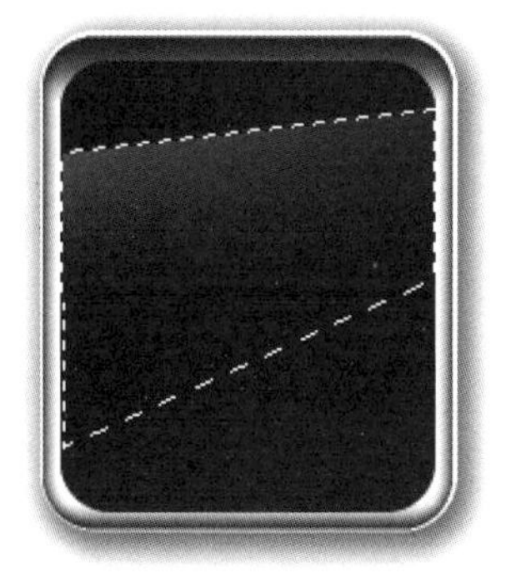

第 4 步 将【图层 4】的图层不透明度设置为“45”，效果如下图所示。

第 5 步 在【图层】面板上双击黑色的【圆角矩形 1】缩览图，弹出【图层样式】对话框，

如下图所示。选择【内发光】选项，设置颜色为“白色”。

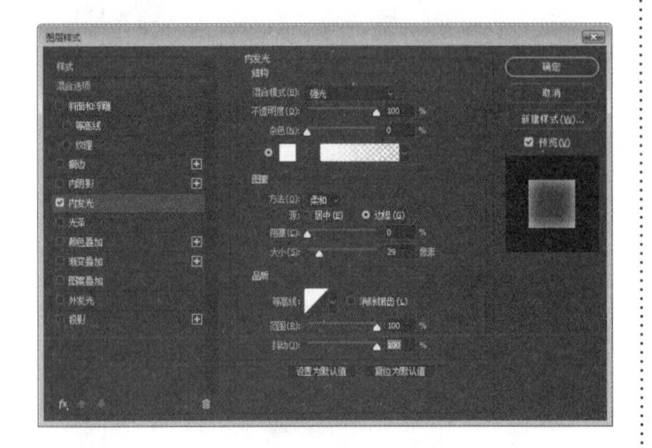

第6步 单击【确定】按钮，效果如下图所示。

(6)添加素材。

第1步 打开“素材\ch07\7-3.jpg”图像，如下图所示。

第2步 选择【移动工具】选项将图像拖曳到“手表”文档中。按【Ctrl+T】组合键调整图像的位置和大小，使其符合屏幕大小，并设置【图层混合模式】为【变亮】，效果如下图所示。

(7)制作按键。

第1步 新建一个图层，设置前景为白色，选择【矩形工具】命令在“手表”的右方绘制一个矩形，如下图所示。

第2步 将【图层1】的图层样式复制到【按钮】图层上，如下图所示。

第3步 在【图层】面板上双击【按钮】图层缩览图，弹出【图层样式】对话框，如下图所示。选择【内发光】选项，设置颜色为“黑色”。

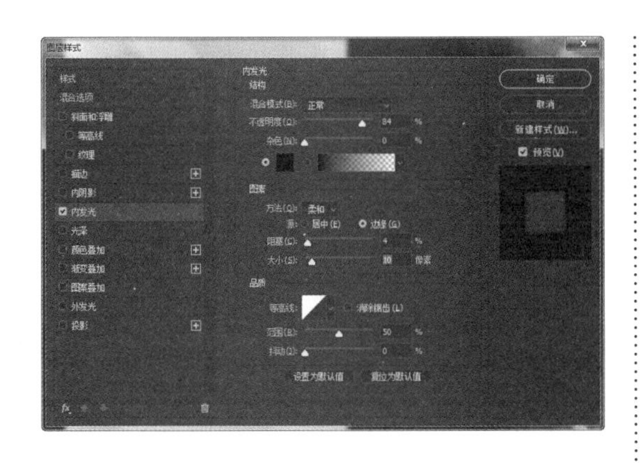

（8）绘制表带。

第 1 步 新建一个图层，在选项栏中选择【像素】选项。设置前景色为深咖啡色，选择【钢笔工具】命令在画面绘制表带，如下图所示。

第 2 步 在【图层】面板上双击【表带】图层缩览图，弹出【图层样式】对话框，如下图所示。选择【内发光】选项，设置颜色为“黑色”。

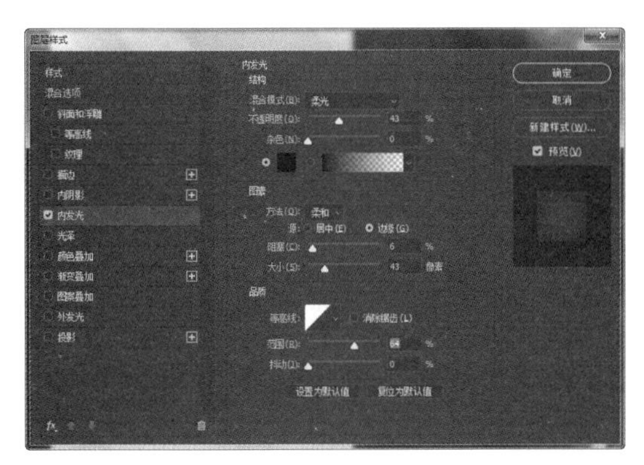

第 3 步 新建一个图层，选择【矩形选框工具】命令，在表带和表盘衔接处绘制一个矩形，并填充为“透明 － 白色 － 透明”渐变色，如下图所示。

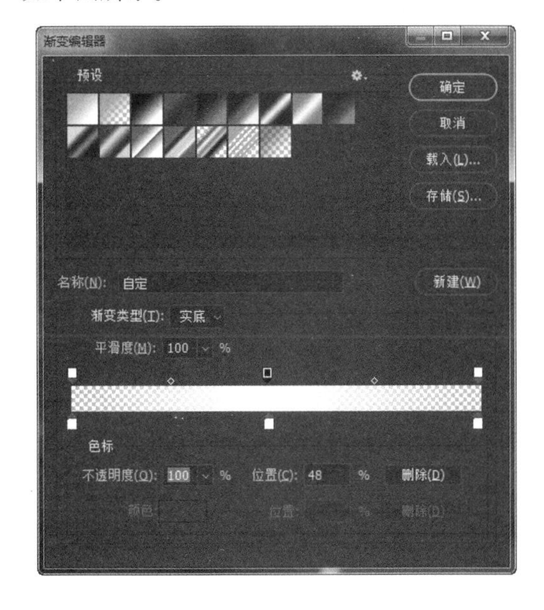

第 4 步 取消选区，设置该图层的【图层混合模式】为【柔光】，同理复制一个表带到下方，效果如下图所示。

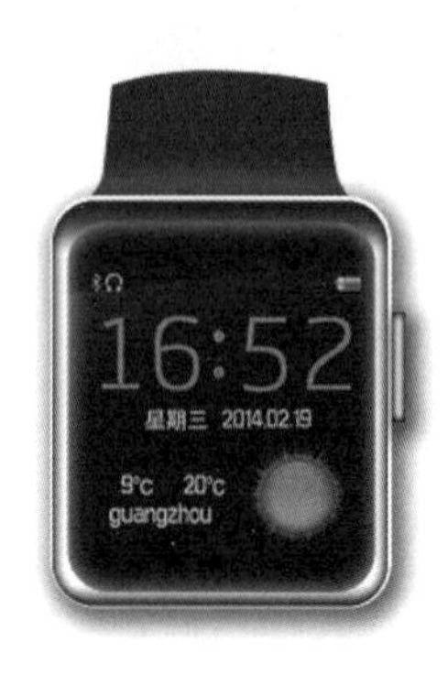

第 5 步 最后，将【图层 1】的图层样式复制到【表带】图层上，效果如下图所示。

◇ 选择不规则图像

下面介绍如何选择不规则图像。

【钢笔工具】不仅可以用来编辑路径，还可以更为准确地选择文件中的不规则图像。具体的操作步骤如下。

第 1 步 选择【文件】→【打开】命令。

第 2 步 打开“素材\ch07\7-4.jpg”图像，如下图所示。

第 3 步 在工具箱中选择【自由钢笔工具】选项，然后在【自由钢笔工具】选项栏中选中【磁性的】复选框。

第 4 步 将鼠标指针移到图像窗口中，沿着花瓶的边缘单击并拖曳，即可沿图像边缘产生路径，如下图所示。

第 5 步 在图像中右击，从弹出的快捷菜单中选择【建立选区】命令，如下图所示。

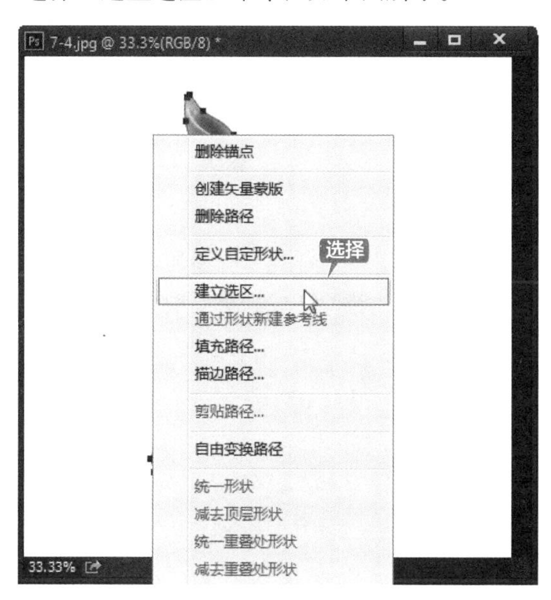

第 6 步 弹出【建立选区】对话框，在其中根据需要设置选区的羽化半径，如下图所示。

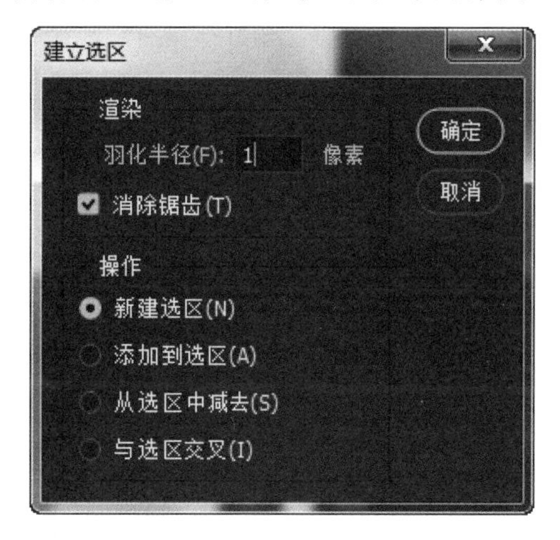

第 7 步 单击【确定】按钮，即可建立一个新的选区。这样，图中的花瓶就选择好了，如下图所示。

◇ 钢笔工具显示状态

在使用【钢笔工具】时，鼠标指针在路径和锚点上有不同的显示状态，通过对这些状态的观察，可以判断【钢笔工具】此时的功能，了解鼠标指针的显示状态，以便更加灵活地使用钢笔工具。

状态：当鼠标指针在画面中显示为 形状时单击，即可创建一个角点，单击并拖曳鼠标可以创建一个平滑点。

状态：在工具选项栏中选中【自动添加 / 删除】复选框后，当鼠标指针显示为形状时单击，即可在路径上添加锚点。

状态：选中【自动添加 / 删除】复选框后，当鼠标指针在当前路径的锚点上显示为形状时单击，即可删除该点。

状态：在绘制路径的过程中，将鼠标指针移至路径的锚点上时，鼠标指针会显示为形状，此时单击即可闭合路径。

状态：选择了一个开放的路径后，将鼠标指针移至该路径的一个端点上，鼠标指针显示为形状时单击，即可继续绘制路径。如果在路径的绘制过程中将【钢笔工具】移至另外一个开放路径的端点上，当鼠标指针显示为形状时单击，即可将两端开放式的路径连接起来。

第 8 章 创建文字及效果

本章导读

文字是平面设计的重要组成部分，它不仅可以传递信息，还能起到美化版面、强化主题的作用。Photoshop CC 2018 软件提供了多个用于创建文字的工具，文字的编辑和修改也非常灵活。

思维导图

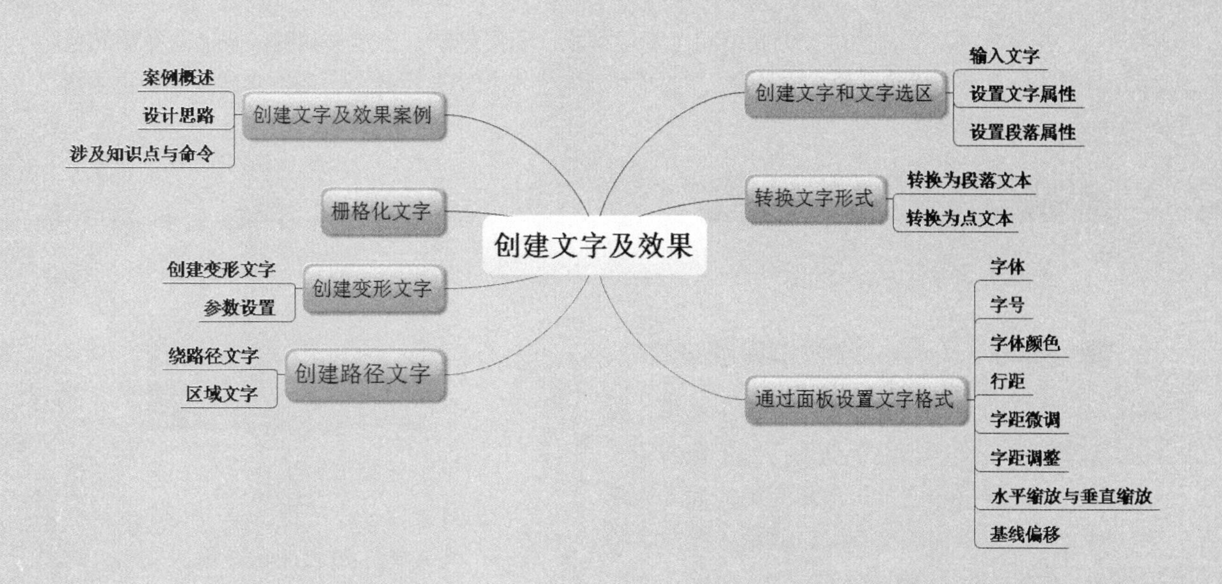

8.1 创建文字及效果案例

现代艺术字体以美术字、POP 字、变形字和特效字为代表，这些字体被广泛应用于平面设计、印刷出版、商品包装和影视特效等各个领域。除了字体本身具有的造型外，一些经过设计特意制作出的字体效果，不仅能美化版面，还能突出作品中的重点。因此，现代艺术字体具有实际的宣传效果。在特殊字体效果的设计方法中，Photoshop CC 以其操作简便、修改方便，并且具有独特的艺术性而成为字体设计者广泛使用的工具。

案例名称：创建文字及效果案例

案例目的：以美术字、变形字、POP 字和特效字创建文字

	素材	素材 \ch08\8-1.jpg
	结果	结果 \ch08\8-1.jpg
	录像	视频教学录像 \08 第 8 章

8.1.1 案例概述

本案例主要介绍文字编排、字体选择及字体的应用；艺术字、变形字和多种特效字的制作方法；字体与字体的组合、文字与图案的组合等。本案例按照实际应用领域分类，介绍了多种效果的具体操作步骤。

8.1.2 设计思路

在本案例文字特效中，大量使用了图层样式、图层复制、自定形状图案及通道复制和色阶调整等命令来制作炫彩的文字效果，在工作中读者可根据需要设计不同的文字特效来突出主题，加强字体的宣传效果。

8.1.3 涉及知识点与命令

本案例主要涉及以下知识点。

1. Photoshop 文字工具如何使用

在工具箱中选择【文字工具】选项，如选择【横排文字工具】选项，如下图所示。然后在图像上单击，当出现闪动的插入光标时，即可直接输入文字。这时输入的文字称为点文字，不会自动换行。

如果需要输入一大段文字，可以在选择文字工具之后，在图像上单击并拖曳鼠标生成一个文本框，然后在其中输入文字，这时文字会随着文本框而自动换行。

提示

点文字不能自动换行，可以按【Enter】键进入下一行，点文字适用于输入少量文字的情况。段落文字具备自动换行的功能，适合输入大段文字。生成的段落文字框有 8 个控制把柄，可以控制文本框的大小和旋转方向，文本框的中心点图标表示旋转的中心点，按【Ctrl】键的同时可拖曳鼠标改变中心点的位置，从而改变旋转的中心点。

按【Shift+T】组合键，可以在横排、直排、横排文字蒙版和直排文字蒙版工具之间来回切换。

2. Photoshop 文字工具如何结束输入

在文字编辑状态下，按【Enter】键会新建一行，按【Ctrl+Enter】组合键或小键盘的【Enter】键可以结束文字编辑状态，完成文字输入。

3. Photoshop 文字工具选项栏介绍

选择【文字工具】选项，可以看到文字选项栏中提供了一些输入文字和文字外形的选项。Photoshop 文字工具的各个选项如下图所示。

4. Photoshop 文字工具对应的图层介绍

Photoshop CC 2018 软件将文字以独立图层的形式存放，输入文字后会自动建立一个文字图层，图层名称就是文字的内容。

文字图层是一种特殊的图层，不能通过传统的选取工具来选择某些文字（转换为普通图层后可以，方法是：在文字图层上右击，选择【栅格化文字】选项，栅格化之后不能再编辑文字内容），而只能在编辑状态下，在文字中拖曳鼠标选择某些字符。如果选择多个字符，字符之间必须是连续的。

文字栅格化就是将文本格式的图层转变为普通图层，也就是位图文件，Photoshop CC 2018 中有很多滤镜功能都是针对位图进行的。可以对任何的图层添加滤镜效果，但不能对文字图层添加滤镜效果。文字图层转换为普通图层后，也就不具有文字的一些性质，所以在进行文字的栅格化之前，必须将文字调整好。

5. 为 Photoshop 文字添加效果

不论是给文本格式还是图像文件添加效果，都可以单击图层面板中的【添加图层样式】按钮来改变文字的单一模式，如为文字添加投影、浮雕、描边等效果。

6. Photoshop 文字的变形

输入文字，单击选项栏中的【变形文字】按钮，弹出【变形文字】对话框，如下图所示，在其中可以设置的变形样式有固定的扇形、上弧、下弧、拱形、凸起、贝壳、花冠、旗帜、波浪、鱼形、增加、鱼眼、膨胀、挤压、扭转等。

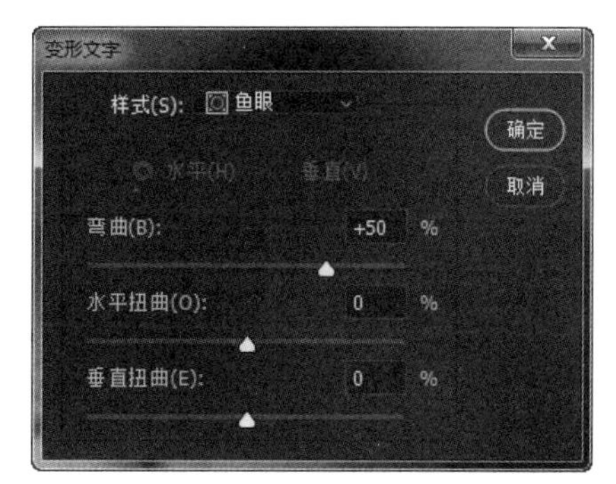

8.2 创建文字和文字选区

Adobe Photoshop 中的文字由基于矢量的文字轮廓（即以数学方式定义的形状）组成，这些形状描述出字母、数字和符号。文字是人们传达信息的主要方式，在设计工作中显得尤为重要。文字的不同大小、颜色及不同的字体传达的信息也不相同，因此用户应该熟练掌握文字的输入与设定。

8.2.1 输入文字

输入文字的工具有【横排文字工具】、【直排文字工具】、【横排文字蒙版工具】和【直排文字蒙版工具】4 种，后两种工具主要用来建立文字选区。

利用文字输入工具可以输入两种类型的文字：点文本和段落文本。

点文本适用于较少文字的场合，如标题、产品和书籍的名称等，如下图所示。输入时选择【文字工具】选项，然后在画布中单击输入即可，它不会自动换行。

段落文本主要用于报刊杂志、产品说明和企业宣传册等，如下图所示。输入时可选择【文字工具】选项，然后在画布中单击并拖曳鼠标生成文本框，在其中输入文字即可，它会自动换行形成一段文字。

创建文字时，【图层】面板中会添加一个新的文字图层。创建文字图层后，可以编辑文字并对其应用图层命令。下面介绍输入文字的具体操作步骤。

第1步 打开“素材\ch08\8-1.jpg”文件，如下图所示。

第 2 步 选择【文字工具】选项 T，在文档中单击，输入标题文字，如下图所示。

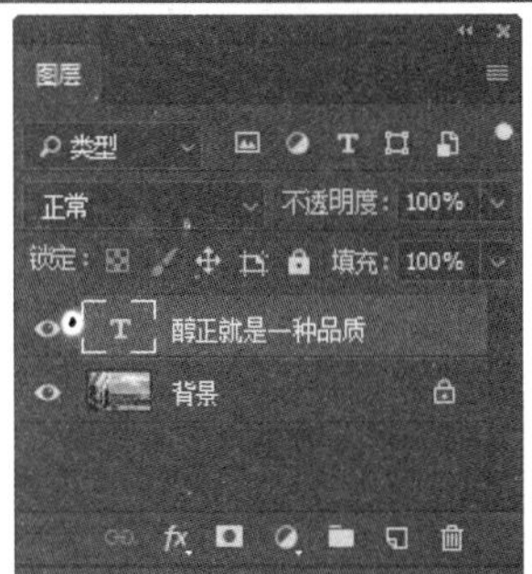

第 3 步 选择【文字工具】选项，在文档中单击并向右下角拖曳出一个文本框，此时文本框中会出现闪烁的光标，在文本框内输入文本，如下图所示。

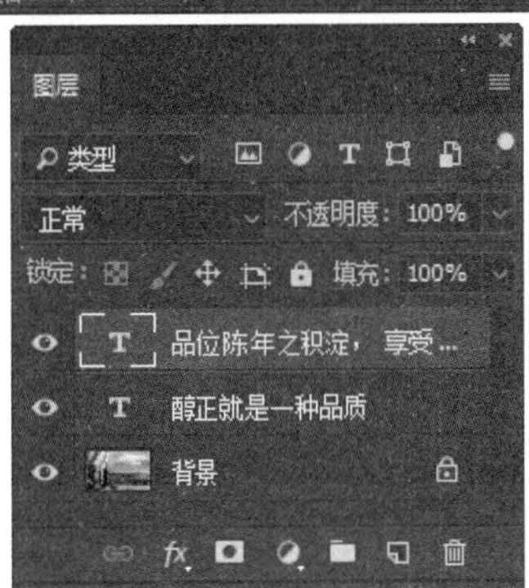

提示

当创建文字时，在【图层】面板中会添加一个新的文字图层，在 Photoshop CC 2018 中，还可以创建文字形状的选框。

8.2.2 设置文字属性

在 Photoshop CC 2018 中，通过文字工具的选项栏可以设置文字的方向、大小、颜色和对齐方式等。

1. 调整文字

第 1 步 继续上面的文字文档，选择标题文字，在工具选项栏中设置字体为“华文楷体”、大小为“30 点”、颜色为“白色”，如下图所示。

第 2 步 选择文本框内的文字，在工具选项栏中设置字体为“华文仿宋”、大小为“24 点”、颜色为“白色”，如下图所示。

2. 【文字工具】的参数设置

【更改文字方向】按钮：单击此按钮可以在横排文字和竖排文字之间进行切换。

【字体】设置框：设置字体类型。

【字号】设置框：设置文字大小。

【消除锯齿】设置框：消除锯齿的方法包括【无】【锐利】【犀利】【浑厚】和【平滑】等，通常设定为【平滑】。

【段落格式】设置区：包括【左对齐】按钮、【居中对齐】按钮和【右对齐】按钮。

【文本颜色】设置项：单击可以弹出【拾色器（前景色）】对话框，在该对话框中可以设定文本颜色。

【创建文字变形】按钮：设置文字的变形方式。

【切换字符和段落面板】按钮：单击该按钮可打开【字符】和【段落】面板。

按钮：取消当前的所有编辑。

按钮：提交当前的所有编辑。

> **提示**
>
> 在对文字大小进行设定时，可以先通过文字工具拖曳选中文字，然后使用快捷键对文字大小进行更改。

① 更改文字大小的快捷键如下。

【Ctrl+Shift+>】组合键：增大字号。

【Ctrl+Shift+<】组合键：减小字号。

② 更改文字间距的快捷键如下。

【Alt+ ←】组合键：可以减小字符的间距。

【Alt+ →】组合键：可以增大字符的间距。

③ 更改文字行间距的快捷键如下。

【Alt+ ↑】组合键：可以减小行间距。

【Alt+ ↓】组合键：可以增大行间距。

文字输入完毕，可以使用【Ctrl + Enter】组合键提交文字。

8.2.3 设置段落属性

在 Photoshop CC 2018 软件中，创建段落文字后，可以根据需要调整文本框的大小，文字会自动在调整后的文本框中重新排列，通过文本框还可以旋转、缩放和斜切文字。下面介绍设置段落属性的具体操作步骤。

第1步 打开“素材\ch08\8-2.psd”文档，如下图所示。

第 2 步 选择文字后，在选项栏中单击【切换字符和段落面板】按钮，弹出【字符】面板，切换到【段落】面板，如下图所示。

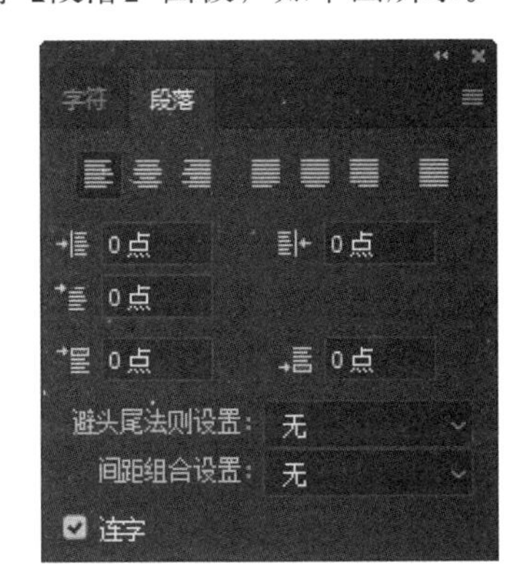

第 3 步 在【段落】面板上单击【右对齐文本】按钮，将文本对齐，如下图所示。

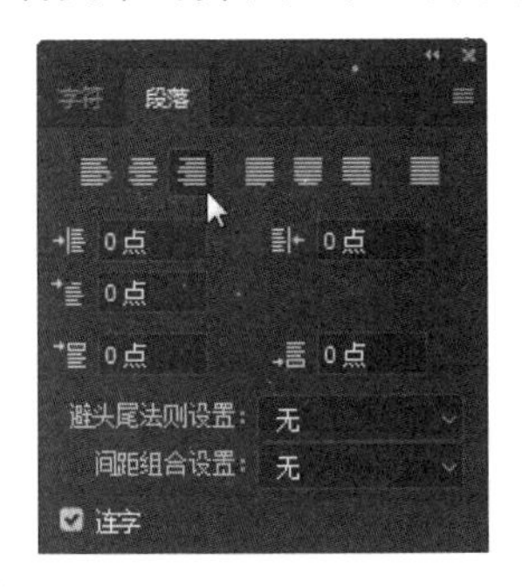

第 4 步 最终效果如下图所示。

> **提示**
>
> 要在调整文本框大小时缩放文字，应在拖曳手柄的同时按【Ctrl】键。

若要旋转文本框，可将鼠标指针定位在文本框外，此时鼠标指针会变为弯曲的双向箭头 形状。

按【Shift】键并拖曳鼠标可将旋转限制为按 15° 进行。若要更改旋转中心，按【Ctrl】键并将中心点拖曳到新位置即可，中心点可以在文本框的外面。

8.3 转换文字形式

Photoshop CC 2018 软件中的点文字和段落文字是可以相互转换的。如果是点文字，可选择【文字】→【转换为段落文本】命令，如下图所示。将其转换为段落文本后，各文本行彼此独立，每行的末尾（最后一行除外）都会添加一个回车符号。

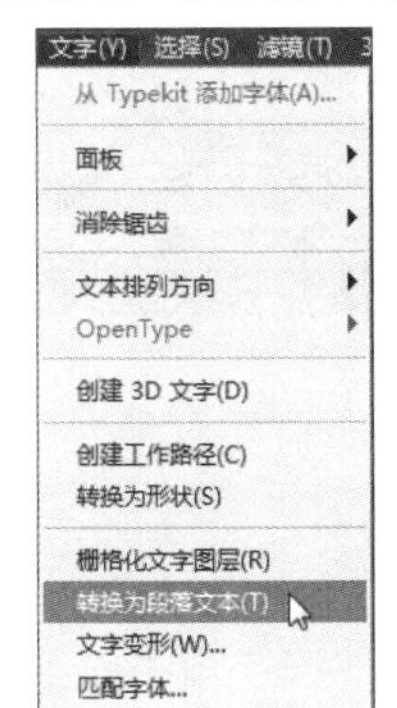

如果是段落文字，可选择【文字】→【转换为点文本】命令，将其转换为点文本，如下图所示。

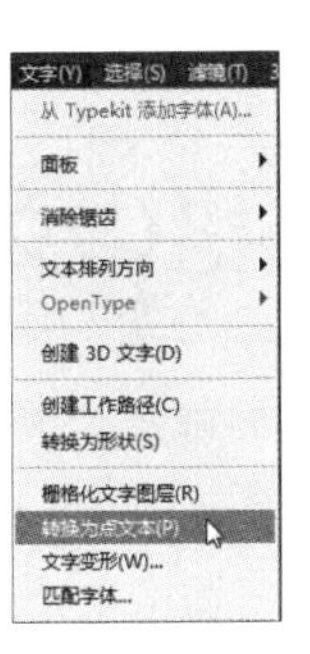

8.4 通过面板设置文字格式

格式化字符是指设置字符的属性，包括字体、大小、颜色和行距等。输入文字之前可以在工具选项栏中设置文字属性，也可以在输入文字后在【字符】面板中为选择的文本或字符重新设置这些属性，如下图所示。

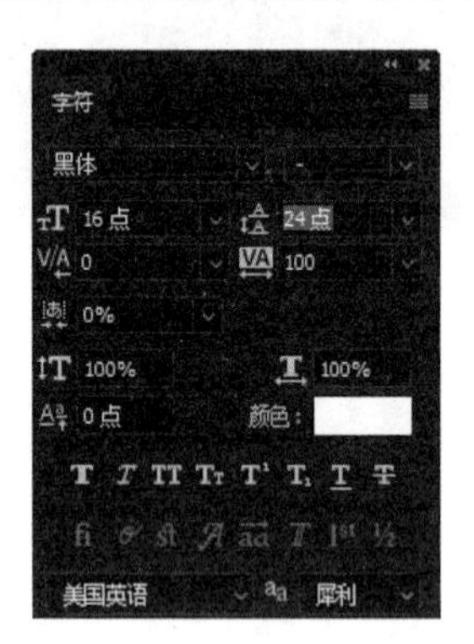

设置字体：单击其右侧的下拉按钮，在弹出的下拉列表中可以选择字体。

设置文字大小：单击【字体大小】选项右侧的下拉按钮，在弹出的下拉列表中选择需要的字号或直接在文本框中输入字体大小值。

设置文字颜色：单击可以打开【拾色器】对话框，从中选择字体颜色。

行距：设置文本中各个文字之间的垂直距离。

字距微调：用来调整两个字符之间的间距。

字距调整：用来设置整个文本中所有的字符。

水平缩放与垂直缩放：用来调整字符的宽度和高度。

基线偏移：用来控制文字与基线的距离。

下面介绍调整字体的具体操作步骤。

第1步 对上面的文档继续进行文字编辑。选择文字后，在选项栏中单击【切换字符和段落面板】按钮，弹出【字符】面板，设置如下图所示的参数，将颜色设置为“黄色”，如下图所示。

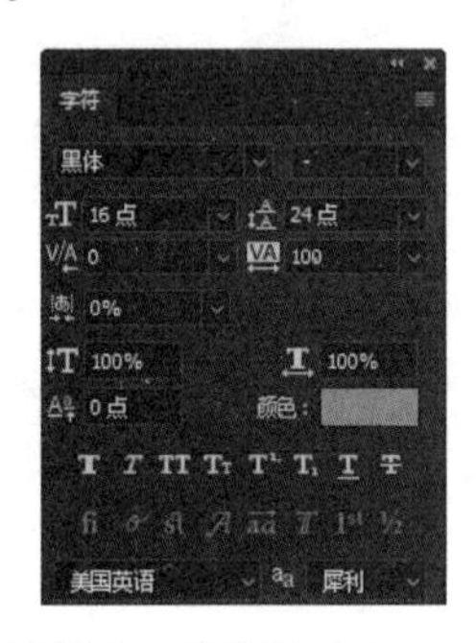

第2步 最终效果如下图所示。

8.5 栅格化文字

输入文字后即可对文字进行编辑，但并不是所有的编辑命令都能适用于刚输入的文字，文字图层是一个特殊的图层，不属于图像类型。因此，要想对文字进行进一步的编辑，就必须对文字进行栅格化处理，将文字转换成一般的图像后再进编辑。

下面介绍文字栅格化处理的具体操作步骤。

第1步 单击工具箱中的【移动工具】按钮，选择文字图层，如下图所示。

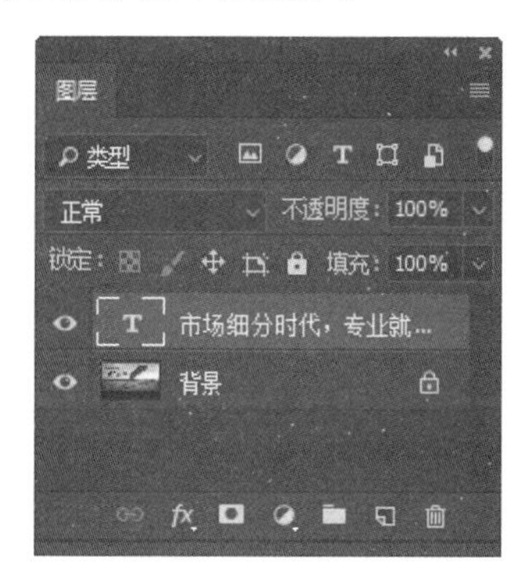

第2步 选择【图层】→【栅格化】→【文字】命令，如下图所示。

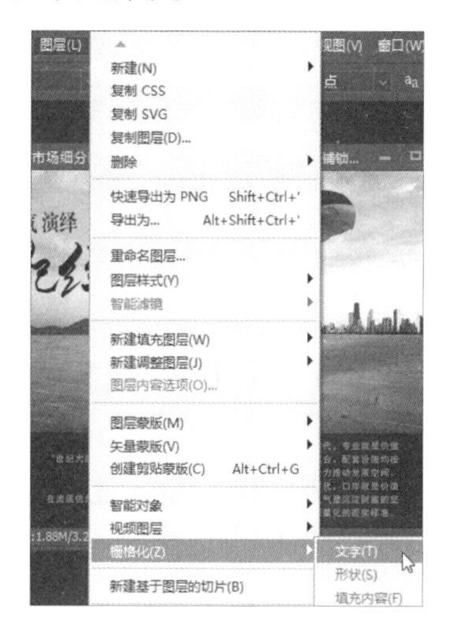

第3步 栅格化后的效果如下图所示。

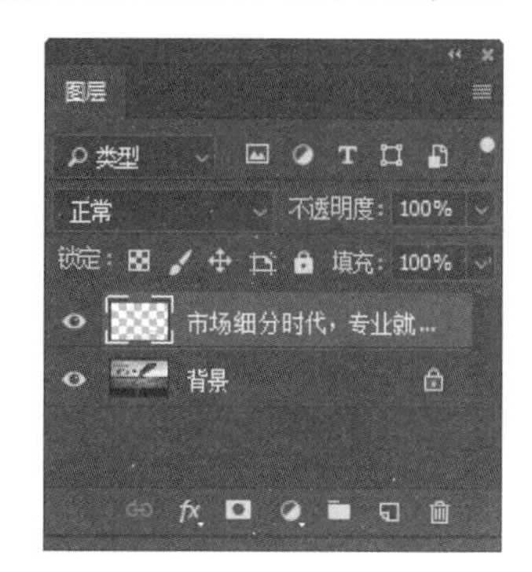

提示

文字图层被栅格化后，就成为一般图形，而不再具有文字的属性。文字图层变为普通图层后，可以对其直接应用滤镜效果。

第4步 用户在【图层】面板上右击，在弹出的快捷菜单中选择【栅格化文字】命令，如下图所示，也可以得到相同的效果。

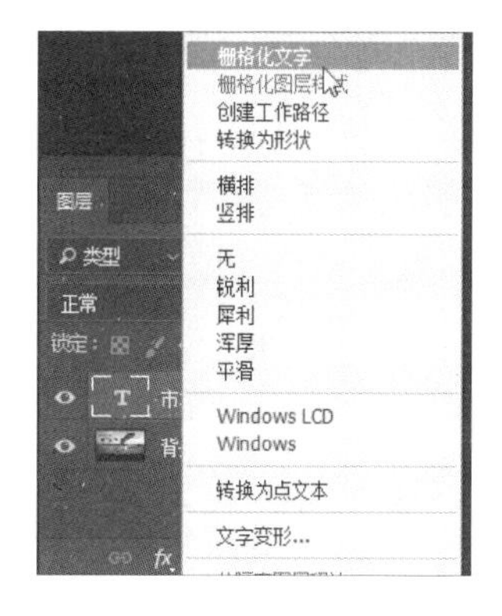

8.6 创建变形文字

为了增强文字的效果，可以创建变形文本。选择创建好的文本，单击 Photoshop CC 2018 文字选项栏上的【变形文字】按钮，可以打开【变形文字】对话框。

1. 创建变形文字

第1步 打开“素材\ch08\8-3.jpg”文档，如下图所示。

第2步 选择【横排文字工具】选项，在需要输入文字的位置输入文字，然后选中文字，如下图所示。

第3步 在选项栏中单击【创建变形文本】按钮 ，在弹出的【变形文字】对话框的【样式】下拉列表中选择【扇形】选项，并设置其他参数，如下图所示。

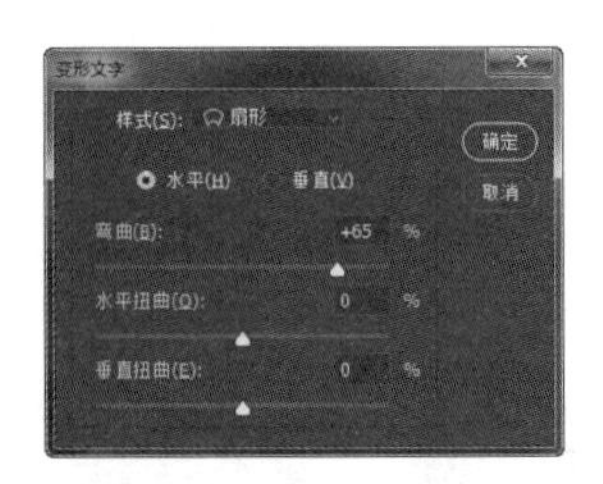

第4步 单击【确定】按钮，最终效果如下图所示。

2.【变形文字】对话框的参数设置

【样式】下拉列表：用于选择哪种风格的变形。单击右侧的下拉按钮，即可弹出样式风格菜单。

【水平】和【垂直】单选按钮：用于选择弯曲的方向。

【弯曲】【水平扭曲】和【垂直扭曲】设置项：用于控制弯曲的程度，输入适当的数值或拖曳滑块均可。

8.7 创建路径文字

路径文字是可以使用钢笔工具或形状工具创建的在工作路径的边缘排列的文字。路径文字可以分为绕路径文字和区域文字两种。

① 绕路径文字是文字沿路径放置，可以通过对路径的修改来调整文字组成的图形效果，如下图所示。

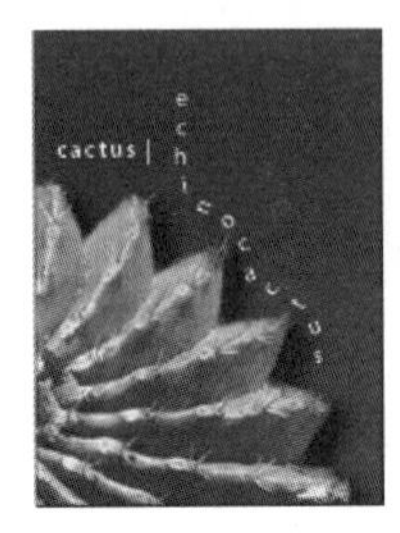

② 区域文字是文字放置在封闭路径内部，形成与路径相同的文字块，然后通过调整路径的形状来调整文字块的形状，如下图所示。

This group of the plant kingdom comprises of the organisms generally known as the flowering plants or angiosperms. Angiosperms are characterized by roots, stems, leaves and vascular, or conducting, tissue (xylem and phloem). The term angiosperm means "enclosed seed", since the ovules, which develop into seeds, are enclosed within an ovary. The flowering plants are the source of all agricultural crops, cereal grains and grasses, garden and roadside weeds, familiar broad-leaved shrubs and trees, and most ornamentals.

下面介绍创建绕路径文字效果，具体操作步骤如下。

第 1 步 打开“素材 \ch08\8-4.jpg”图像，如下图所示。

第 2 步 选择【钢笔工具】选项，在工具选项栏中单击【路径】按钮，绘制希望文本遵循的路径，如下图所示。

第 3 步 选择【文字工具】选项 T，将鼠标指针移至路径上，当指针变为形状时在路径上单击，然后输入文字即可，如下图所示。

第 4 步 选择【直接选择工具】选项，当鼠标指针变为形状时沿路径拖曳即可，效果如下图所示。

举一反三

使用文字工具和图层样式制作特殊文字

1. 金属镂空文字

本案例主要介绍制作个性鲜明的金属镂空文字，重叠立体的渐变文字特效在红色的背景下跳跃，并具有很强的视觉冲击力。具体操作步骤如下。

第1步 打开“结果\ch08\金属镂空文字.psd”文件，可查看该文字的效果图，如下图所示。

第2步 选择【文件】→【新建】命令，新建一个名称为“金属镂空文字”、大小为80毫米 ×50毫米、分辨率为“350像素/英寸”、颜色模式为“CMYK颜色”的文件，如下图所示。

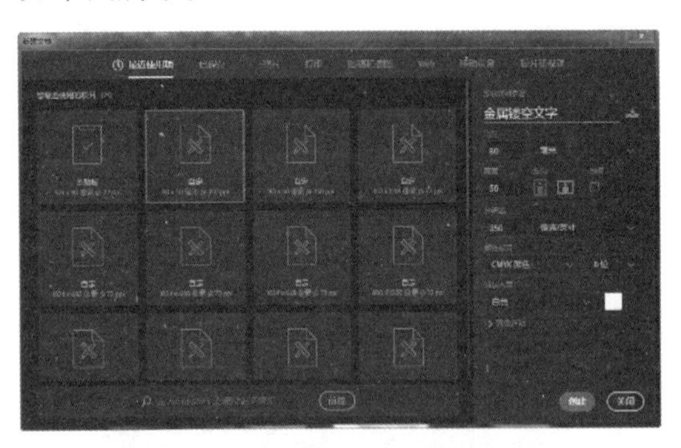

第3步 在工具箱中单击【设置前景色】按钮，在【拾色器（前景色）】对话框中设置颜色为C：100，M：98，Y：20，K：24，如下图所示。

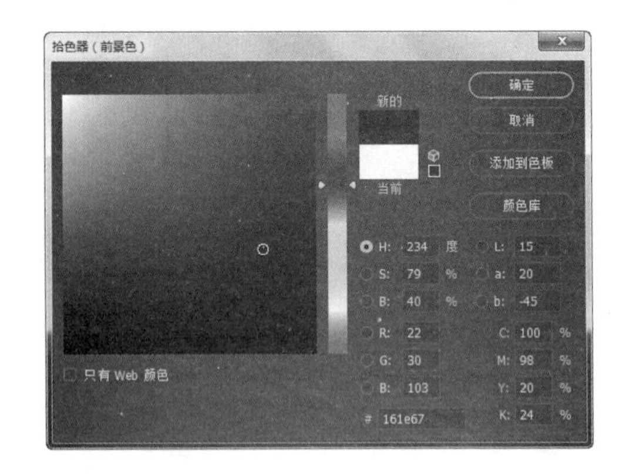

第4步 按【Ctrl+Delete】组合键填充，效果如下图所示。

第5步 选择【文字工具】选项T，在【字符】面板中设置各项参数，如下图所示。然后在图像窗口中输入“Flying”。

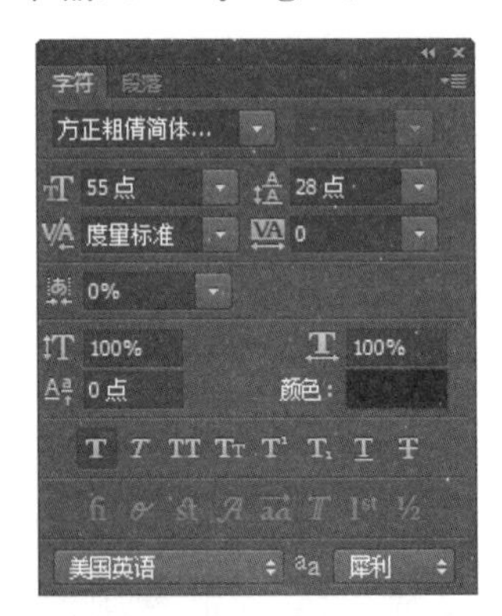

第6步 选择【移动工具】选项，按键盘中的方向键适当调整文字的位置，效果如下图所示。

第7步 选择【编辑】→【自由变换】命令进行变形处理，在按住【Ctrl】键的状态下拖曳编辑点对图像进行变形处理，完成后按【Enter】键确定，效果如下图所示。

第8步 按【Ctrl】键的同时单击【Flying】图层前的缩览图，将文字载入选区，如下图所示。

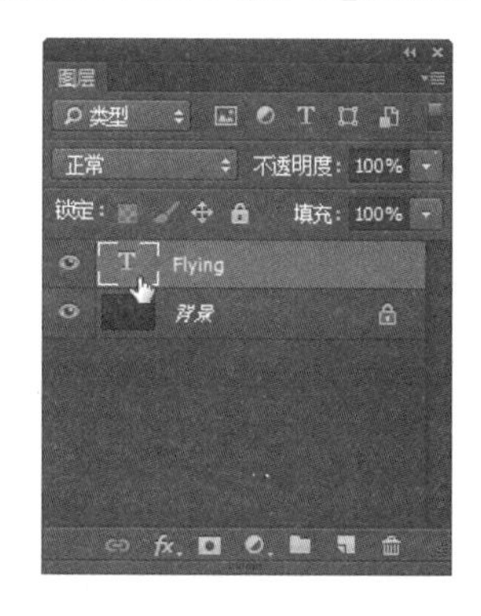

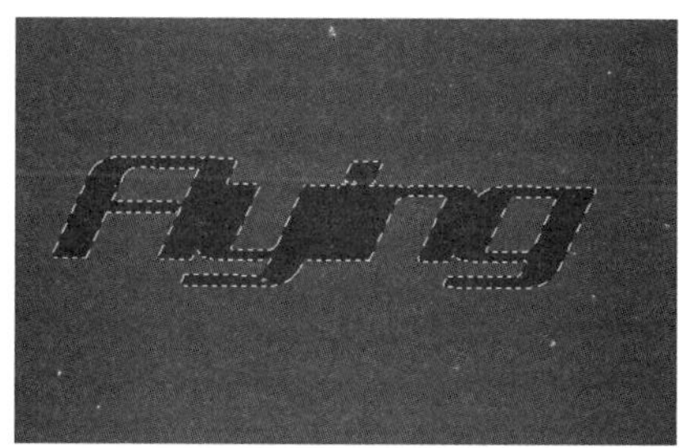

设置像素、色板及图层样式的具体操作步骤如下。

第1步 选择【选择】→【修改】→【扩展】命令来扩展选区，在弹出的【扩展选区】对话框中设置【扩展量】为“35”像素，如下图所示。

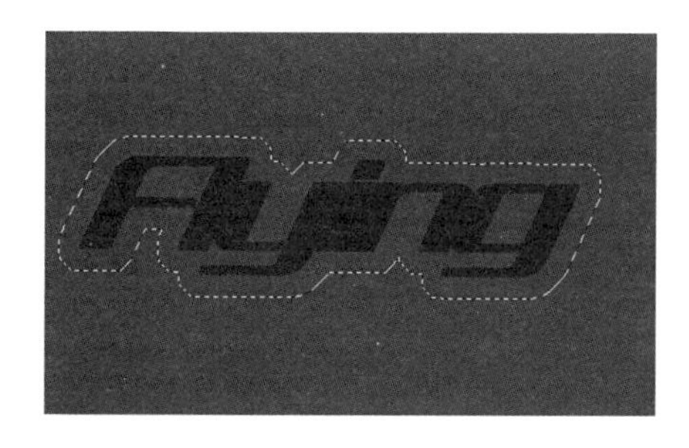

第2步 在【图层】面板中单击【创建新图层】按钮，新建【图层1】，如下图所示。

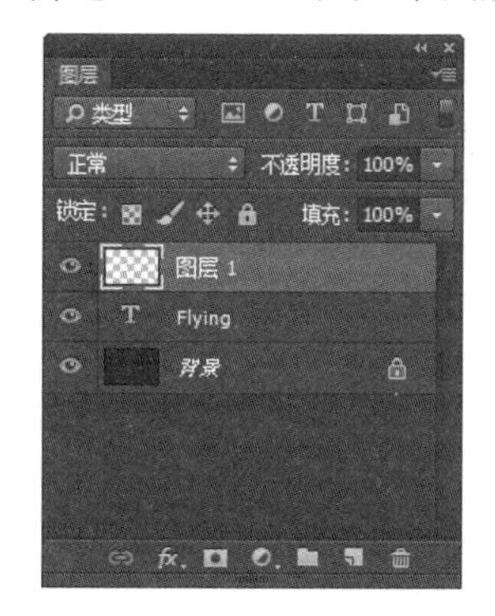

第3步 设置前景色为“白色”，按【Alt+Delete】组合键填充，再按【Ctrl+D】组合键取消选区效果，如下图所示。

第4步 双击【图层1】的蓝色区域，在弹出的【图层样式】对话框中分别选中【投影】和【渐变叠加】复选框，然后分别在面板中设置各项参数，其中在【渐变叠加】面板的【渐变编辑器】中设置色标依次为灰色(C：64，M：56，Y：56，K：32)、白色、灰色(C：51，M：51，Y：42，K： 6)、白色，如下图所示。

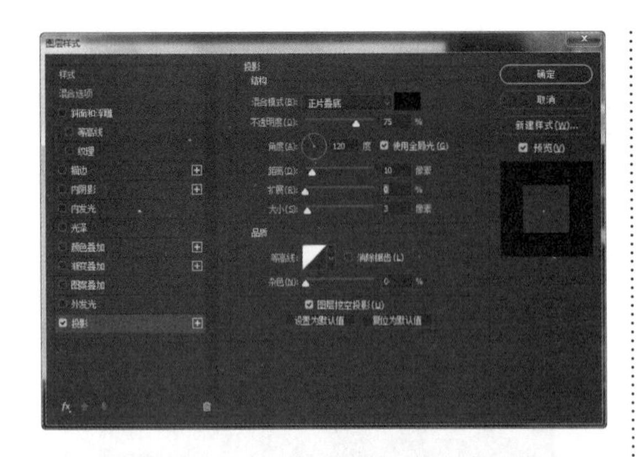

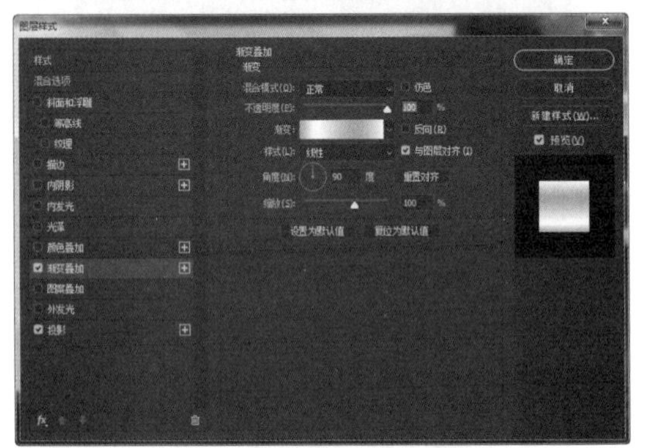

第 5 步 图层样式设置完成后，单击【确定】按钮，效果如下图所示。

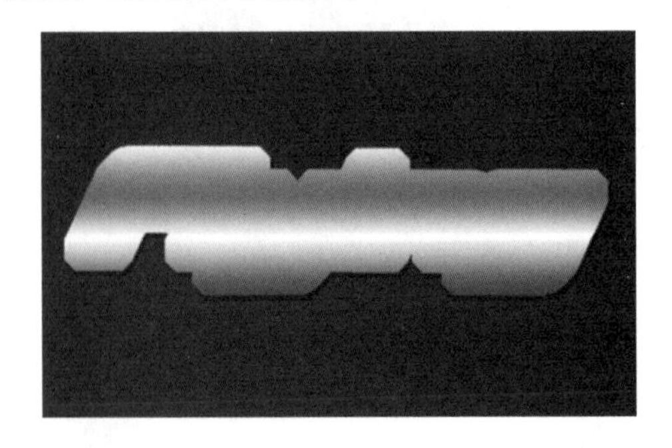

第 6 步 按【Ctrl】键的同时单击【图层 1】前的缩览图，将文字载入选区。选择【选择】→【修改】→【扩展】命令来扩展选区，在弹出的对话框中设置【扩展量】为“10”像素，如下图所示。

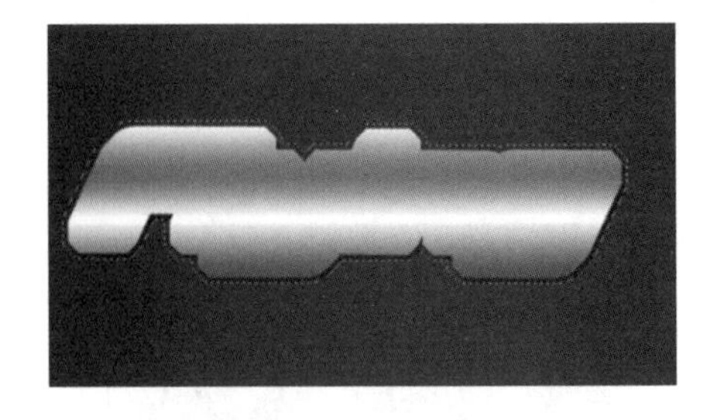

第 7 步 新建【图层 2】，按【Alt+Delete】组合键填充，再按【Ctrl+D】组合键取消选区，如下图所示。

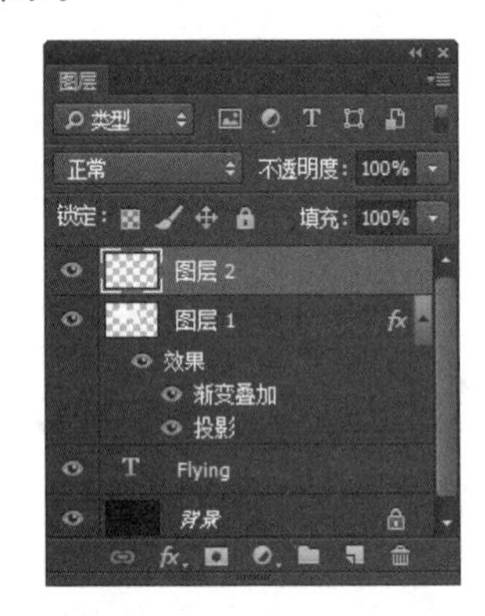

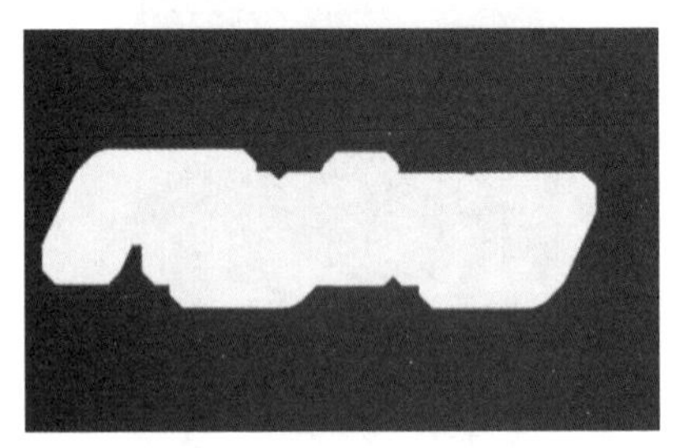

第 8 步 双击【图层 2】的蓝色区域，在弹出的【图层样式】对话框中分别选中【外发光】和【斜面和浮雕】复选框，然后分别在面板中设置各项参数，其中将【外发光】的颜色设置为“黑色”，如下图所示。

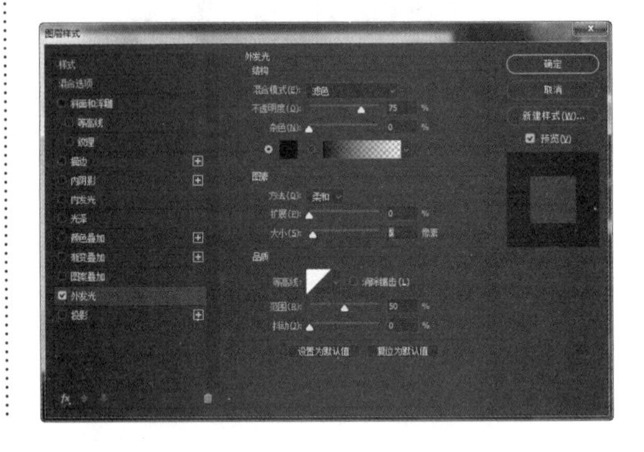

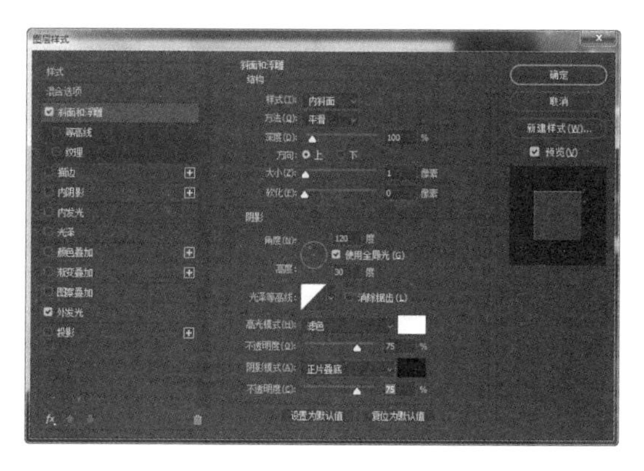

第 9 步 选中【渐变叠加】复选框，在【渐变编辑器】中设置色标依次为土黄色（C：17，M：48，Y：100，K：2）、浅黄色（C：2，M：0，Y：51，K：0）、土黄色（C：17，M：48，Y：100，K：2）、浅黄色（C：2，M：0，Y：51，K：0）、土黄色（C：17，M：48，Y：100，K：2），如下图所示。

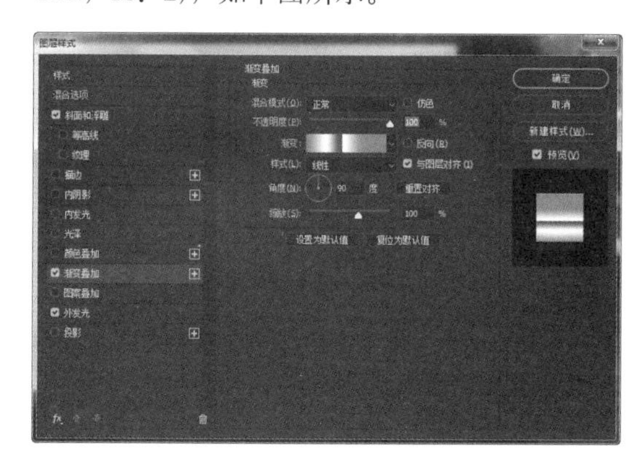

第 10 步 图层样式设置完成后，单击【确定】按钮，效果如下图所示。

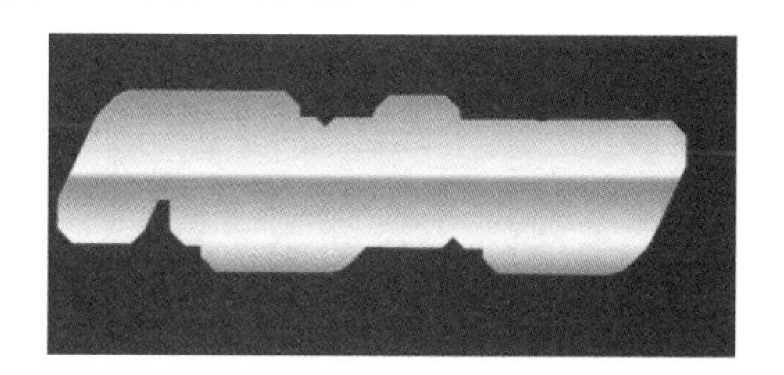

删除和组合图像、图层的具体操作步骤如下。

第 1 步 按【Ctrl】键的同时单击【Flying】图层前的缩览图，将文字载入选区，单击【Flying】图层前的【指示图层可视性】按钮，隐藏该图层，如下图所示。

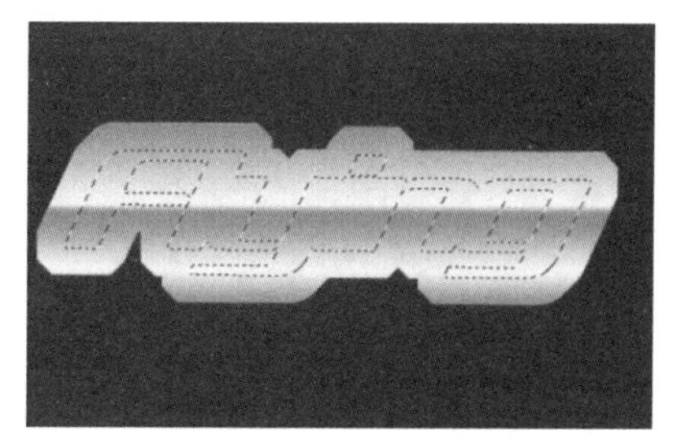

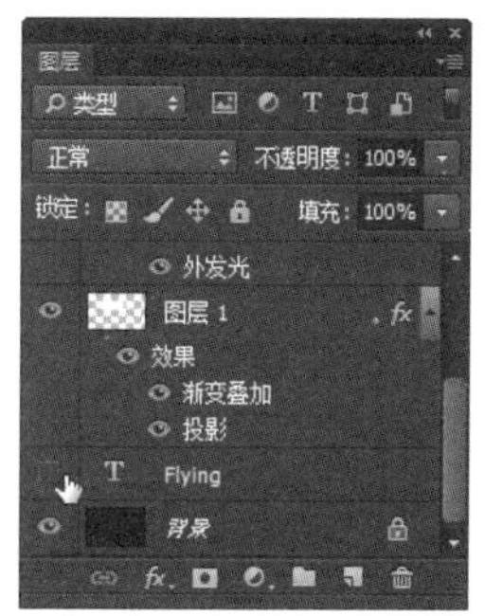

第 2 步 选择【选择】→【修改】→【扩展】命令来扩展选区，在弹出的【扩展选区】对话框中设置【扩展量】为“5”像素，如下图所示。

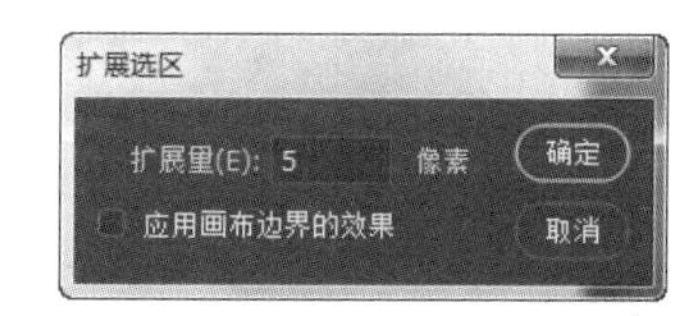

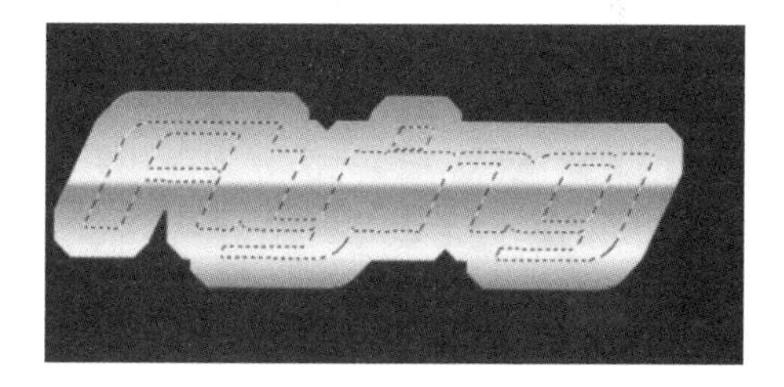

第 3 步 选择【图层 2】，按【Delete】键删除图像，效果如下图所示。

第 4 步 选择【图层 1】，按【Delete】键删除图像，完成后按【Ctrl+D】组合键取消选区，效果如下图所示。

第 5 步 选择【文件】→【打开】命令，打开“素材 \ch08\8-6.jpg”文件，如下图所示。

第 6 步 使用【移动工具】将文字拖曳到画面中，并调整好位置，效果如下图所示。

第 7 步 完成操作，保存文件。

2. 制作绚丽的七彩文字

第 1 步 按【Ctrl+N】组合键，打开【新建文档】对话框，创建一个空白文档，如下图所示。

第 2 步 在工具箱中选择【横排文字工具】选项，在【字符】面板中设置字体和大小，在画面中单击并输入文字，效果如下图所示。

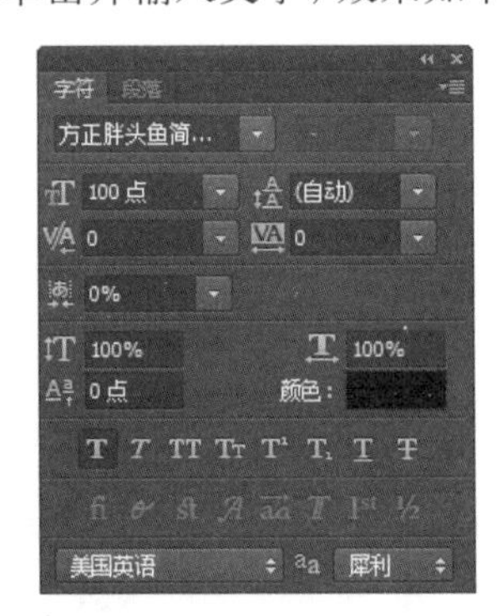

七彩绚丽世界

第 3 步 在【图层面板】中双击【文字】图层，打开【图层样式】对话框，添加“投影”效果，将投影颜色设置为“蓝色”，如下图所示。

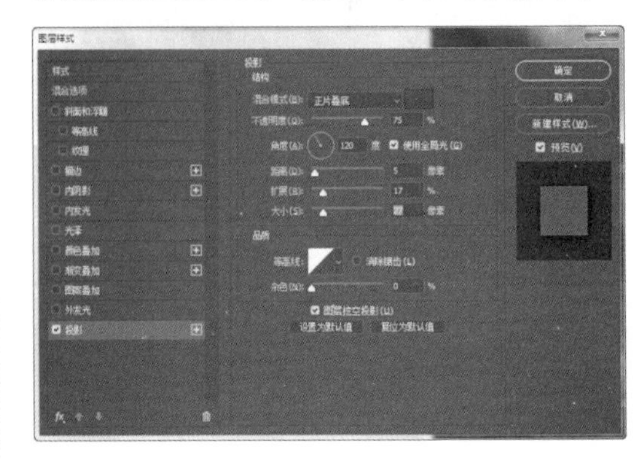

第 4 步 在左侧列表中选中【渐变叠加】复选框，加载一种七彩的渐变效果，如下图所示。

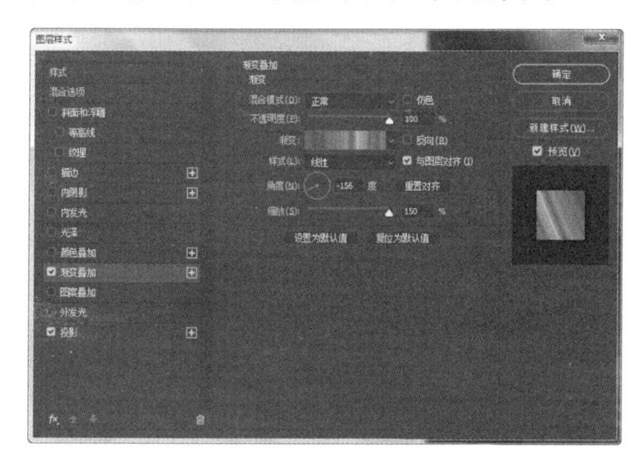

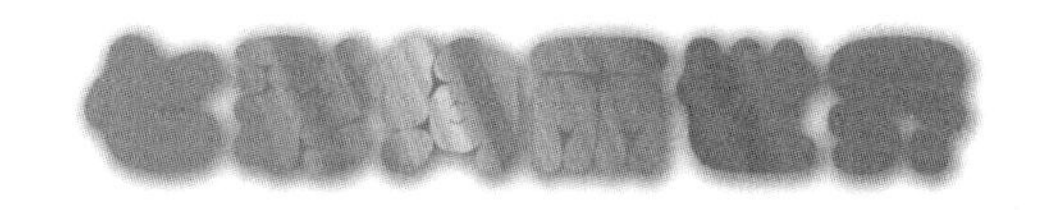

第 5 步 在【图层样式】对话框中添加【内阴影】图层样式效果，如下图所示。

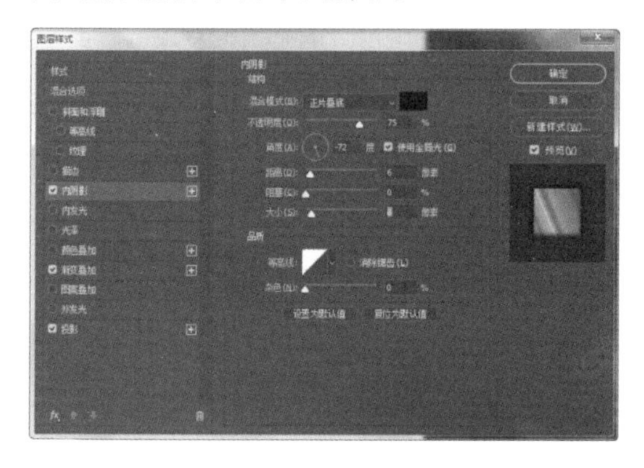

第 6 步 继续添加【内发光】图层样式效果，如下图所示。

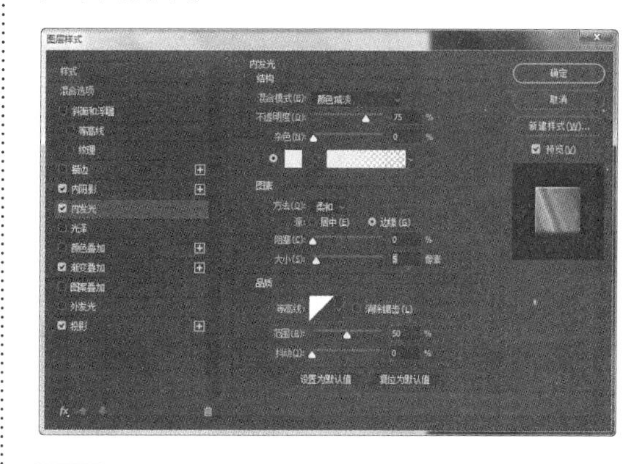

第 7 步 继续添加【斜面和浮雕】图层样式效果，选择一种光泽等高线样式，最终效果如下图所示。

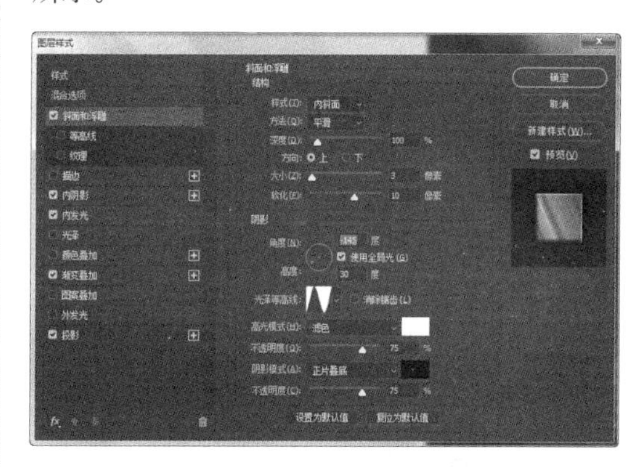

◇ 如何为 Photoshop CC 2018 添加字体

在 Photoshop CC 2018 软件中所使用的字体其实是调用了 Windows 系统中的字体，如果感觉 Photoshop CC 2018 软件中字库文字的样式太单调，可以自行添加，具体的操作步骤如下。

第 1 步 通常情况下，字体文件安装在 Windows 系统的“Fonts”文件夹下，如下图所示。可以在 Photoshop CC 2018 中调用这些新安装的字体。

第 2 步 对于某些没有自动安装程序的字体库，将其复制粘贴到“Fonts”文件夹下进行安装即可。

◇ 如何使用【钢笔工具】和【文字工具】创建区域文字效果

使用 Photoshop 的【钢笔工具】和【文字工具】可以创建区域文字效果，具体操作步骤如下。

第 1 步 打开“素材\ch08\8-5.jpg”文档，如下图所示。

第 2 步 选择【钢笔工具】选项，然后在选项栏中选择【路径】选项，创建封闭路径，如下图所示。

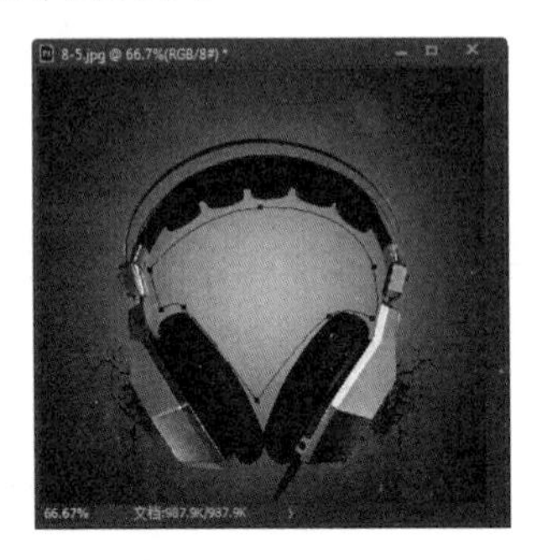

第 3 步 选择【文字工具】选项，将鼠标指针移至路径内，当指针变为形状时，在路径内单击并输入文字，或者将复制的文字粘贴到路径内即可，如下图所示。

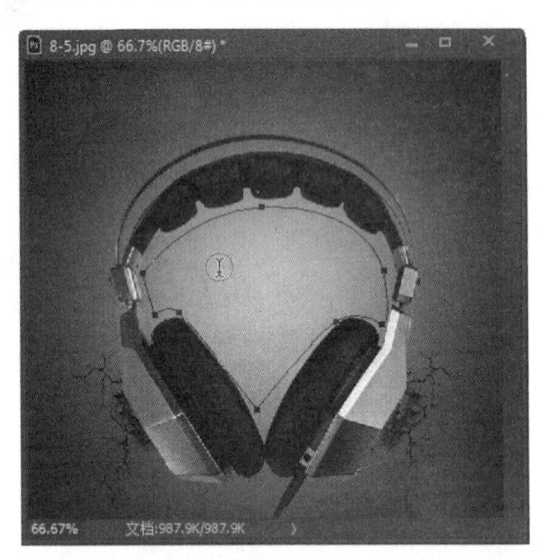

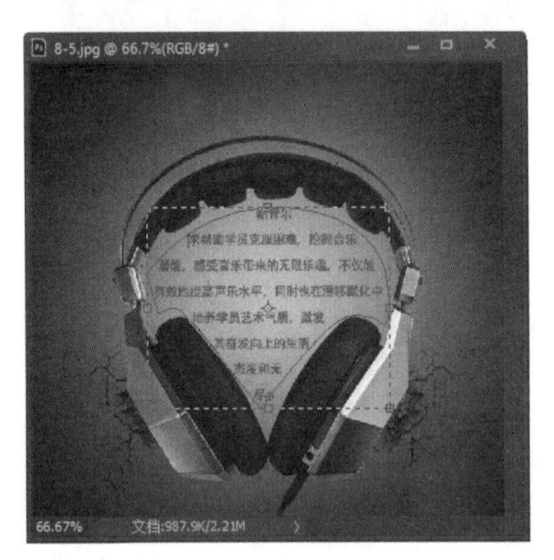

第 4 步 还可以通过调整路径的形状来调整文字块的形状。单击【直接选择工具】按钮，然后对路径进行调整即可，如下图所示。

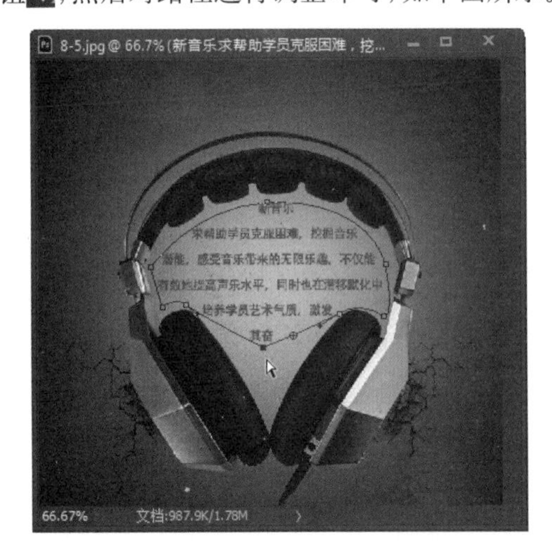

第 9 章

效果快速呈现——滤镜

本章导读

在 Photoshop CC 2018 软件中有传统滤镜和新滤镜，每一种滤镜又提供了多种细分的滤镜效果，为用户处理位图提供了极大的方便。本章的内容丰富有趣，可以按照案例的操作步骤进行制作，建议打开素材中提供的素材文件进行对照学习，以提高学习效率。

思维导图

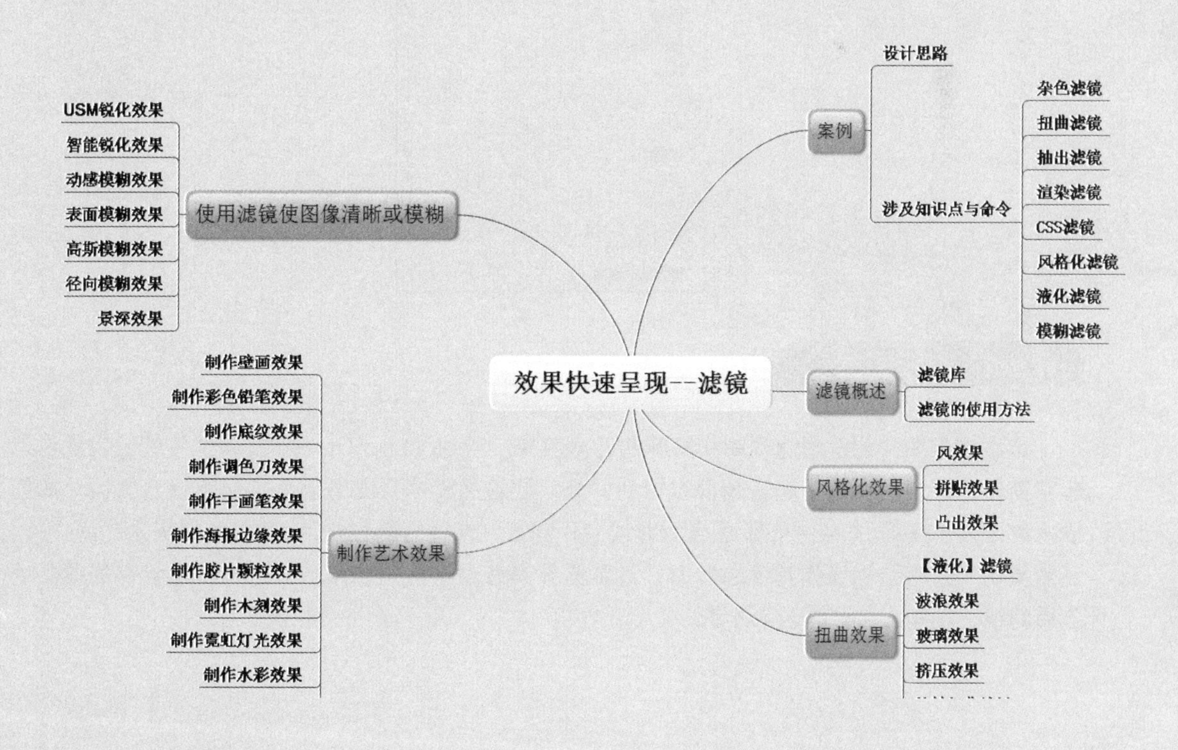

9.1 图片滤镜特效案例

滤镜主要是用来实现图像的各种特殊效果，它在 Photoshop 中具有非常神奇的作用。所有的滤镜都根据分类放置在【滤镜】菜单中，使用时只需从该菜单中执行这些命令即可，如下图所示。

案例名称：图片滤镜特效案例

案例目的：学习如何实现图像的各种特殊效果

	素材	素材 \ch09\9-1.jpg
	结果	结果 \ch09\
	录像	视频教学录像 \09 第 9 章

滤镜(T) 3D(D) 视图(V) 窗口(W) 帮助(H)
上次滤镜操作(F) Alt+Ctrl+F
转换为智能滤镜(S)
滤镜库(G)...
自适应广角(A)... Alt+Shift+Ctrl+A
Camera Raw 滤镜(C)... Shift+Ctrl+A
镜头校正(R)... Shift+Ctrl+R
液化(L)... Shift+Ctrl+X
消失点(V)... Alt+Ctrl+V
3D
风格化
模糊
模糊画廊
扭曲
锐化
视频
像素化
渲染
杂色
其它
浏览联机滤镜...

9.1.1 案例概述

本案例主要介绍使用滤镜制作特殊的艺术效果。Photoshop CC 2018 软件中的滤镜操作是非常简单的，但是真正用起来却很难恰到好处。滤镜通常需要同通道、图层等联合使用，才能取得最佳艺术效果。如果想在最适当的时候应用滤镜到最适当的位置，除了平常的美术功底之外，还需要用户具有熟练操作滤镜的能力，甚至需要具有很丰富的想象力。这样，才能有的放矢地应用滤镜，发挥出自己的艺术才华。

9.1.2 涉及知识点与命令

本案例主要涉及以下知识点。

1. 杂色滤镜

杂色滤镜有 4 种，分别为蒙尘与划痕、去斑、添加杂色、中间值滤镜，主要用于修正图像处理过程中（如扫描）的瑕疵。

2. 扭曲滤镜

扭曲滤镜(Distort)是 Photoshop【滤镜】菜单下的一组滤镜，共 12 种。这一系列滤镜都是用几何学的原理把一幅影像变形，以创造出三维效果或其他的整体变化。每一种滤镜都能产生一种或数种特殊效果，但都离不开一个特点：对图像中所选择的区域进行变形、扭曲。

3. 抽出滤镜

抽出滤镜是 Photoshop 中的一个滤镜，其作用是抠图。抽出滤镜的功能强大，使用灵活，且简单易用，容易掌握。如果使用恰当抠出的效果会非常好，既可以抠出背景中的散乱发丝，也可以抠出透明物体和婚纱。

4. 渲染滤镜

渲染滤镜既可以在图像中创建云彩图案、折射图案和模拟的光反射，也可以在 3D 空间中操纵对象，并从灰度文件创建纹理填充以产生类似 3D 的光照效果。

5. CSS 滤镜

CSS 滤镜的标识符是“filter”，总体的应用上与其他的 CSS 语句相同。CSS 滤镜可分为基本滤镜和高级滤镜两种，可以直接作用于对象上。能够立即生效的滤镜称为基本滤镜，而要配合 JavaScript 等脚本语言，能产生更多变幻效果的滤镜则称为高级滤镜。

6. 风格化滤镜

Photoshop 中的风格化滤镜通过置换像素和通过查找并增加图像的对比度，在选区中生成绘画或印象派的效果，是完全模拟真实艺术手法进行创作的。在使用【查找边缘】和【等高线】等突出显示边缘的滤镜后，可通过【反相】命令用彩色线条勾勒彩色图像的边缘，或者用白色线条勾勒灰度图像的边缘。

7. 液化滤镜

液化滤镜可用于推、拉、旋转、反射、折叠和膨胀图像的任意区域。用户创建的扭曲可以是细微的或剧烈的，这就使【液化】命令成为修饰图像和创建艺术效果的强大工具。可将液化滤镜应用于 8 位 / 通道或 16 位 / 通道图像。

8. 模糊滤镜

在 Photoshop 中，模糊滤镜效果共包括 6 种。模糊滤镜可以使图像中过于清晰或对比度过于强烈的区域产生模糊效果，它通过平衡图像中已定义的线条和遮蔽区域清晰边缘旁边的像素，使其变得柔和。

9.2 滤镜概述

滤镜分为内置滤镜和外挂滤镜两大类。内置滤镜是 Photoshop CC 2018 自身提供的各种滤镜，外挂滤镜则是由其他厂商开发的滤镜，它们需要安装在 Photoshop CC 2018 目录中才能使用。滤镜产生的复杂数字化效果源自摄影技术，滤镜不仅可以改善图像的效果并掩盖其缺陷，还可以在原有图像的基础上产生许多特殊的效果。

9.2.1 滤镜库

滤镜是应用于图片后期处理的以增强图片画面的艺术效果。所谓滤镜，就是把原有的画面进行艺术过滤，得到一种艺术或更完美的展示。滤镜功能是 Photoshop 的强大功能之一。

Photoshop CC 2018 的内置滤镜主要有以下两种用途。

① 用于创建具体的图像特效，如可以生成粉笔画、图章、纹理、波浪等各种效果。此类滤镜的数量最多，绝大多数都在“风格化”“画笔描边”“扭曲”“素描”“纹理”“像素化”“渲染”“艺术效果”等滤镜组中，除“扭曲” 及其他少数滤镜外，基本上都是通过“滤镜库”来管理和应用的。

② 主要用于编辑图像，如减少图像杂色和提高清晰度等，这些滤镜在“模糊”“锐化”“杂色”等滤镜组中。此外，“液化”“消失点”和“扭曲”滤镜组中的“镜头校正”也属于此类滤镜。但这 3 种滤镜比较特殊，它们功能强大，并且有自己的工具和独特的操作方法，更像是独立的软件。

滤镜主要具有以下 3 个特点。

① 滤镜只能应用于当前可视图层，且可以反复应用、连续应用，但一次只能应用在一个图层上。

② 滤镜不能应用于位图模式及索引颜色和 48 位 RGB 模式的图像，某些滤镜只对 RGB 模式的图像起作用，如画笔描边滤镜和素描滤镜就不能在 CMYK 模式下使用。此外，滤镜只能应用于图层的有色区域，对完全透明的区域没有效果。

③ 有些滤镜完全在内存中处理，所以内存的容量对滤镜的生成速度影响很大。

有些滤镜很复杂或是要应用滤镜的图像尺寸很大，执行时需要很长时间，如果想结束正在生成的滤镜效果，只需按【Esc】键即可。

前一次使用的滤镜将出现在【滤镜】菜单的顶部，可以通过执行此命令对图像再次应用前一次使用过的滤镜效果。

如果在滤镜设置窗口中对自己调节的效果不满意，希望恢复调节前的参数，可以按【Alt】键，这时【取消】按钮会变为【复位】按钮，单击此按钮可以将参数重置为调节前的状态。

9.2.2 滤镜的使用方法

使用艺术效果滤镜可以为美术或商业项目制作出绘画或特殊效果，如使用木刻滤镜进行拼

贴或文字处理。使用这些滤镜可以模仿自然或传统介质效果。Photoshop CC 2018 的所有滤镜都在【滤镜】菜单中。其中“滤镜库”“液化”和“消失点”等是特殊滤镜被单独列出，而其他滤镜都依据其主要功能被放置在不同类别的滤镜组中。如果安装了外挂滤镜，它们会出现在【滤镜】菜单的底部。

所有的艺术效果滤镜都可以通过使用【滤镜】→【滤镜库】命令完成，如下图所示。

滤镜的使用规则如下。

① 滤镜处理图层时，需要选择该图层，并且图层必须是可见的。

② 如果创建了选区，滤镜只处理选区内的图像。

③ 滤镜的处理效果是以像素为单位进行计算的。因此，相同的参数处理不同分辨率的图像，其效果也会不同。

④ 滤镜可以处理图层蒙版、快速蒙版和通道。

⑤ 只有“云彩”滤镜可以应用在没有像素的区域，其他滤镜都必须应用在包含像素的区域，否则不能使用，但外挂滤镜除外。

9.3 使用滤镜制作扭曲效果

【扭曲】滤镜可以使图像产生各种扭曲变形的效果。扭曲滤镜中包括波浪、波纹、极坐标、挤压、切变、球面化、水波、旋转扭曲、置换等效果。【扭曲】滤镜是将图像进行几何扭曲，创建 3D 或其他整体效果。

提示

这些滤镜可能占用大量内存。可以通过【滤镜库】来应用【扩散亮光】【玻璃】和【海洋波纹】等滤镜。

9.3.1 【液化】滤镜

【液化】滤镜可用于推、拉、旋转、反射、折叠和膨胀图像的任意区域。创建的扭曲效果可以是细微的或剧烈的，这就使【液化】命令成为修饰图像和创建艺术效果的强大工具。

【向前变形工具】按钮：在拖曳鼠标时可向前推动像素。

【重建工具】按钮：用来恢复图像，在变形的区域单击或拖曳鼠标进行涂抹，可以使变形区域恢复为原来的效果。

【膨胀工具】按钮：在图像中单击或拖曳鼠标，可以使像素向画笔区域的中心移动，使图像产生向外膨胀的效果。

【褶皱工具】按钮：在图像中单击或拖曳鼠标，可以使像素向画笔区域的中心移动，使图像产生向内收缩的效果。

本节主要使用【液化】命令中的【向前变形工具】对脸部进行矫正，使脸型变得更加完美，具体操作步骤如下。

第1步 打开“素材 \ch09\9-1.jpg”文件，如下图所示。

第2步 选择【滤镜】→【液化】命令，如下图所示。

第3步 在弹出的【液化】对话框中选择【向前变形工具】选项，并设置画笔大小为“100”、画笔浓度为“50”、画笔压力为“100”，然后对图像脸部进行推移，如下图所示。

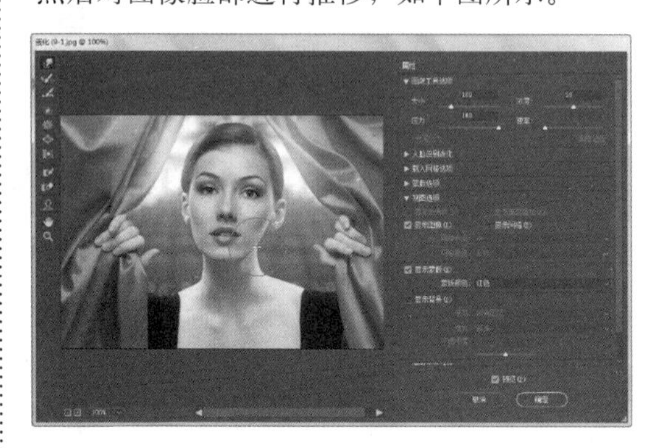

第4步 单击【确定】按钮，最终效果如下图所示。

9.3.2 波浪效果

波浪效果是在选区上创建波状起伏的图案，就像水池表面的波浪。打开“素材 \ch09\9-2.jpg”文件，选择【滤镜】→【扭曲】→打开【波浪】命令就可以使用波浪效果，如下图所示。

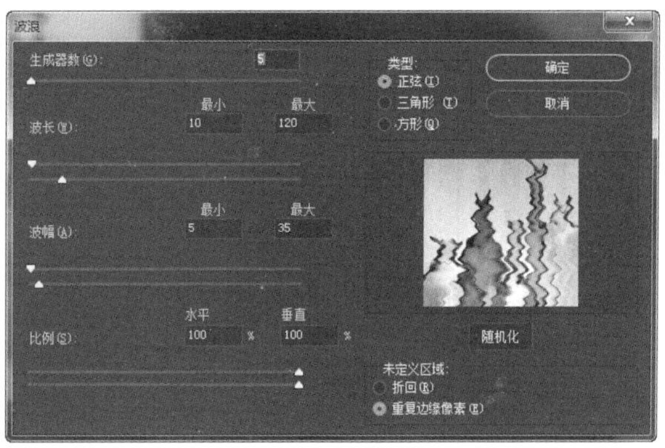

【波浪】滤镜设置面板中的各个参数如下。

【生成器数】：拖曳滑块，可以控制波浪的数量，最大数量为 999，用来设置产生波纹效果的震源总数。

【波长】：可以分别调整最大值与最小值，最大值和最小值决定相邻波峰之间的距离，并且相互制约。最大值不可以小于或等于最小值。

【波幅】：其最大值和最小值也是相互制约的，它们决定了波峰的高度。最大值也是不能小于或等于最小值的。

【比例】：拖曳滑块，可以控制图像在水平或垂直方向的变形程度。

【类型】：【正弦】【三角形】和【方形】分别设置所产生波浪效果的形态，如下图所示。

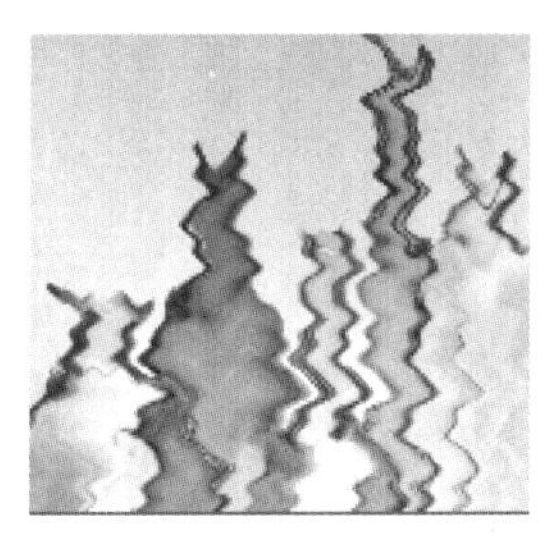

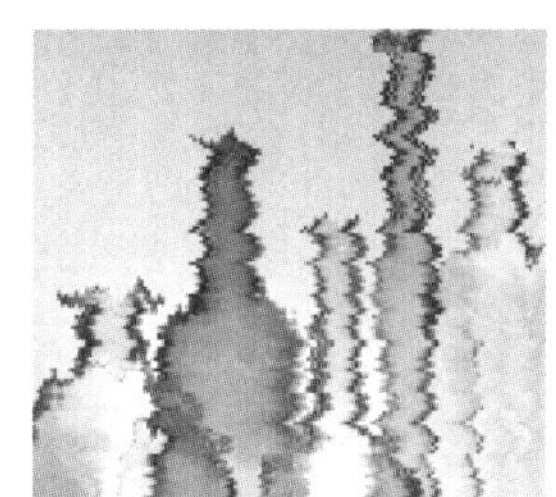

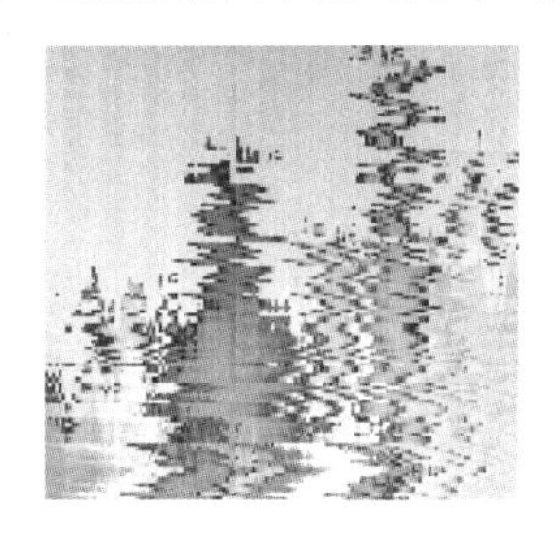

9.3.3 玻璃效果

【玻璃】滤镜可以实现一种玻璃效果，但不能应用于 CMYK 及 Lab 模式的图像上。在设置面板中，不仅可以调整【玻璃】滤镜的扭曲度及平滑度，还可以选择玻璃的纹理效果，如下图所示。

【玻璃】滤镜使图像看起来像是透过不同类型的玻璃来观看的。可以从现有文件中选取一种玻璃效果， 也可以将自己的玻璃表面创建为 Photoshop 文件并应用它。

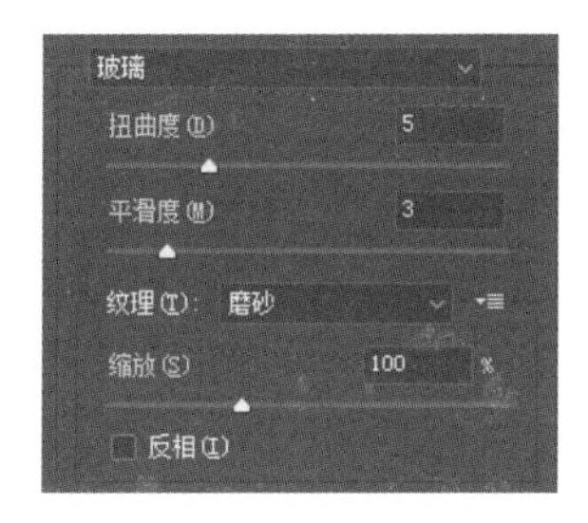

【玻璃】滤镜设置面板中的各个参数如下。

【扭曲度】：可以控制图像的扭曲程度，其最大值为 20。

【平滑度】：使扭曲的图像变得平滑，其最大值为 15。

【纹理】：在该选项的下拉列表框中可选择扭曲时产生的纹理，包括【块状】【画布】【磨砂】和【小镜头】，如下图所示。

【缩放】：调整纹理的缩放大小。

【反向】：选择该复选框，可反转纹理效果。

9.3.4 挤压效果

【挤压】滤镜可以使图像产生一种凸起或凹陷的效果。

在设置面板中，可以通过调整数量来控制挤压的程度。数量为正，则是向内挤压，形成凹陷的效果；数量为负，则是向外挤压，形成凸出的效果，如下图所示。

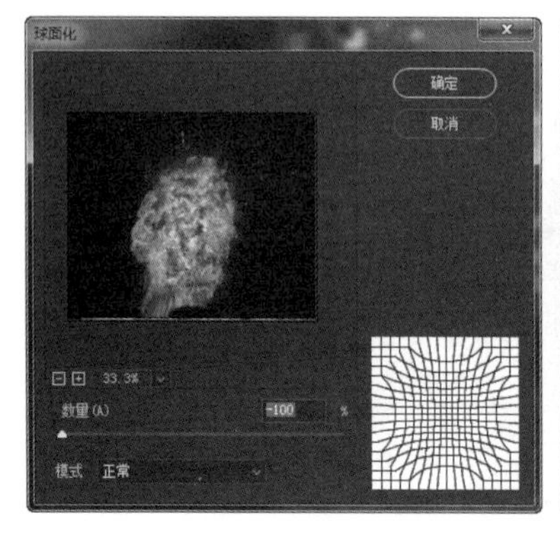

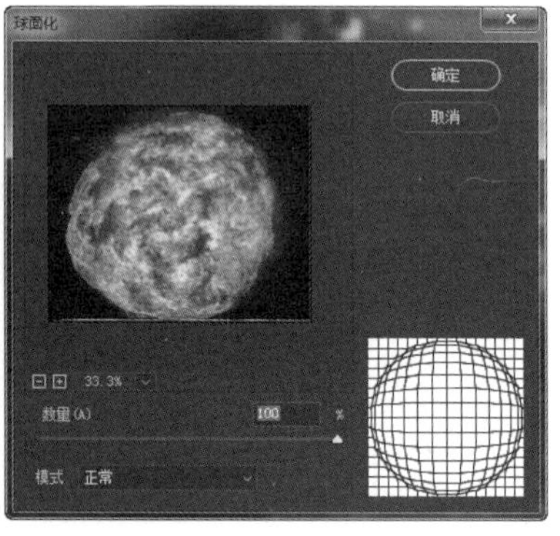

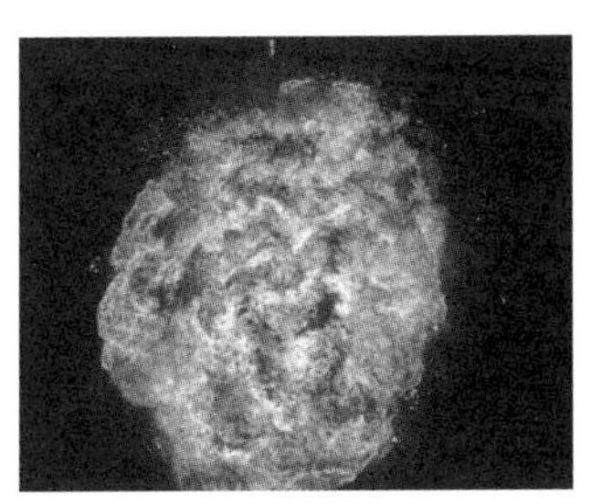
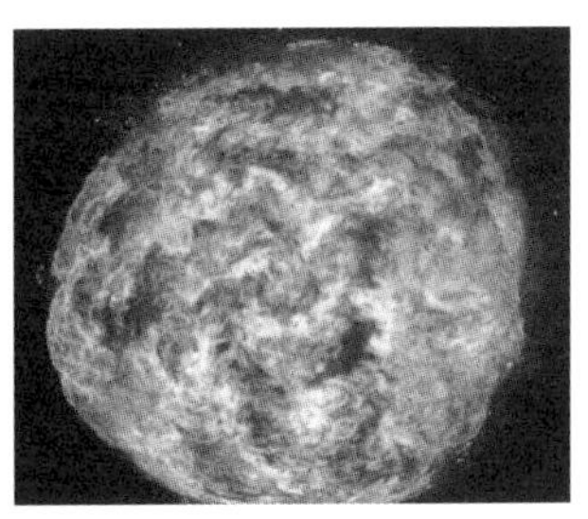

9.3.5 旋转扭曲效果

【旋转扭曲】滤镜用于旋转选区，中心的旋转程度比边缘的旋转程度大。指定角度时可生成旋转扭曲图案，如下图所示。

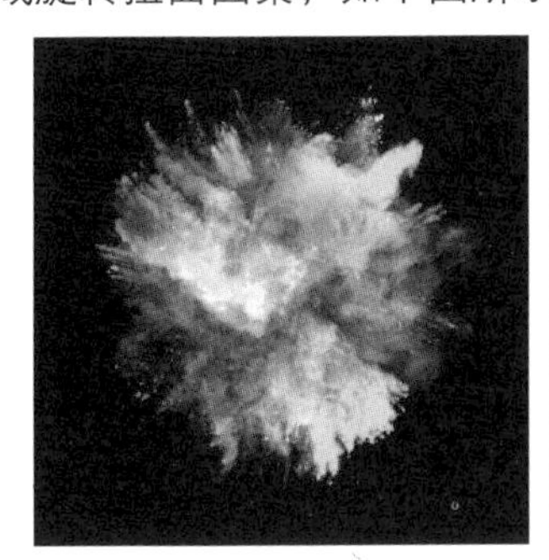
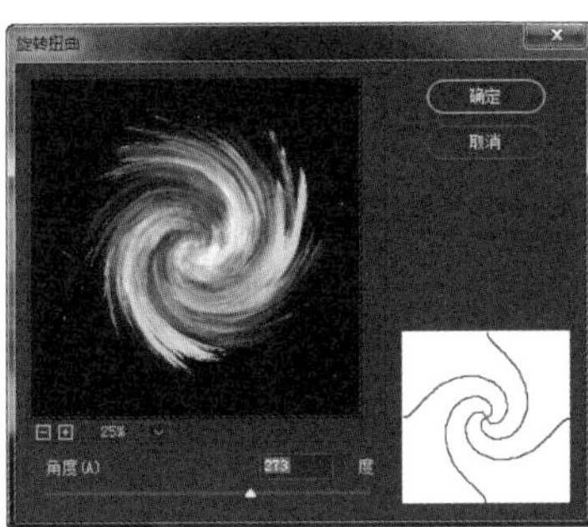

9.4 使用滤镜制作风格化效果

【风格化】滤镜主要针对图像的像素进行调整，可以强化图像色彩的边界。因此，图像的对比度对风格化的滤镜影响较大。风格化滤镜通过置换像素和通过查找并增加图像的对比度，在选区中生成绘画或印象派的效果。在使用【查找边缘】和【等高线】等突出显示边缘的滤镜后，可通过【反相】命令用彩色线条勾勒彩色图像的边缘，或者用白色线条勾勒灰度图像的边缘。

9.4.1 风效果

【风】滤镜可以在图像中色彩相差比较大的边界上增加一些水平的短线，来模拟一个刮风的效果。通过【风】滤镜可以在图像中放置细小的水平线条来获得风吹的效果，方法包括【风】【大风】（用于获得更生动的风效果）和【飓风】（使图像中的线条发生偏移），如下图所示。

9.4.2 拼贴效果

【拼贴】滤镜可以使图像按照指定的设置，分裂出若干正方形，并可以通过设置正方形的位移来实现拼贴的效果。【拼贴】滤镜将图像分解为一系列拼贴效果，使选区偏离其原来的位置，如下图所示。

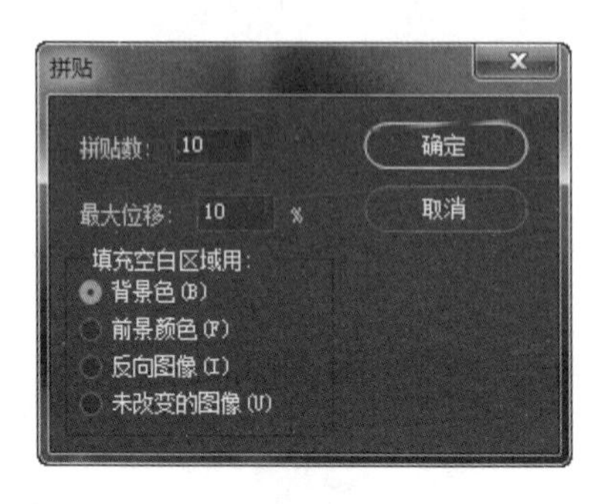

【拼贴】滤镜设置面板中的各个参数如下。

【拼贴数】：设置行或列中分裂出来的方块数量。

【最大位移】：方块偏移原始位置的最大位移比例。

【填充空白区域用】：可设置瓷砖间的间隙以何种图案填充，包括【背景色】【前景颜色】【反向图像】和【未改变的图像】。

【背景色】：使用背景色面板中的颜色填充空白区域。

【前景颜色】：使用前景色面板中的颜色填充空白区域。

【反向图像】：将原图做一个反向效果，然后填充空白区域。

【未改变的图像】：使用原图来填充空白区域。

9.4.3 凸出效果

【凸出】滤镜可以将图像分解为三维的立方块或金字塔型凸出的效果。【凸出】滤镜赋予选区或图层一种 3D 纹理效果，如下图所示。

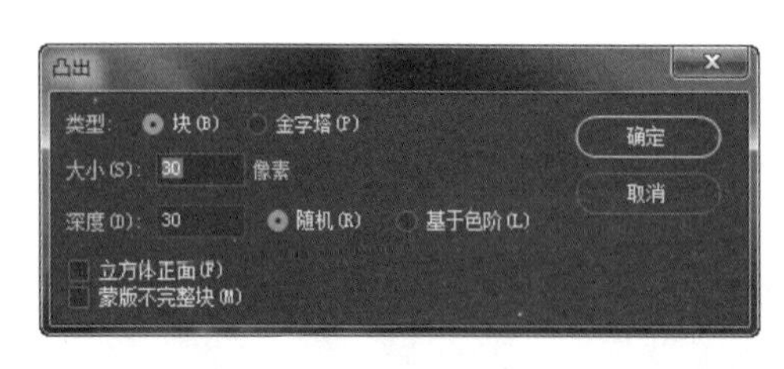

【凸出】滤镜设置面板中的各个参数如下。

【类型】：用于设定凸出类型，包括【块】和【金字塔】两种。

【块】：将图像分割成若干个块状，然后形成凸出效果。

【金字塔】：将图像分割成类似金字塔的三棱锥体，形成凸出效果。

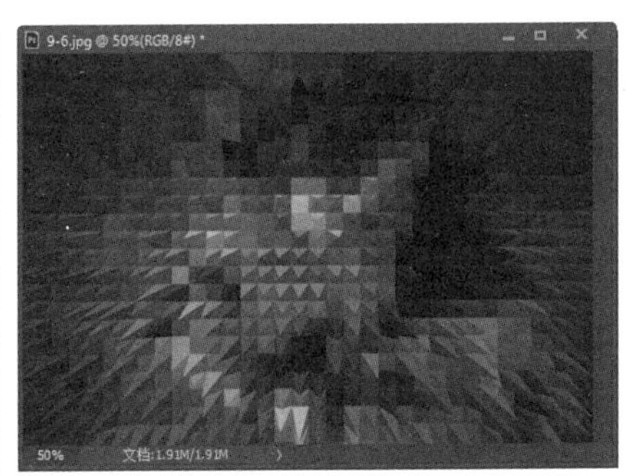

【大小】：设置块的大小或金字塔的底面大小。变化范围为 2 ~ 255 像素，以确定对象基底任一边的长度。

【深度】：控制块的凸出深度。输入 1 ~ 255 的值以表示凸起的高度。

【随机】：可以是深度随机，为每个块或金字塔设置一个任意的深度。

【基于色阶】：根据色阶的不同调整块的深度，使每个对象的深度与其亮度对应，越亮凸出得越多。

【立方体正面】：选中此复选框后，将用块的平均颜色来填充立方体正面。

【蒙版不完整块】：选中此复选框可以隐藏所有延伸出选区的对象。

9.5 使用滤镜使图像清晰或模糊

【锐化】滤镜可以使模糊的图像变得清晰，使用【锐化】滤镜，会自动增加图像中相邻像素的对比度，从而使整体看起来清晰一些。在【锐化】滤镜中，包括 USM 锐化、锐化、进一步锐化、锐化边缘、智能锐化 5 种滤镜效果。

【锐化】滤镜通过增加相邻像素的对比度来聚焦模糊的图像。【模糊】滤镜柔化选区或整个图像，这对于修饰非常有用。它们通过平衡图像中已定义的线条和遮蔽区域清晰边缘旁边的像素使变化显得柔和。

9.5.1 USM 锐化效果

【USM 锐化】是一项常用的技术，简称 USM，是用来锐化图像中的边缘的。它可以快速调整图像边缘细节的对比度，并在边缘的两侧生成一条亮线和一条暗线，使画面整体更加清晰。对于高分辨率的输出，通常锐化效果在屏幕上显示要比印刷出来的效果更明显，如下图所示。

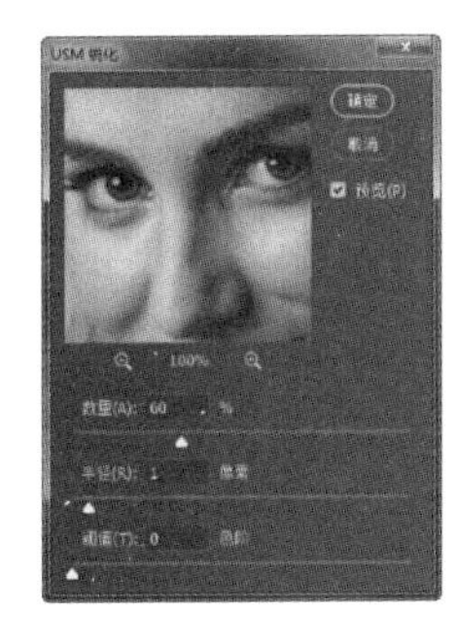

【USM 锐化】滤镜设置面板中的各个参数如下。

【数量】: 通过拖曳滑块，调整数量，可以控制锐化效果的强度。

【半径】: 指锐化的半径大小。 该设置决定了边缘像素周围影响锐化的像素数。图像的分辨率越高，半径设置应越大。

【阈值】: 指相邻像素的比较值。阈值越小，锐化效果越明显。 该设置决定了像素的色调必须与周边区域的像素相差多少才能被视为边缘像素，进而使用 USM 滤镜对其进行锐化。默认值为 0 时，将锐化图像中所有的像素。

9.5.2 智能锐化效果

【智能锐化】滤镜的设置比较高级，不仅可以控制锐化的强度，有针对性地移去图像中模糊的效果，还可以针对高光和阴影部分进行锐化的设置，如下图所示。【智能锐化】滤镜具有【USM 锐化】滤镜所没有的锐化控制功能，不仅可以设置锐化算法，或者控制在阴影和高光区域中的锐化量，而且能避免色晕等问题，起到使图像细节清晰起来的作用。

【智能锐化】滤镜设置面板中的各个参数如下。

【数量】: 调整滑块，可以控制锐化的强度。

【半径】: 可以调整锐化效果的半径大小，决定边缘像素周围受锐化影响的锐化数量， 半径越大，受影响的边缘就越宽，锐化的效果也就越明显。

【减少杂色】: 减少因锐化产生的杂色效果，加大值会减少锐化效果。

【移去】: 设置对图像进行锐化的算法。【高斯模糊】是【USM 锐化】滤镜使用的方法 ;【镜头模糊】将检测图像中的边缘和细节 ;【动感模糊】尝试减少由于相机或主体移动而导致的模糊效果。

9.5.3 动感模糊效果

【模糊】滤镜主要使图像柔和，淡化图像中不同的色彩边界，可以适当掩盖图像的缺陷。

【动感模糊】可以对图像沿着指定的方向，以及指定的距离来进行模糊。例如，【动感模糊】滤镜沿指定方向（–360° ~ +360° ）以指定强度（1 ~ 999）进行模糊。此滤镜的效果类似于以固定的曝光时间给一个移动的对象拍照，如下图所示。

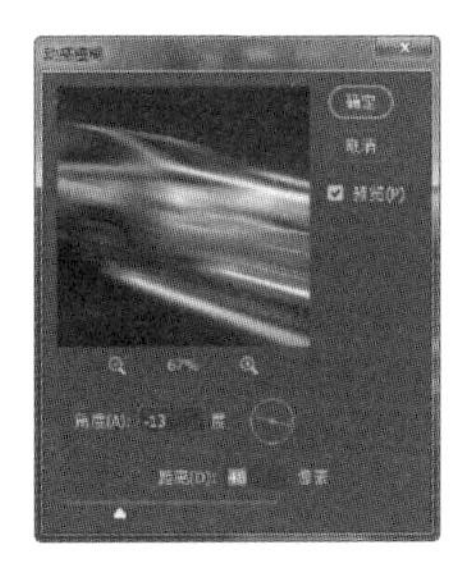

【动感模糊】滤镜设置面板中的各个参数如下。

【角度】：用来设置模糊的方向，可以输入角度数值，也可以拖曳鼠标指针调整角度。

【距离】：用来设置像素移动的距离。

9.5.4 表面模糊效果

【表面模糊】滤镜可以在保留色彩边缘的同时模糊图像，用于创建特殊效果，并且消除杂色。

【表面模糊】滤镜在保留边缘的同时模糊图像主要用于创建特殊效果并消除杂色或粒度，如下图所示。

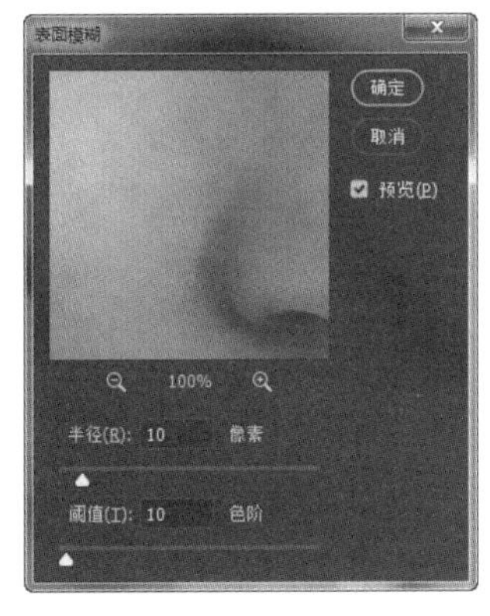

【表面模糊】滤镜设置面板中的各个参数如下。

【半径】：以像素为单位，拖曳滑块指定模糊取样区域的大小。

【阈值】：以色阶为单位，控制相邻像素色调值与中心像素色调值相差多大时，才能成为模糊的一部分。色调值小于阈值的像素不会被模糊。

9.5.5 高斯模糊效果

【高斯模糊】滤镜可以按照一定的半径数值使图像产生一种朦胧的模糊效果。选择【滤镜】→【模糊】→【高斯模糊】命令可以创建模糊效果。【高斯模糊】滤镜使用可调整的量快速模糊选区，高斯是指当 Photoshop 将加权平均应用于像素时生成的钟形曲线。【高斯模糊】滤镜添加低频细节，并产生一种朦胧效果，如下图所示。

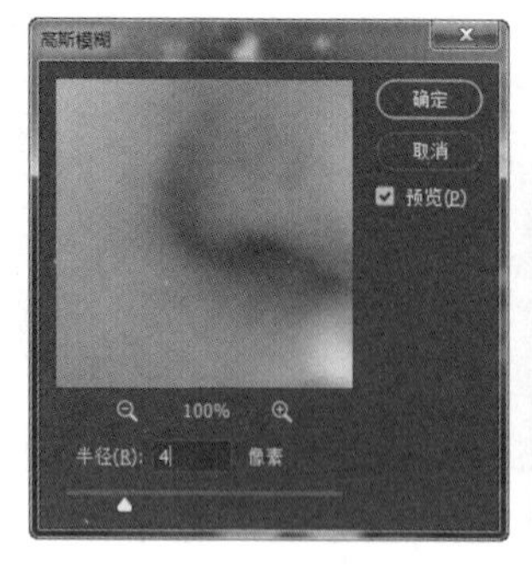

9.5.6 径向模糊效果

【径向模糊】滤镜可以模拟移动相机或旋转相机产生的模糊效果，创建一种柔化的模糊，如下图所示。

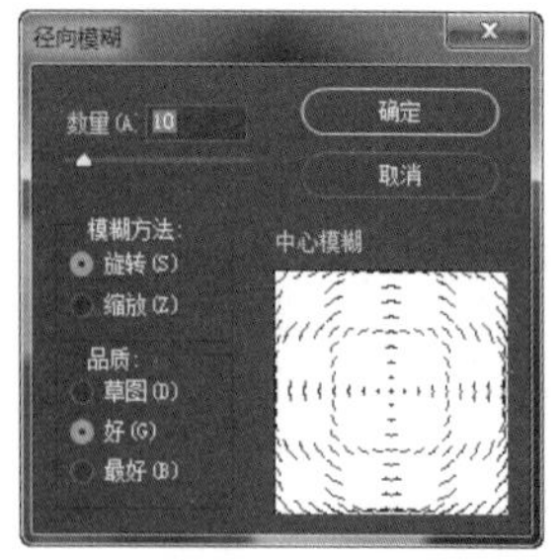

【径向模糊】滤镜设置面板中的各个参数如下。

【中心模糊】：在该设置框内单击便可以将图像中的单击点设置为模糊的原点，原点的位置不同，模糊的效果也不同。

【数量】：可以控制模糊的强度，范围为 1~100，该值越高，模糊效果越强烈。

【品质】：品质分为【草图】【好】【最好】，用来设置应用模糊效果后图像的显示品质。

9.5.7 景深效果

所谓景深，就是当焦距对准某一点时其前后都仍然清晰的范围。它能决定是把背景模糊化以突出拍摄对象，还是拍出清晰的背景。【镜头模糊】滤镜是一个比较实用的滤镜，可以用来模拟景深效果，以便使图像中的一些对象在焦点内，而使另一些区域变模糊。

如下图所示，如果需要将人物后面的场景进行模糊，镜头中的人物还是清晰的，就需要将人物建立选区，然后再创建选区通道，在【镜头模糊】滤镜设置面板的【源】中选择该通道即可。

【镜头模糊】滤镜设置面板中的各个参数如下。

(1)【光圈】：用来设置模糊的显示方式。

(2)【镜面高光】：用来设置镜面高光的范围。

9.6 使用滤镜制作艺术效果

艺术效果滤镜组中，包含了很多艺术滤镜，可以模拟一些传统的艺术效果，或者模拟一些天然的艺术效果。

【艺术效果】滤镜存在于滤镜库中，如果在当前的【滤镜】菜单下设有【艺术效果】滤镜，可按【Ctrl+K】组合键，在弹出的【首选项】设置面板中进行设置。

使用【艺术效果】子菜单中的滤镜，可以为美术或商业项目制作和提供具有绘画效果或艺术效果的作品。例如，使用【木刻】滤镜进行拼贴或印刷，即可模仿自然或传统介质效果。可以通过【滤镜库】来应用所有【艺术效果】滤镜。

9.6.1 制作壁画效果

【壁画】滤镜使用短而圆的、粗略涂抹的小块颜料，以一种粗糙的风格绘制图像，如下图所示。

【壁画】滤镜设置面板中，可以调整画笔大小、画笔细节和纹理。

【画笔大小】：拖曳滑块，可以调整画笔大小，改变描边颜料块的大小。

【画笔细节】：用来调整图像中细节的程度。

【纹理】：可以调整纹理的对比度。

9.6.2 制作彩色铅笔效果

【彩色铅笔】滤镜使用彩色铅笔在纯色背景上绘制图像，保留重要边缘，外观呈粗糙阴影线，纯色背景色透过比较平滑的区域显示出来，如下图所示。

【彩色铅笔】滤镜设置面板中的各个参数如下。

【铅笔宽度】：拖曳滑块，可以调整笔触的宽度大小。

【描边压力】：调整铅笔描边的对比度效果。

【纸张亮度】：调整背景色的明亮度。

9.6.3 制作底纹效果

【底纹效果】滤镜在带纹理的背景上绘制图像，然后将最终图像绘制在该图像上，如下图所示。

【底纹效果】滤镜可以将选择的纹理效果与图像融合在一起。

【底纹效果】滤镜设置面板中的各个参数如下。

【画笔大小】：拖曳滑块，设置产生底纹的画笔大小，该值越高，绘画效果越强烈。

【纹理覆盖】：控制纹理与图像的融合程度。

【纹理】：可以选择【砖形】【画布】【粗麻布】【砂岩】等纹理效果。

【缩放】：用来设置纹理大小。

【凸现】：调整纹理表面的深度。

【光照方向】：可以选择不同的光源照射方向。

【反向】：将纹理的表面亮色和暗色翻转。

9.6.4 制作调色刀效果

【调色刀】滤镜用来减少图像中的细节，以生成描绘得很淡的画布效果，可以显示出下面的纹理，如下图所示。

【调色刀】滤镜会降低图像的细节，并淡化图像，实现出一种在湿润的画布上绘画的效果。

【调色刀】滤镜设置面板中的各个参数如下。

【描边大小】：调整色块的大小。

【线条细节】：控制线条刻画的强度大小。

【软化度】：淡化色彩边界。

9.6.5 制作干画笔效果

【干画笔】滤镜使用干画笔技术（介于油彩和水彩之间）绘制图像边缘，通过将图像的颜色范围降到普通颜色范围来简化图像，如下图所示。

利用【干画笔】滤镜，可以模拟一种油画与水彩画之间的一种艺术效果。

【干画笔】滤镜设置面板中的各个参数如下。

【画笔大小】：可以调整画笔笔触的大小，此值越小，图像越清晰。

【画笔细节】：调节笔触和细腻程度。

【纹理】：调整结果图像纹理显示的强度。

9.6.6 制作海报边缘效果

【海报边缘】滤镜根据设置的海报化选项减少图像中的颜色数量（对其进行色调分离），并查找图像的边缘，在边缘上绘制黑色线条。大而宽的区域有简单的阴影，细小的深色细节遍布图像，如下图所示。

【海报边缘】滤镜可以自动识别图像的边缘，并且使用黑色的线条来绘制边缘部分。

【海报边缘】滤镜设置面板中的各个参数如下。

【边缘厚度】：拖曳滑块，调整边缘绘制的柔和程度。

【边缘强度】：拖曳滑块，可以调整边缘刻画的强度。

【海报化】：调整图像中颜色的数量。

9.6.7 制作胶片颗粒效果

【胶片颗粒】滤镜将平滑图案应用于阴影和中间色调，将一种更平滑、饱和度更高的图案添加到亮区，如下图所示。在消除混合的条纹和将各种来源的图素在视觉上进行统一时，此滤镜起很大作用。

【胶片颗粒】滤镜可以给图像中增加一些颗粒效果。

【胶片颗粒】滤镜设置面板中的各个参数如下。

【颗粒】：设置图像上分布黑色颗粒的数量和大小。

【高光区域】：设置高亮区域的颗粒总数。此值越大，高亮区域的颗粒总数越少。

【强度】：控制颗粒效果的强度。此值越小，强度越强烈。

9.6.8 制作木刻效果

【木刻】滤镜使图像看上去好像是由从彩纸上剪下的边缘粗糙的剪纸片组成的。高对比度的图像看起来呈剪影状，而彩色图像看上去像是由几层彩纸组成的，如下图所示。

【木刻】滤镜可以实现一种在木头上雕刻的简单效果。

【木刻】滤镜设置面板中的各个参数如下。

【色阶数】：控制色阶的数量，可以控制图像显示的颜色多少。

【边缘简化度】：可以控制图像色彩边缘简化的程度，此值越大，边缘即很快简化为背景色。可在几何形状不太复杂时产生真实的效果。

【边缘逼真度】：控制图像色彩边缘的细节。

9.6.9 制作霓虹灯光效果

【霓虹灯光】滤镜将各种类型的灯光添加到图像中的对象上，用于在柔化图像外观时给图像着色。要选择一种发光颜色，需要单击发光框，并从【拾色器】中选择一种颜色，如下图所示。

【霓虹灯光】滤镜可以模拟霓虹灯照射的效果，图像的背景将会使用前景色填充。

【霓虹灯光】滤镜设置面板中的各个参数如下。

【发光大小】：数值为正，则照亮图像。数值为负，则使图像变暗。

【发光亮度】：设置发光的亮度。

【发光颜色】：单击色块，可以更改发光的颜色。

9.6.10 制作水彩效果

【水彩】滤镜以水彩的风格绘制图像，使用蘸了水和颜料的中号画笔绘制以简化细节。当边缘有显著的色调变化时，此滤镜会使颜色饱满，如下图所示。

【水彩】滤镜可以模拟一种水彩风格的图像效果。

【水彩】滤镜设置面板中的各个参数如下。

【画笔细节】：可以设置画笔的细腻程度，保留图像边缘细节。

【阴影强度】：设置图像阴影的强度大小。

【纹理】：控制纹理显示的强度。

9.6.11 制作塑料包装效果

【塑料包装】滤镜给图像涂上一层光亮的塑料，以强调表面细节，如下图所示。

【塑料包装】滤镜可以模拟一种发光塑料覆盖的效果。

【塑料包装】滤镜设置面板中的各个参数如下。

【高光强度】：设置高亮点的亮度。

【细节】：设置细节的复杂程度。

【平滑度】：设置光滑程度。

9.6.12 制作涂抹棒效果

【涂抹棒】滤镜使用较短的对角线描边涂抹图像的暗区以柔化图像，使亮区变得更亮而失去细，从而使整个图像显示出涂抹扩散的效果，如下图所示。

【涂抹棒】滤镜设置面板中的各个参数如下。

【描边长度】：可以控制笔触线条的大小。

【高光区域】：可以改变图像的高光范围。

【强度】：设置涂抹强度，此值越大，反差效果越强。

用滤镜制作炫光空间

本案例介绍制作色彩绚丽的炫光空间背景。制作过程不复杂，主要用到【镜头光晕】和【波浪】滤镜。由于随机性比较强，每一次制作的效果都可能有变化，如下图所示。

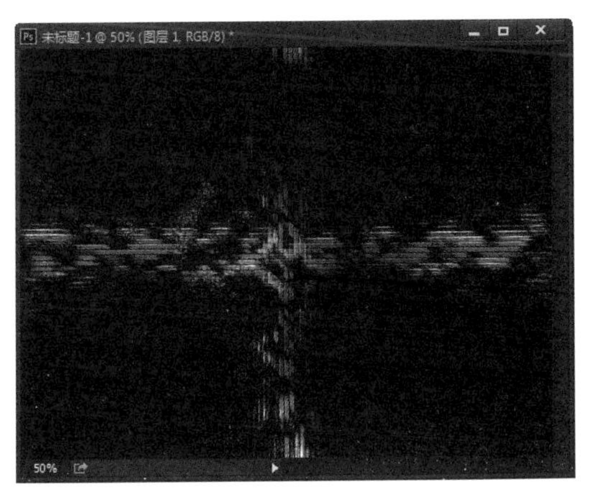

1. 新建文件

第1步 选择【文件】→【新建】命令，新建一个文件，如下图所示。

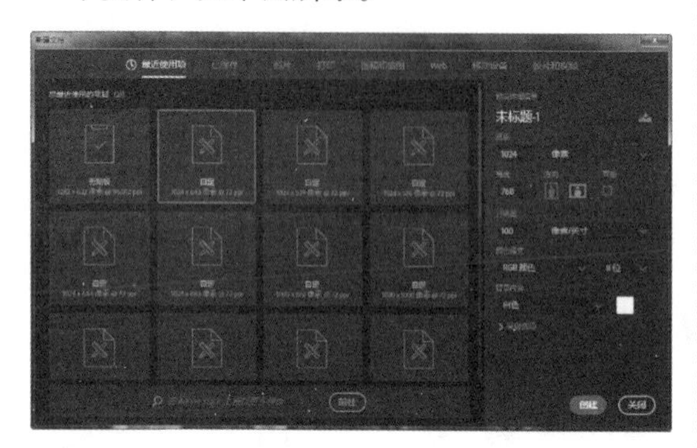

第2步 选择【滤镜】→【渲染】→【云彩】命令，效果如下图所示。

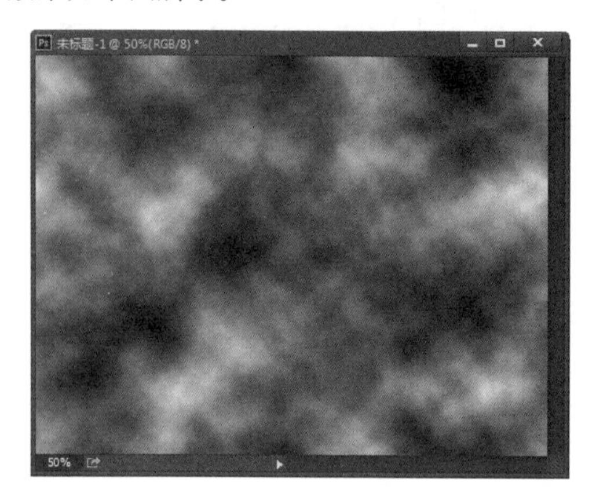

2. 添加滤镜效果

第1步 选择【滤镜】→【像素化】→【马赛克】命令，设置【单元格大小】为“10”，其他参数设置如下图所示。

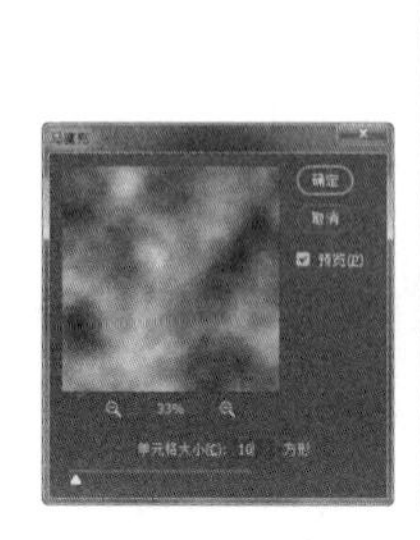

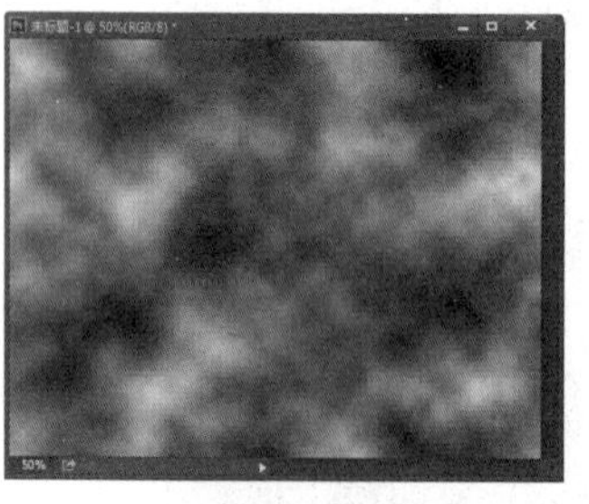

第2步 选择【滤镜】→【模糊】→【径向模糊】命令，参数设置如下图所示。

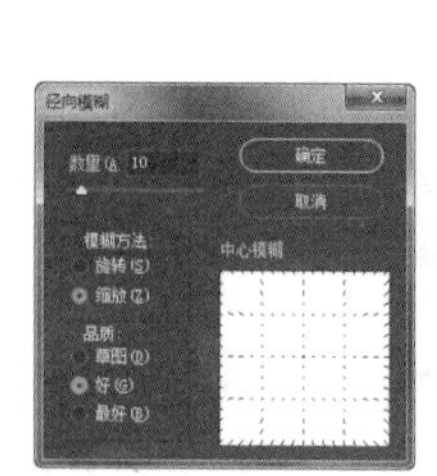

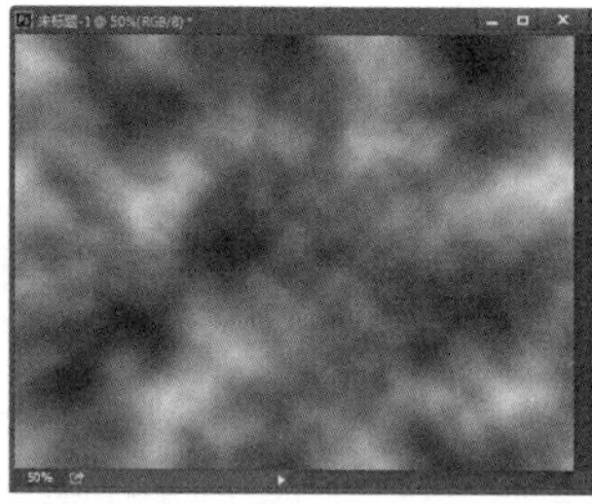

第3步 选择【滤镜】→【风格化】→【浮雕效果】命令，参数设置如下图所示。

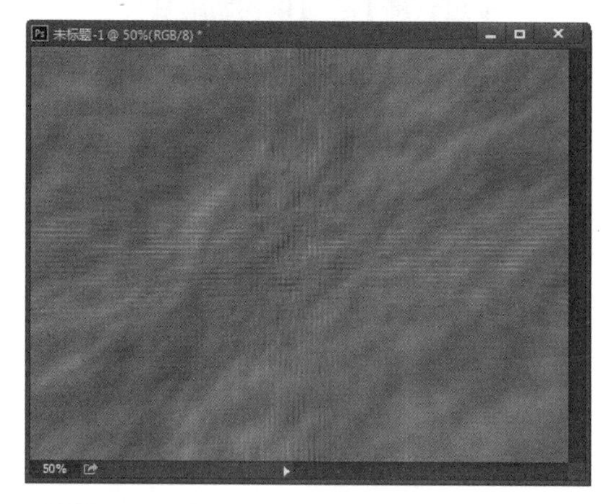

第4步 选择【滤镜】→【滤镜库】→【画笔描边】→【强化的边缘】命令，效果如下图所示。

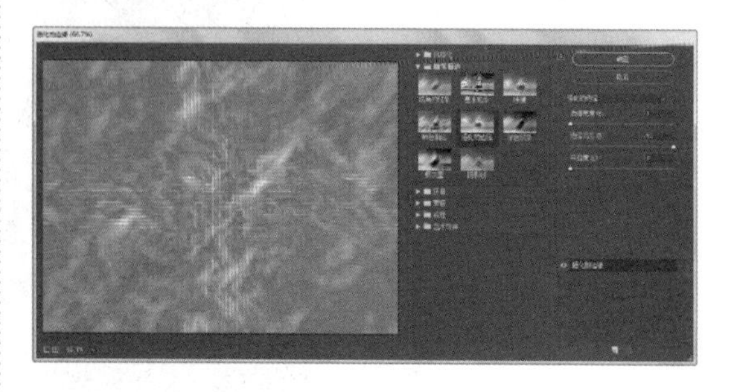

第 5 步 选择【滤镜】→【风格化】→【查找边缘】命令，创建清晰的线条效果，按【Ctrl+I】组合键将图像反相，效果如下图所示。

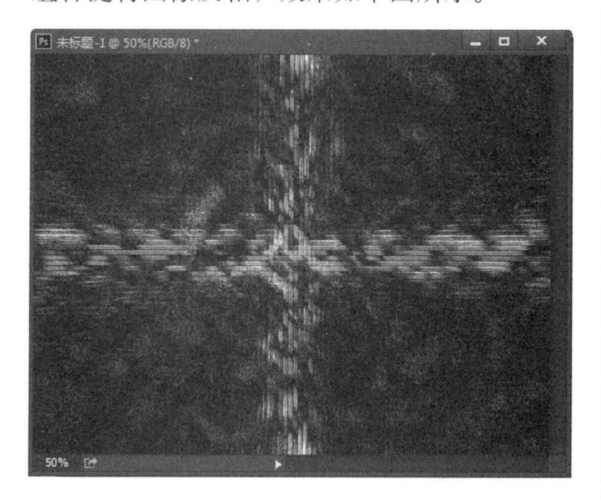

3. 添加炫彩效果

第 1 步 按【Ctrl+L】组合键，打开【色阶】对话框，将“阴影”滑块向右拖曳，使图像变暗，如下图所示。

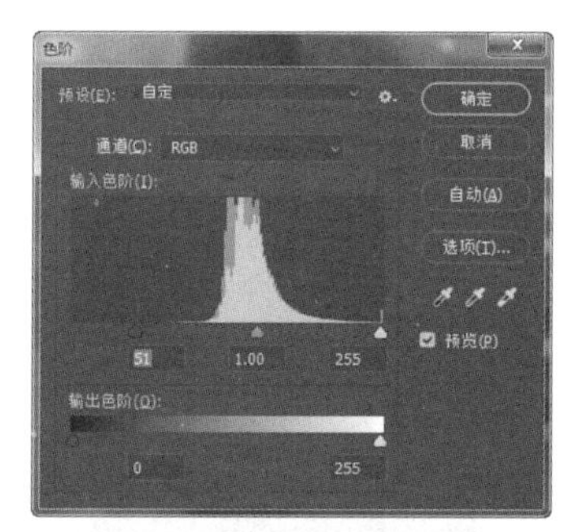

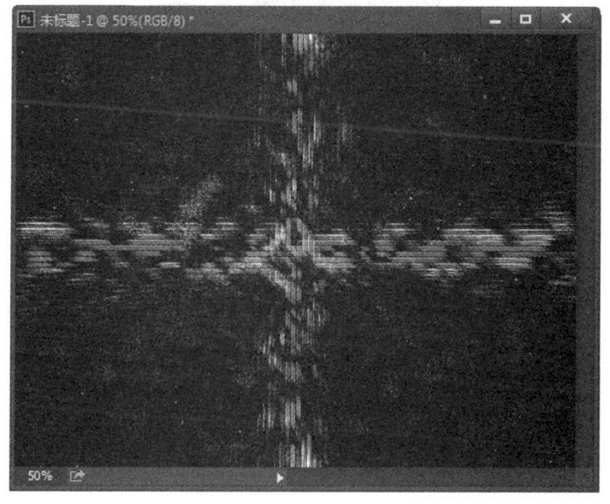

第 2 步 在调整面板中单击【照片滤镜】按钮，在【滤镜】下拉列表中选择“蓝”选项，设置【浓度】为“100%”，效果如下图所示。

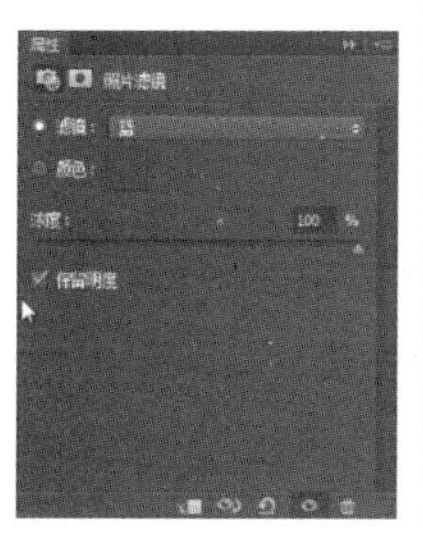

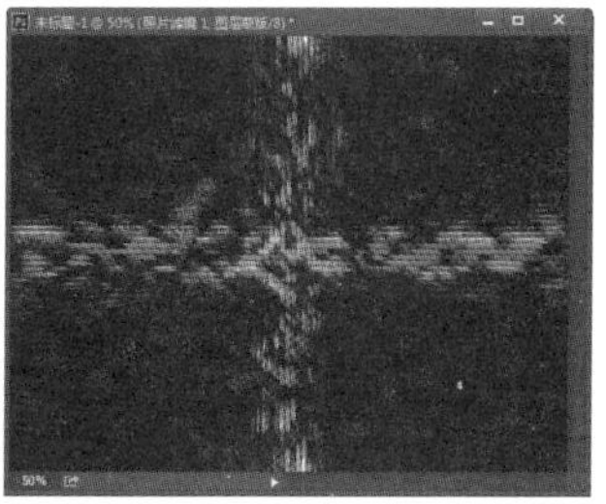

第 3 步 选择【渐变工具】选项，在工具选项栏中单击【径向渐变】按钮，并单击【渐变颜色条】按钮，打开【渐变编辑器】对话框，调整渐变颜色，如下图所示。

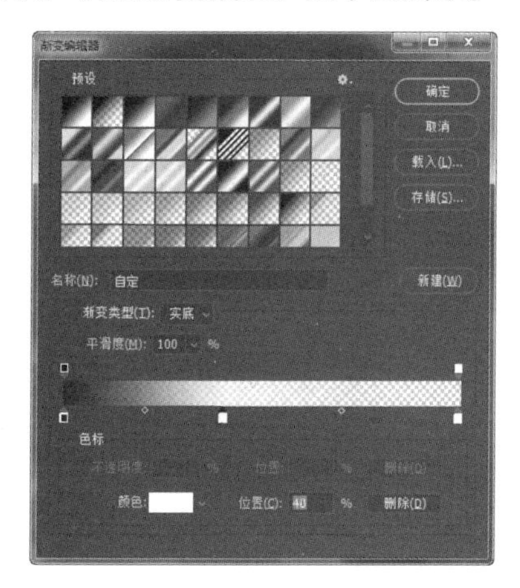

第 4 步 新建一个图层，填充一些小的渐变颜色，完成滤镜打造神秘炫光空间效果，如下图所示。

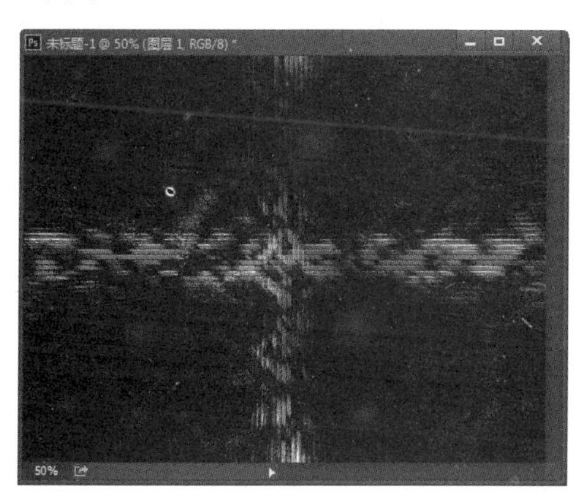

◇ 使用滤镜给照片去噪

往往由于照相机品质或 ISO 设置不正确等原因造成照片有明显的噪点，但是通过后期处理可以将这些问题解决。下面介绍如何在 Photoshop CC 2018 中为照片去除噪点，具体操作步骤如下。

第 1 步 打开“素材\ch09\未标题 -1”文件，如下图所示。

第 2 步 将图像显示放大至 200%，以便局部观察。选择【滤镜】→【杂色】→【去斑】命令，执行后会发现细节表现略好，不过会存在画质丢失的现象，如下图所示。

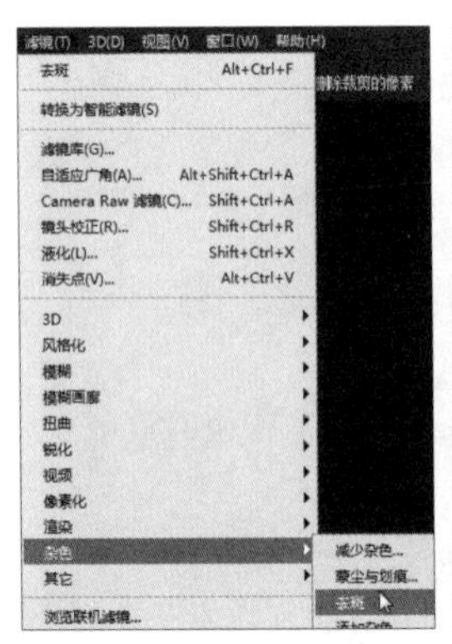

第 3 步 选择【滤镜】→【杂色】→【蒙尘与划痕】命令。通过拖曳“半径”和“阈值”滑块，同样可以达到去噪效果，通常设置半径为“1”像素即可；而阈值可以对去噪后画面的色调进行调整，将画质损失减少到最低。设置完成后单击【确定】按钮即可，如下图所示。

第 4 步 最后适当用锐化工具对花朵的重点表现部分进行锐化处理，效果如下图所示。

◇ Photoshop CC 2018 滤镜与颜色模式

如果 Photoshop CC 2018【滤镜】菜单中的某些命令显示为灰色，就表示它们无法执行。通常情况下，这是由于图像的颜色模式造成的。RGB 模式的图像可以使用全部滤镜，一部分滤镜不能用于 CMYK 模式的图像，索引和位图模式的图像则不能使用任何滤镜。如果要对 CMYK、索引或位图模式的图像应用滤镜，可选择【图像】→【模式】→【RGB 颜色】命令，将其转换为 RGB 模式。

第
3
篇

应用篇

本篇主要介绍 Photoshop CC 2018 软件中的应用操作，通过对本篇的学习，读者可以掌握图层、图层混合技术，以及通道与蒙版的应用等操作。

第10章 图层

本章导读

图层功能是 Photoshop CC 2018 处理图像的基本功能，也是 Photoshop CC 2018 软件中很重要的一部分。图层就像玻璃纸，每张玻璃纸上有一部分图像，将这些玻璃纸重叠起来，构成一幅完整的图像，而修改一张玻璃纸上的图像不会影响其他图像。本章将介绍图层的基本操作和应用。

思维导图

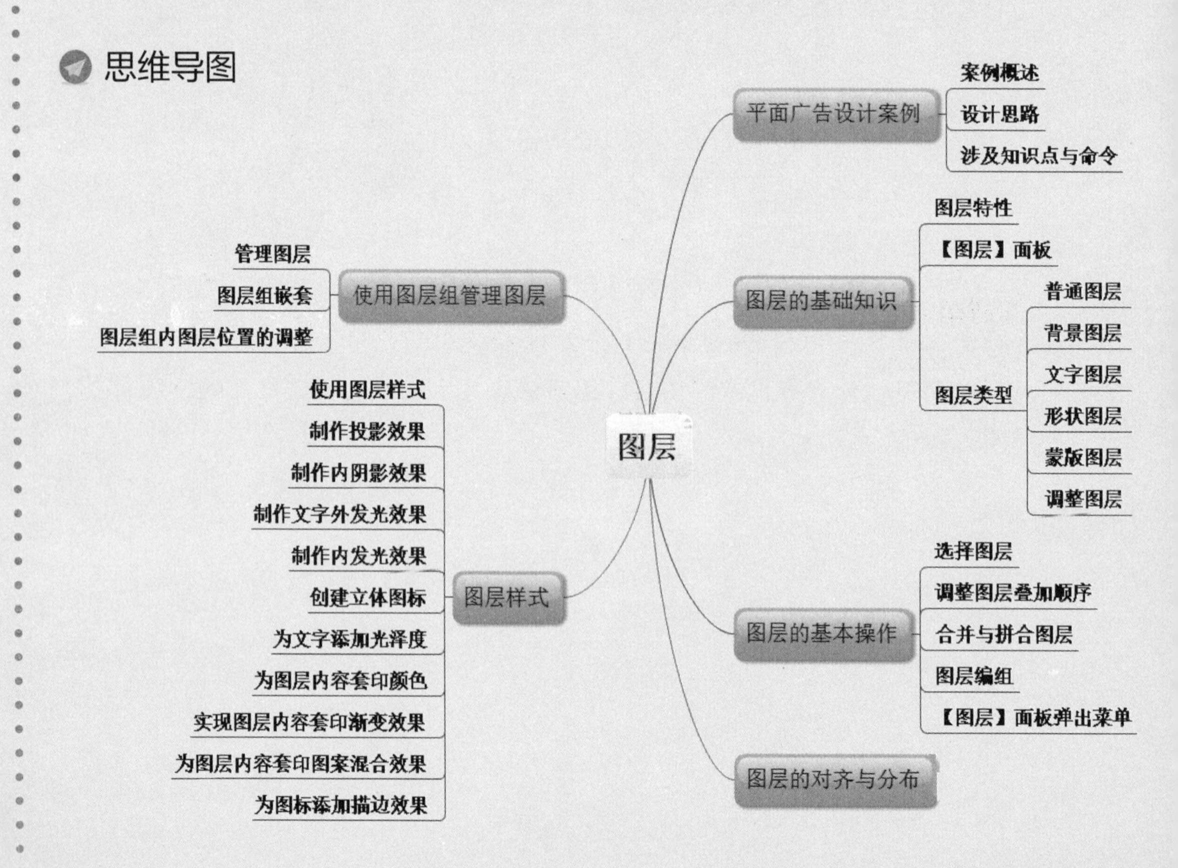

10.1 平面广告设计案例

Photoshop 工作空间中一个非常重要的面板就是图层面板。在【图层】面板中，用户可以根据需要对图像进行缩放、设置样式、更改颜色和改变透明度等，如下图所示。

案例名称：平面广告设计案例		
案例目的：学习如何运用缩放、更改颜色、设置样式、改变透明度		
	素材	素材 \ch10\10-1.jpg
	结果	结果 \ch10\
	录像	视频教学录像 \10 第 10 章

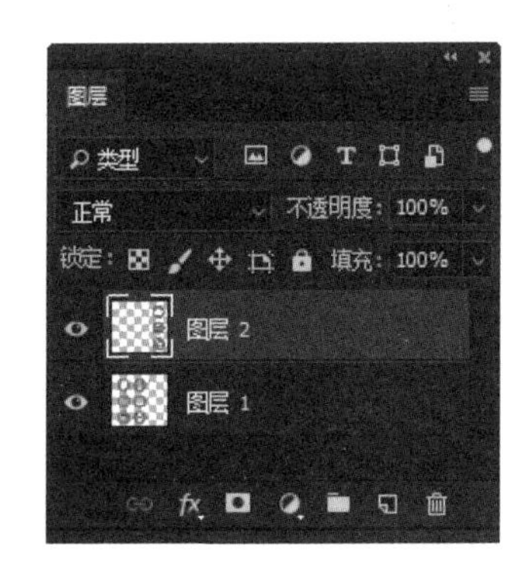

10.1.1 案例概述

本案例主要是通过分析平面广告设计中各图层的作用来理解图层的使用方法和特性。一个图层代表一个单独的元素，设计师可以任意更改。图层在平面设计中起着至关重要的作用。图层既可以用来表示平面设计的元素，也可以用来显示文本框、图像、背景、内容和更多其他元素的基底。

10.1.2 设计思路

“图层”的概念在 Photoshop 中非常重要，图层是构成图像的重要组成单位，许多应用效果都是通过对图层的直接操作而得到的，用图层来实现设计效果是一种直观而简便的方法，良好的分层有助于设计更完美地展示和修改。

每一个图层都是由许多像素组成的，而图层又通过上下叠加的方式来组成整个图像。这就像每一个图层都好似是一张透明的“玻璃纸”，而图层内容就画在这些“玻璃纸”上，如果“玻璃纸”上什么都没有，就是一个完全透明的空图层。当各张“玻璃纸”上都有图像时，自上而下俯视所有图层，从而形成图像显示的效果。

10.1.3 涉及知识点与命令

本案例主要涉及以下知识点。

1. 填充和不透明度

【填充】和【不透明度】完全是两个不同选项，尽管它们经常被相同的使用方法混淆。【填充】是一个图层中背景色块所占用的百分比,这个选项一般用于形状填充,而【不透明度】是一个图层针对其他图层的透明度。

两者的区别就是【填充】选项不影响图层样式。例如，给图层添加一个描边，此时调节【填充】选项时，描边效果依然还清晰地展示在图层上，而如果调节【不透明度】选项，那么这个描边样式的透明度也会跟着改变，如下图所示。

2. 分组

用户在使用 Photoshop CC 2018 分层时，分组是必须要知道的内容。分组对于设计本身确实没有作出很大的贡献，但是其重要性却是非常明显的。分组有助于组织图层，除了便于正确命名图层外，还能很好地对图层进行分类，从而提高工作效率。因为分组后不再需要为了一个像素而搜遍所有图层，只需从分组入手就可以很快找到。

3. 遮罩

遮罩是隐蔽当前图层的一部分从而使下面的图层内容显示出来的一个功能。这是一个必须掌握的技巧，它可以创建很多无缝的创意展示，如下图所示。

4. 选区

Photoshop CC 2018 中的【选区】选项实现方式很多。假设用户需要选中设计稿中的一部分时，可以直接单击该部分所在的图层，按【Ctrl+A】组合键移动到想要的位置，或者使用【套索工具】→【快速选择工具】。最快捷的方法是，按【Ctrl】键并单击所要选择的图像，即可选中该图层，如下图所示。

5. 图层样式

图层样式提供给用户许多改善设计的选择方案。

【混合】选项：在这里用户可以选择混合模式。混合模式选项允许用户定制背景和图层的关系，以及如何补充、连接两者。除此之外，用户也可以选择高级选项，从整体或单个通道的角度来降低图层的不透明度。

【斜面和浮雕】：该选项赋予图层 3D 的效果。这是加大图层深度的设计，使之显得更加“真实”。

【描边】：这是最常用的选项菜单。【描边】大大加强了图层的形象效果，用户可以选择【描边】的不透明度、颜色及其混合选项。

【内阴影】：给用户的图层创造了一个微妙的暗层，它也提供深度（外阴影则与此相反）。

【内发光】：在图像轮廓的边缘内部提供一个黄色羽化闪光效果（外发光则与此相反）。

【颜色叠加】：给整张图像填充一个颜色。

10.2 图层的基础知识

在学习图层的使用方法之前，首先需要了解一些图层的基础知识。

10.2.1 图层特性

图层是 Photoshop CC 2018 软件最为核心的功能之一，它就像是含有文字或图形等元素的胶片，一张张按顺序叠放在一起，组合起来形成页面的最终效果。图层可以将页面上的元素精确定位。使用图层可以把一幅复杂的图像分解为相对简单的多层结构，并对图像进行分级处理，从而减少图像处理工作量并降低难度。通过调整各个图层之间的关系，能够实现更加丰富和复杂的视觉效果。

为了理解图层这个概念，可以回忆手工制图时用透明纸作图的情况：当一幅图过于复杂或图形中各部分干扰较大时，可以按一定的原则将一幅图分解为几个部分，然后分别将每一部分按着相同的坐标系和比例画在透明纸上，完成后将所有透明纸按同样的坐标重叠在一起，最终得到一幅完整的图形。当需要修改其中某一部分时，可以将要修改的透明纸抽出来单独进行修改，而不会影响其他部分。

Photoshop CC 2018 图层的概念，参照用透明纸进行绘图的理念，将各部分绘制在不同的图层上。透过这层纸，可以看到纸后面的东西，无论在这层纸上如何涂画，都不会影响 Photoshop CC 2018 其他图层中的图像，即每个图层都可以进行独立的编辑或修改，如下图所示。

图层承载了几乎所有的编辑操作。如果没有图层，所有的图像将处在同一个平面上，这对于图像的编辑来讲，简直是无法想象的，正因为有了图层功能，Photoshop CC 2018 才变得如此强大。本节将介绍图层的 3 种特性：透明性、独立性和遮盖性，如下图所示。

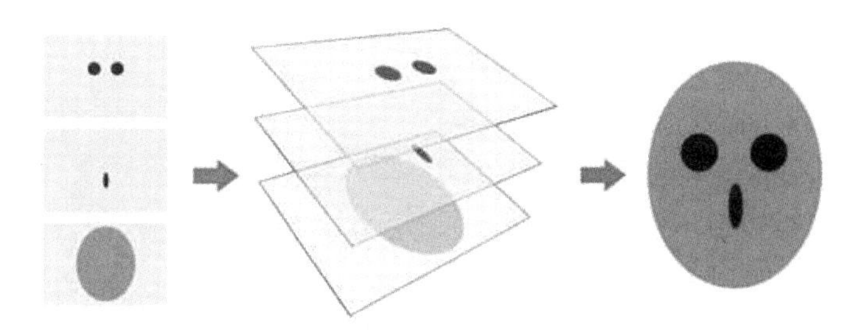

1. 透明性

透明性是图层的基本特性。图层就像是一层层透明的玻璃纸，在没有绘制色彩的部分，透过上面图层的透明部分，能够看到下面图层的图像效果。在 Photoshop CC 2018 中图层的透明部分表现为灰白相间的网格，如下图所示。

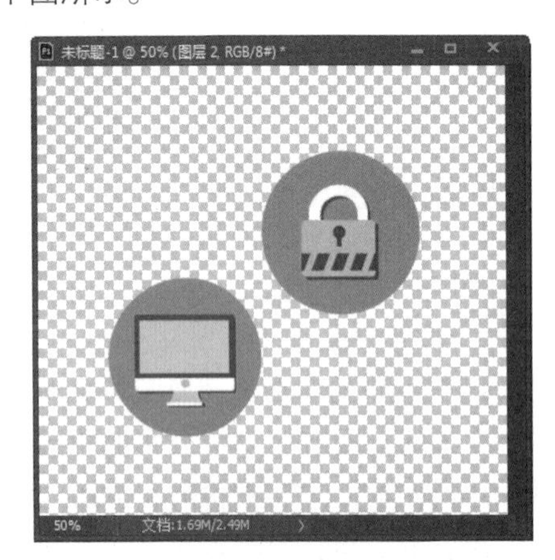

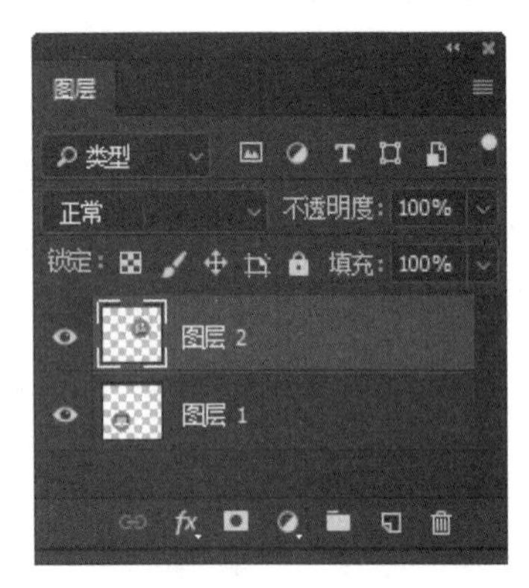

可以看到即使【图层 1】上面有【图层2】，但是透过【图层 2】仍然可以看到【图层 1】中的内容，这说明【图层 2】具备了图层的透明性。

2. 独立性

为了灵活地处理一幅作品中的任何一部分内容，在 Photoshop CC 2018 中可以将作品中的每一部分放到一个图层中。图层与图层之间是相互独立的，在对其中的一个图层进行操作时，其他的图层不会受到干扰，图层调整前后对比效果如下图所示。

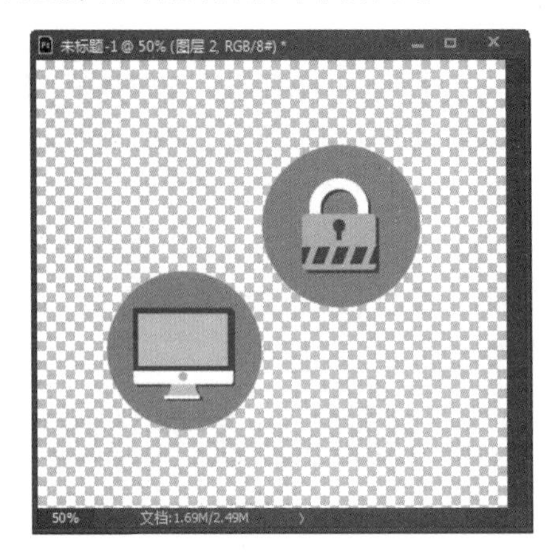

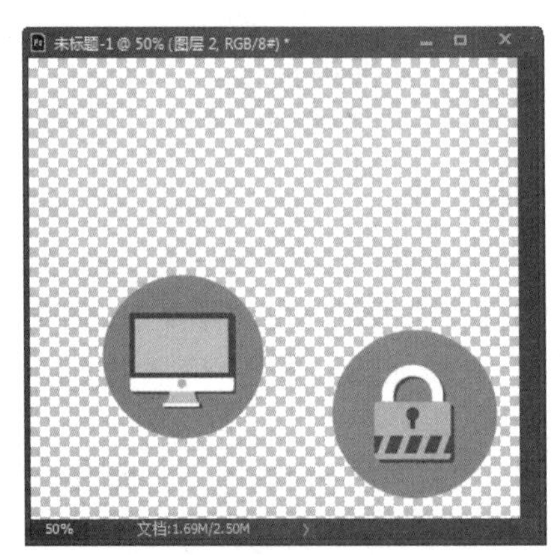

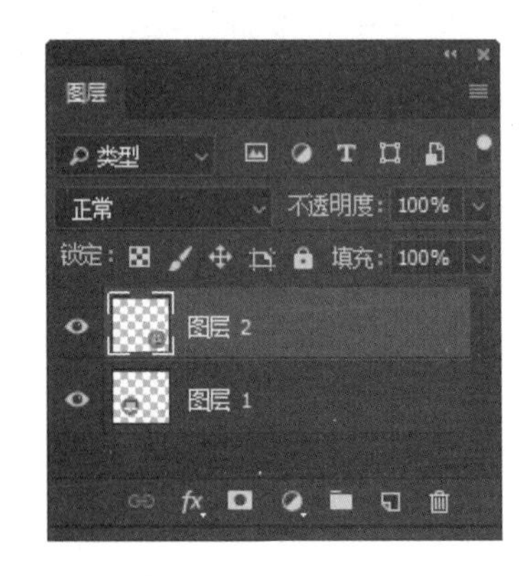

可以看到，当改变其中一个对象时，其他对象保持原状，这说明图层之间相互保持了一定的独立性。

3. 遮盖性

图层之间的遮盖性是指当一个图层中有图像信息时，会遮盖住下层图像中的图像信息，如下图所示。

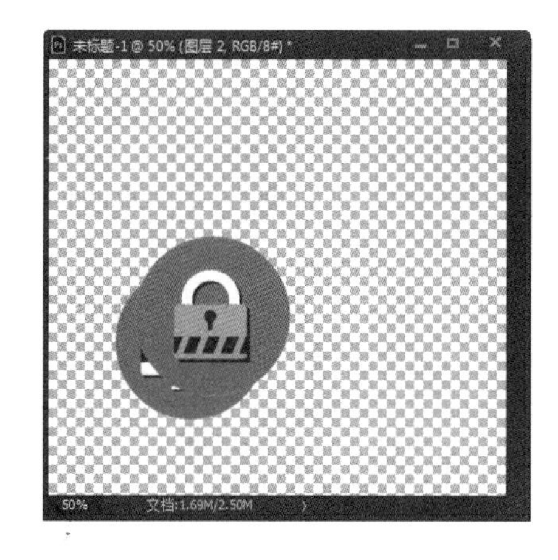

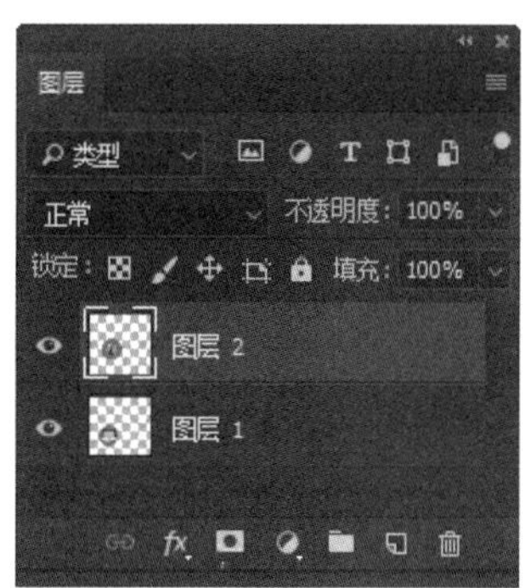

10.2.2 【图层】面板

Photoshop CC 2018 软件中的所有图层都被保存在【图层】面板中，对图层的各种操作基本上都可以在【图层】面板中完成。使用【图层】面板不仅可以创建、编辑和管理图层及为图层添加样式，还可以显示当前编辑的图层信息，使用户清楚地掌握当前图层操作的状态。

选择【窗口】→【图层】命令或按【F7】键，可以打开【图层】面板，如下图所示。

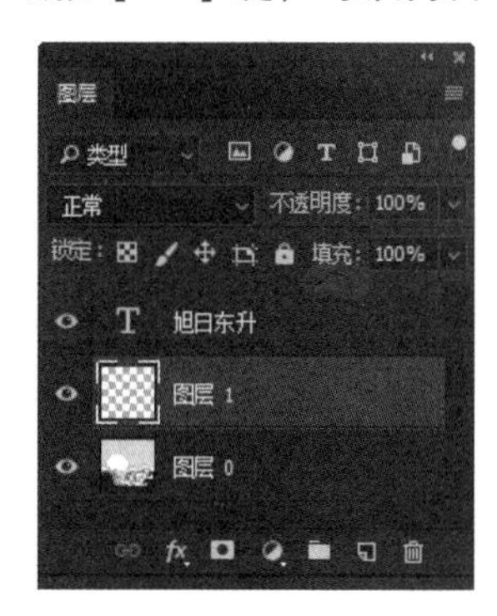

图层混合模式：创建图层中图像的各种混合效果。

【锁定】工具栏：4 个按钮分别是【锁定透明像素】【锁定图像像素】【锁定位置】和【锁定全部】。

显示或隐藏：显示或隐藏图层。当图层左侧显示眼睛图标时，表示当前图层在图像窗口中显示，单击眼睛图标，图标消失并隐藏该图层中的图像。

图层缩览图：该图层的显示效果预览图。

图层不透明度：设置当前图层的不透明效果，范围为 0%~100%，设置为 0% 表示完全透明，设置为 100% 表示不透明。

图层名称：每个图层的命名。

当前图层：在【图层】面板中蓝色高亮显示的图层为当前图层。

背景图层：在【图层】面板中，位于最下方的图层名称为“背景”的图层，即是背景图层。

【链接图层】：在图层上显示该图标时，表示图层与图层之间是链接图层，在编辑图层时可以同时进行编辑。

【添加图层样式】fx：单击该按钮，从弹出的菜单中选择相应选项，可以为当前图层添加图层样式效果。

【添加图层蒙版】：单击该按钮，可以为当前图层添加图层蒙版效果。

【创建新的填充或调整图层】：单击该按钮，从弹出的菜单中选择相应选项，可以创建新的填充图层或调整图层。

【创建新组】：创建新的图层组。可以将多个图层归为一个组，这个组可以在不需要操作时折叠起来。无论组中有多少个图层，折叠后只占用相当于一个图层的空间，方便管理图层。

【创建新图层】：单击该按钮，可以创建一个新的图层。

【删除图层】：单击该按钮，可以删除当前图层。

10.2.3 图层类型

Photoshop CC 2018 的图层类型有多种，可以将图层分为普通图层、背景图层、文字图层、形状图层、蒙版图层和调整图层 6 种。

1. 普通图层

如下图所示，普通图层是一种常用的图层。在普通图层上用户可以进行各种图像编辑操作。

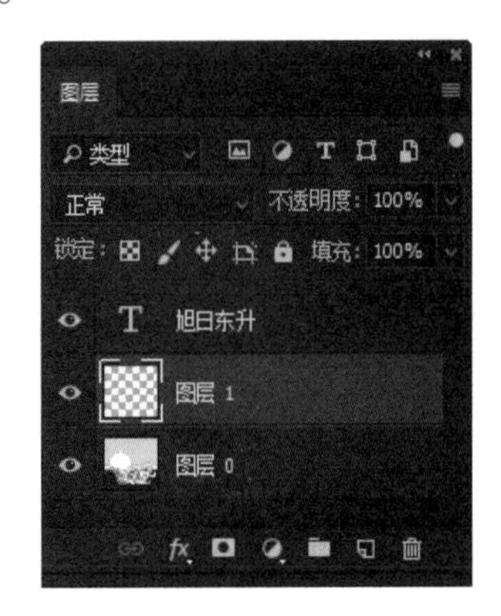

2. 背景图层

使用 Photoshop CC 2018 新建文件时，如果【背景内容】选择为白色或背景色，在新文件中就会自动创建一个背景图层，并且该图层还有一个锁定的标志。背景图层始终在最底层，就像一栋楼房的地基一样，不能与其他图层调整叠放顺序。

一个图像中可以没有背景图层，但最多只能有一个背景图层。

背景图层的不透明度不能更改，不能为背景图层添加图层蒙版，也不可以使用图层样式。如果要改变背景图层的不透明度，为其添加图层蒙版或使用图层样式，可以先将背景图层转换为普通图层。

把背景图层转换为普通图层的具体操作步骤如下。

第 1 步 打开“素材 \ch10\10-1.jpg”文件，如下图所示。

第 2 步 选择【窗口】→【图层】命令，打开【图层】面板。在【图层】面板中选定背景图层，如下图所示。

第 3 步 选择【图层】→【新建】→【背景图层】命令，如下图所示。

第 4 步 弹出【新建图层】对话框，如下图所示。

第 5 步 单击【确定】按钮，背景图层即可转换为普通图层。用户使用【背景橡皮擦工具】和【魔术橡皮擦工具】擦除背景图层时，背景图层便自动变成普通图层。直接在背景图层上双击，可以快速将背景图层转换为普通图层，如下图所示。

3. 文字图层

使用工具箱中的【文字工具】输入文本即可创建文字图层。文字图层是一种特殊的图层，用于存放文字信息，它在【图层】面板中的缩览图与普通图层不同，如下图所示。

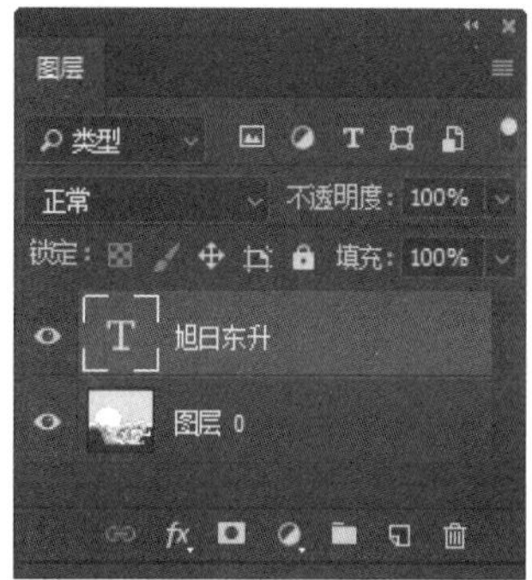

文字图层主要用于编辑图像中的文本内容。用户可以对文字图层进行移动、复制等操作，但是不能使用绘画和修饰工具来绘制和编辑文字图层中的文字，不能使用【滤镜】命令。如果需要编辑文字，则必须栅格化文字图层，被栅格化后的文字将变为位图图像，不能再进行修改。

栅格化操作就是把矢量图转化为位图。在 Photoshop CC 2018 中有一些图是矢量图。例如，用【文字工具】输入的文字或用【钢笔工具】绘制的图形。如果想对这些矢量图形做进一步的处理，如想使文字具有影印效果，就要使用【滤镜】→【素描】→【影印】命令，而该命令只能处理位图图像，不能处理矢量图。此时就需要先把矢量图栅格化，转化为位图，再做进一步处理。矢量图经过栅格化处理变成位图后，就失去了矢量图的特性。

栅格化文字图层就是将文字图层转换为普通图层，共有两种操作方法。

（1）普通方法。

选中文字图层，选择【图层】→【栅格化】→【文字】命令，文字图层即转换为普通图层，如下图所示。

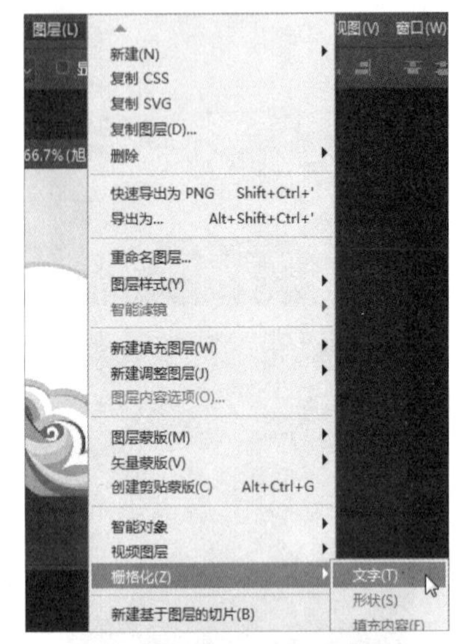

（2）快捷方法。

在【图层】面板中的文字图层上右击，从弹出的快捷菜单中选择【栅格化文字】选项，可以将文字图层转换为普通图层，如下图所示。

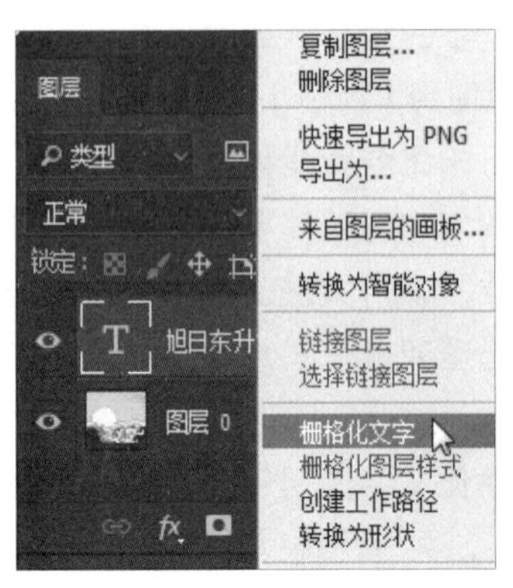

4. 形状图层

形状图层一般是使用工具箱中的形状工具（【矩形工具】、【圆角矩形工具】、【椭圆工具】、【多边形工具】、【直线工具】、【自定形状工具】或【钢笔工具】）绘制图形后而自动创建的图层。形状是矢量对象，与分辨率无关。

形状图层包含定义形状颜色的填充图层和定义形状轮廓的矢量蒙版，如下图所示。形状轮廓是路径，显示在【路径】面板中。如果当前图层为形状图层，在【路径】面板中就可以看到矢量蒙版的内容。

用户可以对形状图层进行修改和编辑，具体操作步骤如下。

第1步 打开“素材 \ch10\10-3.jpg”文件，如下图所示。

第 2 步 创建一个形状图层，然后在【图层】面板中双击【图层】的缩览图，如下图所示。

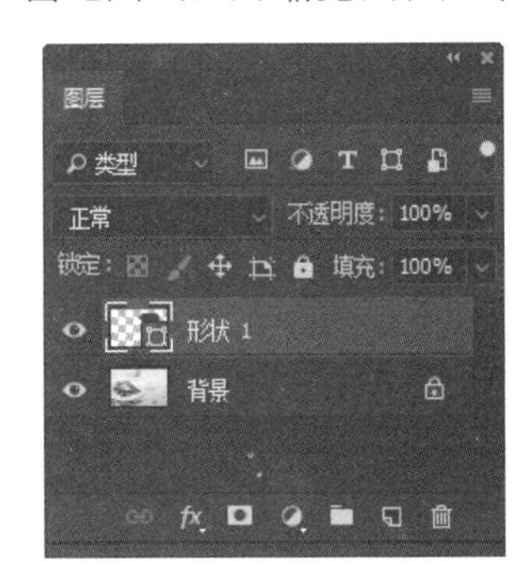

第 3 步 打开【拾色器（纯色）】对话框。选择相应的颜色后单击【确定】按钮，即可重新设置填充颜色，如下图所示。

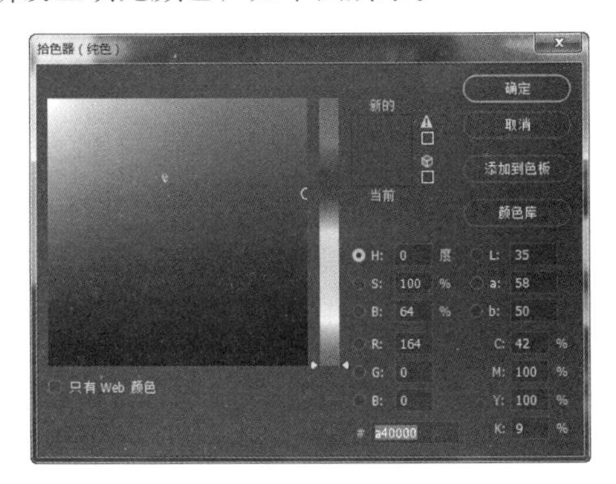

第 4 步 使用工具箱中的【直接选择工具】，即可修改或编辑形状中的路径，如下图所示。

如果要将形状图层转换为普通图层，需要栅格化形状图层，具体操作步骤如下。

（1）完全栅格化法。

选中形状图层，选择【图层】→【栅格化】→【形状】命令，即可将形状图层转换为普通图层，同时不保留蒙版和路径，如下图所示。

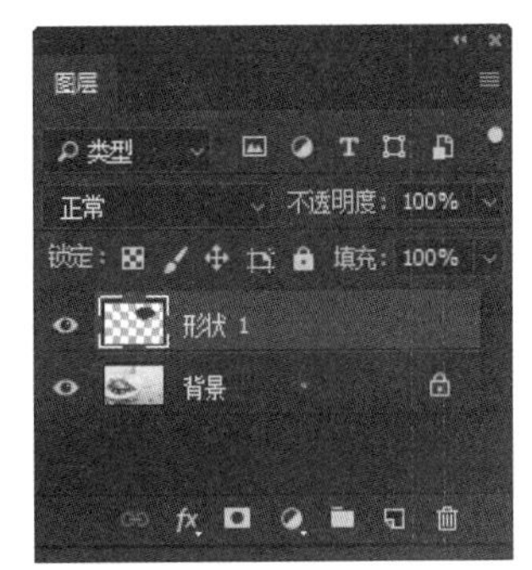

（2）路径和蒙版栅格化。

选择【图层】→【栅格化】→【填充内容】命令，对栅格化形状图层进行填充，同时保留矢量蒙版，如下图所示。

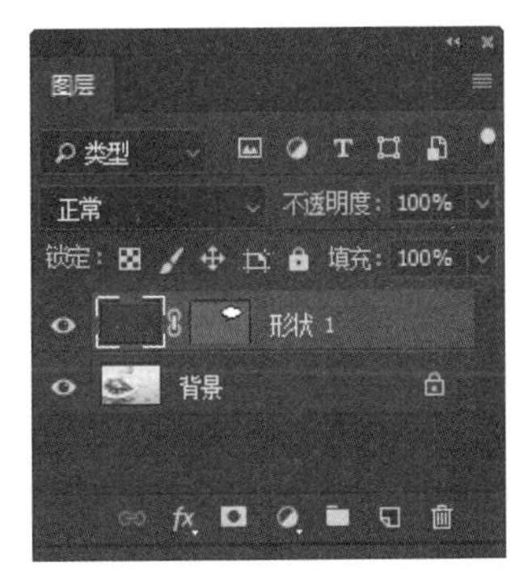

（3）蒙版栅格化法。

在上一步操作的基础上，选择【图层】→【栅格化】→【矢量蒙版】命令，即可栅格化形状图层的矢量蒙版，同时将其转换为图层蒙版，丢失路径，如下图所示。

5. 蒙版图层

图层蒙版是一个很重要的功能。在处理图像时，经常会用到。图层蒙版的优点是不会破坏原图，并且 Photoshop 在蒙版上处理的速度也比在图片上直接处理要快得多。一般来说，在抠图或合成图像时，会经常用到图层蒙版。

蒙版图层是用来存放蒙版的一种特殊图层，依附于除背景图层以外的其他图层。蒙版的作用除显示或隐藏图层的部分图像外，也可以保护区域内的图像，以免被编辑。用户可以创建的蒙版类型有图层蒙版和矢量蒙版两种。

（1）图层蒙版。

图层蒙版是与分辨率有关的位图图像，由绘画或选择工具创建。创建图层蒙版的具体操作步骤如下。

第1步 打开“素材\ch10\10-4.jpg”和“素材\ch10\10-5.jpg”文件，如下图所示。

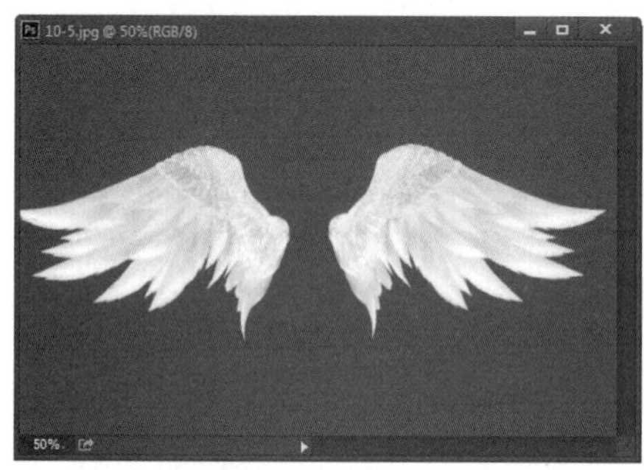

第2步 使用工具箱中的【移动工具】，选择并拖曳“10-5.jpg”图片到“10-4.jpg”图片上，如下图所示。

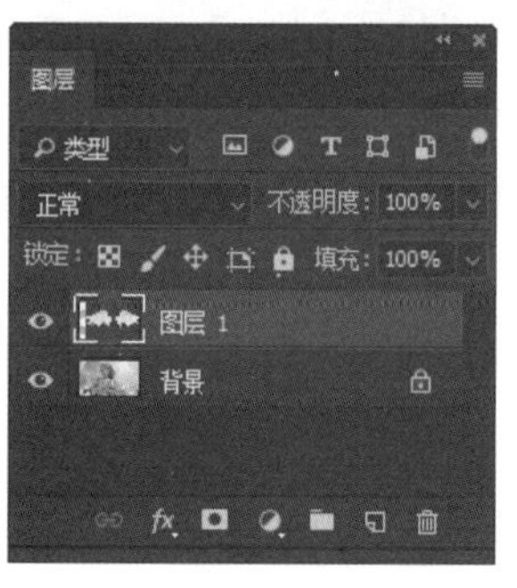

第3步 按【Ctrl+T】组合键对“10-5.jpg”

图片进行变形并调整其大小和位置，使其和人物配置好（为了方便观察可以将该图层的不透明度值调低），如下图所示。

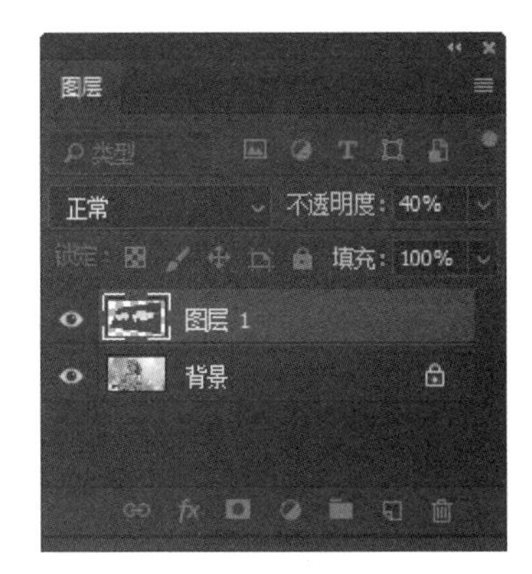

第 4 步 单击【图层】面板下方的【添加图层蒙版】按钮，为当前图层创建图层蒙版，如下图所示。

第 5 步 根据自己的需要调整图片的位置，然后把前景色设置为“黑色”，选择【画笔工具】选项，开始涂抹直至两幅图片融合在一起，如下图所示。

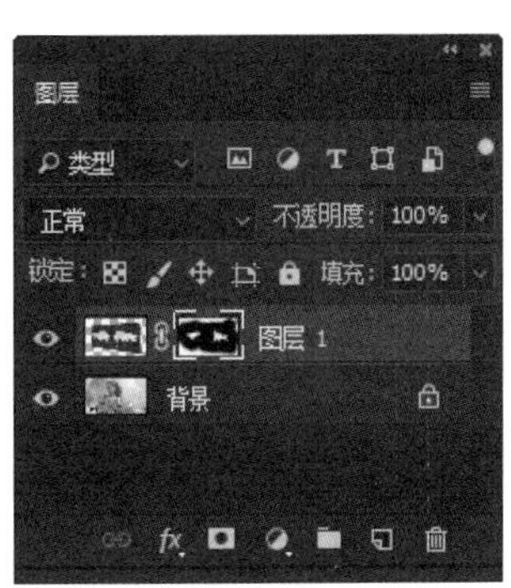

第 6 步 这时可以看到两幅图片已经融合在一起构成了一幅图片。选定图层后选择【图层】→【图层蒙版】命令，在弹出的子菜单中选择合适的命令，即可创建图层蒙版，如下图所示。

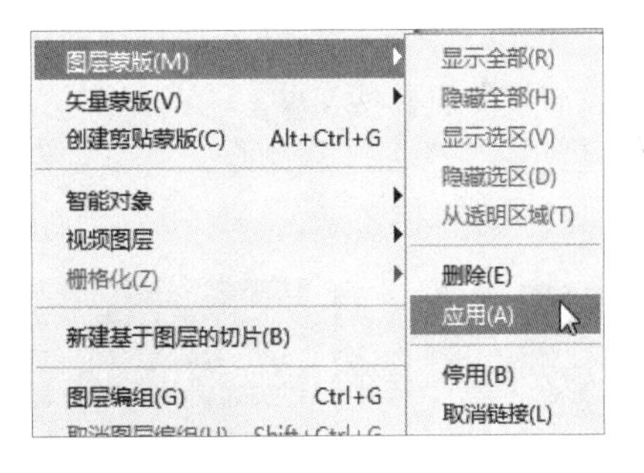

（2）矢量蒙版。

矢量蒙版与分辨率无关，一般是使用工具箱中的【钢笔工具】、形状工具（【矩形工具】、【圆角矩形工具】、【椭圆工具】、【多边形工具】、【直线工具】、【自定形状工具】）绘制图形后而创建的。

矢量蒙版可在图层上创建锐边形状。若需要添加边缘清晰的图像，可以使用矢量蒙版。

6. 调整图层

用户使用【调整图层】可以将颜色或色调调整应用于多个图层，而不会更改图像中的实际颜色或色调。颜色和色调调整信息存储在调整图层中，并且影响它下面的所有图层。这意味着操作一次即可调整多个图层，而不用分别调整每个图层。

使用调整图层调整图像色彩的具体操作步骤如下。

第1步 打开"素材\ch10\10-6.jpg"文件，如下图所示。

第2步 单击【图层】面板下方的【创建新的填充或调整图层】按钮，在弹出的菜单中选择【色相/饱和度】命令，可以创建一个调整图层，如下图所示。

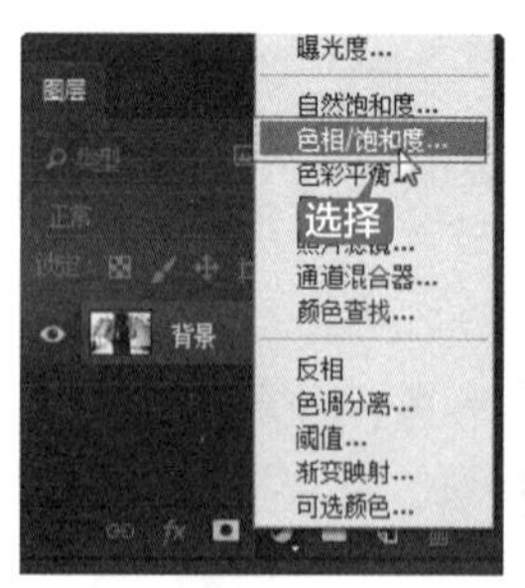

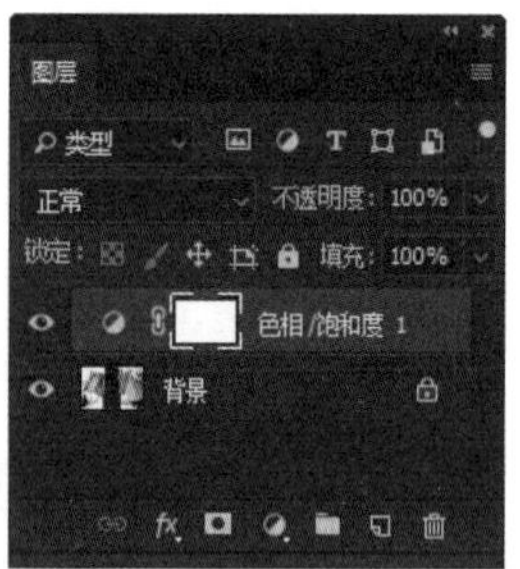

第3步 创建图层的同时，打开【属性】面板，可以调整图层【色相/饱和度】的相关参数，如下图所示。

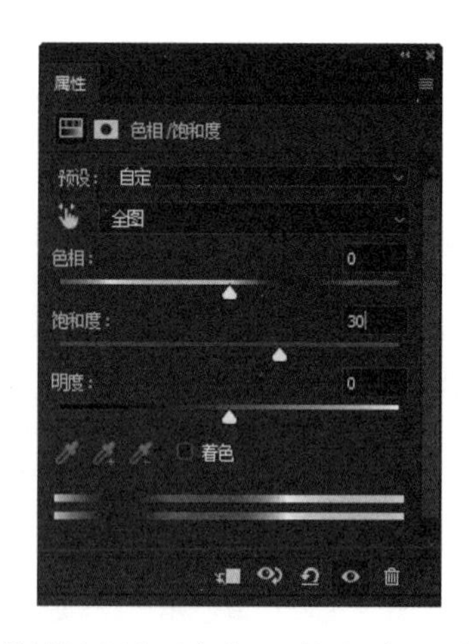

第4步 调整图层【色相/饱和度】后的效果如下图所示。

提示

选择【图层】→【新建调整图层】命令，在弹出的子菜单中选择合适的命令，即可创建一个调整图层，如下图所示。

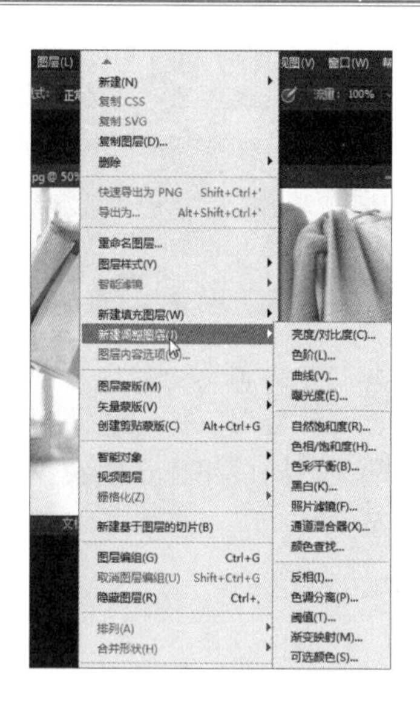

10.3 图层的基本操作

本节主要介绍如何选择和确定当前图层、图层上下位置关系的调整、图层的对齐与分布及图层编组等基本操作。

10.3.1 选择图层

在处理多个图层的文档时，需要选择相应的图层来调整。在 Photoshop CC 2018 的【图层】面板上，深颜色显示的图层为当前图层，大多数的操作都是针对当前图层进行的。因此，对当前图层的确定十分重要。选择图层的具体操作步骤如下。

第 1 步 打开“素材 \ch10\ 招贴设计 .psd”文件，如下图所示。

第 2 步 在【图层】面板中选择【图层 2】图层，即可选择“背景图片”所在的图层，此时“背景图片”所在的图层为当前图层，如下图所示。

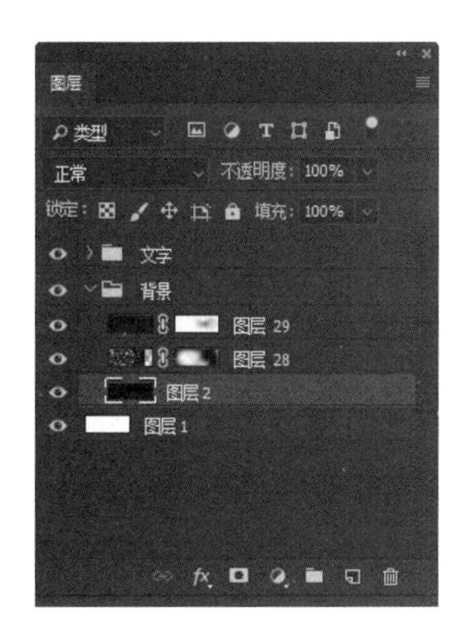

第 3 步 还可以直接在图像中右击，然后在弹出的快捷菜单中选择【图层 2】图层，即可选中“背景图片”所在的图层，如下图所示。

10.3.2 调整图层叠加顺序

改变图层的排列顺序就是改变图层像素之间的叠加次序，可以通过直接拖曳图层的方法来实现。

1. 调整图层位置

第 1 步 打开“素材 \ch10\10-7.psd”文件，如下图所示。

第 2 步 选中“红色底纹”所在的【图层 10】图层，选择【图层】→【排列】→【后移一层】命令，如下图所示。

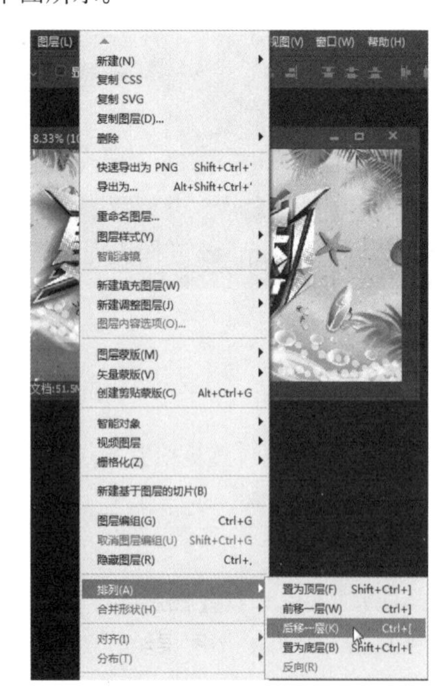

第 3 步 效果如下图所示。

2. 调整图层位置的技巧

Photoshop CC 2018 提供了 5 种排列方式，如下图所示。

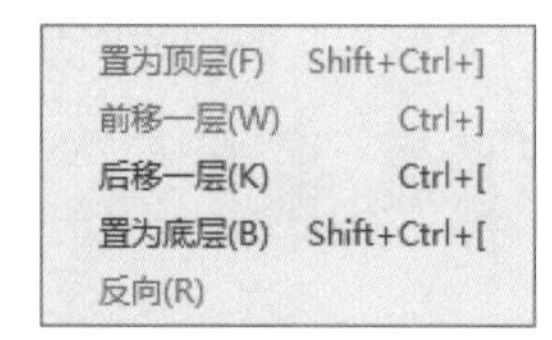

置为顶层(F)	Shift+Ctrl+]
前移一层(W)	Ctrl+]
后移一层(K)	Ctrl+[
置为底层(B)	Shift+Ctrl+[
反向(R)	

【置为顶层】：将当前图层移到最上层，快捷键为【Shift+Ctrl+] 】。

【前移一层】：将当前图层向上移一层，快捷键为【Ctrl+] 】。

【后移一层】：将当前图层向下移一层，快捷键为【Ctrl+ [】。

【置为底层】：将当前图层移到最底层，快捷键为【Shift+Ctrl+ [】。

【反向】：将选中的图层顺序反转。

10.3.3 合并与拼合图层

合并图层即是将多个有联系的图层合并为一个图层，以便于进行整体操作。首先选择要合并的多个图层，然后选择【图层】→【合并图层】命令即可，也可以通过【Ctrl+E】组合键来完成。

1. 合并图层

第 1 步 打开“素材 \ch10\10-6.psd”文件，如下图所示。

第 2 步 在【图层】面板中按【Ctrl】键的同时单击所有图层，单击【图层】面板右上角的▤按钮，在弹出的快捷菜单中选择【合并图层】命令，如下图所示。

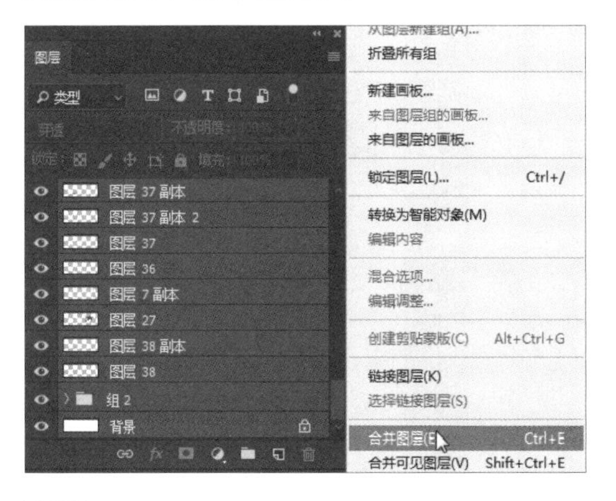

第 3 步 最终效果如下图所示。

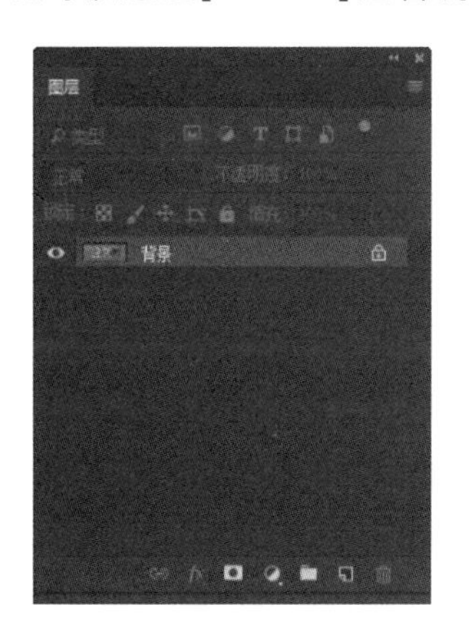

2. 合并图层的操作技巧

Photoshop CC 2018 提供了 3 种合并图层的方式，如下图所示。

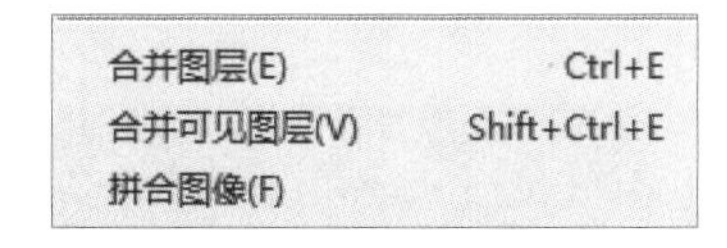

【合并图层】：在没有选择多个图层的状态下，可以将当前图层与其下面的图层合并为一个图层，也可以通过【Ctrl+E】组合键来完成。

【合并可见图层】：将所有的显示图层合并到背景图层中，隐藏图层被保留，也可以按【Shift+Ctrl+E】组合键来完成。

【拼合图像】：可以将图像中的所有可见图层都合并到背景图层中，隐藏图层则被删除。这样可以最大限度地降低文件的尺寸。

10.3.4 图层编组

【图层编组】命令用来创建图层组，如果已选择了多个图层，则可以选择【图层】→【图层编组】命令（也可以按【Ctrl+G】组合键来执行此命令）将选择的图层编为一个图层组。图层编组的具体操作步骤如下。

第1步 打开“素材\ch10\10-6.psd”文件。

第2步 在【图层】面板中按【Ctrl】键的同时单击【图层22】【图层23】和【图层24】图层，单击【图层】面板右上角的☰按钮，在弹出的快捷菜单中选择【从图层新建组】命令，如下图所示。

第3步 弹出【从图层新建组】对话框，设定名称等参数，然后单击【确定】按钮，如下图所示。

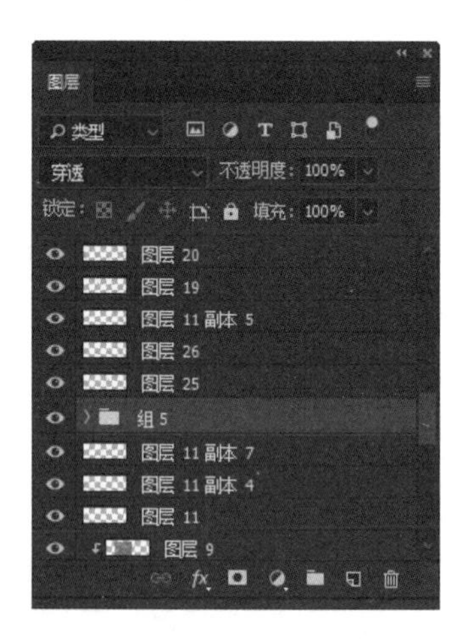

第4步 如果当前文件中创建了图层编组，选择【图层】→【取消图层编组】命令，可以取消选择的图层组的编组，如下图所示。

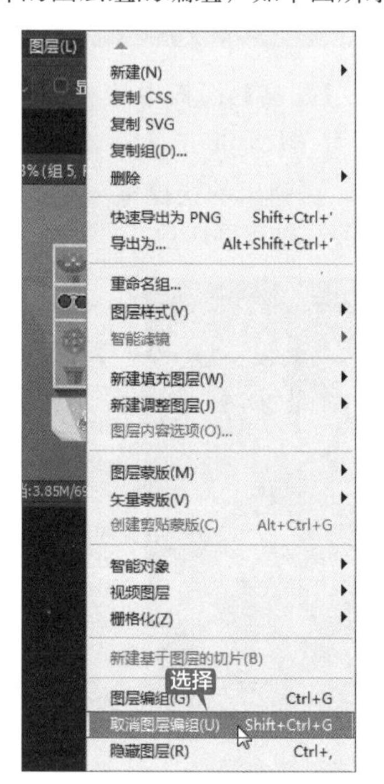

10.3.5 【图层】面板弹出菜单

单击【图层】面板右侧的☰按钮可以弹出命令菜单，从中可以完成【新建图层】【复制图层】【删除图层】及【删除隐藏图层】等操作，如下图所示。

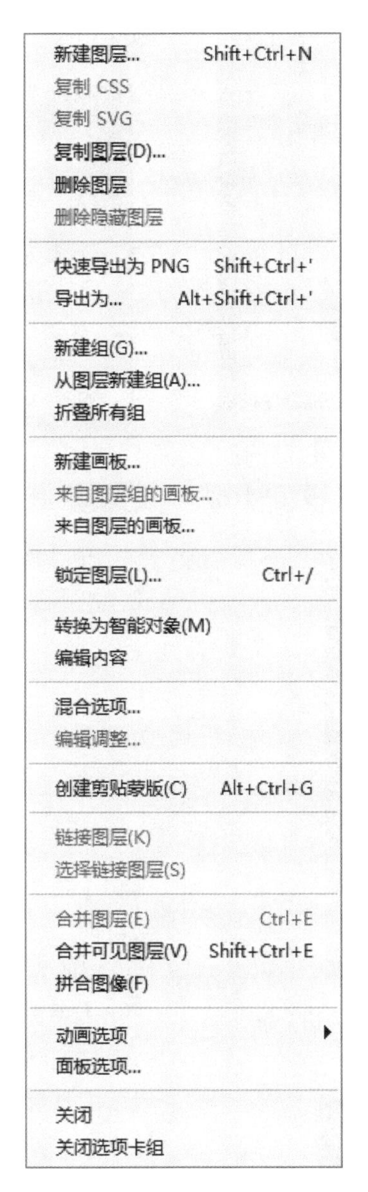

10.4 图层的对齐与分布

在 Photoshop CC 2018 软件中绘制图像时，有时需要对多个图像进行整齐排列，以达到美观的效果；Photoshop CC 2018 提供了 6 种对齐方式，可以快速准确地排列图像，并且依据当前图层和链接图层的内容，可以进行图层之间的对齐操作。

1. 图层的对齐与分布操作

第 1 步 打开“素材 \ch10\10-8.psd”文件，如下图所示。

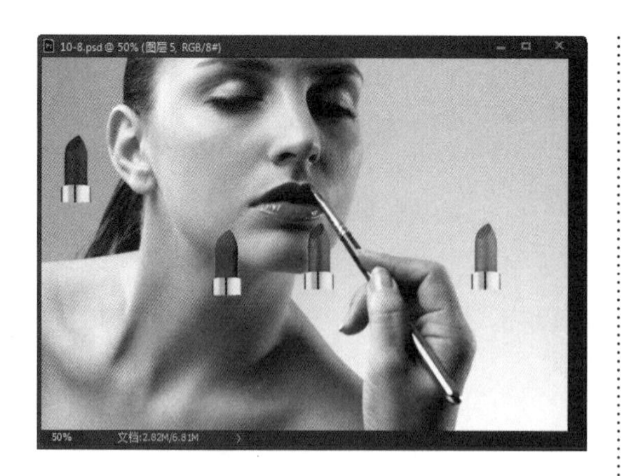

第 2 步 在【图层】面板中按【Ctrl】键的同时单击【图层 5】【图层 2】【图层 3】和【图层 4】图层，如下图所示。

第 3 步 选择【图层】→【对齐】→【顶边】命令，如下图所示。

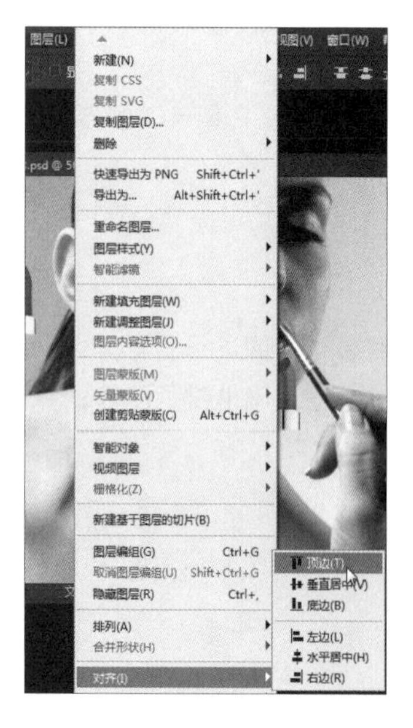

第 4 步 最终效果如下图所示。

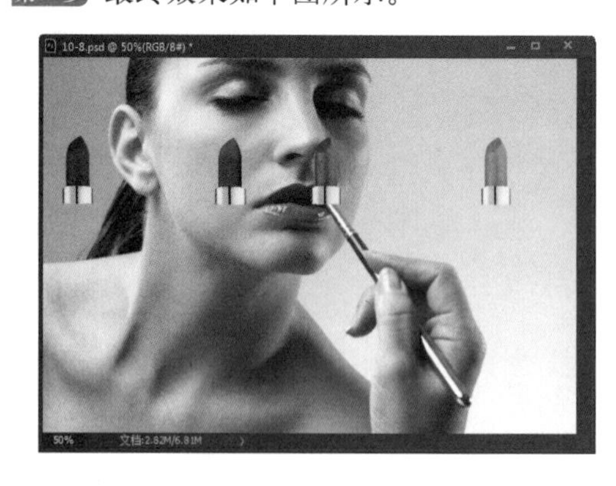

2. 图层对齐的操作技巧

Photoshop CC 2018 提供了 6 种对齐方式，如下图所示。

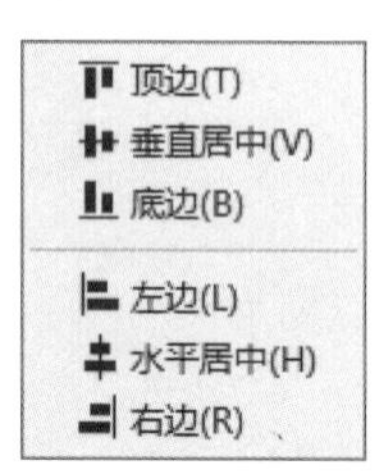

【顶边】：将链接图层顶端的像素对齐到当前工作图层顶端的像素或选区边框的顶端，以此方式来排列链接图层的效果。

【垂直居中】：将链接图层垂直中心的像素对齐到当前工作图层垂直中心的像素或选区的垂直中心，以此方式来排列链接图层的效果，如下图所示。

【底边】：将链接图层最下端的像素对齐到当前工作图层最下端的像素或选区边框

的最下端，以此方式来排列链接图层的效果，如下图所示。

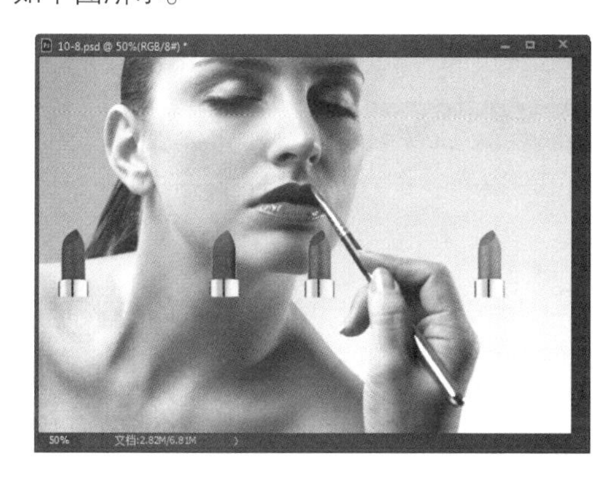

【左边】：将链接图层最左边的像素对齐到当前工作图层最左端的像素或选区边框的最左端，以此方式来排列链接图层的效果，如下图所示。

【水平居中】：将链接图层水平中心的像素对齐到当前工作图层水平中心的像素或选区的水平中心，以此方式来排列链接图层的效果，如下图所示。

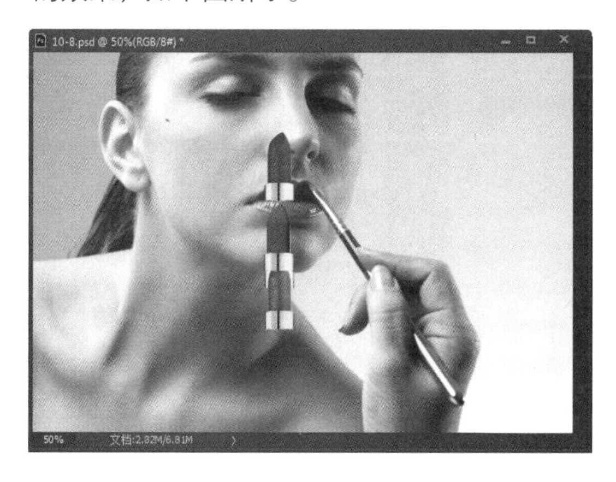

【右边】：将链接图层最右端的像素对齐到当前工作图层最右端的像素或选区边框的最右端，以此方式来排列链接图层的效果，如下图所示。

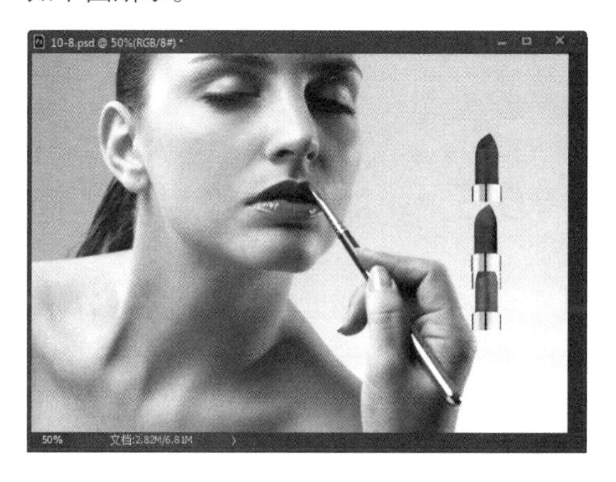

3. 分布的方式

“分布”是将选中或链接图层之间的间隔均匀分布。Photoshop CC 2018 提供了 6 种分布方式，如下图所示。

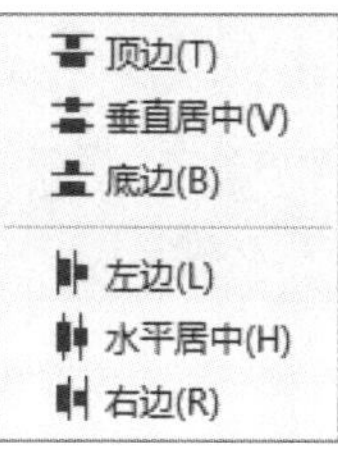

【顶边】：参照最上面和最下面两个图形的顶边，中间的每个图层以像素区域的最顶端为基础，在最上和最下的两个图形之间均匀地分布。

【垂直居中】：参照每个图层垂直中心的像素均匀地分布链接图层。

【底边】：参照每个图层最下端像素的位置均匀地分布链接图层。

【左边】：参照每个图层最左端像素的位置均匀地分布链接图层。

【水平居中】：参照每个图层水平中心像素的位置均匀地分布链接图层。

【右边】：参照每个图层最右端像素的位置均匀地分布链接图层。

提示

关于“对齐”“分布”命令也可以通过按钮来完成。首先要保证图层处于链接状态，当前工具为【移动工具】，这时在选项栏中就会出现相应的对齐、分布按钮，如下图所示。

10.5 使用图层组管理图层

在【图层】面板中，通常将同一属性的图像和文字统一放在各自的图层组中，这样便于查找和编辑。

10.5.1 管理图层

第1步 打开“素材\ch10\招贴设计.psd”图像，如下图所示。

第2步 图中“文字”统一放在【文字】图层中，而所有的“图片”则放在【图片】图层中，如下图所示。

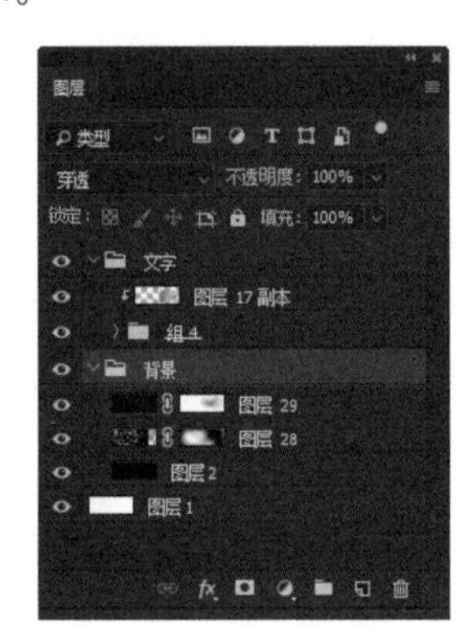

10.5.2 图层组的嵌套

创建图层组后，在图层组内还可以继续创建新的图层组，这种多级结构图层组被称为“图层组的嵌套”。

创建图层组的嵌套可以更好地管理图层。按【Ctrl】键后单击【创建新组】按钮可以实现图层组的嵌套，如下图所示。

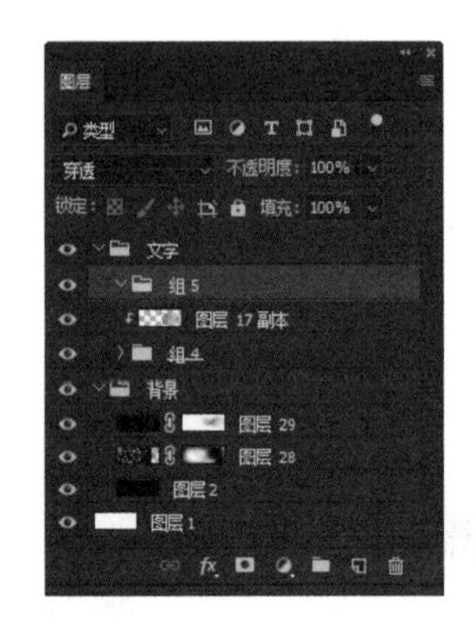

10.5.3 图层组内图层位置的调整

如下图所示，用户可以通过拖曳实现不同图层组内图层位置的调整，调整图层的前后位置关系后，图像也将发生变化。

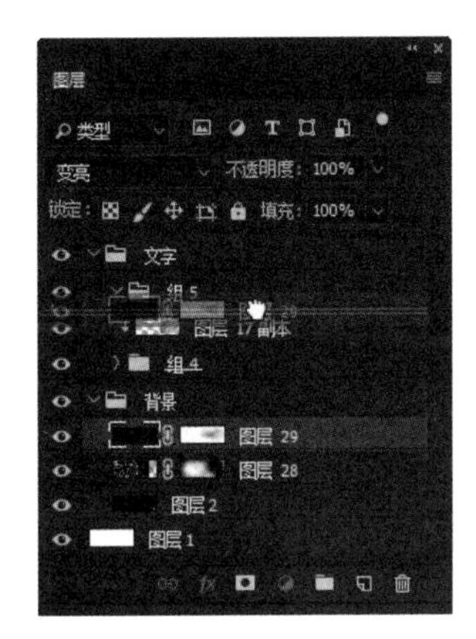

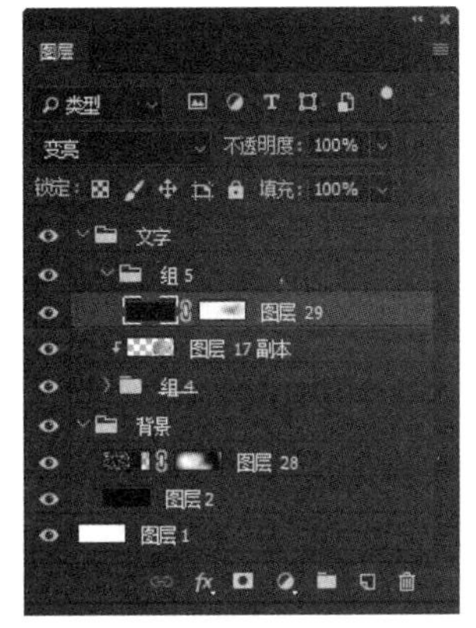

10.6 图层样式

利用 Photoshop CC 2018【图层样式】可以对图层内容快速应用效果。图层样式是多种图层效果的组合。Photoshop CC 2018 提供了多种图层效果，如阴影、发光、浮雕和颜色叠加等。当图层具有样式时，【图层】面板中该图层名称的右边出现【图层样式】图标。将效果应用于图层的同时，也创建了相应的图层样式，在【图层样式】对话框中可以对创建的图层样式进行修改、保存和删除等操作。

10.6.1 使用图层样式

在 Photoshop CC 2018 软件中对图层样式进行管理是通过【图层样式】对话框来完成的。

1. 使用【图层样式】命令

第 1 步 选择【图层】→【图层样式】命令添加各种样式，如下图所示。

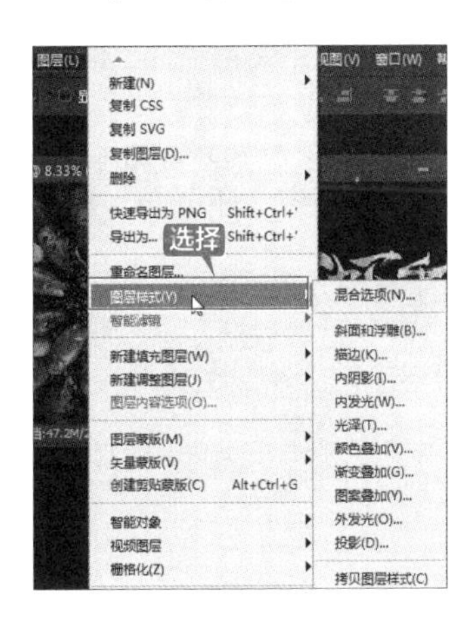

第 2 步 单击【图层】面板下方的【添加图层

样式】按钮fx，也可以添加各种样式，如下图所示。

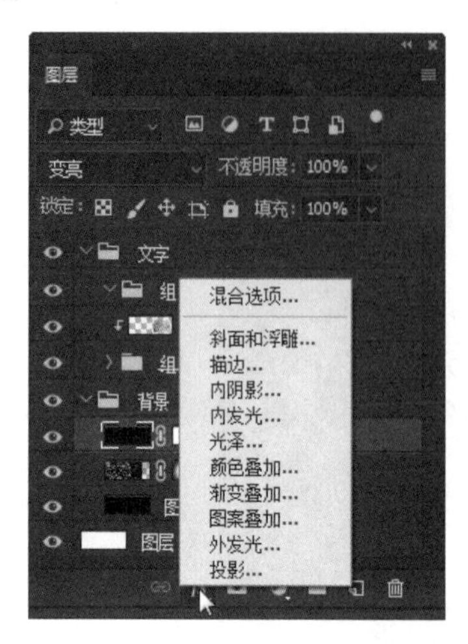

2. 【图层样式】对话框参数设置

在【图层样式】对话框中可以对一系列的参数进行设定，实际上图层样式是一个集成的命令群，它是由一系列的效果集合而成的，其中包括很多样式，如下图所示。

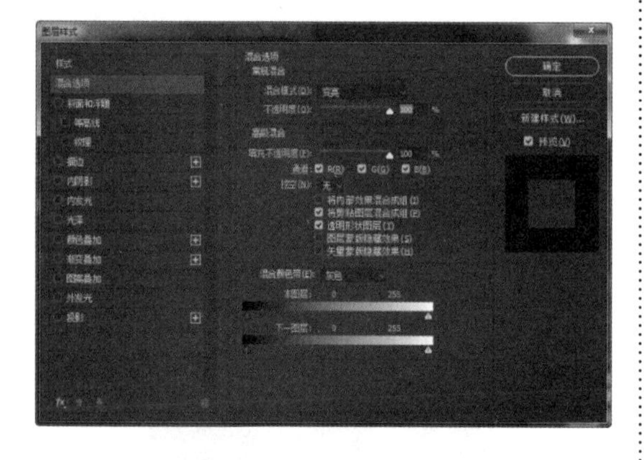

【填充不透明度】设置项：设置 Photoshop CC 2018 图像的透明度。当设置参数为 100% 时，图像为完全不透明状态，当设置参数为 0% 时，图像为完全透明状态。

【通道】：可以将混合效果限制在指定的通道内。取消选中【R】复选框，这时“红色”通道将不会进行混合。在 3 个复选框中，可以选择参加高级混合的【R】【G】【B】通道中的任何一个或多个。

如果 3 个复选框都不选中也可以，但是在这样的情况下，一般得不到理想的效果。

【挖空】下拉列表：控制投影在半透明图层中的可视性或闭合。应用该选项可以控制图层色调的深浅，其 3 个选项的效果各不相同。选择【挖空】为【深】，将【填充不透明度】数值设置为“0”，挖空到背景图层效果。

【将内部效果混合成组】复选框：选中该复选框可将本次操作作用到图层的内部效果，然后合并到一个组中。这样下次出现在窗口的默认参数即为现在的参数。

【将剪贴图层混合成组】复选框：将剪贴的图层合并到同一个组中。

【混合颜色带】设置项：将图层与该颜色混合，共有 4 个选项，分别是【灰色】【红色】【绿色】和【蓝色】，可以根据需要选择适当的颜色，以达到意想不到的效果。

10.6.2 制作投影效果

选择【投影】选项可以在图层内容的背后添加阴影效果。

1. 应用【投影】效果

第 1 步 打开“素材 \ch10\10-10.psd”文件，如下图所示。

第 2 步 选择【图层 1】图层，单击【添加图层样式】按钮 fx，在弹出的【添加图层样式】菜单中选择【投影】选项。在弹出的【图层样式】对话框中进行参数设置，如下图所示。

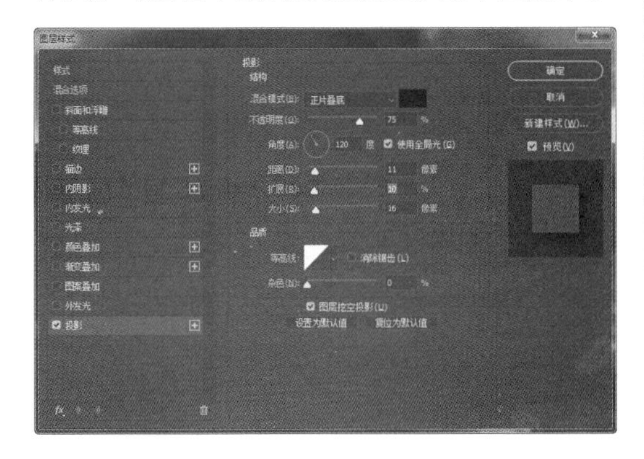

第 3 步 单击【确定】按钮，最终效果如下图所示。

2. 【投影】选项的参数设置

【角度】设置项：确定效果应用于图层时所采用的光照角度，下图分别是角度为 0°、90° 和 -90° 的效果。

【使用全局光】复选框：选中该复选框，所产生的光源作用于同一个图像中的所有图层；取消选中该复选框，产生的光源只作用于当前编辑的图层。

【距离】设置项：控制阴影离图层中图像的距离，如下图所示。

距离(D): 10 像素

【扩展】设置项：对阴影的宽度做适当细微的调整，可以用测试距离的方法检验，如下图所示。

【大小】设置项：控制阴影的总长度。加上适当的 Spread 参数会产生一种逐渐从阴影色到透明的效果，就好像将固定量的墨水泼到固定面积的画布上，但不是均匀的，而是从全黑到透明的渐变，如下图所示。

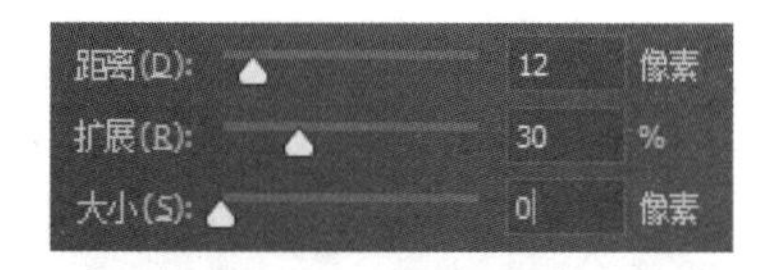

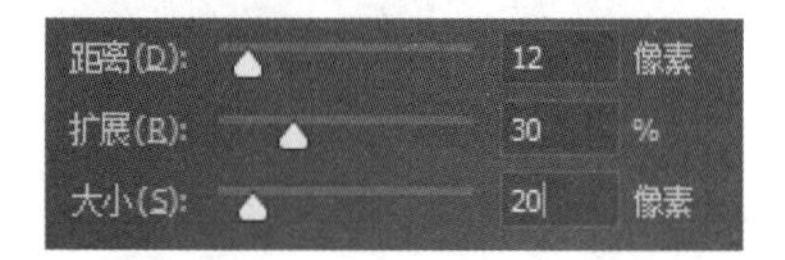

【消除锯齿】复选框：选中该复选框，在用固定的选区做一些变化时，可以使变化的效果不至于显得很突然，使效果过渡变得柔和。

【杂色】设置项：输入数值或拖曳滑块时，可以改变发光不透明度或暗调不透明度中随机元素的数量，如下图所示。

【等高线】设置项：应用这个选项可以使图像产生立体的效果。单击其下拉按钮会弹出等高线窗口，从中可以根据图像选择适当的模式。

10.6.3 制作内阴影效果

选择【内阴影】选项可以围绕图层内容的边缘添加内阴影效果。使用【内阴影】命令制造投影效果的具体操作步骤如下。

第1步 打开“素材\ch10\10-11.jpg”文件，双击背景图层使其转换为普通图层，如下图所示。

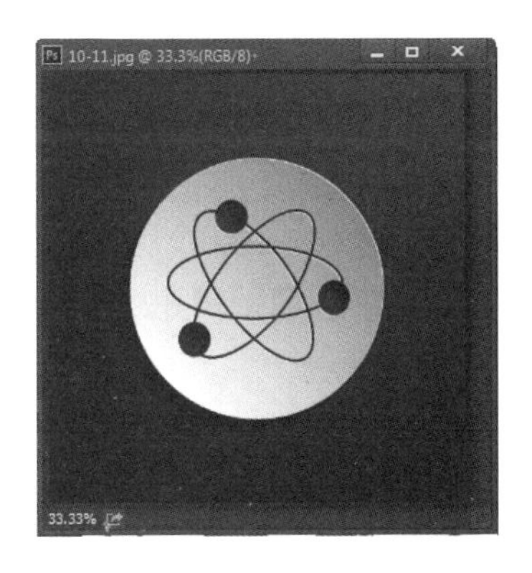

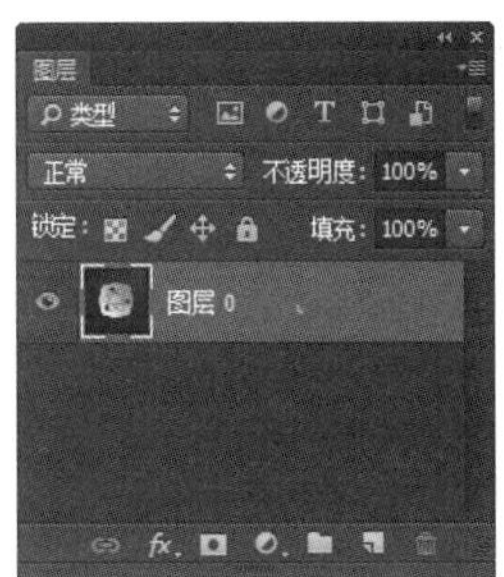

第2步 单击【添加图层样式】按钮 fx，在弹出的【添加图层样式】菜单中选择【内阴影】选项。在弹出的【图层样式】对话框中进行参数设置，如下图所示。

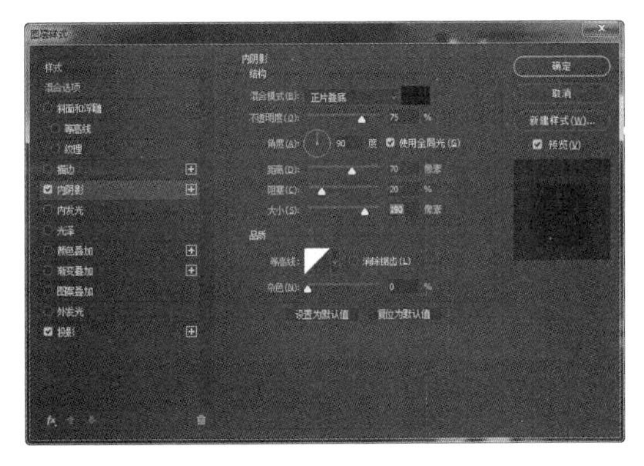

第3步 单击【确定】按钮后会产生一种立体化的内投影效果，如下图所示。

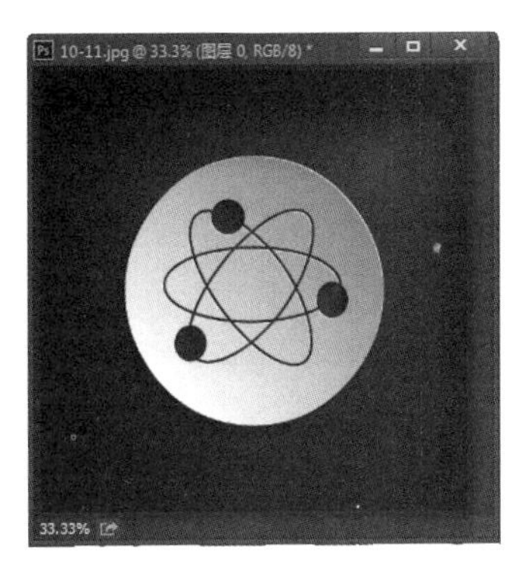

10.6.4 制作文字外发光效果

选择【外发光】选项可以围绕图层内容的边缘创建外部发光效果。本节将介绍使用【外发光】命令制作发光文字。

1. 使用【外发光】命令制作发光文字

第1步 打开“素材\ch10\10-12.psd”文件，如下图所示。

第 2 步 选择【图层 1】图层，单击【添加图层样式】按钮 fx，在弹出的【添加图层样式】菜单中选择【外发光】选项。在弹出的【图层样式】对话框中进行参数设置，如下图所示。

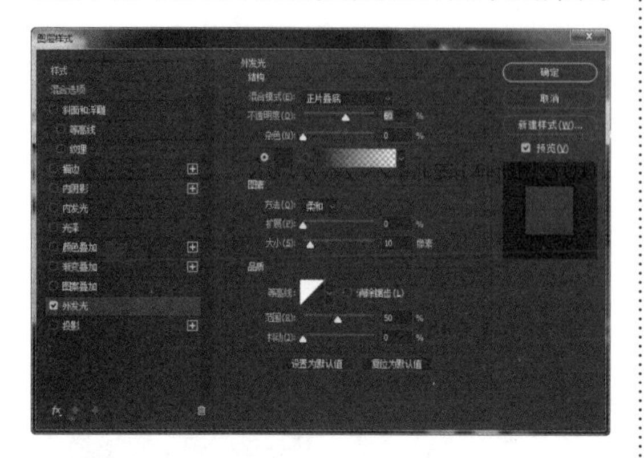

第 3 步 单击【确定】按钮，最终效果如下图所示。

2.【外发光】选项参数设置

【方法】下拉列表：即边缘元素的模型，有【柔和】和【精确】两种。柔和的边缘变化比较模糊，而精确的边缘变化则比较清晰，如下图所示。

【扩展】设置项：即边缘向外边扩展。与前面介绍的【阴影】选项中的【扩展】设置项的用法类似。

【大小】设置项：用于控制阴影面积的大小，变化范围为 0 ~ 250 像素，如下图所示。

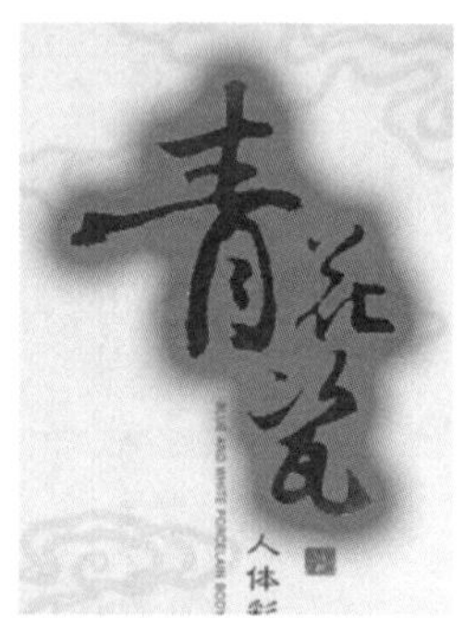

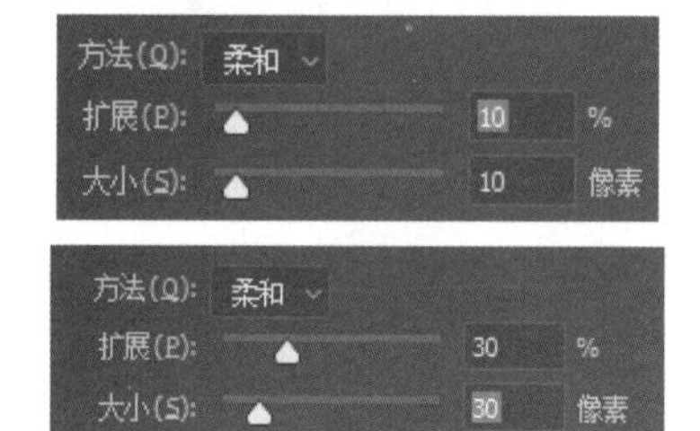

【等高线】设置项：应用这个选项可以使图像产生立体的效果。单击其下拉按钮会弹出等高线窗口，从中可以根据图像选择适当的模式。

【范围】设置项：等高线应用的范围，其数值越大效果越不明显。

【抖动】设置项：控制光的渐变，数值越大图层阴影的效果越不清楚，且会变成有杂色的效果；数值越小就会越接近清楚的阴

影效果。

10.6.5 制作内发光效果

选择【内发光】选项可以围绕图层内容的边缘创建内部发光效果。

【内发光】选项设置与【外发光】几乎一样。只是【外发光】选项卡中的【扩展】设置项变成了【内发光】中的【阻塞】设置项。外发光得到的阴影是在图层的边缘，在图层之间看不到效果的影响；而内发光得到的效果是在图层内部，得到的阴影只出现在图层不透明的区域。

使用【内发光】命令制作发光文字效果的具体操作步骤如下。

第1步 打开“素材\ch10\10-11.jpg”文件，双击背景图层使其转换为普通图层，如下图所示。

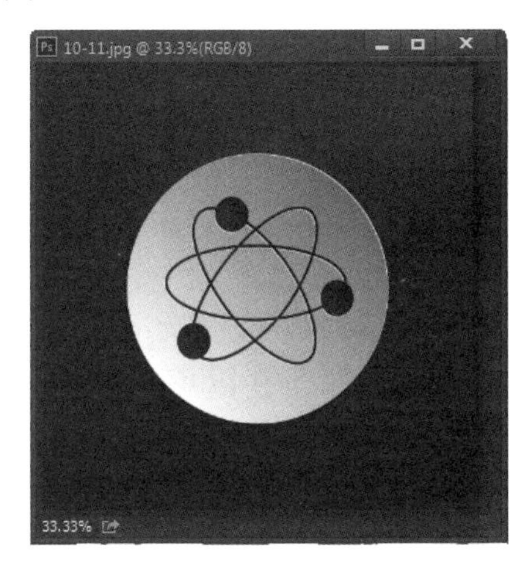

第2步 单击【添加图层样式】按钮fx，在弹出的【添加图层样式】菜单中选择【内发光】选项。在弹出的【图层样式】对话框中进行参数设置，如下图所示。

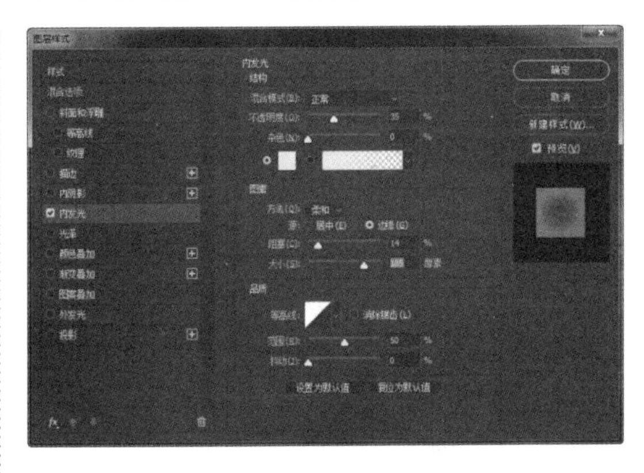

第3步 单击【确定】按钮，最终效果如下图所示。

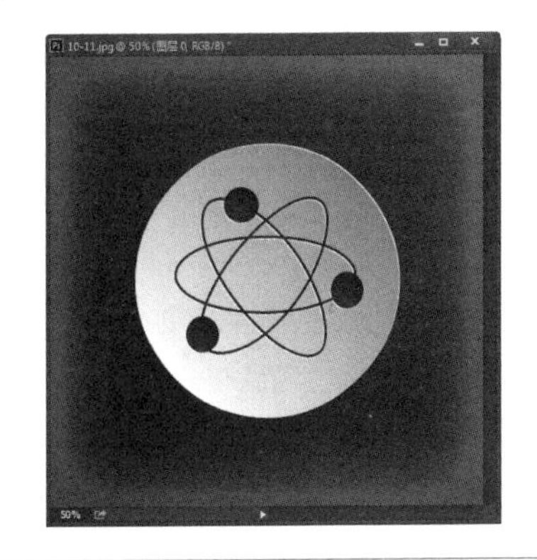

> **提示**
>
> 【内发光】选项参数设置与【外发光】选项参数设置相似，此处不再赘述。

10.6.6 创建立体图标

选择【斜面和浮雕】选项可以为图层内容添加暗调和高光效果，使图层内容呈现凸起的立体效果。

1. 使用【斜面和浮雕】命令创建立体文字

第1步 打开“素材\ch10\10-13.psd”文件，如下图所示。

第 2 步 选择【图层 1】图层，单击【添加图层样式】按钮 fx，在弹出的【添加图层样式】菜单中选择【斜面和浮雕】选项。在弹出的【图层样式】对话框中进行参数设置，如下图所示。

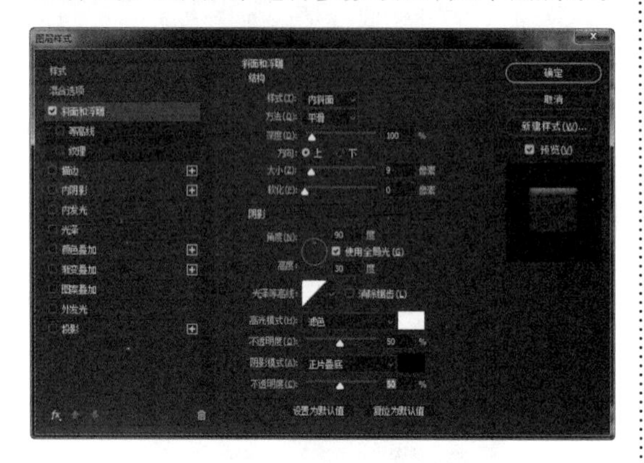

第 3 步 最终形成的立体文字效果如下图所示。

2. 【斜面和浮雕】选项参数设置

【样式】下拉列表：在该下拉列表中共有 5 种模式，分别是【内斜面】【外斜面】【浮雕效果】【枕状浮雕】和【描边浮雕】，如下图所示。

【方法】下拉列表：在此下拉列表中有 3 个选项，分别是【平滑】【雕刻清晰】和【雕刻柔和】。

【平滑】：选择该选项可以得到边缘过渡比较柔和的图层效果，也就是它得到的阴影边缘变化不尖锐，如下图所示。

【雕刻清晰】：选择该选项可以得到边缘变化明显的效果，与【平滑】选项相比，它产生的效果立体感更强，如下图所示。

【雕刻柔和】：与【雕刻清晰】选项类似，但是它的边缘色彩变化要稍微柔和一点，如下图所示。

【深度】设置项：控制阴影的颜色深度，数值越大得到的阴影颜色越深，数值越小得到的阴影颜色越浅。

【大小】设置项：控制阴影面积的大小，拖曳滑块或直接更改右侧文本框中的数值可以得到合适的效果图。

【软化】设置项：拖曳滑块可以调节阴影的边缘过渡效果，数值越大边缘过渡越柔和。

【方向】设置项：用来切换亮部和阴影的方向。选中【上】单选按钮，则是亮部在上面；选中【下】单选按钮，则是亮部在下面，如下图所示。

【角度】设置项：控制灯光在圆中的角度。圆中的【+】符号可以通过鼠指针标移动，如下图所示。

【使用全局光】复选框：决定应用于图层效果的光照角度。可以定义一个全角，应用到图像中所有的图层效果；也可以指定局部角度，仅应用于指定的图层效果。使用全角可以制造出一种连续光源照在图像上的效果。

【高度】设置项：指光源与水平面的夹角。

【光泽等高线】设置项：该选项的编辑和使用方法与前面提到的【等高线】的编辑方法是一样的。

【消除锯齿】复选框：选中该复选框，在使用固定的选区做一些变化时，变化的效果不至于显得太突然，可使效果过渡变得柔和。

【高光模式】下拉列表：相当于在图层的上方有一个带色光源，光源的颜色可以通过右侧的颜色块来调整，它会使图层达到多种不同的效果。

【阴影模式】下拉列表：可以调整阴影的颜色和模式。通过右侧的颜色块可以改变阴影的颜色，在下拉列表中可以选择阴影的模式。

10.6.7 为文字添加光泽度

选择【光泽】选项可以根据图层内容的形状在内部应用阴影，创建光滑的打磨效果。

1. 为文字添加光泽效果

第1步 打开“素材\ch10\10-14.psd”文件，如下图所示。

第 2 步 选择【图层 1】图层，单击【添加图层样式】按钮 fx，在弹出的【添加图层样式】菜单中选择【光泽】选项。在弹出的【图层样式】对话框中进行参数设置，如下图所示。

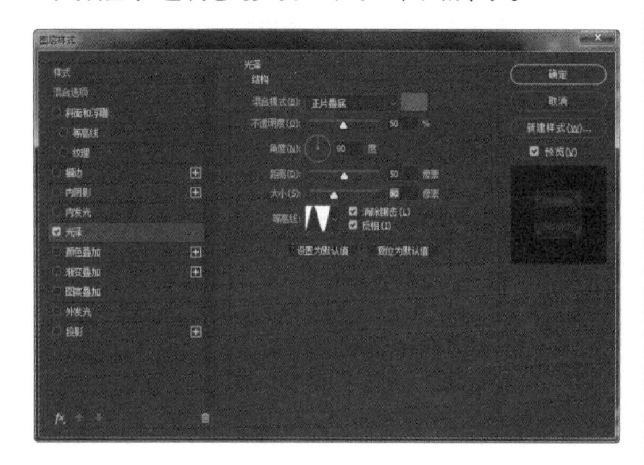

第 3 步 单击【确定】按钮，形成的光泽效果如下图所示。

2. 【光泽】选项参数设置

【混合模式】下拉列表：它以图像和黑色为编辑对象，其模式与图层的混合模式一样，只是在 Photoshop CC 2018 中将黑色当作一个图层来处理。

【不透明度】设置项：调整混合模式中颜色图层的不透明度。

【角度】设置项：即光照射的角度，它控制着阴影所在的方向。

【距离】设置项：数值越小，图像上被效果覆盖的区域越大。其值控制着阴影的距离。

【大小】设置项：控制实施效果的范围，范围越大，效果作用的区域越大。

【等高线】设置项：选择该选项可以使图像产生立体的效果。单击其下拉按钮会弹出【等高线】窗口，从中可以根据图像选择适当的模式。

10.6.8 为图层内容套印颜色

选择【颜色叠加】选项可以为图层内容套印颜色。

第 1 步 打开“素材\ch10\10-15.jpg”文件，双击背景图层使其转换成为普通图层，如下图所示。

第 2 步 将背景图层转化为普通图层后单击【添加图层样式】按钮fx，在弹出的【添加图层样式】菜单中选择【颜色叠加】选项。在弹出的【图层样式】对话框中为图像叠加橘红色（C：0，M： 50，Y：100，K：0），并设置其他参数，如下图所示。

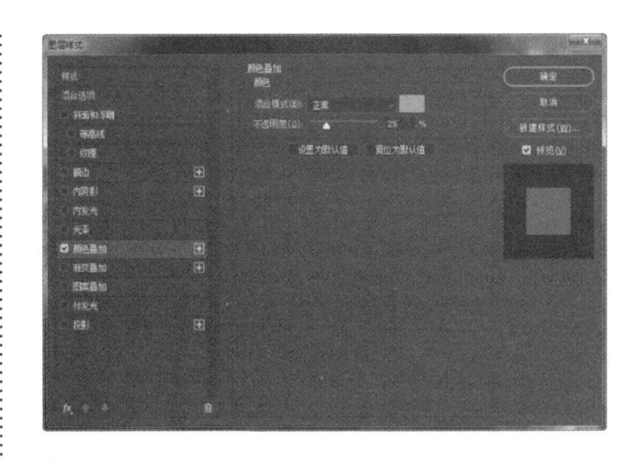

第 3 步 单击【确定】按钮，最终效果如下图所示。

10.6.9 实现图层内容套印渐变效果

选择【渐变叠加】选项可以为图层内容套印渐变效果。

1. 为图像添加渐变叠加效果

第 1 步 打开“素材 \ch10\10-16.psd”文件，如下图所示。

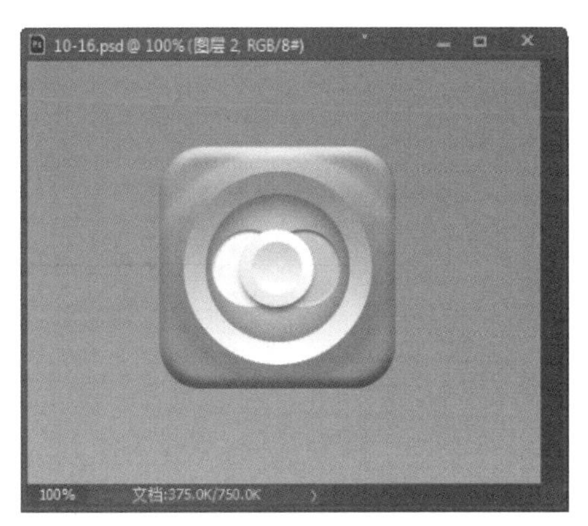

第 2 步 选择【图层 2】图层，然后单击【添加图层样式】按钮fx，在弹出的【添加图层样式】菜单中选择【渐变叠加】选项。在弹出的【图层样式】对话框中为图像添加渐变效果，并设置其他参数，如下图所示。

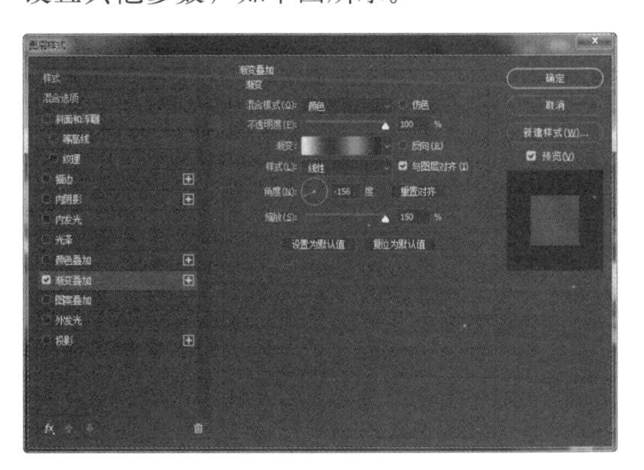

第 3 步 单击【确定】按钮，最终效果如下图所示。

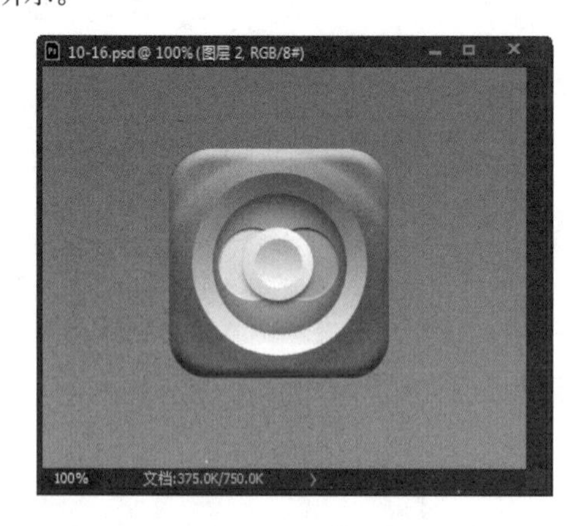

2.【渐变叠加】选项参数设置

【混合模式】下拉列表：此下拉列表中的选项与【图层】面板中的混合模式类似。

【不透明度】设置项：设定透明的程度。

【渐变】设置项：使用这项功能可以对图像做一些渐变设置。

【反向】复选框：表示将渐变的方向反转。

【角度】设置项：利用该选项可以对图像产生的效果做一些角度变化。

【缩放】设置项：控制效果影响的范围，通过它可以调整产生效果的区域大小。

10.6.10 为图层内容套印图案混合效果

选择【图案叠加】选项可以为图层内容套印图案混合效果。在原来的图像上加上一个图层图案的效果，根据图案颜色的深浅在图像上表现为雕刻效果的深浅。使用中要注意调整图案的不透明度，否则得到的图像可能只是一个放大的图案。为图像【叠加图案】的具体操作步骤如下。

第 1 步 打开“素材\ch10\10-16.psd”文件，如下图所示。

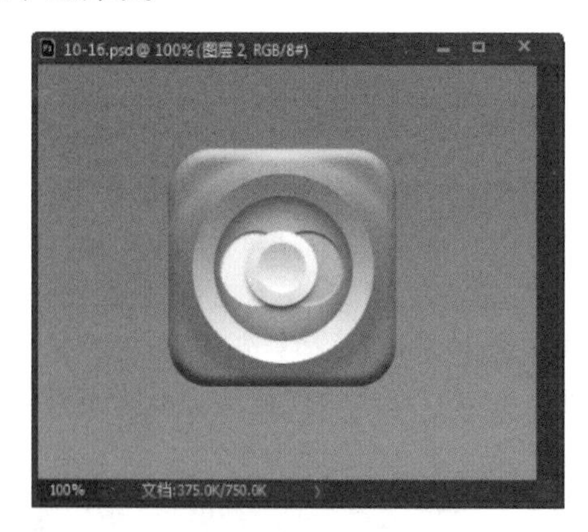

第 2 步 选择【图层 1】图层，然后单击【添加图层样式】按钮 fx，在弹出的【添加图层样式】菜单中选择【图案叠加】选项。在弹出的【图层样式】对话框中为图像添加图案，并设置其他参数，如下图所示。

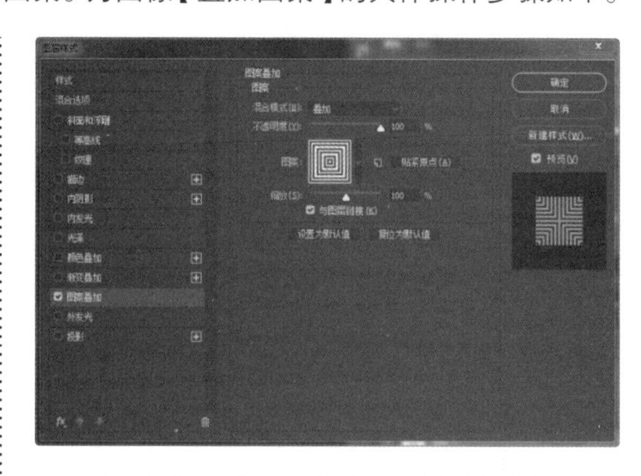

第 3 步 单击【确定】按钮，最终效果如下图所示。

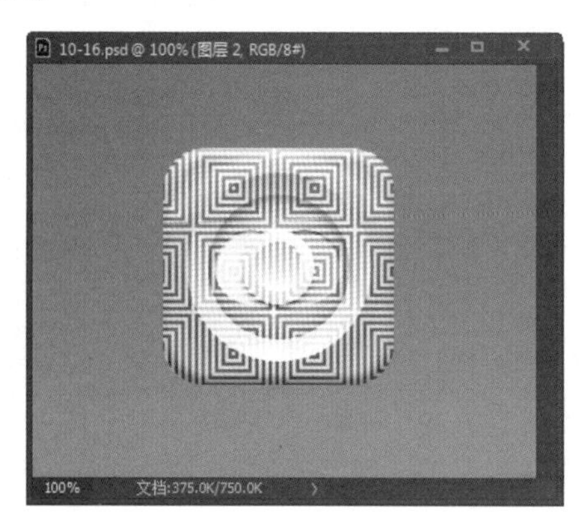

10.6.11 为图标添加描边效果

选择【描边】选项可以为图层内容创建边线颜色，可以选择渐变或图案描边效果，这对轮廓分明的对象（如文字等）尤为适用。【描边】选项是用来给图像描上一个边框的。这个边框可以是一种颜色，也可以是渐变，还可以是另一个样式，在填充类型的下拉列表框中选择即可。

1. 为图标添加描边效果

第 1 步 打开“素材 \ch10\10-16.psd”文件，如下图所示。

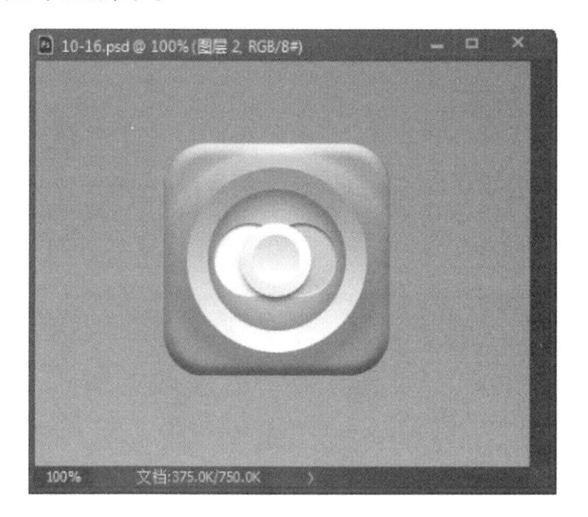

第 2 步 选择【图层 1】图层，单击【添加图层样式】按钮 fx，在弹出的【添加图层样式】菜单中选择【描边】选项。在弹出的【图层样式】对话框中选择【描边】选项卡，然后在【填充类型】下拉列表中选择【颜色】选项，并设置其他参数，如下图所示。

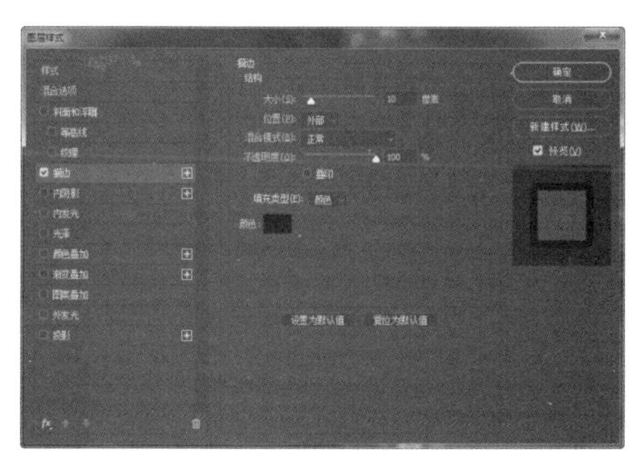

第 3 步 单击【确定】按钮，形成的描边效果如下图所示。

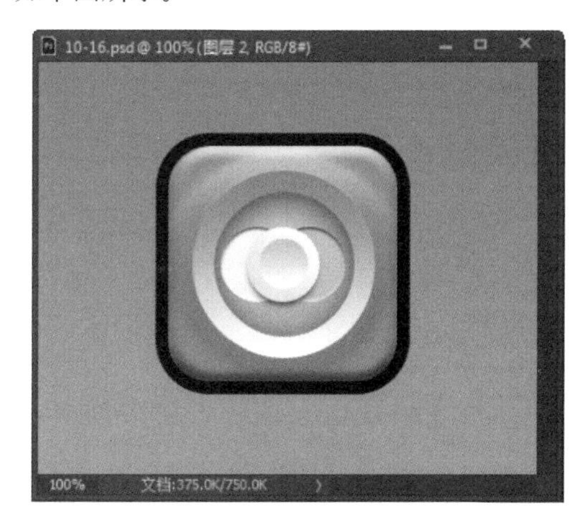

2. 【描边】选项参数设置

【大小】设置项：它的数值大小和边框的宽度成正比，数值越大，图像的边框就越大。

【位置】下拉列表：决定着边框的位置，可以是外部、内部或中心，这些模式是以图层不透明区域的边缘为相对位置的。

【外部】选项表示描边时的边框在该区域的外边，默认的区域是图层中的不透明区域。

【不透明度】设置项：控制制作边框的透明度。

【填充类型】下拉列表：在下拉列表框中供选择的类型有 3 种：【颜色】【图案】和【渐变】，不同类型的选项也会不同，如下图所示。

制作金属质感图标

本案例介绍使用【形状工具】和【图层样式】命令制作一个金属质感图标，效果如下图所示。

1. 新建文件

第1步 选择【文件】→【新建】命令。

第2步 在弹出的【新建】对话框的【名称】文本框中输入“金属图标”，设置【宽度】为“15”厘米、【高度】为“15”厘米、【分辨率】为“150”像素/英寸、【颜色模式】为“RGB 颜色、8位”，【背景内容】为“白色”，如下图所示。

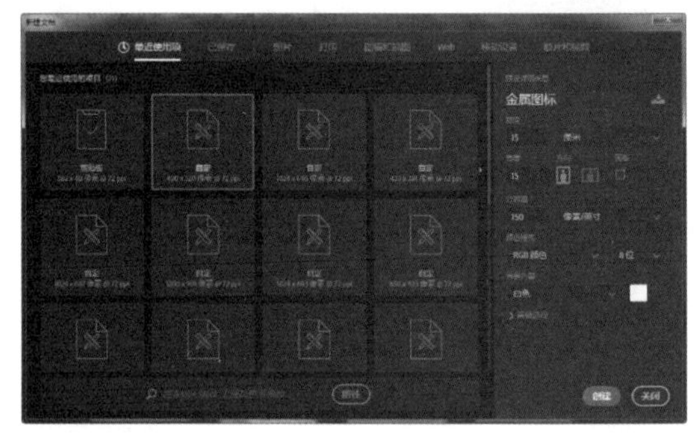

第3步 单击【确定】按钮，效果如下图所示。

2. 绘制金属图标

第 1 步 新建【图层 1】图层，选择【圆角矩形工具】，按【Shift】键在画布上绘制出一个方形的圆角矩形，这里将圆角半径设置为 50 像素，如下图所示。

第 2 步 双击圆角矩形图层，为其添加渐变图层样式。渐变样式选择【渐变叠加】选项。渐变颜色使用深灰色与浅灰色相互交替【浅灰色（RGB:241,241,241）；深灰色 （RGB:178,178,178）】，具体设置如下图所示，这是做金属样式的常用方法。

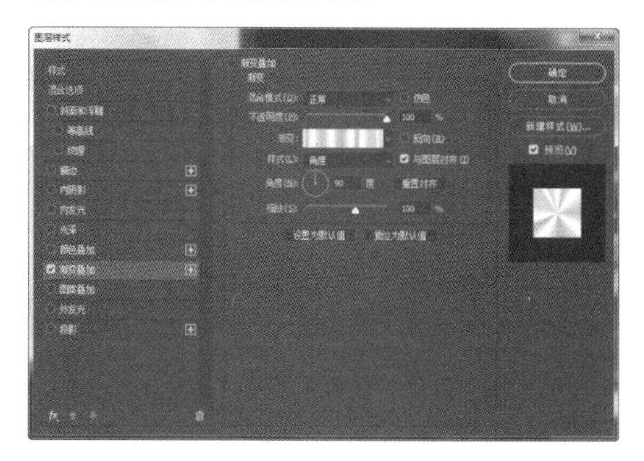

第 3 步 再添加【描边】样式，此处填充类型选择【渐变】选项，渐变颜色使用深灰色到浅灰色【浅灰色（RGB:216,216,216）；深灰色（RGB：96,96,96）】，具体设置如下图所示。

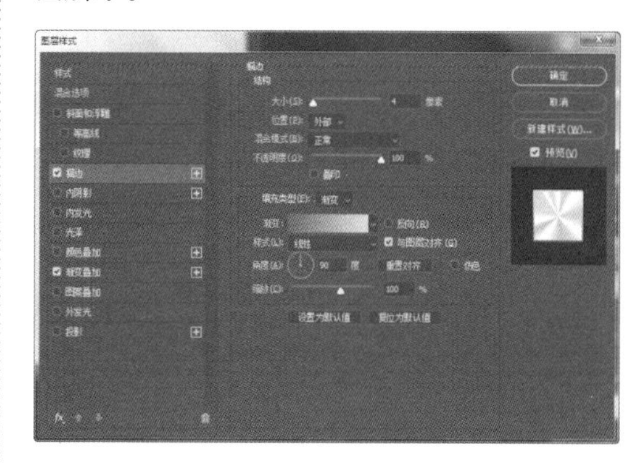

第 4 步 添加后单击【确定】按钮，效果如下图所示。

3. 添加图标图案

第 1 步 新建【图层 2】图层，选择【钢笔工具】选项，【像素】模式选择形状，在圆角矩形中心绘制出内部图案图形，如下图所示。

第 2 步 双击图案图层，为其添加内阴影样式，如下图所示。

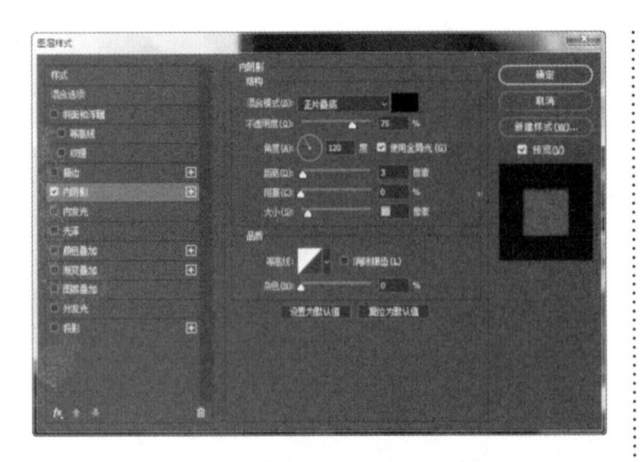

第 3 步 继续添加描边样式，这里依然选择渐变描边，将默认的黑白色渐变反向即可，如下图所示。

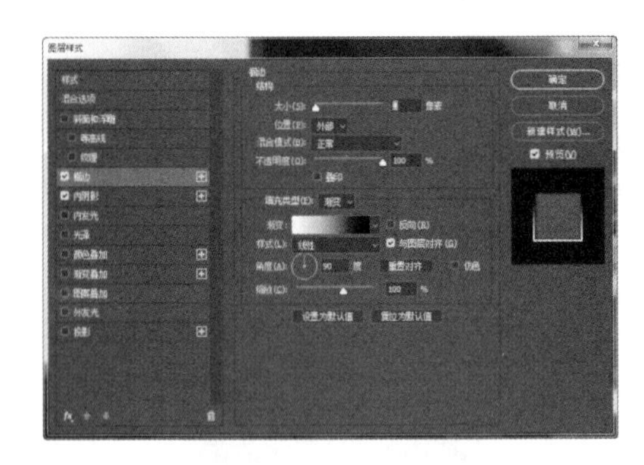

第 4 步 单击【确定】按钮，完成效果如下图所示。

◇ 如何为图像添加纹理效果

在为图像添加【斜面和浮雕】效果的过程中，如果选中【斜面和浮雕】选项参数设置框下的【纹理】复选框，则可以为图像添加纹理效果。

具体的操作步骤如下。

第 1 步 选择【文件】→【打开】命令。

第 2 步 打开“素材 \ch10\07.psd”文件，如下图所示。

第 3 步 选择【图层 2】图层，双击【图层 2】图层或在【图层】面板中单击【添加图层样式】按钮，在弹出的快捷菜单中选择【斜面和浮雕】选项，如下图所示。

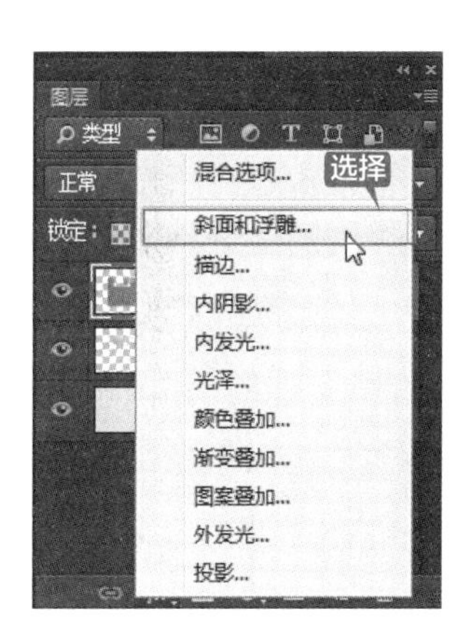

第 4 步 打开【图层样式】对话框，在其中选中【斜面和浮雕】选项参数设置框中的【纹理】复选框，在打开的设置界面中根据需要设置纹理参数，如下图所示。

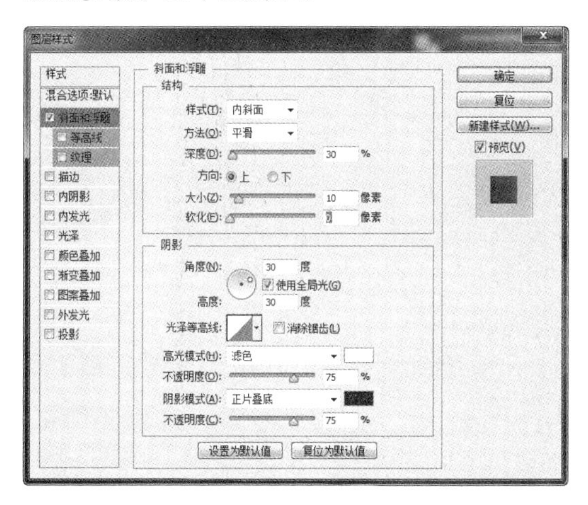

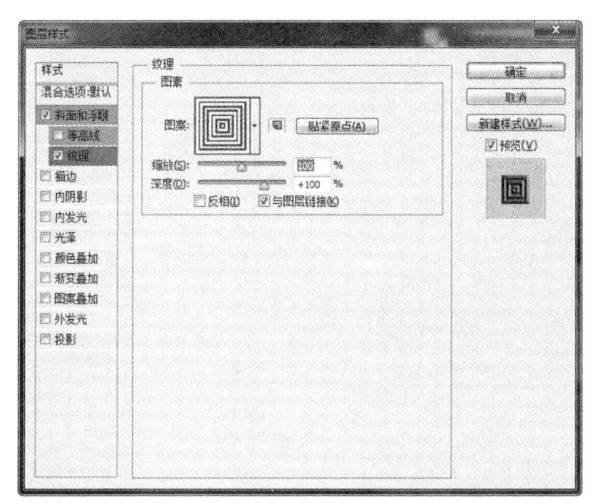

第 5 步 单击【确定】按钮，即可为图形添加相关的纹理效果，如下图所示。

【斜面和浮雕】样式中的【纹理】选项设置框中的参数含义如下。

【图案】下拉列表：在这个下拉列表中可以选择合适的图案。浮雕的效果就是按照图案的颜色或它的浮雕模式进行的。在预览图上可以看出待处理图像的浮雕模式和所选图案的关系。

【贴紧原点】按钮：单击此按钮可使图案的浮雕效果从图像或文档的角落开始。

图标：单击该图标可以将图案创建为一个新的预置，这样下次使用时就可以从图案的下拉菜单中打开该图案。

【缩放】设置项：通过调节该项可将图案放大或缩小，即调节浮雕的密集程度。缩放的变化范围为 1% ~ 1000%，可以选择合适的比例对图像进行编辑。

【深度】设置项：该项所控制的是浮雕的深度，通过滑块可以控制浮雕的深浅。它的变化范围为 -1000% ~ +1000%，正负表示浮雕是凹进去还是凸出来。也可以选择适当的数值填入文本框中。

【反向】复选框：选中该复选框会将原来的浮雕效果反转，即原来凹进去的现在凸出来，原来凸出来的现在凹进去，以得到一种相反的效果。

◇ 用颜色标记图层

“用颜色标记图层”是一个很好的识别方法。在【图层】面板上右击，选择相应的颜色进行标记即可，如下图所示。相比图层名称，视觉编码更能引起人们的注意。这个方法特别适合标记一些相同类型的图层。

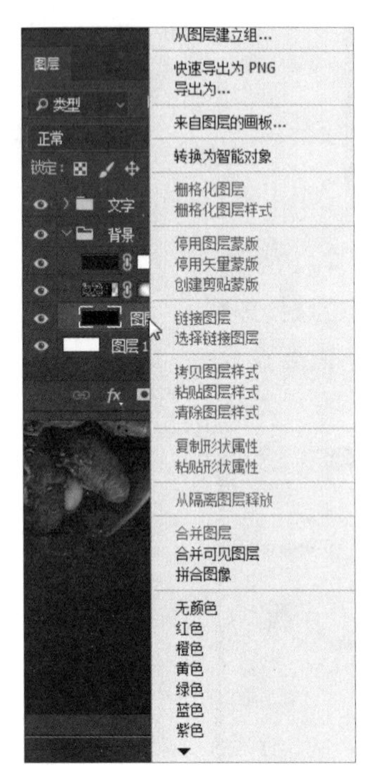

第 11 章

图层混合技术

本章导读

在 Photoshop CC 2018 软件中，图层是图像的重要属性和构成方式，Photoshop CC 2018 软件为每个图层都设置了图层特效和样式属性，如阴影效果、立体效果和描边效果等。

思维导图

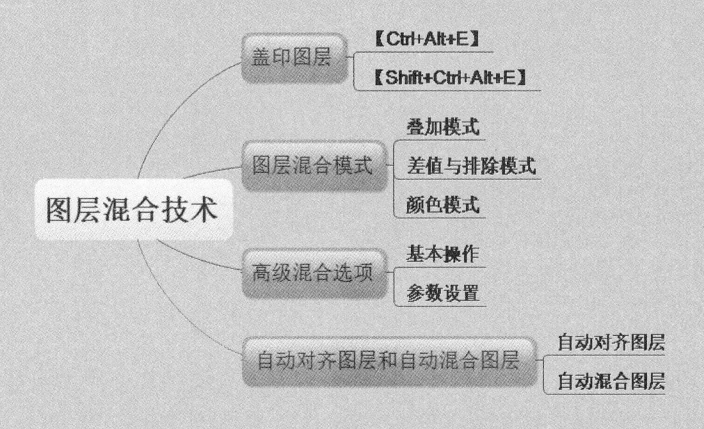

11.1 盖印图层

图层功能是 Photoshop CC 2018 软件中非常强大的一项功能。在处理图像的过程中，使用图层可以对图像进行分级处理，从而减少图像处理的工作量并降低难度。图层的出现使复杂多变的图像处理变得简单明晰起来。

确定了图层的内容后，可以合并图层以创建复合图像的局部版本。这有助于管理图像文件的大小。在合并图层时，较高图层上的数据替换它所覆盖的较低图层上的数据。在合并后的图层中，所有透明区域的重叠部分都会保持透明。

盖印图层是一种特殊的合并图层方法，它可以将多个图层的内容合并为一个目标图层，同时使其他图层保持完好。

按【Ctrl+Alt+E】组合键可将当前图层中的图像盖印至下面的图层中，如下图所示。

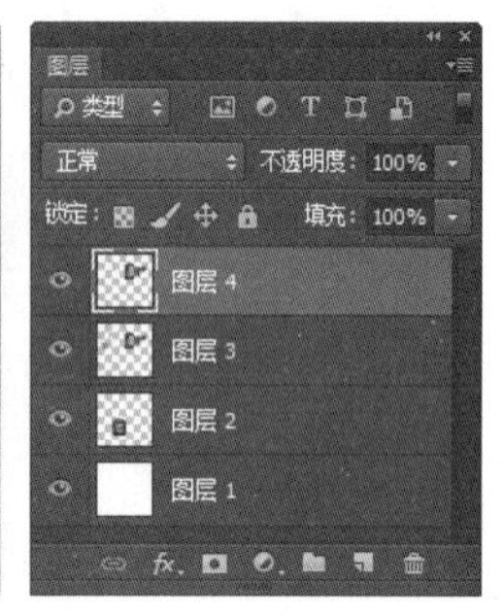

如果当前选择了多个图层，则按【Ctrl+Alt+E】组合键后，Photoshop CC 2018 会创建一个包含合并内容的新图层，而原图层的内容保持不变，如下图所示。

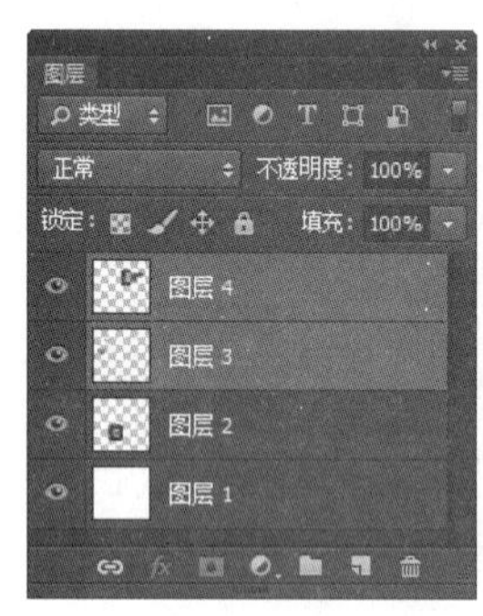

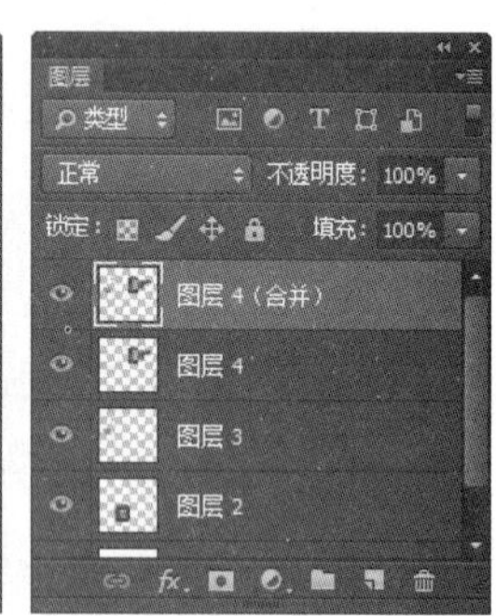

按【Shift+Ctrl+Alt+E】组合键后，所有可见图层将被盖印至一个新建图层中，原图层内容保持不变，如下图所示。

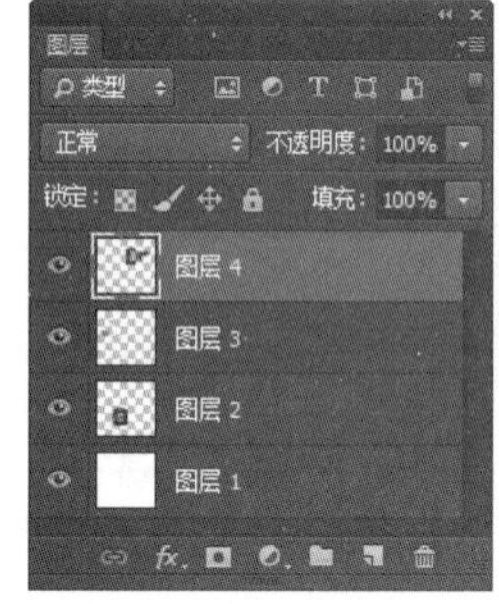

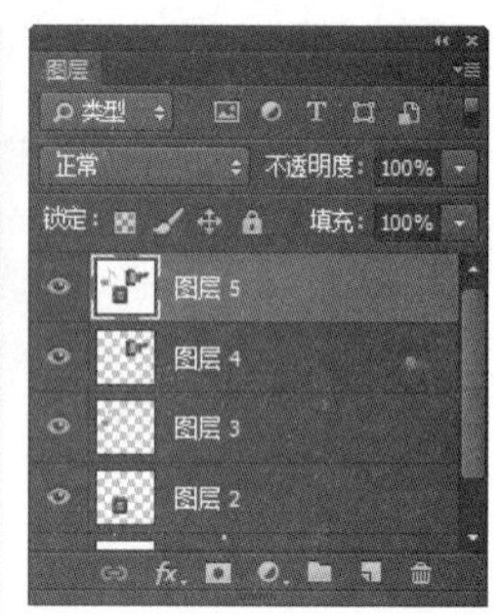

11.2 图层混合模式

在使用 Photoshop CC 2018 进行图像合成时，图层混合模式是使用最为频繁的技术之一。它通过控制当前图层和位于其下的图层之间的像素作用模式，从而使图像产生特殊的效果。

Photoshop CC 2018 提供了 27 种图层混合模式，它们全部位于【图层】面板左上角的【正常】下拉列表中。图层的混合模式决定当前图层的像素如何与图像中的下层像素进行混合，使用混合模式可以创建各种特殊的效果。

11.2.1 叠加模式

使用叠加模式创建图层混合效果的具体操作步骤如下。

第 1 步 打开“素材 \ch11\11-1.jpg”和素材“\ch11\11-2.jpg”文件，如下图所示。

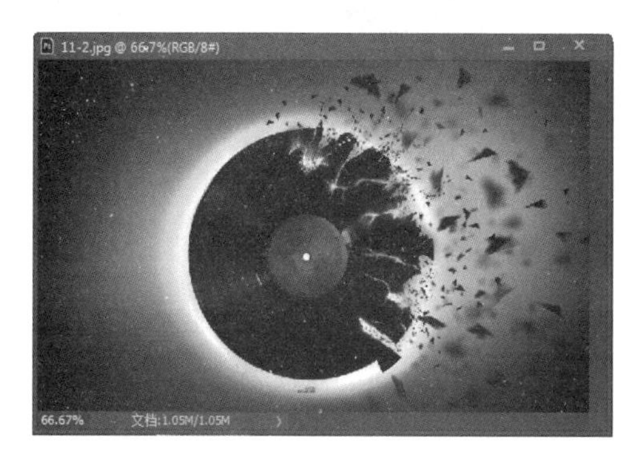

第 2 步 使用【移动工具】，将“11-2.jpg”图片拖曳到“11-1.jpg”图片中，并调整其大小，如下图所示。

第 3 步 在图层混合模式框中选择【叠加】模式，如下图所示。

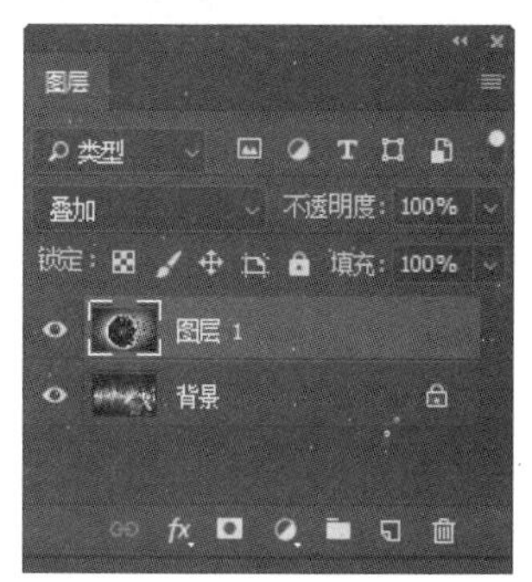

提示

叠加模式：其效果相当于图层同时使用了正片叠底模式和滤色模式两种操作。在这个模式下背景图层颜色的深度将被加深，并且覆盖背景图层上浅颜色的部分。

第 4 步 在图层混合模式框中选择【柔光】模式，其效果如下图所示。

提示

柔光模式：类似于将点光源发出的漫射光照到图像上。使用这种模式会在背景上形成一层淡淡的阴影，阴影的深浅与两个图层混合前颜色的深浅有关。

第5步 在图层混合模式框中选择【强光】模式，其效果如下图所示。

提示

强光模式：强光模式下的颜色与在柔光模式下相比，或者更为浓重，或者更为浅淡，这取决于图层上颜色的亮度。

第6步 在图层混合模式框中选择【亮光】模式，其效果如下图所示。

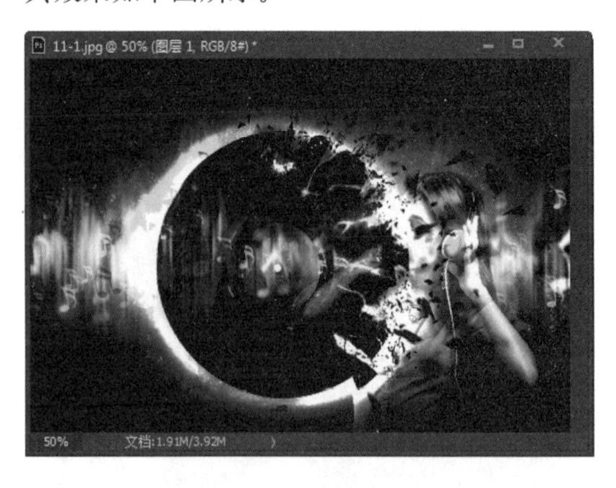

提示

亮光模式：通过增加或减少下面图层的对比度来加深或减淡图像的颜色，具体取决于混合色。如果混合色（光源）比 50% 灰色亮，则通过减少对比度使图像变亮；如果混合色比 50% 灰色暗，则通过增加对比度使图像变暗。

第7步 在图层混合模式框中选择【线性光】模式，其效果如下图所示。

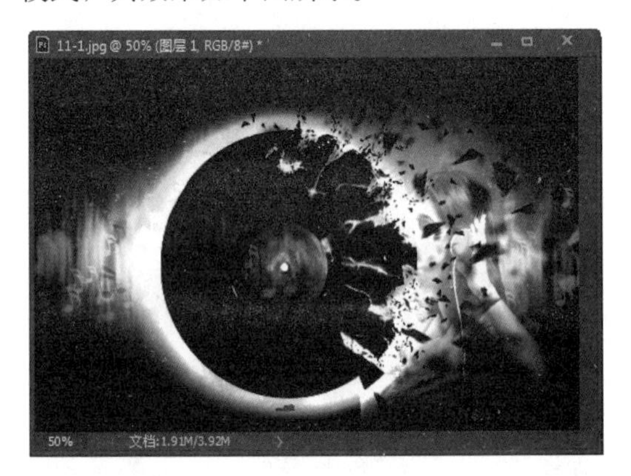

提示

线性光模式：通过减少或增加亮度来加深或减淡图像的颜色，具体取决于混合色。如果混合色（光源）比 50%灰色亮，则通过增加亮度使图像变亮；如果混合色比 50%灰色暗，则通过减少亮度使图像变暗。

第8步 在图层混合模式框中选择【点光】模式，其效果如下图所示。

提示

点光模式：根据混合色的亮度来替换颜色。如果混合色（光源）比 50% 灰色亮，则替换比混合色暗的像素，而不改变比混合色亮的像素；如果混合色比 50% 灰色暗，则替换比混合色亮的像素，而不改变比混合色暗的像素。这对于向图像中添加特殊效果非常有用。

第 9 步 在图层混合模式框中选择【实色混合】模式，其效果如下图所示。

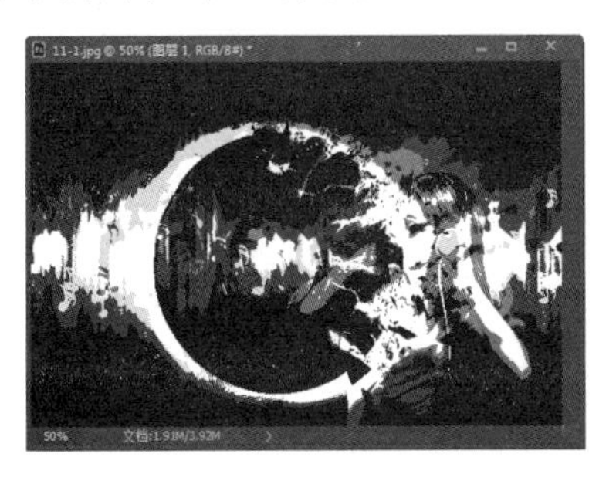

提示

实色混合模式：将混合颜色的红色、绿色和蓝色通道值添加到基色的 RGB 值。如果通道的结果总和大于或等于 255，则值为 255；如果小于 255，则值为 0。因此，所有混合像素的红色、绿色和蓝色通道值要么是 0，要么是 255。这会将所有像素更改为原色：红色、绿色、蓝色、青色、黄色、洋红色、白色或黑色。

11.2.2 差值与排除模式

使用差值与排除模式创建图层混合效果的具体操作步骤如下。

第 1 步 打开“素材\ch11\11-3.jpg”和“素材\ch11\11-4.jpg”文件，如下图所示。

第 2 步 使用【移动工具】，将“11-3.jpg”图片拖曳到“11-4.jpg”图片中，并调整其大小，如下图所示。

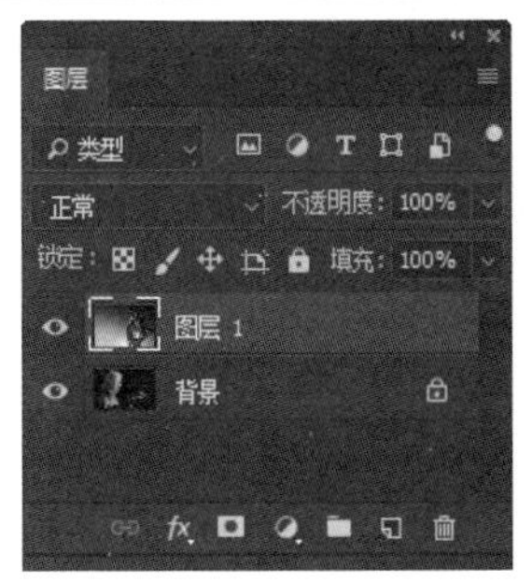

第 3 步 在图层混合模式框中选择【差值】模式，如下图所示。

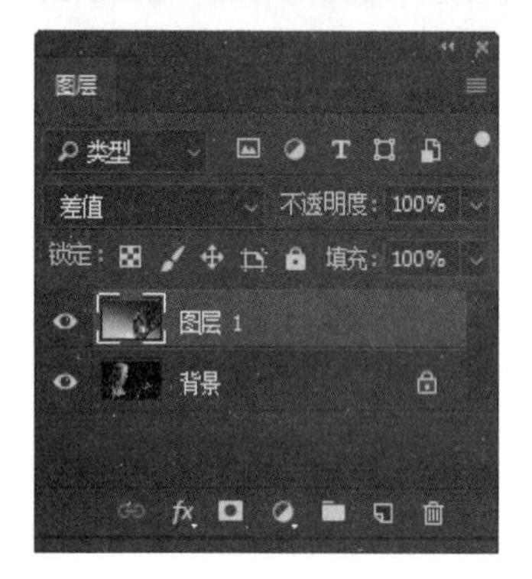

提示

差值模式：将图层和背景层的颜色相互抵消，以产生一种新的颜色效果。

第 4 步 在图层混合模式框中选择【排除】模式，效果如下图所示。

提示

排除模式：使用这种模式会产生一种图像反向的效果。

11.2.3 颜色模式

使用颜色模式创建图层混合效果的具体操作步骤如下。

第 1 步 打开“素材\ch11\11-5.jpg”和“素材\ch11\11-6.jpg”文件 ，如下图所示。

第 2 步 使用【移动工具】，将“11-6.jpg”图片拖曳到“11-5.jpg”图片中，如下图所示。

第 3 步 在图层混合模式框中选择【色相】模式，如下图所示。

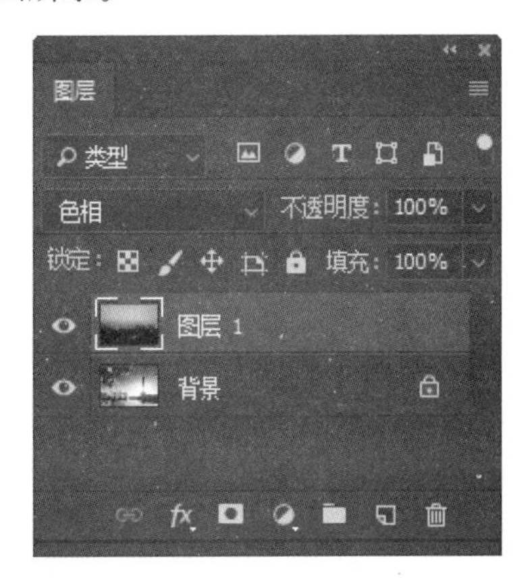

> **提示**
>
> 色相模式：该模式只对灰阶的图层有效，对彩色图层无效。

第 4 步 在图层混合模式框中选择【饱和度】模式，效果如下图所示。

> **提示**
>
> 饱和度模式：当图层为浅色时，会得到该模式的最佳效果。

第 5 步 在图层混合模式框中选择【颜色】模式，效果如下图所示。

> **提示**
>
> 颜色模式：用基色的亮度以及混合色的色相和饱和度创建结果色，这样可以保留图像中的灰阶，并且对于给单色图像上色和给彩色图像上色都非常有用。

第 6 步 在图层混合模式框中选择【明度】模式，效果如下图所示。

提示

明度模式：用基色的色相和饱和度及混合色的亮度创建结果色。此模式创建与颜色模式相反的效果。

11.3 高级混合选项

混合选项用来控制图层的透明度，以及当前图层与其他图层的像素混合效果，选择【图层】→【图层样式】→【混合选项】命令，或者在【图层】面板中双击图层，都可以打开【图层样式】对话框，并进入【混合选项】设置面板。

【混合选项】设置面板中的【混合模式】【不透明度】和【填充不透明度】设置项的作用与【图层】面板中相应选项的作用是一样的。

1. 高级混合选项基本操作

第 1 步 打开“素材\ch11\11-7.psd”文件，如下图所示。

第 2 步 在【图层 1】图层上双击，弹出【图层样式】对话框，在【混合选项】设置面板中进行参数设置，如下图所示。

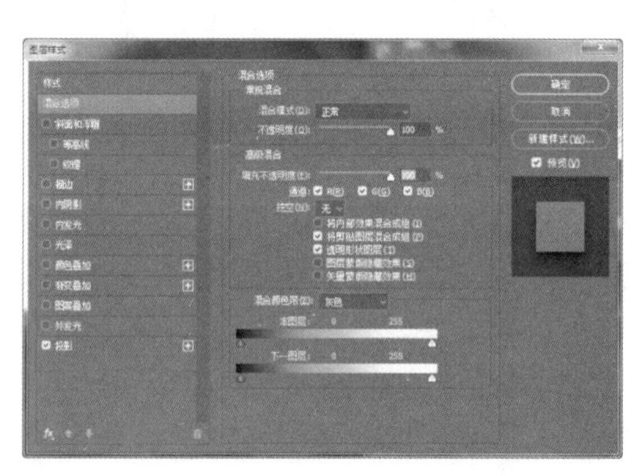

第 3 步 单击【确定】按钮，效果如下图所示。

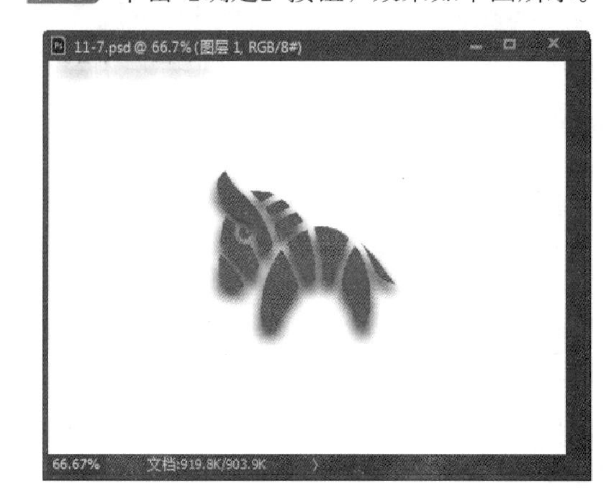

2. 高级混合选项参数设置

【挖空】下拉列表：在其下拉列表中可以指定一种挖空方式，包括【无】【浅】和【深】，设置挖空后，可以透过当前图层显示出下面图层的内容。

【将内部效果混合成组】复选框：在对添加了【内发光】【颜色叠加】【渐变叠加】和【图案叠加】样式的图层设置挖空时，如果选中该复选框，则添加的样式不会显示，以上样式将作为整个图层的一个部分参与到混合中。

【将剪贴图层混合成组】复选框：可以控制剪切蒙版中的基底图层混合模式。

【透明形状图层】复选框：可以限制样式或挖空的效果范围。

【图层蒙版隐藏效果】复选框：用来定义图层效果在图层蒙版中的应用范围。

【矢量蒙版隐藏效果】复选框：用来定义图层效果在矢量蒙版中的应用范围。

【混合颜色带】下拉列表：可以控制当前图层和下面图层在混合结果中显示的像素。

11.4 自动对齐图层和自动混合图层

Photoshop CC 2018 新增了【自动对齐图层】和【自动混合图层】命令。

【自动对齐图层】命令可以根据不同图层中的相似内容自动对齐图层。可以指定一个图层作为参考图层，也可以让 Photoshop 自动选择参考图层。其他图层将与参考图层对齐，以便匹配的内容能够自行叠加。

【自动混合图层】命令将根据需要对每个图层应用图层蒙版，以遮盖过度曝光或曝光不足的区域或内容差异。该功能仅适用于 RGB 或灰度图像，不适用于智能对象、视频图层、3D 图层或背景图层。

使用【自动混合图层】命令可缝合或组合图像，从而在最终复合图像中获得平滑的过渡效果。

11.4.1 自动对齐图层

选择【编辑】→【自动对齐图层】命令，即可打开【自动对齐图层】对话框，如下图所示。

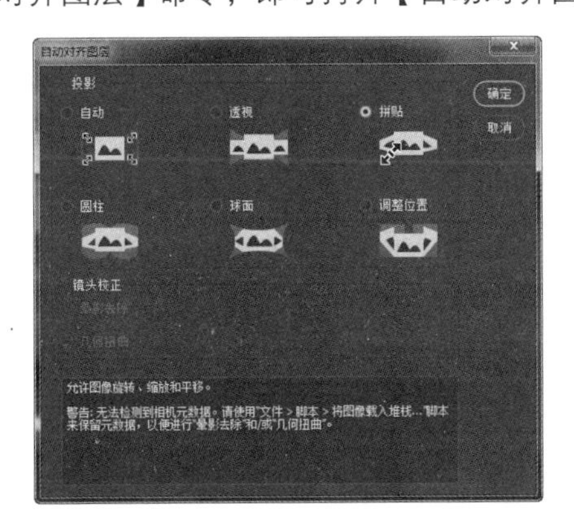

下面使用【自动对齐图层】功能来制作一张全景图，具体操作步骤如下。

第1步 选择【文件】→【新建】命令，在弹出的【新建文档】对话框中设置【宽度】为“21厘米”，【高度】为“7 厘米”，【分辨率】为“72 像素／英寸”的文档，如下图所示。

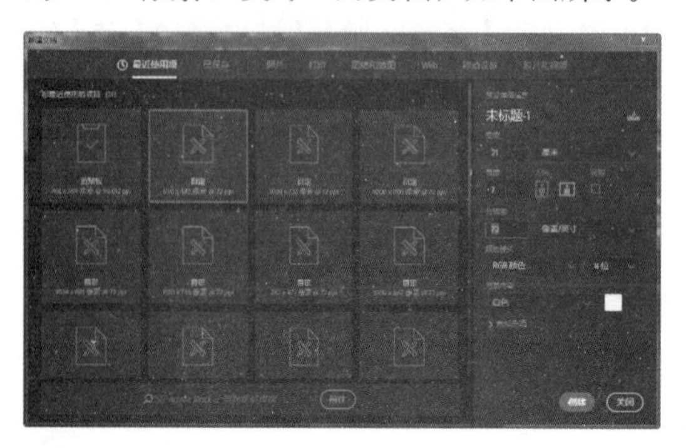

第2步 选择【文件】→【打开】命令，打开“素材\ch11\11-8.jpg”和“素材\ch11\11-9.jpg”文件，如下图所示。

第3步 使用移动工具将“11−8.jpg”和“11−9.jpg”图片拖曳到“未标题 -1”文档中，如下图所示。

第4步 选择新建的两个图层，选择【编辑】→【自动对齐图层】命令。在弹出的【自动对齐图层】对话框中选中【调整位置】单选按钮，然后单击【确定】按钮，如下图所示。

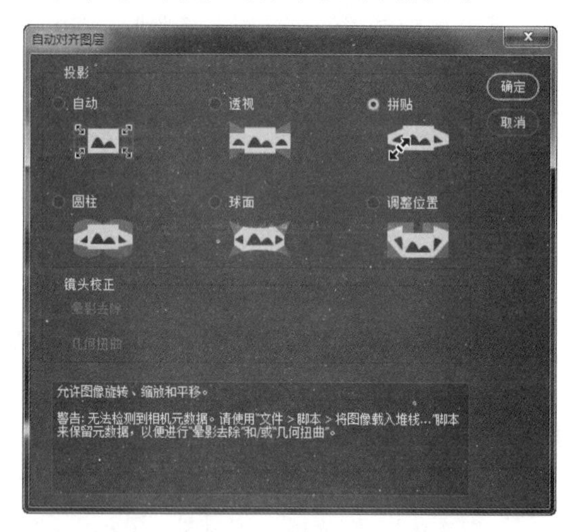

第5步 此时，图像已经拼贴在一起了，将不能对齐的部分进行裁切，图像拼接的效果如下图所示。

11.4.2 自动混合图层

【自动混合图层】命令将根据需要对每个图层应用图层蒙版，以遮盖过度曝光或曝光不足的区域或内容差异，并创建无缝复合。

选择【编辑】→【自动混合图层】命令，即可打开【自动混合图层】对话框，如下图所示。

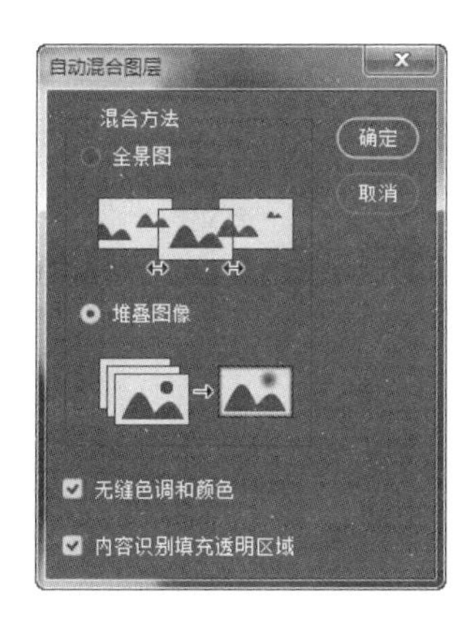

下面通过使用【自动混合图层】命令来调整照片。

第 1 步 选择【文件】→【打开】命令，打开“素材 \ch11\11-10.jpg”文件，如下图所示。

第 2 步 选择【背景】图层，进行复制，复制出【背景拷贝】图层，如下图所示。

第 3 步 选择【背景拷贝】图层，按【Ctrl+T】组合键。然后在图像上右击，在弹出的快捷菜单中选择【水平翻转】命令，如下图所示。

第 4 步 按【Enter】键确认操作，效果如下图所示。

第 5 步 选中【背景】和【背景拷贝】图层，然后选择【编辑】→【自动混合图层】命令，在弹出的【自动混合图层】对话框中选择【堆叠图像】选项，如下图所示。

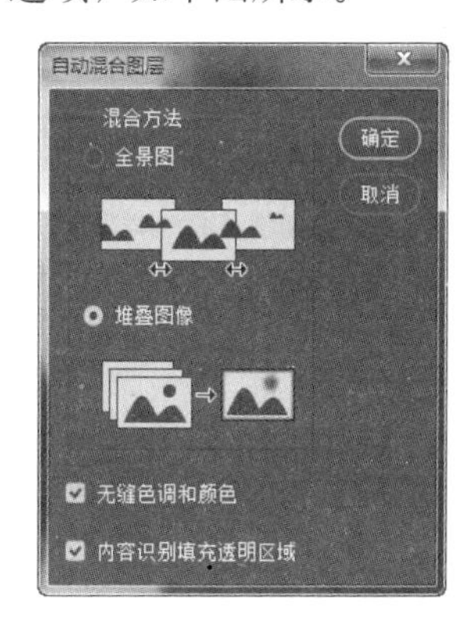

第6步 单击【确定】按钮，最终效果如下图所示。

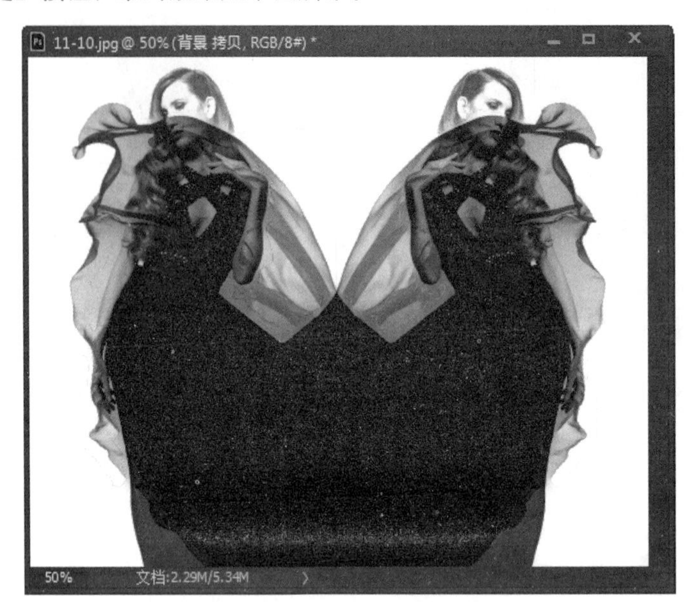

制作景中景创意图片

本案例主要使用图层的混合模式、【自由变换】命令和【图层】等制作照相机广告。制作前后效果如下图所示。

1. 打开文件

第1步 选择【文件】→【打开】命令，打开“素材\ch11\11-11.jpg”和“素材\ch11\11-12.jpg”文件，如下图所示。

第 2 步 使用【移动工具】将手拿纸片的图片拖曳到街景照片中，然后调整其大小和位置，如下图所示。

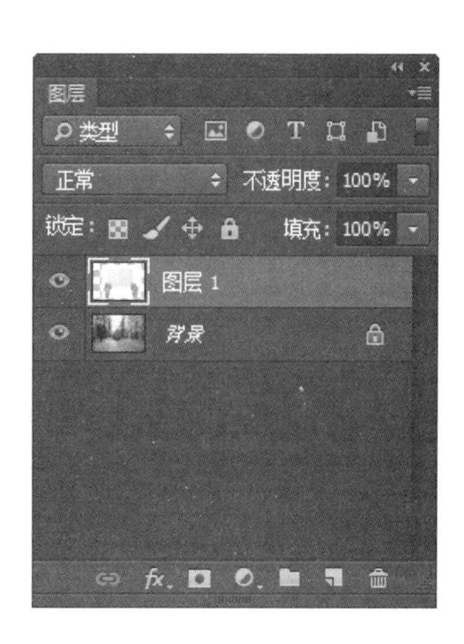

2. 调整照片

第 1 步 将手的图层隐藏，拖曳出一个照片的选区，把街景图片按【Ctrl+J】组合键复制一张出来，如下图所示。

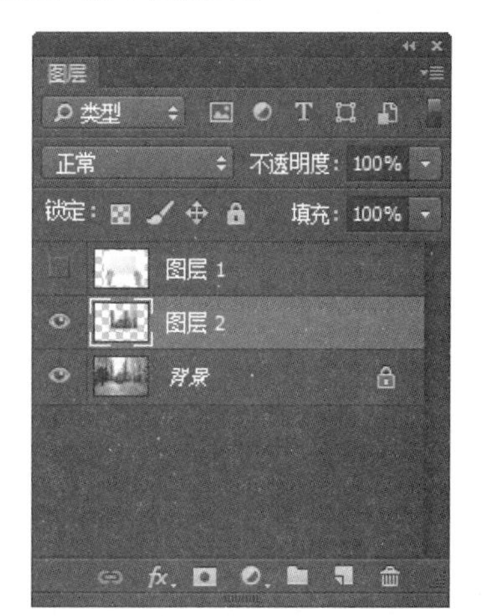

第 2 步 按【Shift+Ctrl+U】组合键使用【去色】命令为复制的图像去色，使其变成黑白效果，如下图所示。

第 3 步 按【Ctrl+M】组合键使用【曲线】命令把老照片的对比度调整一下，使亮的更亮、暗的更暗，如下图所示。

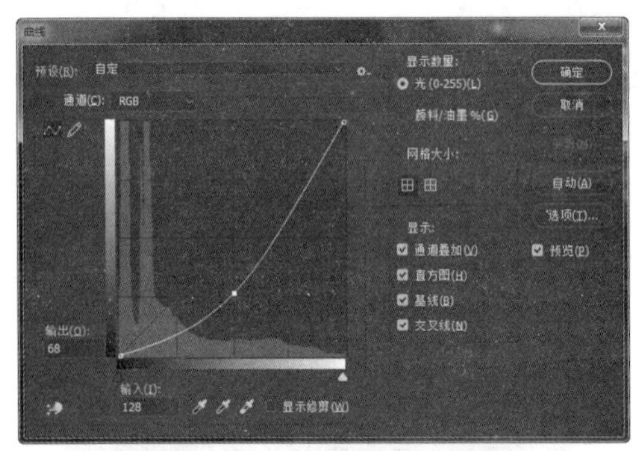

第 4 步 选择【图像】→【调整】→【照片滤镜】命令为其添加一个照片加温滤镜，模拟老照片发黄的效果，如下图所示。

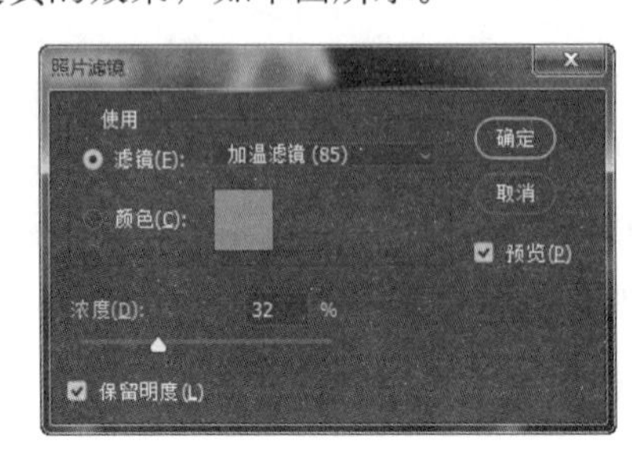

第 5 步 选择【滤镜】→【模糊】→【高斯模糊】命令添加一点模糊效果，如下图所示。

第 6 步 继续添加一点“胶片颗粒”效果，参数设置如下图所示。

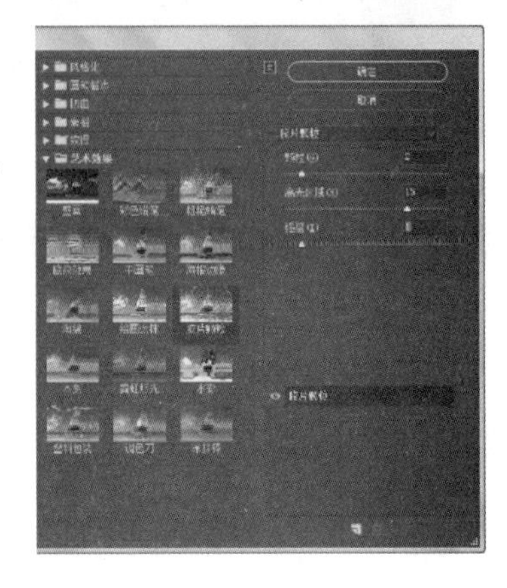

3. 制作特效

第 1 步 在老照片上新建一个图层，选择【滤镜】→【渲染】→【云彩】命令，然后剪贴蒙版到老照片，如下图所示。

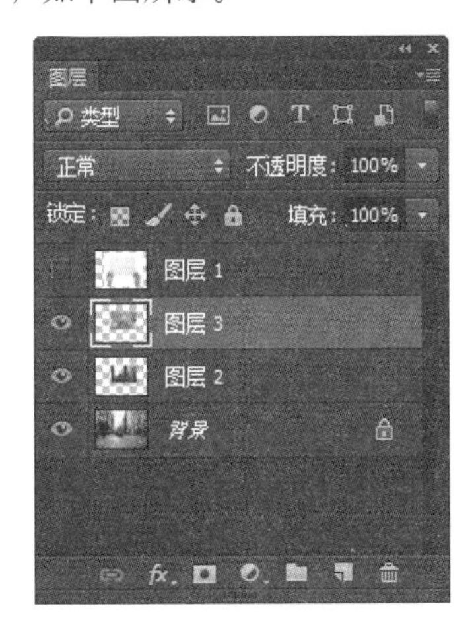

第 2 步 将云彩图层的混合模式改为“柔光”，像刚才处理老照片一样，把对比度调整一下，像是照片放久了之后有些地方会褪色一样，继续把这个云彩与老照片合并，如下图所示。

第 3 步 用【变形工具】把老照片中的建筑与现在场景做些偏移，效果如下图所示。

提示

因为是手拿着照片，它的图像与现在的场景重合程度肯定会有些偏差，所以这样才会更加逼真。

第 4 步 显示手的图层，使用【钢笔工具】抠出手的路径，如下图所示。

第5步 结合老照片的选区给手添加一个蒙版，这样就有了一个手捏着照片的雏形，如下图所示。

4. 制作照片效果

第1步 选择【编辑】→【描边】命令给老照片添加描边，如下图所示。

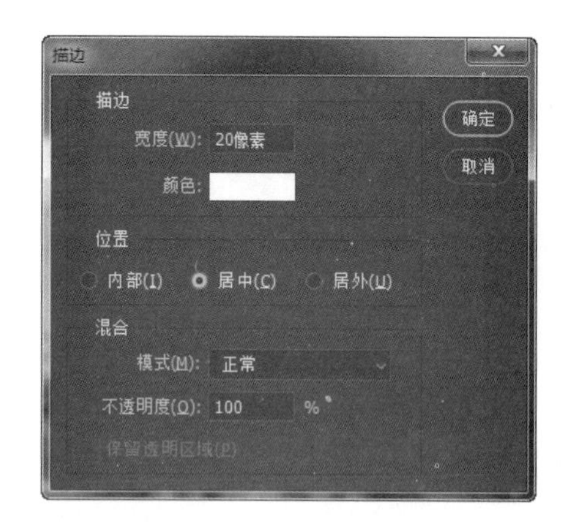

第2步 新建一个图层，用黑色的画笔点一下，用【变形工具】制作一个大拇指投射在照片上的阴影，注意阴影的长度要与画面中的阴影方向、强度一致，如下图所示。

第 3 步 继续给手添加一个照片滤镜，剪切蒙版在手上，模拟初晨的阳光那种暖暖的感觉，添加滤镜之前需要栅格化图层，如下图所示。

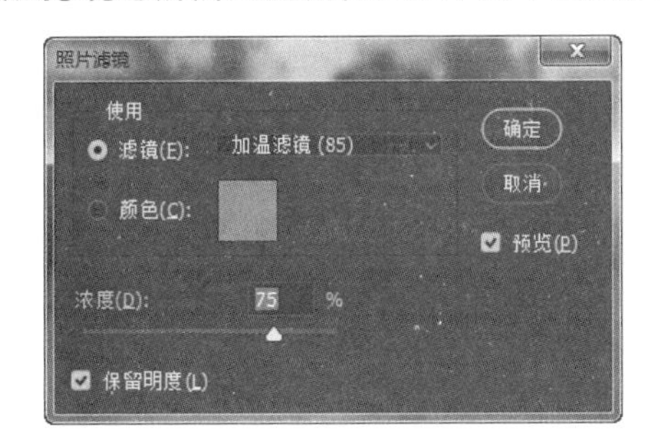

5. 制作细节效果

第 1 步 选择【文件】→【打开】命令，打开“素材\ch11\11-13.jpg”文件（一张划痕的素材），如下图所示。

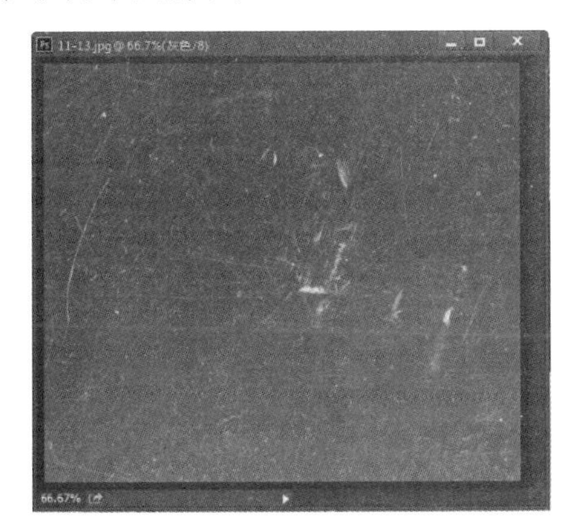

第 2 步 剪切蒙版在老照片上，如下图所示。

第 3 步 将划痕的混合模式改为【滤色】，新建一个图层，继续使用【画笔工具】修整图片，让照片看起来有些霉斑，并设置图层混合模式为【正片叠底】，如下图所示。

第 4 步 将背景图层的饱和度调高一些，形成对比，最终效果如下图所示。

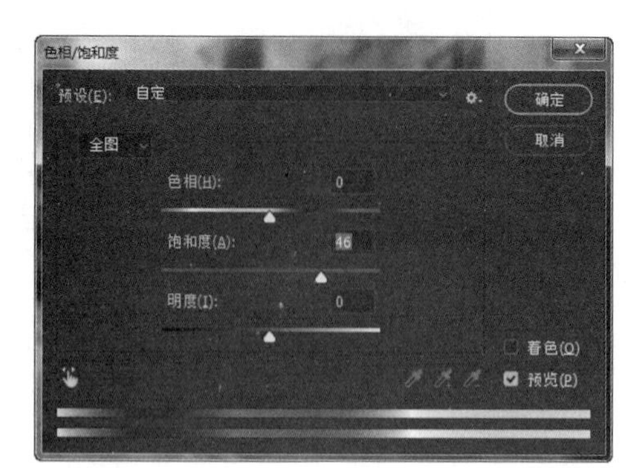

◇ 复制智能滤镜

在【图层】面板中，按【Alt】键将智能滤镜从一个智能对象拖曳到另一个智能对象上，即可复制智能滤镜，或者拖曳到智能滤镜列表中的新位置，也可复制智能滤镜。

如果要复制所有智能滤镜，可按【Alt】键并拖曳在智能对象图层旁边出现的智能滤镜图标，即可复制所有滤镜。

◇ 删除智能滤镜

用户如果要删除单个智能滤镜，可将该滤镜拖曳到【图层】面板中的【删除图层】按钮上；如果要删除应用于智能对象图层的所有智能滤镜，可选择该智能对象图层，然后选择【图层】→【智能滤镜】→【清除智能滤镜】命令，即可将所有智能滤镜删除。

第 12 章 通道与蒙版

本章导读

本章首先介绍【通道】面板、通道的类型、编辑通道和通道的计算，然后讲解一个特殊的图层——蒙版。在 Photoshop CC 2018 软件中有一些具有特殊功能的图层，使用这些图层可以在不改变图层中原有图像的基础上制作出多种特殊的效果。

思维导图

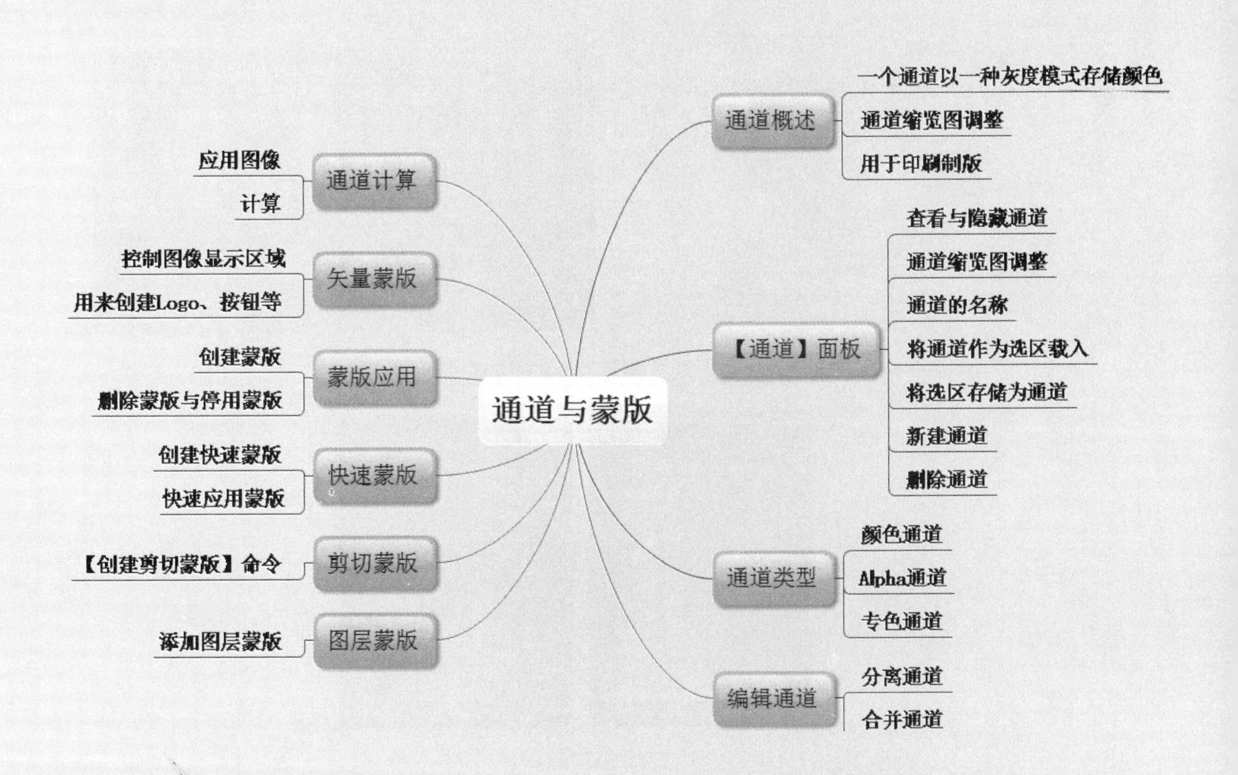

12.1 通道概述

在 Photoshop CC 2018 软件中，通道是图像文件的一种颜色数据信息存储形式，它与 Photoshop CC 图像文件的颜色模式密切关联，多个分色通道叠加在一起可以组成一幅具有颜色层次的图像。如果用户只是简单地应用 Photoshop CC 2018 来处理图片，有时可能用不到通道，但是有经验的用户却离不开通道。

在通道中，每一个通道都会以一种灰度的模式来存储颜色，其中白色代表有，黑色代表无。不同程度的灰度，代表颜色的多少。越是偏白，就代表这种颜色在图像中越多；越是偏黑，就代表这种颜色在图像中越少。例如，一个 RGB 模式的图像，它的每一个像素的颜色数据都是由红（R）、绿（G）、蓝（B）3 个通道来记录的，而这 3 个色彩通道组合定义后合成一个 RGB 主通道。

通道的另一个常用功能是用来存放和编辑选区的，也就是 Alpha 通道的功能。在 Photoshop 中，当选取范围被保存后，就会自动成为一个蒙版保存在一个新增的通道中，该通道会自动被命名为 Alpha。

通道要求的文件大小取决于通道中的像素信息。例如，如果图像没有 Alpha 通道，复制 RGB 图像中的一个颜色通道增加约 1/3 的文件大小，在 CMYK 图像中则增加约 1/4 的文件大小。每个 Alpha 通道和专色通道也会增加文件大小。某些文件格式，包括 TIFF 格式和 PSD 格式，会压缩通道信息并节省磁盘的存储空间。当选择【文档大小】命令时，窗口左下角的第二个值的显示包括了 Alpha 通道和图层的文件大小。通道可以存储选区，便于更精确地抠取图像，如下图所示。

同时，通道也用于印刷制版，即专色通道，如下图所示。

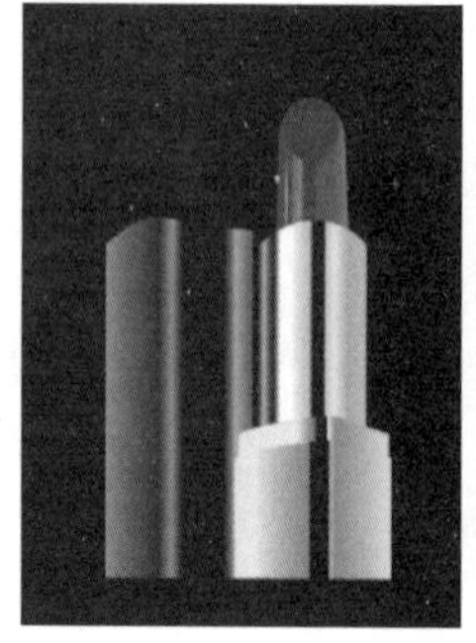

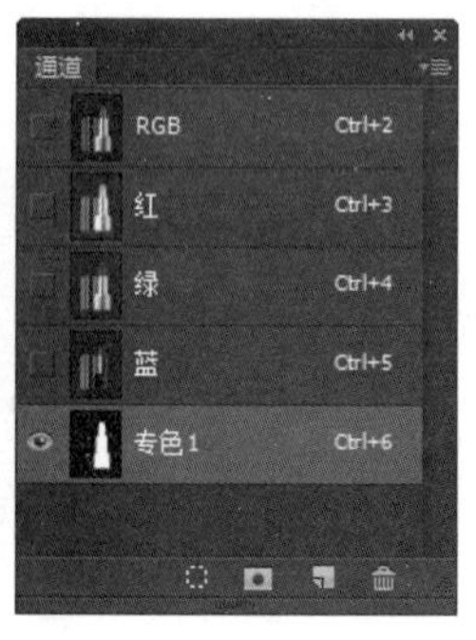

利用通道可以完成图像色彩的调整和特殊效果的制作，灵活地使用通道并自由地调整图像的色彩信息，为印刷制版、制作分色片提供方便，如下图所示。

12.2 【通道】面板

在 Photoshop CC 2018 软件菜单栏中选择【窗口】→【通道】命令，即可打开【通道】面板。【通道】面板用来创建、保存和管理通道，在面板中将根据图像文件的颜色模式显示通道数量。打开一个 RGB 模式的图像，Photoshop CC 2018 会在【通道】面板中自动创建该图像的颜色信息通道， 面板中包含了图像所有的通道，通道名称的左侧显示了通道内容的缩览图，在编辑通道时缩览图通常会自动更新，如下图所示。

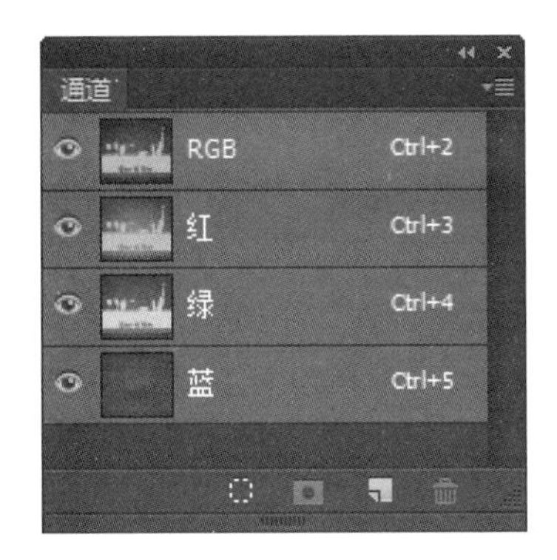

提示

由于复合通道（即 RGB 通道）是由各原色通道组成的，因此在选中隐藏面板中的某一个原色通道时，复合通道将会自动隐藏。如果选择显示复合通道，那么组成它的原色通道将自动显示。

1. 查看与隐藏通道

单击 ![eye]图标可以使通道在显示和隐藏之间切换，用于查看某一颜色在图像中的分布情况。例如，在 RGB 模式下的图像，如果选择显示 RGB 通道，则红通道、绿通道和蓝通道都会自动显示， 选择其中任意原色通道，则其他通道会自动隐藏。

2. 通道缩览图调整

单击【通道】面板右上角的下拉按钮，在弹出的菜单中选择【面板选项】选项，打开【通道面板选项】对话框，从中可以设定通道缩览图的大小，以便对缩览图进行观察，如下图所示。

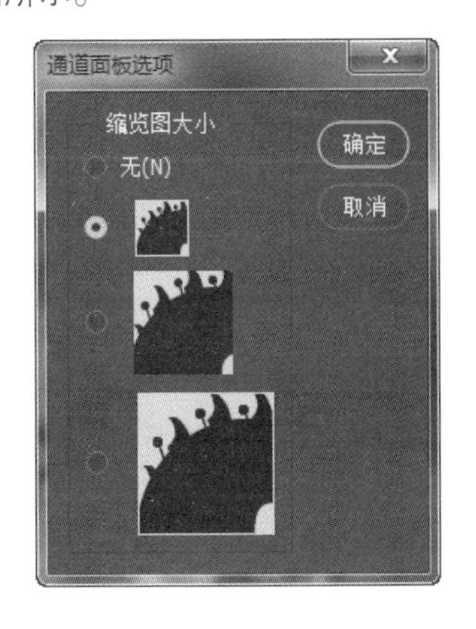

提示

若按下某一通道的快捷键（红通道为【Ctrl+3】，绿通道为【Ctrl+4】，蓝通道为【Ctrl+5】，复合通道为【Ctrl+2】），此时打开的通道将成为当前通道。在面板中按住【Shift】键并单击某个通道，可以选择或取消多个通道。

3. 通道的名称

通道的名称能帮助用户很快识别各种通道的颜色信息。各原色通道和复合通道的名称是不能改变的，Alpha 通道的名称可以通过双击通道名称进行任意修改。

4. 将通道作为选区载入

单击 按钮，可以将通道中的图像内容转换为选区；按【Ctrl】键单击通道缩览图也可以将通道作为选区载入。

5. 将选区存储为通道

如果当前图像中存在选区，那么可以通过单击按钮，将当前图像中的选区以图像方式存储在自动创建的 Alpha 通道中，以便修改和以后使用。在按【Alt】键的同时单击按钮，可以新建一个通道并能为该通道设置参数。

6. 新建通道

单击按钮可在【通道】面板中创建一个新通道，按【Alt】键并单击【新建】按钮可以设置新建 Alpha 通道的参数。如果按【Ctrl】键并单击按钮，可以创建新的专色通道。通过【创建新通道】按钮所创建的通道均为 Alpha 通道，颜色通道则无法通过【创建新通道】按钮创建。

提示

将颜色通道删除后会改变图像的色彩模式。例如，原色彩为 RGB 模式时，删除其中的红通道，剩余的通道为洋红和黄色通道，那么色彩模式将变化为多通道模式。

7. 删除通道

单击按钮可以删除当前编辑的通道。

12.3 通道类型

每一种模式的图像，都会有对应的通道。一般常见的图像模式有 RGB、CMYK、Lab、索引颜色、灰度等。通道主要包括颜色通道、Alpha 通道和专色通道。

12.3.1 颜色通道

在 Photoshop CC 2018 软件中颜色通道的作用非常重要，它用于保存和管理图像中的颜色信息，每幅图像都有自己单独的一套颜色通道，在打开新图像时会自动进行创建。图像的颜色模式决定创建颜色通道的数量。

颜色通道是在打开新图像时自动创建的通道，它记录了图像的颜色信息。图像的颜色模式不同，颜色通道的数量也不相同。RGB 图像中包含红、绿、蓝通道和一个用于编辑图像的复合通道，CMYK 图像中包含青色、洋红、黄色、黑色通道和一个复合通道，Lab 图像中包含明度、a、b 通道和一个复合通道，位图、灰度、双色调和索引颜色图像都只有一个通道。下图所示分

别为不同的颜色通道。

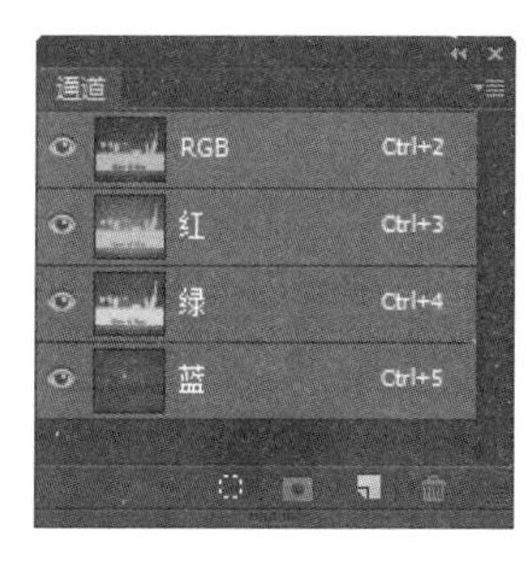

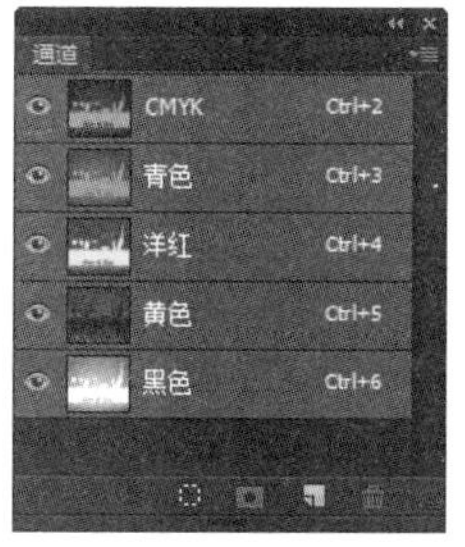

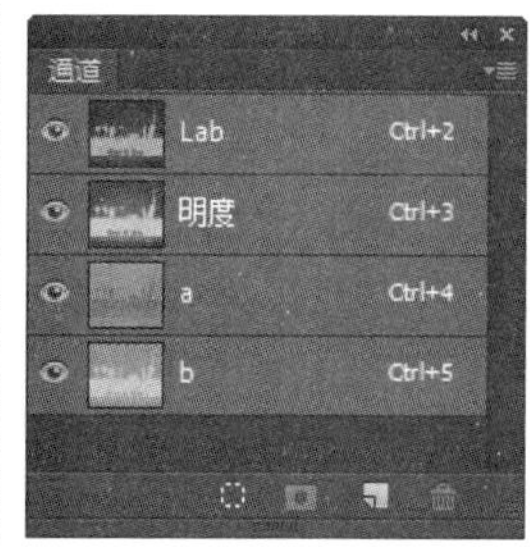

12.3.2 Alpha 通道

在 Photoshop CC 2018 软件中 Alpha 通道有 3 种用途：一是用于保存选区；二是可以将选区存储为灰度图像，这样就能用画笔、加深、减淡等工具及各种滤镜，通过编辑 Alpha 通道来修改选区；三是可以从 Alpha 通道中载入选区。

在 Alpha 通道中，白色代表了可以被选择的区域，黑色代表了不能被选择的区域，灰色代表了可以被部分选择的区域（即羽化区域）。Alpha 通道用白色涂抹可以扩大选区范围，用黑色涂抹则收缩选区范围，用灰色涂抹可以增加羽化范围。

Alpha 通道是用来保存选区的，它可以将选区存储为灰度图像，用户可以通过添加 Alpha 通道来创建和存储蒙版，这些蒙版用于处理或保护图像的某些部分，Alpha 通道与颜色通道不同，它不会直接影响图像的颜色。

在 Alpha 通道中的默认情况下，白色代表选区，黑色代表非选区，灰色代表被部分选择的区域，即羽化的区域。

新建 Alpha 通道有以下两种方法。

① 如果在 Photoshop CC 2018 图像中创建了选区，单击【通道】面板中的【将选区存储为通道】按钮，即可将选区保存在 Alpha 通道中，如下图所示。

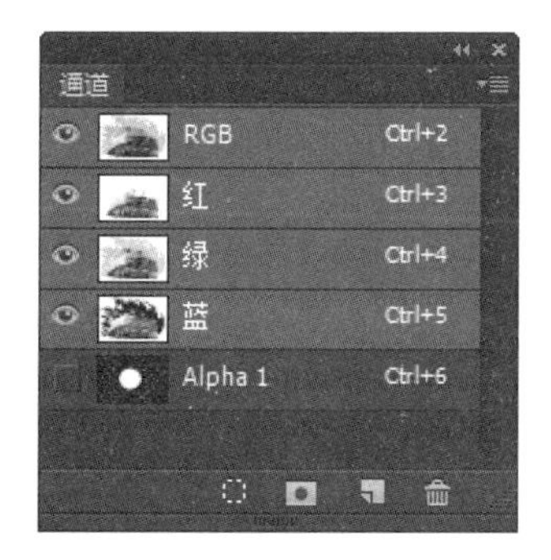

② 用户也可以在按【Alt】键的同时单击【新建】按钮，弹出【新建通道】对话框，如下图所示。

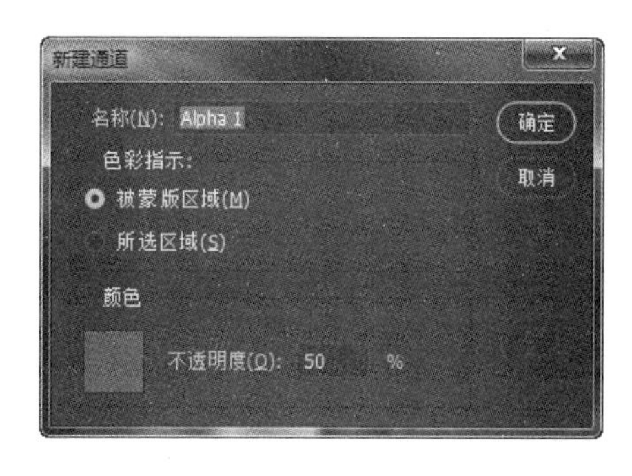

在【新建通道】对话框中不仅可以对新建的通道命名，还可以调整色彩指示类型。各个选项的说明如下。

【被蒙版区域】单选按钮：选中此单选按钮，新建的通道中，黑色区域代表被蒙版的范围，白色区域则是选取的范围。下图所示为选中【被蒙版区域】单选按钮时创建的 Alpha 通道。

【所选区域】单选按钮：选中此单选按钮，可得到与选中【被蒙版区域】单选按钮刚好相反的结果，白色区域表示被蒙版的范围，黑色区域则代表选取的范围。下图所示为选中【所选区域】单选按钮时创建的 Alpha 通道。

【不透明度】设置框：用于设置颜色的透明程度。

单击颜色选项框后，可以选择合适的色彩，这时蒙版颜色的选择对图像的编辑没有影响，它只是用来区别选区和非选区，使用户可以更方便地选取范围。【不透明度】的参数不影响图像的色彩，它只对蒙版起作用。【颜色】和【不透明度】参数的设定只是为了更好地区别选取范围和非选取范围，以便精确选取。

只有在同时选中当前的 Alpha 通道和另外一个通道的情况下才能看到蒙版的颜色。

12.3.3 专色通道

Photoshop CC 2018 软件中的专色通道用来存储印刷用的专色。专色是特殊的预混油墨，如金属金银色油墨、荧光油墨等，它们用于替代或补充普通的印刷色 CMYK 油墨。通常情况下，专色通道都是以专色的名称来命名的。

专色印刷是指采用黄色、洋红色、青色、黑色四色墨以外的其他色油墨来复制原稿颜色的印刷工艺。当用户要将带有专色的图像进行印刷时，需要用专色通道来存储专色。每个专色通道都有属于自己的印版，在对一张含有专色通道的图像进行印刷输出时，专色通道会作为一个单独的页被打印出来。

要新建专色通道，可从面板的下拉菜单中选择【新建专色通道】命令或按【Ctrl】键并单击▣按钮，即可弹出【新建专色通道】对话框，设定后单击【确定】按钮，如下图所示。

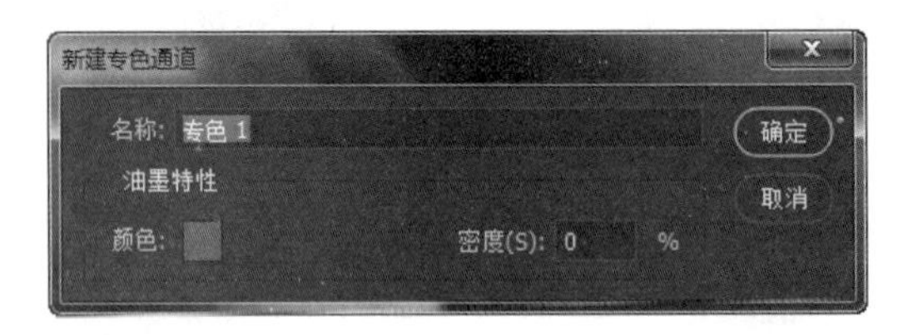

【名称】文本框：可以给新建的专色通道命名。默认的情况下将自动命名为【专色 1】【专色 2】等。在【油墨特性】选项栏中可以设定颜色和密度。

【颜色】设置项：用于设定专色通道的颜色。

【密度】参数框：可以设定专色通道的密度，其范围为 0% ～ 100%。这个选项的功能对实际的打印效果没有影响，只是在编辑图像时可以模拟打印的效果，类似于蒙版颜色的透明度。

选择专色通道后，可以用绘画或编辑工具在图像中绘画，从而编辑专色。用黑色绘画可添加更多不透明度为 100% 的专色；用灰色绘画可添加不透明度较低的专色；用白色涂抹的区域无专色。绘画或编辑工具选项中的【不透明度】选项决定了用于打印输出的实际油墨浓度。

12.4 编辑通道

本节主要介绍使用分离通道和合并通道的方法对通道进行编辑。

12.4.1 分离通道

为了便于编辑图像，在 Photoshop CC 2018 软件中有时需要将一个图像文件的各个通道分开，使其成为拥有独立文档窗口和通道面板的文件，用户可以根据需要对各个通道文件进行编辑，编辑完成后，再将通道文件合成一个图像文件，这就是通道的分离与合并。

选择【通道】面板菜单中的【分离通道】命令，可以将通道分离成单独的灰度图像，其标题栏中的文件名为原文件的名称加上该通道名称的缩写，而原文件则被关闭。当需要在不能保留通道的文件格式中保留单个通道信息时，分离通道是非常有用的。

分离通道后主通道会自动消失。例如，RGB 模式的图像分离通道后只得到 R、G 和 B 3 个通道。分离后的通道相互独立，被置于不同的文档窗口中，但是它们共存于一个文档，可以分别进行修改和编辑，在制作出满意的效果后还可以再将它们合并。

分离通道的具体操作步骤如下。

第 1 步 打开“素材 \ch12\12-1.jpg”文件，在 Photoshop CC 2018 软件中的【通道】面板查看图像文件的通道信息，如下图所示。

第 2 步 单击【通道】面板右上角的 按钮，在弹出的下拉菜单中选择【分离通道】命令，如下图所示。

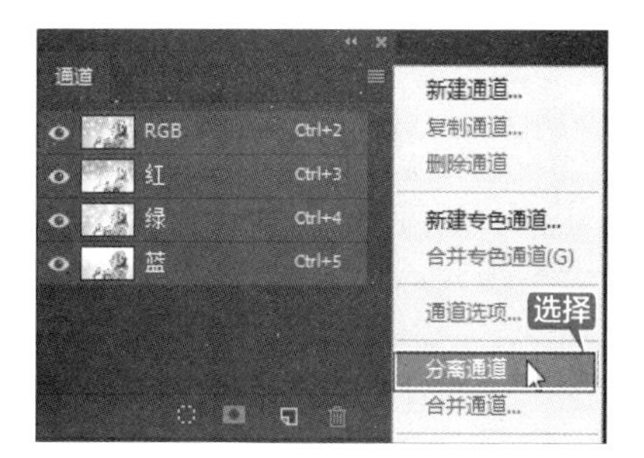

第 3 步 执行【分离通道】命令后，图像将分为 3 个重叠的灰色图像窗口，下图所示为分离通道后的各个通道。

第 4 步 分离通道后的【通道】面板如下图所示。

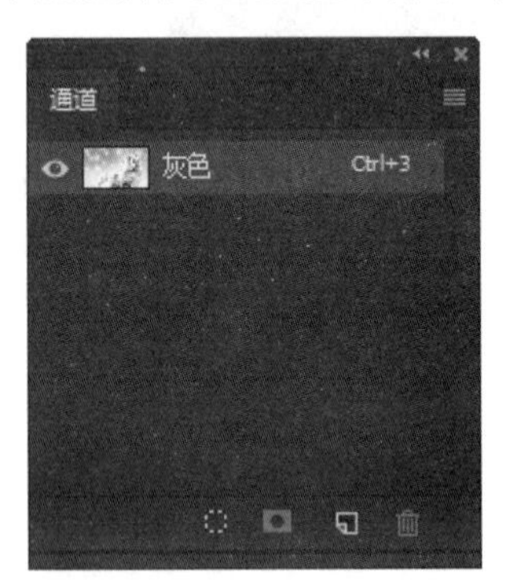

12.4.2 合并通道

在完成了对各个原色通道的编辑之后，还可以合并通道。在选择【合并通道】命令时会弹出【合并通道】对话框。使用上节中分离的通道文件，如下图所示。

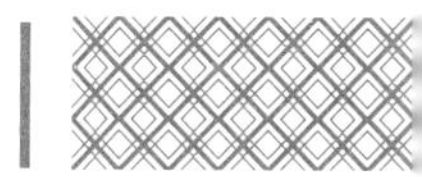

第 1 步 单击工具箱中的【自定形状工具】按钮，在红通道所对应的文档窗口中创建自定义形状，并合并图层，如下图所示。

第 2 步 单击【通道】面板右侧的下拉按钮，在弹出的下拉菜单中选择【合并通道】命令，弹出【合并通道】对话框。在【模式】下拉列表中选择【RGB 颜色】选项，单击【确定】按钮，如下图所示。

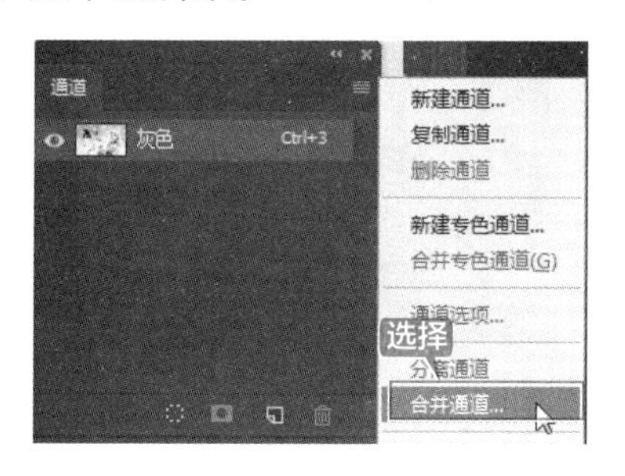

第 3 步 在弹出的【合并 RGB 通道】对话框中，分别进行如下图所示的设置。

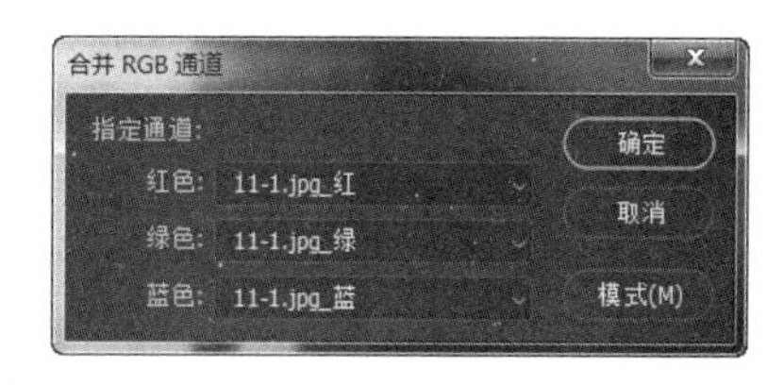

第 4 步 单击【确定】按钮，将它们合并成一个 RGB 图像，最终效果如下图所示。

12.5 通道计算

通道在 Photoshop CC 2018 软件中是一个极有表现力的平台，通道计算实际上就是通道的混合，通过通道的混合可以制作出一些特殊的效果。

如果两个图像的颜色模式不同（例如，一个图像是 RGB，而另一个图像是 CMYK），则在图像之间可以将单个通道复制到其他通道，但不能将复合通道复制到其他图像中的复合通道。

12.5.1 应用图像

【应用图像】命令可以将图像的图层和通道（源）与现用图像（目标）的图层和通道混合。打开源图像和目标图像，并在目标图像中选择所需图层和通道。图像的像素尺寸必须与【应用图像】对话框中出现的图像名称匹配。

使用【应用图像】命令调整图像的具体操作步骤如下。

1. 打开素材文件

选择【文件】→【打开】命令，打开“素材 \ch12\12-2.jpg”文件，如下图所示。

2. 创建 Alpha 通道

第 1 步 选择【窗口】→【通道】命令，打开【通道】面板，单击【通道】面板下方的【新建】按钮，新建【Alpha1】通道，如下图所示。

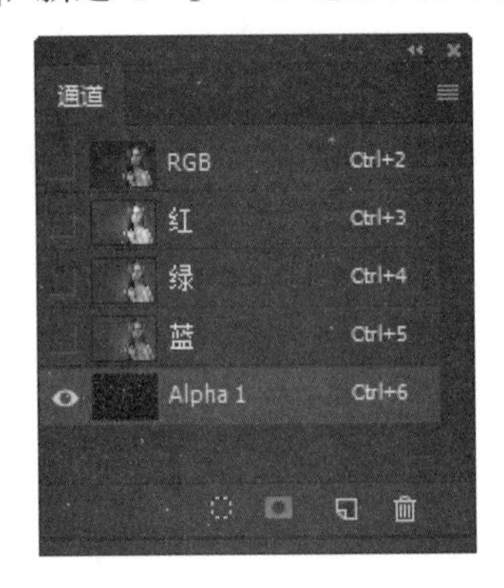

第 2 步 使用【自定形状工具】绘制斜的条状图形，并填充白色，如下图所示。

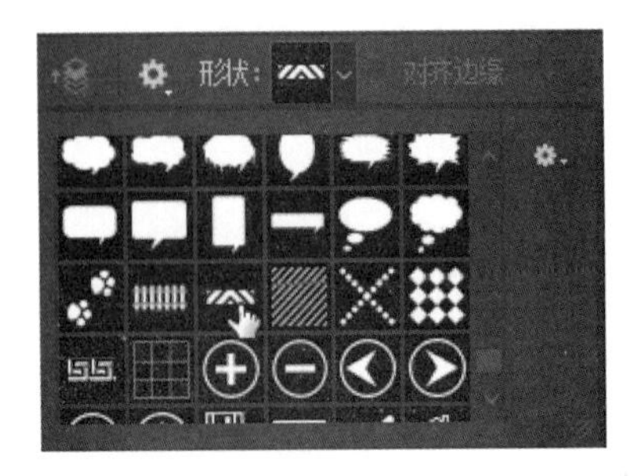

3. 应用图像

第 1 步 选择 RGB 通道，并取消【Alpha1】通道的显示，如下图所示。

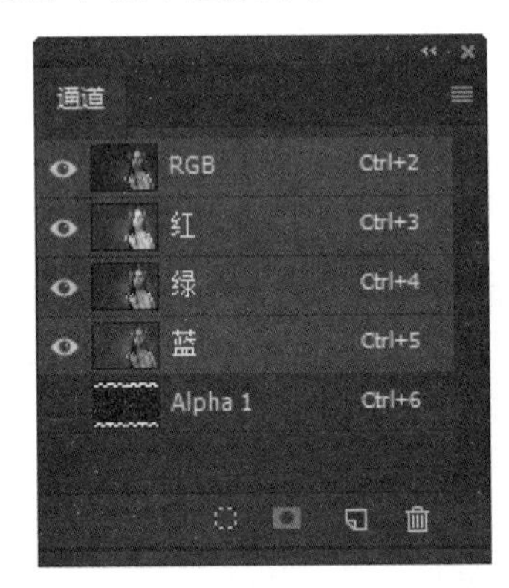

第 2 步 选择【图像】→【应用图像】命令，在弹出的【应用图像】对话框中设置【通道】为“Alpha1”、【混合】为“叠加”，如下图所示。

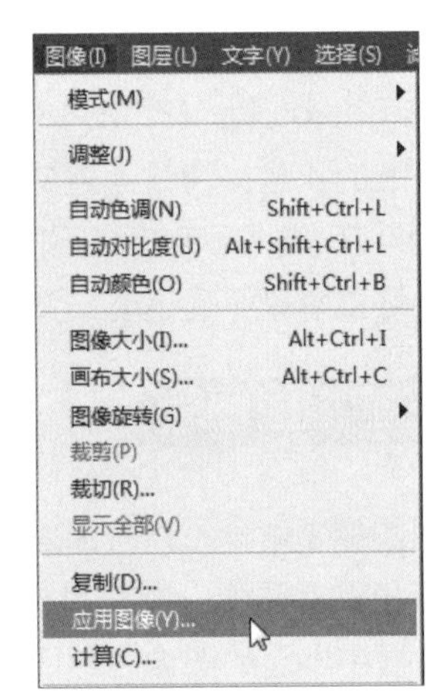

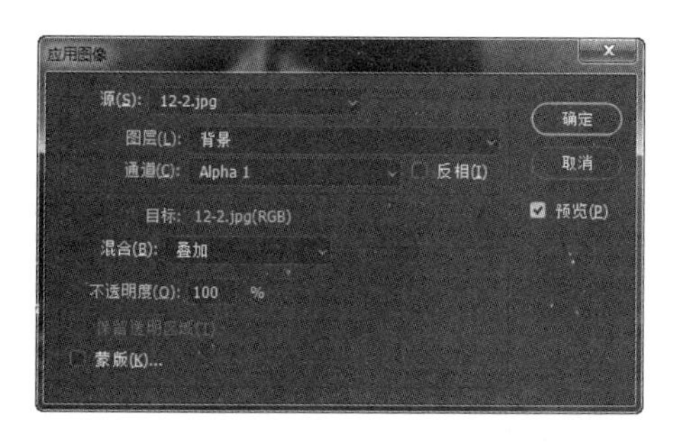

第 3 步 单击【确定】按钮，得到如下图所示的效果。

12.5.2 计算

【计算】命令和【应用图像】命令的使用方法类似，也只有像素尺寸相同的文件夹才可以参与运算。其区别是【运算】命令可以选择两个源图像的图层和通道，结果可以是一个新图像、新通道或选区。此外，【运算】命令中不能选择复合通道，因此只能产生灰度效果。【计算】命令中有两种混合模式是图层和编辑工具所没有的，即“相加”和“相减”，可以得到一种特殊的合成图片。

【计算】命令用于混合两个来自一个或多个源图像的单个通道，然后将结果应用到新图像或新通道中。

下面通过【计算】命令制作玄妙色彩图像。

1. 打开文件

第 1 步 选择【文件】→【打开】命令。

第 2 步 打开“素材\ch12\12-3.jpg”文件，如下图所示。

2. 应用【计算】命令

第 1 步 选择【图像】→【计算】命令，如下图所示。

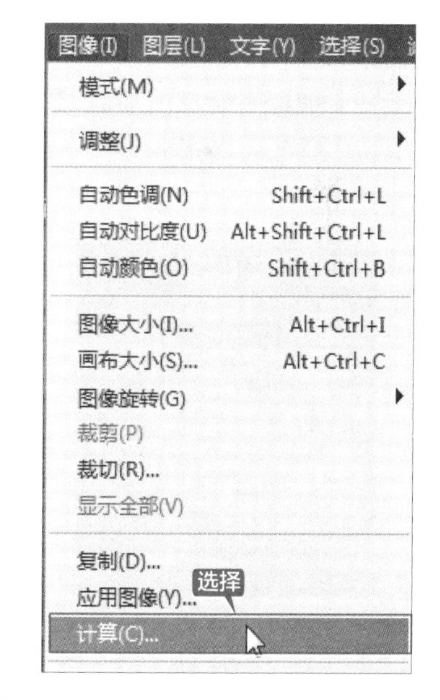

第 2 步 在打开的【计算】对话框中设置相应的参数，如下图所示。

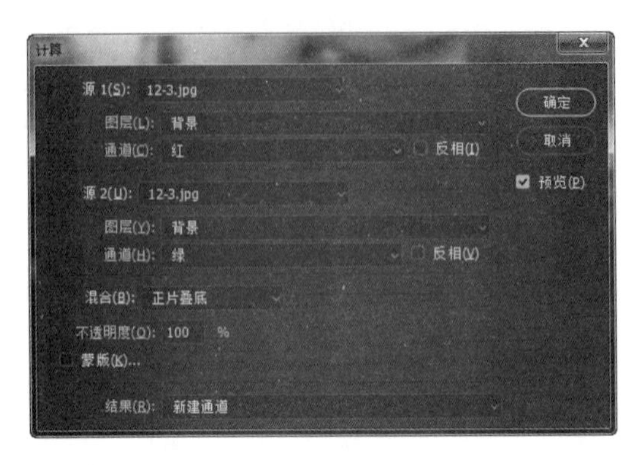

第 3 步 单击【确定】按钮后，将新建一个【Alpha1】通道，如下图所示。

3. 调整图像

第 1 步 选择【绿】通道，然后按【Ctrl】键单击【Alpha1】通道的缩略图，得到选区，如下图所示。

第 2 步 设置前景色为“白色”，按【Alt+Delete】组合键填充选区，然后按【Ctrl+D】组合键取消选区，如下图所示。

第 3 步 选中 RGB 通道查看效果，并保存文件，如下图所示。

12.6 矢量蒙版

有蒙版的图层称为蒙版层。通过调整蒙版可以对图层应用各种特殊效果，但实际上不会影响该图层上的像素。应用蒙版可以使这些更改生效，删除蒙版则不应用更改。

矢量蒙版是由【钢笔】或【形状工具】创建的是与分辨率无关的蒙板。它通过路径和矢量形状来控制图像显示区域，常用来创建 Logo、按钮、面板或其他的 Web 设计元素。

下面介绍使用矢量蒙版为图像添加心形的具体操作步骤。

第 1 步 打开“素材 \ch12\01.psd”文件，选择【图层 1】图层，如下图所示。

第 2 步 选择【自定形状工具】选项，并在选项栏中选择【路径】选项，单击【点按可打开“自定形状”拾色器】按钮，在弹出的下拉列表中选择“心形”形状，如下图所示。

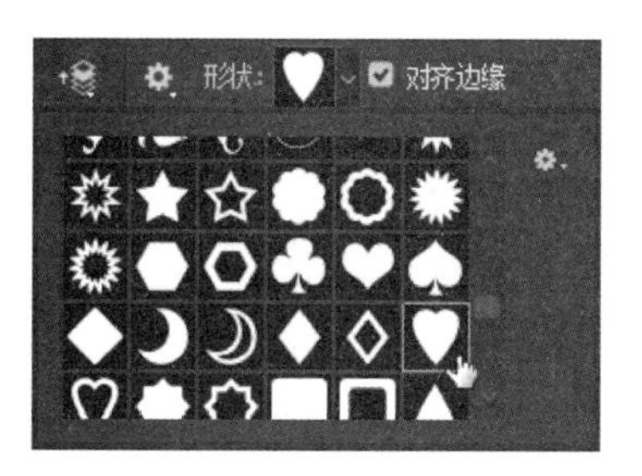

第 3 步 在画面中拖动鼠标绘制“心形”，如下图所示。

第 4 步 选择【图层】→【矢量蒙版】→【当前路径】命令，基于当前路径创建矢量蒙版，路径区域外的图像即被蒙版遮盖，如下图所示。

12.7 蒙版应用

下面介绍蒙版的基础操作，主要包括新建蒙版、删除蒙版和停用蒙版等。

12.7.1 创建蒙版

单击【图层】面板下面的【添加图层蒙版】按钮，可以添加一个【显示全部】的蒙版。蒙版内为白色填充，表示图层内的像素信息全部显示，如下图所示。

也可以选择【图层】→【图层蒙版】→【显示全部】命令来完成此次操作。

选择【图层】→【图层蒙版】→【隐藏全部】命令，可以添加一个【隐藏全部】的蒙版。蒙版内填充为黑色，表示图层内的像素信息全部被隐藏，如下图所示。

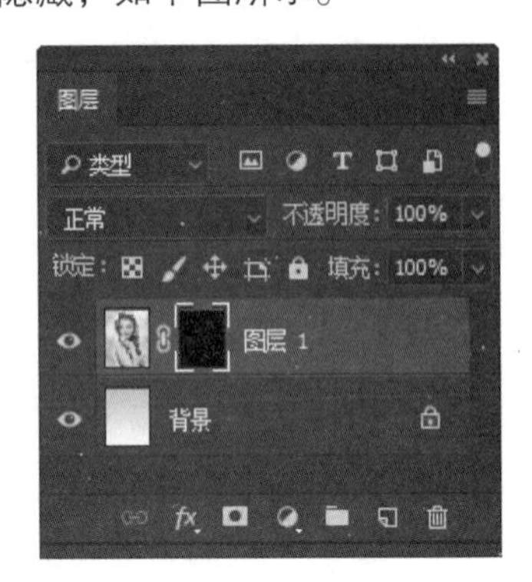

12.7.2 删除蒙版与停用蒙版

删除蒙版与停用蒙版分别有多种方法。

1. 删除蒙版

删除蒙版的方法有以下 3 种。

① 选中图层蒙版，将其拖曳到【删除】按钮上，则会弹出删除蒙版对话框，如下图所示。

单击【删除】按钮时，蒙版被删除；单击【应用】按钮时，虽然蒙版被删除，但是蒙版效果会被保留在图层上；单击【取消】按钮时，将取消删除命令。

② 选择【图层】→【图层蒙版】→【删除】命令，即可删除图层蒙版。

选择【图层】→【图层蒙版】→【应用】命令，蒙版将被删除，但是蒙版效果会被保留在图层上。

③ 选中图层蒙版，按【Alt】键，然后单击【删除】按钮 🗑，可以将图层蒙版直接删除。

2. 停用蒙版

选择【图层】→【图层蒙版】→【停用】命令，蒙版缩览图上将出现红色叉号，表示蒙版被暂时停止使用，如下图所示。

12.8 快速蒙版

应用快速蒙版后，会创建一个暂时的图像上的屏蔽，同时也会在通道浮动窗口中产生一个暂时的 Alpha 通道。这是对所选区域进行保护，让其免于被操作，而处于蒙版范围外的地方则可以进行编辑与处理。

1. 创建快速蒙版

第 1 步 打开“素材\ch12\ 12-8.jpg”文件，如下图所示。

第 2 步 单击工具箱中的【以快速蒙版模式编辑】按钮，切换到快速蒙版状态下，如下图所示。

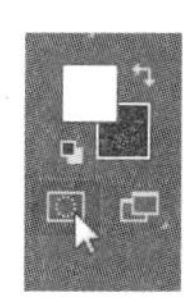

第 3 步 选择【椭圆选框工具】选项，将前景色设置为“黑色”，然后选择“圆形”图形，如下图所示。

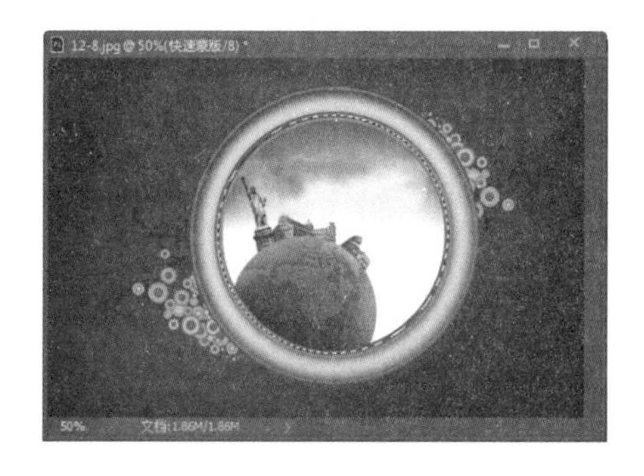

第 4 步 选择【油漆桶工具】填充，使蒙版覆盖整个要选择的图像，如下图所示。

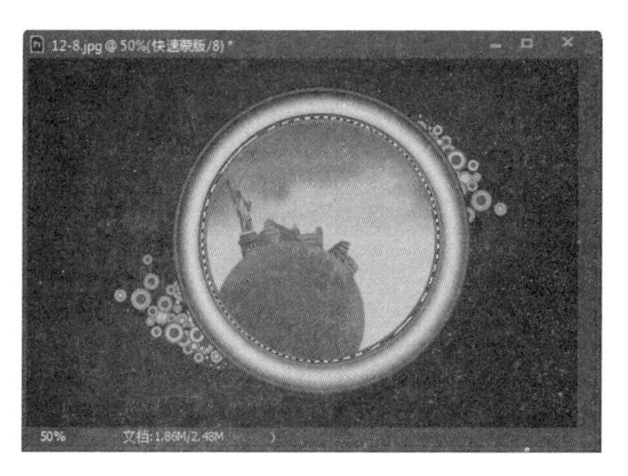

2. 快速应用蒙版

（1）修改蒙版。

将前景色设置为白色，用画笔修改可以擦除蒙版（添加选区）；将前景色设置为黑色，用画笔修改可以添加蒙版（删除选区）。

（2）修改蒙版选项。

双击【以快速蒙版模式编辑】按钮，弹出【快速蒙版选项】对话框，从中可以对快速蒙版的各种属性进行设定，如下图所示。

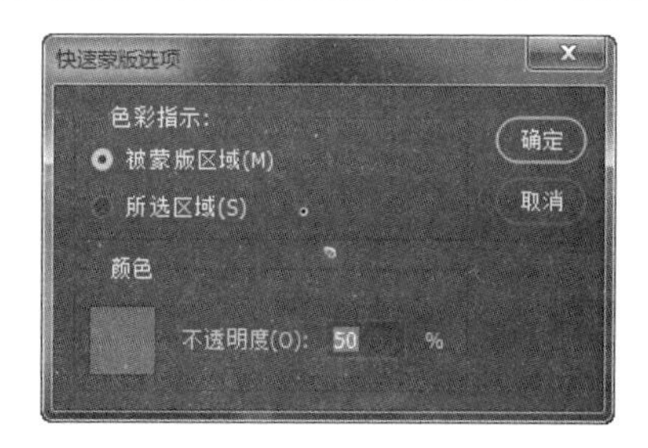

提示

【颜色】和【不透明度】的设置都只影响蒙版的外观，对蒙版下面的区域没有影响。更改这些设置能使蒙版与图像中的颜色对比更加鲜明，从而具有更好的可视性。

【被蒙版区域】：可使被蒙版区域显示为 50% 的红色，使选中的区域显示为透明。用黑色绘画可以扩大被蒙版区域，用白色绘画可以扩大选中区域。选中该单选按钮时，工具箱中的【以快速蒙版模式编辑】按钮显示为灰色背景上的白圆圈。

【所选区域】：可使被蒙版区域显示为透明，使选中区域显示为 50% 的红色。用白色绘画可以扩大被蒙版区域，用黑色绘画可以扩大选中区域。选中该单选按钮时，工具箱中的【以快速蒙版模式编辑】按钮显示为白色背景上的灰圆圈。

【颜色】：用于选取新的蒙版颜色，单击颜色框可选取新颜色。

【不透明度】：用于更改不透明度，可在【不透明度】文本框中输入 0 ~ 100 的数值。

12.9 剪切蒙版

剪切蒙版是一种非常灵活的蒙版，它可以使用下层图像的形状来限制上层图像的显示范围。因此，可以通过一个图层来控制多个图层的显示区域。剪切蒙版的创建和修改方法都非常简单。

下面使用【自定形状工具】制作剪切蒙版特效。

第1步 打开“素材\ch12\图02.psd”文件，如下图所示。

第2步 设置前景色为“黑色”，新建一个图层，选择【自定形状工具】选项，并在选项栏上选择【像素】选项，再单击【点按可打开“自定形状”拾色器】按钮，在弹出的下拉列表中选择图形，如下图所示。

第3步 将新建的图层放到最上方，然后在画面中拖曳鼠标绘制该形状，如下图所示。

第4步 在【图层】面板上，将新建的图层移至人物图层的下方，如下图所示。

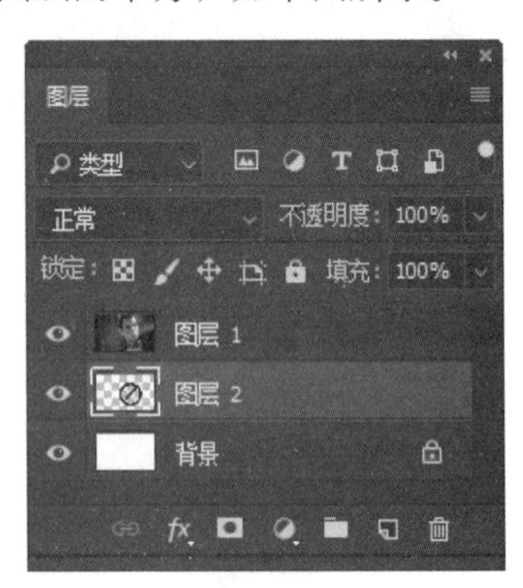

第5步 选择人物图层，选择【图层】→【创建剪切蒙版】命令，为其创建一个剪切蒙版，如下图所示。

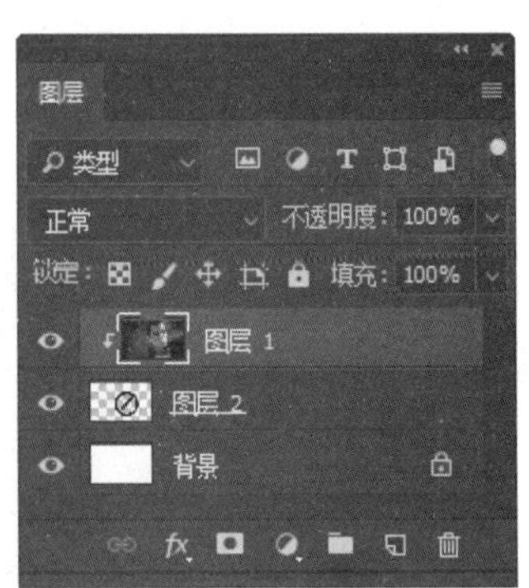

12.10 图层蒙版

Photoshop CC 2018 软件中的蒙版是用于控制用户需要显示或影响的图像区域，或者说是用于控制需要隐藏或不受影响的图像区域。蒙版是进行图像合成的重要手段，也是 Photoshop CC 2018 软件中极富魅力的功能之一，通过蒙版可以非破坏性地合成图像。图层蒙版是加在图层上的一个遮盖，通过创建图层蒙版来隐藏或显示图像中的部分或全部。

在图层蒙版中，纯白色区域可以遮蔽下面图层中的内容，显示当前图层中的图像；蒙版中的纯黑色区域可以遮蔽当前图层中的图像，显示下面图层中的内容；蒙版中的灰色区域会根据其灰度值使当前图层中的图像呈现出不同层次的透明效果。

如果要隐藏当前图层中的图像，可以使用黑色涂抹蒙版；如果要显示当前图层中的图像，可以使用白色涂抹蒙版；如果要使当前图层中的图像呈现半透明效果，则可以使用灰色涂抹蒙版。

下面通过两张图片的拼合来介绍图层蒙版的具体操作步骤。

第1步 打开“素材\ch12\12-4.jpg”和“素材\ch12\12-5.jpg”文件，如下图所示。

第2步 选择【移动工具】选项，将“12-5.jpg”图片拖曳到“12-4.jpg”图片中，新建【图层1】图层，如下图所示。

第3步 单击【图层】面板中的【添加图层蒙版】按钮，为【图层1】添加蒙版，选择【画笔工具】选项，设置画笔的大小和硬度，如下图所示。

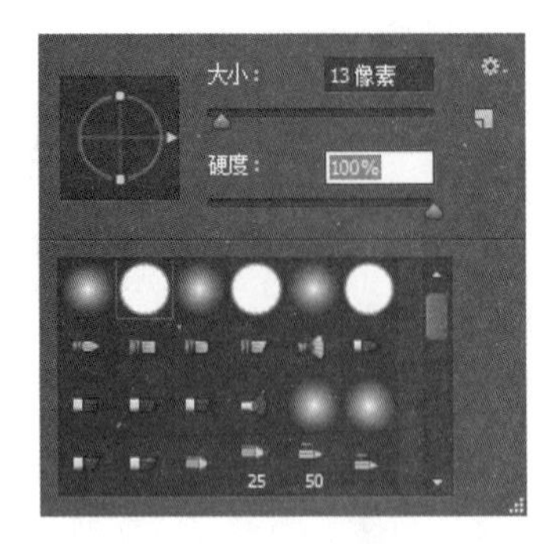

第 4 步 将前景色设置为“黑色”，在画面上方进行涂抹，如下图所示。

第 5 步 设置【图层 1】的【图层混合模式】为【叠加】，最终效果如下图所示。

彩色文字招贴

本案例主要利用【移动工具】【图层】命令和【渐变工具】等来制作一个彩色文字人像图片。制作前后效果如下图所示。

1. 打开文件

第1步 选择【文件】→【打开】命令。

第2步 打开“素材\ch12\12-6.jpg”文件，如下图所示。

2. 调整图像

第1步 选择【图像】→【调整】→【色阶】命令（或者按【Ctrl+L】组合键）打开色阶调整人物的明暗度，其设置参数如下图所示。

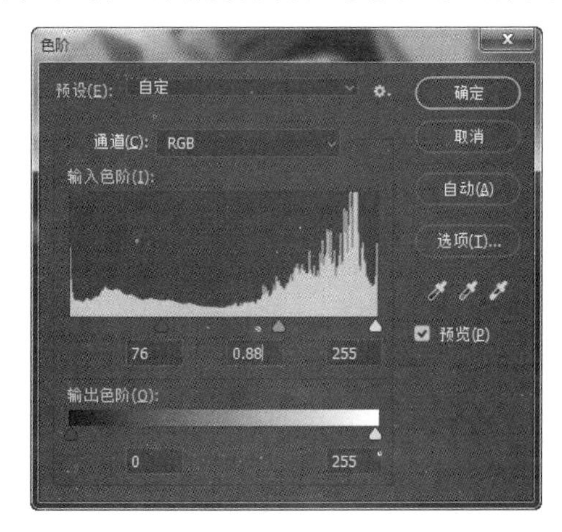

第2步 选择【滤镜】→【素描】→【便条纸】命令，参数设置如下图所示（人物颜色是根据用户设置的当前前景色而定的，这里使用了蓝色）。

第3步 单击【确定】按钮后，按【Ctrl+Alt+2】组合键把人物高光部分提取出来，按【Ctrl+Shift+I】组合键反选，再按【Ctrl+J】组合键创建一个图层（下图所示为关闭【背景】图层显示）。

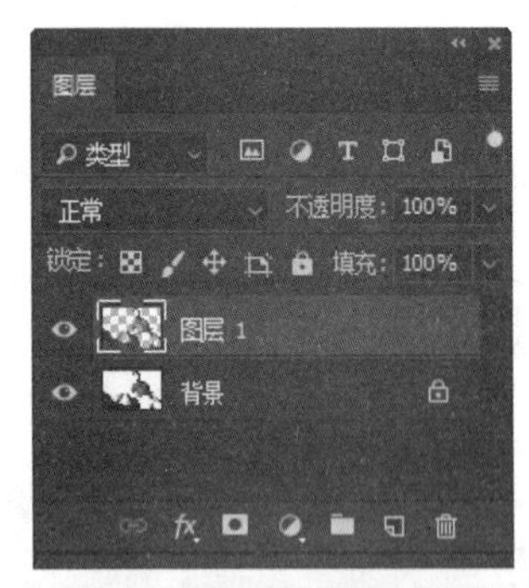

第4步 选择【文本工具】输入文字，这里输入的内容比较多，可以根据自己需要，分两个图层来输入文字，并设置文字的字体、字号，如【小字体】【大字体】，如下图所示。

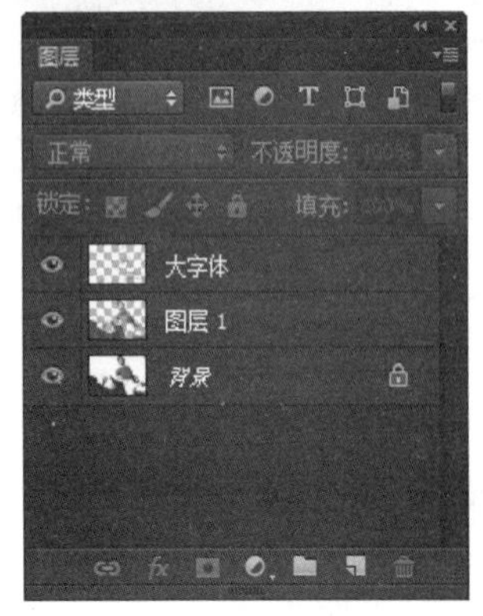

提示

在【大字体】图层中输入自己想要的文字，调整字体大小，然后对文字更换字体（粗一些的字体）， 字体不要太细，种类也不用很多。排版完成之后把那些大字体合并成一个图层并命名为【大字体】。

第5步 继续输入小字体。主要是把文字围绕在大字体周围，其他地方用小字体填充，尽量不要复制，否则复制的地方会出现平铺一样的纹理效果，如下图所示。

第6步 按【Ctrl】键的同时选择【图层1】图层，然后反选，再使用【自由套索】工具，按【Alt】键圈选人物边缘的字并保留边缘有完整的一个字。这样在删除时会保留一些字，不会因为轮廓太圆滑而把字都切掉，也可以适当羽化一下边缘，效果如下图所示。

第 7 步 删除字体图层的图形，在【图层 1】图层的上面新建【图层 2】图层，并填充白色，然后隐藏【图层 1】图层，可以看到处理好之后的效果，如下图所示。

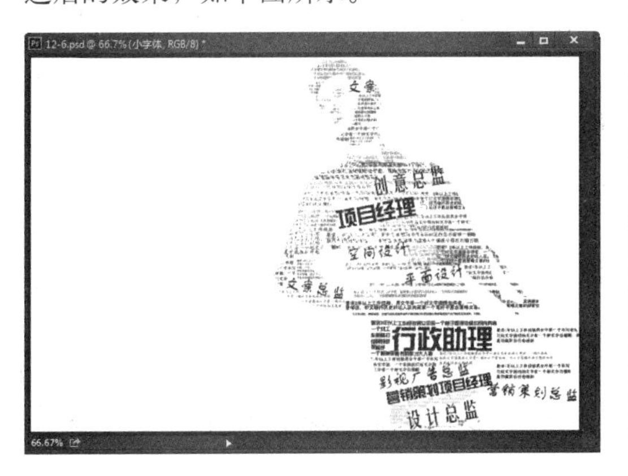

第 8 步 在【大字体】图层上右击，在弹出的快捷菜单中选择【混合选项】命令，在弹出的【图层样式】对话框中选择【渐变叠加】选项卡，同样设置【渐变颜色】为【色谱】，如下图所示。

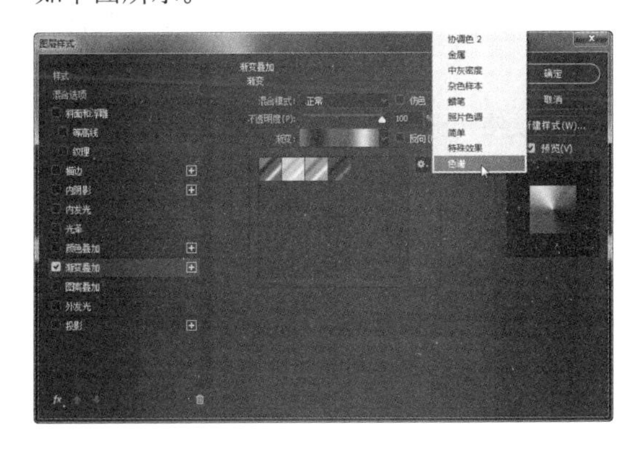

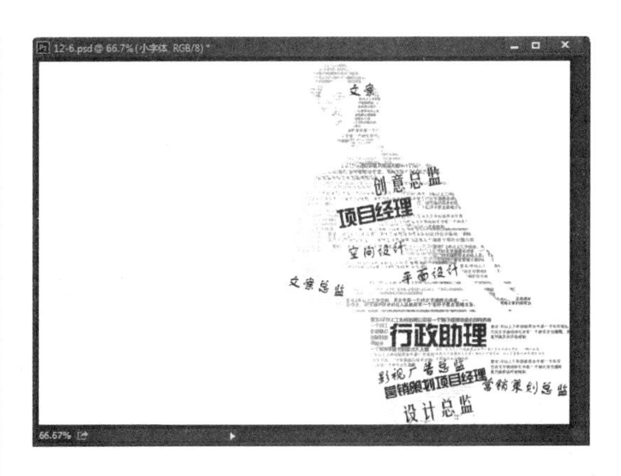

第 9 步 在【小字体】图层上右击，在弹出的快捷菜单中选择【混合选项】命令，在弹出的【图层样式】对话框中选择【渐变叠加】选项卡，然后设置【渐变颜色】为【色谱】，如下图所示。

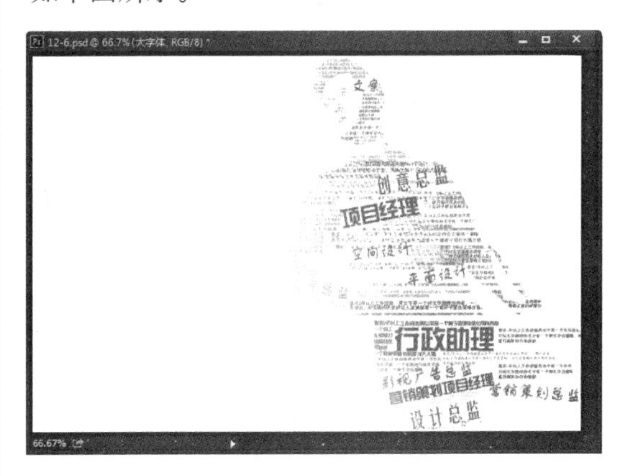

3. 添加滤镜特效

第 1 步 在【图层 2】图层上面新建一个空白图层，按【Ctrl】键的同时单击【图层 1】载入选区，然后给这个新图层设置一个渐变，渐变色选用人物用的颜色。完成之后选择【滤镜】→【模糊】→【高斯模糊】命令添加模糊效果，参数设置如下图所示。

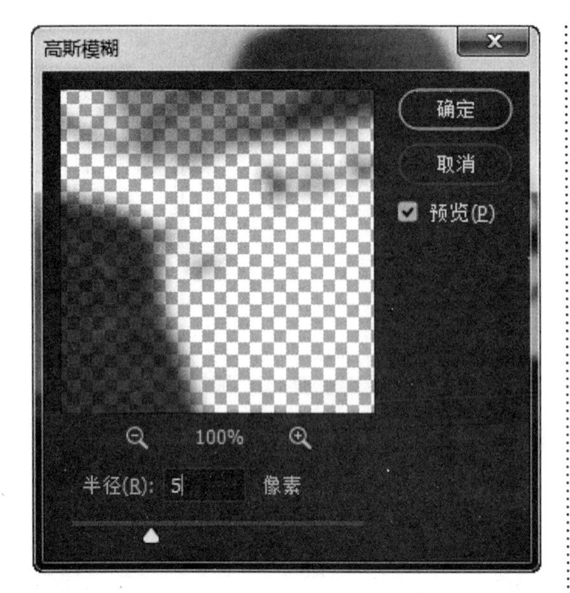

第2步 将新图层【不透明度】设置为“10%”，最终效果如下图所示。

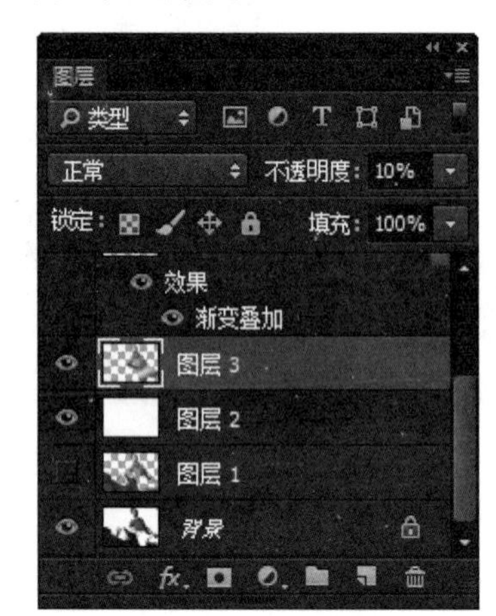

◇ 如何在通道中改变图像的色彩

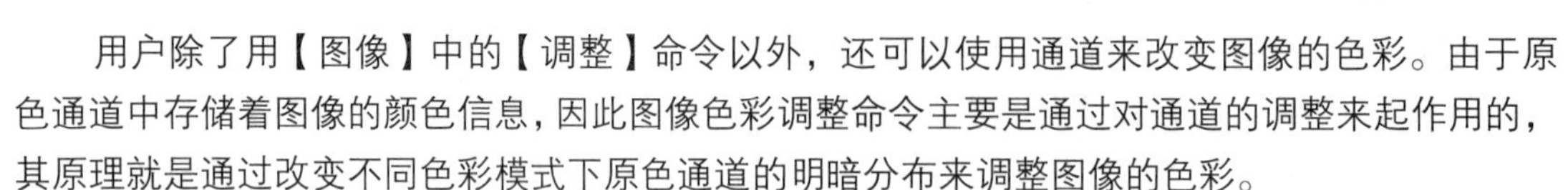

用户除了用【图像】中的【调整】命令以外，还可以使用通道来改变图像的色彩。由于原色通道中存储着图像的颜色信息，因此图像色彩调整命令主要是通过对通道的调整来起作用的，其原理就是通过改变不同色彩模式下原色通道的明暗分布来调整图像的色彩。

利用颜色通道调整图像色彩的具体操作步骤如下。

第1步 打开“素材\ch12\12-7.jpg”文件，如下图所示。

第 2 步 选择【窗口】→【通道】命令，打开【通道】面板，如下图所示。

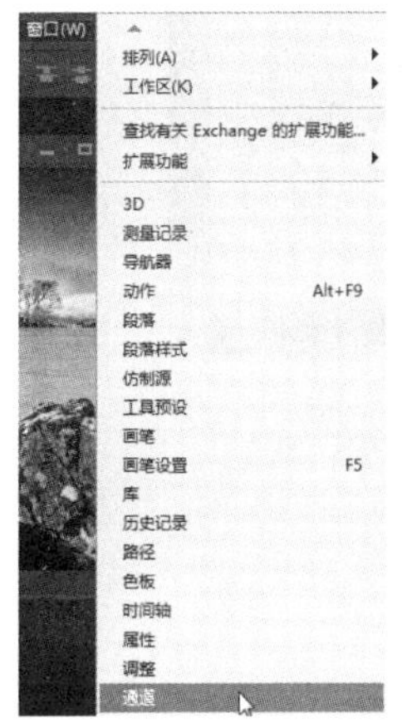

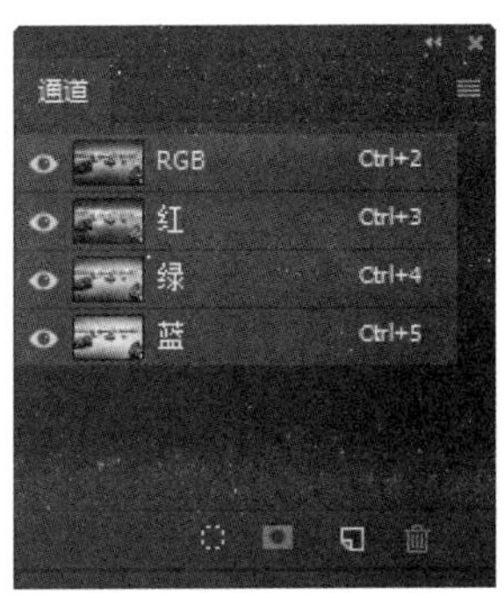

第 3 步 选择蓝色通道，然后选择【图像】→【调整】→【色阶】命令，打开【色阶】对话框，设置其中的参数，如下图所示。

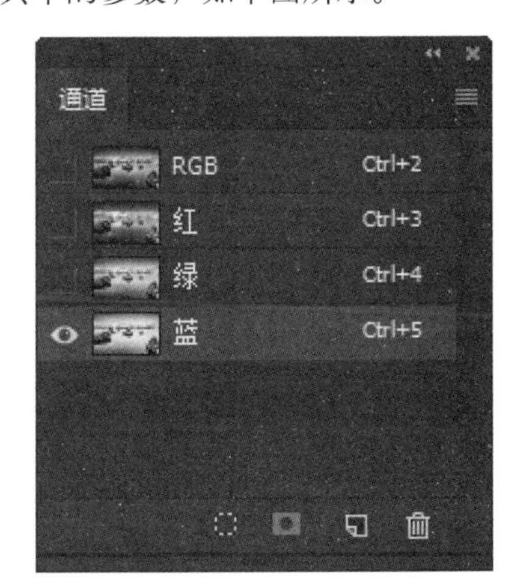

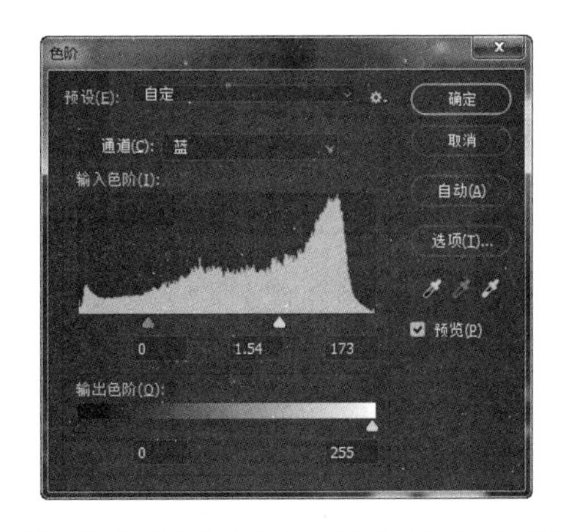

第 4 步 单击【确定】按钮，选择【RGB】通道，即可看到图像调整色彩后的效果，如下图所示。

◇ 快速查看蒙版

用户在【图层】面板中可以快速地查看蒙版效果，具体操作步骤如下。

第 1 步 选择【文件】→【打开】命令，打开“素材\ch12\12-8.psd”文件，如下图所示。

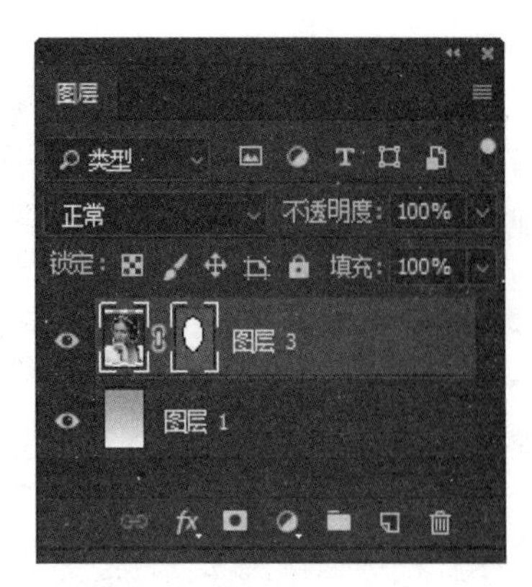

第 2 步　在【图层】面板中，按【Shift】键的同时单击蒙版缩览图，可以在画布中快速停用蒙版，再次执行该操作即可启用蒙版，如下图所示。

第 3 步　在【图层】面板中，按【Ctrl】键的同时单击蒙版缩览图，可以快速建立蒙版选区，如下图所示。

第4篇

实战篇

本篇主要介绍照片处理、艺术设计、网页设计及动画设计等相关操作。通过对本篇的学习可以大大提高 Photoshop 的操作技巧。

第13章

照片处理

本章导读

本章主要介绍使用 Photoshop CC 2018 软件的各种工具处理各类照片，如翻新旧照片、修复模糊照片等照片修复方法，更换发色、美白牙齿、手臂瘦身等人物肌肤美白瘦身的方法，光晕梦幻、浪漫雪景、电影胶片等特效制作方法，以及生活照片处理和照片合成的操作等。

思维导图

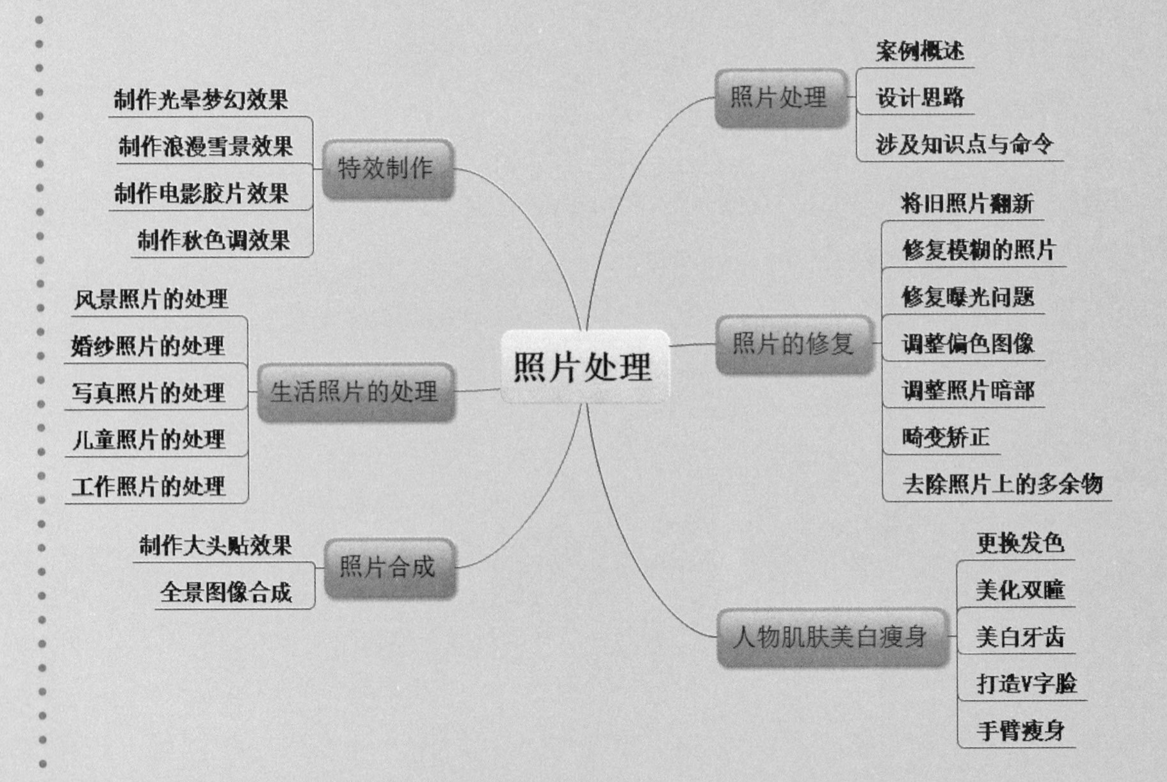

13.1 照片处理

本章主要介绍如何综合运用各种工具来处理照片。下面介绍一些照片处理的方法和思路，以及通常使用的工具等。

案例名称：照片处理		
案例目的：学会综合运用各种工具来处理照片		
	素材	素材 \ch13\ 旧照片 .jpg、模糊照片 .jpg 等
	结果	结果 \ch13\ 旧照片 .jpg、模糊照片 .jpg 等
	录像	视频教学录像 \13 第 13 章

13.1.1 案例概述

本案例主要通过综合运用 Photoshop CC 2018 中的各类工具来完成照片的处理。主要介绍人像修片的一些常规方式和方法，对于刚刚接触修片的用户来说非常实用。

13.1.2 设计思路

用 Photoshop 来处理图片的教程非常多，本案例主要介绍照片处理、照片的修复、人物肌肤美白瘦身、照片的后期处理等相关内容。

本章以案例的方式讲述相关理论知识，解决用户心中“为什么要处理照片”“怎么处理照片”的疑惑，而不是拿着一张照片，除了觉得不好看之外，不知从何下手。内容组织独具匠心，每个案例既介绍理论，又说明具体的操作方法和技巧，并针对每个问题详细地列出所有处理步骤和具体的设置。

13.1.3 涉及知识点与命令

本案例主要涉及以下知识点。

1. 有效剔除人像照片中的“多余物”

本案例主要针对照片中“多余物”的剔除修饰来学习常用的修饰“多余物”所用到的工具、命令，如下图所示，真正做到学以致用。理论结合实例演示的介绍方式简单明了，易于接受，适合所有阶段的用户学习。

2. 影响皮肤修饰的因素

本案例中主要介绍几种影响人物皮肤修饰的因素，让用户了解这些因素，并能够将这些因素运用到人像皮肤的修饰中，从而学好皮肤的修饰，如下图所示。

3. 精雕细琢美化五官

本案例中主要针对五官的修饰进行介绍，首先要了解五官的结构，再结合修饰技巧来完成整个人像的修饰。案例中会涉脸型的修饰技法，大家学习后可以更有效地修饰好人物照片，如下图所示。

4. 人物形体曲线的塑造

在本案例中可以了解到人物形体修饰的一些曲线标准，如何使用【液化】命令修饰曲线；了解人物形体比例，如何利用【自由变化】等命令调整比例以达到美观效果，如下图所示。

5. 照片色调明暗的调整技法

在本案例中主要针对照片曝光问题及对比度问题，通过不同的修饰调整命令及手法来还原曝光和对比度。其中既使用了【调色】【曲线】和【色阶】命令，也涉及了图层混合模式， 使用这几个命令都可以对画面的曝光和对比度进行调整，学会以后可根据自己的习惯和爱好适当选择调整方法。处理前后的效果，如下图所示。

6. 人像照片修饰流程解析

本案例主要是将人像照片修饰的整个流程做一个详细的介绍，并且针对每一个步骤来介绍其所涉及的知识点。让大家熟悉照片的修饰流程，这样在以后的照片修饰工作中不至于打开照片后不知道从何处入手。处理前后的效果，如下图所示。

7. 人像照片特效制作特辑

本案例主要针对人像照片的特效制作展开讲解与演示，在整个过程中以素描效果、手绘效果、油画效果为例。制作特效不但可以为照片增添美观性和艺术气息，还能锻炼用户熟悉使用滤镜的能力。处理前后的效果，如下图所示。

8. 人像照片色调风格

本案例主要针对人像照片风格色调的分析，以及各种风格的特色来进行介绍与实例演示。在案例中会对多种风格进行详细介绍，并列出详细调整步骤。处理前后的效果，如下图所示。

13.2 照片的修复

本节介绍使用 Photoshop CC 2018 处理一些工作中经常使用的图像，如人像照片的处理、数码证件照片处理和无损缩放照片大小等。

13.2.1 将旧照片翻新

家里总有一些泛黄的旧照片，大家可以通过 Photoshop CC 2018 来修复这些旧照片。本案

例主要使用【污点修复画笔工具】【色相/饱和度】命令和【色阶】命令等处理老照片。处理前后的效果如下图所示。

1. 打开文件

第1步 选择【文件】→【打开】命令。

第2步 打开“素材\ch13\ 旧照片 .jpg”图片，如下图所示。

2. 修复划痕

第1步 选择【污点修复画笔工具】选项，并在参数设置栏中进行如下图所示的参数设置。

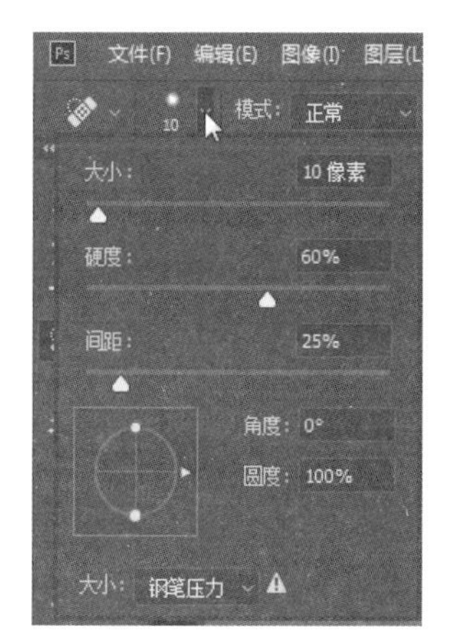

第2步 将鼠标指针移到需要修复的位置，然后单击即可修复划痕，如下图所示。

第3步 对于背景中大面积的划痕，可以选择【污点修复画笔工具】选项，将鼠标指针移到需要修复的附近，按【Alt】键单击进行取样，然后在需要修复的位置单击即可修复划痕，如下图所示。

3. 调整色彩

第1步 选择【图像】→【调整】→【色相/饱和度】命令，调整图像色彩，如下图所示。

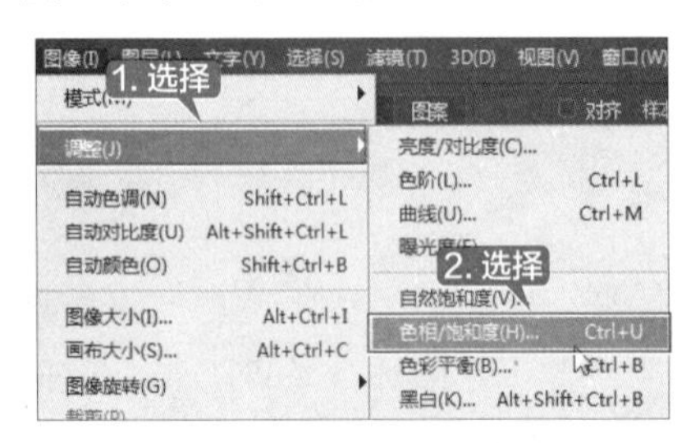

第2步 在弹出的【色相/饱和度】对话框中依次输入【色相】为“2”，【饱和度】为“+30”，如下图所示。

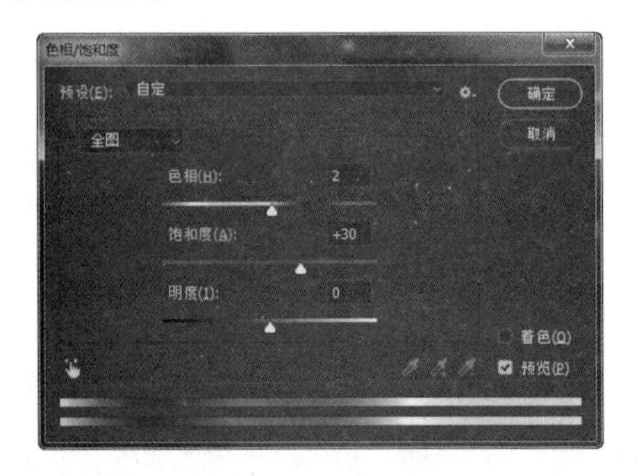

第3步 单击【确定】按钮，效果如下图所示。

4. 调整图像的亮度和对比度

第1步 选择【图像】→【调整】→【亮度/对比度】命令，如下图所示。

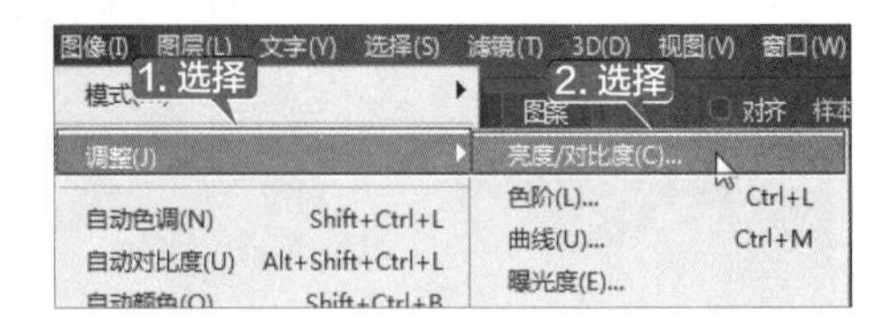

第2步 在弹出的【亮度/对比度】对话框中拖曳滑块来调整图像的亮度和对比度（或者设置【亮度】为“35”、【对比度】为“15”），如下图所示。

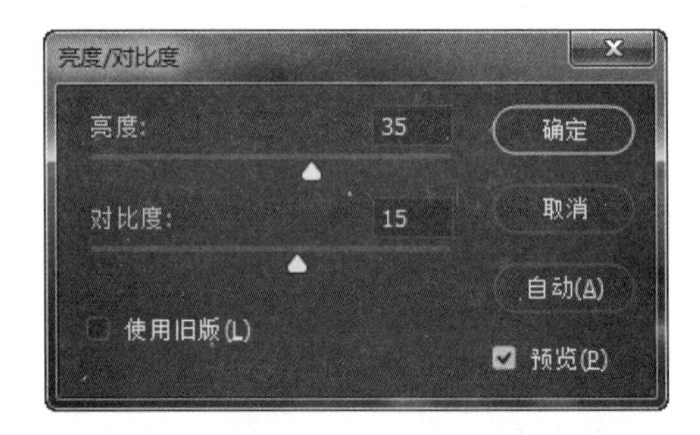

第3步 单击【确定】按钮，效果如下图所示。

5. 调整图像饱和度

第1步 选择【图像】→【调整】→【自然饱和度】命令。在弹出的【自然饱和度】对话框中调整图像的【自然饱和度】为“45”，如下图所示。

第 2 步 单击【确定】按钮，效果如下图所示。

第 3 步 选择【图像】→【调整】→【色阶】命令。在弹出的【色阶】对话框中调整色阶参数如下图所示。

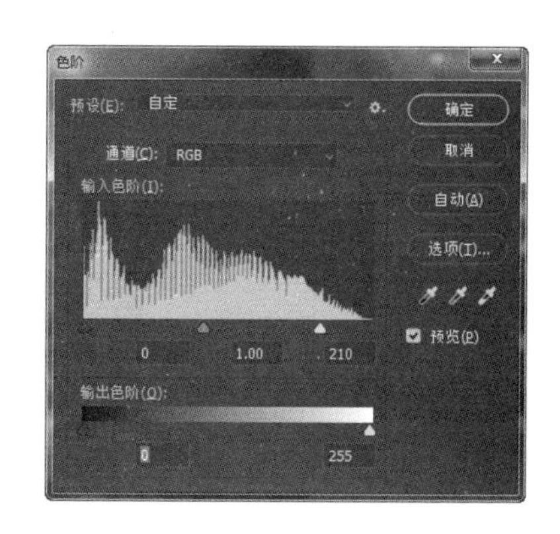

第 4 步 单击【确定】按钮，最终效果如下图所示。

13.2.2 修复模糊的照片

许多人出游时拍的照片的表情和姿态都不错，就是由于光线和对焦不好，照片有点模糊。本案例介绍如何修复这些模糊的照片，使之变得清晰，处理前后的效果如下图所示。

1. 打开文件

第 1 步 选择【文件】→【打开】命令。

第 2 步 打开“素材 \ch13\ 模糊照片 .jpg”图片，如下图所示。

2. 修复模糊效果

第1步 选择【锐化工具】选项▲，并在参数设置栏中进行如下图所示的参数设置。

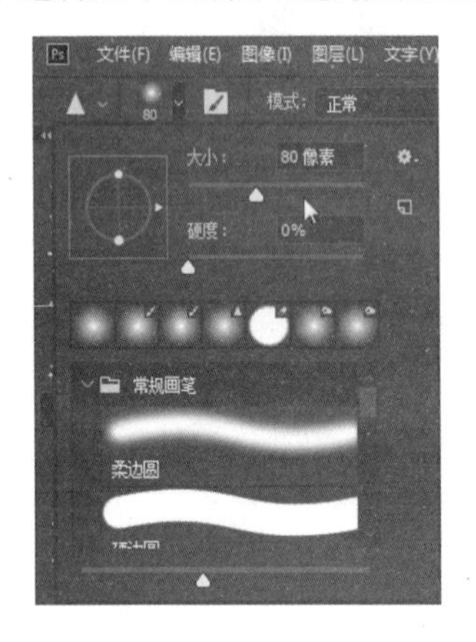

第2步 在眼睛部位涂抹，可以看到，笔触所经过之处，图像会慢慢变得清晰起来，慢慢涂抹，让图像的清晰度达到理想即可，千万不要涂抹过头，否则就会出现难看的杂色和斑点了，如下图所示。

3. 使用 USM 锐化调整

使用锐化工具的好处是可以根据需要进行锐化。如果要对整幅照片进行快速修复，就太麻烦了，此时需要使用【USM 锐化】滤镜，它是专为模糊照片准备的一款滤镜，适合对整幅照片进行调整。

第1步 选择【滤镜】→【锐化】→【USM 锐化】命令，如下图所示。

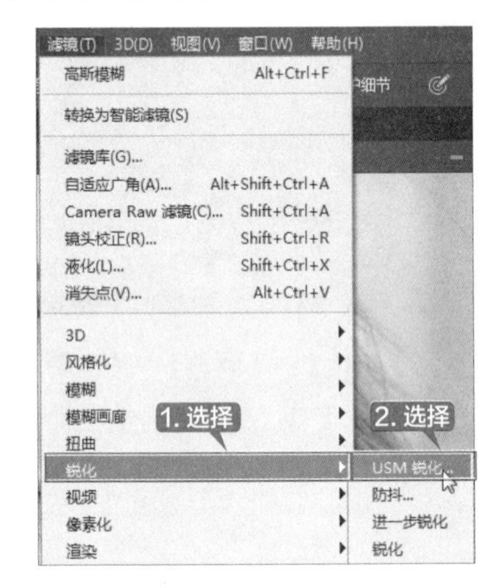

第2步 弹出【USM 锐化】对话框，在本案例中设置较大的数量值，以取得更加清晰的效果；设置较小的半径值，以防止损失图片质量；设置最小的阈值，以确定需要锐化的边缘区域，如下图所示。

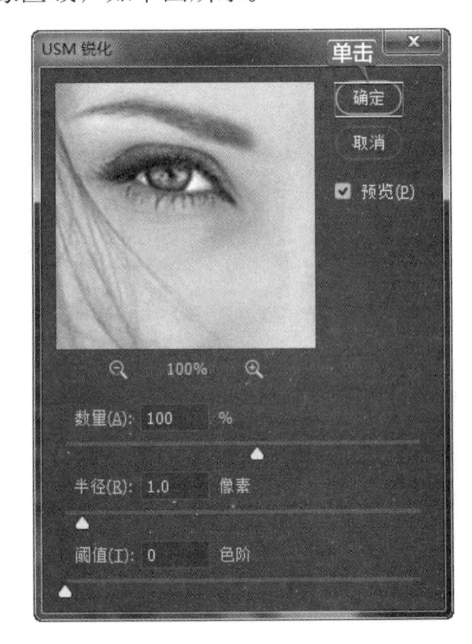

第 3 步 单击【确定】按钮，最终效果如下图所示。

13.2.3 修复曝光问题

本案例主要介绍使用【自动对比度】【自动色调】和【曲线】等命令来修复曝光过度的照片。处理前后的效果如下图所示。

1. 打开文件

第 1 步 选择【文件】→【打开】命令。

第 2 步 打开“素材 \ch13\ 曝光过度 .jpg”图片，如下图所示。

2. 调整颜色

第 1 步 选择【图像】→【自动色调】命令，调整图像颜色。

第 2 步 选择【图像】→【自动对比度】命令，调整图像对比度，如下图所示。

提示

【自动色调】命令可以增强图像的对比度，在像素平均分布并且需要以简单的方式增强对比度的特定图像中，该命令可以提供较好的结果。在使用 Photoshop CC 2018 软件修复照片时，第一步就可以使用此命令来调整图像。

3. 调整亮度

第 1 步 选择【图像】→【调整】→【曲线】命令，如下图所示。

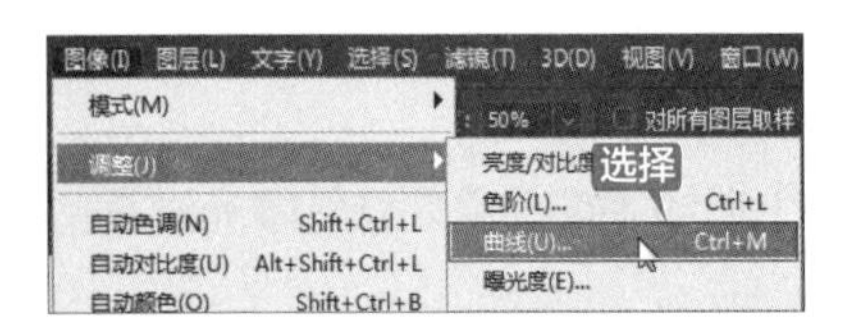

第 2 步 在弹出的【曲线】对话框中拖曳曲线来调整图像的颜色，如下图所示。

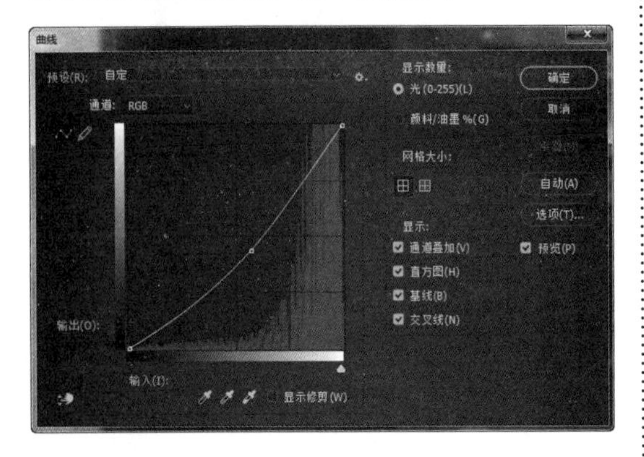

第 3 步 单击【确定】按钮，效果如下图所示。

4. 调整色彩平衡

第 1 步 选择【图像】→【调整】→【色彩平衡】命令，如下图所示。

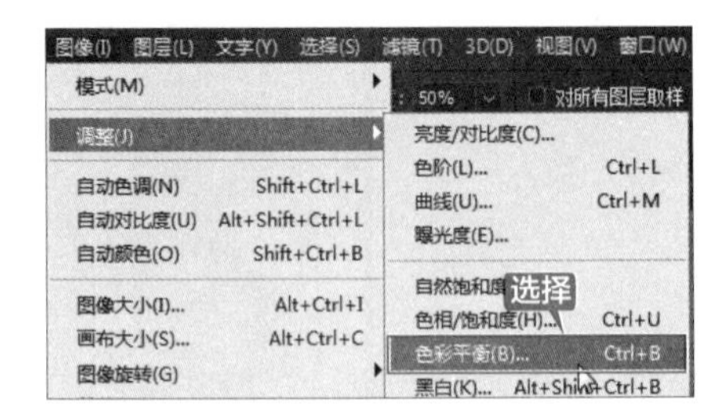

第 2 步 在弹出的【色彩平衡】对话框中设置【色阶】分别为“0”“-9”“-18”，如下图所示。

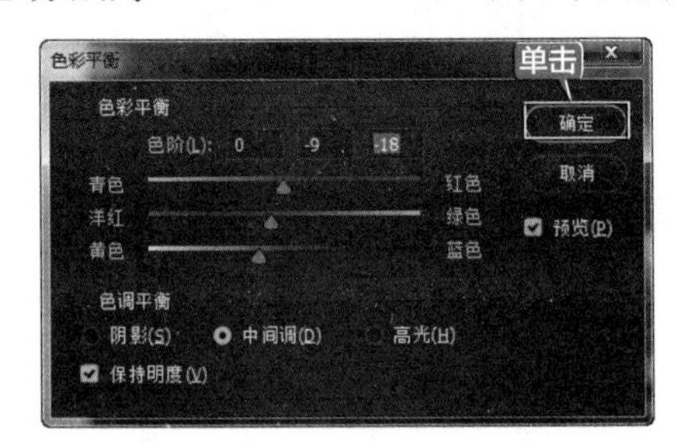

第 3 步 单击【确定】按钮，调整后的效果如下图所示。

提示

处理旧照片主要是修复划痕和调整颜色，由于旧照片通常都泛黄，所以在使用【色彩平衡】命令时应该相应地降低黄色成分，以恢复照片本来的黑白效果。

13.2.4 调整偏色图像

造成彩色照片偏色的主要原因是拍摄和采光问题，对于这些问题可以用 Photoshop CC 2018 中的【匹配颜色】和【色彩平衡】命令轻松地修复严重偏色的图片。修复前后的效果如下图所示。

1. 打开数码照片

第 1 步 选择【文件】→【打开】命令。

第 2 步 打开“素材 \ch13\ 偏色照片 .jpg”文件，如下图所示。

2. 复制图层

在【图层】面板中选中【背景】图层并将其拖曳至面板下方的【创建新图层】按钮上，创建【背景 拷贝】图层，如下图所示。

3. 使用【匹配颜色】命令

第 1 步 选择【图像】→【调整】→【匹配颜色】命令，如下图所示。

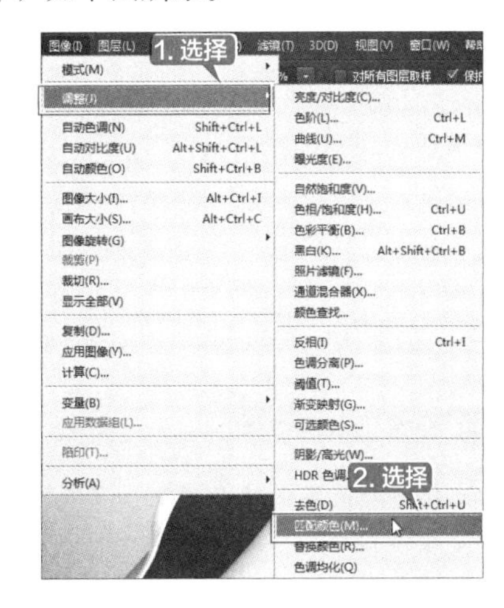

第 2 步 在弹出的【匹配颜色】对话框中的【图像选项】栏中选中【中和】复选框，如下图所示。

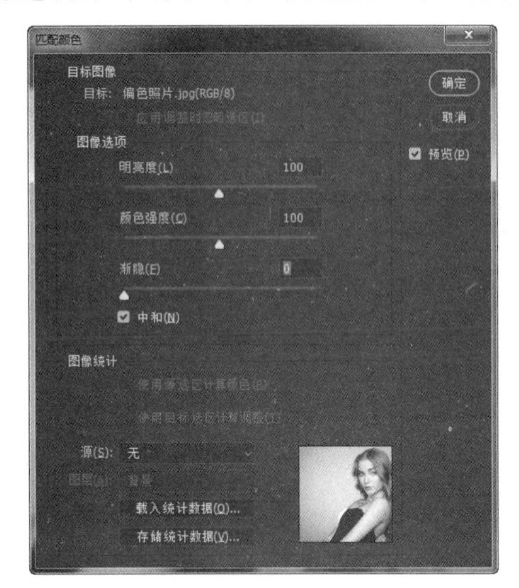

第 3 步 单击【确定】按钮，效果如下图所示。

> **提示**
>
> 使用【匹配颜色】命令能够使一幅图像的色调与另一幅图像的色调自动匹配，这样就可以使不同图片在拼合时达到色调统一的效果，或者对照其他图像的色调修改自己的图像色调。

4. 调整色彩平衡

第 1 步 选择【图像】→【调整】→【色彩平衡】命令，如下图所示。

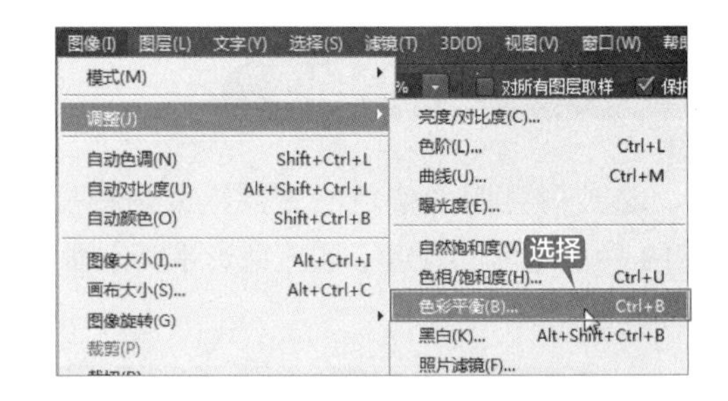

第 2 步 在弹出的【色彩平衡】对话框中设置【色阶】分别为“43”“-13”“-43”，如下图所示。

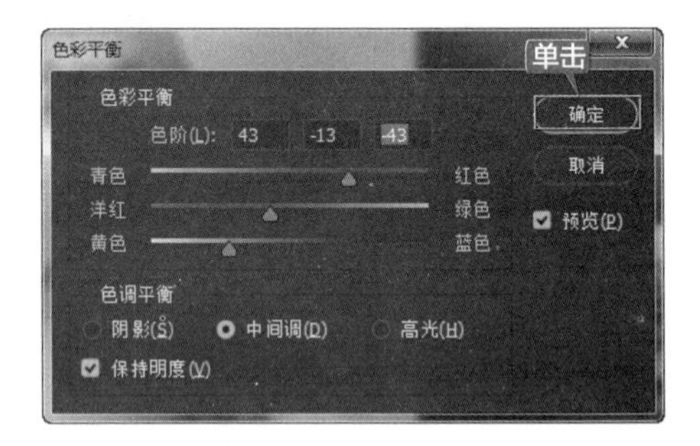

第 3 步 单击【确定】按钮，调整后的效果如下图所示。

5. 调整亮度 / 对比度

第 1 步 选择【图像】→【调整】→【亮度 / 对比度】命令，如下图所示。

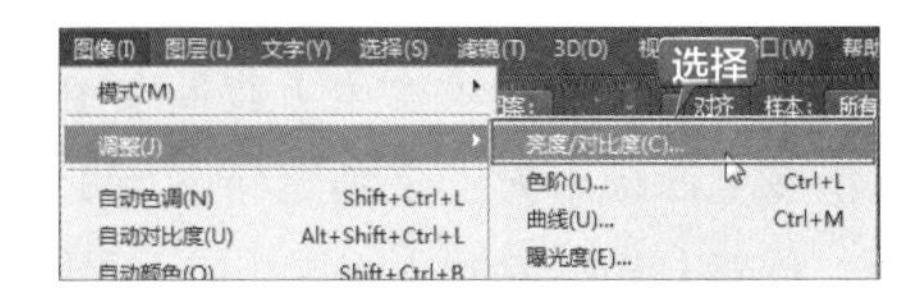

第 2 步 在弹出的【亮度 / 对比度】对话框中拖曳滑块来调整图像的亮度和对比度（或者设置【亮度】为“-41”、【对比度】为“100”），

如下图所示。

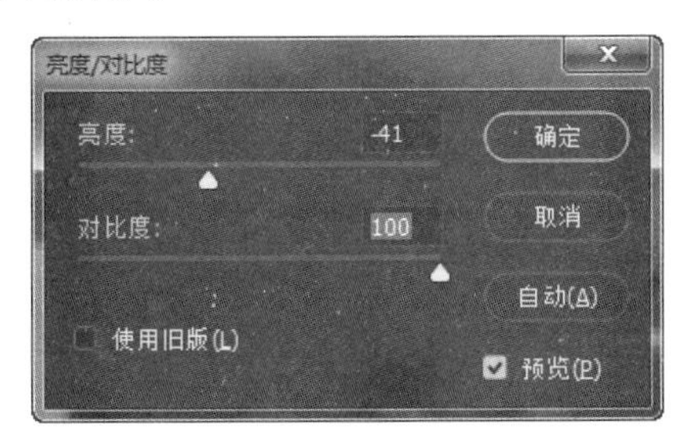

第 3 步 单击【确定】按钮，效果如下图所示。

13.2.5 调整照片暗部

在拍摄照片的时候，会因为光线不足或者角度的问题使拍摄出的图像偏暗。本案例主要使用【色阶】命令和【曲线】命令处理拍摄出的图像偏暗问题。处理前后的效果如下图所示。

1. 打开文件

第 1 步 选择【文件】→【打开】命令。

第 2 步 打开“素材 \ch13\ 暗部照片 .jpg”图片，如下图所示。

2. 调整亮度

第 1 步 选择【图像】→【调整】→【曲线】命令，如下图所示。

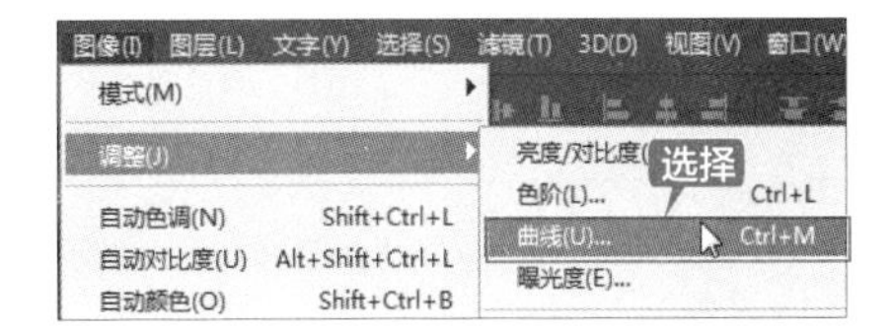

第 2 步 将鼠标指针放置在曲线需要移动的位置，然后按住鼠标左键向上拖动以调整亮度(或者在【曲线】对话框中设置【输入】为“101”、【输出】为“148”），如下图所示。

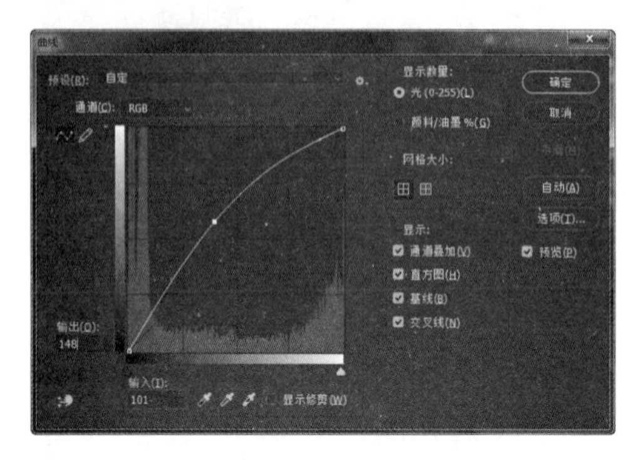

第 3 步 单击【确定】按钮，完成图像的调整，效果如下图所示。

3. 调整色阶

第 1 步 选择【图像】→【调整】→【色阶】命令，如下图所示。

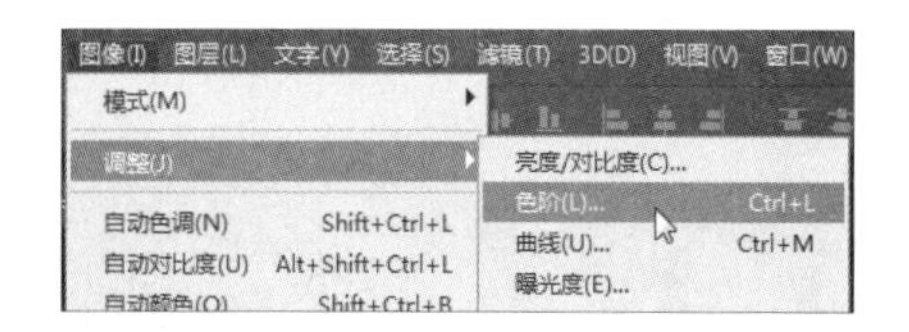

第 2 步 在弹出的【色阶】对话框中的【输入色阶】选项栏中依次输入“0”“1.63”和“255”，如下图所示。

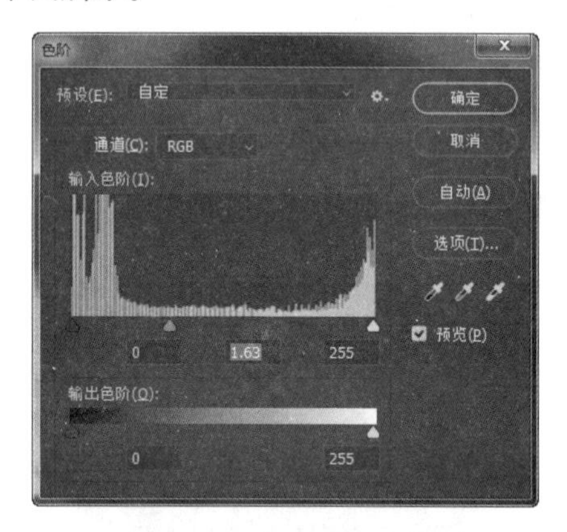

第 3 步 单击【确定】按钮，效果如下图所示。

13.2.6 畸变矫正

使用广角镜头拍摄建筑物，通过倾斜照相机使所有建筑物出现在照片中，结果就会产生扭曲、畸变，从镜头中看像是向后倒，使用【镜头矫正】命令可修复此类图像。处理前后的效果如下图所示。

1. 打开文件

第 1 步 单击【文件】→【打开】命令。

第 2 步 打开“素材 \ch13\ 畸变矫正 .jpg”图片，如下图所示。

2. 镜头矫正

第 1 步 选择【滤镜】→【镜头矫正】命令，弹出【镜头矫正】对话框，如下图所示。

第 2 步 在【镜头矫正】对话框中设置各项参数直到垂直地平线的线条与垂直网格平行，如下图所示。

第 3 步 单击【确定】按钮，效果如下图所示。

3. 修剪图像

选择【裁剪工具】选项，对画面进行修剪。确定修剪区域后，按【Enter】键确认，效果如下图所示。

提示

【镜头矫正】命令还可以矫正桶形和枕形失真及色差等，也可以用来旋转图像或修复由于照相机垂直或水平倾斜而导致的图像透视问题。

13.2.7 去除照片上的多余物

在拍照的时候，照片上难免会出现一些自己不想要的人或物体，下面就来介绍使用【仿制图章工具】和【曲线】等命令清除照片上多余的人或物。处理前后的效果如下图所示。

1. 打开文件

第1步 选择【文件】→【打开】命令。

第2步 打开“素材\ch13\多余物.jpg”图片，如下图所示。

2. 使用【仿制图章工具】

第1步 选择【仿制图章工具】选项，并在其参数设置栏中进行参数的设置。

第2步 在需要去除的物体边缘按【Alt】键吸取相近的颜色，在去除物上拖曳去除，如下图所示。

3. 调整色彩

第 1 步 多余物全部去除后，选择【图像】→【调整】→【曲线】命令，如下图所示。

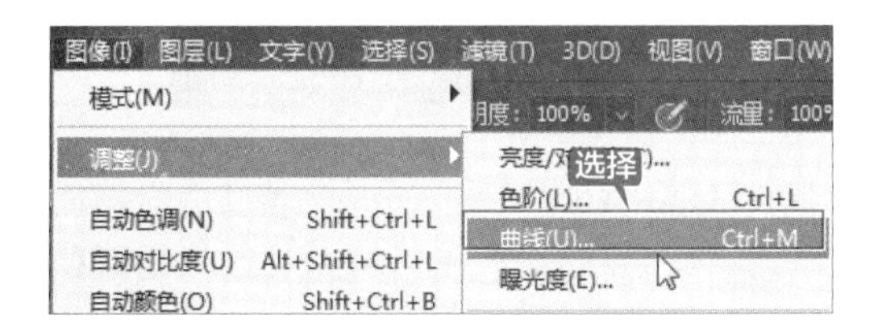

第 2 步 在弹出的【曲线】对话框中拖曳曲线以调整图像亮度（或者在【输出】文本框中输入“142”，【输入】文本框中输入“121”），如下图所示。

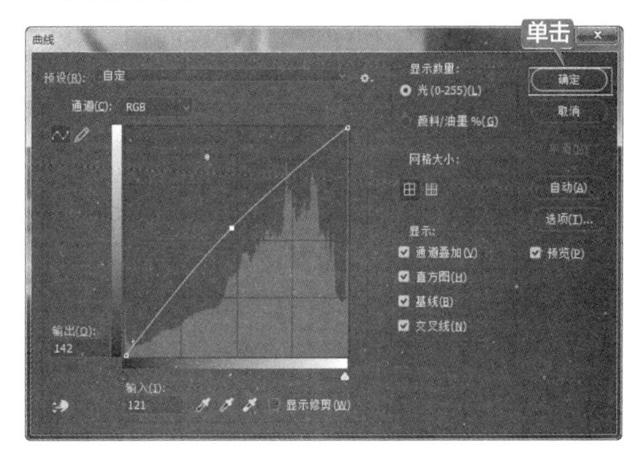

第 3 步 单击【确定】按钮，完成图像的修饰，效果如下图所示。

13.3 人物肌肤美白瘦身

本节主要介绍如何处理人物照片的效果，包括对皮肤的美化、五官的处理等。

13.3.1 更换发色

如果觉得头发的颜色不好看，想要尝试新的发色却不知道效果如何，本节就来介绍如何改变头发的颜色。本案例前后效果对比如下图所示。

第 1 步 选择【文件】→【打开】命令，打开“素材\ch13\更换发色 .jpg”图片，如下图所示。

第 2 步 打开图片后，复制【背景】图层，得到【背景 拷贝】图层，如下图所示。

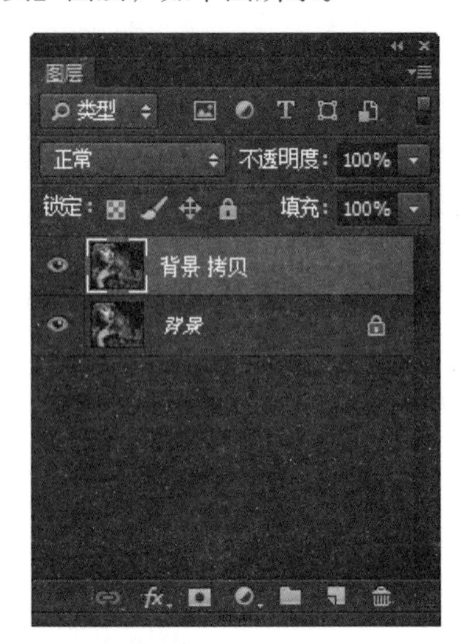

第 3 步 选择【磁性套索工具】选项，在选项栏中，保持【羽化】的默认值，并保持【消除锯齿】复选框的选中状态。使用工具创建选区时，一般都不羽化选区。如果需要，可在完成选区后使用【羽化】命令，如下图所示。

第 4 步 拖曳想要选择的区域，拖曳时 Photoshop CC 2018 会创建锚点，如下图所示。

第 5 步 单击选项栏右侧的【选择并遮住】按钮，即可打开【属性】面板，并结合【选项栏】中的【添加到选区】按钮和【从选区减去】按钮来调整抠图区域，如下图所示。

第 6 步 在调整过程中，适当地增大“边缘检测”半径，以达到更加理想的抠图效果，单击【确定】按钮之后，就会发现人物的头发被完全抠取出来，如下图所示。

第 7 步 新建图层，将前景色设置为想要的头发颜色，用【油漆桶工具】填充到选区内。按【Ctrl+D】组合键取消选择，如下图所示。

第 8 步 将发色图层的混合模式改为【柔光】，选择【橡皮擦工具】对边缘部分多出的颜色涂抹，这样效果就出来了，如下图所示。

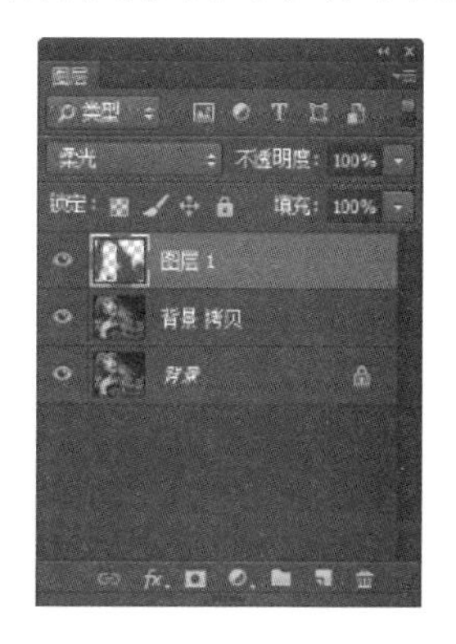

13.3.2 美化双瞳

本案例介绍使用 Photoshop CC 2018 中的【画笔工具】和【液化】命令，快速地将小眼睛变为迷人的大眼睛的方法。处理前后的效果如下图所示。

1. 打开数码照片

第1步 选择【文件】→【打开】命令。

第2步 打开"素材\ch13\ 小眼睛 .jpg"图片，如下图所示。

2. 使用【液化】滤镜

第1步 选择【滤镜】→【液化】命令。

第2步 在弹出的【液化】对话框中设置画笔【大小】为"50"、【浓度】为"50"、【压力】为"100"、【模式】为"平滑"。

第3步 单击左侧的【向前变形工具】按钮。

第4步 使用鼠标在右眼的位置从中间向外拉伸，如下图所示。

第5步 修改完右眼后继续修改左眼，如下图所示。

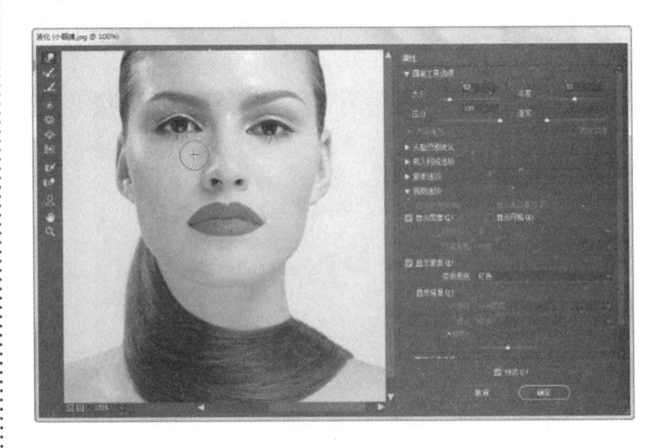

第6步 单击【确定】按钮。修改完成后，小眼睛变为迷人大眼睛的最终效果如下图所示。

13.3.3 美白牙齿

在 Photoshop CC 2018 软件中应用几个步骤就可以轻松地为照片中的牙齿进行美白。如果人物的牙齿有均匀的色斑，应用此技术可以使最终的人物照看上去好很多。下图所示为美白牙齿的前后对比效果。

可以使用以下具体操作步骤美白牙齿。

第 1 步 选择【文件】→【打开】命令，打开“素材\ch13\美白牙齿.jpg”图像，如下图所示。

第 2 步 使用【套索工具】在人物的牙齿周围创建选区，如下图所示。

第 3 步 选择【选择】→【修改】→【羽化】命令，打开【羽化选区】对话框，【羽化半径】设置为“1 像素”，如下图所示。羽化选区可以避免美白的牙齿与周围区域之间出现锐化边缘。

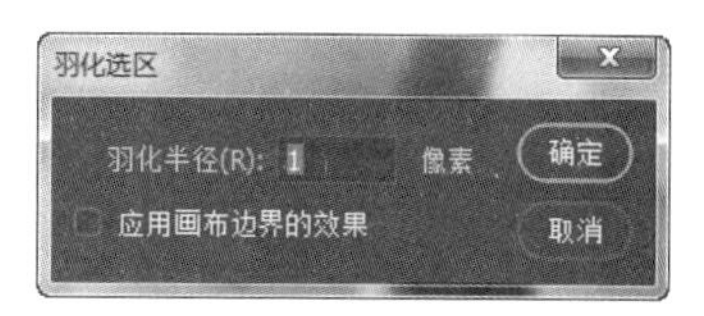

第 4 步 选择【图像】→【调整】→【曲线】命令，如下图所示。

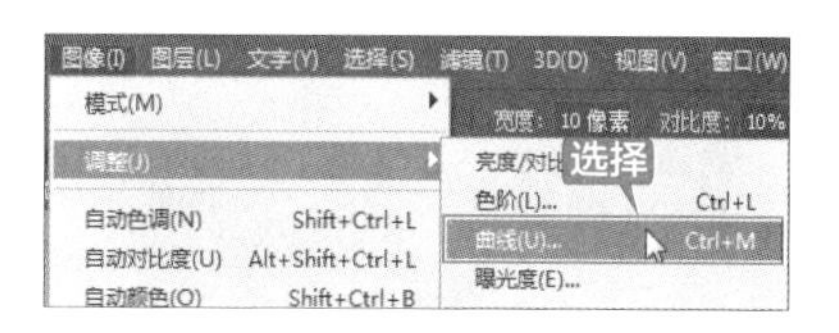

第 5 步 在【曲线】对话框中对曲线进行调整，如下图所示。

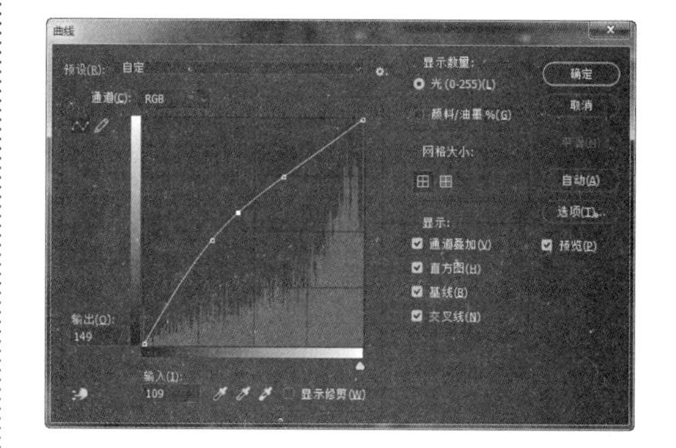

> **提示**
>
> 如果要润色的照片中人物的牙齿具有不均匀的色斑，可以减淡深色色斑或加深浅色色斑使其与牙齿的一般颜色匹配。

第 6 步 处理后的最终效果如下图所示。

13.3.4 打造 V 字脸

拍摄完照片后，可能会因为某些原因发现自己的脸型被拍得很不好看，或者对自己的脸型本来就不满意，又想有一张完美的照片发布到网上，这时可以利用 Photoshop CC 2018 中的【液化】命令非常轻松地修改脸型，处理前后的效果如下图所示。

第 1 步 打开“素材 \ch13\ V 字脸 .jpg”图片，如下图所示。

第 2 步 复制【背景】图层。(一定要养成这个习惯，以免因操作不当，而损坏原图层)，如下图所示。

第 3 步 选择新图层，再选择【滤镜】→【液化】命令，如下图所示。

第 4 步 弹出【液化】对话框，选择左上角的【向前变形工具】选项，并在右侧工具选项中调整画笔大小，选择合适的画笔，如下图所示。

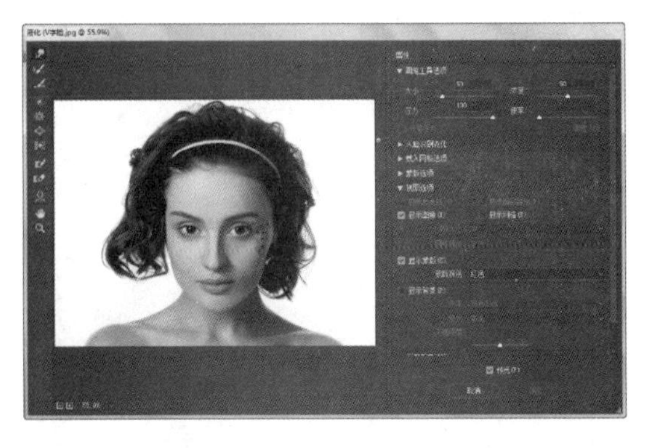

第 5 步 可以用【Ctrl++】组合键放大图片，

以便进行细节调整。用画笔选择需要调整的位置，小幅度拖曳，如下图所示。

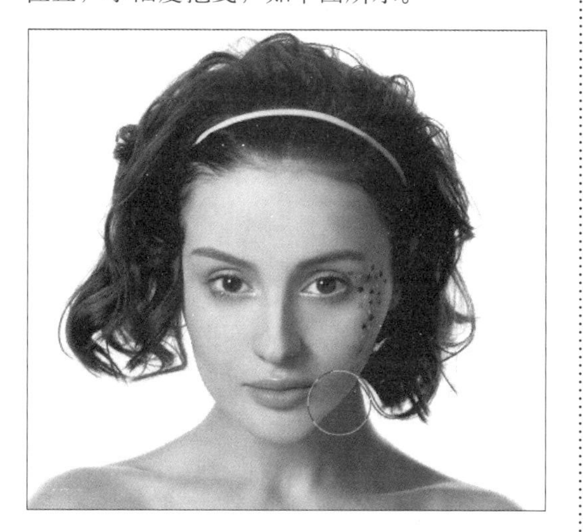

第 6 步 细心调整脸型，得到自己想要的脸型，最终效果如下图所示。

13.3.5 手臂瘦身

因自己的手臂较粗而不满意时，可以利用 Photoshop CC 2018 中的【液化】命令非常轻松地修改手臂，处理前后的效果如下图所示。

第 1 步 打开“素材 \ch13\ 手臂瘦身 .jpg”图像，如下图所示。

第 2 步 复制【背景】图层，如下图所示。

第 3 步 选择新图层，选择【滤镜】→【液化】命令，如下图所示。

第 4 步 弹出【液化】对话框，选择左上角的【向前变形工具】选项，并在右侧工具选项中调整画笔大小，选择合适的画笔，如下图所示。

第 5 步 可以用【Ctrl++】组合键放大图片，以便进行细节调整，用画笔选择需要调整的位置，小幅度拖曳，如下图所示。

第 6 步 细心调整使图像达到需要的效果，最终效果如下图所示。

13.4 特效制作

本节主要介绍如何制作一些图像特效，特效的制作方法非常多，用户可以根据自己的想法制作出许多不同的图像特效。

13.4.1 制作光晕梦幻效果

本案例介绍光晕梦幻画面的制作方法。主要用的是自定义画笔，制作之前需要先做出一些简单的图形，不一定是圆形，其他图形也可以。定义成画笔后就可以添加到图片上，适当改变图层混合模式及颜色即可，也可以多复制几层用模糊滤镜来增强层次感。制作前后的效果如下图所示。

第 1 步 打开“素材 \ch13\ 梦幻效果 .jpg”图片，创建一个新图层，如下图所示。

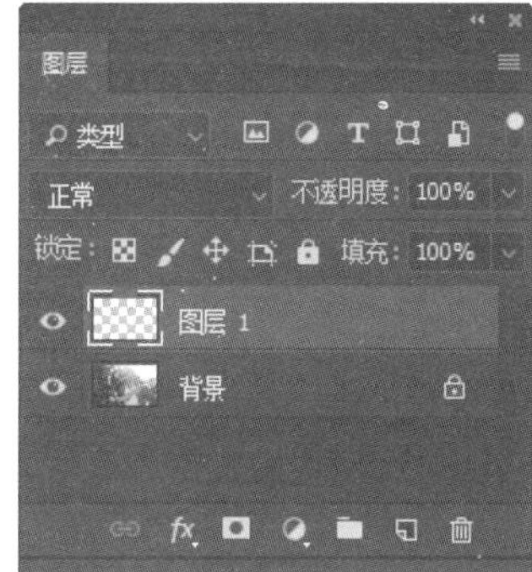

第 2 步 制作所需的笔刷，隐藏背景图层，使用【椭圆工具】的同时按【Shift】键画一个黑色的圆形，【填充】设置为“50%”，如下图所示。

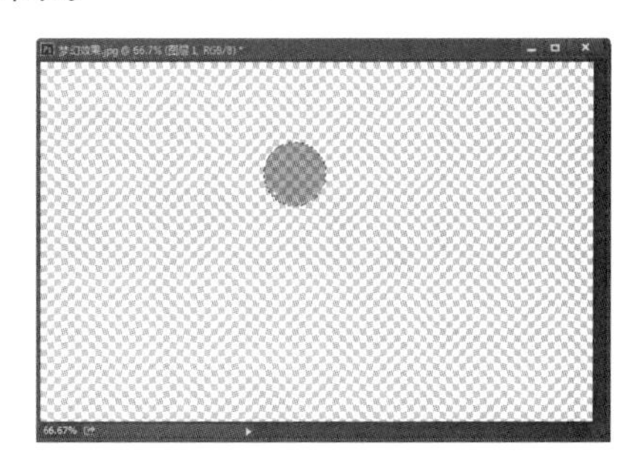

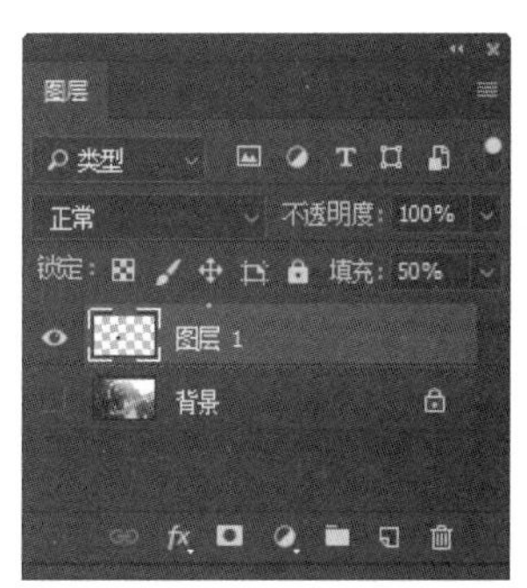

第 3 步 添加一个黑色描边。选择【图层】→【图层样式】→【描边】命令，在打开的【图层样式】对话框中设置参数如下图所示。

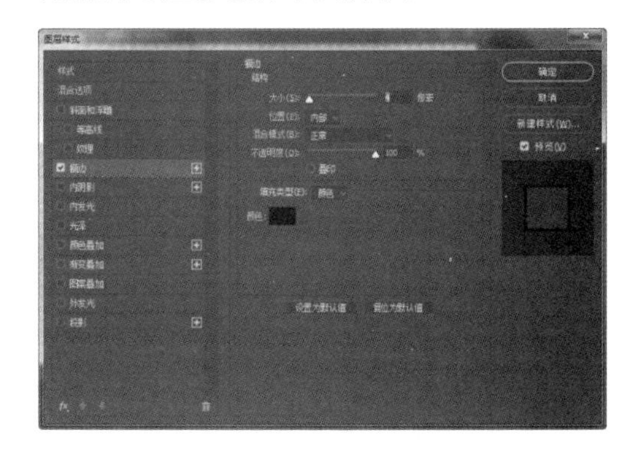

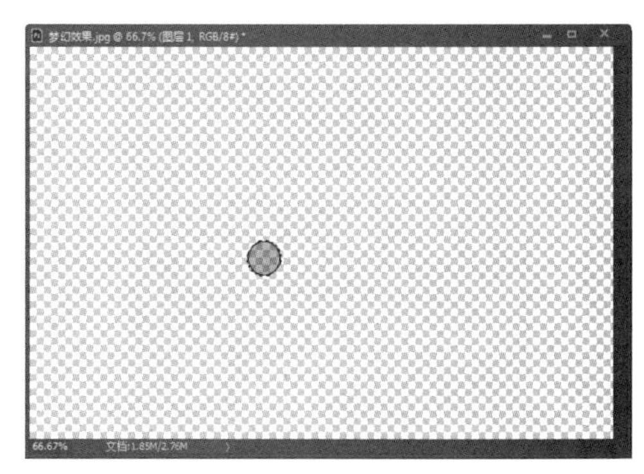

第 4 步 选择【编辑】→【定义画笔预设】命令，在弹出的【画笔名称】对话框中的【名称】文本框中输入“光斑”，单击【确定】按钮，如下图所示，这样就制作好笔刷了。

第 5 步 选择【画笔工具】选项，按【F5】键调出【画笔】调板，对画笔进行设置，如下图所示。

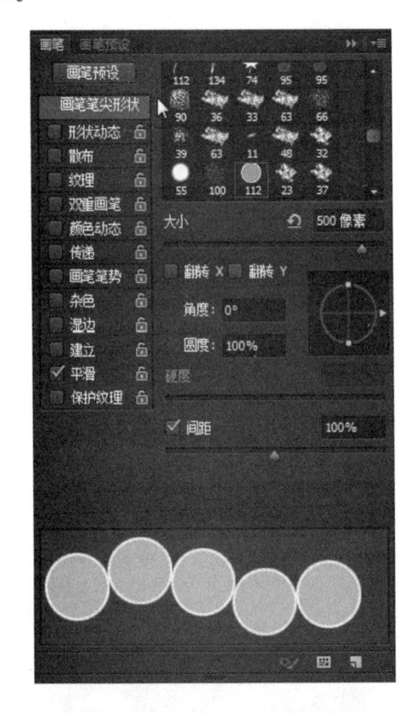

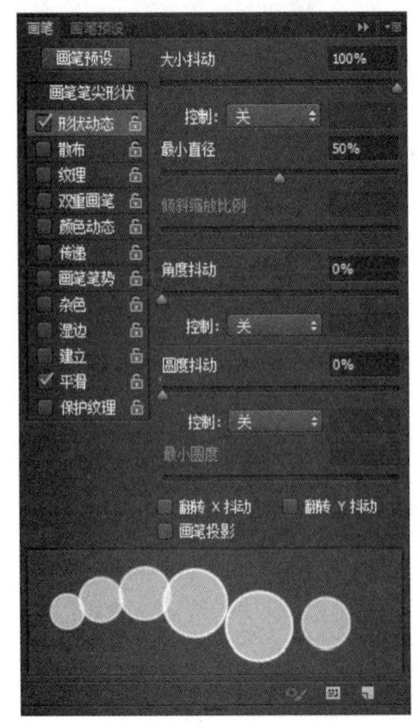

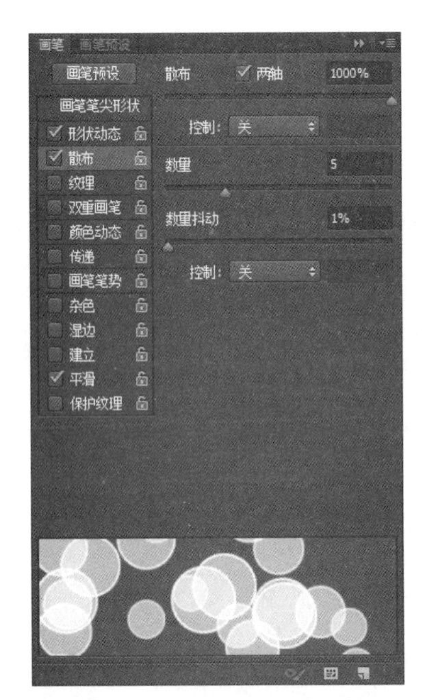

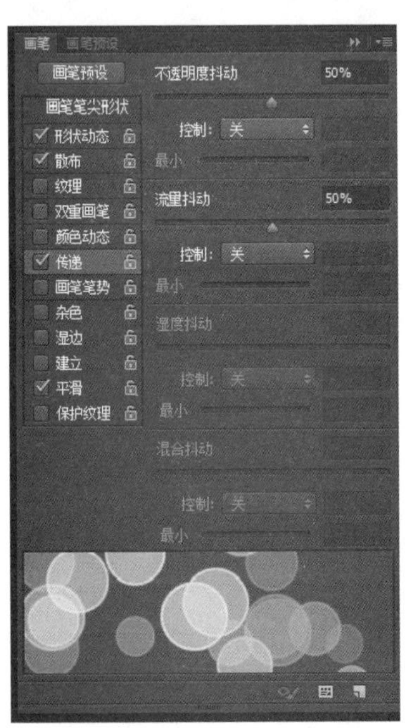

第 6 步 显示【背景图层】，新建【图层 2】图层，把【图层 1】隐藏，用刚刚设置好的画笔在【图层 2】中绘制几个光斑（在绘制的时候，画笔大小根据情况而变动 ），如下图所示，画笔颜色可以使用自己喜欢的颜色，本案例使用白色。

第 7 步 光斑还是很生硬，为了使光斑变得梦幻，层次丰富，可以选择【滤镜】→【模糊】→【高斯模糊】命令，设置【半径】为“1”像素，如下图所示。

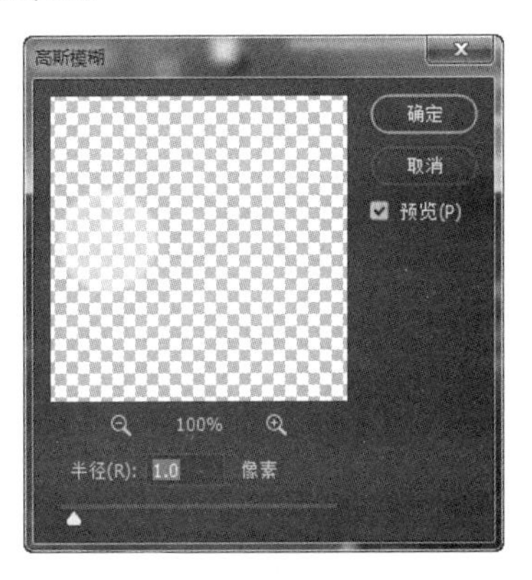

第 8 步 再新建两个图层，按照同样的方法在【图层 3】中画出光斑（画笔比第一次小一些，模糊半径为“0.3”像素），【图层 4】中画笔再小一些，不需要模糊，效果如下图所示。

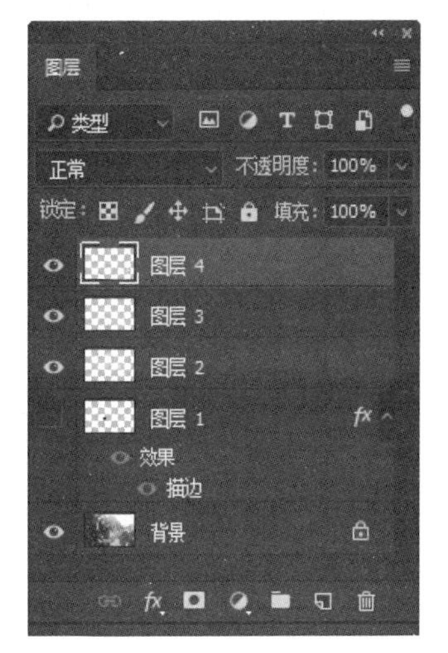

13.4.2 制作浪漫雪景效果

本节介绍浪漫雪景效果的制作方法。精湛的摄影技术，再加上后期的修饰点缀，才算是一幅完整的作品。本案例制作前后的效果如下图所示。

第 1 步 打开“素材\ch13\ 雪景效果 .jpg”图片，创建一个新图层，如下图所示。

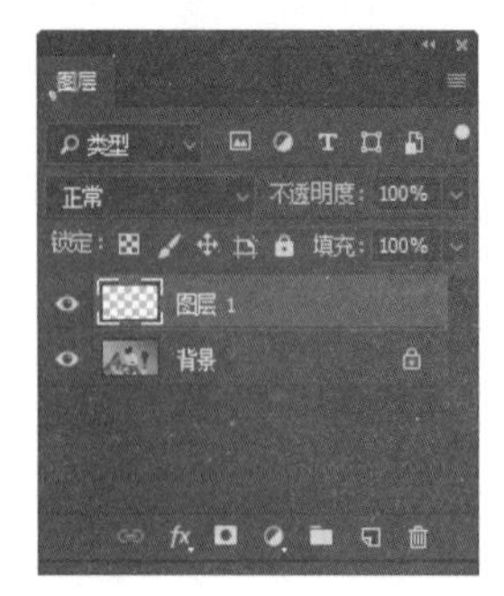

第 2 步 选择【画笔工具】选项，按【F5】键调出【画笔】调板，对画笔进行设置，如下图所示。

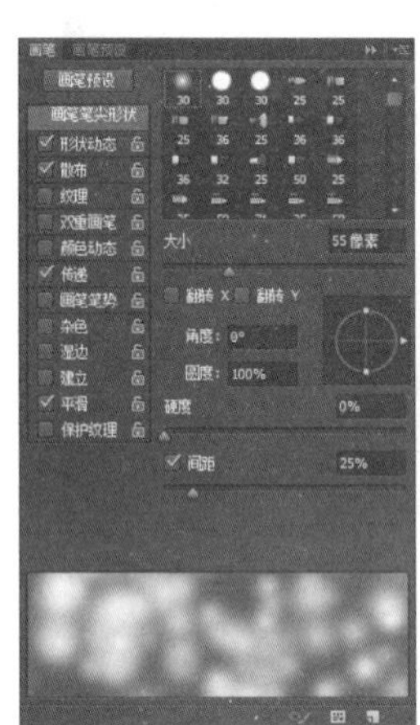

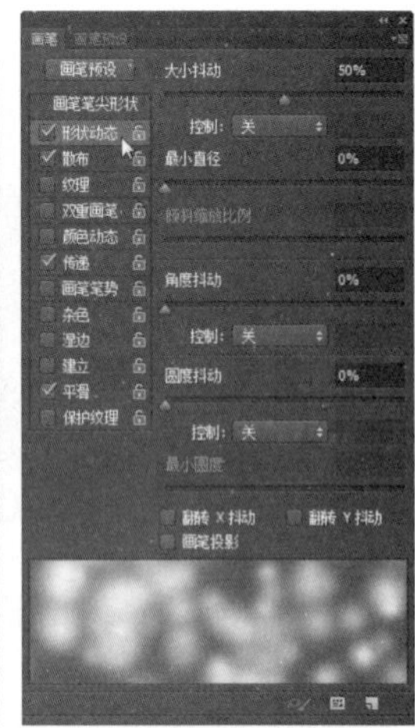

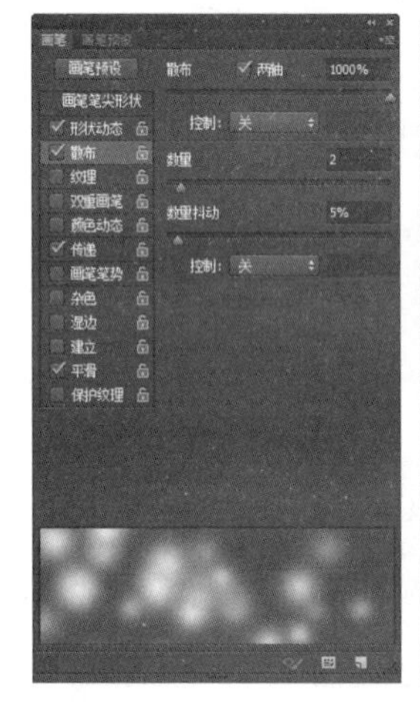

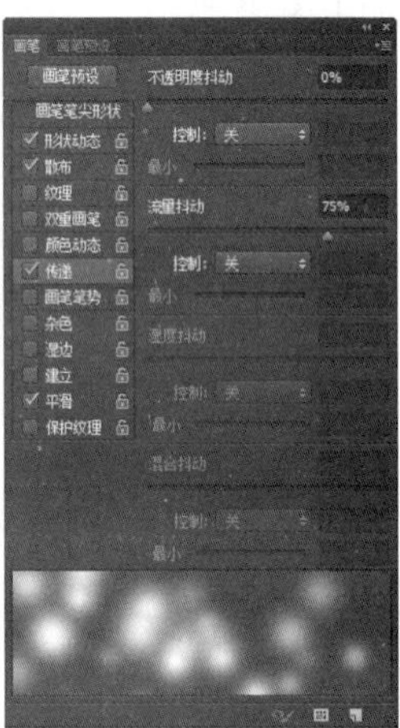

第 3 步 用刚刚设置好的画笔在【图层 1】中绘制几个雪点（在绘制的时候，画笔大小根据情况而变动），如下图所示，画笔颜色使用白色。

第 4 步 由于雪是反光的，还可以给镜头再加上光斑效果，如下图所示，光斑效果依照上节制作。

第 5 步 选择【滤镜】→【渲染】→【镜头光晕】命令来添加镜头的光晕效果，最终效果如下图所示。

13.4.3 制作电影胶片效果

胶片质感的影像总是承载着难忘的回忆，它那细腻而优雅的画面，令一群数码时代的人们为之疯狂，还被贴上了“胶片控”的美名。有的人苦于胶片制作的烦琐， 选择运用后期图像处理来达到胶片成像的效果。本案例制作前后的效果如下图所示。

第1步 打开“素材\ch13\电影胶片效果.jpg”图片，复制【背景】图层，如下图所示。

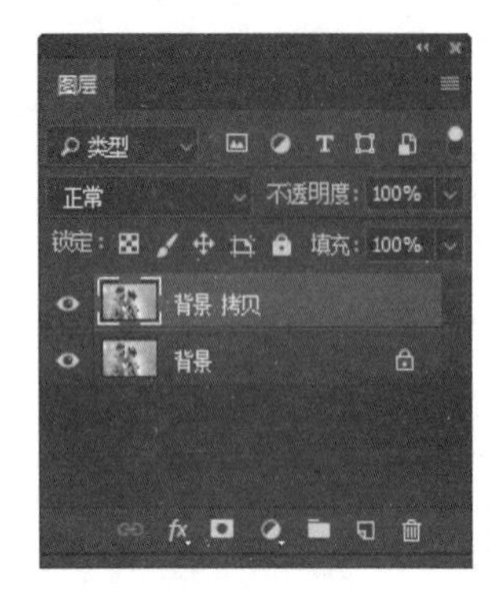

第2步 选择【图像】→【调整】→【色相/饱和度】命令，如下图所示。

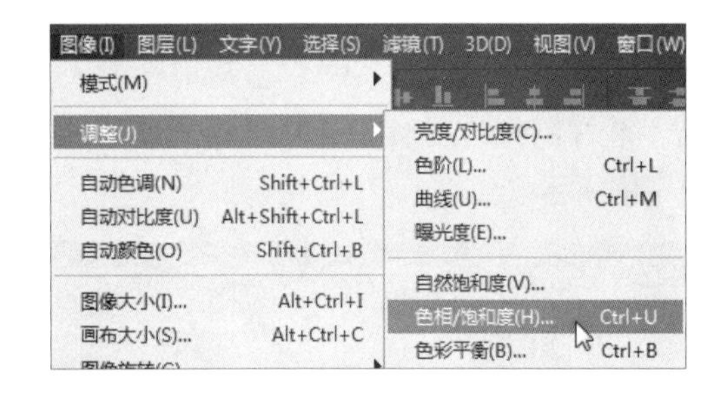

第3步 参照下图的【色相】【饱和度】和【明度】的参数进行调节。

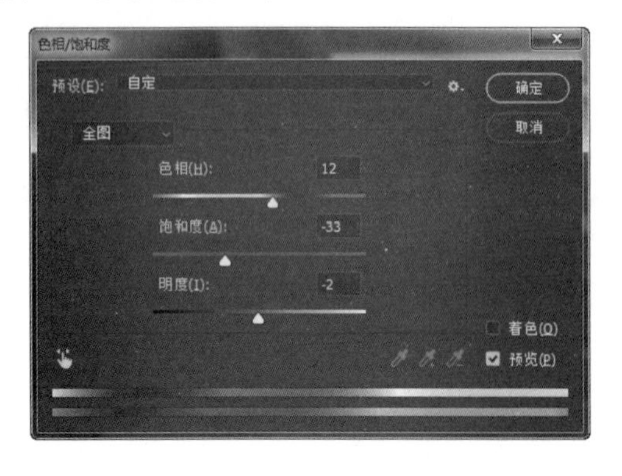

第4步 选择【图像】→【调整】→【色相/饱和度】命令，选择“蓝色”并用【吸管工具】选取背景的颜色，参照下图的【色相】【饱和度】和【明度】的参数进行调节。

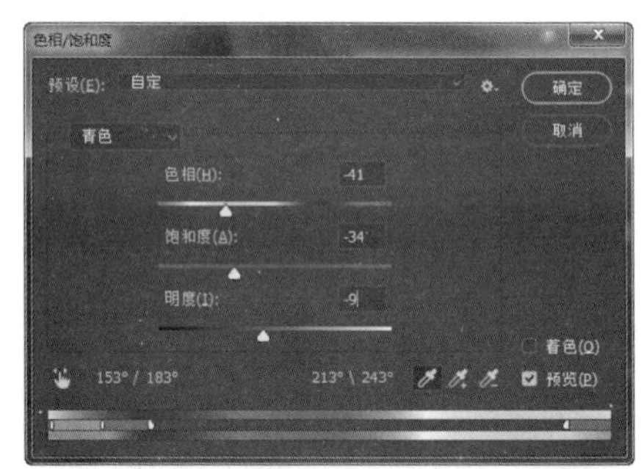

第5步 在【图层】面板上为图像添加【照片滤镜】效果，选择“黄色”的滤镜，效果如下图所示。

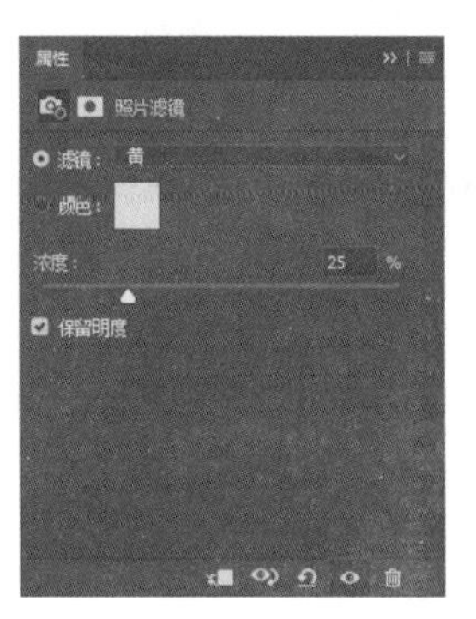

第 6 步 选择【滤镜】→【杂色】→【添加杂色】命令，添加杂色效果，如下图所示。

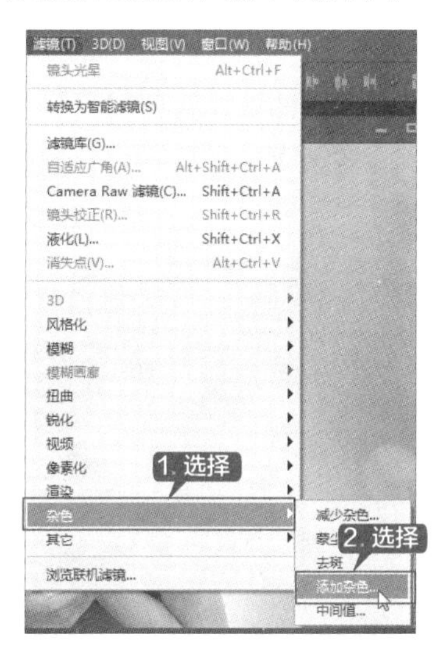

第 7 步 如果有合适的划痕画笔可以添加适当的划痕效果，最终效果如下图所示。

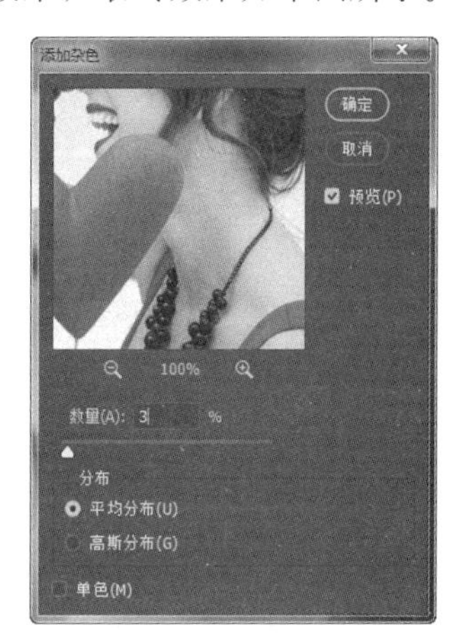

13.4.4 制作秋色调效果

深邃幽蓝的天空、悄无声息的马路、黄灿灿的法国梧桐树。无论从什么角度看，取景框里永远是一幅绝美的图画。但如果天气不给力，树叶不够黄，如何使拍摄的照片更加充满秋天的色彩呢？下面为用户介绍一个简单易学的后期处理方法，制作前后的效果如下图所示。

第1步 打开“素材\ch13\秋色调效果.jpg”图片，在图层中把图片颜色模式由【RGB颜色】模式改为【Lab 颜色】模式，如下图所示。

第2步 复制【背景】图层，把图层改成【正片叠底】模式，并把图层的【不透明度】设置为“50%”， 如下图所示。

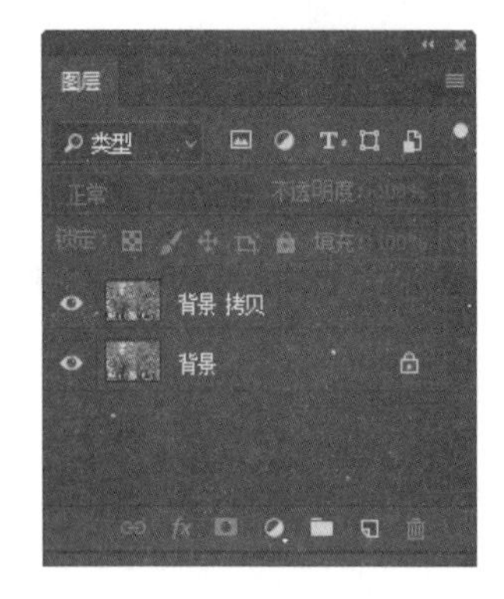

第3步 颜色模式改回【RGB 颜色】模式，并合并图层，如下图所示。

第4步 再次复制图层，并把图层混合模式改为【滤色】，并把【不透明度】设置为“60%”，如下图所示。

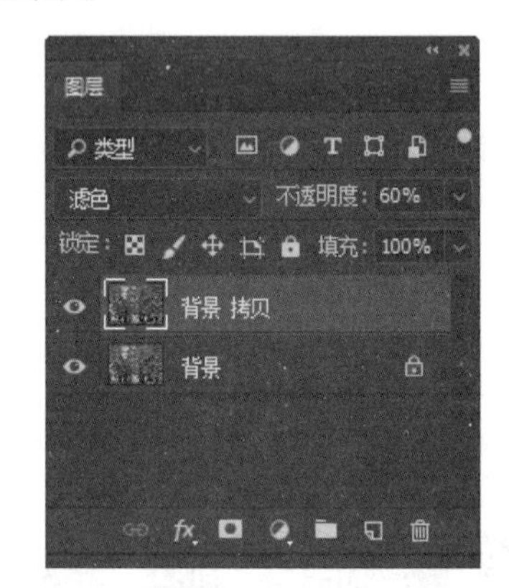

第5步 在图层中选择【通道混合器】调整图层，调整参数如下图所示。

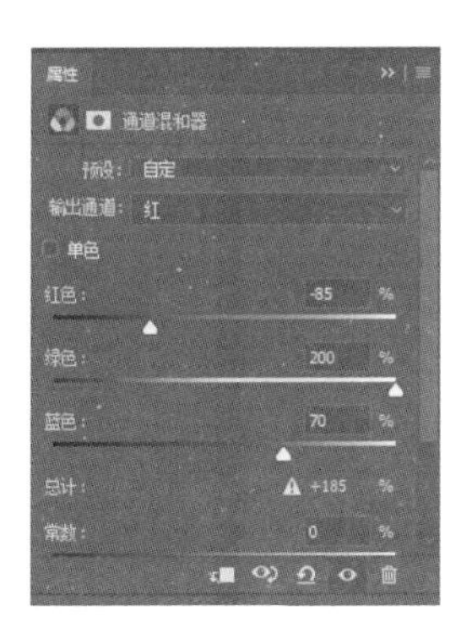

第 6 步 最后根据图像需要调整【曲线】，最终效果如下图所示。

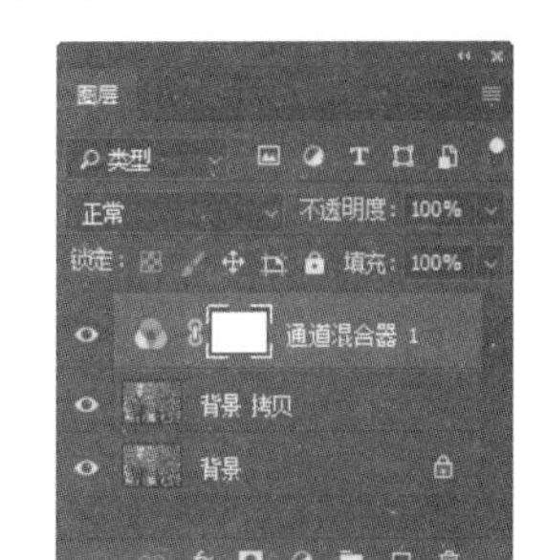

13.5 生活照片的处理

本节主要介绍如何处理一些生活中的照片，如风景照片的处理、婚纱照片的处理、写真照片的处理、儿童照片的处理和工作照片的处理等。

13.5.1 风景照片的处理

本案例主要使用【复制图层】【亮度 / 对比度】【曲线】和【叠加】模式等命令处理一张带有雾蒙蒙效果的风景图。通过后期处理，让照片重新显示明亮、清晰的效果。制作前后的效果如下图所示。

1. 复制图层

第1步 打开"素材\ch13\雾蒙蒙.jpg"图片，如下图所示。

第2步 选择【图层】→【复制图层】命令，如下图所示。

第3步 弹出【复制图层】对话框，单击【确定】按钮，如下图所示。

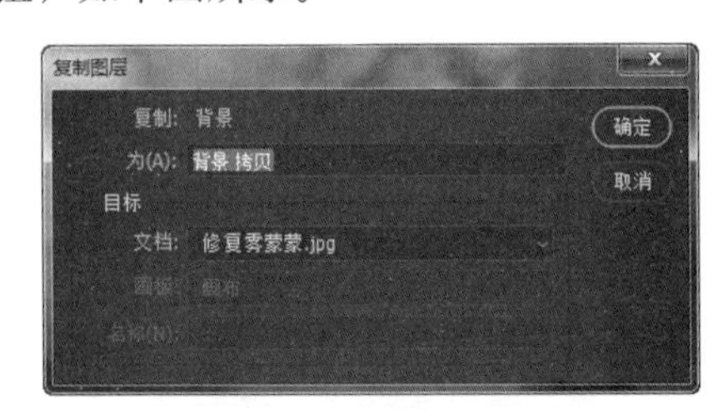

2. 添加【高反差保留】效果

第1步 选择【滤镜】→【其他】→【高反差保留】命令，如下图所示。

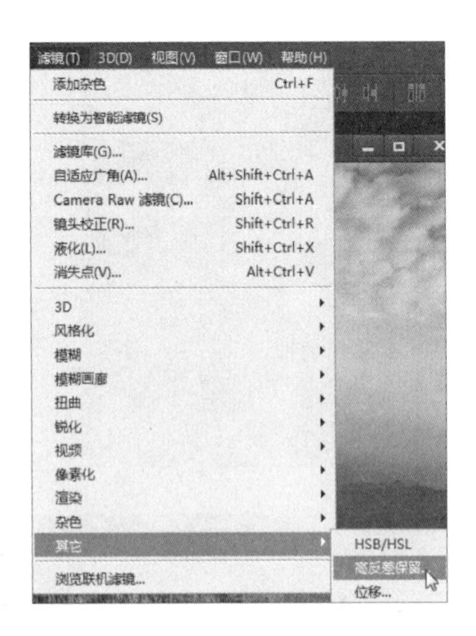

第2步 弹出【高反差保留】对话框，在【半径】文本框中输入"5"像素，单击【确定】按钮，如下图所示。

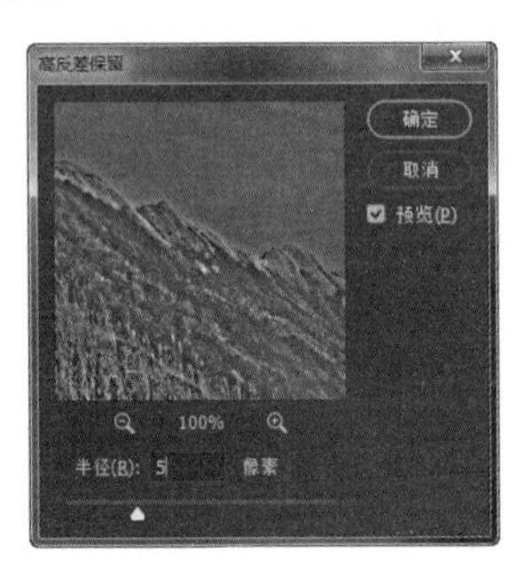

3. 调整亮度和对比度

第1步 选择【图像】→【调整】→【亮度/对比度】命令，如下图所示。

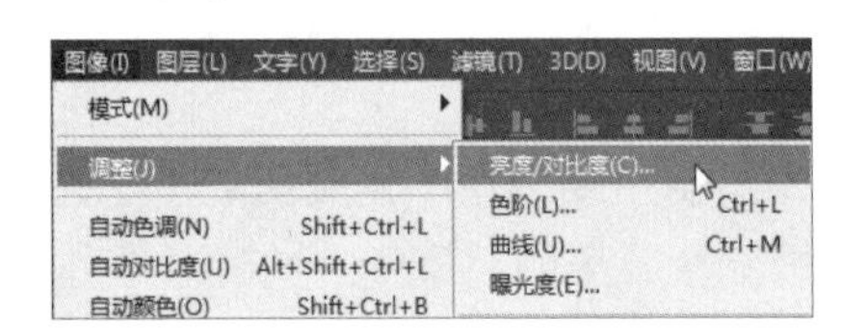

第2步 弹出【亮度/对比度】对话框，设置【亮度】为"-10"、【对比度】为"30"，单击【确定】按钮，如下图所示。

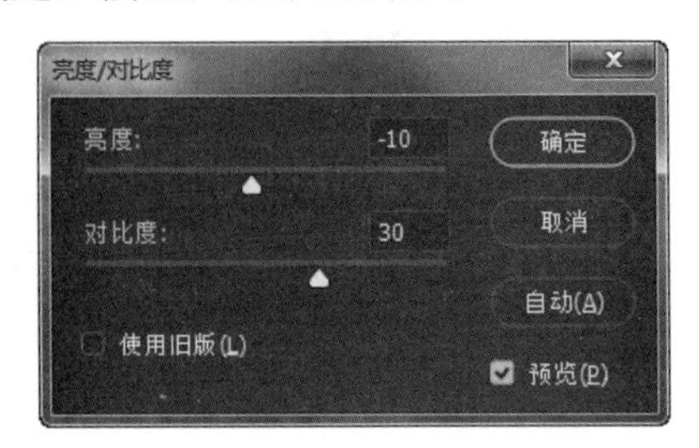

4. 设置叠加模式和曲线

第 1 步 在【图层】面板中设置图层模式为【叠加】，【不透明度】设置为“80%”，如下图所示。

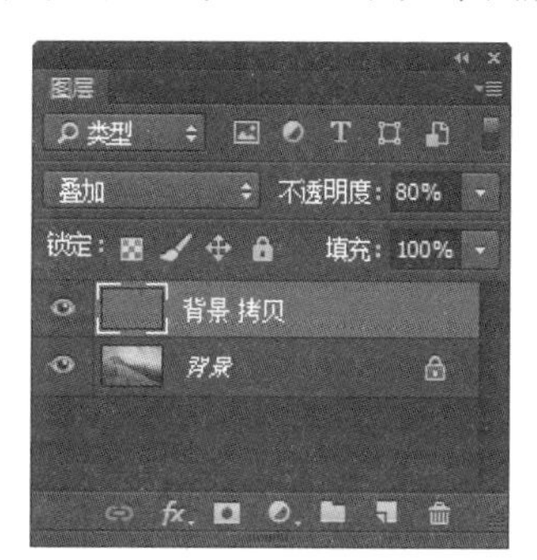

第 2 步 选择【图像】→【调整】→【曲线】命令，如下图所示。

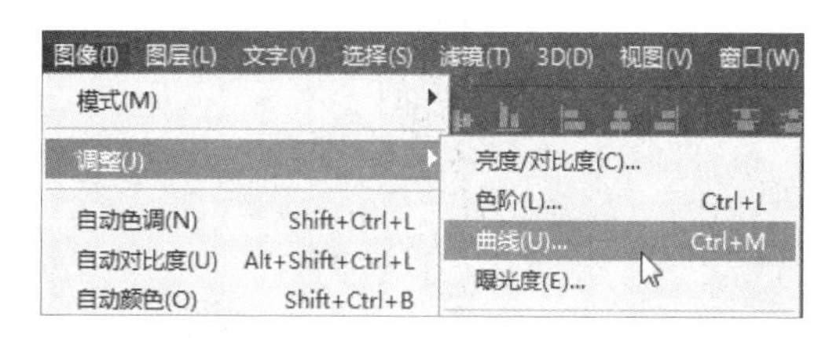

第 3 步 弹出【曲线】对话框，设置输入和输出参数，如下图所示。用户可以根据预览的效果调整不同的参数，直到满意为止。

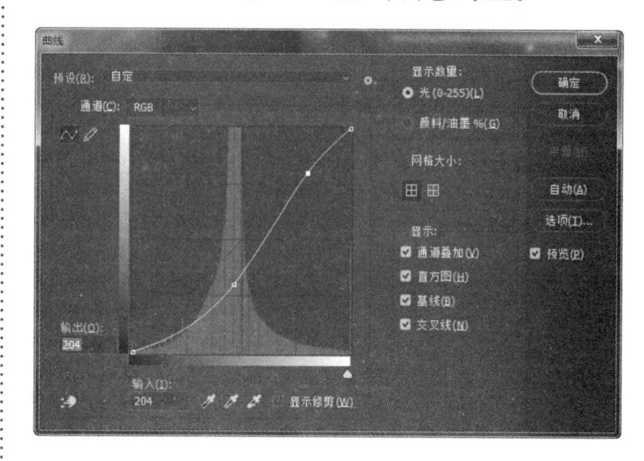

第 4 步 单击【确定】按钮，完成设置，最终效果如下图所示。

13.5.2 婚纱照片的处理

本案例主要介绍使用 Photoshop CC 2018【动作】面板中自带的命令，为婚纱照添加木质画框的效果。制作前后的效果如下图所示。

1. 打开素材文件

第 1 步 选择【文件】→【打开】命令。

第2步 打开"素材\ch13\ 婚纱照 .jpg"图片，如下图所示。

2. 使用【动作】面板

第1步 选择【窗口】→【动作】命令，打开【动作】面板，如下图所示。

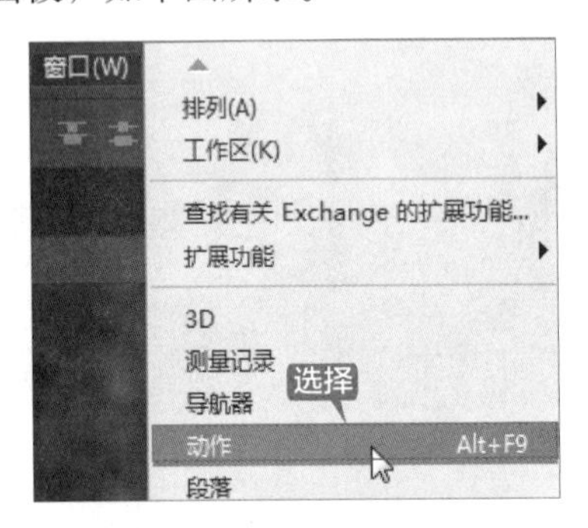

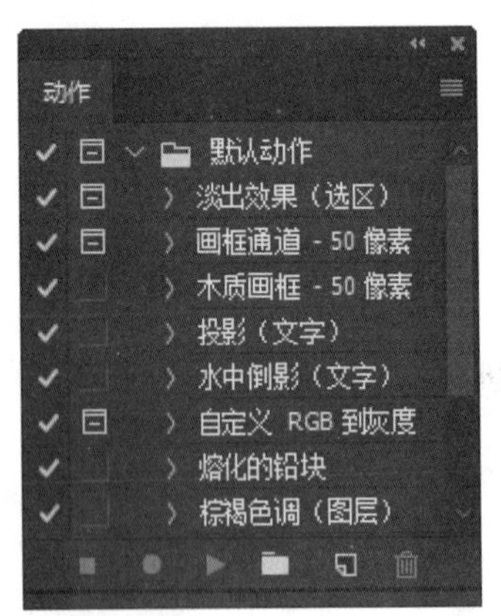

第2步 在【动作】面板中选择【木质画框】，然后单击面板下方的【播放选定动作】按钮▶，如下图所示。

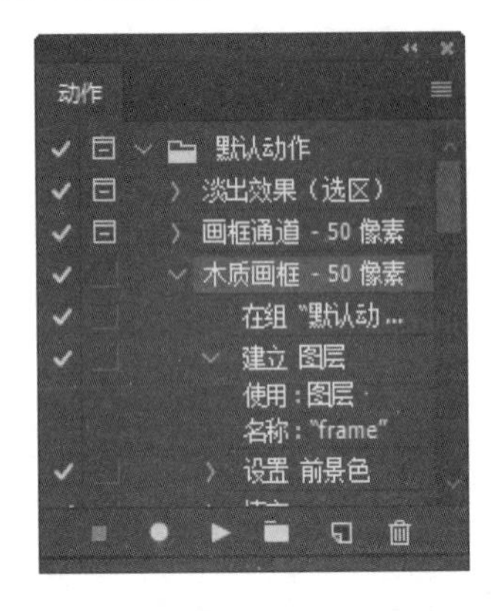

第3步 播放完毕的效果如下图所示。

提示

在使用【木质画框】动作时，所选图片的宽度和高度均不能低于 100 像素，否则此动作将不可用。

13.5.3 写真照片的处理

本案例主要介绍使用 Photoshop CC 2018【动作】面板中自带的命令，将艺术照快速设置为棕褐色照片。处理前后的效果如下图所示。

1. 打开素材文件

第 1 步 选择【文件】→【打开】命令，如下图所示。

第 2 步 打开“素材\ch13\ 艺术照 .jpg”图片，如下图所示。

2. 使用【动作】面板

第 1 步 选择【窗口】→【动作】命令，打开【动作】面板，如下图所示。

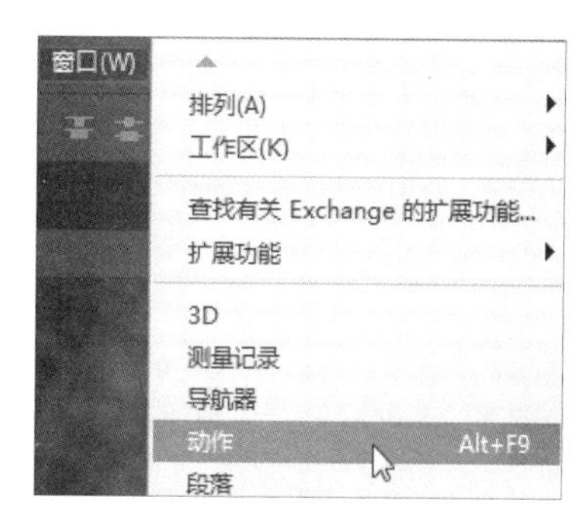

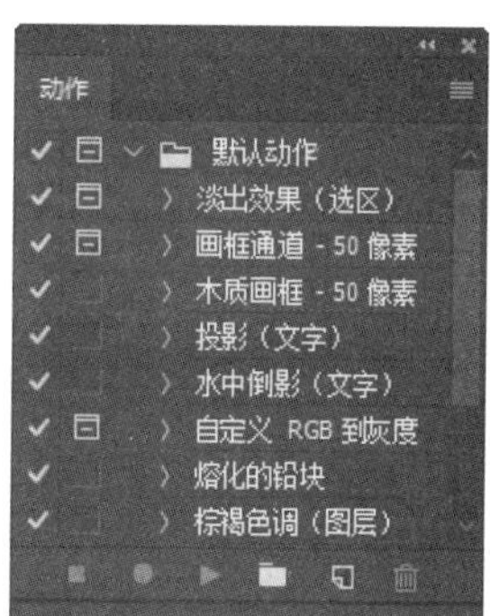

第 2 步 在【动作】面板中选择【棕褐色调（图层）】，然后单击面板下方的【播放选定动作】按钮▶，如下图所示。

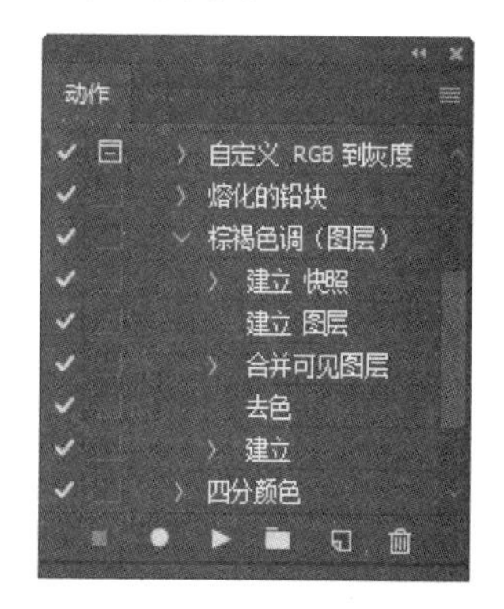

第 3 步 播放完毕的效果如下图所示。

提示

在 Photoshop CC 2018 软件中，使用【动作】面板可以快速为照片设置理想的效果，用户也可以新建【动作】，为以后快速处理照片准备条件。

13.5.4 儿童照片的处理

本案例主要是利用【标尺工具】命令将儿童照片调整为有趣的倾斜照片效果。处理前后的效果如下图所示。

1. 打开素材文件

第 1 步 选择【文件】→【打开】命令，如下图所示。

第 2 步 打开“素材 \ch13\ 倾斜照片 .jpg”图片，如下图所示。

2. 选择【标尺工具】选项

第 1 步 选择【标尺工具】选项，如下图所示。

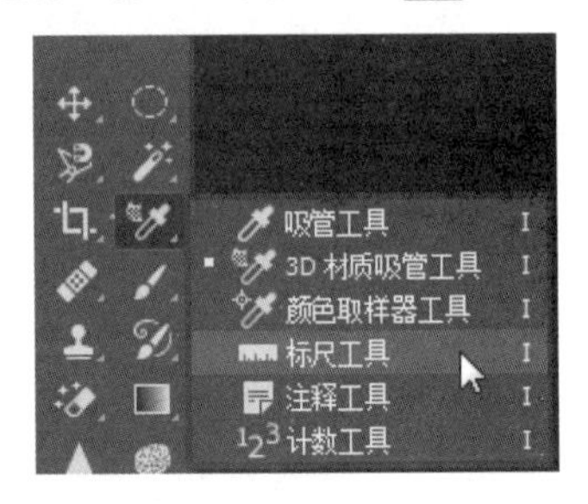

第 2 步 在画面的底部拖曳出一条倾斜的度量线，如下图所示。

第3步 选择【窗口】→【信息】命令，打开【信息】面板，如下图所示。

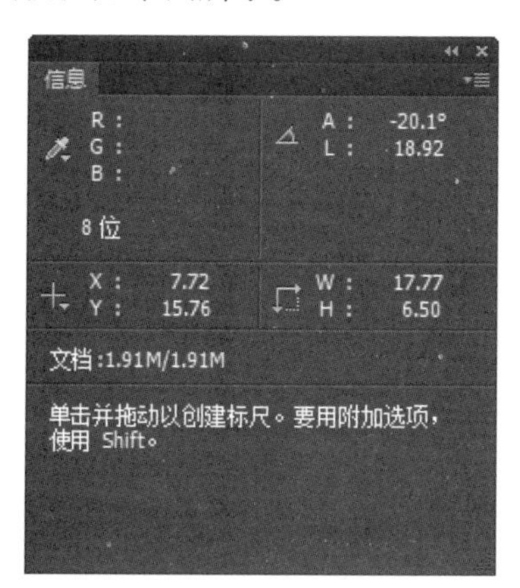

3. 调整参数

第1步 选择【图像】→【图像旋转】→【任意角度】命令，打开【旋转画布】对话框，如下图所示。

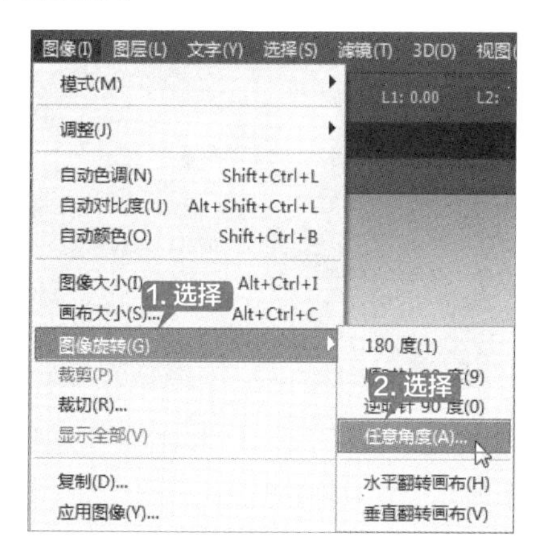

第2步 在【旋转画布】对话框中设置【角度】为“20.1”，然后单击【确定】按钮，如下图所示。

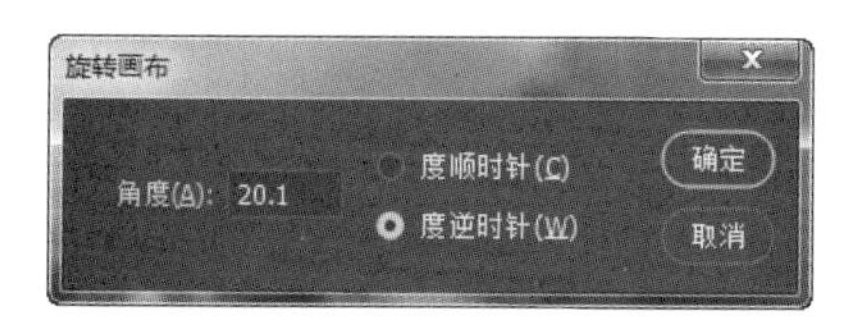

4. 裁剪图像

第1步 选择【裁剪工具】选项，修剪图像，如下图所示。

第2步 修剪完毕后按【Enter】键确定，最终效果如下图所示。

13.5.5 工作照片的处理

本案例主要介绍使用【移动工具】和【磁性套索工具】等将一张普通的照片调整为一张证件照片。制作前后的效果如下图所示。

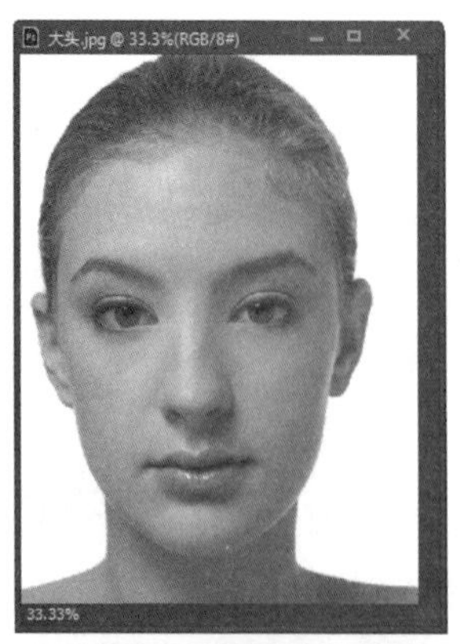

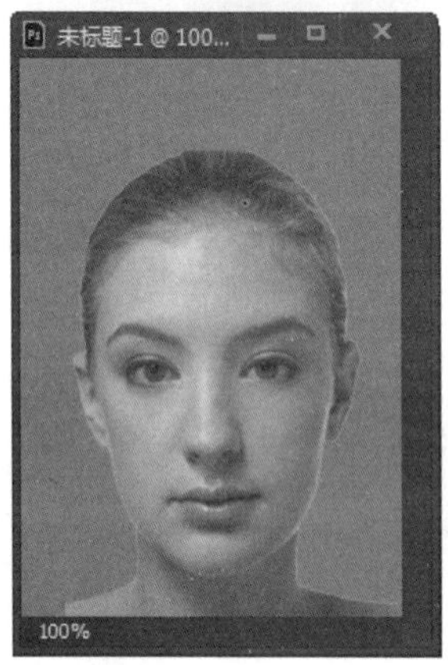

1. 新建文件

第 1 步 选择【文件】→【新建】命令，如下图所示。

第 2 步 在弹出的【新建】对话框中创建一个【宽度】为“2.7”厘米、【高度】为“3.8”厘米、【分辨率】为“200”像素/英寸、【颜色模式】为“CMYK 颜色”的新文件，如下图所示。

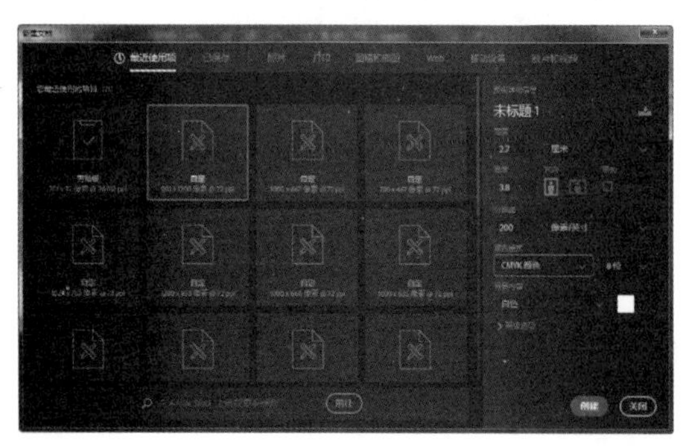

第 3 步 单击【确定】按钮，效果如下图所示。

2. 填充背景色

第 1 步 在工具箱中单击【设置背景色】按钮。在【拾色器（背景色）】对话框中将背景色设置为 C：100，M： 0，Y：0，K：0，单击【确定】按钮，保存文件。该文件将作为证件照片的背景。

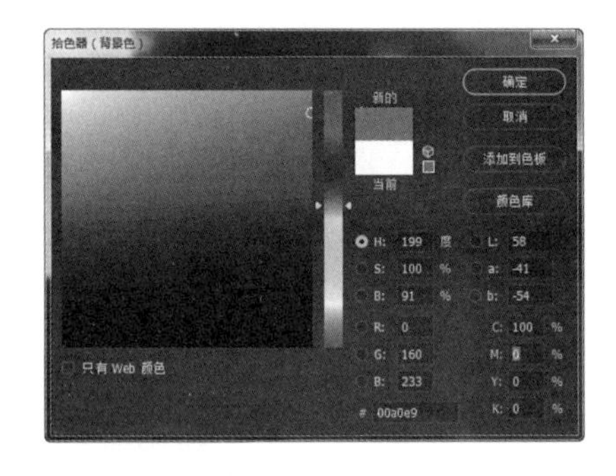

第 2 步 按【Ctrl+Delete】组合键填充颜色，如下图所示。

3. 使用素材文件

第 1 步 打开“素材\ch13\ 大头 .jpg”图片，

如下图所示。

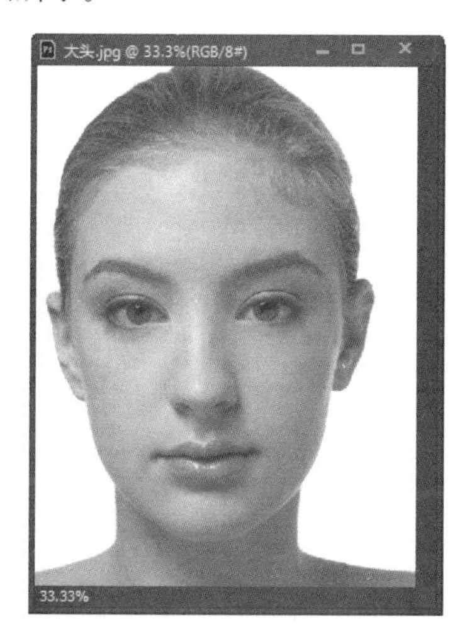

第2步 在【图层】面板中的【背景】图层上双击，为图层解锁，变成【图层0】，如下图所示。

4. 创建选区

第1步 选择【磁性套索工具】选项，在人物背景上建立选区，如下图所示。

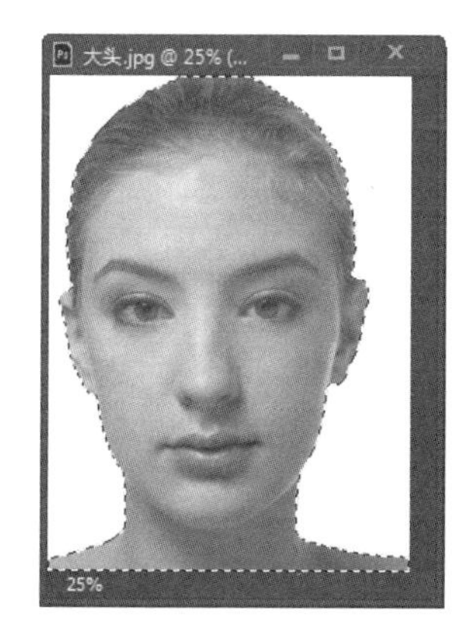

第2步 选择【选择】→【反向】命令，反选选区，如下图所示。

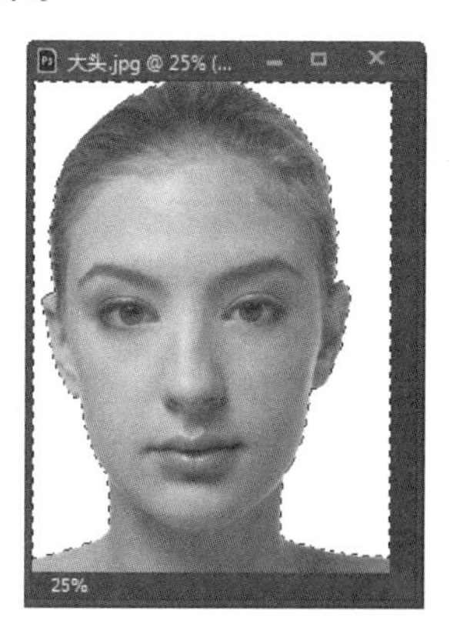

5. 移动素材并调整大小

第1步 选择【选择】→【修改】→【羽化】命令。在弹出的【羽化选区】对话框中设置【羽化半径】为“1”像素，单击【确定】按钮，如下图所示。

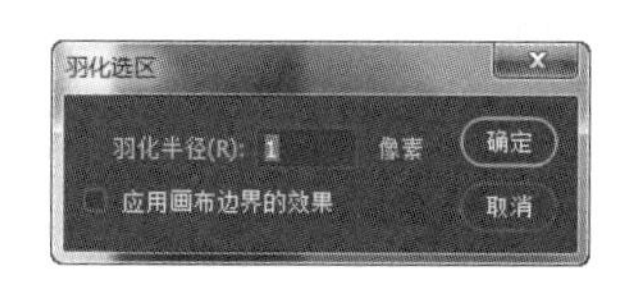

第2步 使用【移动工具】将素材图片拖入前面制作的证件照片的背景图中。

第3步 按【Ctrl+T】组合键执行【自由变换】命令，调整图片的大小及位置，如下图所示。

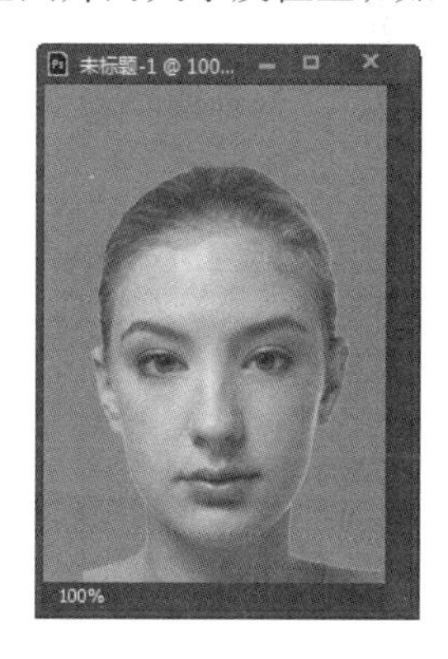

提示

一寸照片的标准是25毫米×36毫米（误差正负1毫米），外边的白框不算，白框大小在2毫米左右。

13.6 照片合成

本节主要介绍如何将多张图片进行合成。

13.6.1 制作大头贴效果

本案例主要使用了【画笔工具】【渐变填充工具】和【反选】等命令来制作大头贴的效果。制作前后的效果如下图所示。

1. 新建文件

第1步 选择【文件】→【新建】命令，如下图所示。

第2步 在弹出的【新建】对话框中创建一个【宽度】为“12”厘米、【高度】为“12”厘米、【分辨率】为“72”像素／英寸、【颜色模式】为“RGB 颜色”的新文件，如下图所示。

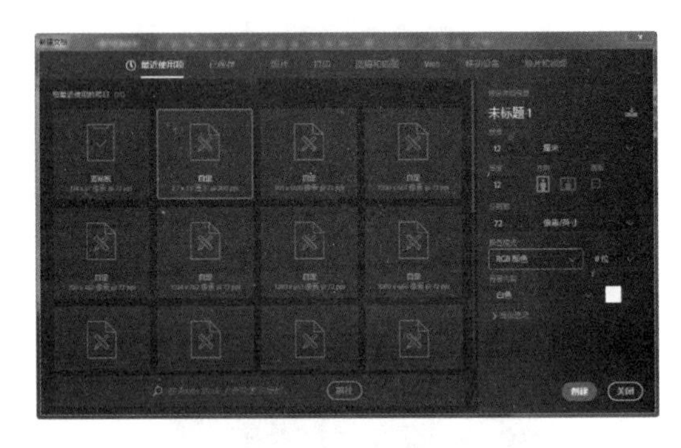

第3步 单击【确定】按钮，效果如下图所示。

2. 使用渐变工具

第1步 单击工具箱中的【渐变工具】按钮。

第2步 单击工具选项栏中的【点按可编辑渐变】按钮，如下图所示。

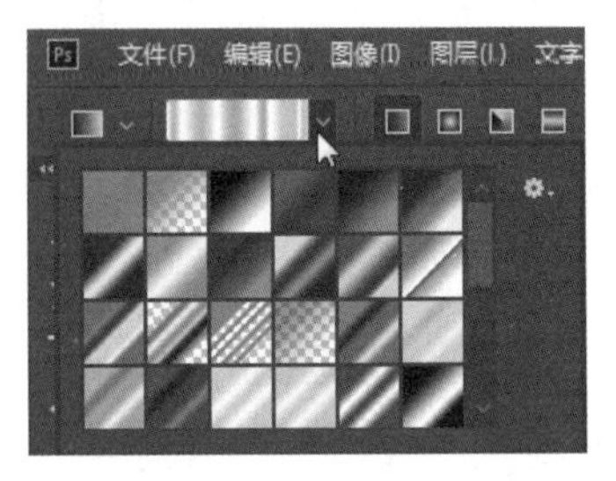

3. 设置渐变颜色

第 1 步 在弹出的【渐变编辑器】对话框中的【预设】设置区域选择【橙色、蓝色、洋红、黄色】的渐变色。单击【确定】按钮，如下图所示。

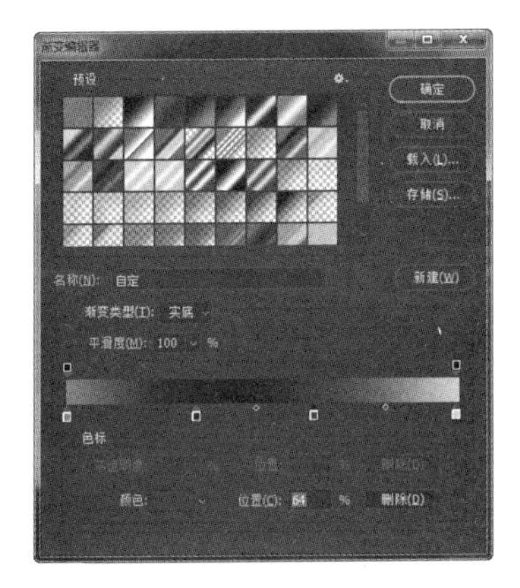

第 2 步 选择【角度渐变】，然后在画面中使用鼠标由画面中心向外拖曳，填充渐变，如下图所示。

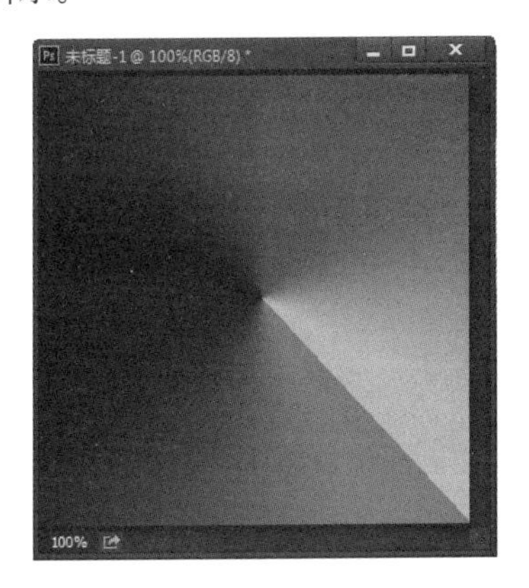

4. 使用自定图形

第 1 步 设置前景色为“白色”，选择【自定形状工具】选项。在选项栏中选择【像素】和【点按可打开“自定形状”拾色器】选项，在下拉列表中选择“花 6”图案，如下图所示。

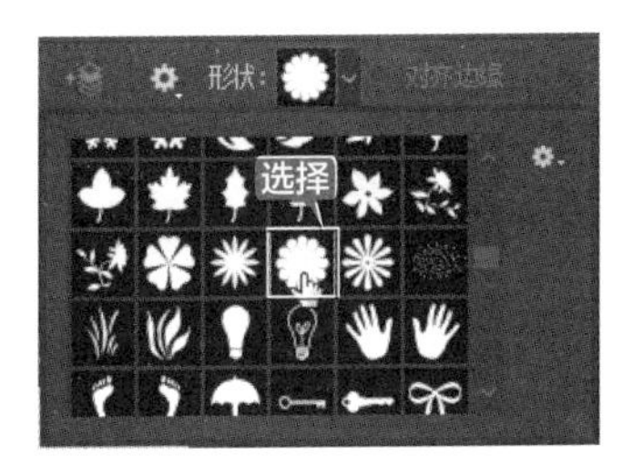

第 2 步 新建一个图层，在画布中用鼠标拖曳出“花 6”的形状，如下图所示。

5. 使用素材文件

第 1 步 打开“素材 \ch13\ 花边 .psd”图片。选择【移动工具】选项将花边图像拖曳到文档中，如下图所示。

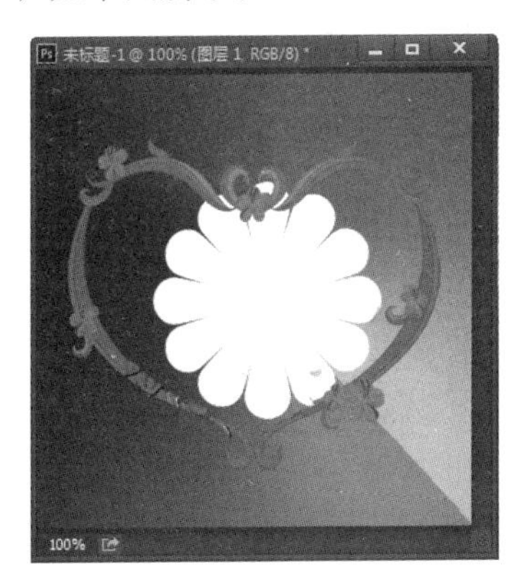

第 2 步 按【Ctrl+T】组合键调整“花边”的位置和大小，并调整图层顺序，如下图所示。

6. 绘制细节

第 1 步 设置前景色为“粉色（C：0，M：11，Y：0，K：0）”，选择【画笔工笔】选项，并在选项栏中进行如下图所示的参数设置。

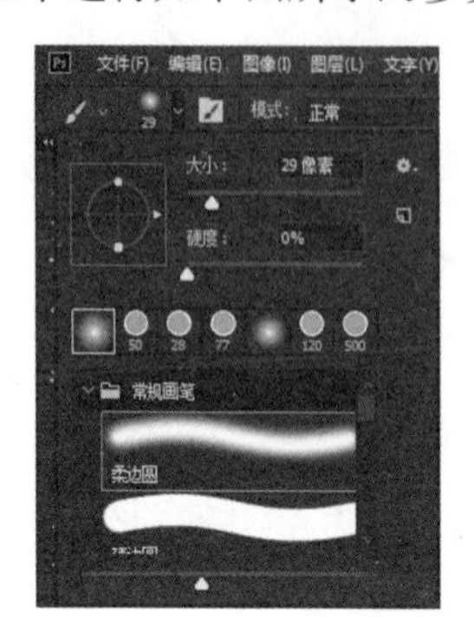

第 2 步 新建一个图层，拖曳鼠标在图层上进行如下图所示的绘制，在绘制时可不断更换画笔以使画面更加丰富。

7. 导入图片

第 1 步 打开“素材\ch13\ 大头贴 .jpg”图片。选择【移动工具】选项将大头贴图片拖曳到文档，如下图所示。

第 2 步 按【Ctrl+T】组合键来调整“大头贴”的位置和大小，并调整图层的顺序，如下图所示。

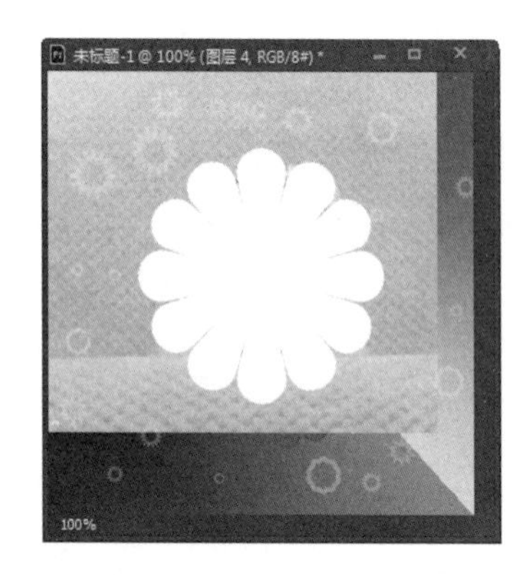

8. 合成大头贴

第 1 步 在【图层】面板中按【Ctrl】键的同时单击花形图层前的【图层缩览图】按钮，将花形载入选区，如下图所示。

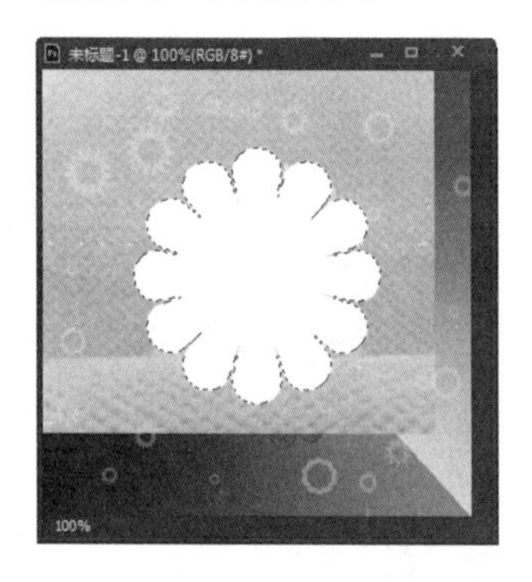

第 2 步 按【Ctrl+Shift+I】组合键反选选区，然后选择大头贴图像所在的图层，按【Delete】键删除，如下图所示。

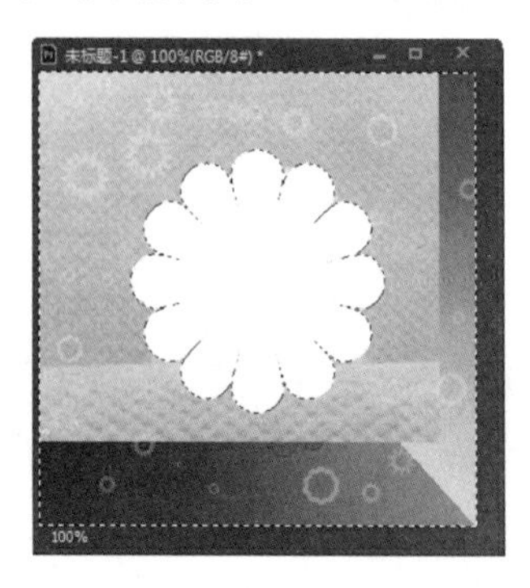

第 3 步 按【Ctrl+D】组合键取消选区，最终效果如下图所示。

提示

制作大头贴的时候，用户可根据自己的审美和喜好设计模板，也可以直接从网上下载自己喜欢的模板，直接把照片套进去即可。

13.6.2 全景图像合成

下面介绍通过【Photomerge】命令将多张照片拼接成全景图的方法，制作前后的效果如下图所示。

具体操作步骤如下。

第 1 步 打开“素材 \ch13\ q1-q3.jpg”文件。

第 2 步 选择【文件】→【自动】→【Photomerge】命令，如下图所示，打开【Photomerge】对话框。

第3步 在【版面】中选择【自动】选项，然后单击【添加打开的文件】按钮，选中【混合图像】复选框，如下图所示，让Photoshop CC 2018自动调整图像曝光并拼合图像。

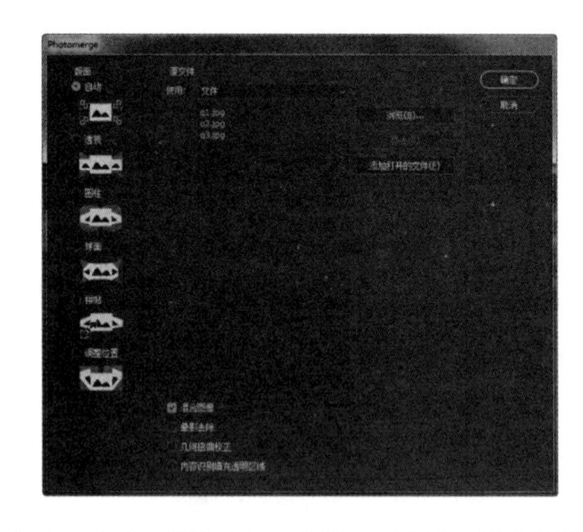

第4步 单击【确定】按钮，然后对图像进行裁切处理，使图像边缘整齐，最终效果如下图所示。

在拍摄人物照片的过程中经常会遇到曝光过度、图像变暗等问题，这是由于天气或拍摄方法不当所导致。在拍摄人物照片时应该注意哪些问题呢?

◇ 照相空间的设置

不要留太多的头部空间。如果人物头部上方留太多空间会给人拥挤的、不舒展的感觉。一般情况下，被摄体的眼睛在景框上方 1/3 的地方。也就是说，人的头部一定要放在景框的上方 1/3 部分，这样就可以避免“头部空间太大”的问题。这个问题非常简单，但往往被人忽略。

◇ 如何在户外拍摄人物

在户外拍摄人物时，一般不要到阳光直射的地方，特别是在光线很强的夏天。但是，如果由于条件所限必须在这样的情况下拍摄时，则需要让被摄体背对阳光，这就是人们常说的“肩膀上的太阳”规则。这样被摄体的肩膀和头发上就会留下不错的边缘光效果（轮廓光），然后再用闪光灯略微（较低亮度）给被摄体的面部补充足够的光线，就可以得到一张与周围自然光融为一体的完美照片了。

◇ 如何在室内拍摄

人们看照片时，首先是被照片中最明亮的景物所吸引，因此要把最亮的光投射到你希望的位置。室内人物摄影，毫无疑问被摄体的脸是最引人注目的，那么最明亮的光线应该照在脸上，然后是沿着身体往下而逐渐变暗，这样可增加趣味性、生动性和立体感。

第 14 章 艺术设计

本章导读

本章介绍使用 Photoshop CC 2018 软件解决人们身边所遇到的问题，如房地产广告设计、海报设计和包装设计等。

思维导图

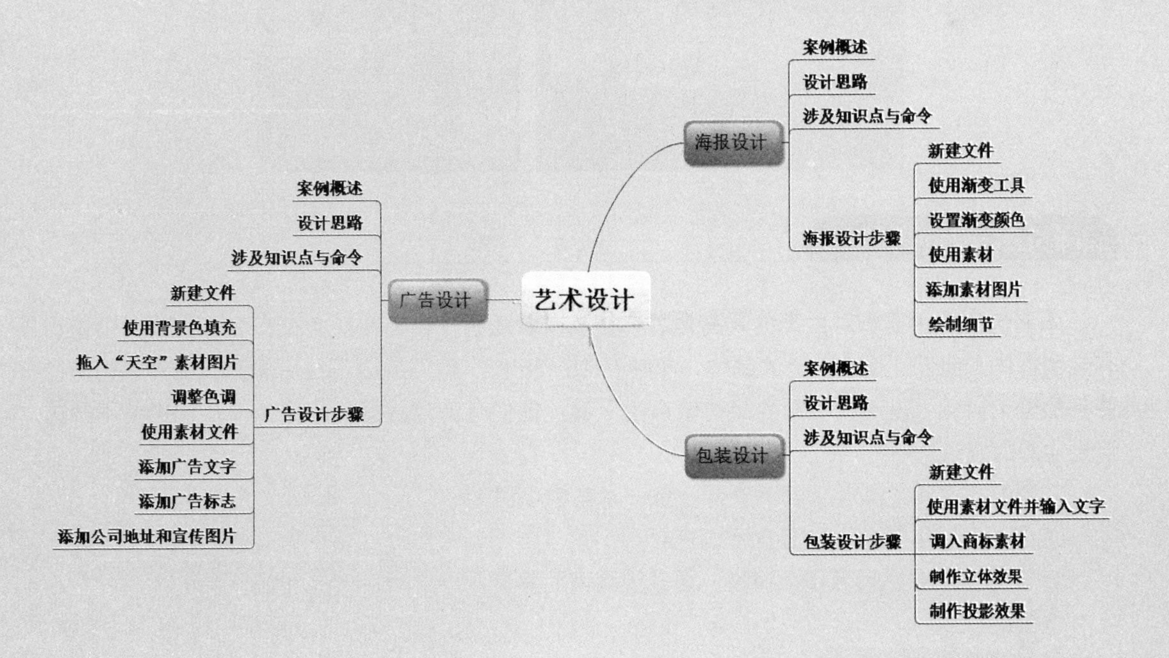

14.1 广告设计

本节主要介绍如何综合运用各种工具来设计一幅房地产广告。下面介绍广告设计处理的方法和思路，以及通常使用的工具等。

案例名称：广告设计

案例目的：学会综合运用各种工具来设计一幅房地产广告

	素材	素材\ch14\标志 2.psd、天空 .jpg 等
	结果	结果\ch14\广告设计
	录像	视频教学录像\14 第 14 章

14.1.1 案例概述

本案例主要使用【矩形选框工具】【加深工具】和【移动工具】等工具和命令来设计一幅整体要求大气高雅、符合成功人士喜好的房地产广告，如下图所示。

14.1.2 设计思路

本案例设计主要针对白天出入高档写字楼及商务场所，夜晚在商务社交和私人约会中游刃有余的群体，他们注重细节上的品位，年龄在 25~35 岁。他们的成长经历和受教育方式相似，并且热爱大自然，是不折不扣的绝对城市主义者。他们有诗情画意却不是诗人，他们离不开这流光溢彩的城市。

歆碧御水山庄（概念 + 情节演绎，像一本言情小说）

① 属性定位：园境，歆碧御水山庄。

② 广告语：生活因云山而愉悦，居家因园境而尊贵。

③ 园境文案。

④ 小户型楼书，也是“生存态”读本。

14.1.3 涉及知识点与命令

房地产开发商要加强广告意识，不仅要使广告发布的内容和行为符合有关法律、法规的要求，而且要合理控制广告费用投入，使广告能起到有效的促销作用。这就要求开发商和代理商重视和加强房地产广告策划。但实际上，不少开发商在营销策划时，只考虑具体的广告的实施计划，如广告的媒体、投入力度、频度等，而没有深入、系统地进行广告策划。因而有些房地产广告的效果不尽如人意，难以取得营销佳绩。随着房地产市场竞争日趋激烈，代理公司和广告公司的深层次介入，广告策划已成为房地产市场营销的客观要求。房地产广告从内容上分为以下 3 种。

① 商誉广告。它强调树立开发商或代理商的形象。

② 项目广告。它树立开发地区、开发项目的信誉。

③ 产品广告。它是为某个房地产项目的推销而做的广告。

案例主要运用到 Photoshop CC 2018 软件中的图层、自由变换和文字等命令。

14.1.4 广告设计步骤

通过对本案例的学习，将使用户学会运用 Photoshop CC 2018 软件来完成房地产类平面广告设计的制作方法。下面介绍此类平面广告制作的具体操作步骤。

1. 新建文件

第 1 步 选择【文件】→【新建】命令，如下图所示。

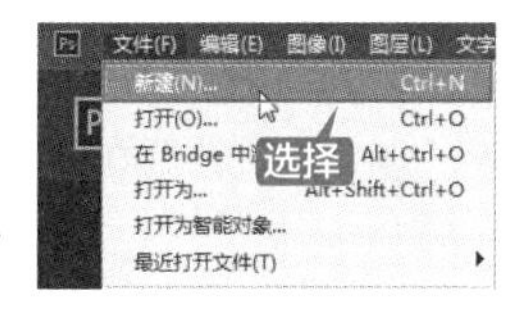

第 2 步 在弹出的【新建】对话框中设置名称为“房地产广告”，设置【宽度】为“28.9 厘米”、【高度】为“42.4 厘米”、【分辨率】为“300 像素／英寸”、【颜色模式】为“CMYK 颜色”，如下图所示。

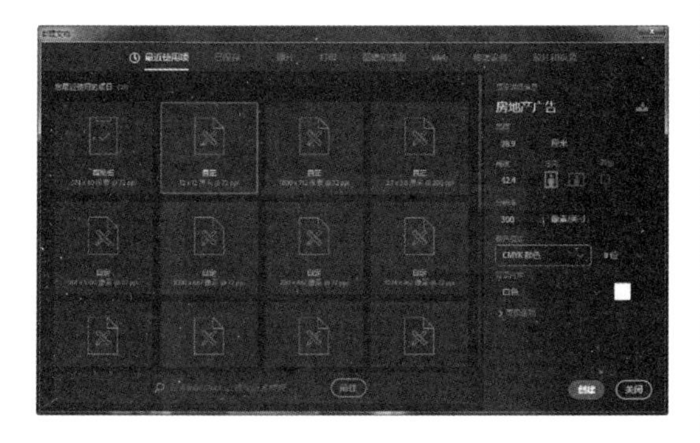

第 3 步 单击【确定】按钮后的效果如下图所示。

2. 使用背景色填充

第 1 步 在工具箱中单击【设置前景色】按钮。在【拾色器（前景色）】对话框中设置前景色（C：50，M：100，Y：100，K：0），如下图所示。

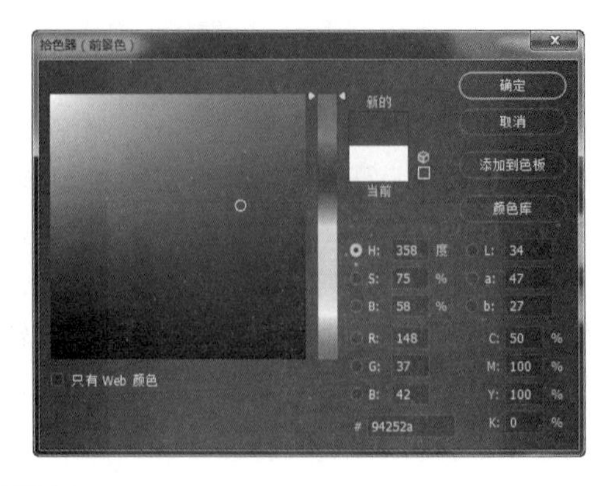

第 2 步 单击【确定】按钮，并按【Ctrl+Delete】组合键填充，如下图所示。

第 3 步 新建一个图层，选择工具箱中的【矩形选框工具】选项，创建一个矩形选区并填充土黄色（C：25，M： 15，Y：45，K：0），如下图所示。

3. 拖入“天空”素材图片

第 1 步 打开“素材 \ch14\ 天空 .jpg”图片，如下图所示。

第 2 步 使用【移动工具】将“天空”素材图片拖入背景中，按【Ctrl+T】组合键执行【自由变换】命令调整到合适的位置，如下图所示。

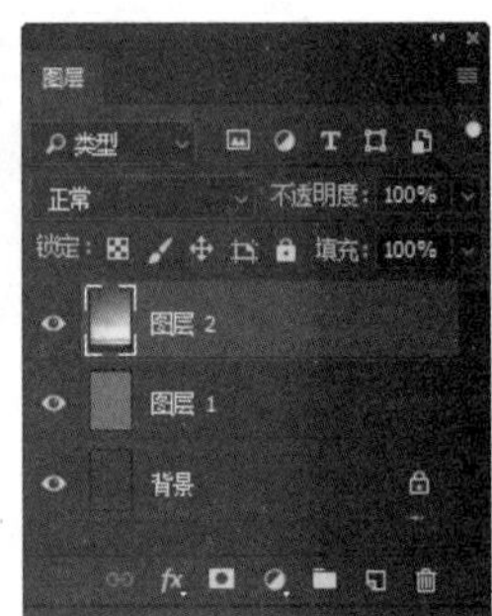

第 3 步 单击【图层 1】前面的缩览图按钮创建选区，然后反选删除不需要的天空图像，如下图所示。

第 4 步 单击工具箱中的【矩形选框工具】按钮，在下方创建一个矩形选区并删除天空图像，如下图所示。

4. 调整色调

第 1 步 选择【图像】→【调整】→【曲线】命令，调整天空图层的亮度和对比度，如下图所示。

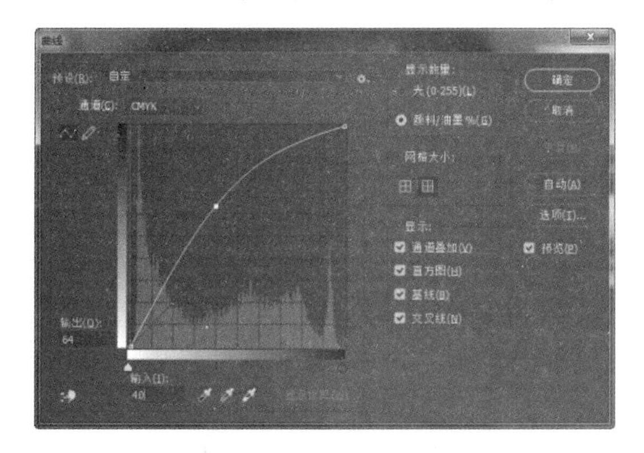

第 2 步 单击工具栏中的【加深工具】按钮，对天空上部分图像进行加深处理，效果如下图所示。

5. 使用素材文件

第 1 步 打开“素材 \ch14\ 别墅 .psd”图片，如下图所示。

第 2 步 使用【移动工具】将别墅素材图片拖入背景中，按【Ctrl+T】组合键执行【自由变换】命令调整到合适的位置，如下图所示。

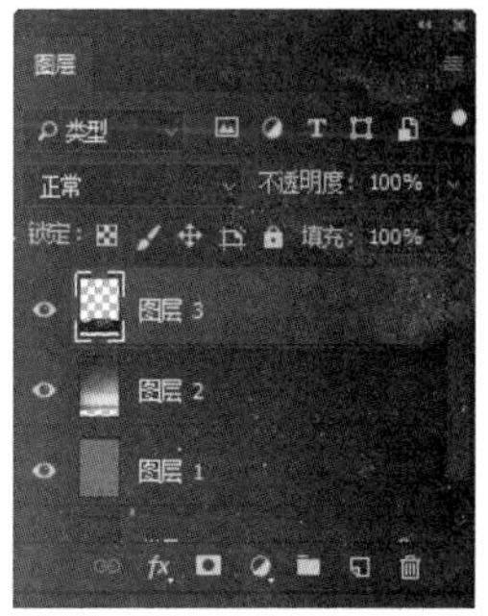

第 3 步 打开“素材 \ch14\ 鸽子 .psd”图片，如下图所示。

第4步 使用【移动工具】将鸽子素材图片拖入背景中，按【Ctrl+T】组合键执行【自由变换】命令调整到合适的位置，如下图所示。

第5步 将别墅和鸽子图层的不透明度分别设置为 95% 和 90%，使图像和背景有一定的融合，如下图所示。

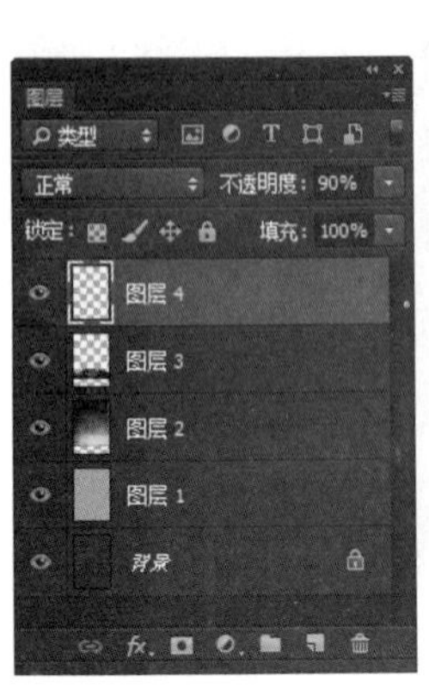

6. 添加广告文字

第1步 打开“素材\ch14\文字 01.psd”和“文字 02.psd”文件，如下图所示。

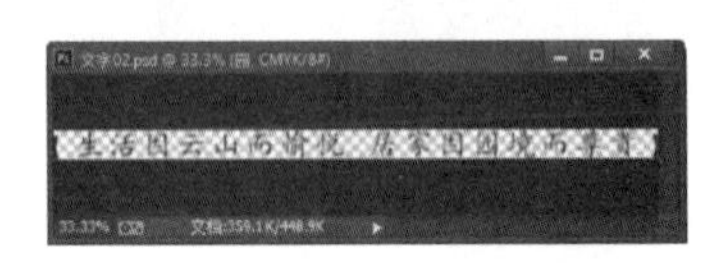

第2步 使用【移动工具】将“文字 01.psd”和“文字 02.psd”素材图片拖入背景中，按【Ctrl+T】组合键执行【自由变换】命令调整到合适的位置，如下图所示。

7. 添加广告标志

第1步 打开“素材\ch14\标志 2.psd”图片。

第2步 使用【移动工具】将“标志 2.psd 素材”图片拖入背景中，然后按【Ctrl+T】组合键执行【自由变换】命令调整到合适的位置，如下图所示。

8. 添加公司地址和宣传图片

第 1 步 打开“素材 \ch14\ 宣传图 .psd”“交通图 .psd”和“公司地址 .psd”图片，如下图所示。

第 2 步 使用【移动工具】将“宣传图 .psd”“交通图 .psd”和“公司地址 .psd”素材图片拖入背景中，然后按【Ctrl+T】组合键执行【自由变换】命令调整到合适的位置，至此一幅完整的房地产广告就做好了，如下图所示。

14.2 海报设计

本节主要介绍如何综合运用各种工具来设计一幅海报。下面介绍海报设计处理的方法和思路，以及通常使用的工具等。

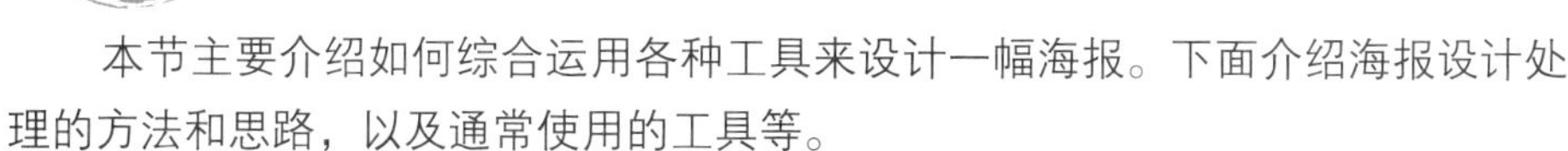

14.2.1 案例概述

本案例主要使用【移动工具】和【渐变工具】等来制作一幅具有时尚感的饮料海报。效果如下图所示。

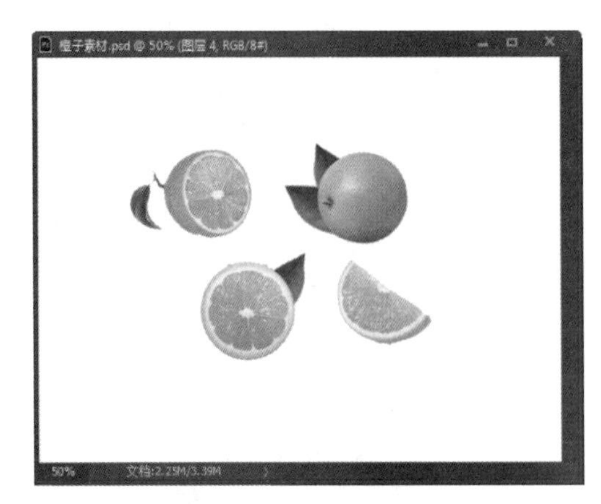

14.2.2 设计思路

饮料是属于大众的消费品，尤其以儿童喜爱者居多，所以饮料海报的设计定位为大众消费群体，适合不同层次的消费。

饮料海报在设计风格上，运用诱人的橙子照片与鲜艳的背景颜色及醒目的商标相结合的手法，既突出了主题，又表现出该品牌固有的文化理念。

在色彩运用上，以橙色效果为主，突出该产品的“天然”特点。图片上运用白色，在橙色背景下，能更好地体现时尚感。

14.2.3 涉及知识点与命令

在本节所介绍的饮料海报的设计过程中，首先应清楚海报所要表达的意图，认真地构思定位，然后再仔细绘制出效果图。

1. 设计表达

在整个设计中，要充分考虑文字、色彩与图形的完美结合，相信在同类产品海报中，体现浓烈的季节性色彩效果，是非常具有吸引力的一种。

2. 材料工艺

此包装材料采用 175g 铜版纸不干胶印刷，方便粘贴。

3. 设计重点

在进行海报的设计过程中，需要运用到 Photoshop CC 2018 软件中的【图层】及【文字】等命令。

14.2.4 海报设计步骤

下面将介绍此海报设计制作的具体操作步骤。

1. 新建文件

第 1 步 单击【文件】→【新建】命令，如下图所示。

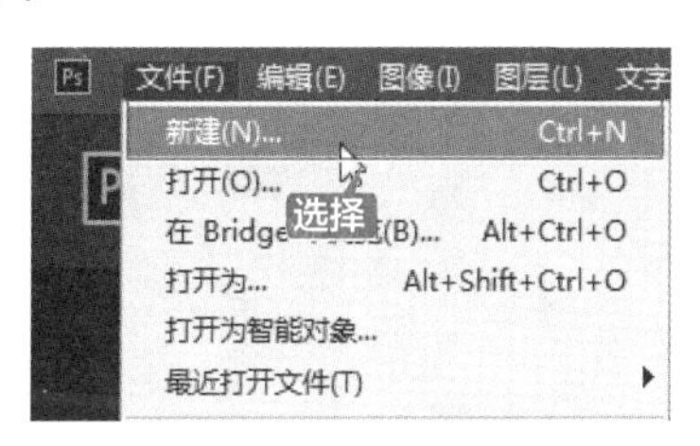

第 2 步 在弹出的【新建】对话框中创建一个【宽度】为“210 毫米”、【高度】为“297 毫米”、【分辨率】为“100 像素／英寸”、【颜色模式】为“CMYK 颜色”的新文件，如下图所示。

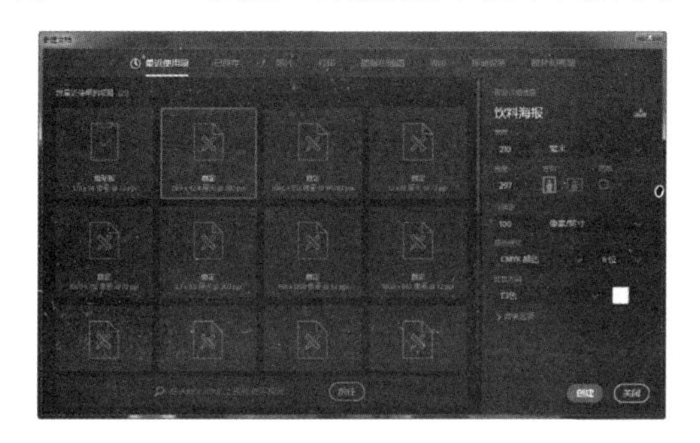

第 3 步 单击【确定】按钮后的效果如下图所示。

2. 使用渐变工具

第 1 步 单击工具箱中的【渐变工具】。

第 2 步 单击工具选项栏中的【点按可编辑渐变】按钮，如下图所示。

3. 设置渐变颜色

第 1 步 在弹出的【渐变编辑器】对话框中单击颜色条右端下方的【色标】按钮，添加从橙色（C：0， M：70，Y：92，K：0）到黄色（C：10， M：0，Y：83，K：0）的渐变颜色，单击【确定】按钮，如下图所示。

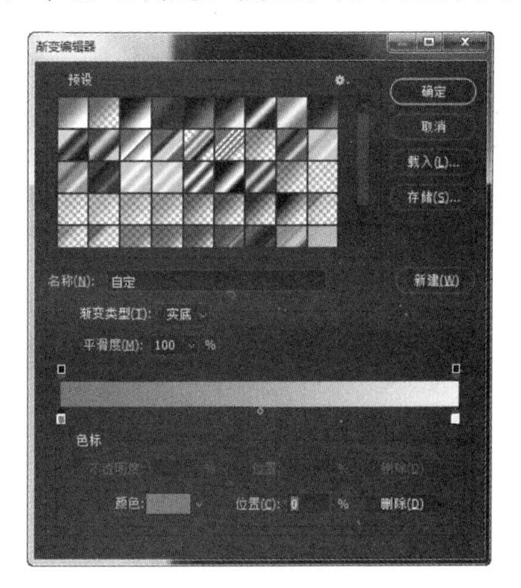

第 2 步 在选项栏中单击【径向渐变】按钮，选中【反向】复选框，在画面中使用鼠标由中心至边缘地拖曳来进行从橙色到黄色的渐变填充，如下图所示。

4. 使用素材

第1步 打开“素材\ch14\饮料.psd”图片，如下图所示。

第2步 使用【移动工具】将饮料素材图片拖入背景中，按【Ctrl+T】组合键执行【自由变换】命令调整到合适的位置，并调整图层顺序，如下图所示。

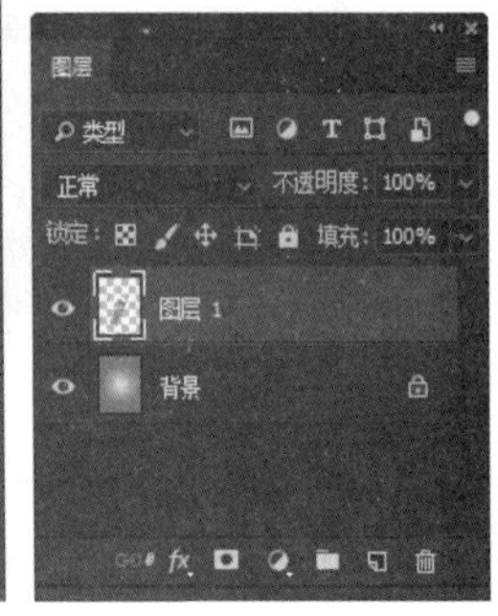

第3步 打开“素材\ch14\飞溅.psd”图片，如下图所示。

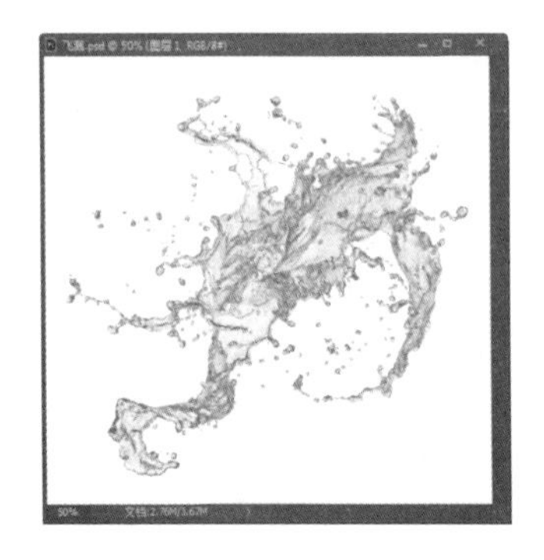

第4步 使用【移动工具】将飞溅素材图片拖入背景中，按【Ctrl+T】组合键执行【自由变换】命令调整到合适的位置，并调整图层顺序，如下图所示。

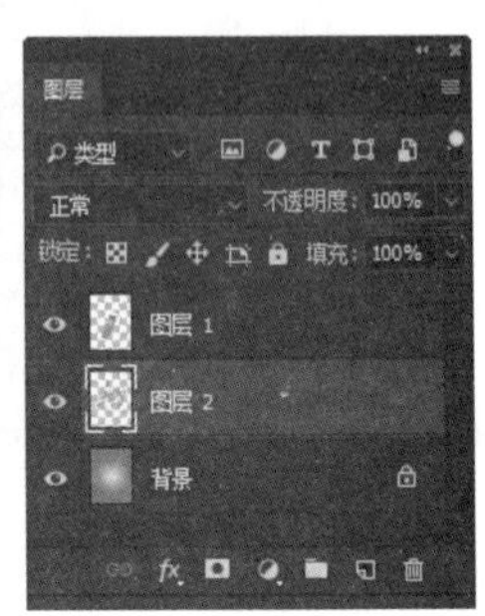

5. 添加素材图片

第1步 打开“素材\ch14\橙子素材.psd”图片，如下图所示。

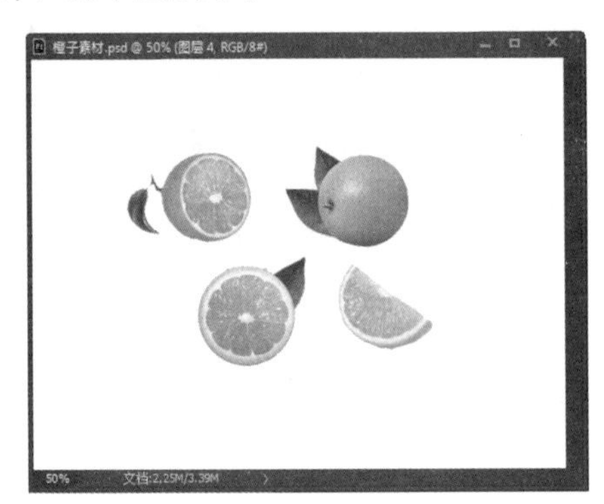

第2步 使用【移动工具】将素材图片拖入背景中，按【Ctrl+T】组合键执行【自由变换】命令调整到合适的位置，并调整图层顺序，如下图所示。

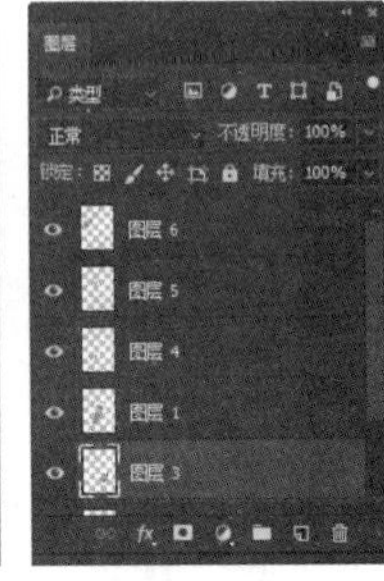

第 3 步 打开“素材 \ch14\ 商标 .psd”图片，如下图所示。

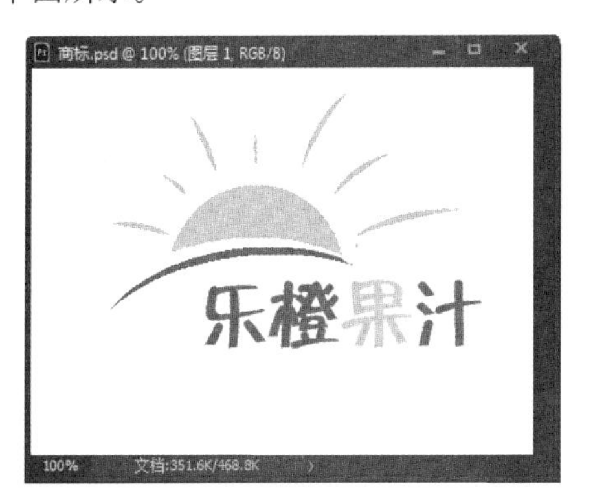

第 4 步 使用【移动工具】将商标素材图片拖入背景中，按【Ctrl+T】组合键执行【自由变换】命令调整到合适的位置，并调整图层顺序，如下图所示。

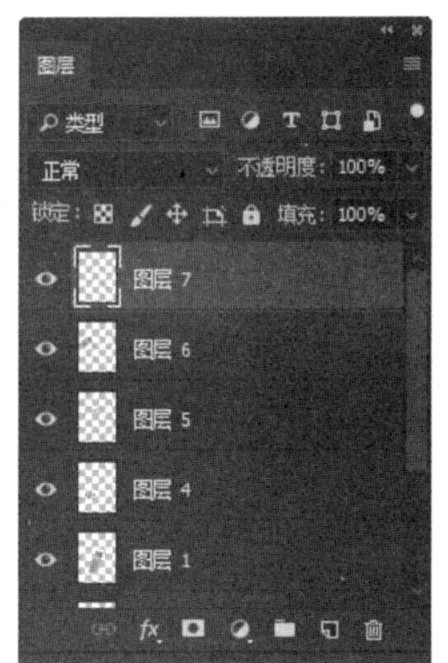

6. 绘制细节

第 1 步 打开“素材 \ch14\ 冰块 .psd”图片，如下图所示。

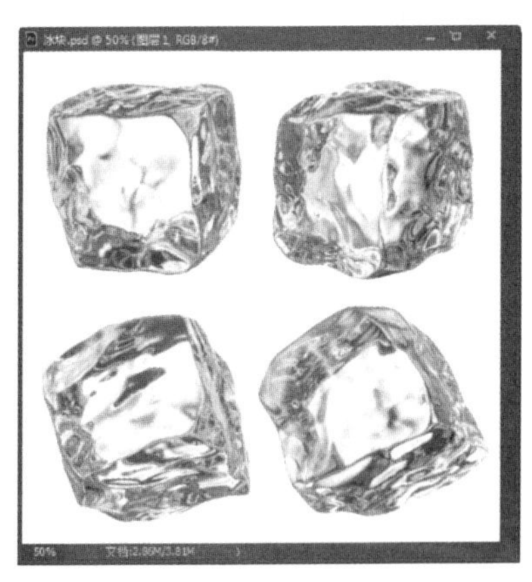

第 2 步 使用【移动工具】将冰块素材图片拖入背景中，按【Ctrl+T】组合键执行【自由变换】命令调整到合适的位置，并调整图层顺序，如下图所示。

14.3 包装设计

本节主要介绍如何综合运用各种工具来设计一幅包装图片。下面介绍包装图片设计处理的方法和思路，以及通常使用的工具等。

14.3.1 案例概述

本案例主要使用了各类工具和命令来制作一幅整体要求色彩清新亮丽、图片清晰的食品包装图片。制作好的效果图如下图所示。

14.3.2 设计思路

包装设计在风格上，运用诱人的糖果照片与鲜艳的水果及醒目的字体相结合的手法，既突出了主题，又表现出该品牌固有的文化理念。

在色彩运用上，以水果的橙色效果为主，突出该产品的“味道”特点。字体上运用蓝色和红色，在橙色背景下更好地呼应了产品的美感和口感。

14.3.3 涉及知识点与命令

在本节所讲述的包装图片设计的过程中，首先应认真地构思定位，然后再仔细制作出效果图。本案例中主要使用到以下工具：文字工具；矩形选框工具；横排文本工具；钢笔工具。

14.3.4 包装设计步骤

下面介绍此包装图片设计制作的具体操作步骤。

1. 新建文件

第 1 步 选择【文件】→【新建】命令新建一个名称为“正面展开图”，大小为 140 毫米 × 220 毫米、颜色模式为“CMYK 颜色”的文件，如下图所示。

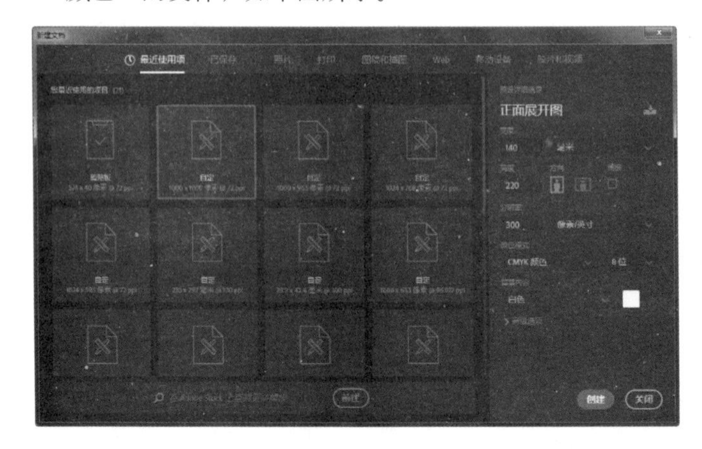

第 2 步 单击【确定】按钮，效果如下图所示。

第 3 步 在新建文件中，创建 4 条距离边缘为 1 厘米的辅助线，选择【视图】→【新建参考线】命令。分别在水平 1 厘米和 21 厘米与垂直 1 厘米和 13 厘米位置新建参考线，如下图所示。

第 4 步 在【图层】面板上单击【创建新图层】按钮来新建一个图层，如下图所示。

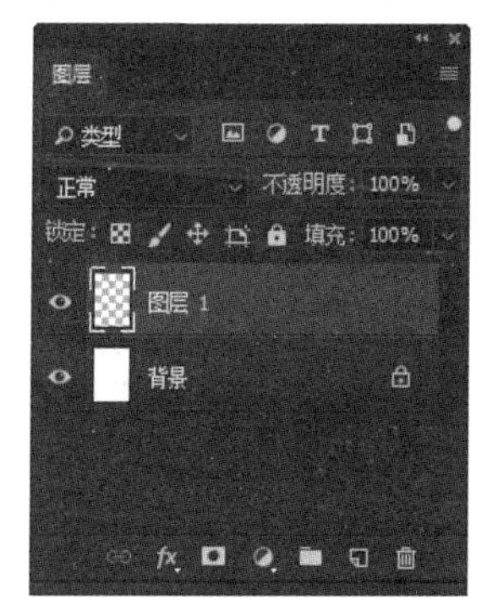

第 5 步 为该图层填充一个从淡绿色到白色的渐变色，应用填充后的效果如下图所示。

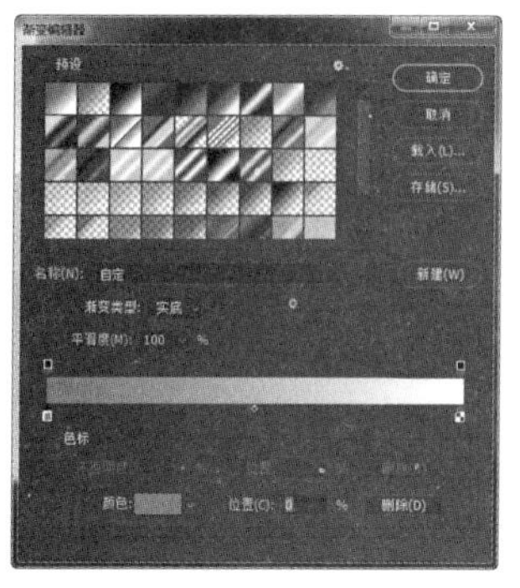

2. 使用素材文件并输入文字

第 1 步 打开“素材\ch14\水果.psd”文件，将其复制至“包装效果”文件中，文件将自动生成【图层 2】图层。按【Ctrl+T】组合键执行【自由变换】命令来调整图案到适当的大小和位置，如下图所示。

第 2 步 选择【横排文字工具】选项，分别在不同的图层中输入英文字母“F R U C D Y”，再进行【字符】设置，将字体颜色设置为“白色”，效果如下图所示。

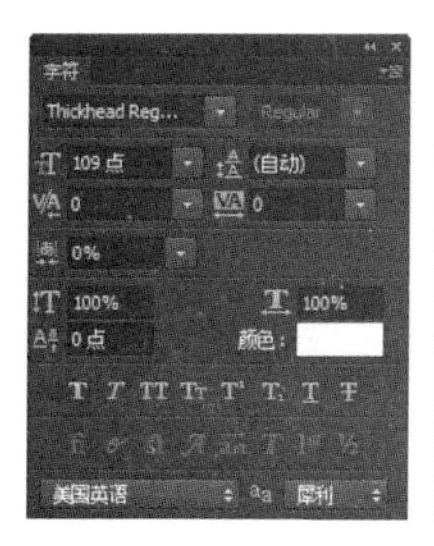

第 3 步 选择【挑选工具】选项来调整各个字母的位置，选择字母“F”，然后在【字符】面板中设置大小为“196.7”，用相同的方法设置其他字母的大小，效果如下图所示。

第 4 步 按【Ctrl】键，在【图层】面板上选择所有的字母图层，再按【Ctrl + E】组合键执行【合并图层】命令来合并所有字母图层，效果如下图所示。

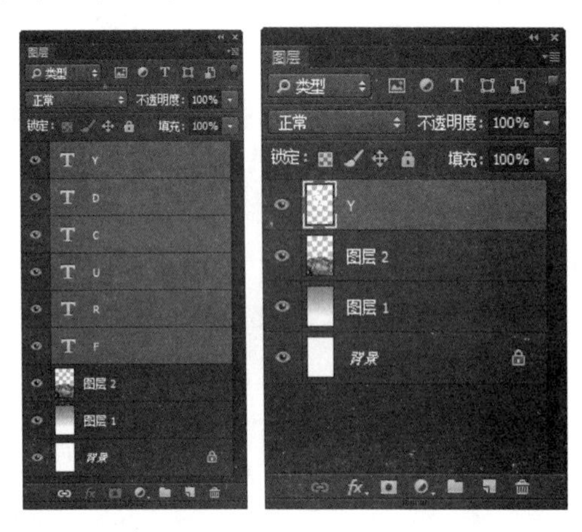

第 5 步 按【Ctrl】键，在【图层】面板上单击字母图层上的【图层缩览图】按钮来选取字母，为其填充一个从红色到黄色的渐变色，应用填充后的效果如下图所示。

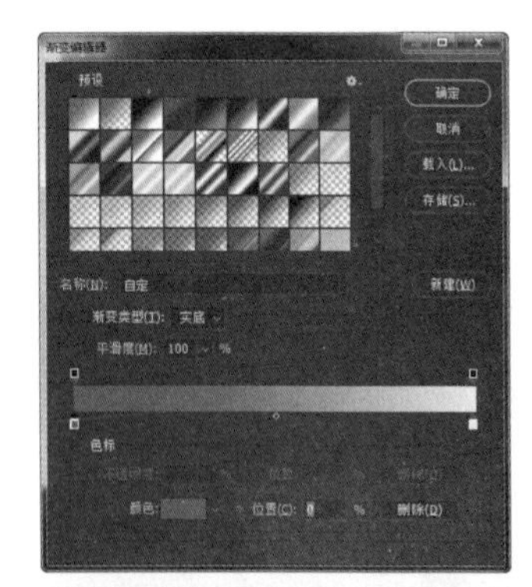

第 6 步 扩大字母选项框制作字母底纹，选取字母后，选择【选择】→【修改】→【扩展】命令，打开【扩展选区】对话框，设置【扩展量】为“20”像素，单击【确定】按钮，效果如下图所示。

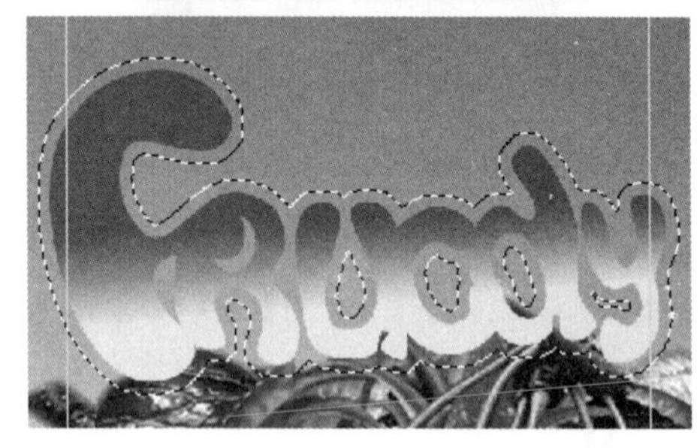

第 7 步 选择【矩形选框工具】选项，并在选项栏中单击【添加到选区】按钮，将没有选中的区域加选进去，效果如下图所示。

第 8 步 然后在【图层】面板上新建一个图层，并填充为蓝色，效果如下图所示。

第 9 步 选择蓝色底纹图层，为其描上白色的边，选择【编辑】→【描边】命令，打开【描边】对话框，设置颜色为“白色”，其他的参数设置如下图所示。

第 10 步 用同样的方式为字母也描上白色的边框，【宽度】设置为“3”像素，效果如下图所示。

3. 调入商标素材

第 1 步 将底纹和字母图层进行合并，然后选择【文字工具】输入英文字母“FRUITCANDR”，再进行【字符】设置，字体颜色设置为“白色”，如下图所示。

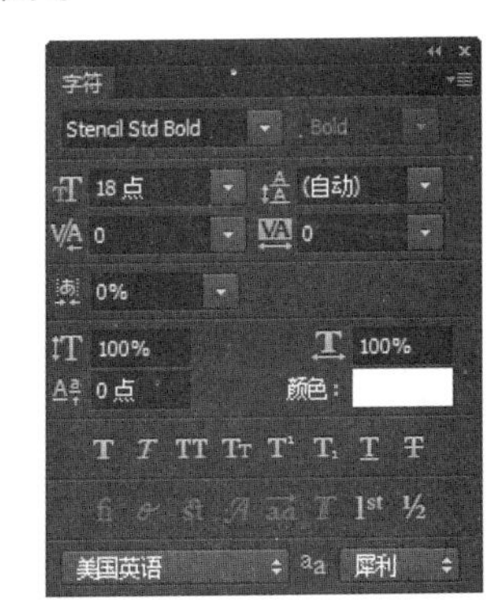

第 2 步 在【图层】面板中将两个字母图层同时选中来调整方向，使主体更加具有冲击力，效果如下图所示。

第 3 步 打开“素材 \ch14\ 标志 .psd”文件，如下图所示。

第 4 步 将其拖曳到包装文件中，调整到适当的大小和位置后效果如下图所示。

第 5 步 打开“素材 \ch14\ 果汁 .psd”文件，将其复制到效果文件中，调整到适当的大小和位置后调整果汁的颜色，以呼应主题，如下图所示。

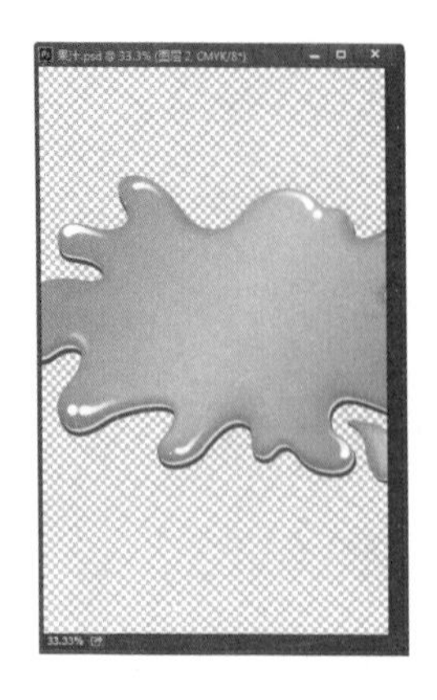

第6步 选择【图像】→【调整】→【色相/饱和度】命令来调整颜色，参数设置如下图所示。

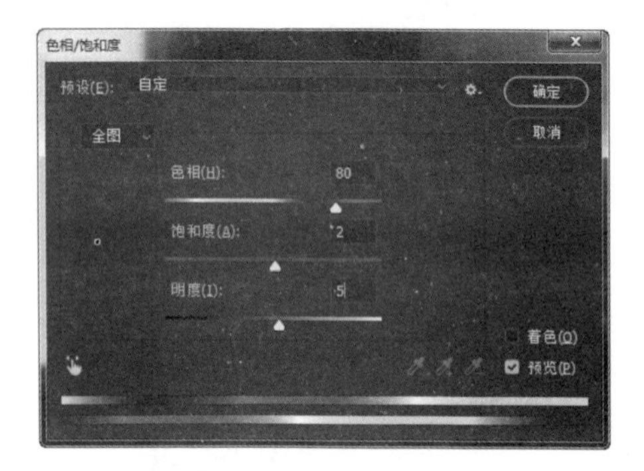

第7步 选择【横排文字工具】选项T，分别输入“超级水果糖”等字体，中文字体为“幼圆”，字体大小设置为“20点”，英文字体大小为“9点”，颜色均为红色，其他设置如下图所示。

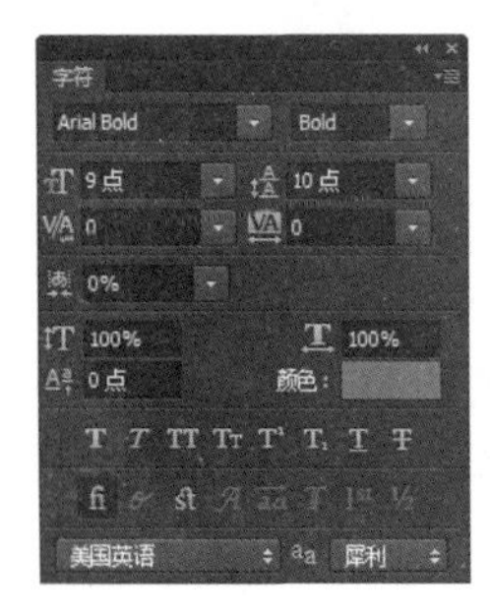

第8步 继续使用【文字工具】来输入其他的文字内容，设置“NET”等文字，字体为“黑体”，字体大小为“10点”、颜色为“黄色”；“THE TRAD”等字体颜色为“红色”，英文字体大小为“12点”，如下图所示。

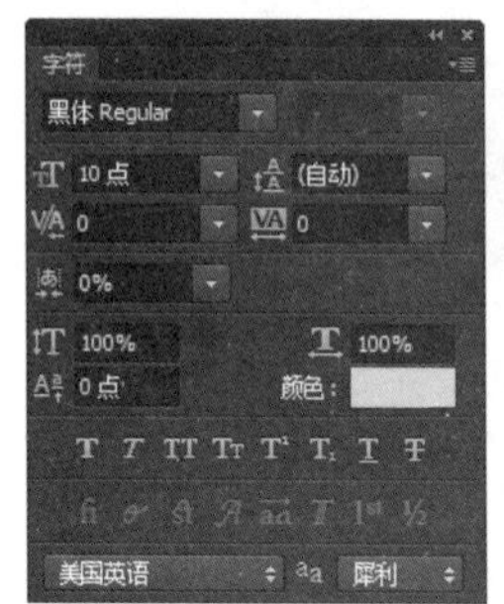

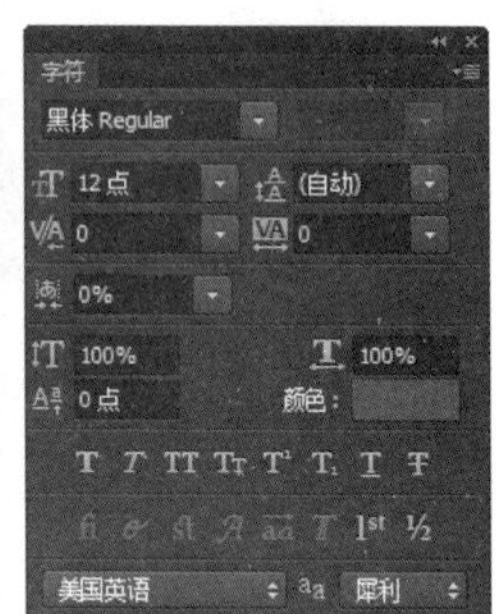

第9步 在图层样式中添加描边效果，具体参数设置如下图所示。

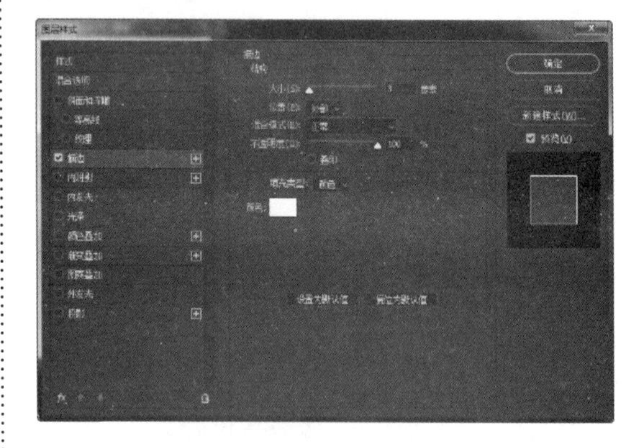

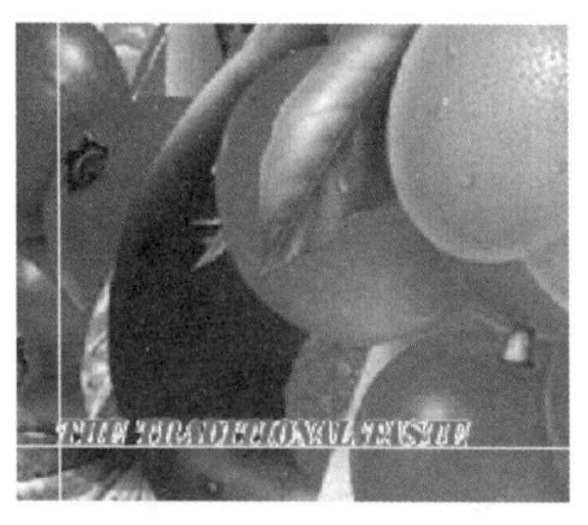

第10步 打开“素材\ch14\奶糖.psd”文件，将其复制到效果文件中，调整到适当的大小和位置后调整奶糖的不透明度，使其主次分明，在【图层】面板中设置不透明度为“74%”，效果如下图所示。

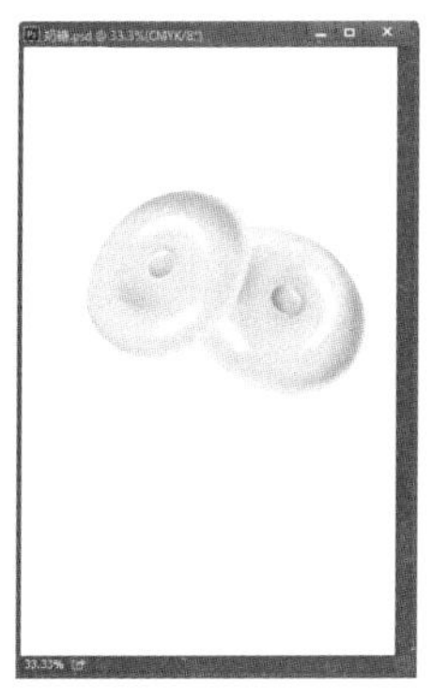

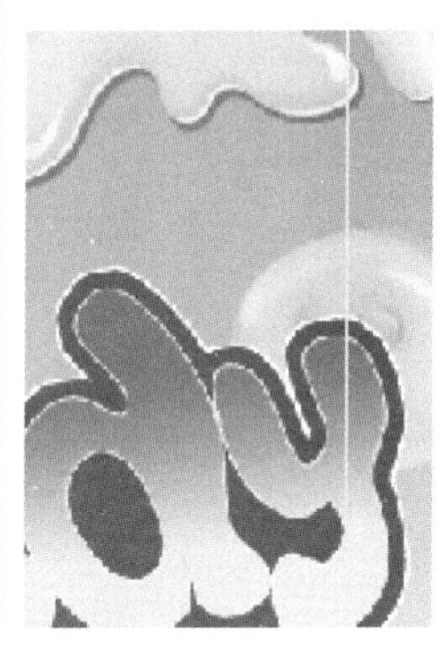

4. 制作立体效果

第 1 步 按【Ctrl+S】组合键将绘制好的正面包装效果文件保存。

第 2 步 打开前面绘制的正面平面展开图，选择【图像】→【复制】命令对图像进行复制，按【Shift+Ctrl+E】组合键，合并复制图像中的可见图层，如下图所示。

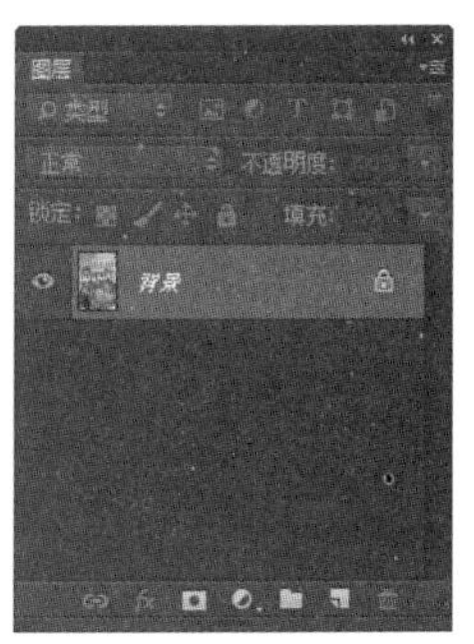

第 3 步 选择【文件】→【新建】命令 ，新建一个大小为 270 毫米 ×220 毫米、分辨率为“300 像素 \ 英寸”、颜色模式为“CMYK 颜色”的文件，如下图所示。

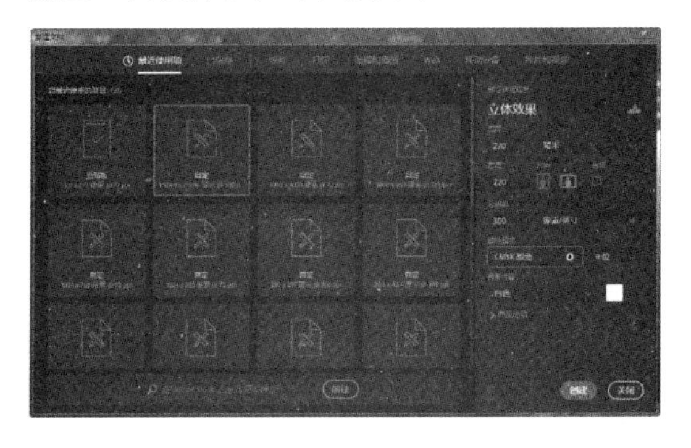

第 4 步 将包装袋的正面效果图像复制到新建文件中，调整到适当的大小，如下图所示。

第 5 步 制作出包装袋上的撕口，选择【矩形选框工具】选项在包装袋的左上侧选择撕口部分，再按【Delete】键删除选区部分，同理绘制右侧撕口，如下图所示。

第 6 步 在【图层】面板上单击【创建新图层】按钮，新建一个图层，使用【钢笔工具】

绘制一个工作路径并转化为选区，将其填充为黑色，如下图所示。

第7步 在【图层】面板中设置该图层的不透明度为“20%”。使用【橡皮擦工具】，在图像左下方进行涂抹，如下图所示。

第8步 使用同样的操作方法绘制包装袋其他位置上的明暗效果，如下图所示。

5. 制作投影效果

第1步 选择背景图层，为其填充【渐变编辑器】对话框中【预设】下的【透明彩虹渐变】，并使用【角度渐变】方式进行填充，效果如下图所示。

第2步 新建一个图层，将绘制好的包装袋复制一个，使用黑色进行填充，对其应用半径值为“3”的羽化效果，将图层不透明度设置为“50%”，并调整图层位置，如下图所示。

第3步 完成所有操作后，对图像进行保存。

◇ 了解海报设计所遵循的原则

对于每一个平面设计师来说，海报设计都是一项挑战。作为在二维平面空间中的海报，它的用途数不胜数，其表现题材从商业广告到公共服务公告等无所不包。设计师的挑战是要使设计出来的海报能够吸引人，而且能传播特定信息，从而最终激发观看人的兴趣。

因此，在创作广告、海报和包装设计时，就需要遵循一些创作的基本原则，这些原则对于设计海报等会有所帮助。

① 图片的选择。图片的作用是简化信息，因此应避免过于复杂的构图。图片通常需要说明所要表现的产品是什么、由谁提供或谁要用它。

② 排版的能力。由于海报上的文字非常精练，所以海报文字的排版非常重要。

③ 字体的设计。设计师选择的字体样式、文字版面及文字与图片之间的比例将决定所要传达的信息是否能够让人易读易记。

◇ 广告设计术语

广告设计术语是人们在日常的工作中经常遇到的一些名词。掌握这些术语有助于同行业之间的交流与沟通，规范行业的流程。

1. 设计

设计（Design）是指美术指导和平面设计师如何选择和配置一条广告的美术元素。设计师选择特定的美术元素并以其独特的方式将它们加以组合，以此定下设计的风格，即某个想法或形象的表现方式。在美术指导下，几位美工制作出广告概念的初步构图，然后再与文案配合，以自己的平面设计专长（包括摄影、排版和绘图），创作出最有效的广告或手册。

2. 布局图

布局图（Layout）是指一条广告所有组成部分的整体安排，如图像、标题、副标题、正文、口号、印签、标志和签名等。

布局图有以下几个作用。

① 布局图有助于广告公司和客户预先制作并测评广告的最终形象和感觉，为客户（他们通常都不是艺术家）提供修正、更改、评判和认可的有形依据。

② 布局图有助于创意小组设计广告的心理成分，即非文字和符号元素。精明的广告主不仅希望广告给自己带来客源，还希望广告能为自己的产品树立某种个性——形象，在消费者心目中建立品牌（或企业）资产。要做到这一点，广告的设计必须明确表现出某种形象或氛围，反映或加强产品的优点。因此，在设计广告布局初稿时，创意小组必须对产品或企业的预期形象有很强的意识。

③ 挑选出最佳设计后，布局图便发挥了蓝图的作用，显示各个广告元素所占的比例和位置，一旦制作部人员了解了某条广告的大小、图片数量、排字量，以及颜色和插图等这些美术元素在其中的运用，他们便可以判断出制作该广告的成本。

3. 小样

小样（Thumbnail）是美工用来具体表现布局方式的大致效果图。小样通常很小（大约为 3 英寸 ×4 英寸），省略了细节，比较粗糙，是最基本的东西。直线或水波纹表示正文的位置，方框表示图形的位置。

4. 大样

在大样中，美工画出实际大小的广告，提出候选标题和副标题的最终字样，安排插图和照片，用横线表示正文。广告公司可以向客户，尤其是在乎成本的客户提交大样，以征得他们的认可。

5. 末稿

到了末稿（Comprehensive Layout/Comp）阶段，制作已经非常精细，几乎和成品一样。末稿一般都很详尽，有彩色照片、确定好的字体风格、大小和配合用的小图像，再加上一张光喷纸封套。现在，末稿的文案排版及图像元素的搭配等都是由计算机来执行的，打印出来的广告如同四色清样一般。到了这一阶段，所有的图像元素都应当最后落实。

6. 样本

样本应体现出手册、多页材料或售点陈列被拿在手上的样子和感觉。美工借助彩色记号笔和计算机清样，把样本放在硬纸上，按照尺寸进行剪裁和折叠。例如，手册的样本是逐页装订起来的，看起来与真的成品一模一样。

7. 版面组合

交给印刷厂复制的末稿，必须把字样和图形都放在准确的位置上。现在，大部分设计人员都采用计算机来完成这一部分工作，完全不需要拼版这道工序。但有些广告主仍保留着传统的版面组合方式，即在一张空白版（又称拼版）上按照各自所处的位置标出黑色字体和美术元素，再用一张透明纸覆盖在上面，标出颜色的色调和位置。由于印刷厂在着手复制之前要用一部大型制版照相机对拼版进行照相，设定广告的基本色调、复制件和胶片，所以印刷厂常把拼版称为照相制版。

广告设计过程中的任何环节，直至油墨落到纸上之前，都有可能对广告的美术元素进行更改。当然这样一来，费用也会随着环节的进展而成倍地增长，越往后更改的代价就越高。

8. 认可

文案人员和美术指导的作品始终面临着“认可”这个问题。广告公司越大，客户越大，这道程序就越复杂。一个新的广告概念首先要经过广告公司创意部门的认可，然后交由客户部审核，再交由客户方的产品和营销人员审核，他们往往会改动一两个字，有时甚至推翻整个表现方式。双方的法律部可再对文案和美术元素进行严格的审查，以免发生问题，最后由企业的高层主管对选定的概念和正文进行审核。

在“认可”中面临的最大困难是如何避免让决策人打破广告原有的风格。例如，创意小组花费了大量的心血才找到有亲和力的广告风格，但领导却有权全盘改动它。保持艺术上的纯洁相当困难，需要有耐心、灵活、成熟及明确有力地表达重要观点、解释美工的选择理由的能力。

第 15 章 网页设计

本章导读

使用 Photoshop CC 2018 软件不仅可以处理图片，还可以进行网页设计，本章主要介绍汽车网页设计和房地产网页设计的制作方法。

思维导图

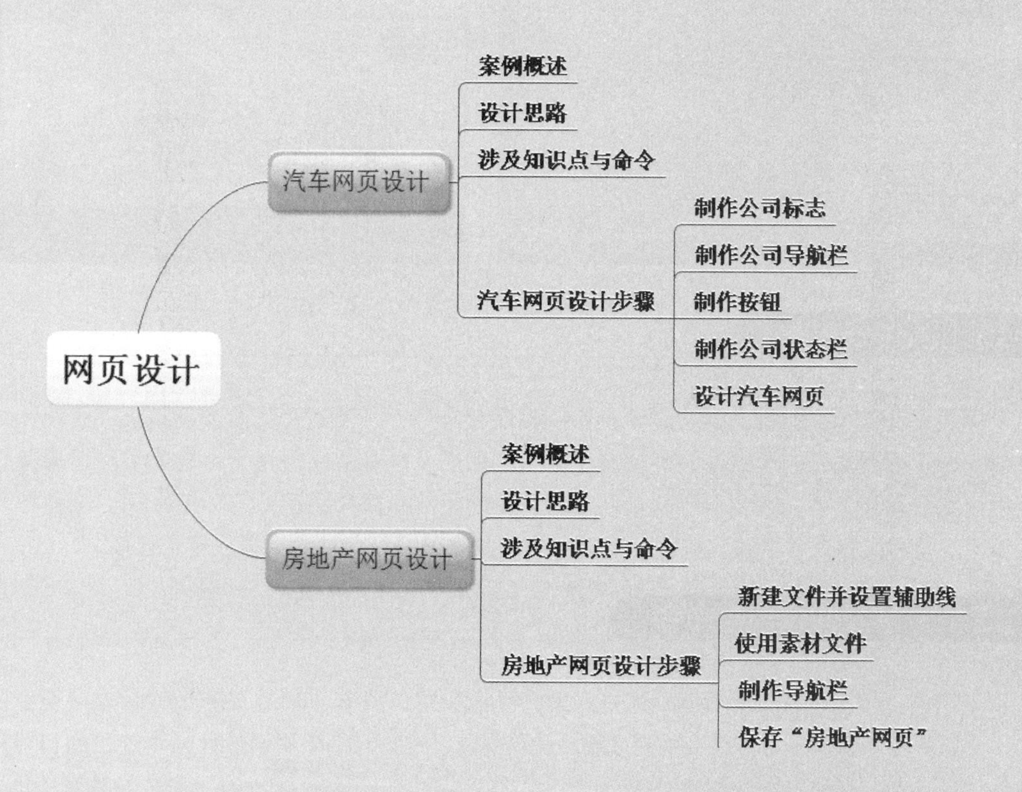

15.1 汽车网页设计

本节主要介绍如何综合运用各种工具来设计汽车网页。下面介绍汽车网页设计处理的方法和思路，以及通常使用的工具等。

案例名称：汽车网页设计

案例目的：学会综合运用各种工具来设计汽车网页

	素材	素材 \ch15\
	结果	结果 \ch15\ 汽车网页设计
	录像	视频教学录像 \15 第 15 章

15.1.1 案例概述

网页设计是 Photoshop CC 2018 软件的一种拓展功能，是网站程序设计的好搭档。本案例主要使用了【横排文字工具】【渐变工具】和【圆角矩形工具】等来制作汽车网页。制作后的效果如下图所示。

15.1.2 设计思路

网页设计作为一种视觉语言，特别讲究排版和布局，虽然网页的设计不同于平面设计，但它们有许多相近之处。版式设计需要通过文字、图形及色彩的空间组合，表达出和谐与美。本案例主要采用灰色系，达到一种科技感。另外，网页的布局采用了“三”型布局。这种布局是在页面上横向设置两条色块，将整个页面分割为 4 个部分，色块中大多放置广告条。

15.1.3 涉及知识点与命令

对于网页设计，首先需要明确建立网站的目标和用户需求。Web 站点的设计是展现企业形象、介绍产品和服务、体现企业发展战略的重要途径。因此，必须明确设计站点的目的和用户需

求，从而做出切实可行的设计计划。根据消费者的需求、市场的状况、企业自身的情况等进行综合分析，以“消费者”（Customer）为中心，而不是以“美术”为中心进行设计规划。

在设计规划时应考虑以下几点。

① 建设网站的目的是什么。

② 为谁提供服务和产品。

③ 企业能提供什么样的产品和服务。

④ 网站的目标消费者和受众的特点是什么。

⑤ 企业的产品和服务适合什么样的表现方式（风格）。

案例运用到 Photoshop CC 2018 软件中的图层、图形绘制和文字等命令。

15.1.4 汽车网页设计步骤

下面将介绍汽车网页设计的具体操作步骤。

1. 制作公司标志

第 1 步 选择【文件】→【新建】命令，打开【新建】对话框，在【名称】文本框中输入“公司标志”，将【高度】设置为“250 像素”，【宽度】设置为“250 像素”，【分辨率】设置为“72 像素 / 英寸”，如下图所示。

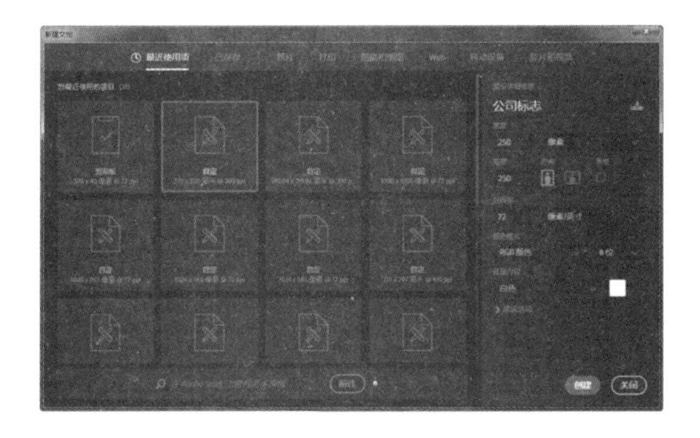

第 2 步 单击【确定】按钮，新建一个空白文档，在其中输入英文字母“ADEE”，并设置字母的颜色为“黑色”。其中字母的大小为“100 点”，字体为“LilyUPCRegular”，如下图所示。

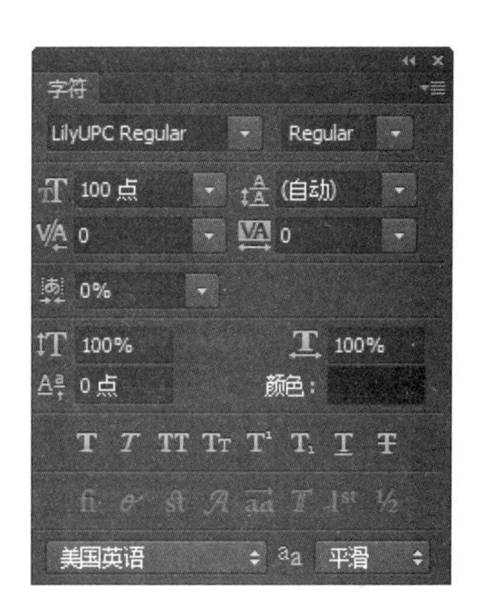

第 3 步 在【图层】面板中选中【文字】图层并右击，在弹出的快捷菜单中选择【栅格化文字】命令，即可将文字转化为图层，如下图所示。

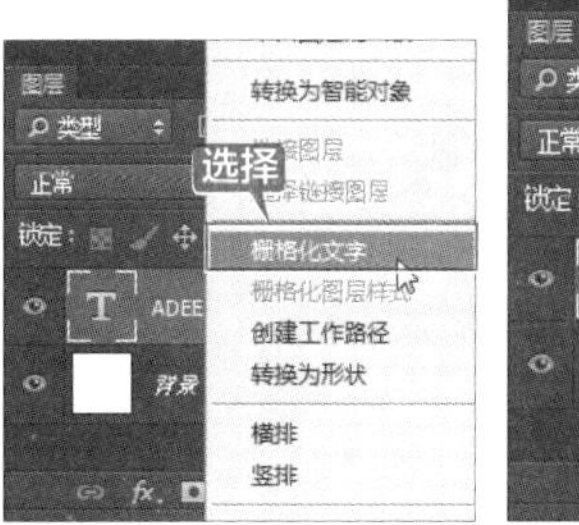

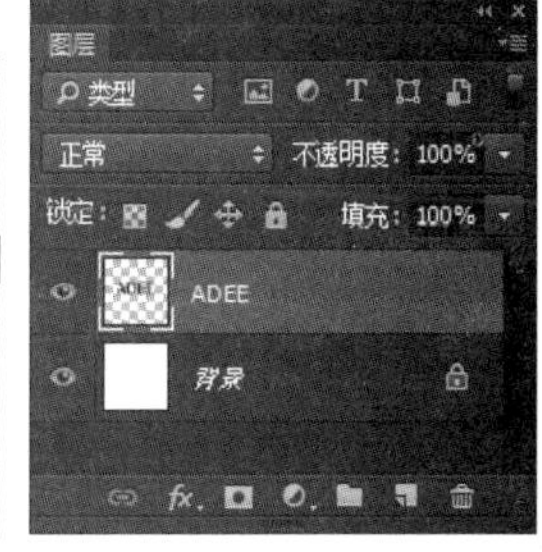

第 4 步 在【图层】面板中选中文字图层，单击【添加图层样式】按钮 fx，添加【渐变叠加】图层样式，然后设置参数，如下图所示。

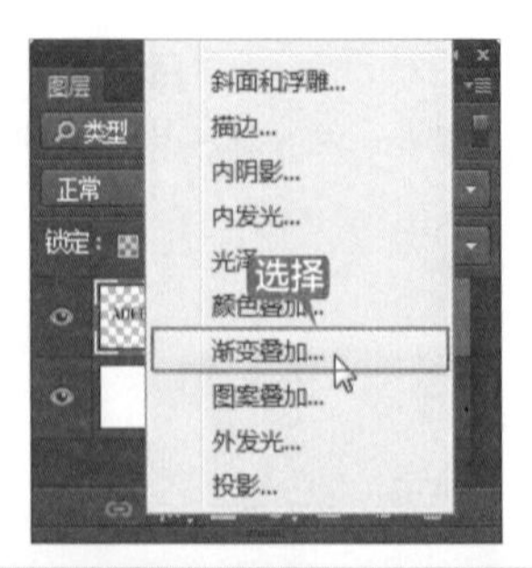

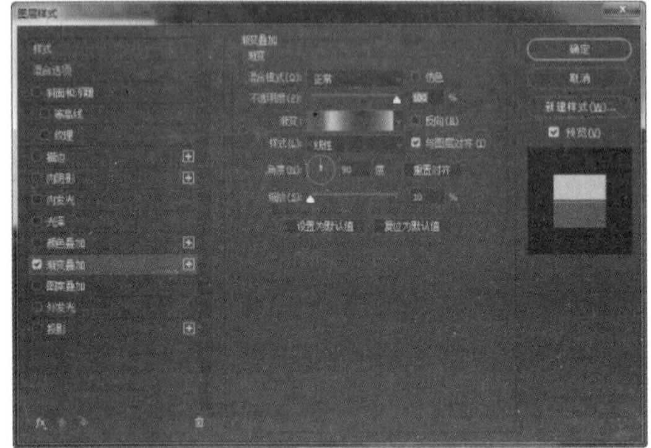

第 5 步 单击渐变颜色按钮，打开【渐变编辑器】对话框，设置浅灰色到深灰色的金属渐变颜色如下。

位置 0：“C:47，M:39，Y:37，K:0”；
位置 15：“C:78，M:72，Y:69，K:38”；
位置 30：“C:20，M:15，Y:14，K:0”；
位置 57：“C:78，M:72，Y:69，K:38”；
位置 77：“C:65，M:57，Y:54，K:3”；
位置 100：“C:16，M:13，Y:13，K:0”。

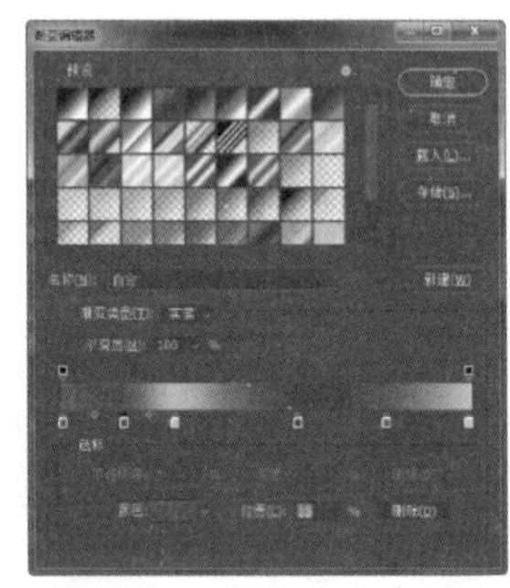

第 6 步 在【图层样式】对话框中继续添加【投影】图层样式，参数设置及效果如下图所示。

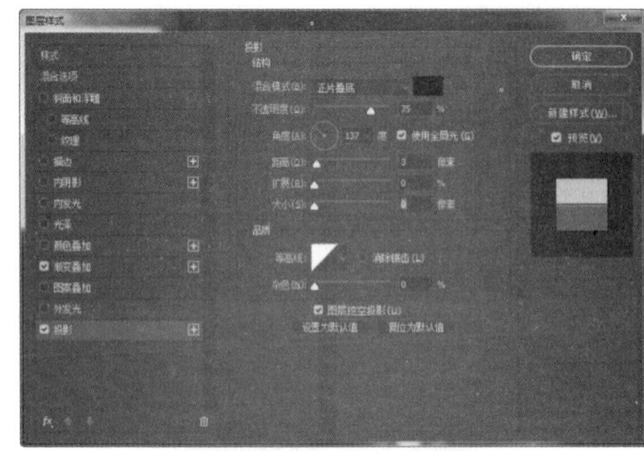

第 7 步 在工具箱中选择【自定形状工具】选项，在选项栏中单击【单击可打开“自定形状”拾色器】按钮，打开系统预设的形状，在其中选择需要的形状样式，如下图所示。

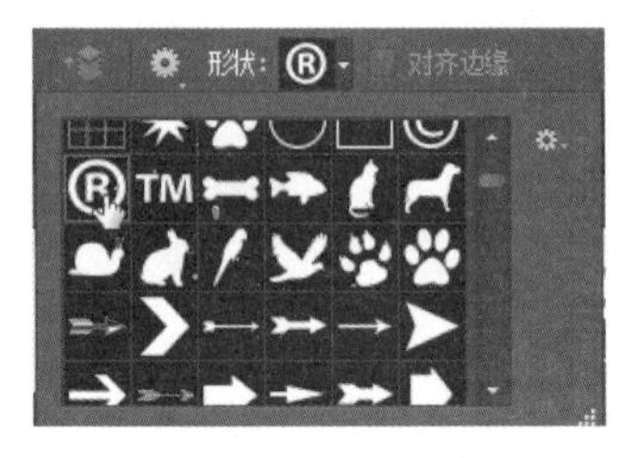

第 8 步 在【图层】面板中单击【新建图层】按钮，新建一个图层，然后在该图层中绘制形状，如下图所示。

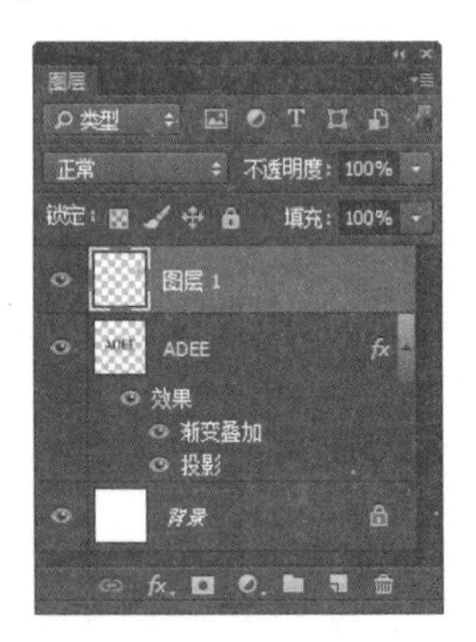

第9步 在【图层】面板中选中【文字】图层，按【Ctrl】键，选中【文字】和【图层1】图层并右击，从弹出的快捷菜单中选择【合并图层】选项，将两个图层合并成一个，如下图所示。

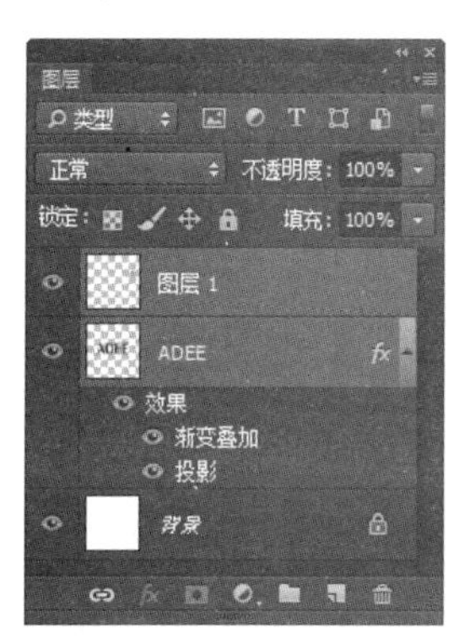
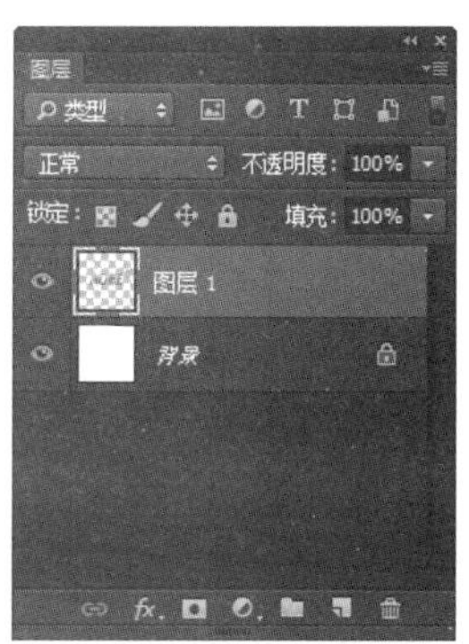

第10步 双击【背景】图层后面的锁图标，弹出【新建图层】对话框，单击【确定】按钮，将背景图层转化为普通图层。然后使用【魔棒工具】选择白色背景，按【Delete】键删除背景，如下图所示。

2. 制作公司导航栏

第1步 选择【文件】→【新建】命令，打开【新建】对话框，在【名称】文本框中输入“网页导航栏”，将【高度】设置为“800像素”，【宽度】设置为“100像素”，【分辨率】设置为“72像素/英寸”，如下图所示。

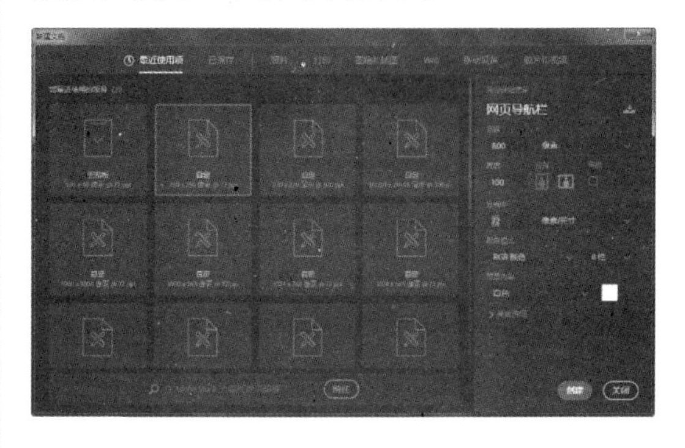

第2步 单击【确定】按钮，新建一个空白文档，在工具箱中选择【圆角矩形工具】选项，然后在选项栏中选择【路径】选项，选中【固定大小】复选框，设置【W】为“550像素”、【H】为“40像素”、【半径】为“50像素”，如下图所示。

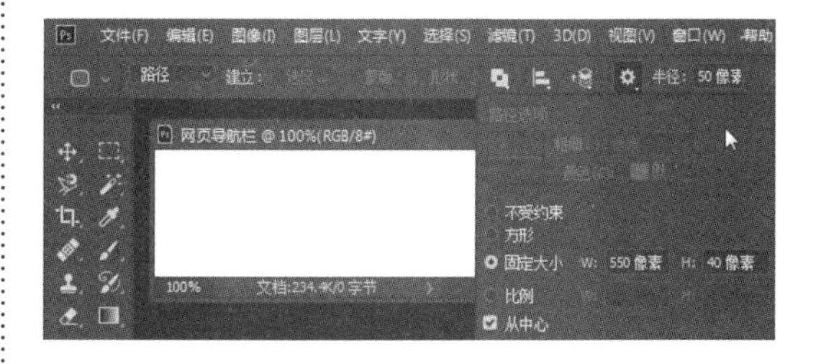

第3步 在网页导航栏文件中单击，绘制出路径图形，如下图所示。

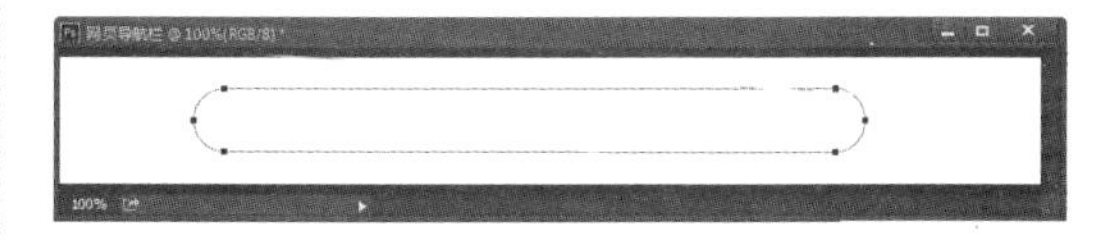

第4步 新建一个【图层1】图层，设置前景色为“白色”，在【路径】面板中单击【用前景色填充路径】按钮，为路径填充颜色，如下图所示。

第5步 新建一个【图层 2】图层，设置前景色为“蓝色”（C:75，M:40，Y:22，K:0），然后设置画笔参数，在【路径】面板中单击【用画笔描边路径】按钮，为路径进行描边，如下图所示。

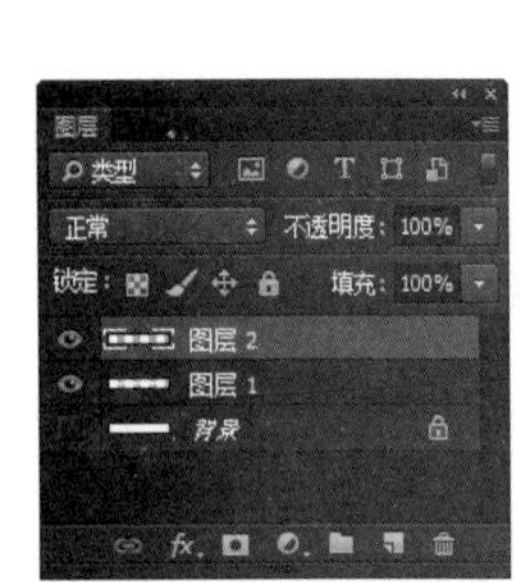

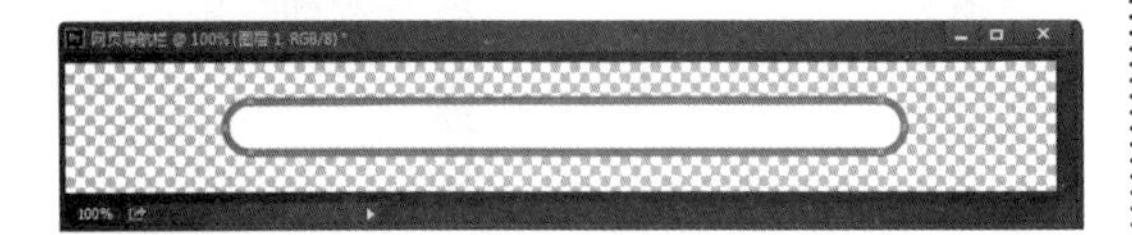

第6步 单击工具箱中的【横排文字工具】按钮，在其中输入文字，并设置文字的颜色为“蓝色”（C:75，M:40，Y:22，K:0），字体大小为“16 点”，字体为“黑体”，如下图所示。

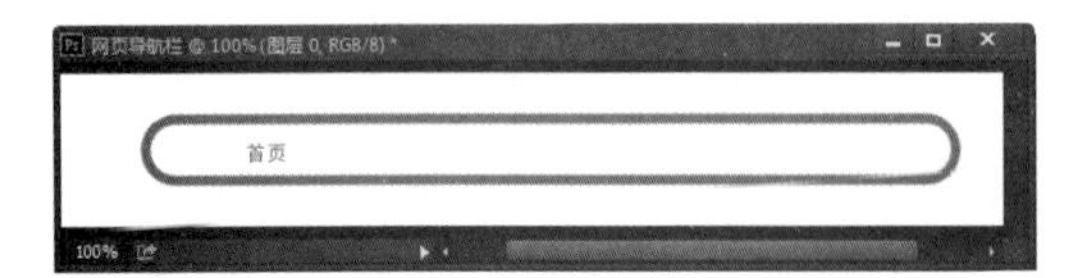

第7步 参照第 6 步，输入网页导航栏中的其他文字信息，不同的是将其他的文字位置排列整齐，如下图所示。

第8步 双击【背景】图层后面的锁图标，弹出【新建图层】对话框，单击【确定】按钮，将背景图层转化为普通图层。然后使用【魔棒工具】选择白色背景，按【Delete】键删除背景，如下图所示。

3. 制作按钮

第1步 选择【文件】→【新建】命令，打开【新建】对话框，在【名称】文本框中输入“按钮”，将【高度】设置为“25 像素”，【宽度】设置为“100 像素”，【分辨率】设置为“72 像素／英寸”，如下图所示。

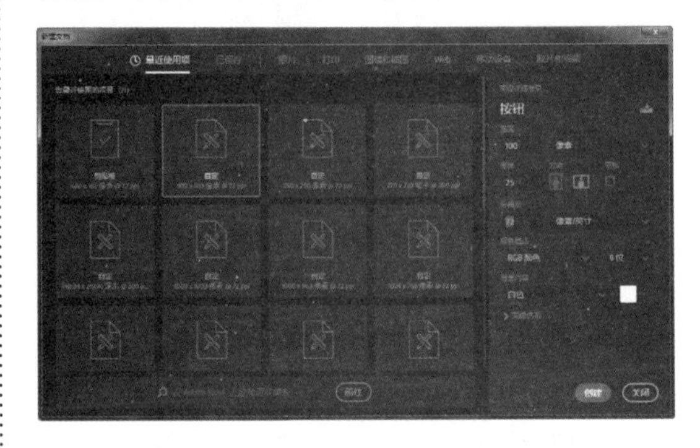

第2步 单击【确定】按钮，新建一个空白文档，然后填充灰色，如下图所示。

第3步 单击工具箱中的【渐变工具】按钮，设置渐变颜色为浅灰色到白色到浅灰

色的渐变色（位置 0：“C:27，M:21，Y:20，K:0”；位置 38：“C:0，M:0，Y:0，K:0”；位置 30：“C:52，M:44，Y:41，K:0”），如下图所示。

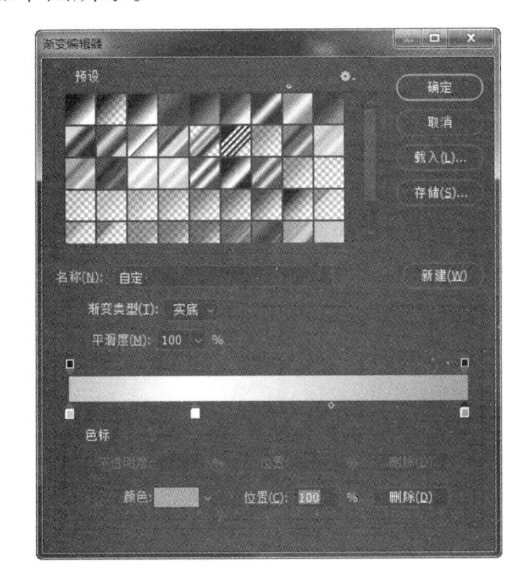

第 4 步 填充线性渐变颜色效果如下图所示。

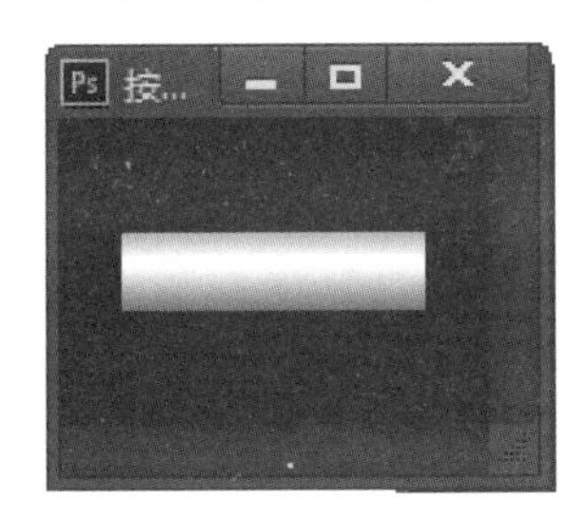

第 5 步 单击工具箱中的【横排文字工具】按钮，在其中输入文字，并设置文字的颜色为“深灰色”（C:75，M:68，Y:65，K:26），字体大小为“12 点”，字体为“黑体”，如下图所示。

第 6 步 将图像保存为“新闻按钮 .jpg”，然后参照第 5 步，输入另外两个按钮中的其他文字信息，分别进行保存，如下图所示。

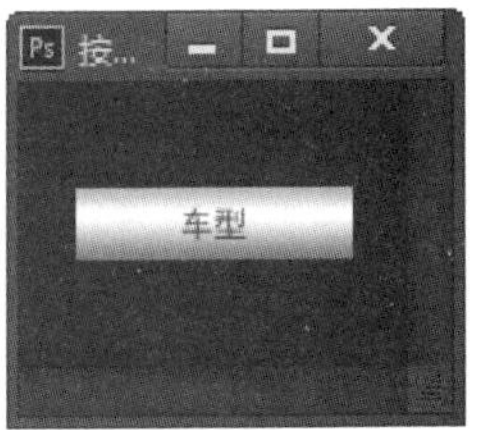

4. 制作公司状态栏

第 1 步 选择【文件】→【新建】命令，弹出【新建】对话框，在【名称】文本框中输入“状态栏”，将【高度】设置为“1 024 像素”，【宽度】设置为“100 像素”，【分辨率】设置为“72 像素 / 英寸”，如下图所示。

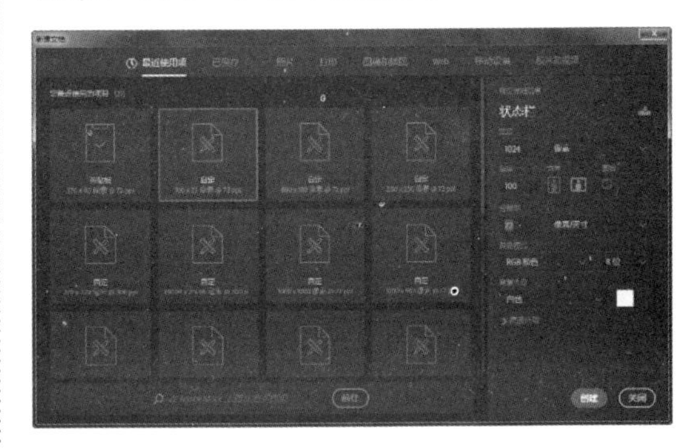

第 2 步 单击【确定】按钮，即可创建一个空白文档，如下图所示。

第 3 步 设置前景色为“黑色”，然后填充到图像中，如下图所示。

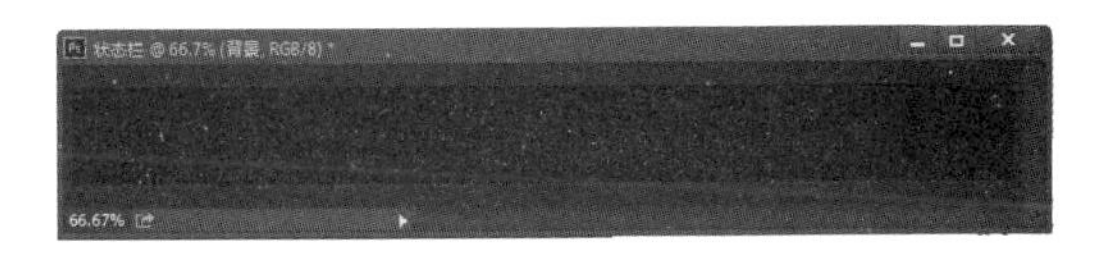

第 4 步 单击工具箱中的【横排文字工具】，在其中输入“版权信息、地址、电话”等相关文字信息，设置文字的字体为“黑体”、字号为“12”，颜色为“白色”，如下图所示。

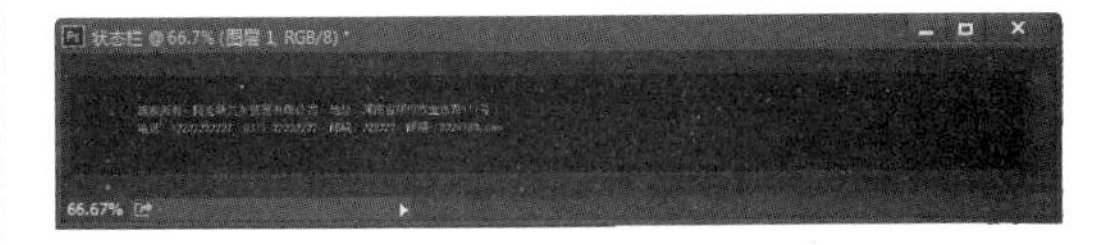

5. 设计汽车网页

（1）新建文件。

第1步 选择【文件】→【新建】命令，如下图所示。

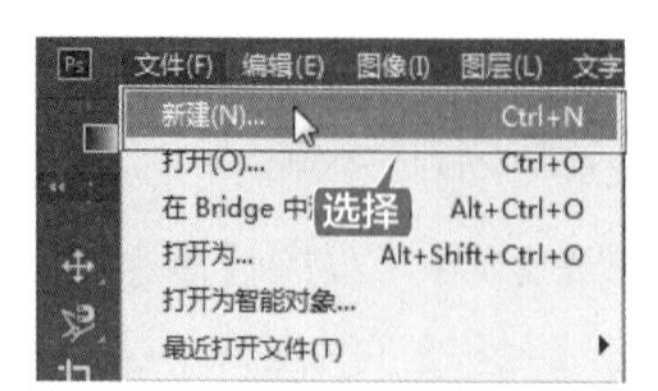

第2步 在弹出的【新建】对话框中创建一个【名称】为“汽车网页”、【宽度】为“1 024 像素”、【高度】为“768 像素”、【分辨率】为“72 像素 / 英寸”，【颜色模式】为“RGB 颜色”的新文件，如下图所示。

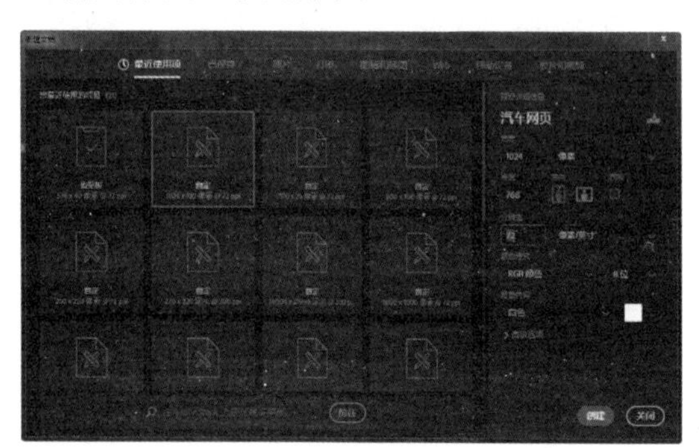

第3步 单击【确定】按钮，创建一个“汽车网页”空白文档，如下图所示。

（2）使用素材文件。

第1步 单击工具箱中的【渐变工具】按钮，设置渐变颜色为浅灰色到白色到浅灰色的渐变色（位置 0：“C：13，M：10，Y：10，K：0”；位置 38：“C：2，M：2，Y：2，K：0”；位置 30：“C：14，M：11，Y：10，K：0”），如下图所示。

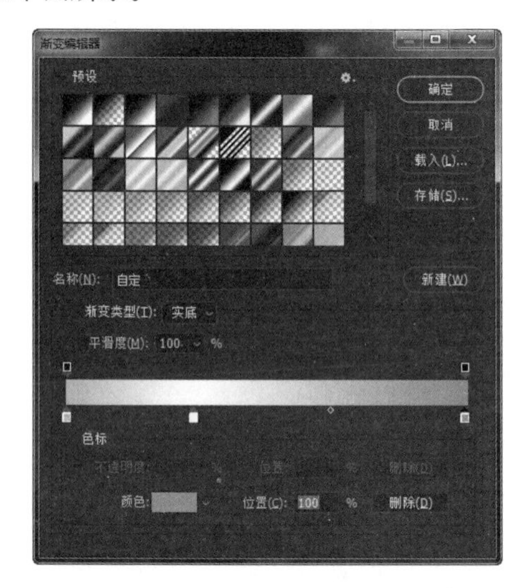

第2步 为图像填充线性渐变颜色，效果如下图所示。

第3步 打开“素材\ch15\汽车\公司标志.psd”和“素材\ch15\汽车\网页导航栏.psd”图片。选择【移动工具】选项将素材拖曳到新建文档中，按【Ctrl+T】组合键来调整位置和大小，并调整图层顺序，如下图所示。

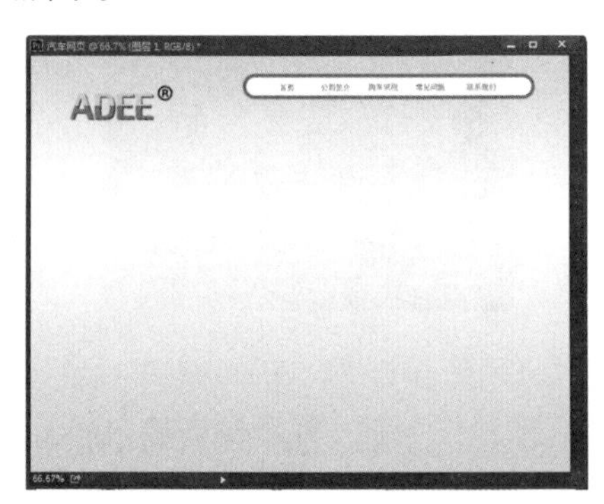

第 4 步 打开“素材\ch15\汽车\新闻按钮.jpg”“素材\ch15\汽车\维修按钮.jpg”“素材\ch15\汽车\车型按钮.jpg”和“素材\ch15\汽车\状态栏.jpg”图片，选择【移动工具】选项将素材文件拖曳到新建文档中，并调整位置和顺序。按【Ctrl+T】组合键来调整位置和大小，并调整图层顺序，如下图所示。

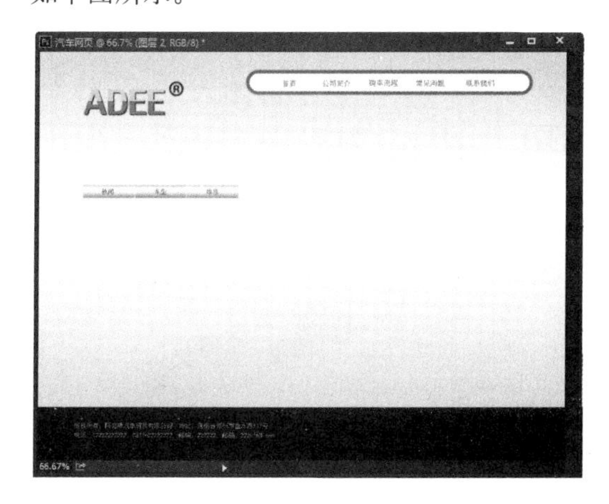

第 5 步 打开“素材\ch15\汽车\公司.jpg”图片，使用【移动工具】将“公司.jpg”图片拖曳至“汽车网页 .psd”文档中，按【Ctrl+T】组合键，自由变换图片至合适的大小和位置，如下图所示。

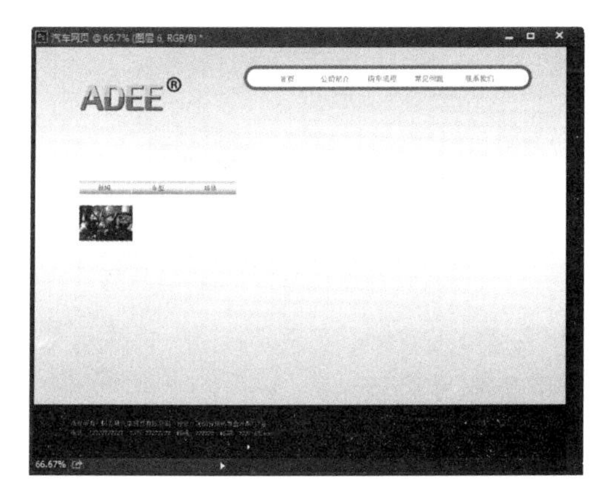

（3）输入文本。

第 1 步 选择工具箱中的【横排文字工具】选项，在文档中输入文字“企业介绍”，设置文字的字体为“深黑体”、字体大小为“12 点”，并设置文本颜色为“深绿色”（C:73，M:0，Y:100，K:0），如下图所示。

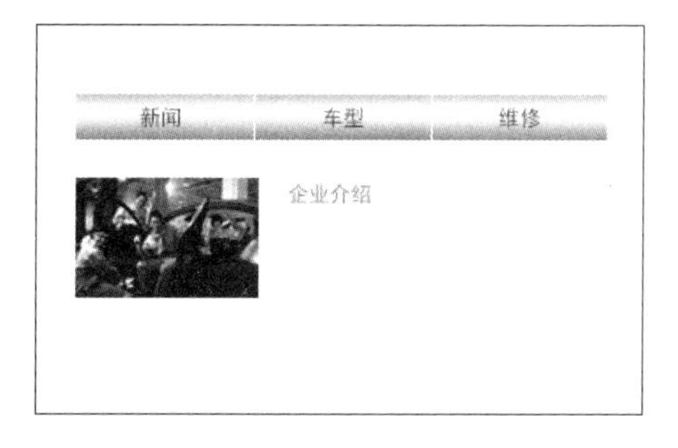

第 2 步 继续在文档中输入文字“服务宗旨”，设置文字的字体为“黑体”、字体大小为“10 点”，并设置文本颜色为“深灰色”（C:75，M:68，Y:65，K:26），如下图所示。

第 3 步 选择工具箱中的【横排文字工具】选项，在文档中输入有关该企业的相关介绍性信息，并设置文字的字体为“黑体”、字号为“8 点”，如下图所示。

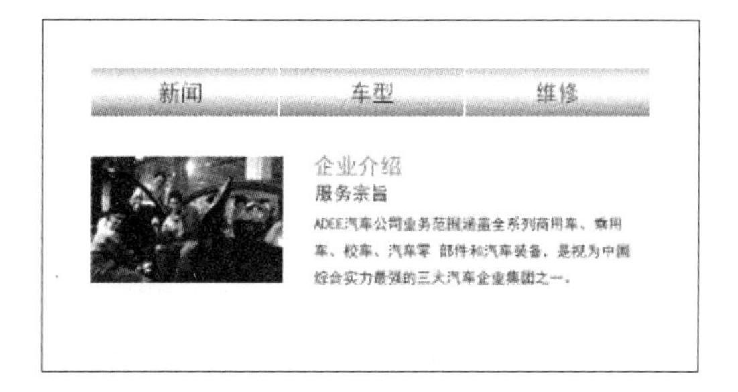

第 4 步 再次使用【横排文字工具】，在文档中输入英文字母“Read More”，设置文字的字体为“黑体”、字号为“8 点”，并设置文本颜色为“深绿色”（C:73，M:0，Y:100，

K:0），如下图所示。

第5步 在【Read More】图层下新建一个图层，使用【矩形工具】绘制【Read More】图层下的矩形图标，颜色设置为"深灰色"，如下图所示。

（4）绘制图形。

第1步 新建一个图层，单击工具箱中的【钢笔工具】按钮绘制如下图所示的图形，并填充为"深灰色"（C:73，M:66，Y:63，K:20）。

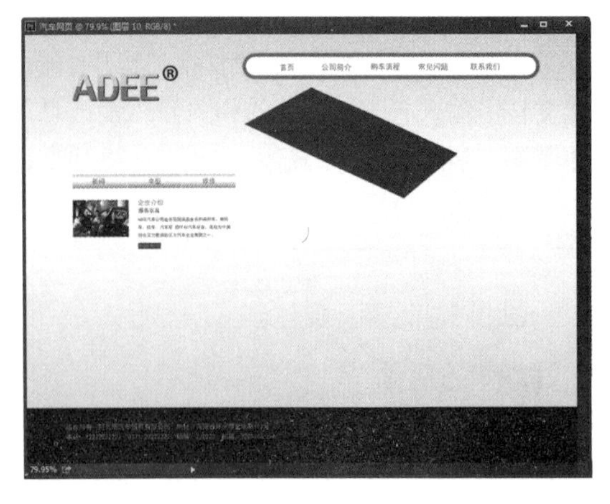

第2步 使用第 1 步的方法继续在不同的图层创建图形，如下图所示。

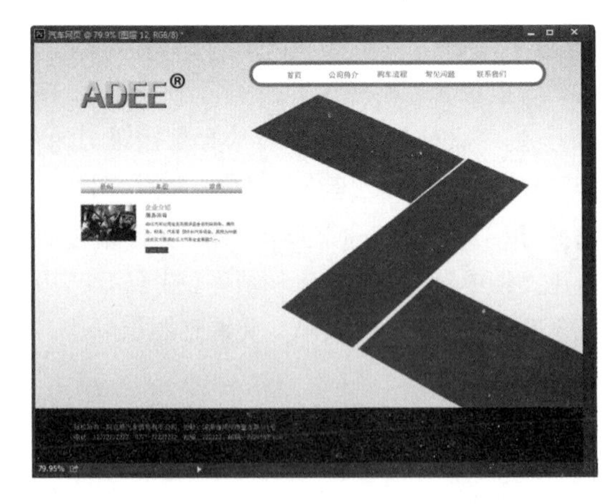

第3步 使用第 1 步的方法继续在新的图层创建图形，如下图所示，这里填充的颜色为白色。

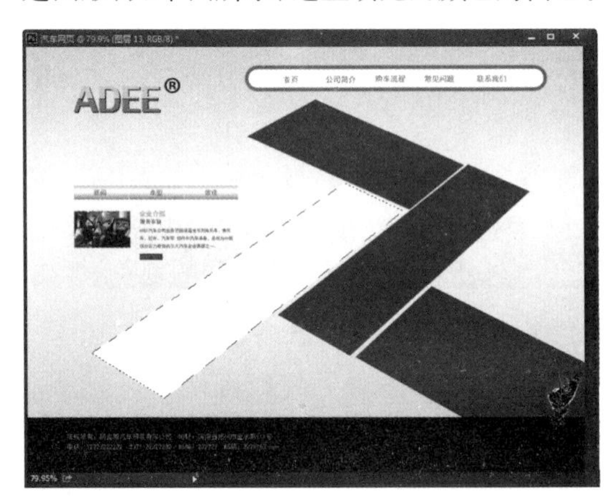

第4步 使用第 1 步的方法继续在新的图层创建图形，如下图所示，这里填充的颜色为浅灰色（C:39， M:31，Y:30，K:0），把这个图形所在图层放到上一步图形图层的下方。

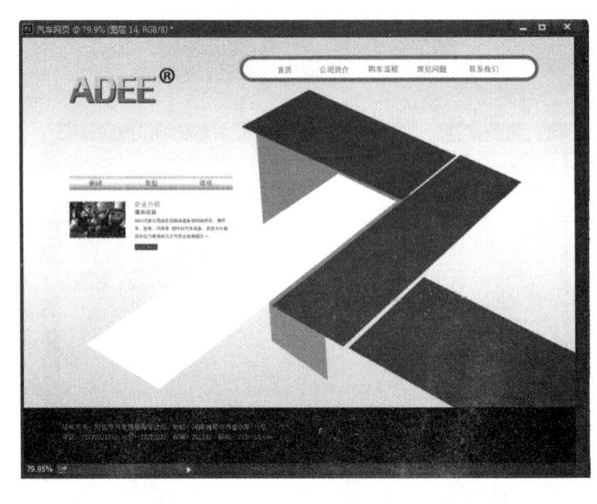

第5步 在【图层】面板中选中【深灰色图形】

图层，单击【添加图层样式】按钮 fx，添加【投影】图层样式，然后设置参数如下图所示。

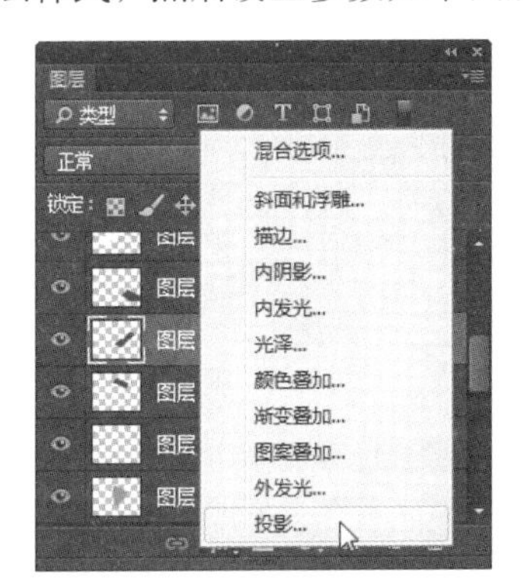

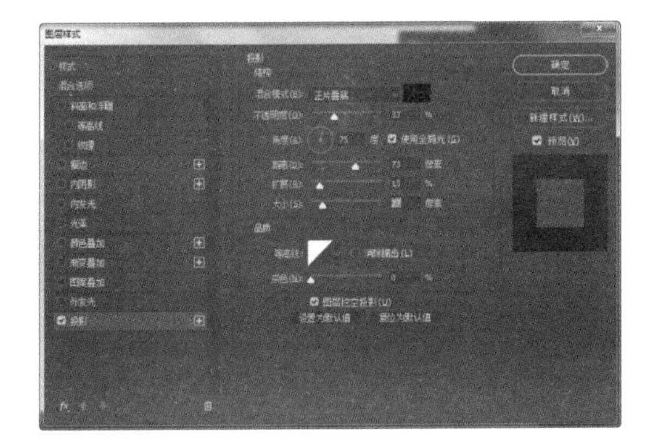

第 6 步 单击【确定】按钮，设置后的效果如下图所示。

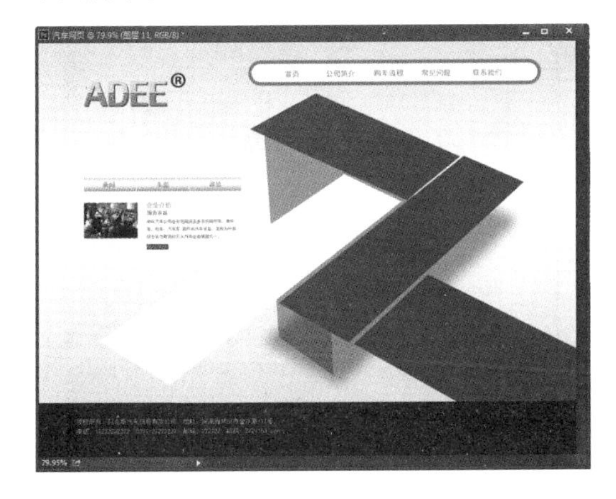

第 7 步 在该图层上右击，在弹出的快捷菜单中选择【拷贝图层样式】命令，然后选择第 6 步绘制的图形图层，粘贴图层样式，效果如下图所示。

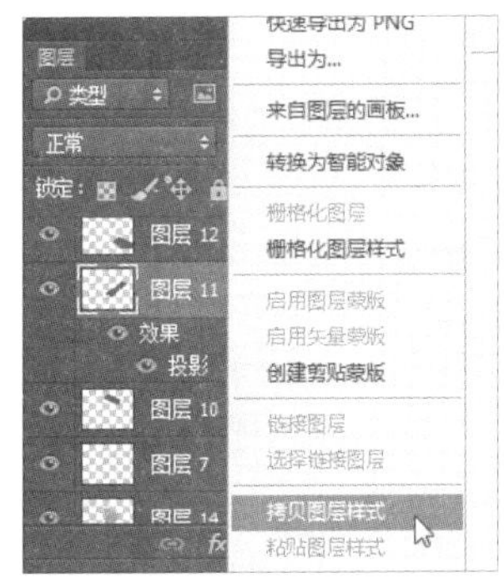

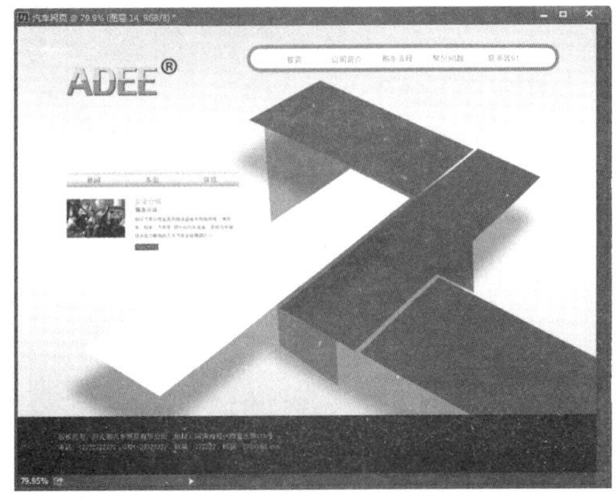

第 8 步 在浅灰色垂直图层上新建一个图层，使用【画笔工具】绘制分割线，前景色设置为“白色”，效果如下图所示。

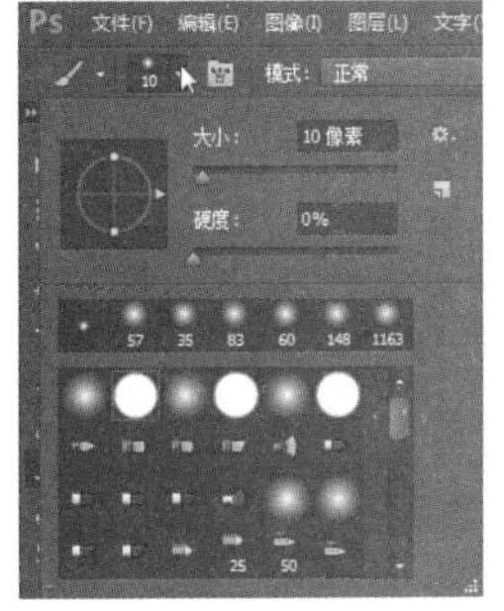

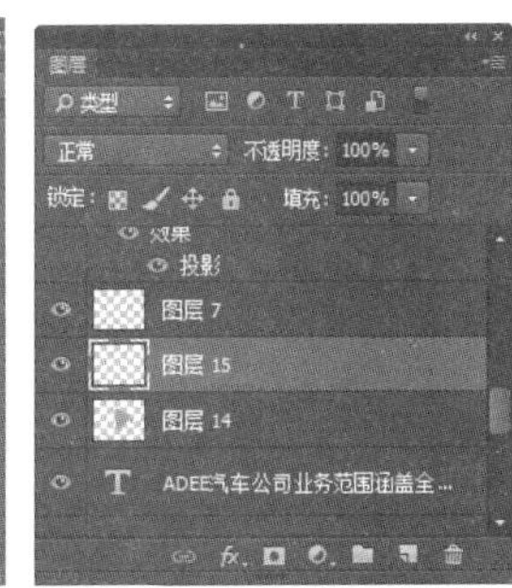

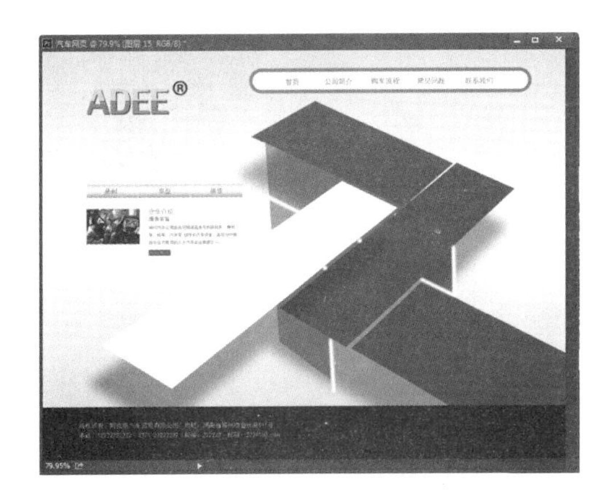

第9步 将白色条状图层的图层样式栅格化，使用【多边形套索工具】选中不合理的投影部分，然后删除，效果如下图所示。

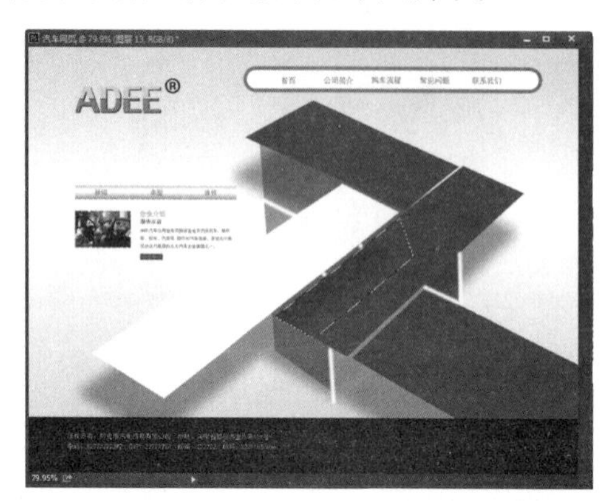

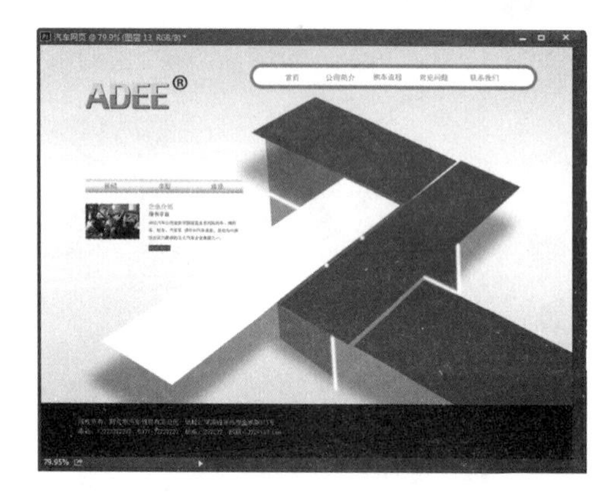

第10步 同理，删除其他不合理的投影部分，效果如下图所示。

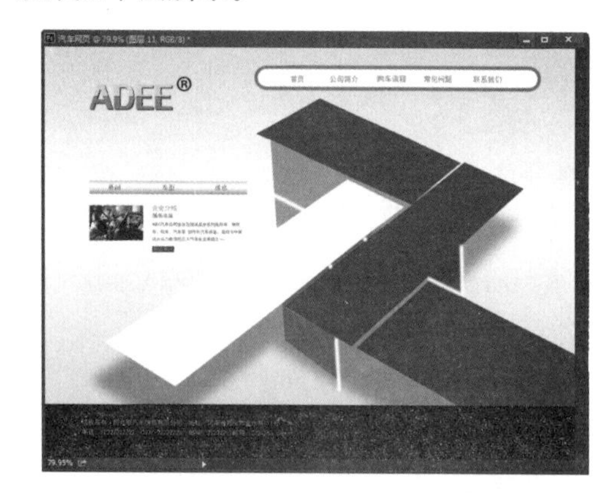

（5）使用素材文件。

第1步 打开“素材\ch15\汽车\厂房 .jpg”图片，使用【移动工具】将“厂房 .jpg”图片拖曳至“汽车网页 .psd”文档中，按【Ctrl+T】组合键，自由变换图片至合适的大小和位置，如下图所示。

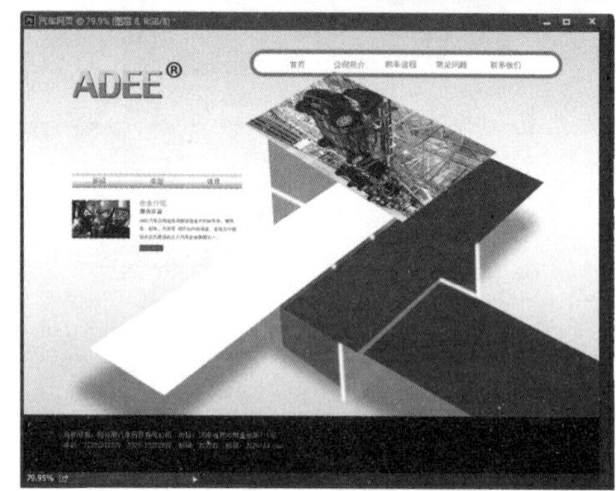

第2步 创建【厂房】图像下深灰色色块的图层选区，然后反选删除图像，结果如下图所示。

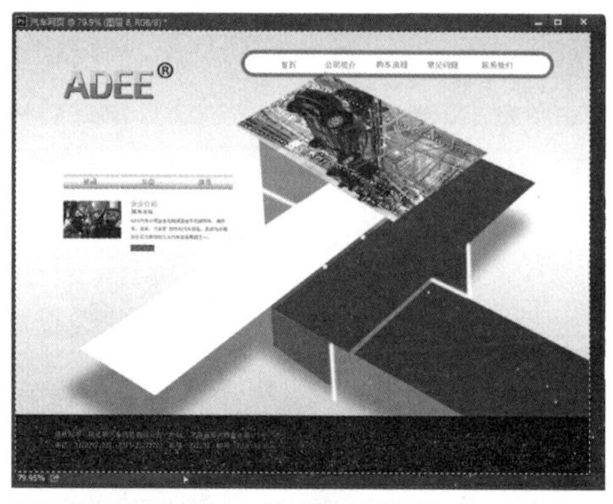

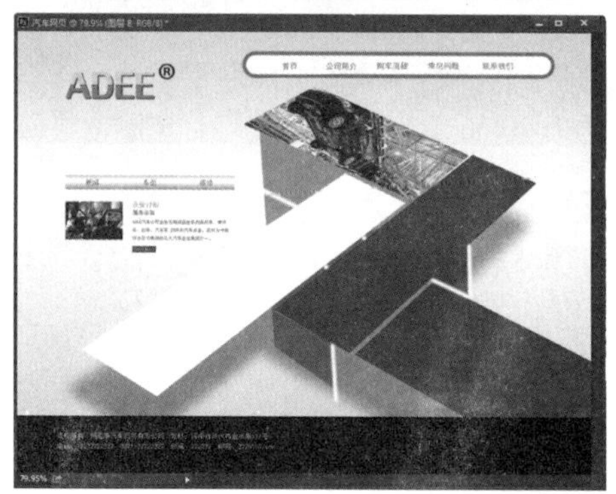

第 3 步 打开“素材 \ch15\ 汽车 \ 维修 .jpg”和“汽车 .jpg”图片，使用【移动工具】将两张图片拖曳至“汽车网页 .psd”文档中，按【Ctrl+T】组合键，自由变换图片至合适的大小和位置，如下图所示。

第 4 步 使用第 2 步的方法创建选区，删除多余的图像，如下图所示。

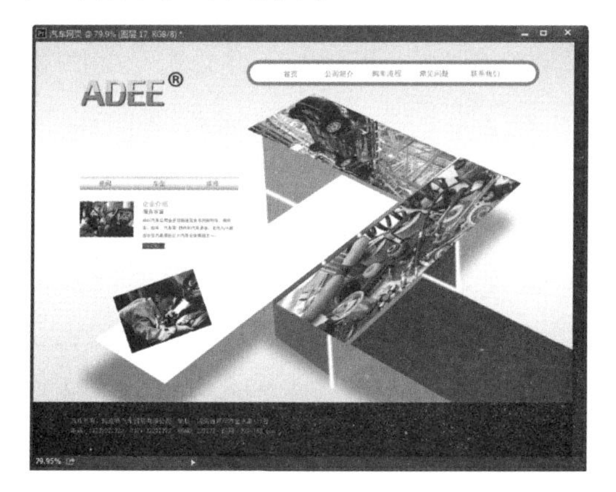

第 5 步 为“维修 .jpg”图片图层添加【投影】图层样式效果，如下图所示。

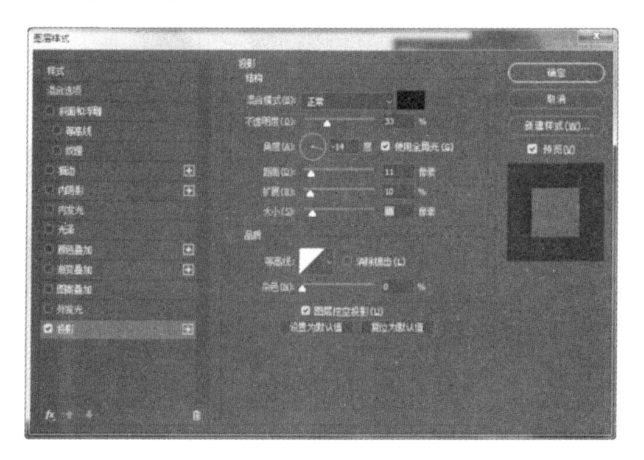

第 6 步 使用【横排文字工具】在文档中输入广告词，并设置文字的字体为“楷体”、字体大小为“30 点”，设置文本颜色为“深灰色”，调整文字位置，如下图所示。

第 7 步 单击工具箱中的【横排文字工具】按钮，在其中输入相关文字信息，如下图所示。

（6）保存“汽车网页”。

第1步 选择【文件】→【导出】→【存储为Web所用格式】命令，如下图所示。

第2步 弹出【存储为Web所用格式】对话框，根据需要设置相关参数，如下图所示。

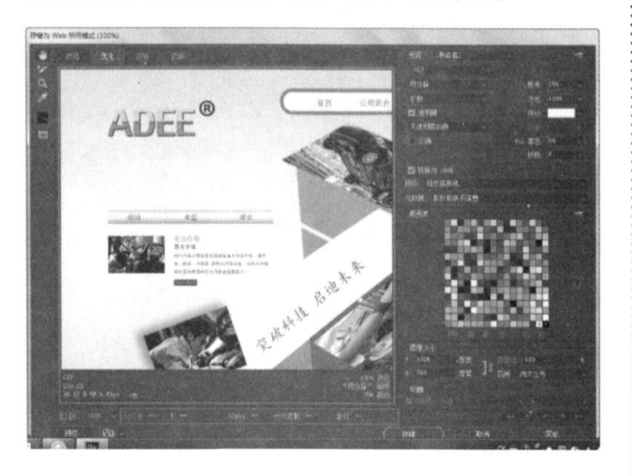

第3步 单击【存储】按钮，弹出【将优化结果存储为】对话框，设置文件保存的位置。单击【格式】下拉按钮，从弹出的下拉菜单中选择【HTML和图像】选项，如下图所示。

第4步 单击【保存】按钮，即可将“汽车网页”以“HTML和图像”的格式保存起来，如下图所示。

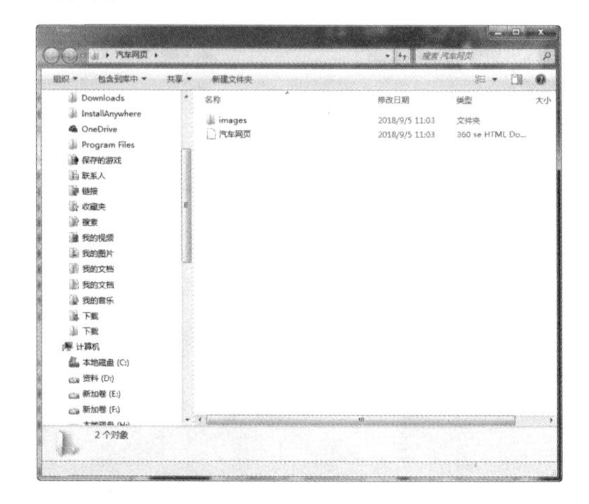

第5步 双击其中的“汽车网页.html”文件，即可在IE浏览器中打开汽车网页，如下图所示。

提示

在设计网页时应根据网站类型来决定整体的色调、画面布局及字体的类型。由于上述网页是一个汽车网页，所以网页的基本色调被确定为金属灰色，其中文字也多用比较简单规整的字体样式。

15.2 房地产网页设计

本节主要介绍如何综合运用各种工具来设计房地产网页。下面介绍房地产网页设计处理的方法和思路，以及通常使用的工具等。

15.2.1 案例概述

房地产网页的设计主要以精美的楼盘实景图片、人性化的设计来凸显房地产项目。本案例主要使用了【文字工具】【移动工具】和【自定形状工具】来制作房地产网页。制作后的效果如下图所示。

15.2.2 设计思路

网站建立之初，策划是必需的，策划期间的重点工作在于网站建立的目的和主题定位。以企业网站为例子，建立网站是为了提升企业品牌、销售公司产品、获得有价值的流量、提升网站转化率等因素。在设计主题明确定位之后，就要在计算机或者纸质介质上绘制设计草图。

网页设计作为一种视觉语言，特别讲究编排和布局，虽然主页的设计不同于平面设计，但它们有许多相近之处。网页设计中的导航使用超文本链接或图片链接，使用户能够在网站上自由前进或后退，而不用使用浏览器上的前进或后退按钮。在所有的图片上使用“ALT”标识符注明图片名称或解释，以便于不愿意自动加载图片的用户也能够了解图片的含义。本案例主要采用蓝色系，以达到一种高贵感和唯美感。另外，网页的布局采用“POP”布局。页面布局是一幅宣传海报，以一幅精美图片作为页面的设计中心，非常吸引人。

网站总体设计与策划如下。

① 网站主题明确。

② 网站风格创意设计（色彩与整体视觉效果）。

③ 网站结构设计（页面结构与链接结构）。

④ 网站内容组织。

HTML 语言的应用，熟练使用 HTML 语言编写网页。

① 能够熟练控制网页中的文字、图片、表格、超链接、框架、表单等对象的相关属性。

② 能够熟练地在页面中插入各种多媒体对象（Flash 动画或视频、音频对象），并能够对其属性、显示效果进行控制。

15.2.3 涉及知识点与命令

在目标明确的基础上，完成网站的构思创意即总体设计方案。对网站的整体风格和特色作出定位，规划网站的组织结构。

Web 站点应针对所服务对象（机构或人）的不同而具有不同的形式。有些站点只提供简洁的文本信息；有些则采用多媒体表现手法，提供华丽的图像、闪烁的灯光、复杂的页面布置，甚至可以下载声音和视频片段。好的 Web 站点把图形表现手法和有效的组织与通信结合起来。

为了做到主题鲜明突出，要点明确，我们将按照客户的要求，以简单明确的语言和画面体现站点的主题；调动一切手段充分表现站点的个性和情趣，办出网站的特色。

Web 站点主页应具备的基本成分包括页头（准确无误地标识站点和企业标志）、E-mail 地址（用来接收用户垂询）、联系信息（如普通邮件地址或电话）、版权信息（声明版权所有者）等。

充分利用已有信息，如客户手册、公共关系文档、技术手册和数据库等。

运用到 Photoshop CC 2018 软件中的图层、图形绘制和文字等命令。

15.2.4 房地产网页设计步骤

下面将介绍房地产网页设计的具体操作步骤。

1. 新建文件并设置辅助线

第 1 步 选择【文件】→【新建】命令，如下图所示。

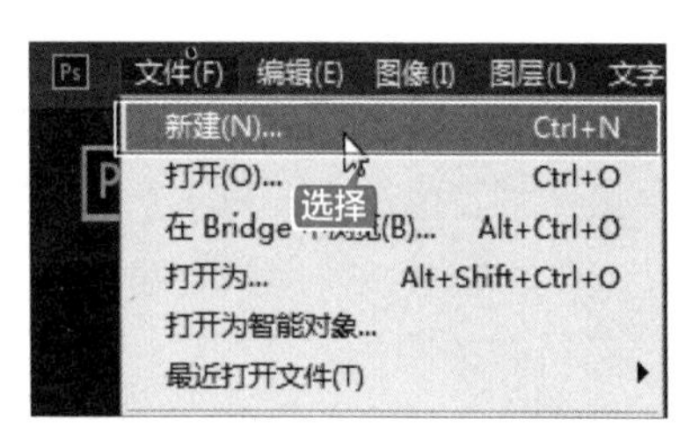

第 2 步 在弹出的【新建】对话框中创建一个名称为“房地产网页”、【宽度】为“1 024 像素”、【高度】为“560 像素”、【分辨率】为“72 像素 / 英寸”，【颜色模式】为“RGB 颜色”的新文档，如下图所示。

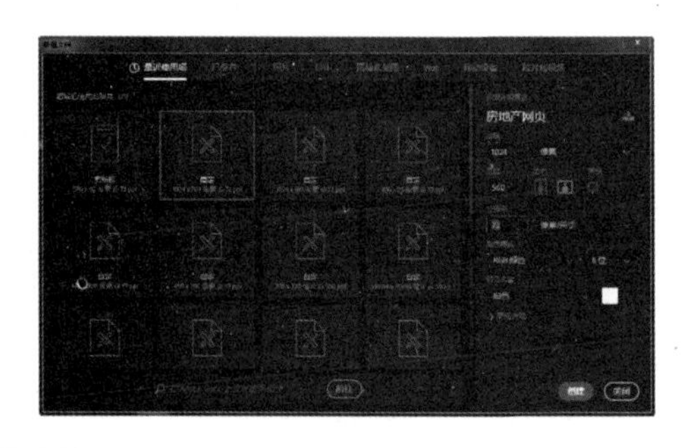

第 3 步 单击【确定】按钮，创建一个“房地产网页”空白文档，如下图所示。

第 4 步 选择【视图】→【新建参考线】命令，在【新建参考线】对话框中进行参数的设置，如下图所示。

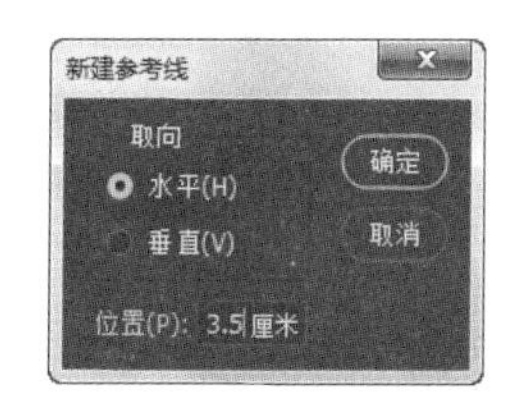

第 5 步 同理，设置水平方向 18 厘米处的参考线，如下图所示。

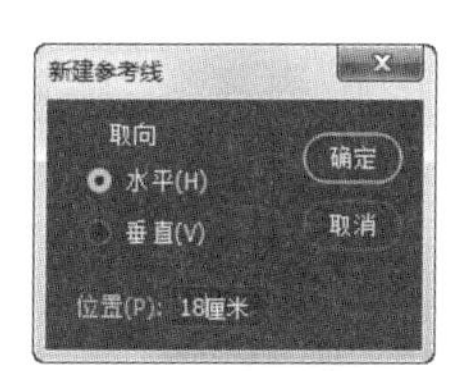

第 6 步 设置前景色为“深灰色”，然后填充到背景图层，如下图所示。

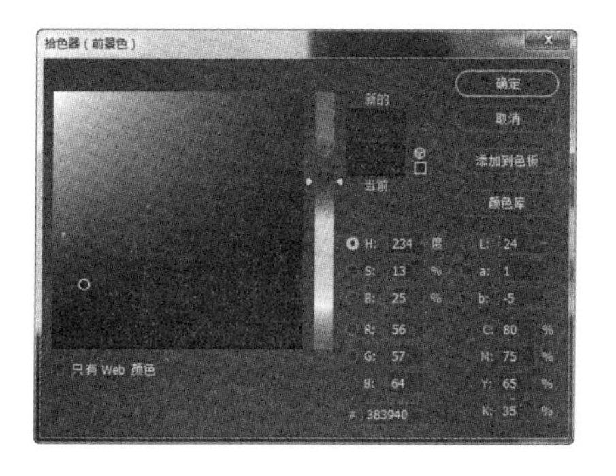

2. 使用素材文件

第 1 步 打开“素材 \ch15\ 房产 \ 背景 .jpg”和“素材 \ch15\ 房产 \ 公司 Logo.jpg”图片，如下图所示。

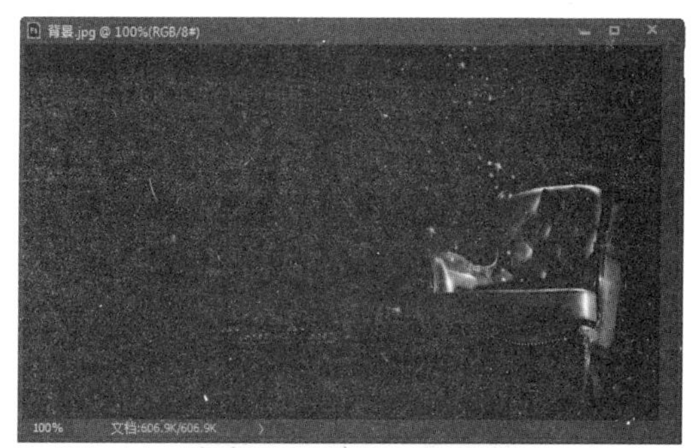

第 2 步 选择【移动工具】选项将素材拖曳到“背景”文档中，按【Ctrl+T】组合键来调整位置和大小，并调整图层顺序，如下图所示。

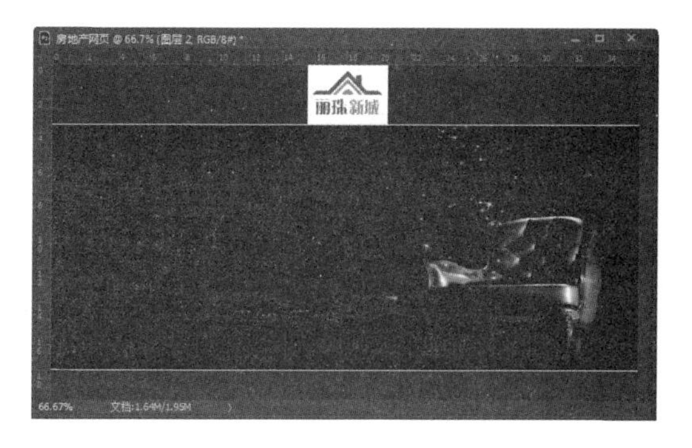

第 3 步　单击工具箱中的【横排文字工具】按钮，在其中输入广告文字信息，设置文字的字体为“方正粗倩简体”、字体大小为“30 点”，文字颜色为“白色”，如下图所示。

第 4 步　继续输入广告文字信息，设置文字的字体为“黑体”、字体大小为“12 点”，文字颜色为“浅灰色”，如下图所示。

第 5 步　继续输入广告文字信息，设置文字的字体为“黑体”、字体大小为“10 点”，文字颜色为“浅灰色”，如下图所示。

第 6 步　继续在状态栏中输入“版权所有：汇成房地产开发有限责任公司　地址：北京市惠济区天明 2 号 E-mail：123@163.com 联系电话：010-123456 13012345678　联系人：王某”文字，设置文字的字体为“黑体”、字体大小为“10 点”，文字颜色为“白色”，如下图所示。

3. 制作导航栏

第 1 步　在工具箱中单击【横排文字工具】按钮，在文档中输入导航栏信息。字体设置为“黑体”、大小设置为“12 点”，颜色设置为“白色”，如下图所示。

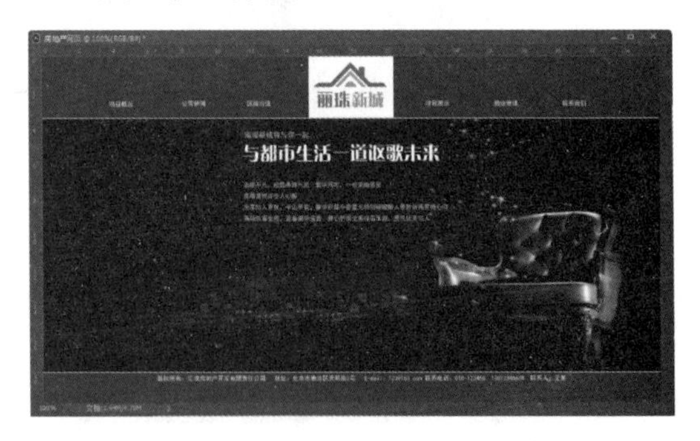

第 2 步　在工具箱中单击【画笔工具】按钮，设置画笔【大小】为“1 像素”，【硬度】为“100%”，新建一个图层，在网页导航栏中绘制分割线条，并设置线条的颜色为“白色”，如下图所示。

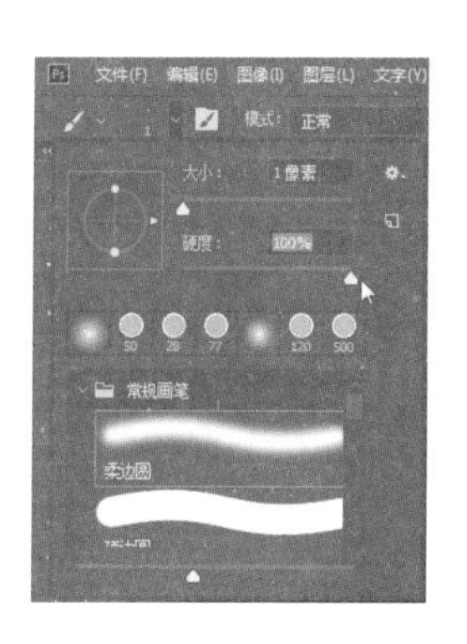

第 3 步 新建一个图层，在工具箱中单击【自定形状工具】按钮，再在选项栏中单击【单击可打开“自定形状”拾色器】按钮，打开系统预设的形状，在其中选择所需要的形状样式，在导航栏文字上方绘制一个形状，如下图所示。

第 4 步 继续绘制导航栏文字上方的形状，如下图所示。

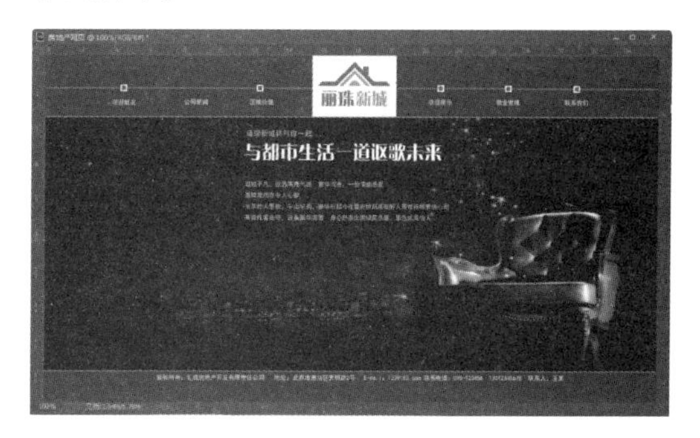

第 5 步 在工具箱中单击【自定形状工具】按钮，再在选项栏中单击【单击可打开“自定形状”拾色器】按钮，打开系统预设的形状，在其中选择所需要的形状样式，在导航栏文字上方绘制一个形状，如下图所示。

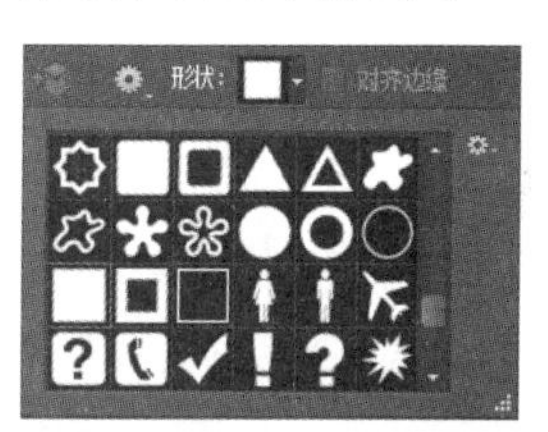

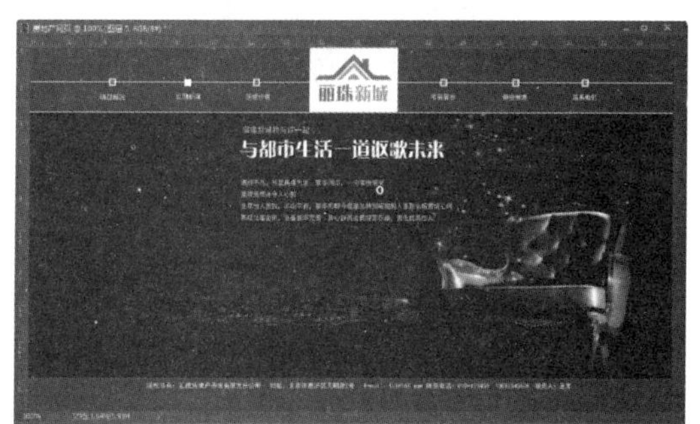

第 6 步 打开“素材\ch15\房产\户型图 -1”“户型图 -2”“户型图 -3”和“户型图 -4”图片，如下图所示。

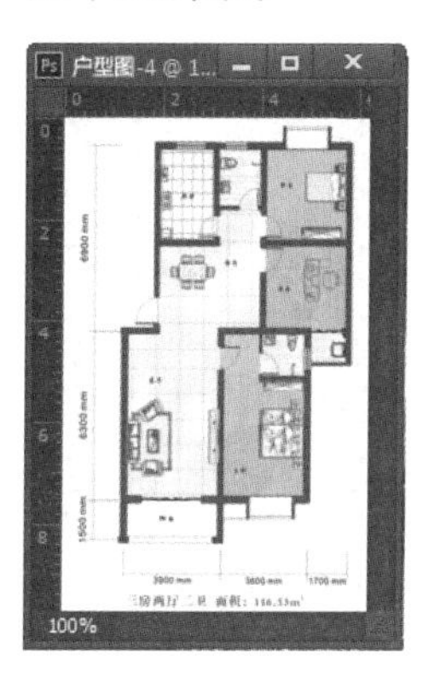

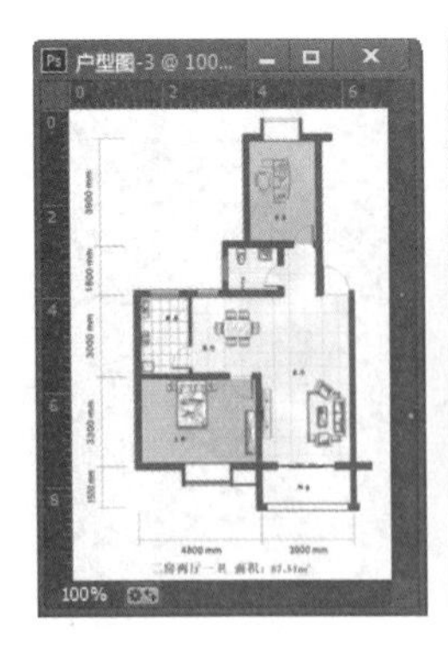

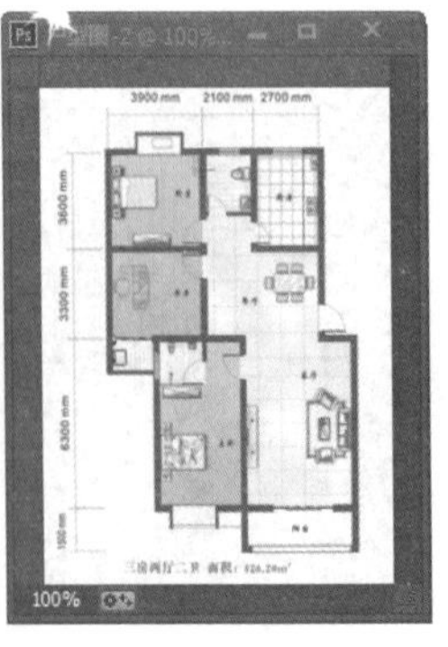

第7步 选择【移动工具】选项 将素材拖曳到“背景”文档中，按【Ctrl+T】组合键来调整位置和大小 ，并调整图层顺序，如下图所示。

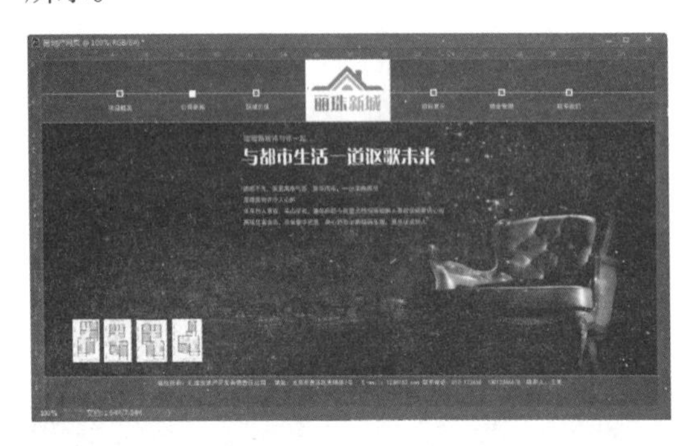

第8步 至此，一个房地产网页就设计完成了，选择【视图】→【清除参考线】命令，即可清除文件中的参考线；按【Ctrl+R】组合键取消显示标尺，如下图所示。

4. 保存“房地产网页”

第1步 选择【文件】→【导出】→【存储为Web 所用格式】命令，如下图所示。

第2步 弹出【存储为 Web 所用格式】对话框，根据需要设置相关参数，如下图所示。

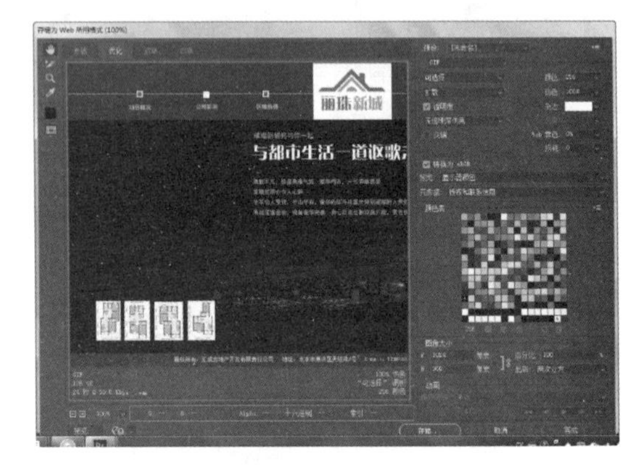

第3步 单击【存储】按钮，弹出【将优化结果存储为】对话框，设置文件保存的位置，单击【格式】下拉按钮，从弹出的下拉菜单中选择【HTML 和图像】选项，如下图所示。

第4步 单击【保存】按钮，即可将“房地产网页”

以“HTML 和图像”的格式保存起来，如下图所示。

第5步 双击其中的“房地产网页 .html”文件，即可在 IE 浏览器中打开房地产网页，如下图所示。

◇ 如何对网页进行切片

在 Photoshop CC 2018 软件中设计好的网页素材，一般还需要将其应用到 Dreamweaver 中才能发布， 为了符合网站的结构，就需要将设计好的网页进行切片，然后存储为 Web 所用格式。对设计好的网页进行切片的具体操作步骤如下。

第1步 选择【文件】→【打开】命令。

第2步 打开“结果 \ch15\ 汽车网页 .psd”图片，如下图所示。

第3步 在工具箱中单击【切片工具】按钮，根据需要在网页中选择需要切割的图片，如下图所示。

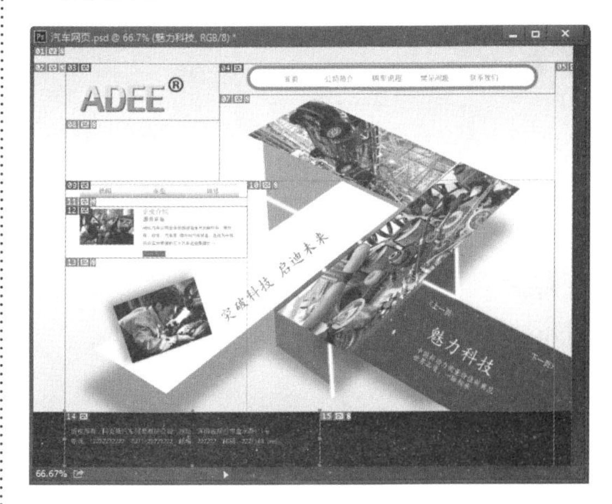

第4步 选择【文件】→【导出】→【存储为 Web 所用格式】命令，打开【存储为 Web 所用格式】对话框，在其中选中切片 3 中的图像，如下图所示。

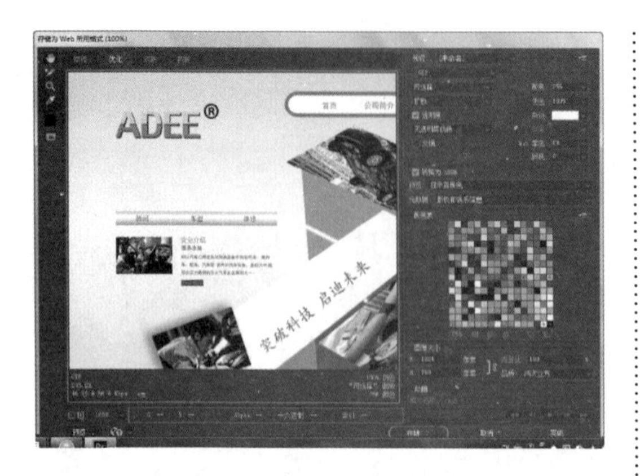

第5步 单击【存储】按钮，即可打开【将优化结果存储为】对话框，单击【切片】后面的下拉按钮，从弹出的下拉菜单中选择【选中的切片】选项，如下图所示。

第6步 单击【保存】按钮，即可将切片3中的图像保存起来，如下图所示。

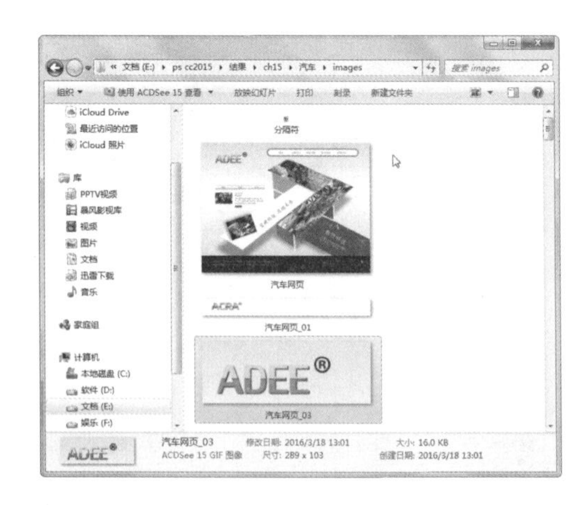

第7步 采用保存切片3的方法将其他切片图像也保存起来。

◇ 网页设计要素

网站的本质就是“形式主义”，内容、功能、表现为网站的三要素，低保真原型解决了基础内容层面的问题，而高保真线框图规划了网站的功能和表现；内容是网站最基本最重要的核心。因此，高保真原型必须建立在低保真原型的基础上，直接进行页面的细节规划是一种本末倒置的错误行为，如下图所示。

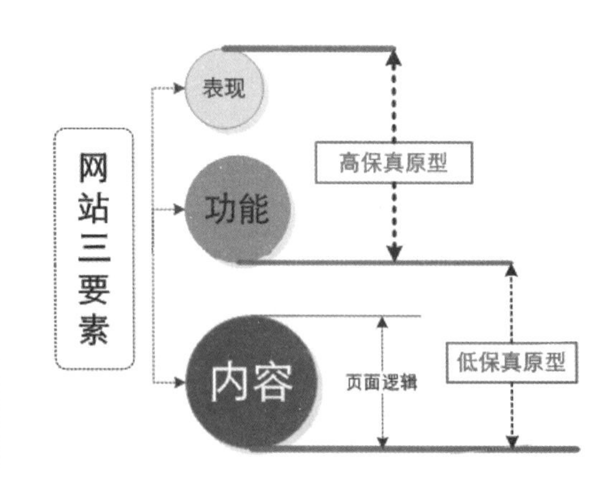

第16章

动画设计

本章导读

使用 Photoshop CC 2018 软件不仅可以处理图像，还可以设计简单的动画。通过对本章的学习，读者可以掌握如何制作简单的动画。

思维导图

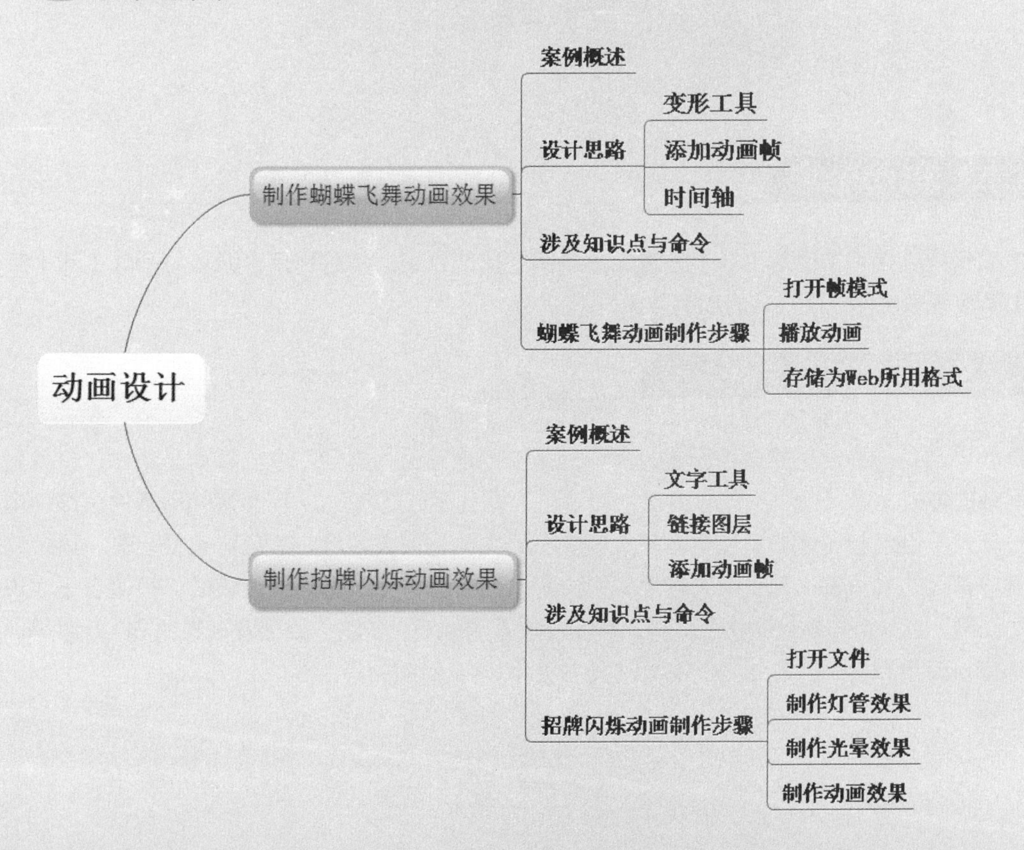

16.1 制作蝴蝶飞舞动画效果

本节主要介绍如何运用【动画】面板和【变形工具】来制作蝴蝶飞舞的动画效果。

案例名称：制作蝴蝶飞舞动画效果

案例目的：学会运用【动画】面板和【变形工具】

	素材	素材 \ch16\
	结果	结果 \ch16\ 制作蝴蝶飞舞动画效果
	录像	视频教学录像 \16 第 16 章

16.1.1 案例概述

本案例主要介绍使用 Photoshop CC 2018 软件的动画功能制作一个蝴蝶飞舞的广告动画，效果如下图所示。

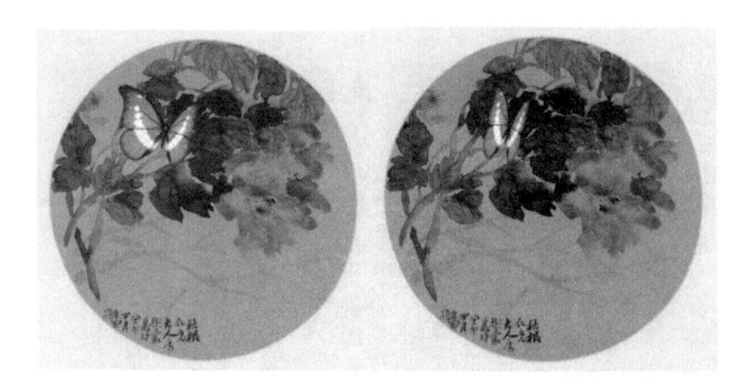

16.1.2 设计思路

本案例主要使用【变形工具】创建蝴蝶不同的运动效果，然后利用【添加动画帧】和【时间轴】面板等来制作蝴蝶飞舞的动画效果。

16.1.3 涉及知识点与命令

逐帧动画是一种常见的动画形式，其原理是在“连续的关键帧”中分解动画动作，也就是在时间轴的每帧上逐帧绘制不同的内容，使其连续播放而形成动画。 因为逐帧动画的帧序列内容不一样，不但给制作增加了负担而且最终输出的文件也很大，但它的优势也很明显。逐帧动画具有非常大的灵活性，几乎可以表现任何内容，而它类似于电影的播放模式，很适合于表现细腻的动画。例如，人物或动物急转身，头发及衣服的飘动，走路、说话及精致的 3D 效果等。

本案例运用到 Photoshop CC 2018 软件中的图层及时间轴等命令。

16.1.4 蝴蝶飞舞动画制作步骤

下面将介绍蝴蝶飞舞动画的具体操作步骤。

第 1 步 打开“素材\ch16\02.psd”图像文件，如下图所示。

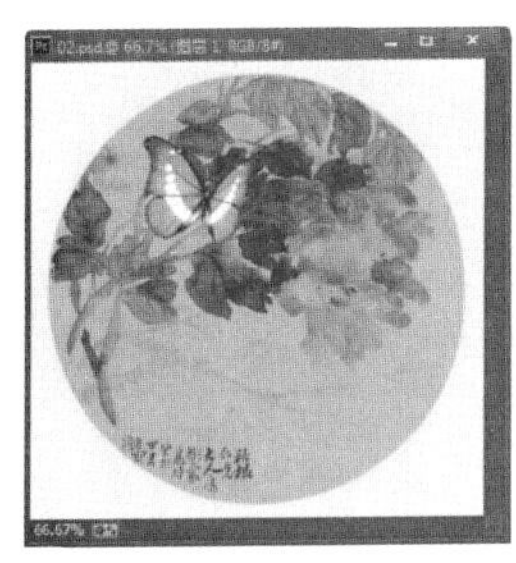

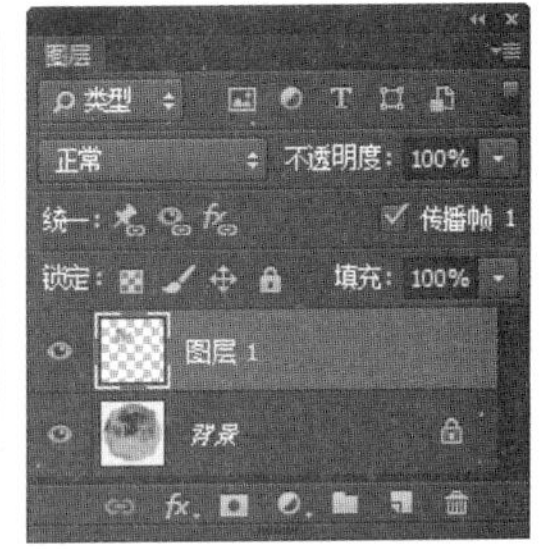

第 2 步 打开帧模式【时间轴】面板，在帧延迟时间下拉列表中选择“0.2”秒，将循环次数设置为“永远”，单击【复制所选帧】按钮，添加一个动画帧，如下图所示。

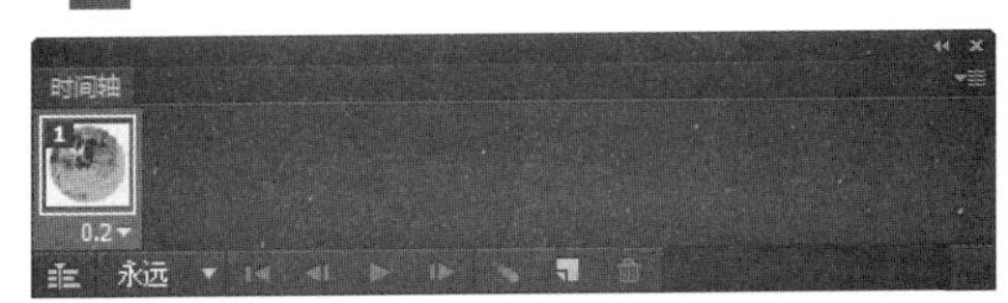

第 3 步 将“图层 1”拖至【创建新图层】按钮上复制，然后隐藏该图层，如下图所示。

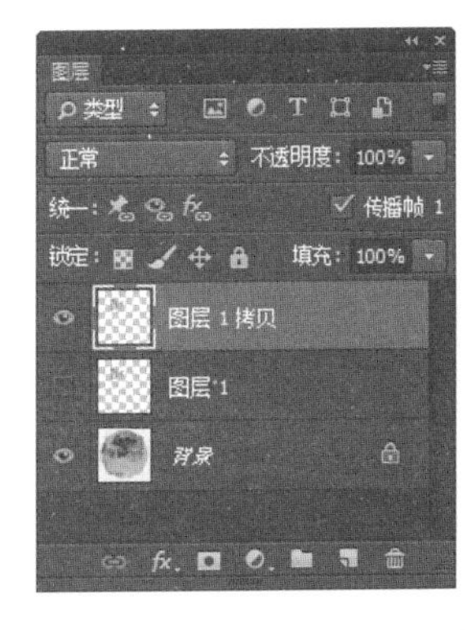

第 4 步 按【Ctrl+T】组合键显示定界框，按【Shift+Alt】组合键拖曳中间的控制点，将蝴蝶向中间压扁；再按【Ctrl】键拖曳左上角和右下角的控制点，调整蝴蝶的透视角度，如下图所示，然后按【Enter】键确认。

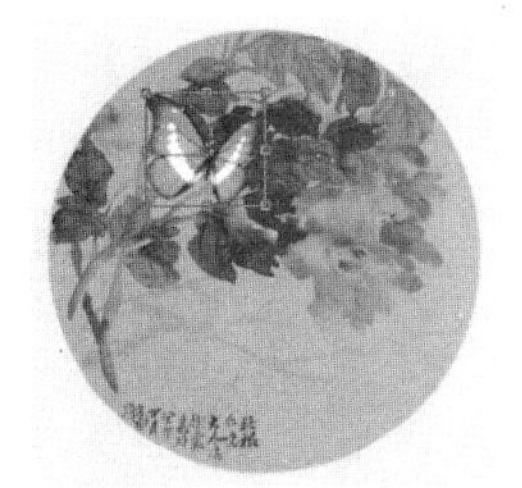

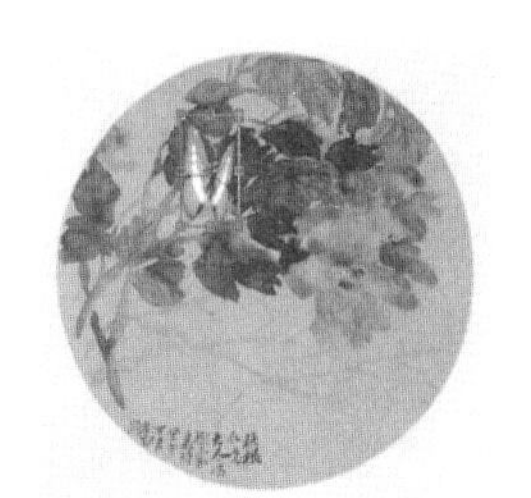

第 5 步 选择【时间轴】面板上的第 1 帧，然后将【图层】面板中的【图层 1 拷贝】图层隐藏，如下图所示。

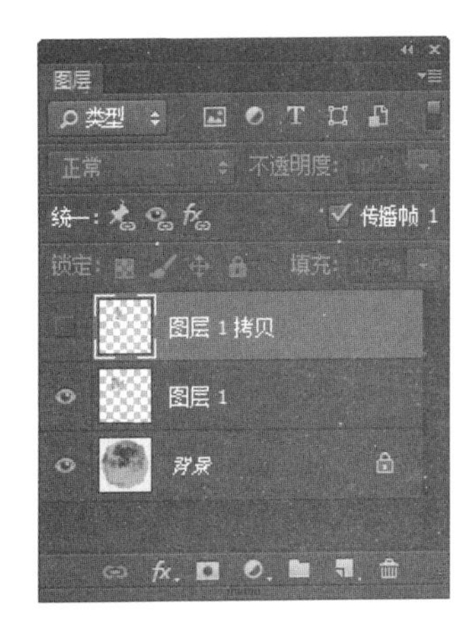

第 6 步 单击【播放动画】按钮，播放动画，画面中的蝴蝶会不停地扇动翅膀，如下图所示。再次单击该按钮可停止播放，也可以按【Space】键切换。

第 7 步 动画文件制作完成后，选择【文件】→【存储为 Web 所用格式】命令，将其存储为“GIF”格式，并进行适当的优化，如下图所示。

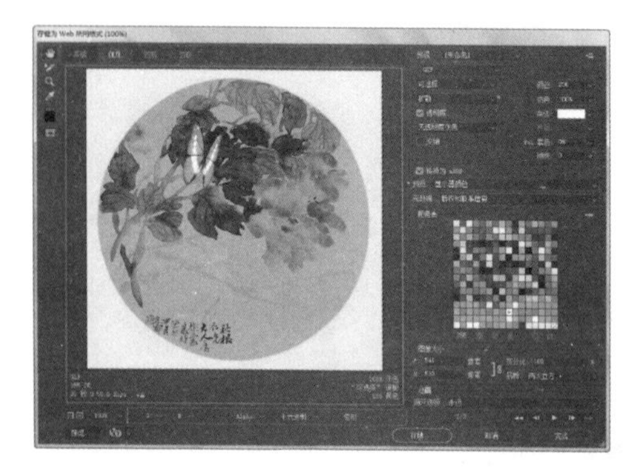

第 8 步 单击【存储】按钮将文件保存，然后在浏览器窗口中查看动画效果，如下图所示。

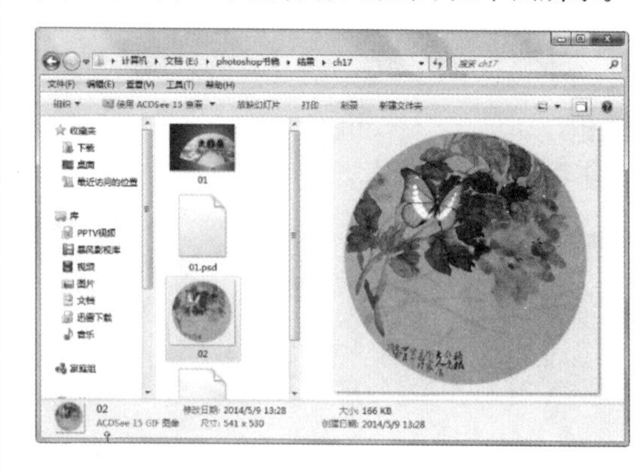

16.2 制作招牌闪烁动画效果

本案例主要介绍运用动画制作相关命令来制作招牌闪烁的小动画。

16.2.1 案例概述

本案例主要运用了【文字工具】【链接图层】和【添加动画帧】命令来制作一个咖啡店的招牌闪烁动画。效果如下图所示。

16.2.2 设计思路

本案例主要使用【文字工具】【链接图层】和【添加动画帧】命令来制作一个咖啡店招牌闪烁动画。

16.2.3 涉及知识点与命令

创建逐帧动画的几种方法。

① 用导入的静态图片建立逐帧动画。将 JPG、PNG 等格式的静态图片连续导入 Flash 中，就会建立一段逐帧动画。

② 绘制矢量逐帧动画。用鼠标或压感笔在场景中一帧帧地画出帧内容。

③ 文字逐帧动画。用文字做帧中的元件，实现文字跳跃、旋转等特效。

④ 导入序列图像。可以导入 GIF 序列图像、SWF 动画文件或者利用第三方软件（如 Swish、Swift 3D 等）产生的动画序列。

由于逐帧动画的帧序列内容不一样，不仅增加制作负担而且最终输出的文件也很大，但它的优势也很明显，因为它类似于电影播放模式，很适合于表演很细腻的动画，如 3D 效果、人物或动物急剧转身等效果。

本案例运用到 Photoshop CC 2018 软件中的图层及时间轴等命令。

16.2.4 招牌闪烁动画制作步骤

下面将介绍招牌闪烁动画的具体操作步骤。

1. 打开文件

第 1 步 打开“素材 \ch16\ 咖啡店 .jpg”图像文件，如下图所示。

第 2 步 单击工具箱中的【横排文字工具】按钮 T，输入英文字母“G COFFEE”，设置字体大小为“72 点”、字体为“Arial Bold”、颜色为“白色”，如下图所示。

第 3 步 需要让每个字母单独成为一个图层。这里只输入一个字母，再复制修改，然后用【移动工具】把它们均匀地排列开来，如下图所示。

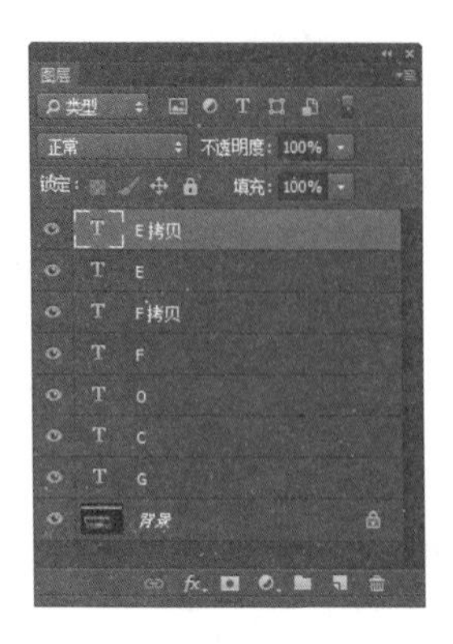

第 4 步 单击最上面的图层，按【Shift】键的同时再单击最下面的字母图层，选中所有字母图层并右击，在弹出的快捷菜单中选择【栅格化文字】命令，把全部字母栅格化，如下图所示。

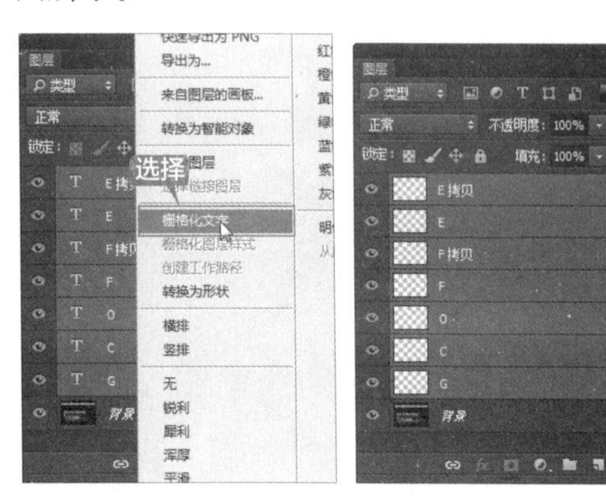

第 5 步 把字母处理一下，让它们尖锐的直角变得圆滑一些。选中第一个字母“G”，选择【滤镜】→【模糊】→【高斯模糊】命令，添加【半径】为“3”的高斯模糊效果，如下图所示。

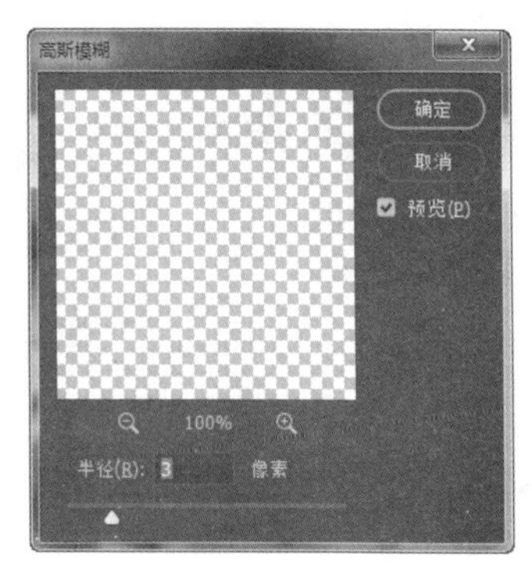

第 6 步 然后使用【Ctrl+F】组合键为其他字母添加同样的处理效果，如下图所示。

第 7 步 字母的边缘要非常清晰，因为需要用它们的选框来描边做霓虹灯的灯管。选择【滤镜】→【锐化】→【USM 锐化】命令，添加锐化效果，如下图所示。

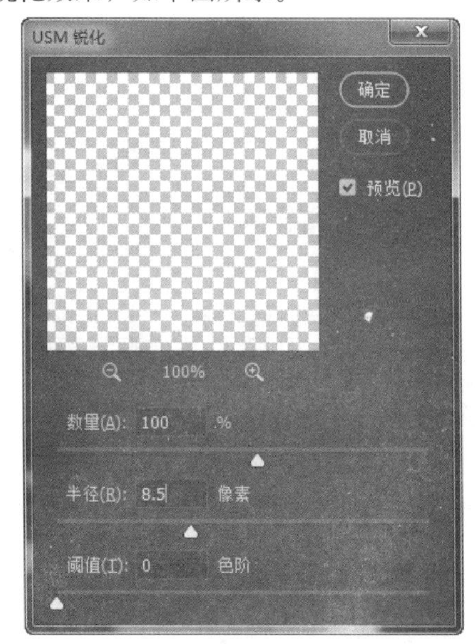

第 8 步 如果字母的边缘还是虚，继续再锐化一次，然后把全部字母都处理一遍，再给每个字母按两次【Ctrl+F】组合键。

2. 制作灯管效果

第 1 步 做霓虹灯的灯管。首先建立 7 个组，把字母放入各个组中，重新根据字母排列顺序命名组的名称，再降低填充值，如下图所示。

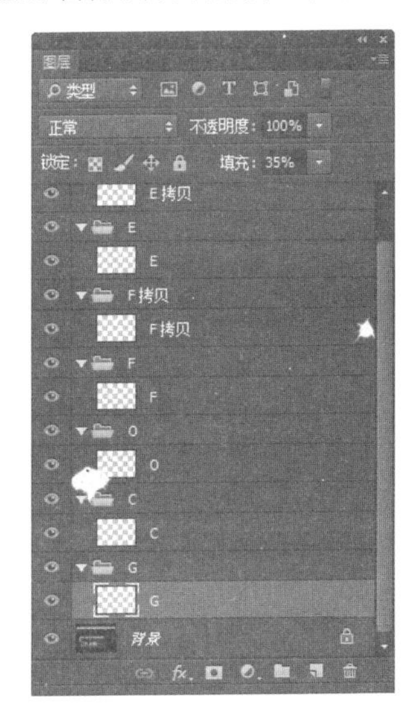

第 2 步 按【Ctrl】键的同时单击“G”字母图层前的缩览图获取选框，然后在字母组中新建图层，添加 3 个像素的描边，颜色为白色，每个字母都操作一次，如下图所示。

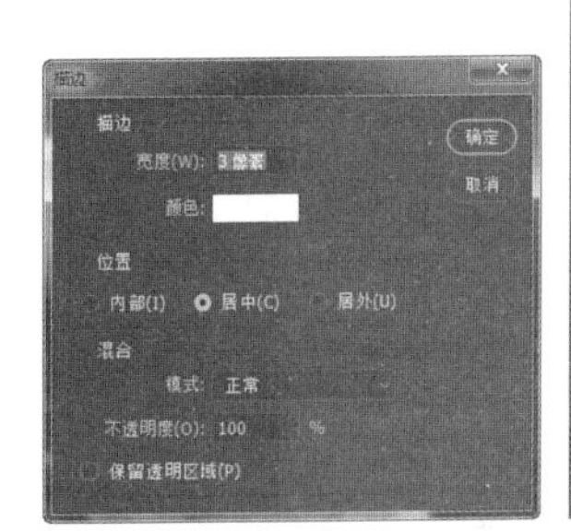

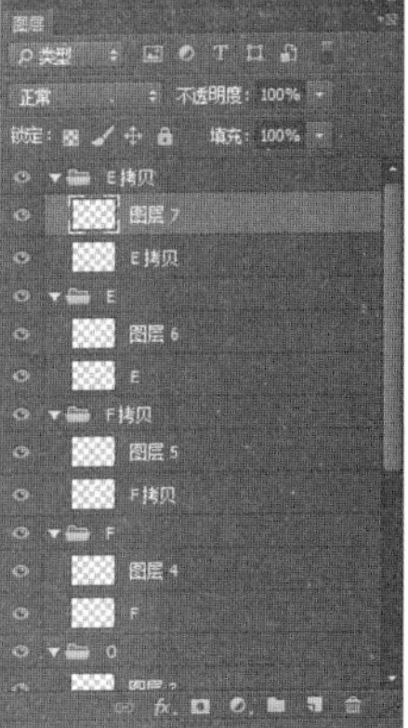

第 3 步 接着处理这些灯管，霓虹不是封闭的，它有开始和结尾的地方，即有空隙。用【橡皮擦】工具擦一下就行了。但是开始和结尾的地方要稍微粗一点。用【橡皮擦】擦出一个口子，然后用【画笔】把灯管头描粗一点，如下图所示。

第 4 步 为字母图层添加【内阴影】和【浮雕】图层样式，模拟熄灭时的灯管效果，如下图所示。

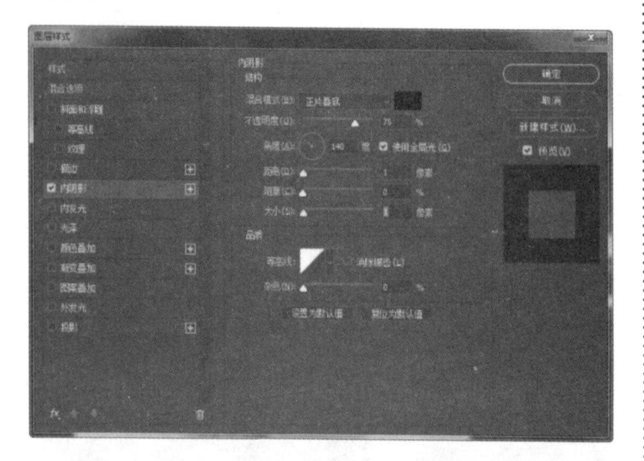

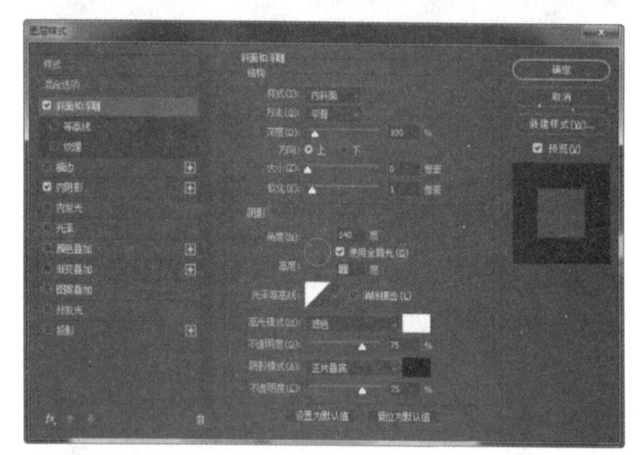

第 5 步 按【Ctrl】键的同时单击字母图层的缩览图获取灯管选区，在对应的组中新建一个图层，填充淡蓝色，然后每个字母都操作一次，如下图所示。

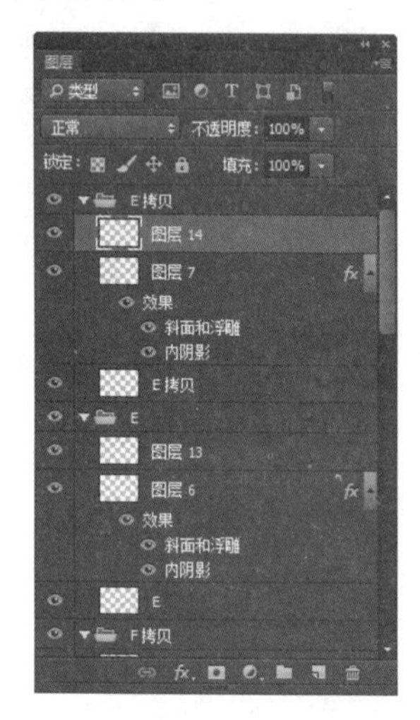

第 6 步 继续深化效果，复制每一个蓝色的字母。按【Ctrl】键的同时单击新建的每个字母图层的缩略图获取选区，收缩两个像素，羽化一个像素，填充白色，模拟灯管的高光，

如下图所示。

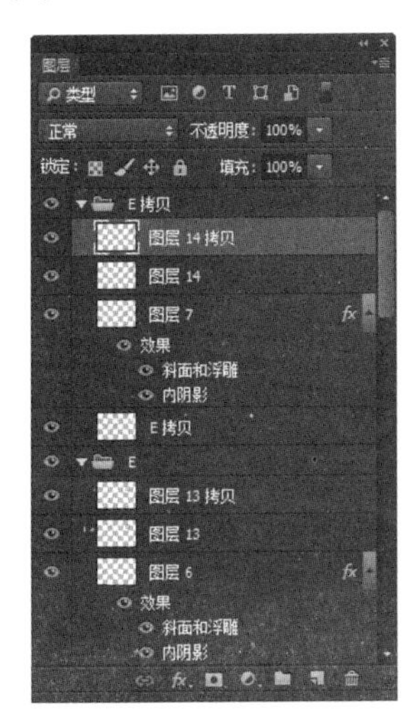

提示

由于素材图片像素比较低，所以这步需要将字母图层放大后操作，否则选区范围不足以收缩。

第 7 步 整理图层栏。选择加了图层样式的图层，即准备用作熄灭时的灯管的图层，全部放在一个单独的组内，如下图所示。

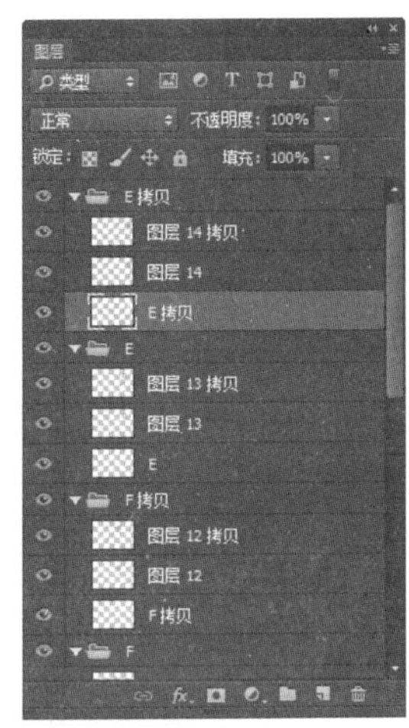

3. 制作光晕效果

第 1 步 单击【蓝色描边】图层，【高斯模糊】4 个像素，复制一个图层，合并之后将模式改为“滤色”，如下图所示。

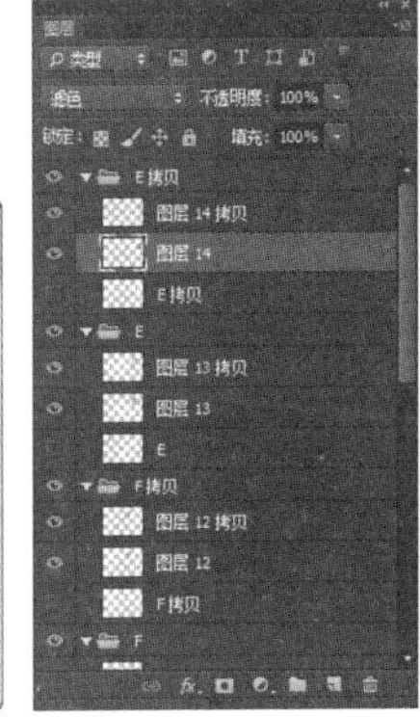

第 2 步 如果中间的白色灯管不明显，选择该图层后，使用【曲线】命令来调整，如下图所示。

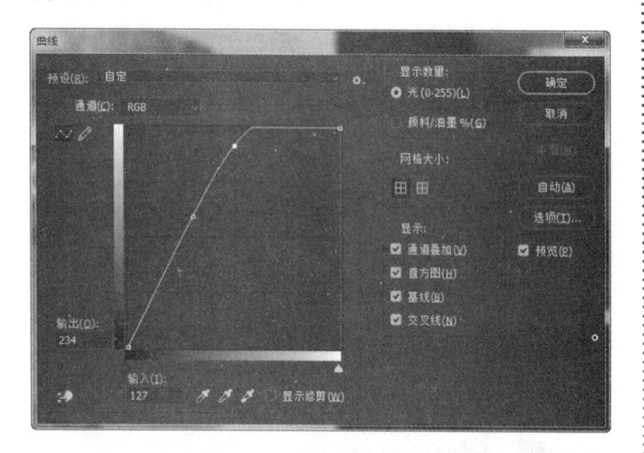

第 3 步 制作投射到墙上的亮光。打开隐藏的白色字母，按【Ctrl】键的同时单击所有的白色字母图层，往下边稍微移动一些距离。由于霓虹灯和墙之间还有一定的距离，所以墙上的光和霓虹灯会有些透视效果，如下图所示。

第 4 步 制作墙上的光。选择白色字母，按【Ctrl】键的同时单击缩略图获取选区，填充和发光灯管一样的蓝色。取消选中选区，【高斯模糊】25 个像素，将图层模式改为“颜色减淡”，如下图所示。

第 5 步 将这些经过高斯模糊的光晕图层移到最上面，效果将更逼真，如下图所示。

4. 制作动画效果

第 1 步 静态图制作完成后打开【时间轴】，将它们以如下的次序开闭：G 字母、E 字母和 F 字母运转正常，C 字母偶尔亮一下，而

且亮度会经常变化；O 字母闪烁不停；E 字母亮的时间比较长，偶尔闪一下。

第 2 步 除了 C 字母以外全部点亮，因为它只是偶尔亮一下。复制一帧，单击下面的【过渡动画帧】按钮 增加 25 帧。这样一共有 27 帧，如下图所示。

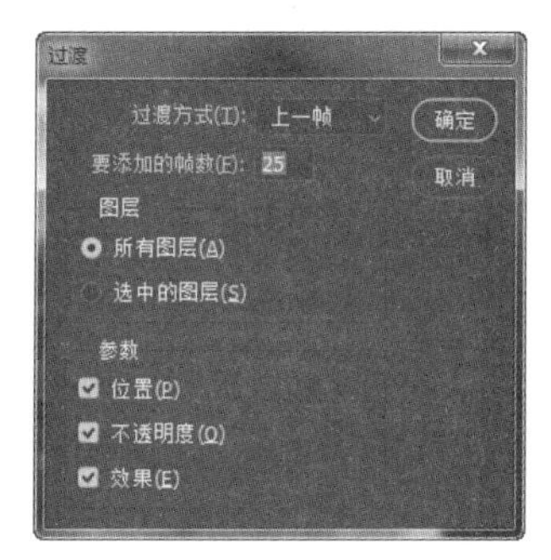

第 3 步 接下来只要按着思路来开关各个帧就行了。例如，要在第二帧中让 C 字母闪一下，就要单击图层栏中的眼睛状图标。单击第三帧的时候它会自动亮起来。最后导出 GIF 动画格式图片，完成最终效果，如下图所示。

第 4 步 动画文件制作完成后，执行【文件】→【存储为 Web 和设备所用格式】命令，将其存储为“GIF”格式，并进行适当的优化，如下图所示。

第 5 步 单击【存储】按钮，将文件保存，然后在浏览器窗口中查看动画效果，如下图所示。

◇ 在视频图层中替换素材

如果由于某种原因导致视频图层和源文件之间的链接断开，【图层】面板中的视频图层上就会显示出一个警告图标。出现这种情况时，可在【时间轴】或【图层】面板中选择要重新链接到源文件或替换内容的视频图层。选择【图层】→【视频图层】→【替换素材】命令，在打开的【替换素材】对话框中选择视频或图像序列文件，单击【打开】按钮，重新建立链接。

选择【替换素材】命令，还可以将视频图层中的视频或图像序列帧替换为不同的视频或图像序列源中的帧。

第5篇

高手秘籍篇

本篇主要介绍自动处理图像及打造强大的 Photoshop 等相关操作。通过对本篇的学习可以大大提高工作效率，节省时间。

第 17 章 自动处理图像

本章导读

程序是将实现的功能编成代码，在 Photoshop CC 2018 软件中，同样可以将各种功能录制为动作，这样就可以重复使用。另外，Photoshop CC 2018 软件还提供了各种自动处理的命令，让用户的工作更加高效快捷。

思维导图

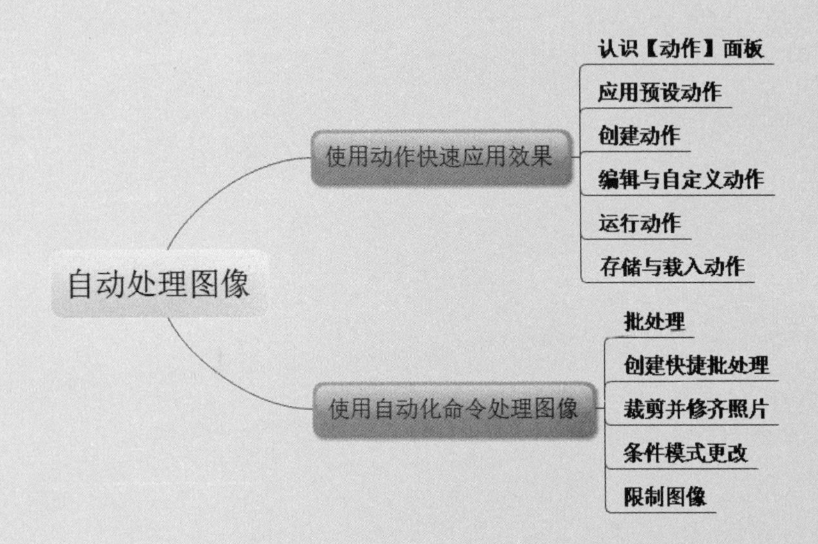

17.1 使用动作快速应用效果

Photoshop CC 2018 软件不仅是一个功能强大的图像设计、制作工具，同时也是一个具有强大图像处理功能的工具。使用者如果要对成百上千乃至上万的图像进行处理，而这些图像的处理过程如果基本一致，如调整图像的尺寸和转换格式、转换色彩模式，是否需要一张一张地打开，一张一张地调整转换，再一张一张地选择路径保存呢？常规的操作很枯燥，而且难免出错。Photoshop CC 2018 中内置的【动作】命令，将会高效、准确地处理一系列重复工作。【动作】可以将用户对图像的多数操作记录下来，生成一个后缀为“.Atn”的文件，保存在 Photoshop 安装目录中。当用户需要再次进行同样的操作时，可以直接调用它，而不需要一步一步地重复前面的操作。用户只需要对一张图片进行操作，将操作过程录制下来，然后通过另外一个程序就可以对成千上万张的图片进行同样的处理，它提高了用户的工作效率，减轻了用户的负担。

动作是指在单个文件或一批文件上执行的一系列任务，如菜单命令、面板选项、工具动作等。例如，可以创建这样一个动作，首先更改图像大小，对图像应用效果，然后按照所需格式存储文件，运行动作就加快了图像处理的速度，快速应用效果。

17.1.1 认识【动作】面板

Photoshop CC 2018 软件中的大多数命令和工具操作都可以记录在【动作】之中，动作可以包含停止， 可以执行无法记录的任务，如使用绘画动作。动作也可以包含模态控制，可以在执行动作时在对话框中输入参数，增加动作的灵活性。

在 Photoshop CC 2018 窗口中选择【窗口】→【动作】命令或按【Alt+F9】组合键，可以显示或隐藏【动作】面板，如下图所示。使用【动作】面板可以记录、播放、编辑和删除个别动作，还可以存储和载入动作文件。

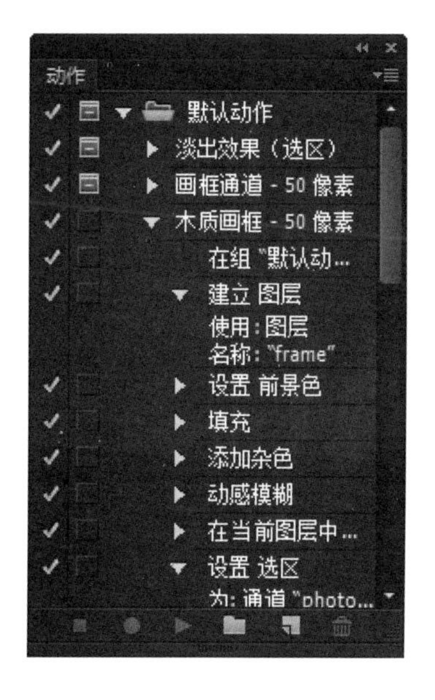

① 动作组。默认动作是系统预定义的动作，用户也可以创建动作组。

② 动作。系统预定义的动作包括多个，如淡出效果、木质画框等。

③ 动作命令。在一个预定义动作中，包括已记录的多个动作命令。

④ 切换项目开关。如果动作组、动作和命令前显示有该图标，表示这个动作组、动作和命令可以执行；如果动作组、动作前没有该图标，表示该动作组或动作不能被执行；如果某一命令前没有该图标， 则表示该命令不能被执行。

⑤ 切换对话开关。如果命令前显示该图标，表示动作执行到该命令时会暂停，并打开相应命令的对话框，此时可以修改命令的参数，单击【确定】按钮可以继续执行后面的动作；如果动作组和动作前出现该图标，则表示该动作中有部分命令设置了暂停。

⑥【停止播放/记录】按钮。单击该按钮，用来停止播放动作和停止记录动作。

⑦【开始记录】按钮。单击该按钮，可以记录动作。

⑧【播放选定的动作】按钮。选择一个动作后，单击该按钮可播放该动作。

⑨【创建新组】按钮。可创建一个新的动作组，以保存新建的动作。

⑩【创建新动作】按钮。单击该按钮，可以创建一个新的动作。

⑪【删除】按钮。选择动作组、动作命令后，单击该按钮，可将其删除。

另外，单击【动作】面板右上角的下拉按钮，弹出【动作】菜单，在其中用户可以选择相应的命令对动作进行操作，如新建动作、新建组、复制、删除等。

17.1.2 应用预设动作

Photoshop CC 2018 附带了许多预定义的动作，可以按原样使用这些预定义的动作。这些预设动作包括【淡出效果】【画框通道】【木质画框】【投影】【水中倒影】【自定义 RGB 到灰度】【溶化的铅块】【制作粘贴路径】【棕褐色调】【四分颜色】【存储为 Photoshop PDF】【渐变映射】。下面通过木质画框案例介绍这些预设动作 。

第 1 步 选择【文件】→【打开】命令。

第 2 步 打开“素材 \ch17\17-1.jpg”文件，如下图所示。

第 3 步 打开【动作】面板，在【默认动作】组中选中【木质画框 -50 像素】选项，如下图所示。

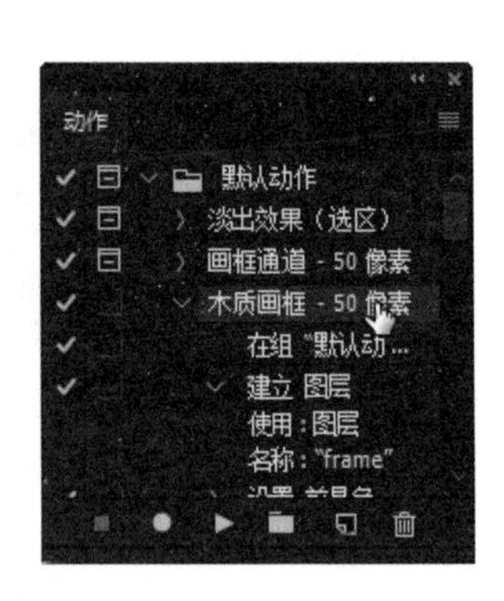

第 4 步 单击【动作】面板中的【播放选定的动作】按钮▶，弹出【信息】对话框，提示用户要想应用【木质画框】动作，图像的高度和宽度均不能小于 100 像素，如下图所示。

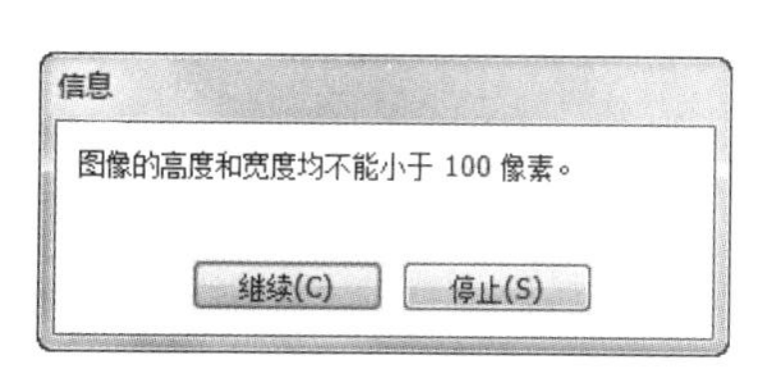

第 5 步 单击【继续】按钮，即可应用【木质画框】动作，如下图所示。

17.1.3 创建动作

虽然 Photoshop CC 2018 附带了许多预定义功能，但用户还是可以根据自己的需要来定义动作或创建动作。创建动作的具体操作步骤如下。

1. 新建文件

第 1 步 选择【文件】→【新建】命令。

第 2 步 在弹出的【新建】对话框中设置【宽度】为“600 像素”、【高度】为“600 像素”、【分辨率】为“72 像素 / 英寸”、【颜色模式】为“RGB 颜色”，如下图所示。

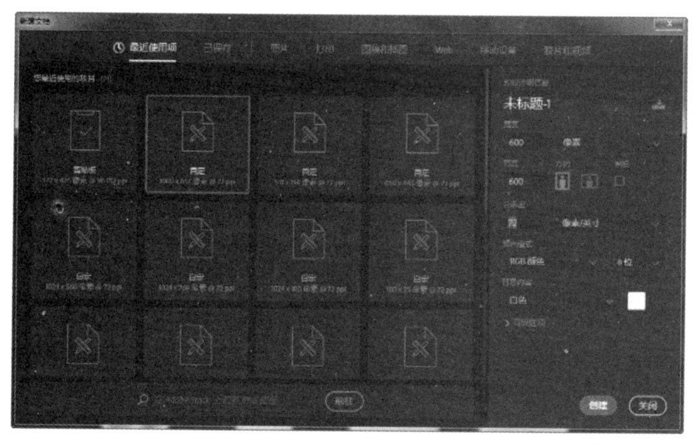

第 3 步 单击【确定】按钮，新建一个空白文档。选择【文字工具】选项 T，在【字符】面板中设置各项参数，颜色设置为“蓝色”，在文档中单击，在鼠标指针处输入标题文字，如下图所示。

2. 新建动作

第1步 打开【动作】面板，如下图所示。

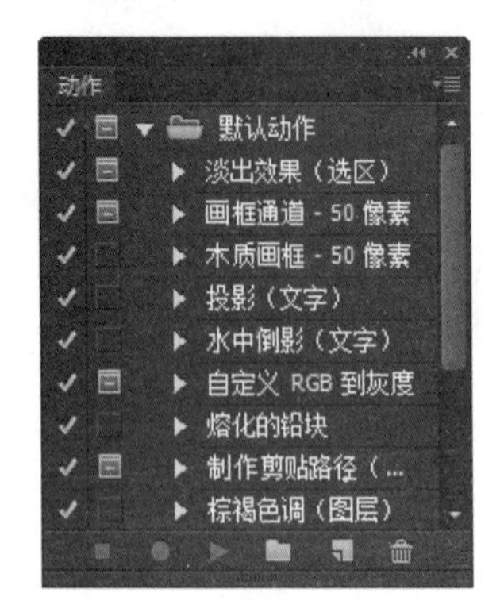

第2步 单击【动作】面板中的【新建组】按钮 ，打开【新建组】对话框，在【名称】文本框中输入新建组的名称，如“闪烁字”，如下图所示。

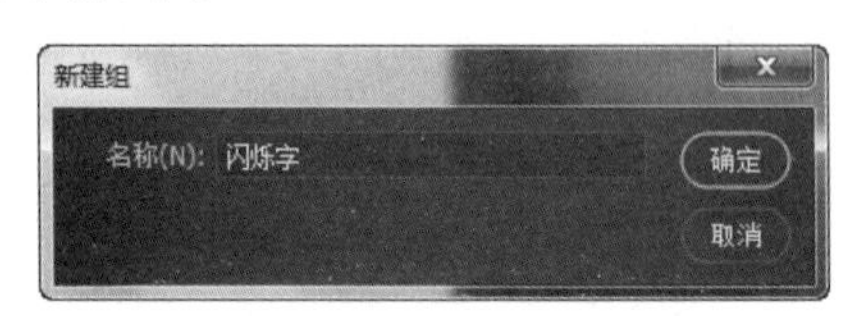

第3步 单击【确定】按钮，创建一个新的动作组，如下图所示。

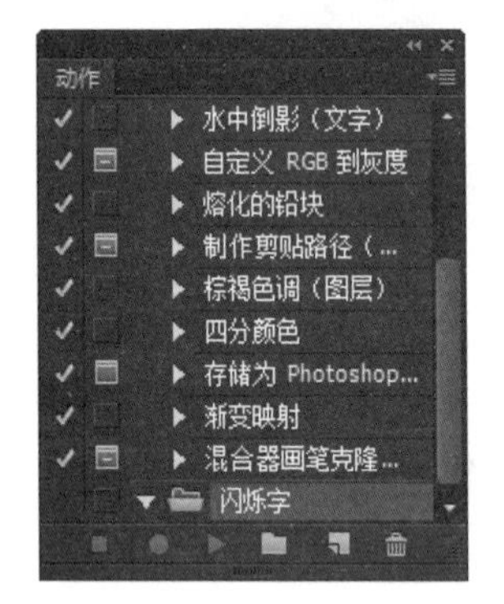

第4步 选中新建的动作组，单击【创建新动作】按钮，即可打开【新建动作】对话框，在【名称】文本框中输入创建的新动作名称，如“闪烁字”，如下图所示。

第5步 单击【记录】按钮，即可开始记录动作，如下图所示。

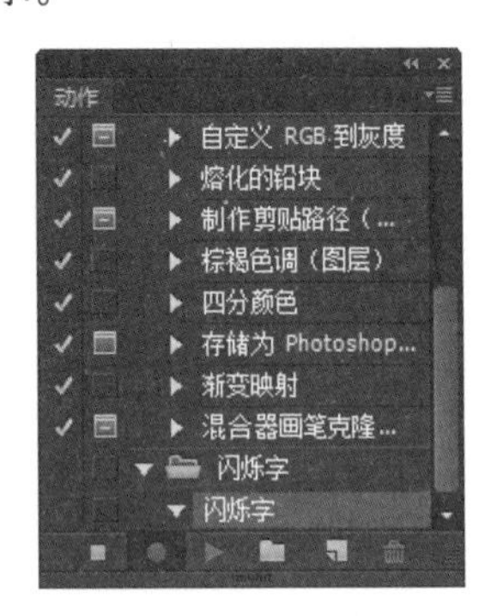

3. 记录动作

第1步 单击【添加图层样式】按钮 fx，为字体添加【描边】效果，设置其参数，其中描边颜色值为“RGB（0,153，234）”，如下图所示。

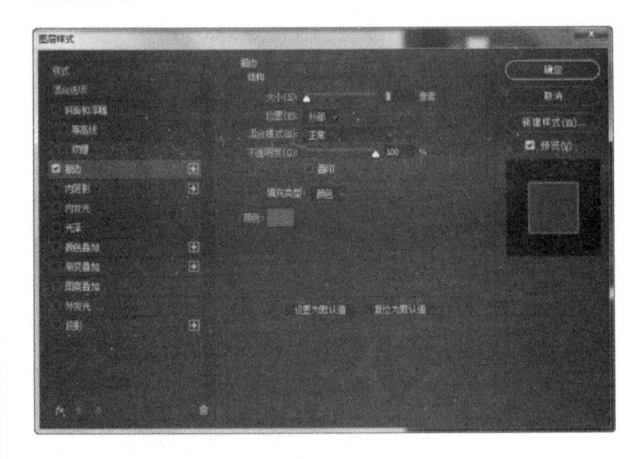

第2步 单击【确定】按钮，效果如下图所示。

第3步 单击【添加图层样式】按钮 fx，为图案添加【投影】效果。弹出【图层样式】对话框，单击【等高线】右侧的下拉按钮，在弹出的下拉列表中选择第2行第3个预设选项，

效果如下图所示。

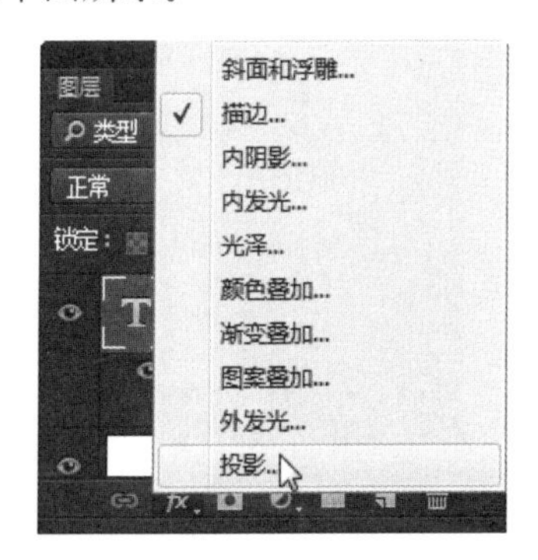

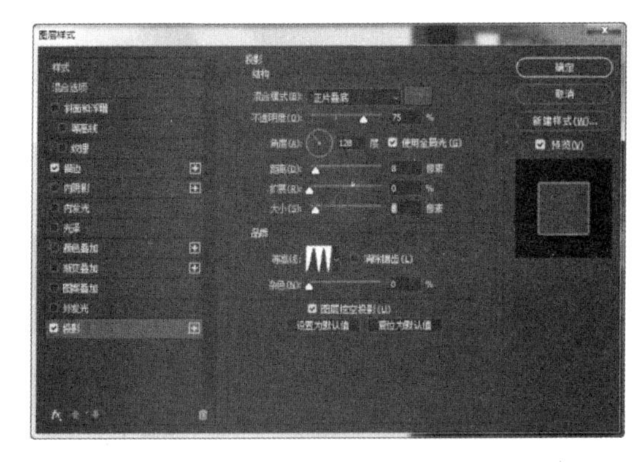

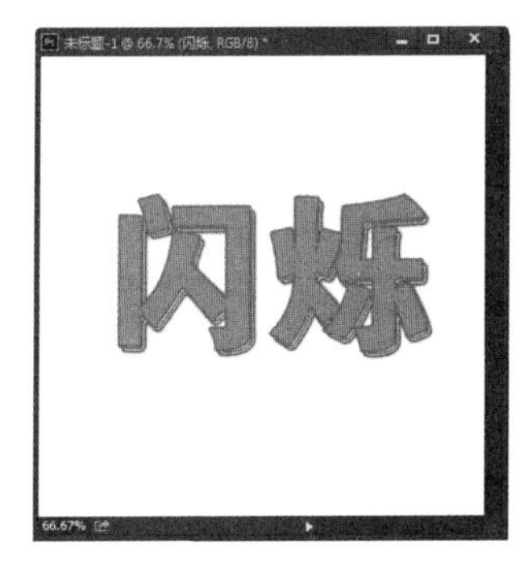

第 4 步 单击【添加图层样式】按钮，为图案添加【斜面和浮雕】效果。弹出【图层样式】对话框，设置参数如下图所示，然后单击【等高线】右侧的下拉按钮，在弹出的下拉列表中选择第 2 行第 6 个预设选项。

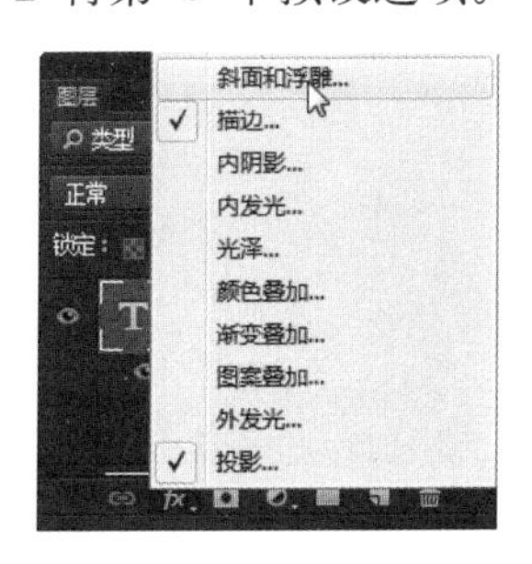

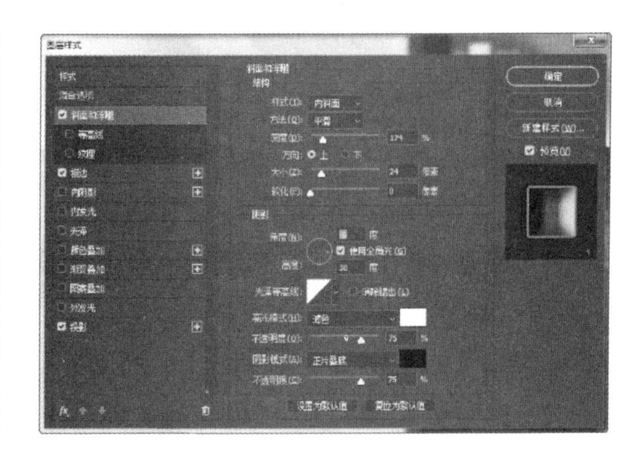

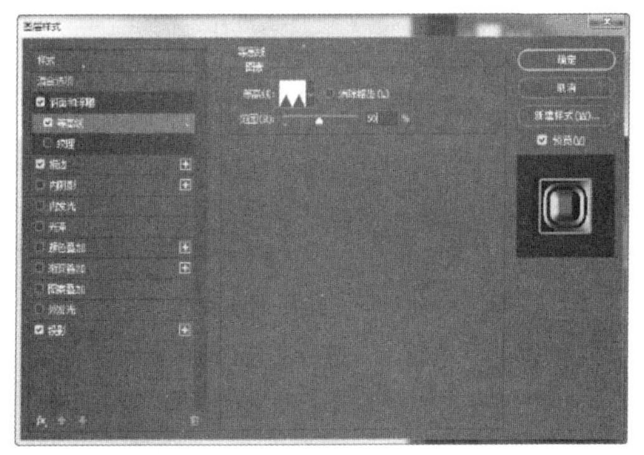

第 5 步 单击【确定】按钮，效果如下图所示。

第 6 步 创建一个闪烁字动作，这样制作闪烁字的全部过程都记录在【动作】面板中的【闪烁字】动作中，如下图所示。

第 7 步 单击【停止播放 / 记录】按钮，即可停止录制。这样，一个新的动作就创建完成了，如下图所示。

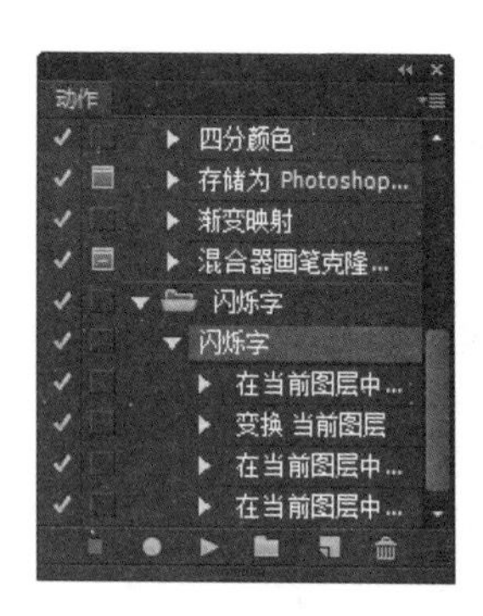

17.1.4 编辑与自定义动作

在 Photoshop CC 2018 软件中可以轻松编辑和自定义动作，即可以调整动作中任何特定命令的设置，向现有动作添加命令或遍历整个动作并更改任何或全部设置。具体的操作步骤如下。

1. 覆盖单个命令

第 1 步 打开“结果 \ch17\ 闪烁字 .psd”文件，如下图所示。

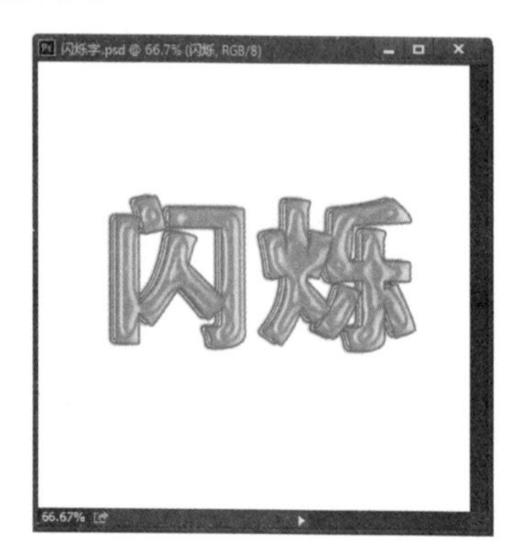

第 2 步 在【动作】面板中双击需要覆盖的命令，如这里选中新创建的【闪烁字】动作，如下图所示。

第 3 步 打开【图层样式】对话框，在其中根据需要设置新的参数，如下图所示。

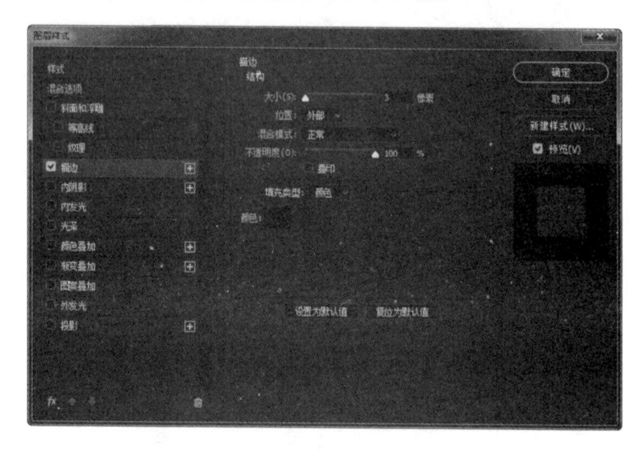

第 4 步 输入新的参数，然后单击【确定】按钮即可覆盖当前选定的动作。

2. 向动作中添加命令

第 1 步 打开【动作】面板，在其中选择动作的名称或动作中的命令，如下图所示。

第 2 步 单击【动作】面板中的【开始记录】按钮，或从【动作】面板菜单中选择【开始记录】命令，如下图所示。

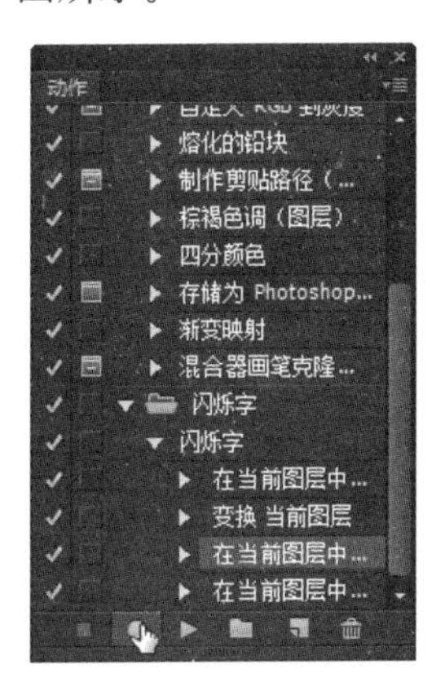

第 3 步 这样就可以把操作记录为其他命令。如这里删除图层，这样就可以快速地选择被记录的动作了，如下图所示。

第 4 步 完成时，单击【动作】面板中的【停止播放 / 记录】按钮或从【面板】菜单中选择【停止记录】命令，即可停止录制，如下图所示。

3. 重新排列动作中的命令

在【动作】面板中将命令拖曳到同一动作中或另一动作中的新位置，当突出显示行出现在所需的位置时，松开鼠标即可重新排列动作中的命令，如下图所示。

4. 再次录制

对于已经录制完成的动作，想要对其进行再次录制，可以按照以下具体操作步骤进行。

第 1 步 打开【动作】面板，在其中选中需要再次录制的动作，然后单击【动作】面板右上角的下拉按钮，从弹出的下拉菜单中选择【再次记录】命令，即可进行再次录制，如下图所示。

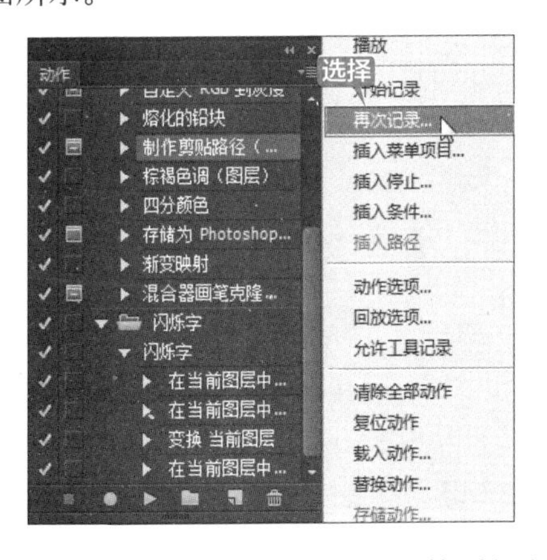

第 2 步 如果出现对话框，在打开的对话框中更改设置，然后单击【确定】按钮来记录值，或单击【取消】按钮保留相同值。如这里重

新对【投影（文字）】动作进行再次录制，即可打开【新建快照】对话框，如下图所示。

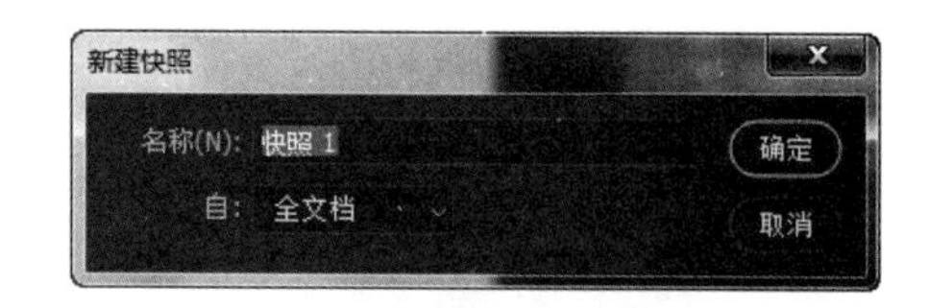

17.1.5 运行动作

在创建一个动作并对动作完成编辑后，就参照应用预设动作的方法运行创建的新动作，下图所示的是应用新创建动作的图像效果。

17.1.6 存储与载入动作

在创建一个新的动作之后，还可以将新创建的动作存储起来。另外，对于已经存储的动作，还可以将其载入到【动作】面板中。具体的操作步骤如下。

1. 存储动作

第 1 步 打开【动作】面板，在其中选择需要存储的动作组，单击【动作】面板右上角的下拉按钮，在弹出的下拉列表中选择【存储动作】命令，如下图所示。

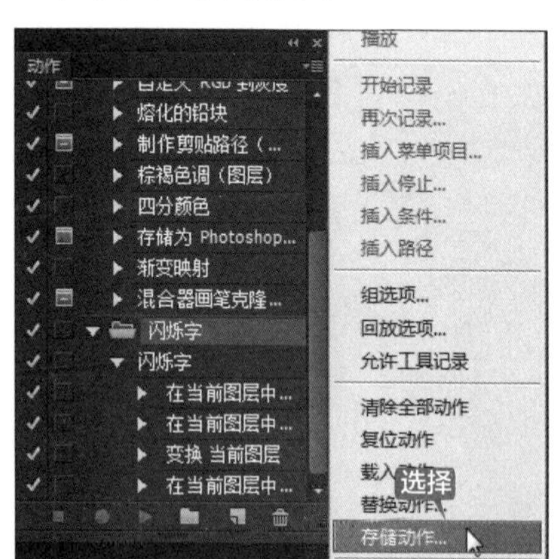

第 2 步 打开【另存为】对话框，在该对话框中选择保存的位置，在【文件名】文本框中输入动作的名称，然后在【保存类型】下拉列表中选择存储的格式，如下图所示。

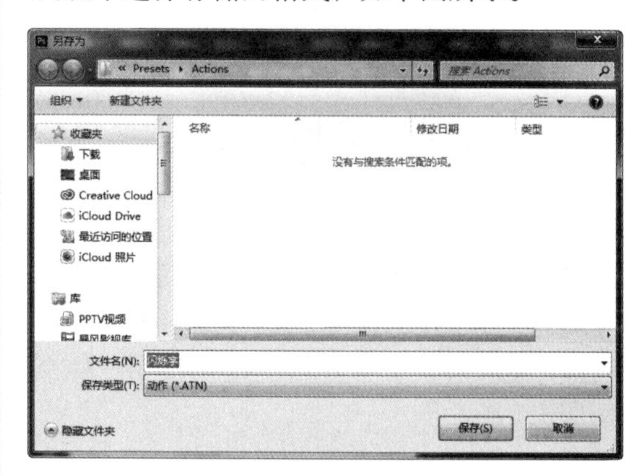

第 3 步 单击【保存】按钮，即可将选中的动作组存储起来。

2. 载入动作

第 1 步 打开【动作】面板，在其中选择需要存储的动作组，单击右上角的下拉按钮，在弹出的下拉列表中选择【载入动作】命令，如下图所示。

第 2 步 打开【载入】对话框，在其中选择需要载入的动作，如下图所示。

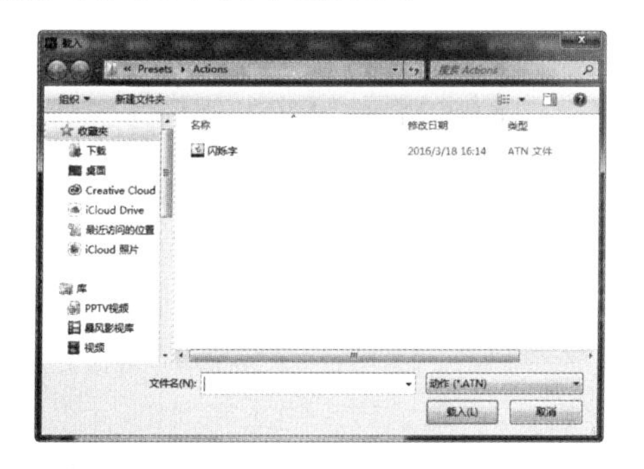

第 3 步 单击【载入】按钮，即可将选中的动作组载入【动作】面板中，如下图所示。

17.2 使用自动化命令处理图像

使用 Photoshop CC 2018 的自动化命令可以对图像进行批处理、快速修剪并修齐照片、镜头校正等。

17.2.1 批处理

【批处理】命令可以对一个文件夹中的文件运行动作，对该文件夹中所有图像文件进行编辑处理，从而实现操作自动化。显然，执行【批处理】命令将依赖于某个具体的动作。

在 Photoshop CC 2018 窗口中选择【文件】→【自动】→【批处理】命令，即可打开【批处理】对话框，其中有 4 个参数区，用来定义批处理时的具体方案，如下图所示。

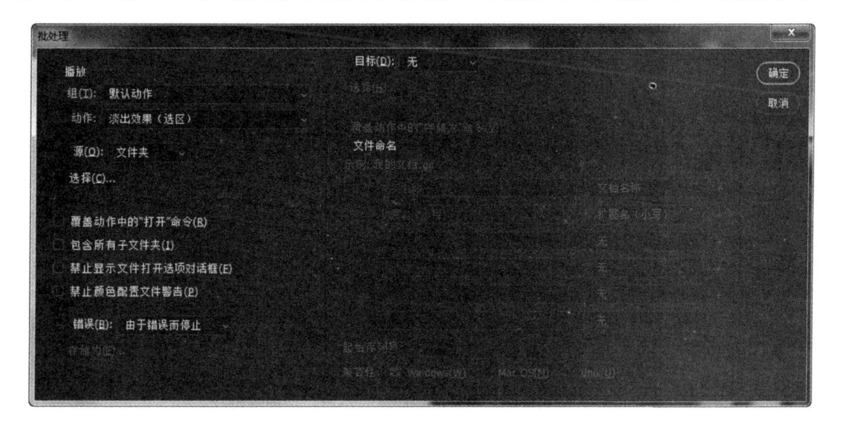

1.【播放】选项区域

【组】：单击【组】下拉按钮，在弹出的下拉列表中显示当前【动作】面板中所载入的全部动作序列，用户可以自行选择。

【动作】：单击【动作】下拉按钮，在弹出的下拉列表中显示当前选定的动作序列中的全部动作，用户可以自行选择。

2.【源】选项区域

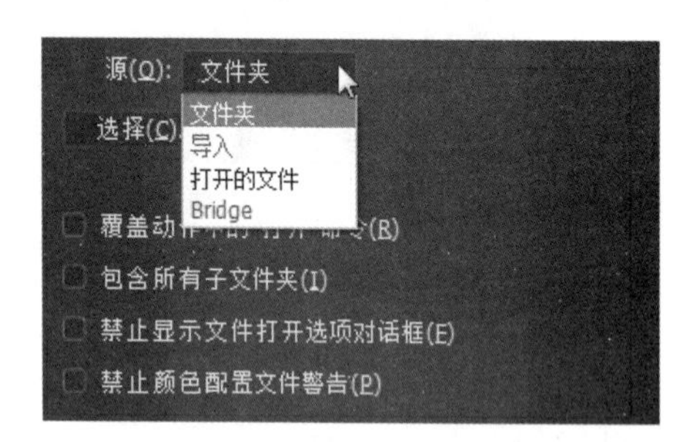

【文件夹】：用户对已存储在计算机中的文件播放动作，单击【选择】按钮可以查找并选择文件夹。

【导入】：用于对来自数码相机或扫描仪的图像导入和播放动作。

【打开的文件】：用于对所有已打开的文件播放动作。

【Bridge】：用于对在Photoshop CC 2018文件浏览器中选定的文件播放动作。

【覆盖动作中的“打开”命令】：如果想让动作中的【打开】命令引用批处理文件，而不是动作中指定的文件名，则选中【覆盖动作中的“打开”命令】复选框。如果选中此复选框，则动作必须包含一个【打开】命令，因为【批处理】命令不会自动打开源文件，如果记录的动作是在打开的文件上操作的，或者动作包含所需要的特定文件的【打开】命令，则取消选中【覆盖动作中的“打开”命令】复选框。

【包含所有子文件夹】：选中【包含所有子文件夹】复选框，则处理文件夹中的所有文件，否则仅处理指定文件夹中的文件。

【禁止显示文件打开选项对话框】：隐藏“文件打开选项”对话框。当对相机原始图像文件的动作进行批处理时，就比较有用。将使用默认设置或以前指定的设置。

【禁止颜色配置文件警告】：选中该复选框，则关闭颜色方案信息的显示。

3.【目标】选项区域

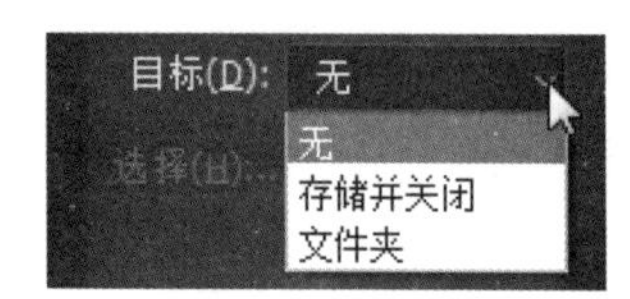

【无】文件将保持打开而不存储更改(除非动作包括“存储”命令)。

【存储并关闭】：文件将存储在它们的当前位置，并覆盖原来的文件。

【文件夹】：处理过的文件将存储到另一指定位置，源文件不变，单击【选择】按钮，可以指定目标文件夹。

【覆盖动作中的“存储为”命令】：如果想让动作中的【存储为】命令引用批处理的文件，而不是动作中指定的文件名和位置，选中【覆盖动作中的“存储为”命令】复选框，如果选中此复选框，则动作必须包含一个【存储为】命令，因为【批处理】命令不会自动存储源文件，如果动作包含它所需要的特定文件的【存储为】命令，则取消选中【覆盖动作中的“存储为”】复选框。

【文件命名】选项区域：如果选择【文件夹】作为目标，则指定文件命名规范并选择处理文件的文件兼容性选项。

提示

对于【文件命名】，从下拉列表中选择元素，或在要组合为所有文件的默认名称的栏中输入文件，可以更改文件名各部分的顺序和格式。因为子文件夹中的文件有可能重名，所以每个文件必须至少一个唯一的栏，以防文件相互覆盖。

对于【兼容性】，则选择“Windows”。

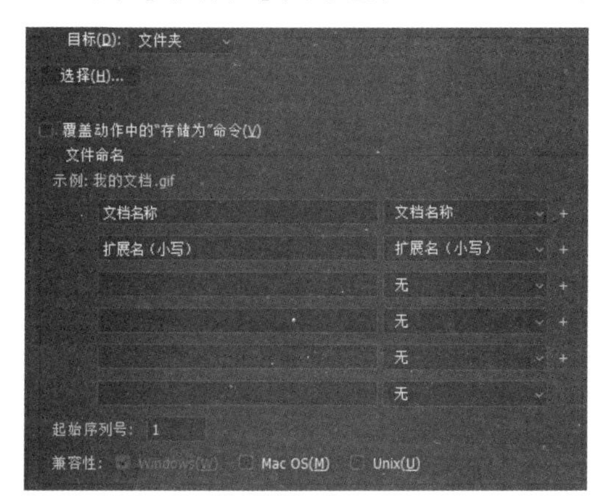

4.【错误】下拉列表

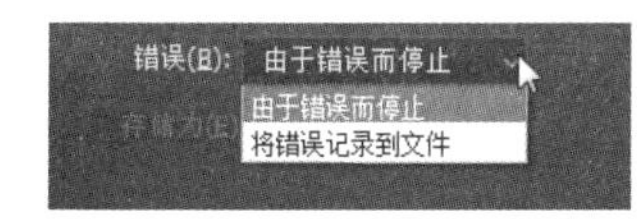

【由于错误而停止】：出错将停止处理，直到确认错误信息为止。

【将错误记录到文件】：将所有错误记录在一个指定的文本文件中而不停止处理。如果有错误记录到文件中，则在处理完毕后将出现一条信息，若要使用错误文件，需要单击【存储为】按钮，并重命名错误文件名。

下面以给多张图片添加【木质画框】为例，介绍如何使用【批处理】命令对图像进行批量处理。其具体操作步骤如下。

第 1 步 打开【批处理】对话框，在其中单击【动作】下拉按钮，从弹出的下拉列表中选择【木质画框】选项，如下图所示。

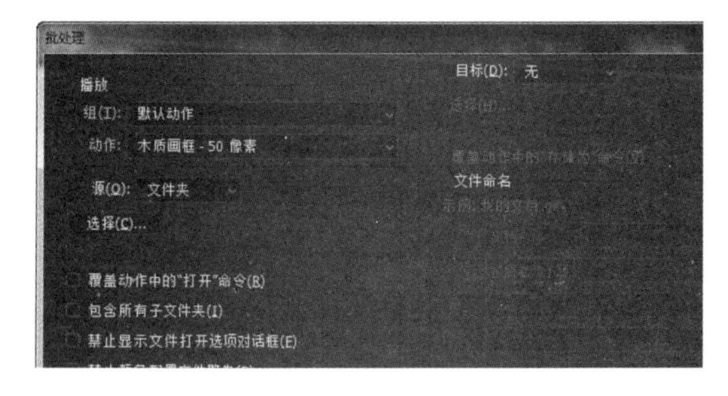

第 2 步 单击【源】选项区域中的【选择】按钮，打开【选取批处理文件夹】对话框，在其中选择需要批处理图片的文件夹，如下图所示。

第 3 步 单击【选择文件夹】按钮，返回【批处理】对话框，如下图所示。

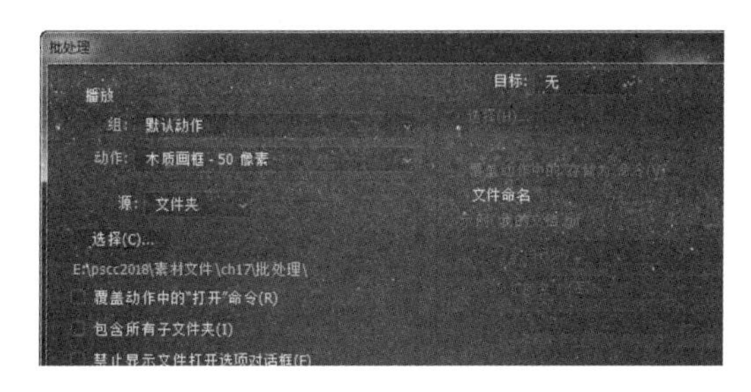

第 4 步 单击【目标】下拉按钮，在弹出的下拉列表中选择【文件夹】选项，如下图所示。

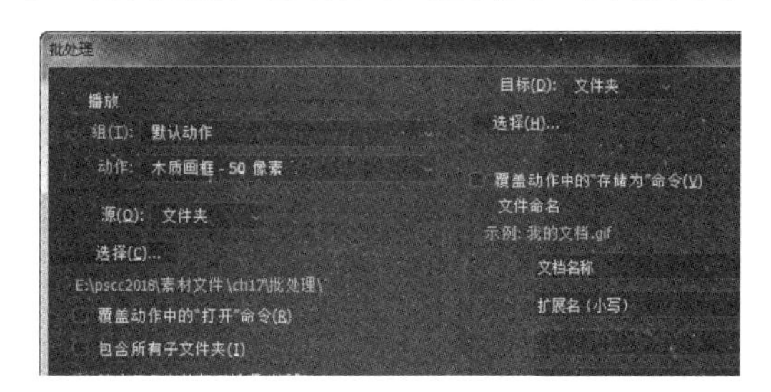

第 5 步 单击【选择】按钮，打开【选取目标文件夹】对话框，在其中选择批处理后的图像所保存的位置，如下图所示。

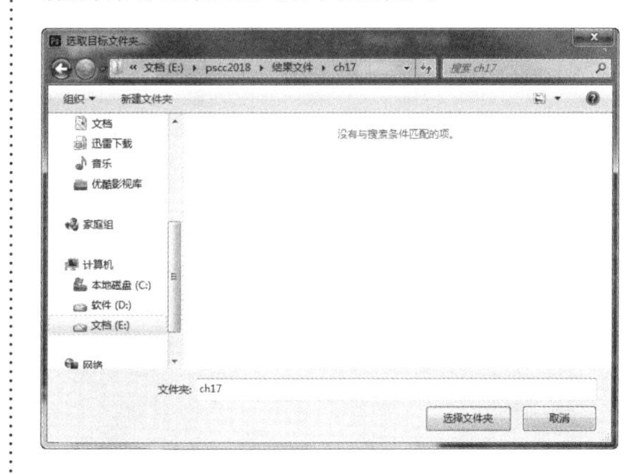

第 6 步 单击【选择文件夹】按钮，返回【批处理】对话框，如下图所示。

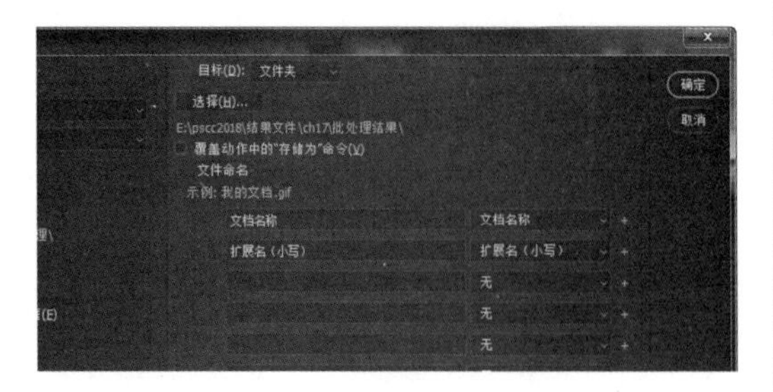

第 7 步 单击【确定】按钮，在对图像应用【木质画框】动作的过程中会弹出【信息】提示框，如下图所示。

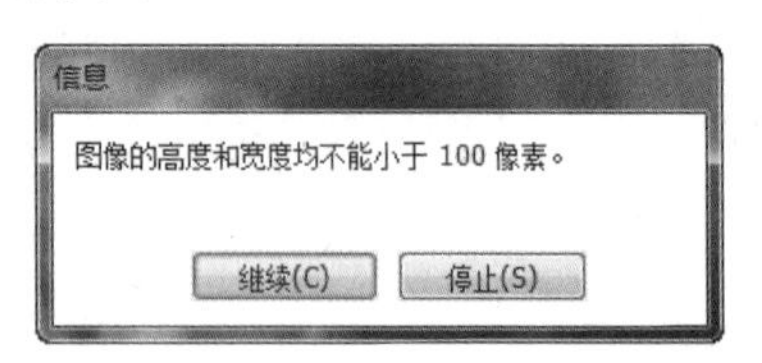

第 8 步 单击【继续】按钮，在对第一张图像添加【木质画框】后，即可弹出【另存为】对话框，在其中输入文件名并设置文件的存储格式，如下图所示。

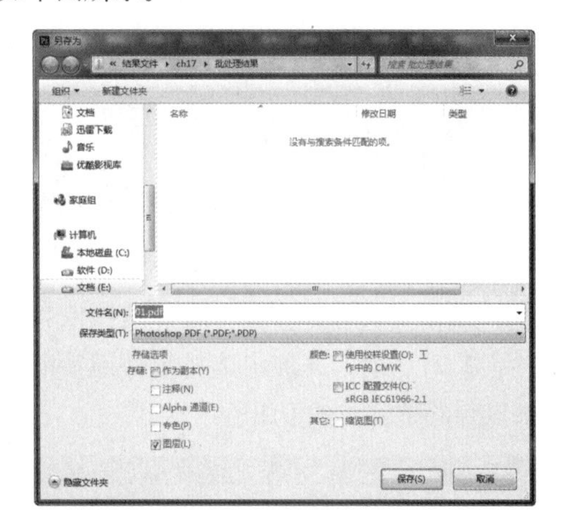

第 9 步 单击【保存】按钮，即可弹出【Photoshop 格式选项】对话框。单击【确定】按钮即可，如下图所示。

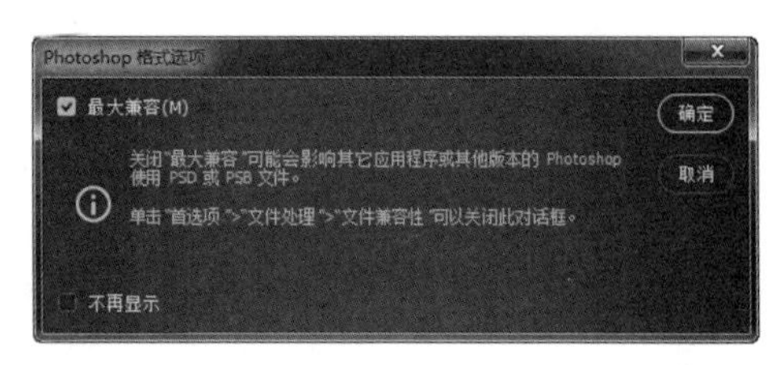

第 10 步 在对所有的图像批处理完毕后，打开存储批处理后图像保存的文件夹，即可在该文件夹中查看处理后的图像，如下图所示。

第 11 步 为了提高批处理性能，应减少所存储的历史记录状态的数量，并在【历史记录选项】对话框中取消选中【自动创建第一幅快照】复选框，如下图所示。

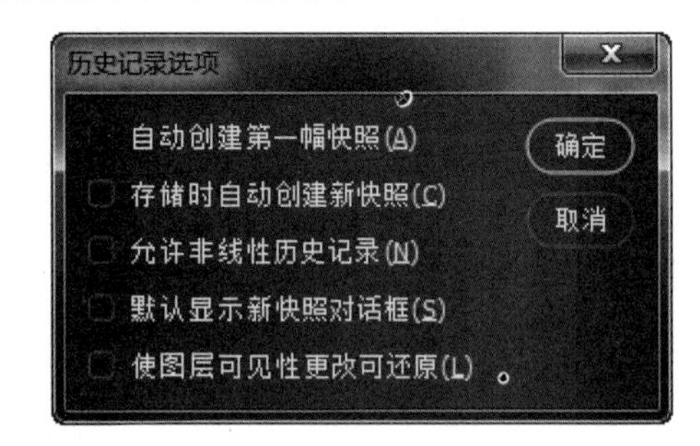

第 12 步 另外，要想使用多个动作进行批处理，需要先创建一个播放所有其他动作的新动作，然后使用新动作进行批处理。要想批处理多个文件夹，需要在一个文件夹中创建要处理的其他文件夹的别名，然后选中【包含所有子文件夹】复选框，如下图所示。

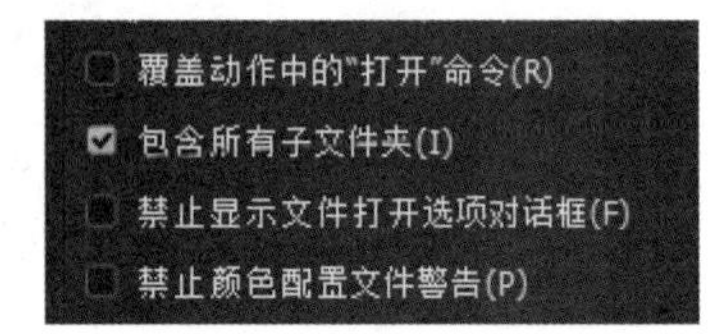

17.2.2 创建快捷批处理

在 Photoshop CC 2018 软件中，动作是快捷批处理的基础，而快捷批处理是一些小的应用程序，可以自动处理拖曳到其图标上的所有文件。创建快捷批处理的具体操作步骤如下。

第 1 步 在 Photoshop CC 2018 窗口中选择【文件】→【自动】→【创建快捷批处理】命令。打开【创建快捷批处理】对话框，其中有 4 个参数区，用来定义批处理时的具体方案，如下图所示。

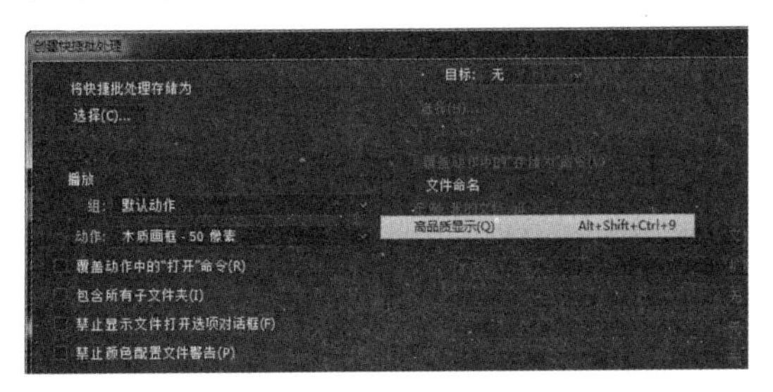

第 2 步 单击【选择】按钮，打开【另存为】对话框，选择创建的快捷批处理保存的位置，在【文件名】文本框中输入文件保存的名称，单击【保存类型】下拉按钮，在弹出的下拉列表中选择保存文件的格式，如下图所示。

第 3 步 单击【保存】按钮，返回【创建快捷批处理】对话框，在其中可以看到文件的保存路径，如下图所示。

第 4 步 单击【确定】按钮，完成创建快捷批处理的操作。打开文件保存的文件夹，即可在该文件夹中看到创建的快捷批处理文件，如下图所示。

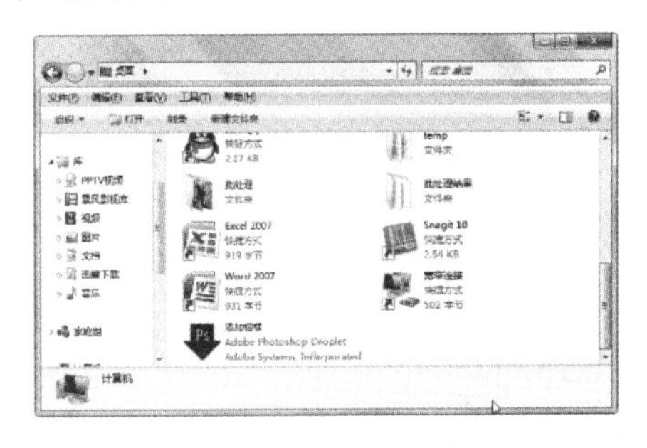

在创建好快捷批处理之后，要想使用快捷批处理，只需在资源管理器中将图像文件或包含图像的文件夹拖曳到快捷处理程序图标上即可，如下图所示。

17.2.3 裁剪并修齐照片

使用【裁剪并修齐照片】命令可以轻松地将图像从背景中提取为单独的图像文件，并自动将图像修剪整齐。

使用【裁剪并修齐照片】命令修剪并修齐倾斜照片的具体操作步骤如下。

第 1 步 选择【文件】→【打开】命令。

第 2 步 打开“素材 \ch17\7-2.jpg”文件，如下图所示。

第3步 选择【文件】→【自动】→【裁剪并修齐照片】命令，如下图所示。

第4步 将倾斜的照片修正，如下图所示。

17.2.4 条件模式更改

使用 Photoshop CC 2018 中的【条件模式更改】命令，可以批量自动化将符合条件的源模式改为目标模式。例如，将所有打开文件中源模式为 RGB 的图像转换为目标模式 CMYK，具体操作步骤如下。

第1步 选择【文件】→【打开】命令。

第2步 打开“素材\ch17\索引.psd”和“图06.jpg”文件，如下图所示。

第3步 选择【文件】→【自动】→【条件模式更改】命令，如下图所示。

第 4 步 弹出【条件模式更改】对话框，在【源模式】选项区域中选中【RGB 颜色】复选框，在【目标模式】下拉列表中选择【灰度】选项，单击【确定】按钮，如下图所示。

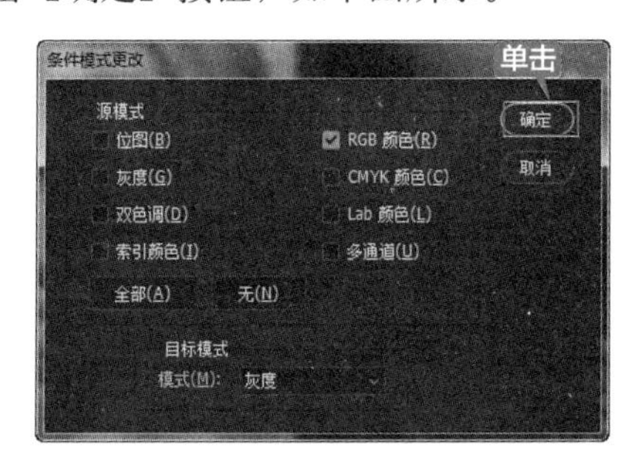

第 5 步 弹出【信息】提示框，提示用户是否扔掉颜色信息，单击【扔掉】按钮，如下图所示。

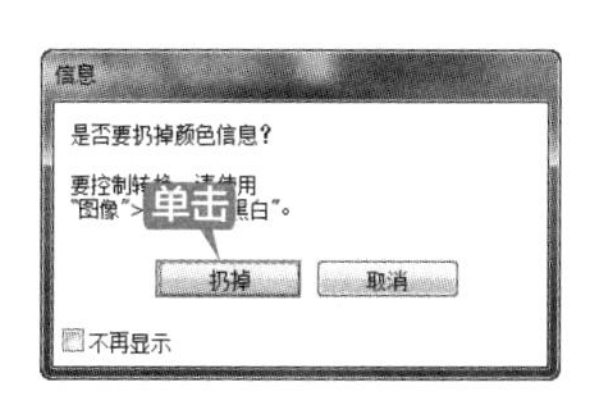

第 6 步 返回到主界面，即可看到 RGB 模式的图像已经转换为灰度模式的图像，而索引模式的图像没有变化，如下图所示。

17.2.5 限制图像

使用【限制图像】命令可以将当前图像限制为设定的高度和宽度。但是为了兼顾不更改图像长宽比的原则，在执行【限制图像】命令时，并不会完全按照用户设置的图像宽度和高度来改变图像尺寸，执行此命令会改变图像的尺寸大小和像素数目，但不会改变图像的分辨率。

【限制图像】的具体操作步骤如下。

第 1 步 打开“素材\ch17\图 14.jpg”文件，选择【文件】→【自动】→【限制图像】命令，如下图所示。

第 2 步 弹出【限制图像】对话框，输入图像的宽度和高度，单击【确定】按钮，如下图所示。

> **提示**
>
> 在【限制尺寸】选项区域中可以设置图像的宽度和高度值，范围为 1 ~ 30 000。

第 3 步 返回 Photoshop CC 2018 主界面，即可看到图像的大小已经改变了，如下图所示。

批处理文件

本案例介绍如何把一个文件夹中的所有文件的颜色模式和大小各不相同的文件转换成颜色一致和大小相同的文件。具体操作步骤如下。

第1步 打开“素材\ch17\7-3.jpg”文件，打开【动作】面板，单击【动作】面板中的【新建组】按钮，弹出【新建组】对话框，在【名称】文本框中输入新建组的名称，如“大小和颜色”，如下图所示。

第2步 单击【确定】按钮，创建一个新的动作组，如下图所示。

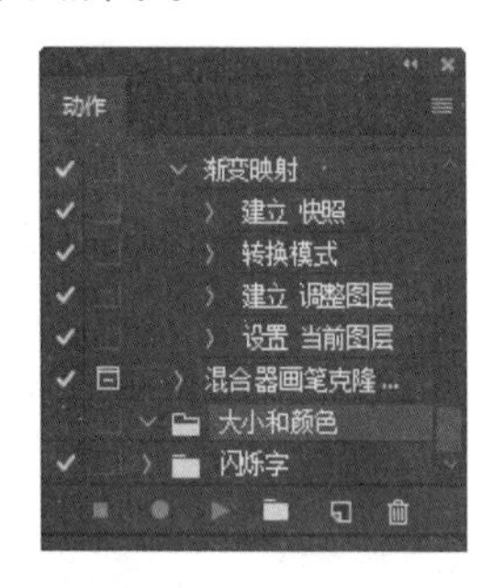

第3步 选择新创建的动作组，单击【新建动作】按钮，在弹出的【新建动作】对话框中输入名称“调整图像”，单击【记录】按钮，如下图所示。

第4步 选择【文件】→【自动】→【条件模式更改】命令，弹出【条件模式更改】对话框，单击【全部】按钮，将【目标模式】设置为“CMYK 颜色”，单击【确定】按钮，如下图所示。

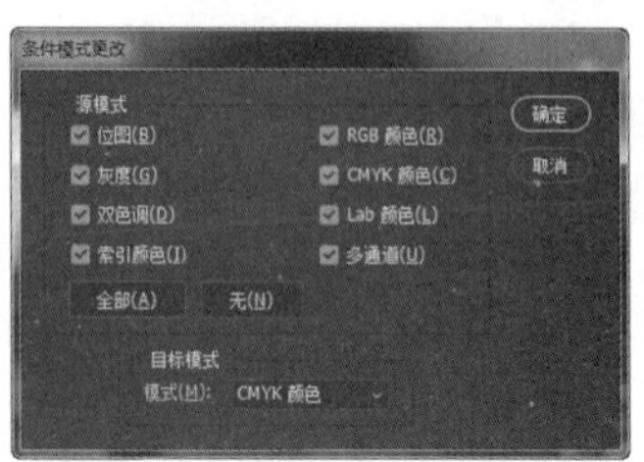

第5步 弹出【Adobe Photoshop CC 2018】提示框，单击【确定】按钮，如下图所示。

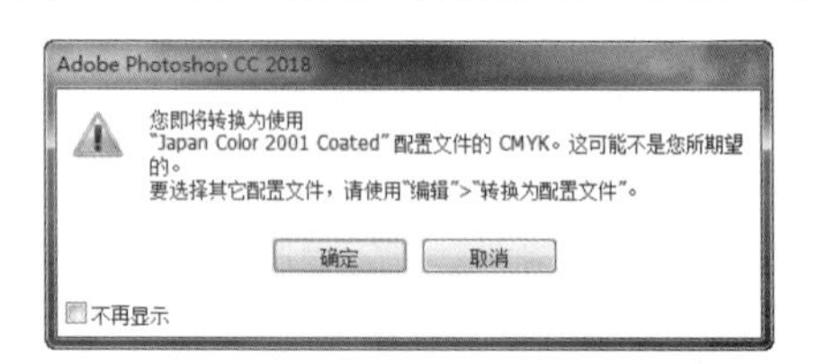

第6步 选择【图像】→【图像大小】命令，弹出【图像大小】对话框，单击【约束比例】按钮，在【宽度】和【高度】文本框中分别输入“800”和“600”，单击【确定】按钮，如下图所示。

第7步 单击【动作】面板中的【停止录制】按钮，完成“动作”的录制，如下图所示。

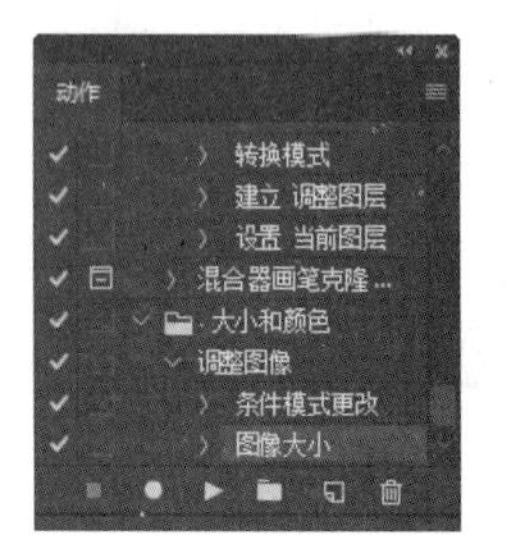

第 8 步 选择【文件】→【自动】→【批处理】命令，弹出【批处理】对话框，在【组】下拉列表中选择【大小和颜色】选项，在【动作】下拉列表中选择【调整图像】选项，然后选择需要批量转换的文件夹， 单击【确定】按钮，即可开始批量转换图像的颜色和大小，如下图所示。

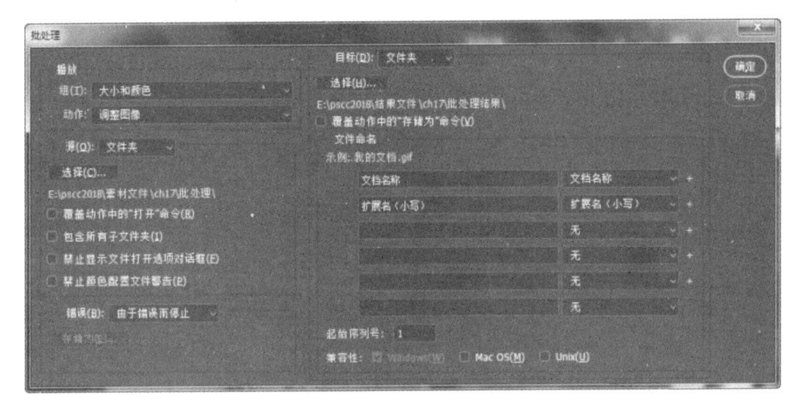

◇ 拍摄用于 Photomerge 图片的规则

当需要用【Photomerge】命令整合全景图时，用户所拍摄的源照片在全景图合成图像中起着重要的作用。为了避免出现问题，需要按照下列规则拍摄要用于【Photomerge】的照片。

① 充分重叠图像。图像之间的重叠区域应约为 40%。如果重叠区域较小，则【Photomerge】可能无法自动汇集全景图。但是，图像不应重叠得过多，如果图像的重合度达到 70% 或更高，则【Photomerge】可能无法混合这些图像。

② 使用同一焦距。如果使用的是缩放镜头，则在拍摄照片时不要改变焦距（放大或缩小）。

③ 使照相机保持水平。尽管【Photomerge】可以处理图片之间的轻微旋转，但如果有好几度的倾斜，在汇集全景图时可能会导致错误，使用带有旋转头的三脚架有助于保持相机的准直和视点。

④ 保持相同的位置。在拍摄系列照片时，尽量不要改变自己的位置，这样可使照片来自同一个视点。将相机举到靠近眼睛的位置，使用光学取景器，这样有助于保持一致的视点，或者尝试使用三脚架，以使照相机保持在同一位置上。

⑤ 避免使用扭曲镜头。扭曲镜头可能会影响【Photomerge】。使用【自动】命令可对使用鱼眼镜头拍摄的照片进行调整。

⑥ 保持同样的曝光度。避免在一些照片中使用闪光灯，而在其他照片中不使用。【Photomerge】中的混合功能有助于消除不同的曝光度，但很难使差别极大的曝光度达到一致，

一些数码相机会在用户拍照时自动改变曝光设置。因此，用户需要检查照相机设置以确保所有的图像都具有相同的曝光度。

◇ 动作不能保存怎么办

用户在保存动作时，经常遇到的问题是不能保存动作，此时【存储动作】命令为隐灰状态，不能选择。出现此问题的原因是用户选择错误所致，因为用户选择的是动作而不是动作组，所以不能保存。选择动作所在的动作组后，故障即可消失。

第 18 章

打造强大的 Photoshop

本章导读

除了使用 Photoshop CC 2018 软件自带的滤镜、笔刷、纹理外，还可以使用其他的外挂滤镜来实现更多、更精彩的效果。本章主要介绍外挂滤镜、笔刷和纹理的使用方法。

思维导图

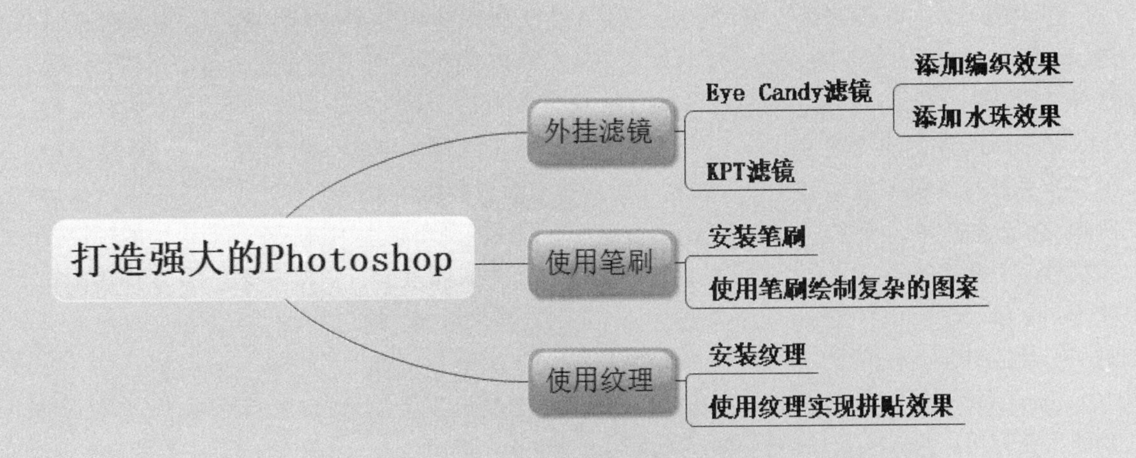

18.1 外挂滤镜

Photoshop CC 2018 软件中的滤镜主要用来实现图像的各种特殊效果，它在 Photoshop 中具有非常重要的作用，是一个用于产生图像特殊效果的工具。滤镜的操作虽然非常简单，但是却很难恰到好处。现在使用的 Photoshop CC 2018 外挂滤镜，是由第三方软件销售公司创建的程序。工作在 Photoshop 内部环境中的外挂主要有 5 个方面的作用：优化印刷图像、优化 Web 图像、提高工作效率、提供创意滤镜和创建三维效果。有了外挂滤镜，用户通过简单操作就可以实现特殊的效果 。

外挂滤镜的安装方法很简单，用户只需将下载的滤镜压缩文件解压，然后放在 Photoshop CC 安装程序的“Plug-ins”文件夹下即可，如下图所示。

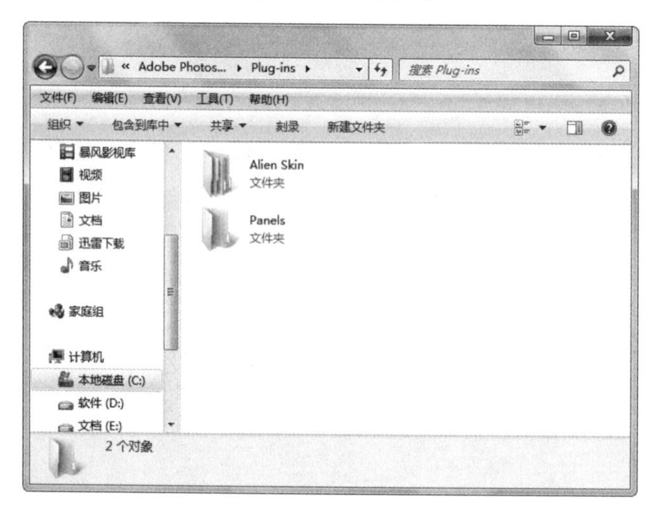

18.1.1 Eye Candy 滤镜

Eye Candy（眼睛糖果）是 Photoshop 外挂滤镜中使用最广泛的一组，包括 30 多种 Photoshop 滤镜集。由于眼睛糖果滤镜内容丰富，而拥有的特效也是影像工作者常用的，所以在外挂滤镜中的评价相当高。

Eye Candy 的主要应用对象包含各种设计任务、字体、标志、网页设计等，通过对自然现象的模拟提供各种现实的精致效果。眼睛糖果的界面简单直观，可以轻松提高用户使用 Photoshop 的效率，直接应用于当前的图像层。可以快速浏览超过 1 500 个精心设计的预设效果文件。眼睛糖果可方便应用于严格的生产环境与 CMYK 模式等，支持多核心 CPU 加速，支持 64 位 Photoshop，以及更高版本的 Photoshop 自定义面板。通过 Photoshop 智能滤镜或引进一个新的图层效果并不会造成破坏性编辑。

Eye Candy 是 Alien Skin 公司创建的一组极为强大的经典 Photoshop 外挂滤镜，Eye Candy 功能千变万化，拥有极为丰富的特效，如反相、铬合金、闪耀、发光、阴影、HSB 噪点、水滴、水迹、挖剪、玻璃、斜面、烟幕、旋涡、毛发、木纹、编织、星星、斜视、大理石、摇动、运

动痕迹、融化、火焰等。

将 Eye Candy 滤镜的文件夹解压到 Photoshop CC 2018 安装程序的“Plug-ins”文件夹下，然后启动软件，选择【滤镜】→【Alien Skin】→【Eye Candy 7】命令即可打开外挂滤镜，如下图所示。

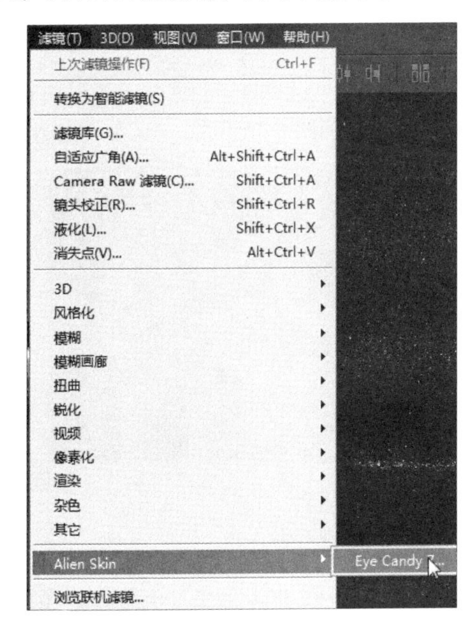

下面以添加 Eye Candy 滤镜为例进行介绍，具体操作步骤如下。

1. 添加编织效果

第 1 步 打开“素材\ch18\18-1.jpg”文件，如下图所示。

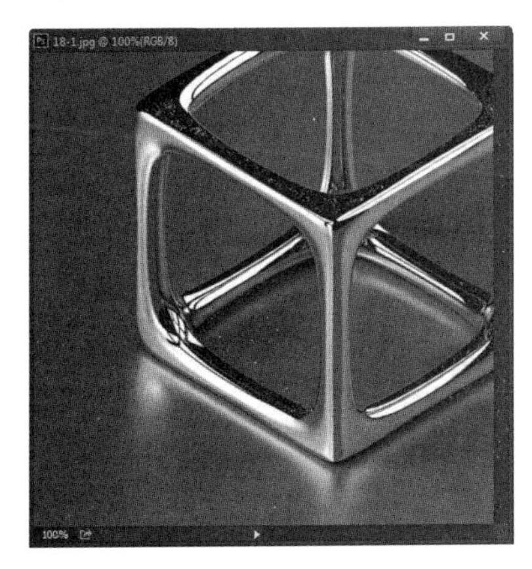

第 2 步 选择【滤镜】→【Alien Skin】→【Eye Candy 7】命令，如下图所示。

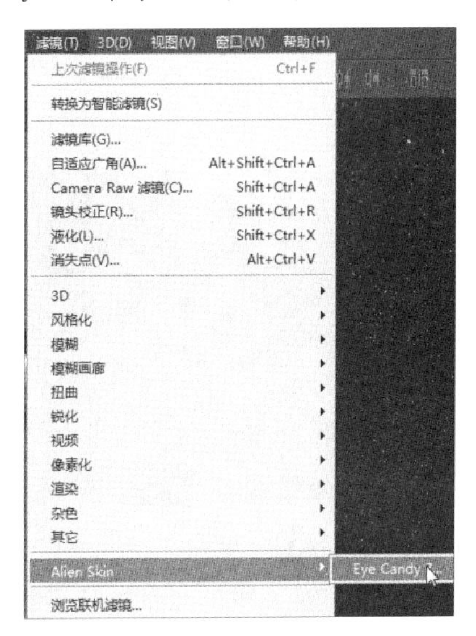

第 3 步 在弹出的【Alien Skin Eye Candy 7 Weave Factory Default(modified)】（编织效果）对话框中进行设置，如下图所示。

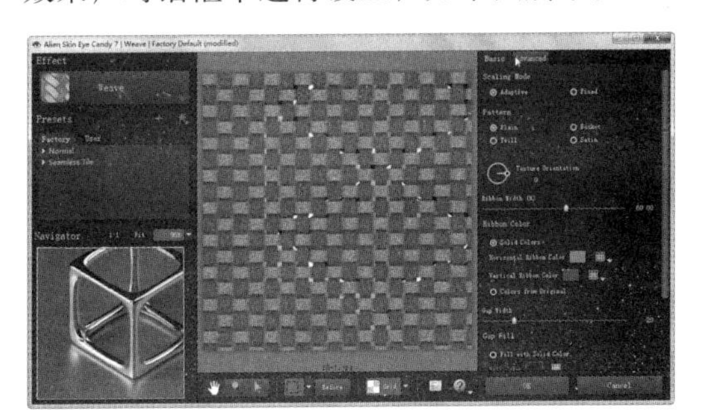

第 4 步 单击【OK】按钮，即可为图像添加编织效果，如下图所示。

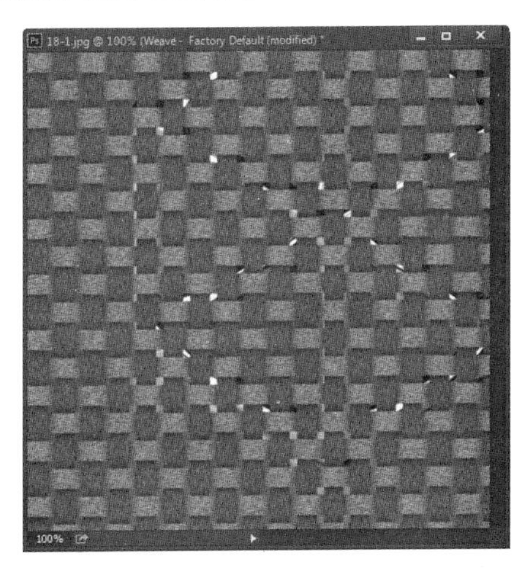

2. 添加水珠效果

第 1 步 打开“素材\ch18\18-2.jpg”文件，如下图所示。

第 2 步 选择【滤镜】→【Eye Candy】→【水珠效果】命令，在弹出的【水珠效果】对话框中进行设置，如下图所示。

第 3 步 单击【OK】按钮，即可为图像添加水珠效果，如下图所示。

18.1.2 KPT 滤镜

KPT Channel Surfing 是一个处理色频的滤镜，允许对所有色频进行微调，也可以对单个色频进行调整。同时可以给予色频套用 Blur（模糊）、Contrast（调整对比度）、Sharpen（锐化）和 Value Shift（调整明暗）4 种效果。随时可以调整这些效果的强度与透明度， 并且控制效果与源图像的混合模式。

KPT 滤镜是由 Meta Creations 公司创建的最精彩的滤镜系列，它每一个新版本的推出都会给用户带来新的惊喜。最新版本的 KPT 7.0 包含 9 种滤镜，它们分别是 KPT Channel Surfing、KPT Fluid、KPT Frax Flame II、KPT Gradient Lab、KPT Hyper Tiling、KPT Ink Dropper、KPT Lightning、KPT Pyramid Paint、KPT Scatter。除了对以前版本滤镜的加强外，这个版本更侧重于模拟液体的运动效果，另外，这一版本也加强了对其他图像处理软件的支持。

18.2 使用笔刷

笔刷是 Photoshop 软件中画笔的笔头形状。通过 Photoshop 笔刷的载入功能，就能刷出各种不同的效果，如眼睫毛、天使翅膀、墨迹等。笔刷是 Photoshop 中的工具之一，它是一些预设的图案，可以以画笔的形式直接使用。

18.2.1 安装笔刷

笔刷是一种很好用的工具，它精美的图案、快速地绘制，使用户在设计的过程中节省了许

多时间。除了系统自带的笔刷类型外，用户还可以下载一些喜欢的笔刷，将其安装。

在 Photoshop 中，笔刷后缀名统一为“*.abr”。安装笔刷的方法很简单，用户只需将下载的笔刷压缩文件解压，然后将其放到 Photoshop 安装程序的相应文件夹下即可，一般路径为“…\Presets(预设)\Brushes(画笔)”，如下图所示。

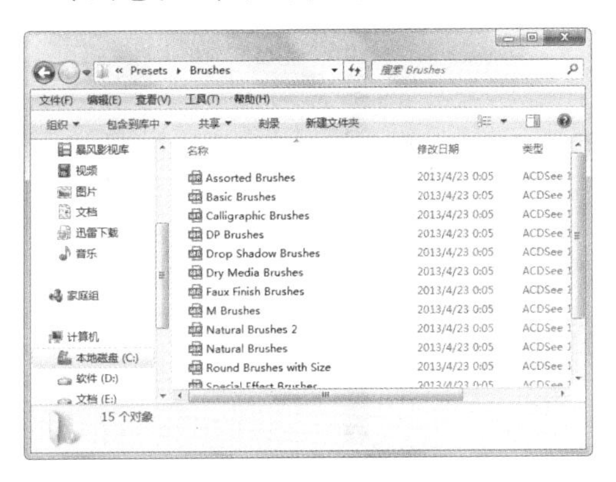

18.2.2 使用笔刷绘制复杂的图案

笔刷安装完成后，用户即可使用笔刷绘制复杂的图案，具体操作步骤如下。

第 1 步 启动 Photoshop CC 2018 软件，选择【文件】→【新建】命令。弹出【新建】对话框，在【名称】文本框中输入“特殊图案”，将宽度和高度分别设为“800”像素和“800”像素，单击【确定】按钮，如下图所示。

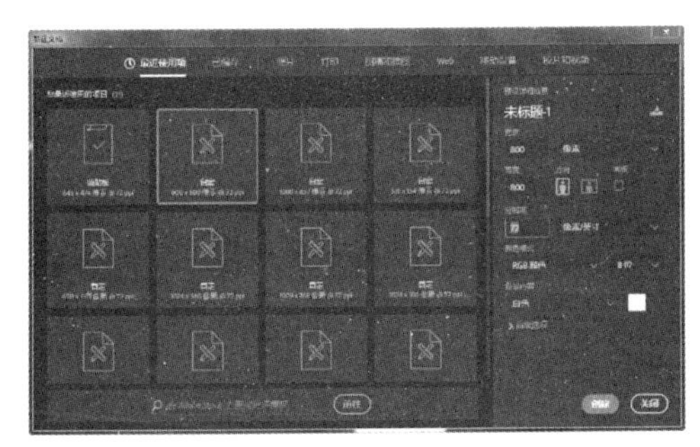

第 2 步 在工具箱中选择【画笔工具】选项，然后在选项栏中单击【画笔预设】按钮，在弹出的面板中设置合适的笔触大小，在笔触样式中选择新添加的笔刷，如下图所示。

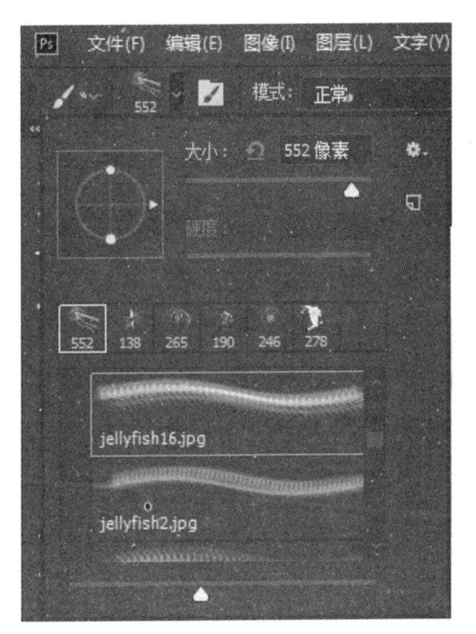

第 3 步 在绘图区拖曳鼠标即可绘制图案，如下图所示。

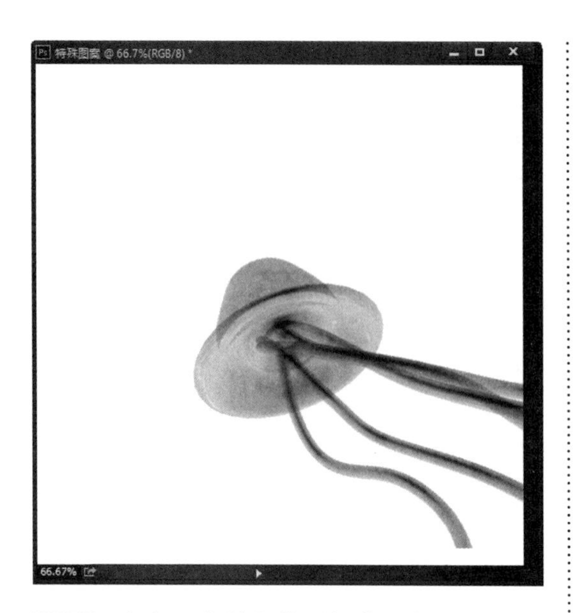

第 4 步 右击，在弹出的面板中重新设置笔触的大小为“155 像素”，如下图所示。

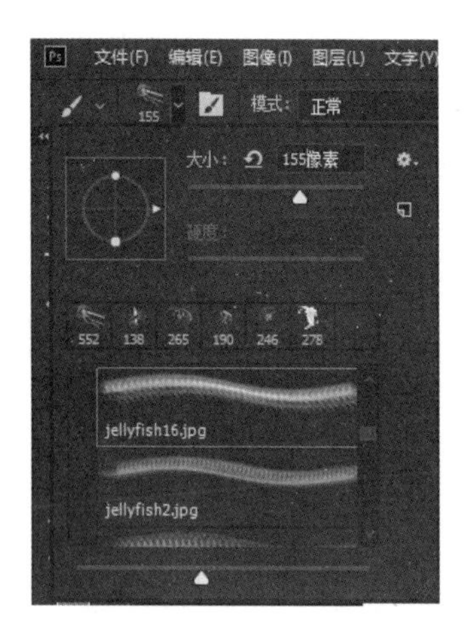

第 5 步 在绘图区单击，即可利用笔刷绘制复杂的图案效果，可以多次调整笔刷大小进行绘制，如下图所示。

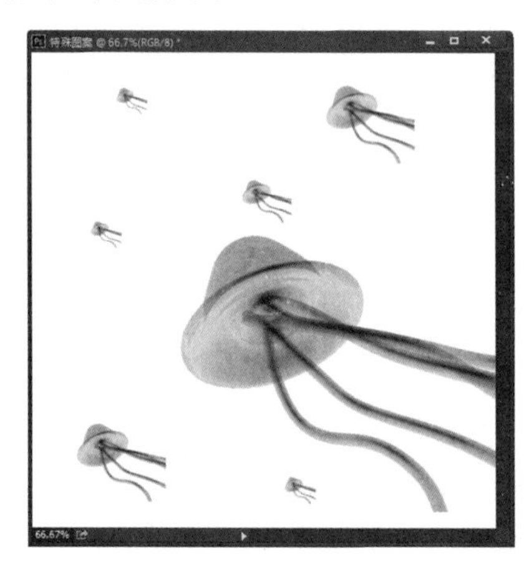

18.3 使用纹理

Photoshop CC 2018 软件中使用【纹理】功能可以赋予图像一种深度或物质的外观，或添加一种有机外观。

18.3.1 安装纹理

在 Photoshop 中，纹理后缀名统一为“*.pat”。安装纹理的方法和安装笔刷的方法类似，用户只需要将下载的纹理压缩文件解压，然后将其放到 Photoshop 安装程序的相应文件夹下即可，一般路径为“…\Presets(预设)\Patterns (纹理) ”，如下图所示。

18.3.2 使用纹理实现拼贴效果

纹理安装完成后，用户即可使用纹理实现拼贴效果，具体操作步骤如下。

第 1 步 打开“素材 \ch18\18-3.jpg”文件，如下图所示。

第 2 步 在【图层】面板中双击背景图层，弹出【新建图层】对话框，单击【确定】按钮，如下图所示。

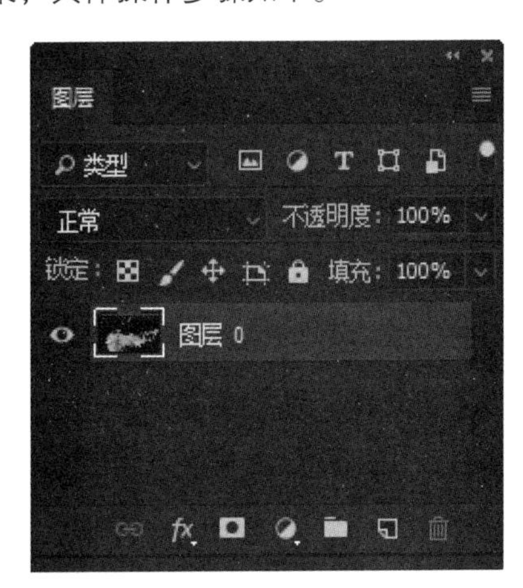

第 3 步 选择【图层 0】然后选择【混合选项】命令，如下图所示。

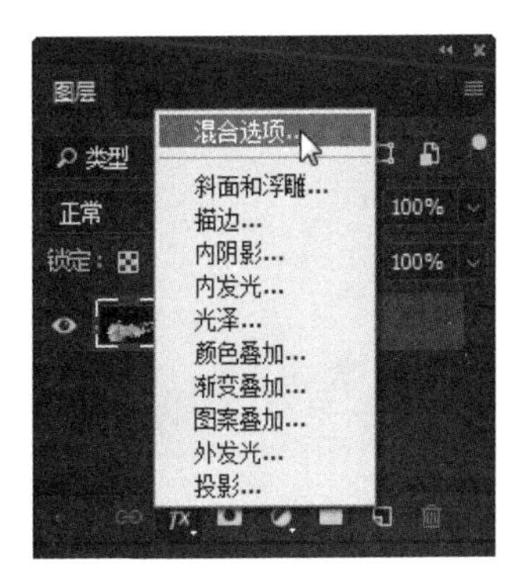

第 4 步 弹出【图层样式】对话框，选中【图案叠加】复选框，然后单击【图案】右侧的下拉按钮，在弹出的下拉列表中选择新安装的纹理，如下图所示。

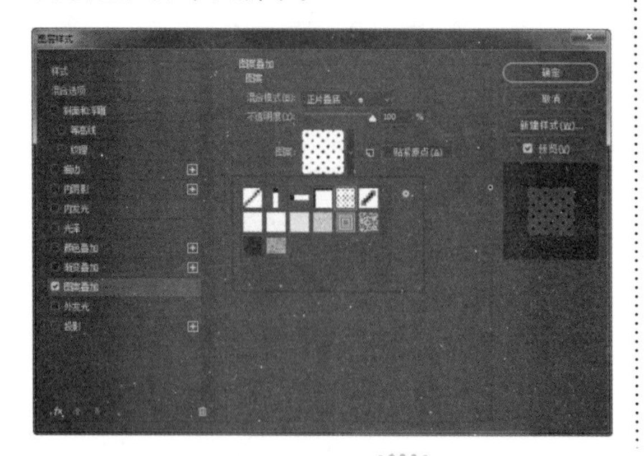

第 5 步 单击【确定】按钮，图像被添加拼贴的纹理效果，如下图所示。

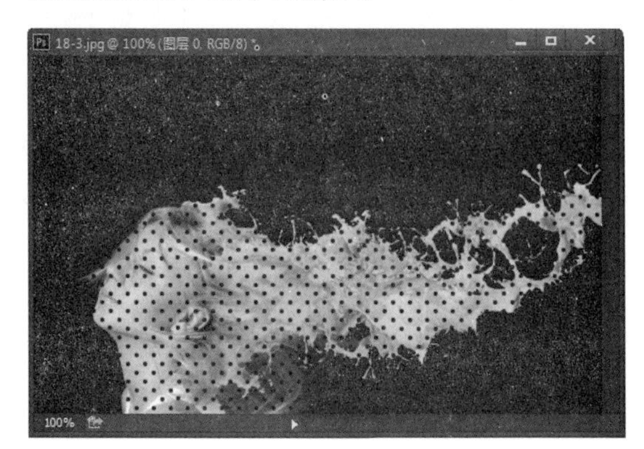

为材质添加特效

本案例讲述如何利用【Eye Candy 7】外挂滤镜为材质添加特效，具体操作步骤如下。

第 1 步 打开“素材 \ch18\18-4.jpg”文件，如下图所示。

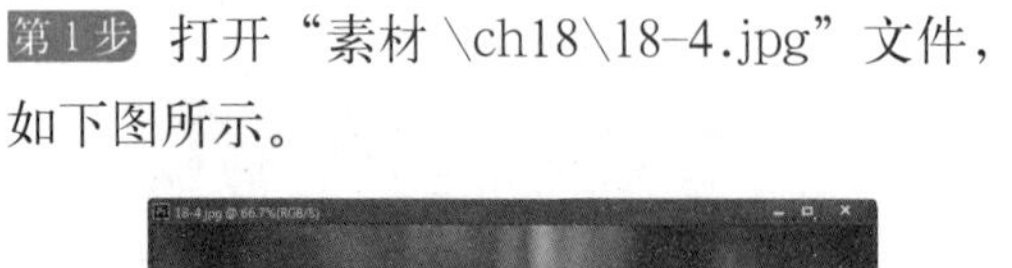

第 2 步 使用【磁性套索工具】建立铁管的选区，如下图所示。

第 3 步 选择【滤镜】→【Alien Skin】→【Eye Candy 7】命令，打开设置对话框，如下图所示。

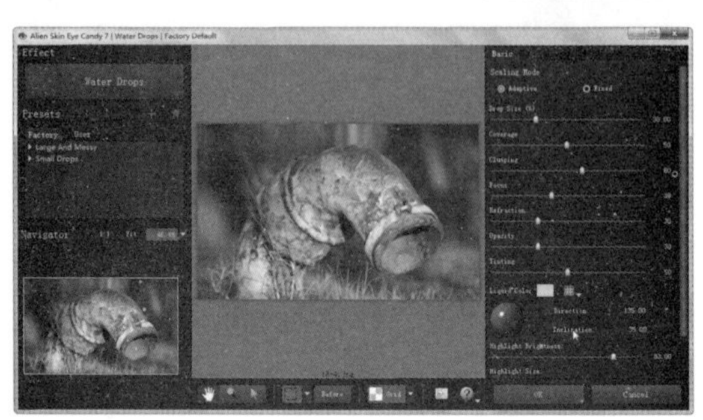

第 4 步 在弹出的对话框中选择具体的类型，这里选择【Rust】选项，单击【OK】按钮，如下图所示。

第 5 步 效果如下图所示。

第 6 步 根据实际情况使用【套索工具】选择应该有锈迹的地方，然后删除，并使用【变暗】的图层混合模式，最终效果如下图所示。

◇ 安装笔刷后不能使用怎么办

如果用户将下载的笔刷解压到安装程序相应的文件夹后，预设管理器中并没有显示，此时用户可以通过手动载入的方法安装笔刷。具体操作步骤如下。

第 1 步 启动 Photoshop CC 2018 软件，选择【编辑】→【预设】→【预设管理器】命令。弹出【预设管理器】对话框，单击【载入】按钮，如下图所示。

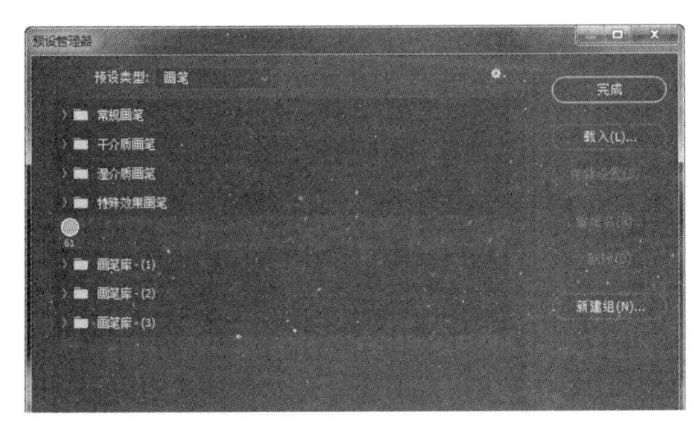

第 2 步 弹出【载入】对话框，选择下载的笔刷文件，单击【载入】按钮，如下图所示。

第 3 步 返回【预设管理器】对话框，即可看到新安装的笔刷类型，单击【完成】按钮即可，如下图所示。

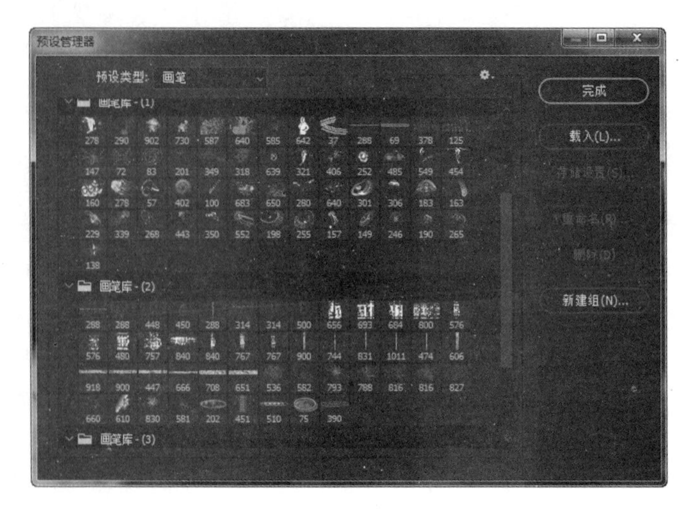

◇ 外挂滤镜的安装技巧

Photoshop 外挂滤镜通常都安装在软件的 Plug-ins 目录下，安装时有 3 种不同的情况。

① 有些外挂滤镜本身就有搜索 Photoshop 目录的功能，因此会把滤镜部分安装在 Photoshop 目录下，然后把启动部分安装在 Program Files 下。使用这种软件，如果用户没有注册过，在每次启动计算机后都会弹出一个提示注册的对话框。

② 有些外挂滤镜并不具备自动搜索功能，因此必须手工选择安装路径，而且必须选择在 Photoshop 的 Plug-ins 目录下，才能够安装成功，否则就会弹出一个安装错误的对话框。

③ 有些滤镜是不需要安装的，只需要直接将其复制到 Plug-ins 目录下就可以使用了。

所有的外挂滤镜安装完成后，都不需要重启计算机，只需要重新启动 Photoshop 就可以使用了。打开 Photoshop 以后，会发现安装的滤镜整齐地排列在滤镜菜单中。但也有特殊的情况，例如，按照上面①的方法安装的滤镜会在 Photoshop 的菜单中自动生成一个菜单，而它的名称通常是这些滤镜的出品公司名称。

目录

Contents

技巧 1 任务清单

每个人每天都会被来自工作和生活中的各种事物包围，每一件事都会分散一部分注意力，当杂事很多时，那些真正需要关注的事情就会被层层地包裹起来而无法引起足够的重视，于是便掉进了任务的陷阱中。

使用任务清单来管理日常生活中的任务事件，让其能够在适当的时间出现在我们的视线内并引起我们的重视，提醒我们在合适的事件去处理该时间段的事情，并可以在相同的时间设置重要任务，来提醒用户待完成事件的重要程度。

1. 滴答清单

滴答清单是一款记录工作、任务，规划时间的应用，易用、轻量且功能完整，支持 Web、iOS、Android、Chrome、Firefox、微信，还可以在网络日历中订阅滴答清单。

（1）创建任务

由于每天需要完成的工作或生活上的事情有很多，难免会有所疏漏，从而造成不必要的麻烦。这就需要针对每天要做的任务来创建一个提醒，来防止自己遗忘。使用滴答清单，可以创建用户的日常任务，防止用户疏忽工作或生活上的事情。

❶ 登录滴答清单，即可打开【收集箱】界面，点击左上角的【主界面】按钮，打开主界面，点击【添加清单】按钮 ＋ 添加清单，即可添加一个新的事件。

❷ 在弹出的【添加清单】界面中，输入清单的名称，并点击【颜色】按钮⊘。

❸ 在弹出的【颜色】面板中选择一种颜色，即可为任务添加颜色。

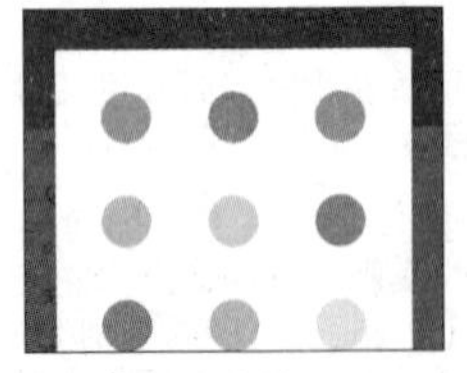

❹ 点击【完成】按钮✓，即可创建任务。

❺ 返回主界面，点击【下午开会】按钮 ≡ 下午开会 。

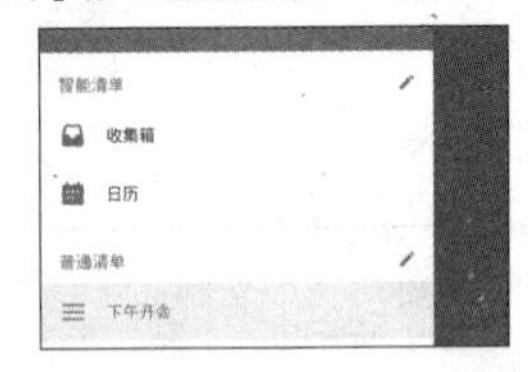

❻ 弹出【下午开会】面板，点击左下角的【其他日期】按钮▦，在弹出的面板中选择任务的时间。

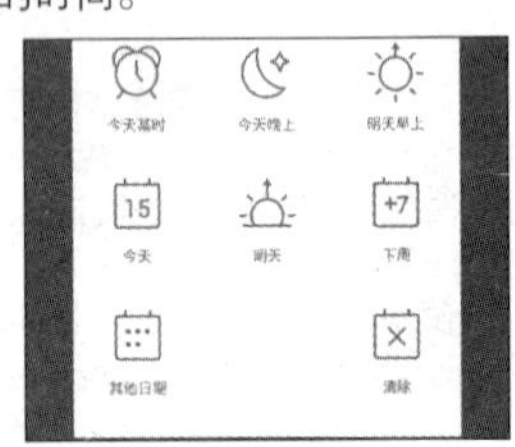

❼ 在返回的【下午开会】面板中输入“周二下午 3 点在 1 号会议室开会”文本，并点击【完成】按钮➤。

❽ 即可创建任务，效果如下图所示。

（2）归档任务

用户每天需要完成的工作

与生活上的任务有许多，为了避免任务过多时杂乱无章，用户可以为创建的任务进行归档管理，更方便地分别管理生活与工作中的事务。

❶ 在主界面中点击【普通清单】选项组中的【编辑】按钮，即可打开【管理普通清单】界面。

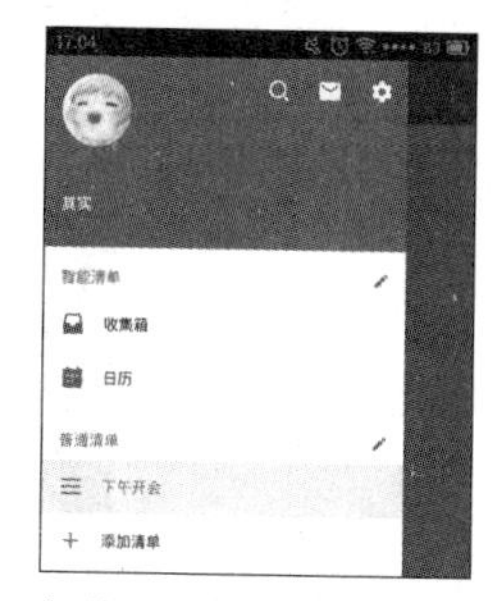

❷ 在弹出的【管理普通清单】界面中，点击【下午开会】按钮 下午开会。

❸ 进入【下午开会】的编辑界面，点击【文件夹】选项组中的【无】按钮，在弹出的【文件夹】面板中点击【添加文件夹】按钮。

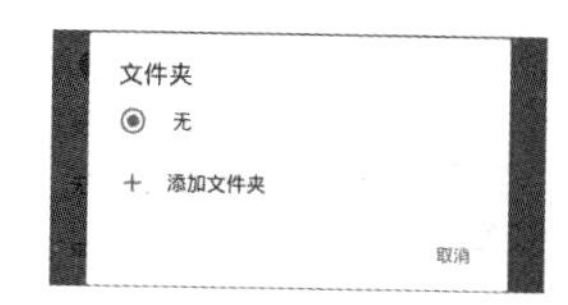

❹ 在弹出的面板中输入“公司事件”文本，并点击【确定】按钮。

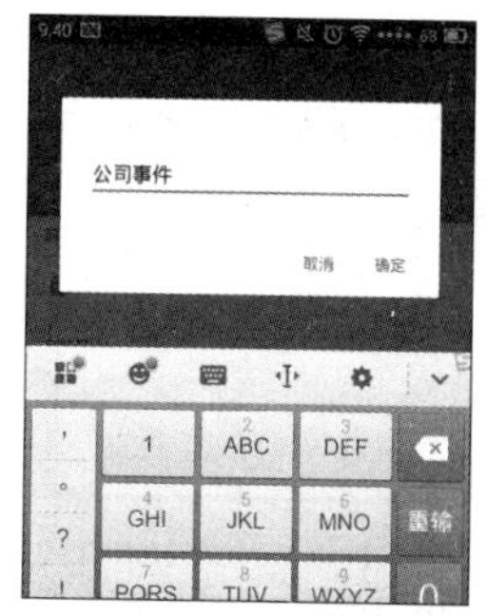

❺ 即可返回【下午开会】编辑界面，点击【完成】按钮。

❻ 返回到【下午开会】主界面，点击右上角的三点按钮，在

弹出的下拉列表中选择【排序】选项。

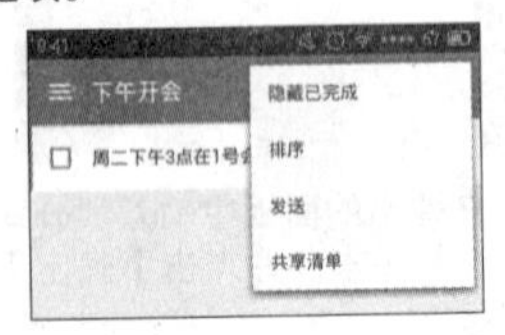

❼ 弹出【排序】面板，选中【优先级】单选按钮。

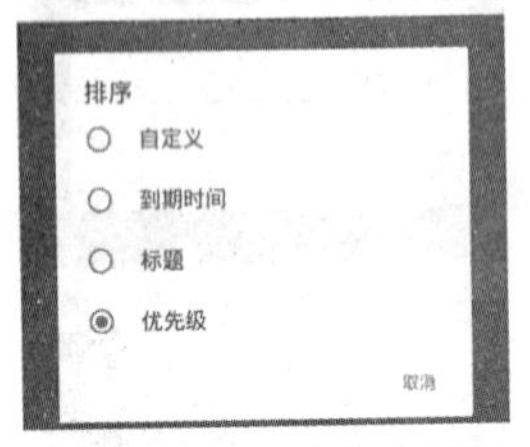

❽ 返回【下午开会】主界面，即可看到任务已被设置为最高优先级。

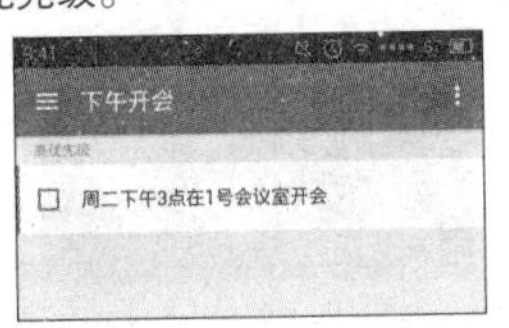

（3）使用日历新建任务

如果确定要在某一天执行某项任务，可以直接在任务清单中输入日期，并设置时间，但这样不方便管理清单，因为记录清单的日期会提前，因此，可以使用日历新建任务，可以方便快捷地定位任务开始的时间。

❶ 在滴答清单的主界面点击【日历】按钮，即可打开【日历】界面。

❷ 在弹出的【日历】界面，点击本月底的“29”号。

❸ 在弹出的【日历】写字板中，输入“信用卡还款”文本，点击【完成】按钮➢。

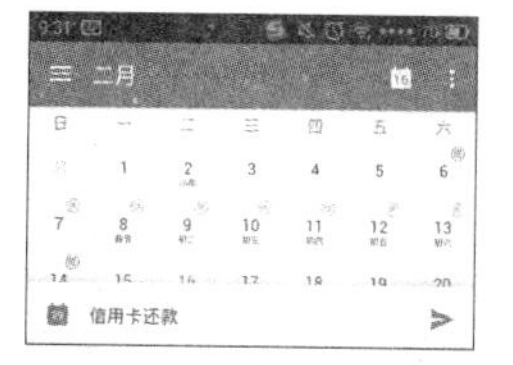

❹ 即可完成新建月底任务，在任务即将到期时滴答清单会进行提醒。

2. Any.DO

Any.DO 是一款帮助用户在手机上进行日程管理的软件，支持任务添加、标记完成、优先级设定等基本服务，通过手势进行任务管理等服务，如通过拖放分配任务的优先级、通过滑动标记任务完成、通过抖动手机从屏幕上清除已完成任务等。

此外，Any.Do 还支持用户与亲朋好友共同合作完成任务。用户新建合作任务时，该应用提供联系建议，对那些非 Any.Do 用户成员也支持电子邮件和短信的联系方式。

（1）添加新任务

使用 Any.Do 的日程管理，可以处理生活与工作中的各类琐事，巧妙地安排日程，提高工作效率。

❶ 在手机上下载并安装“Any.Do”软件。

❷ 打开并登录 Any.Do 应用，即可进入应用的主界面。

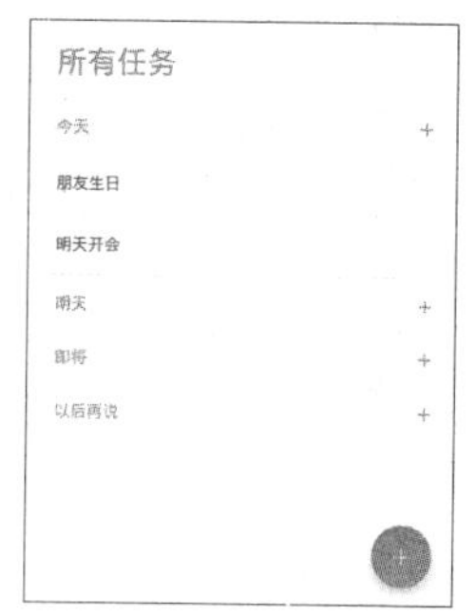

❸ 点击右下角的【添加】按钮●，在弹出的界面中输入“周末晚上公司聚餐”文本。并在下方可以选择任务的时间，分别有“今天”、“明天”、“下周”、“自定义”等选项，在这里选择【自定义】选项。

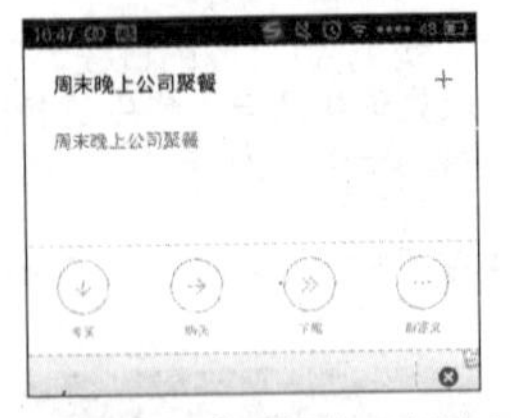

❹ 在弹出的【日期】面板中可以看到本月的日历，用户可以选择任务的日期。

❺ 如选择本月的“23”号，并点击【确定】按钮。

❻ 弹出【时间】面板，选择任务开始的确切时间，并点击【确定】按钮。

❼ 返回主界面，即可看到添加的新任务。

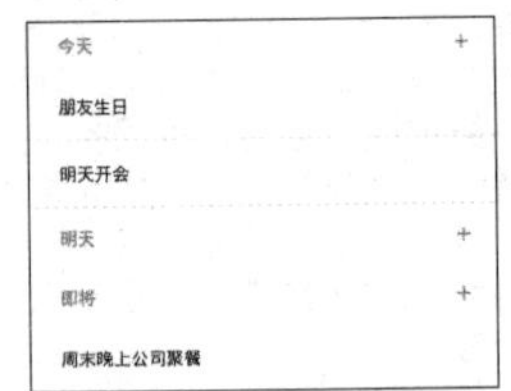

（2）设定任务的优先级

在 Any.Do 软件应用中，可以设置任务的优先级，当有任务发生时间上的冲突时，会优先提醒你级别较高的任务。

❶ 打开 Any.Do 的主界面，即可查看所有任务。

❷ 点击一个任务，即可打开任务的编辑栏，在任务右侧点击星形按钮 。

❸ 星形按钮变为黄色，即可为选择的任务设置优先级为【高】。

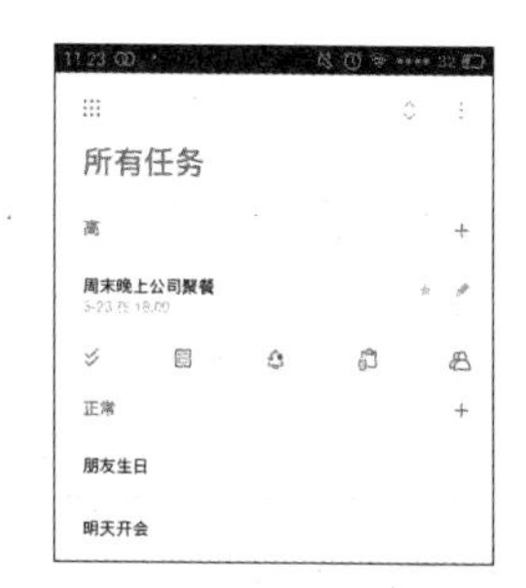

（3）清除已完成任务

用户完成一件任务时，可以清除已完成的任务，来保持任务列表的干净整洁。便于管理，也能提高查看清单的速度，最终提高办事效率。

❶ 当定时任务完成后，进入【Any.Do】主界面，在【工作项目】选项组中出现灰色带有删除线的“已完成”项目。

❷ 点击界面右上角的 ⋮ 按钮，在弹出的面板中点击【清除已完成】按钮。

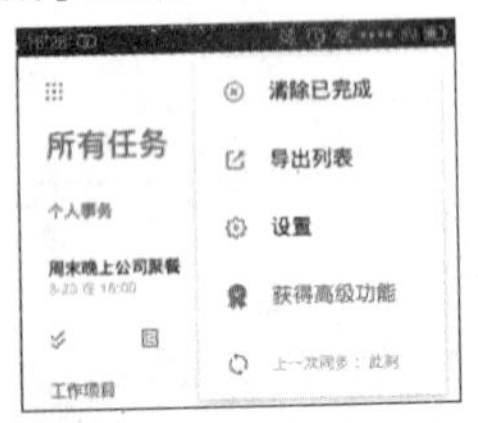

❸ 弹出【清除】面板，点击【是】按钮。

❹ 返回应用的主界面，即可看到已完成的任务已经删除。

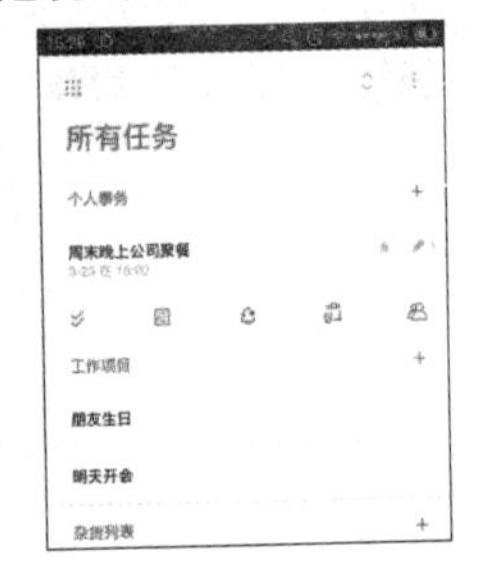

3. Wunderlist

Wunderlist 是管理和分享你的日常代办事项最简单的方法。Wunderlist 是一款计划任务管理应用，能够实现云端同步，将用户的任务清单同步到 Windows、Mac、iPhone 和 iPad 上，能让用 户随时随地进行管理或者与他人分享。除此之外，还有发布推送通知、邮件提醒、邮件任务管理、任意添加任务和到期时间、添加备注说明，还可以为特别重要的任务添加星星符号。

（1）添加新任务

使用 Wunderlist 可以创建新的任务，安排需要对用户进行提醒的各类琐事，提高你的工作效率。

❶ 在手机上下载并安装“Wunderlist”软件。然后打开并登录，进入应用的主界面。

❷ 点击右上角的【添加】按钮，

即可打开【收件箱】界面。

❸ 在【添加一个任务…】文本框中输入新任务的内容，并点击【发送】按钮。

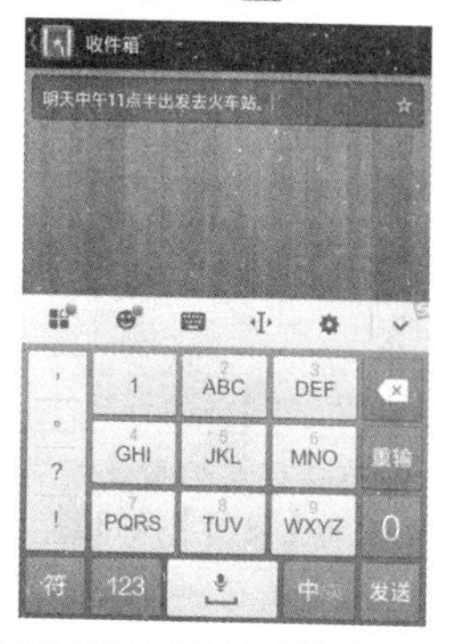

❹ 即可完成新任务的添加。

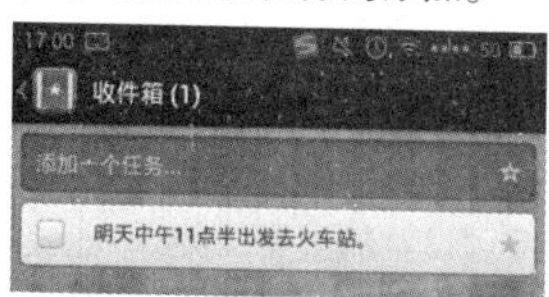

（2）设置重要任务

使用 Wunderlist 可以为添加的任务设置重要级别，让用户优先进行重要级别的任务，以免耽误时间。

❶ 添加一个新的任务，点击任意一个要设置为重要任务的事件。

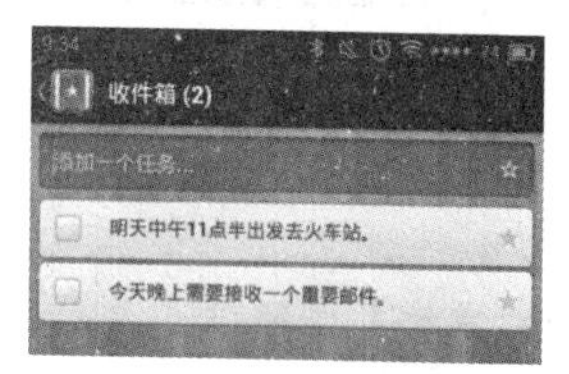

❷ 打开任务的主界面，点击【设置截止日期】按钮。

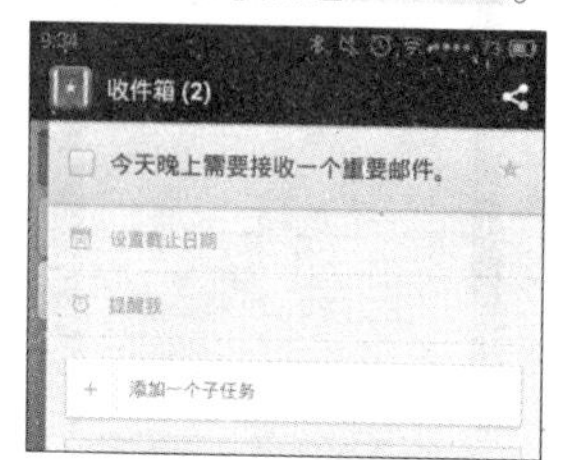

❸ 弹出【设置截止日期】面板，设置好提醒任务的日期，如这里设置为“2016年3月09日”，并点击【保存】按钮。

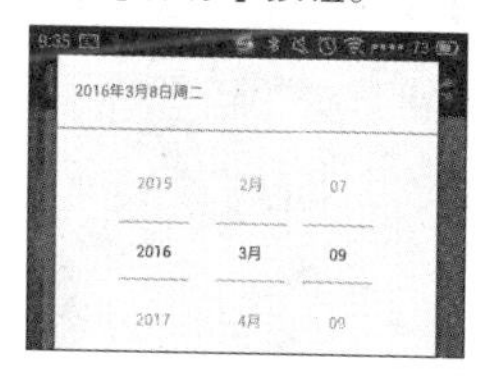

❹ 返回任务的主界面，点击【提醒我】按钮 提醒我 。

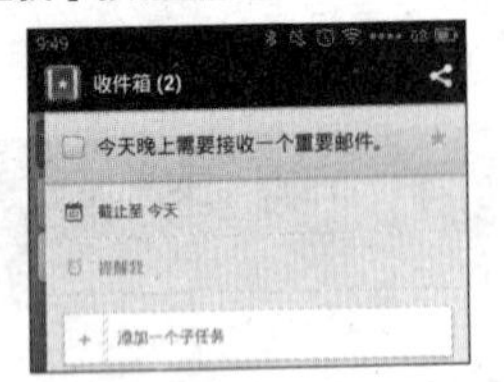

❺ 弹出【提醒我】面板，设置提醒时间，这里设置为“20:05”。

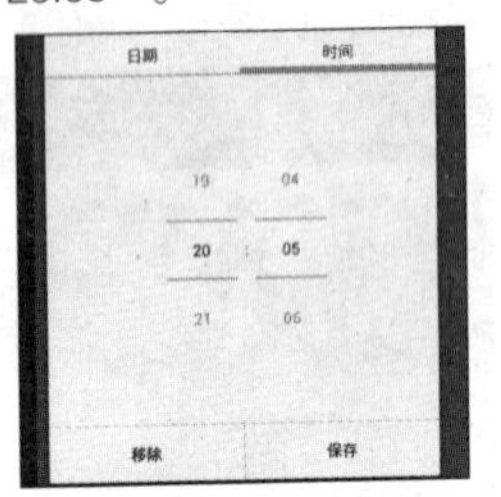

❻ 点击【保存】按钮，即可返回任务的主界面，点击【笔记】按钮 笔记... 。

❼ 弹出【笔记】界面，输入设置的重要任务的备注内容，如这里输入“在 163 邮箱接收邮件。”文本。

❽ 点击【返回】按钮 ，返回到任务的主界面，点击右上角的 ★ 按钮。

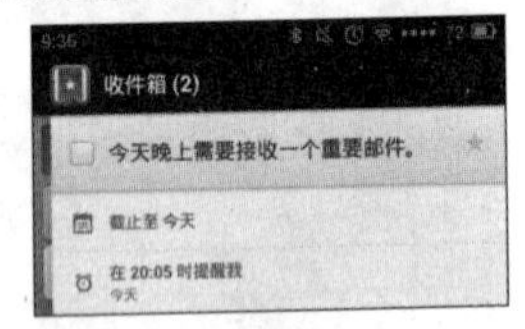

❾ 即可把任务设置为重要任务，点击【返回】按钮 。

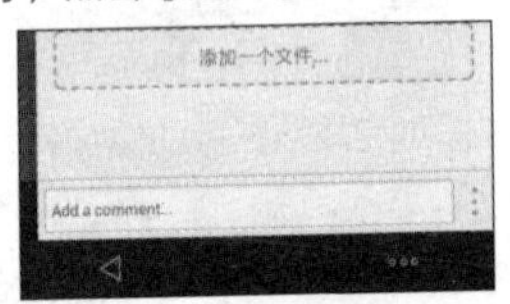

❿ 返回【收件箱】界面，即可看到设置的重要任务。

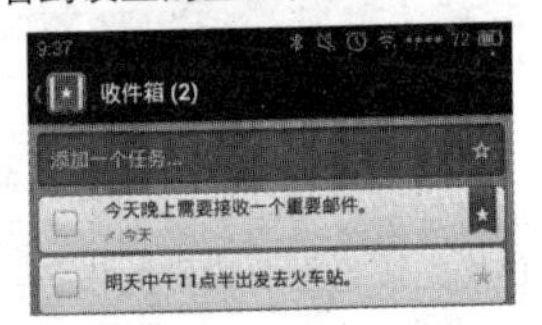

技巧 2 桌面清理

用户的电脑中会安装大量的软件，软件一般会自动在桌面添加快捷方式。随着安装的软件越来越多，桌面的快捷方式也越来越多，使得桌面变得拥挤和杂乱，一眼难以辨别需要的软件的快捷方式，不免会降低使用效率。再加上用户习惯性地把下载的文件、图片等放置在桌面上，会导致桌面的文件越来越杂乱，影响使用效率。

同时，平板电脑、手机等电子用品使用范围越来越广，与人们的日常生活联系越来越紧密，手持设备的桌面相对于电脑桌面空间更加有限，桌面图标过多，会严重影响查找应用的效率，如何对桌面进行清理，是很多人越来越关心的问题，下面就介绍一些桌面清理方法。

1. 电脑桌面清理

现在使用电脑的人是越来越多了，但是发现很多用户却没有一个良好的使用电脑习惯。经常性地，也可以说是习惯性地将很多的文件直接存放在电脑的桌面上。不管是下载的文件，还是复制的文件，为了自己方便直接浏览，都放在桌面上。但这样的话，长期下来，就会严重给电脑系统的运行带来负担。所以，有时适当进行整理是很有必要的。

（1）手动清理不常用图标

整理桌面上的应用程序图标，最直接的整理办法，就是手动将不常用的软件图标删除，删除桌面图标不会卸载程序，影响软件运行，所以可以选择要删除的程序图标，在键盘上按【Delete】键将其删除。

而对于电脑桌面保存的文件，重要文件可以放在其他盘中新建统一的、容易识别的文件夹名称将其保存。不需要的其他文件可以直接将其删除。此外，建议用户不要将重要文件直接放置在桌面，可以将其直接保存在其他盘符中。

（2）使用桌面管理软件

现在的上班族每天都要处

理很多临时文件，所以电脑桌面上五花八门的图标很多，如果没有进行相应的分类，突然要找某一个文件需要花费很长的时间，使用桌面整理软件可以帮助用户一键整理电脑桌面图标，将应用程序、图片、文件夹进行同类整理，大大提高的工作效率，所以是上班族们必备的桌面软件。下面以 360 安全桌面为例进行介绍。

❶ 在电脑上下载并安装 360 安全桌面软件，鼠标左键双击打开 360 安全桌面软件。

❷ 单击菜单栏中的【桌面整理】按钮，在弹出的【桌面整理】界面中单击【立即体验】按钮。

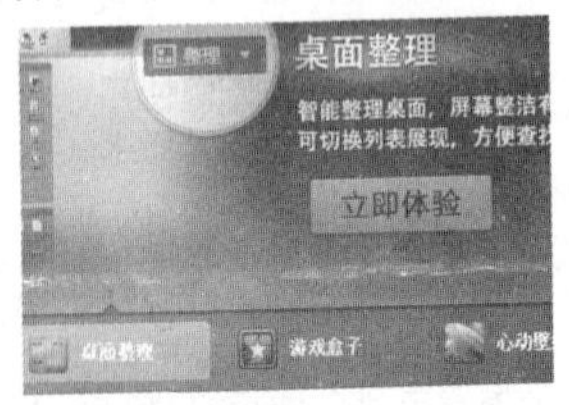

❸ 进入 360 安全界面，即可看到桌面的文件已经按照快捷方式、文件、文件夹分别放置在不同的区域。

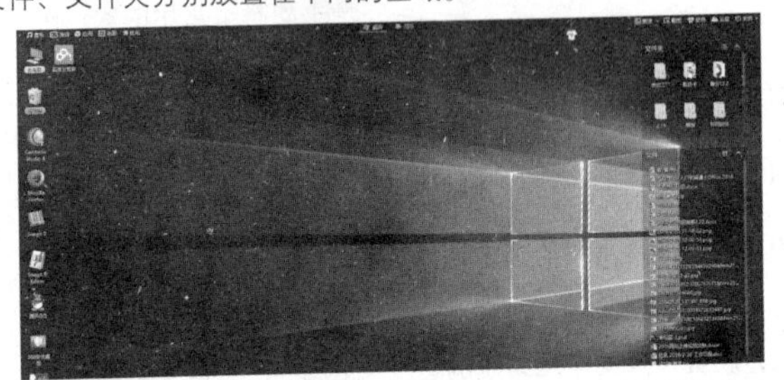

❹ 如果要删除文件，可以选择【文件】区域的临时文件并右击，在弹出的快捷菜单中选择【删除】命令。

❺ 弹出【删除文件】对话框，单击【是】按钮，即可删除选中的临时文件。

2. 平板桌面清理

平板是介于电脑与手机之间的一个便携式工具，由于笔记本电脑的携带不便，人们出行大都携带平板电脑。但是平板电脑的存储空间有限，为了保证平板的正常运行，需要经常清理平板的内存，及时从桌面删除不常用的应用。

清理平板最直接的办法就是手动清理，根据自己的使用频率与以后是否继续使用来选择删除的应用，来清理平板桌面，并保证平板的正常运行。

❶ 打开平板，进入桌面，用手指按住任一应用图标，即可在每个图标的左上角出现【删除】按钮。（除系统应用图标外。）

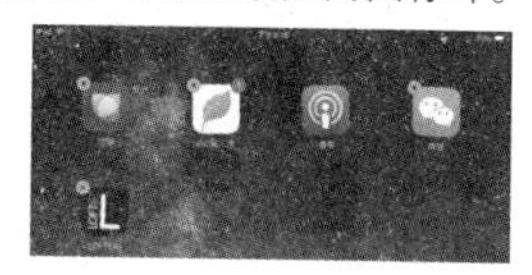

❷ 点击需要删除的应用图标左上角的【删除】按钮，即可弹出【删除“LOFTER”】对话框。

❸ 点击【删除】按钮，即可删除该应用。

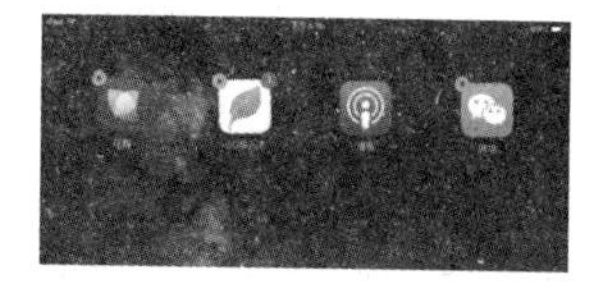

3. 手机桌面清理

现在手机应用软件越来越多，用户经常会下载不同的应用来满足工作与生活的需要。但手机的内存是固定的，当你的应用下载过多时，就会影响手机的运行，导致手机变慢变卡，这时就需要用户来删除那些不常用的应用来扩大手机的存储空间。

（1）手动清理

清理手机桌面最直接的办法就是手动清理，根据自己的使用频率来删除不常用的软件，这样可以为自己的手机腾出一定的空间，保证手机的正常运行。

选择要删除的应用，当该应用变成灰色时，在界面提示【卸载】按钮时，拖动选择的应用图标到【卸载】按钮并松开应用图标，完成清理应用程序图标的操作。

（2）使用桌面管理软件

由于现在各种类型的 APP 应用越来越多，各个应用都分别有自身的优缺点，所以很多用户针对同一类型的应用在手机上保留了较多的软件，这时就可以使用桌面整理软件，对各个类型的软件进行清理归档。常用的手机桌面应用如“360 手机桌面”等。

（3）使用文件夹管理应用

在工作和生活中，用户有时会需要使用许多同类型的手机应用，如“简拼”、“MIX”、“拼立得”等软件同属于图形图像类的应用，把它们都单独放置在桌面上，会使桌面的应用图标过于杂乱，这时就可以为同类的应用建立一个桌面文件夹。

长按要合并到一个文件夹的应用图标，如这里选择“简拼”，当图标变为灰色时移动图标至需要合并新建文件夹的应用图标，这里选择“MIX”。松开手指，即可看到在手机界面上已经新建了一个文件夹，使用同样的方法，还可以将其他应用图标拖到文件夹内，并根据需要将文件夹命名，就可以节省桌面空间，并且能提高查找应用图标的速度。

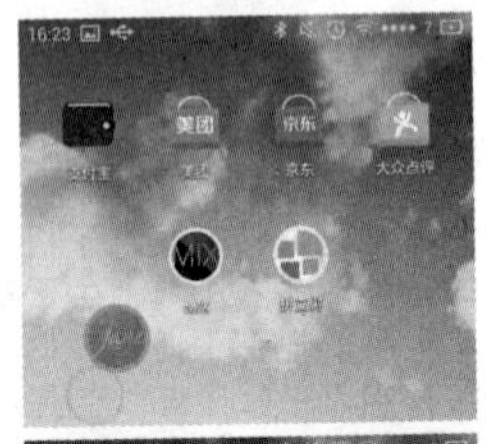

技巧 3 文件管理

文件管理是操作系统的一项重要功能，如何合理高效地进行文件管理是每个人在使用计算机或者其他设备时都需要考虑的内容。合理地管理自己的文件，会使查询和处理文件的效率提高，减小文件的丢失概率。

1. 电脑文件管理

电脑是生活和办公中最常使用的设备之一，现代化的办公环境离开计算机更是无法正常运转。作为计算机系统最重要的功能之一，文件管理直接影响着每一项工作的处理效率，下面就介绍一下电脑文件管理的基本原则和主要方法。

（1）文件管理原则

在处理电脑中文件时，遵循以下原则，可以使自己的文件管理更加高效，同时也提高文件存储的安全性。

1）定期删除无价值文件。

随着电脑的使用，用户会创建或者下载一些临时性文件，当使用完这些文件之后如果没有再保存的必要就可以将其删除，这样既可以节省电脑空间又可以使电脑保持整洁。

2）文件尽量保持在非系统盘内。

如果大量文件保存在系统盘，不仅会造成电脑的卡顿，而且若是重新安装电脑系统也会造成文件的丢失，不利于文件的安全。

3）同一类型文件放置在统一文件夹内。

如果是同一类型的文件，如歌曲或者视频，可以将相同类型的文件放置在统一文件夹内，这样会使文件管理更加有条理，在查询和使用这些文件时也可以快速找到。

4）合理地命名文件名称。

合理命名自己的文件夹对员工而言至关重要，合理详细地命名文件夹不仅可以防止工作内容的混淆不清，而且可以帮助员工快速找到自己想查询的工作内容，防止遗忘遗漏。

5）养成定期整理的好习惯。

文件管理最重要的是有一

个好的整理习惯，定期整理电脑内的文件，在存储的时候不怕麻烦，耐心细心地对文件进行细致分类，会为以后的使用带来巨大方便。

6）重要文档备份

对于一些十分重要的文件，使用云盘等工具进行备份，可以有效防止文件的丢失。

（2）快速搜索文件

在搜索框中直接搜索文件：如果文件夹内文件太多或者不知道文件所在位置，可以通过搜索文件名称内的关键字或者是文件的后缀名称来快速搜索文件，具体操作步骤如下。

在电脑【文件资源管理器】右上角搜索框中输入所要搜索文件名称或者后缀名称，如搜索“.jpg”，即可在下方显示符合条件的文件列表。

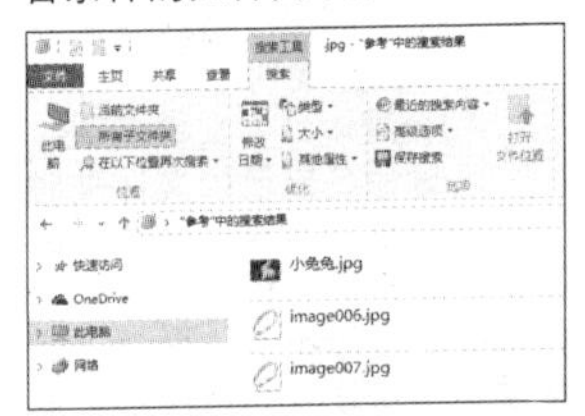

如果要查看文件所在的位置可选中文件并单击鼠标右键，在弹出的快捷菜单中选择【打开文件所在的位置】菜单项，即可看到文件所存储的位置。

除了直接在搜索框中搜索文件之外，还可以根据文件特点如大小、修改时间、文件类型等高级搜索条件快速搜索文件。

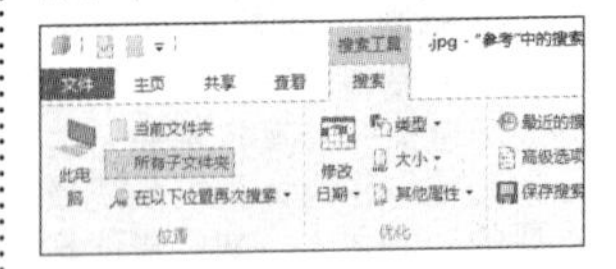

提示

如果大概知道文件存储的位置，可以打开文件存储的盘符或者文件夹进行搜索，可以提高搜索的速度。

（3）为文件夹创建快捷方式

对于经常使用的文件夹，可以为其创建一个快捷方式放置在桌面，这样以后再使用该文件夹内的文件时就可以快速打开。

❶ 选中经常使用的文件夹，单击鼠标右键，在弹出的快捷菜单中选择【发送到】→【桌面快捷方式】菜单项。

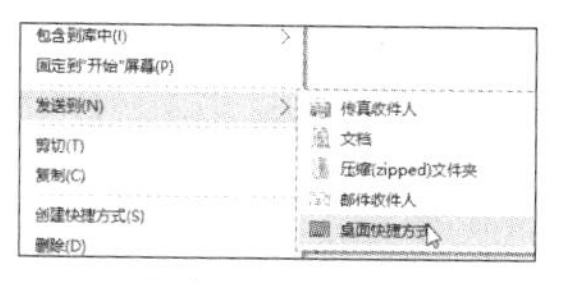

❷ 即可在桌面创建该文件的快捷方式，效果如下图所示。

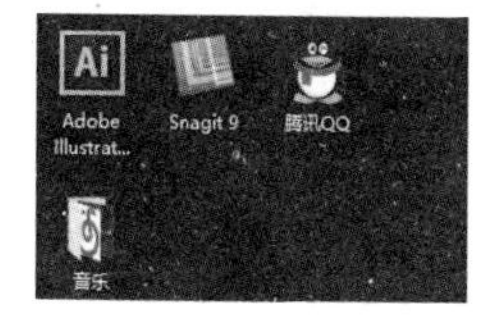

2. 平板文件管理

平板电脑由于其自身的独特优势，越来越受到广大消费者的喜爱，能满足大多数人玩游戏、看电影、办公、管理日常事务等要求。因此，平板电脑中就需要存储各式各样的文件，管理平板电脑中的文件就成为提高效率的必要操作。

（1）同步文件至本机

很多用户喜欢将音乐等文件存入平板电脑，以便在断开网络的时候也可以查看文件，下面就以将音乐文件同步至 iPad 为例介绍一下如何将多媒体文件同步至 iPad。

❶ 同步文件至 iPad 需要下载 iTunes 软件，然后使用数据线将 iPad 与 PC 相连。

❷ 点击左上角【菜单】按钮的下拉按钮，在弹出的下拉列表中选择【将文件添加到资料库】选项。

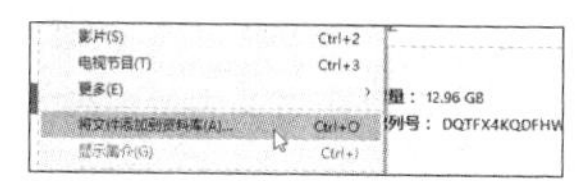

❸ 弹出【将文件添加到资料库】对话框，选择需要同步的多媒体文件，点击【打开】按钮。

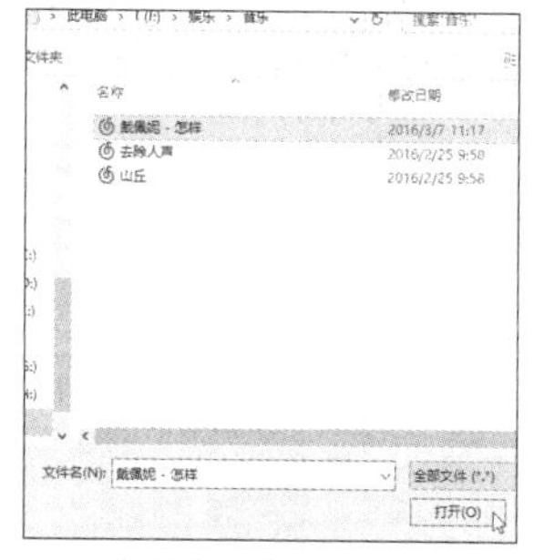

❹ 点击【音乐】选项，选中右侧【同步音乐】复选框，并选中下方【整个音乐资料库】单

选按钮，点击【应用】按钮。即可开始同步，同步完成之后，所选歌曲即可成功保存至 iPad 中。

（2）将电脑中的文件同步平板电脑某一应用中

如果平板电脑中的自带的应用不支持要查看的文件格式，可以在平板中下载支持该文件的应用，然后将文件同步至该应用下，就能够查看该文件。

❶ 在【App Store】下载一个本地视频播放器，这里以【UPlayer】为例。

❷ 将 iPad 连接至电脑，打开【iTunes】应用，选择【应用】选项。

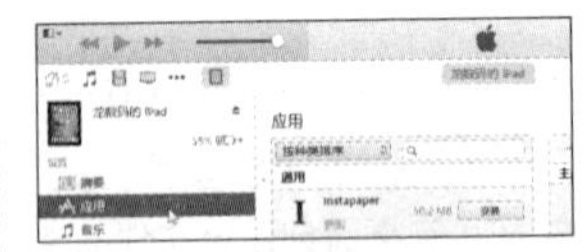

❸ 拖动窗口右侧滑块找到并选择【文件共享】区域内【应用】选项组内的【UPlayer】应用。

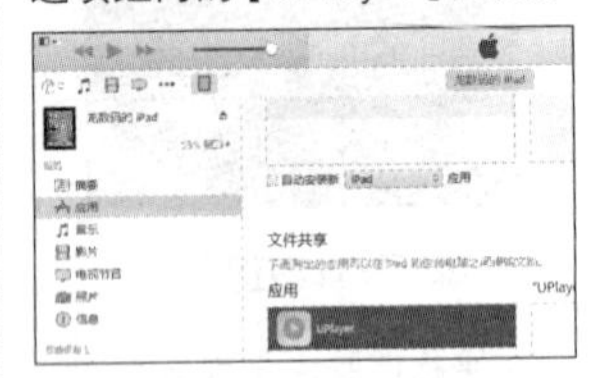

❹ 单击【“UPlayer”的文档】区域下方的【添加文件】按钮，即可弹出【添加】窗口，选择需要添加的视频文件，单击【打开】按钮。复制完成后，即可将视频文件添加至【UPlayer】应用内。

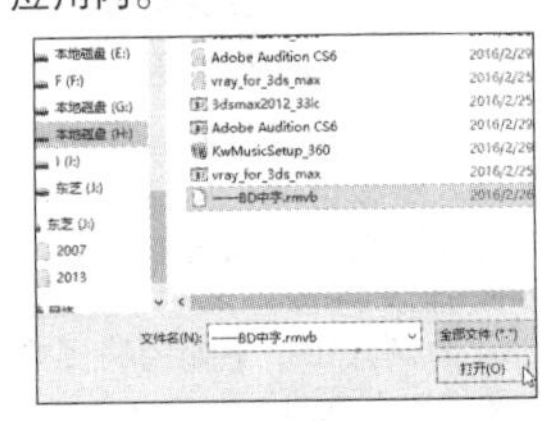

（3）使用第三方助手管理文件

由于 iTunes 对于大多数用户来说使用起来并不太习惯，因此这里推荐几款符合国人使用习惯的文件助手。

① iTools。iTools 是一款简洁的苹果设备同步管理软件，它可以让你非常方便地完成对 iOS 设备的管理，包括信息查看、同步媒体文件、安装软件、备份 SHSH 等功能。

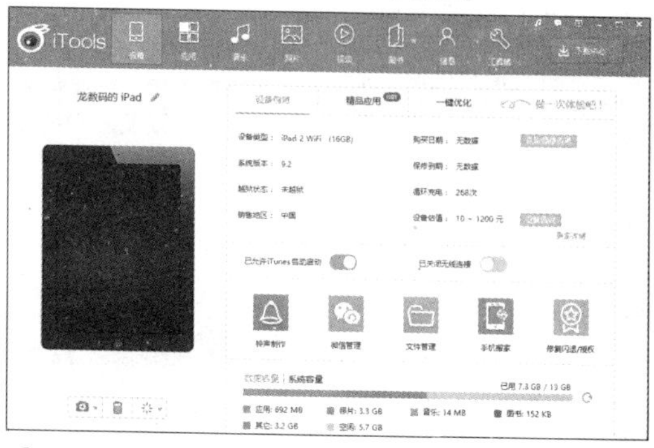

② PP 助手。PP 助手是最受欢迎的苹果手机助手。同时支持 iPhone、iPad、iTouch 等 iOS 设备的软件、游戏、壁纸、铃声资源的下载安装和管理应用。

3. 手机文件管理

智能手机除了具备手机的通话功能外，还具备了 PDA 的大部分功能，特别是个人信息管理以及基于无线数据通信的浏览器、GPS 和电子邮件功能。智能手机为用户提供了足够的屏幕尺寸和带宽，既方便随身携带，又为软件运行和内容服务提供了广阔的舞台，如进行股票交易，查看新闻、办公文件、天气、交通，等等。随着手机功能的不断增加，如何管理好手机中的文件就显得尤为重要。

（1）通过手机删除、剪切或复制文件

手机与电脑之间可以快速地实现文件的传输。例如在手机和电脑中使用同一 QQ 账号登录，就可快速地在手机和电脑之间传送文件。此时，传送的文件将存储在腾讯应用下的文件夹“内存储盘 /Tencent/QQfile-recv”内，如果需要使用其他软件打开该文件，就可以通过剪切或复制的方法，将文件移至其他文件夹内，而不需要的文件可以直接将其删除。

（2）使用第三方软件管理手机上的文件

使用第三方手机文件管理应用来管理手机上下载的文件，可以对文件进行清晰的分类，让用户快速地找到图片、视频、音乐、文档、安装包、压缩包等文件。此外，可以便捷地清理手机上产生的多余文件、文件夹以及应用缓存。下面以 360 文件管理大师为例进行介绍。

❶ 在手机上下载并安装 360 文件管理大师。

❷ 打开并进入 360 文件管理大师的主界面，即可查看手机上的音乐、视频、图片、文档.电子书等文件。

❸ 点击【图片】按钮 ，即可查看手机上的图片。如果要删除图片，点击【编辑】按钮，选择要删除的图片。

❹ 点击下方的【删除】按钮 ，弹出【删除】对话框，点击【确定】按钮，即可删除选择的图片。

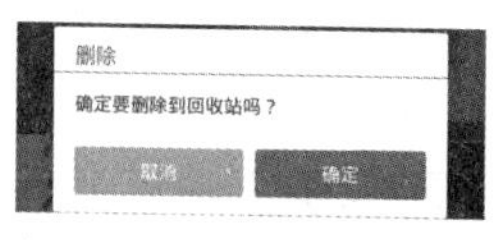

❺ 返回 360 文件管理大师主界面，点击【文档.电子书】按钮。

❻ 弹出【我的手机 / 文档.电子书】界面，即可查看手机上的电子书文件。

❼ 返回 360 文件管理大师主界

面，点击界面下方的【清理垃圾文件，手机容量更多】按钮。

❽ 弹出【垃圾清理】界面，垃圾扫描完成后，点击【一键清理】按钮，即可清理手机上的系统盘垃圾、缓存垃圾、广告垃圾、无用安装包、卸载残留等垃圾文件，释放手机运行空间。

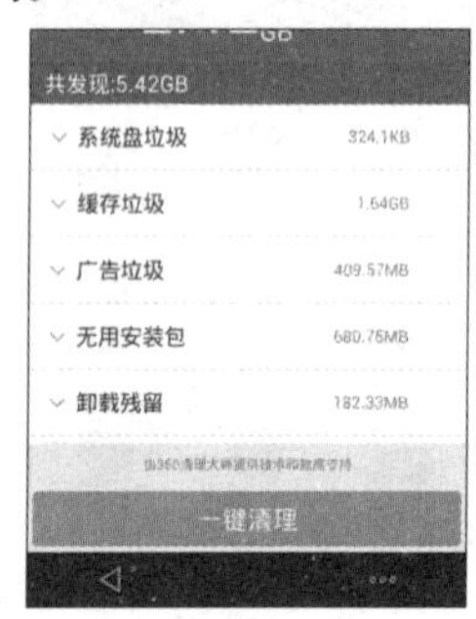

技巧 4 重要事件

在日常工作中，很多时候往往有机会去很好地计划和完成一件事。但常常又没有及时地去做，随着时间的推移，造成工作质量的下降。因此，可以将当天的事情分类，把主要的精力和时间集中地放在处理那些重要的工作上，也就是需要做到“要事第一”，这样可以做到未雨绸缪，防患于未然。

如果只按照事件重要与否进行分类，并不算很严谨，因为有些事情重要，并且需要紧急处理；而有些事情重要，但又不需要紧急处理；按照工作重要和紧急两个不同的程度进行划分，可以分为 4 个象限：既紧急又重要、重要但不紧急、紧急但不重要、既不紧急也不重要。这就是关于时间管理的“四象限法”。

① 第一象限。第一象限包含的是一些紧急而重要的事情，这一类的事情具有时间的紧迫性和影响的重要性，无法回避也不

能拖延，必须首先处理优先解决。例如，重大项目的谈判、重要的会议工作等。

② 第二象限。第二象限的事件不具有时间上的紧迫性，但是，它具有重大的影响，对于个人或者企业的存在和发展以及周围环境的建立维护，都具有重大的意义。

③ 第三象限。第三象限包含的事件是那些紧急但不重要的事情，这些事情很紧急但并不重要，因此这一象限的事件具有很大的欺骗性。

④ 第四象限。第四象限的事件大多是些琐碎的杂事，没有时间的紧迫性，也没有重要性。

要把精力主要放在重要但不紧急的事务处理上，需要很好地安排时间。一个好的方法是建立预约。建立了预约，自己的时间才不会被别人所占据，从而有效地开展工作。

那么 4 个象限之间有什么关系?

① 第一象限和第四象限是相对立的，而且是壁垒分明的，很容易区分。

② 第一象限是紧急而重要的事情，每一个人包括每一个企业都会分析判断那些紧急而重要的事情，并把它优先解决。

③ 第四象限是既不紧急又不重要的事情，因此，大多数人可以不去做。

④ 第三象限对人们的欺骗性是最大的，它很紧急的事实造成了它很重要的假象，依据紧急与否是很难区分这两个象限的，要区分它们就必须借助另一标准，看这件事是否重要。也就是按照自己的人生目标和人生规划来衡量这件事的重要性。如果它重要就属于第二象限的内容；如果它不重要，就属于第三象限的内容。

⑤ 第一象限的事情是必须优先去做，由于时间原因人们往往不能做得很好。第四象限的事情人们不用去做。第三象限的事情是没有意义的，但是又浪费时间，因此，必须想方设法走出第三象限。而第二象限的事情很重要，而且会有足够的时间去准备，所以有充分的时间去做好。

由此可见，在处理重要事件时就可以根据“要事第一、四象限法”原则进行，可以大幅度地提升办公效率。

技巧5 重复事件

重复事件就是在以后的时间内会固定每隔一段时间就发生一次的事件，如信用卡还款、缴纳水、电费、物业费、每年更换灭火器、定期给客户、父母或朋友打电话等，这些事情微不足道，不需要花费太多的时间就可以完成，但这些事情又很重要，如果忘记还信用卡日期。造成还款延误，可能导致信用度降低，忘记缴纳电费，造成停电，或者没有及时给父母打电话，导致父母担心。因此，管理好重复的时间，可以减少其对生活和工作的影响。

管理重复事件最常用的方法就是定时提前提醒，让重复的事件提前发生。

一般重复时间有以下3种情况。

① 定时定点发生的。如每周五下午5点在会议室召开每周工作总结会议。

② 周期重复发生，但可以提前完成的。如信用卡还款、缴纳水、电费、物业费、每年更换灭火器。

③ 不用定点但需要定时的。如定期给客户、父母或朋友打电话。

这些重复事件可以通过软件的重复提醒功能，让事件在适当的时间发出提醒，然后选择合适的时间去处理。下面以使用Any.DO应用创建周期发生事件的操作如下。

❶ 打开Any.DO应用，新建一个需要重复的事件，如“信用卡还款”。输入事件完成，点击底部的【自定义】按钮。

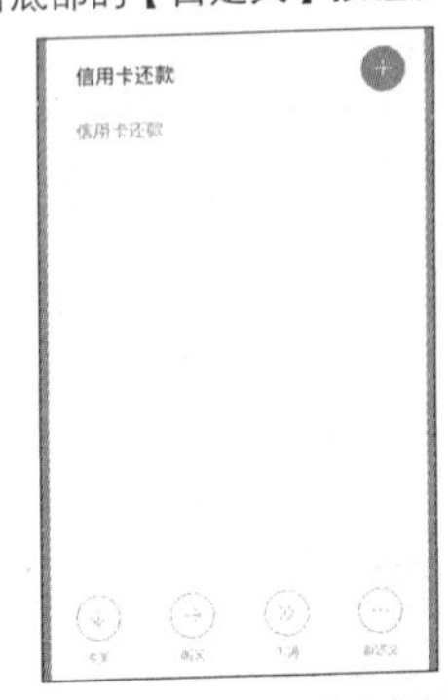

❷ 在打开的日期界面选择要提醒的还款日期，点击【确定】按钮，进入【时间选择】界面，

设置要提醒的时间，点击【确定】按钮。

❸ 返回至【Any.DO 应用】主界面，选择新创建的事件，点击下方的【提醒】按钮。

❹ 进入【提醒】界面。点击【重复任务】选项，在打开的【周期性提醒】界面，点击【每月】按钮。

❺ 即可完成使用【Any.DO 应用】设置重复性提醒事件的操作。

此外，除了使用软件提醒外，还可以用列清单的方法管理这些重复事件，如可以从以下两个方面来列举提醒清单。

① 按照定时定点、周期发生及定时不定点的列表。

② 按照周、月、年等方式列举哪些事情是需要每周做的、哪些是需要每月做的、哪些是每年需要做的。

技巧 6 同步技术

手机中保存有很多客户、亲友的联系方式，还有很多照片、拍摄的视频，如果手机丢了怎么办？在公司制作的一个文档，回家后突然想起有个地方需要修改，这时应该怎么办？在电脑中下载的歌曲、图片或者其他资料，希望能在手机或平板电脑中查看，如果不经过复制就能直接查看，那样是不是就会很方便？

随着这些问题的出现，为了满足人们的这些需求，就诞生了新的技术——同步。同步技术可以保持多个设置中数据的一致，如电脑、手机、平板电脑等，即使在他人的设备上也可以随时查看。同步技术主要包含以下 3 个方面。

① 数据一致性。用户需要保证多设备之间的数据一致，随时调用最新数据，数据即包括音乐、图片、文档等一般文件，也包含通信录、名片等档案文件，还包括使用软件产品的数据文件，如笔记、记录清单，甚至是某一软件的使用记录，如视频的播放列表等。

② 安全性。设备遗失或更新之后，数据可能会丢失，这时就可以提前将数据同步至网络服务器，保证数据安全。

③ 操作简单。有了网络云端的同步，只需要使用同一账号登录，就可以快速查询和读取数据，不需要使用 U 盘或

其他移动存储设备。

按照用户的需求和功能重点，同步产品大致分为以下几类。

① 以应用程序的数据同步为主，再逐步发展为平台，如 iCoud，不仅能够满足用户的媒体文件和终端数据的同步，还可以做数据备份和存档。

② 软件自身的同步，很多软件提供自身与服务器端的同步，这样用户可以在多个设备、多个平台上保持数据一致，如印象笔记、有道笔记、名片全能王等。

③ 以存储和同步为主的同步，如百度云、360 云盘等，可以直接与 PC 端的文件夹相连，不用区分特定类型的数据，直接将数据放入 PC 端的文件夹中，即可自动完成同步。

④ 特殊的存储方式，如 OneDrive，它不仅可以自动同步设备中的图片，还与 PC 端的文件夹相联通，并且提供有在线 Office 功能，使办公软件 Office 与 OneDrive 结合。用户可以在线创建、编辑和共享文档，而且可以和本地的文档编辑进行任意的切换，本地编辑在线保存或在线编辑本地保存。在线编辑的文件是实时保存的，可以避免本地编辑时宕机造成的文件内容丢失，提高了文件的安全性。

同步功能是非常实用的，并且无处不在，有些同步是自动完成的，有些需要人工操作。下面就以使用 OneDrive 同步数据为例简单介绍。

❶ 打开【此电脑】窗口，选择【OneDrive】选项，或者在任务栏的【OneDrive】图标上单击鼠标右键，在弹出的快捷菜单中选择【打开你的 OneDrive 文件夹】选项。都可以打开【OneDrive】窗口。

❷ 选择要上传的“工作报告.docx“文档，将其复制并粘贴至【文档】文件夹或者直接拖曳文件至【文档】文件夹中。

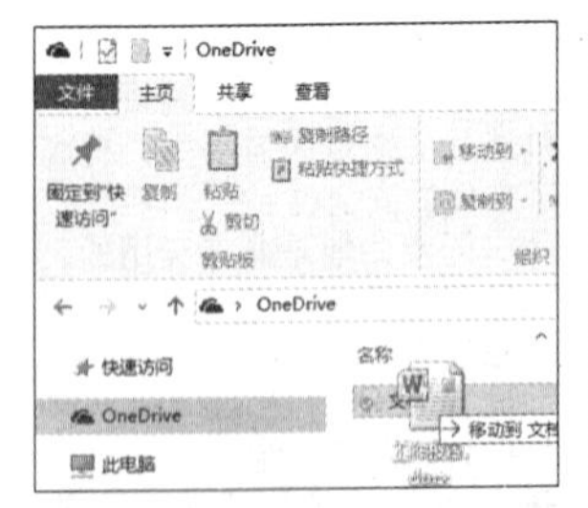

❸ 在【文档】文件夹图标上即会显示刷新的图标。表明文档正在同步。

❹ 上载完成，即可在打开的文件夹中看到上载的文件。

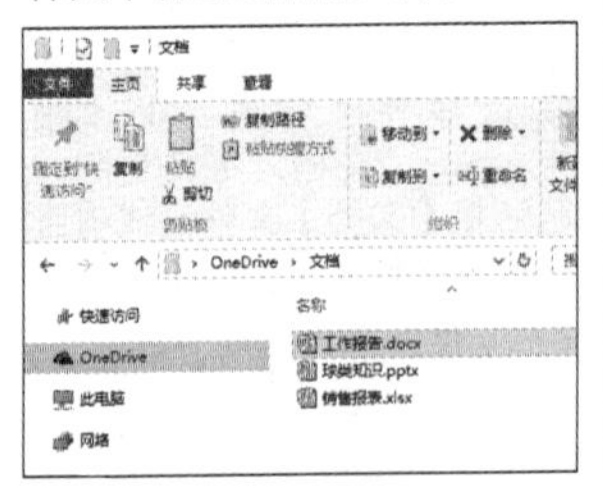

❺ 在浏览器中输入网址“https://onedrive.live.com/”，登录 OneDrive 网站。即可看到 OneDrive 中包含的文件夹。

❻ 打开【文档】文件夹，即可看到上传的“工作报告.docx“文件。如果要使用网站上传文档，可以单击顶部的【上载】按钮，上传完成后，在电脑端的 OneDrive 文件夹也可以看到上传并同步后的文档。

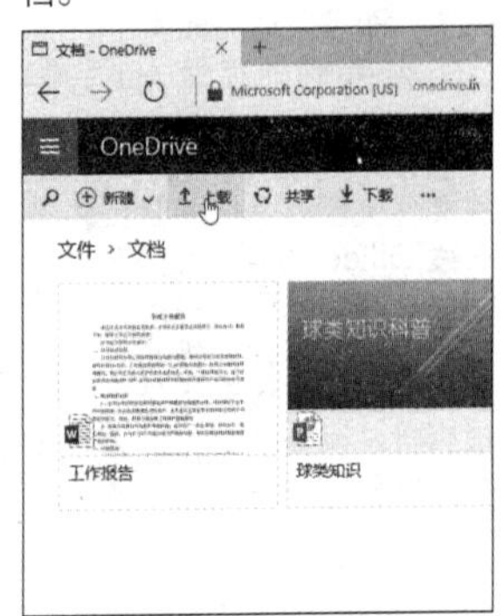

提示

在 Office 办公组件，如在 Word 2016 中，可以通过执行【另存为】命令，直接将创建的文档另存至 OneDrive 中，实现文档的存储与同步。

技巧 7 网盘

云盘是互联网存储工具，是互联网云技术的产物，通过互联网为企业和个人提供信息的储存、读取、下载等服务，具有安全稳定、海量存储的特点。

常见的云盘主要包括百度云管家、360 云盘和腾讯微云等。这三款软件不仅功能强大，而且具备了很好的用户体验，下面列举了三款软件的初始容量和最大免费扩容情况，方便读者参考。

	百度云管家	360 云盘	腾讯微云
初始容量	5GB	5GB	2GB
最大免费扩容容量	2055GB	36TB	10TB
免费扩容途径	下载手机客户端，送 2TB	1. 下载电脑客户端，送 10TB 2. 下载手机客户端，送 25TB 3. 签到、分享等活动赠送	1. 下载手机客户端，送 5GB 2. 上传文件，赠送容量 3. 每日签到赠送

云盘的特点如下。

① 安全保密：密码和手机绑定、空间访问信息随时告知。

②超大存储空间：不限单个文件大小，支持大容量独享存储。

③好友共享：通过提取码轻松分享。

使用云盘存储更方便，用户不需要把储存重要资料的实体磁盘带在身上，却一样可以通过互联网，轻松从云端读取自己所存储的信息。可以防止成本失控，满足不断变化的业务重心及法规要求所形成的多样化需求。下面以百度云盘为例介绍使用云盘在电脑和手机中互传文件的具体操作步骤。

❶ 打开并登录你的百度云应用，在弹出的主界面中点击【上传】按钮，在弹出的【选择上传文件类型】面板中点击【图片】按钮。

❷ 在弹出的【选择图片】界面，选择任一图片。

❸ 点击右下角的【上传】按钮，即可将选中的图片上传至云盘。

❹ 打开并登录电脑端的【百度云】应用，即可看到上传的图片，选择该图片，单击【下载】按钮。

❺ 弹出【设置下载存储路径】对话框，选择图片存储的位置，

单击【下载】按钮，即可把图片下载到电脑中。

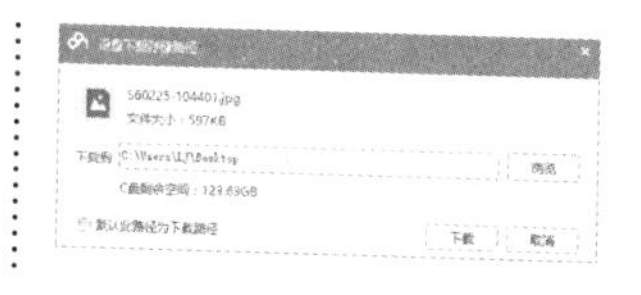

技巧 8 人脉管理

人脉通常是指人际关系或者由人与人之间相互联系构成的网络。人脉管理是对人脉进行有效管理，使人脉朝着预期的方向发展，以利于人生目标的完成。目前，人脉管理日益受到现代人的普遍关注和重视。而随着移动办公的发展，越来越多的人脉数据会被记录在手机中，因此，掌管好手机中的人脉信息就尤为重要。

1. 记住人脉信息

人脉管理最重要的就是对对方的个人信息，如姓名、职务、地址、特长、生日、兴趣、爱好、联系方式等进行有效的管理。使用手机自带的通信录功能记录人脉信息的操作如下。

❶ 在通信录中打开要记住邮箱的联系人信息界面，点击下方的【编辑】按钮。

❷ 打开【编辑联系人】界面，在下方【工作】文本框中输入客户的邮箱地址。点击下方的【添加更多项】按钮。

❸ 打开【添加更多项】列表，选择【生日】选项。

提示

如果要添加农历生日，可以执行相同的操作，选择【农历生日】选项添加客户的农历生日。在该界面还可以添加地址、网站等其他信息。

❹ 在打开的选择界面，选择客户的生日，点击【确定】按钮。

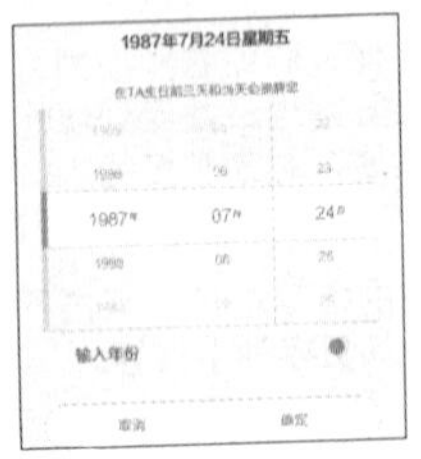

❺ 返回至客户信息界面，即可看到已经添加的客户的生日，并且在客户生日的前三天将会发出提醒。

❻ 使用同样的方法，添加其他客户信息，添加完成，点击右上角的【确定】按钮，即可保存客户信息。

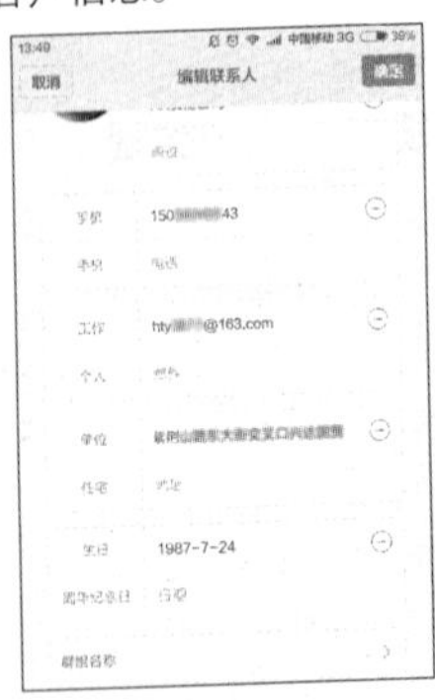

2. 合并重复的联系人

如果通信录中一些联系人有多个电话号码，在通信录将每一个号码分别保存，将导致通信录中具有多个相同的姓名，而有时同一个联系方式会对应多个联系人。这些情况会使通信录变得臃肿杂乱，影响联系人的准确快速查找。手机中包含有多种应用可以解决重复联系人的问题，如 QQ 同步助 手、Simpler Contacts Pro 等，下面以使用“QQ 同步助手”将重复的联系人进行合并为例进行介绍。

❶ 下载、安装并打开【QQ 同步助手】主界面，点击左上角的☰按钮。

❷ 在打开的界面中点击【通信录管理】选项。

❸ 打开【通信录管理】界面，点击【合并重复联系人】选项。

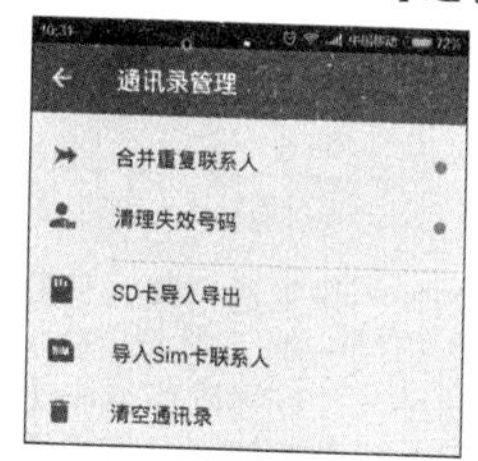

❹ 打开【合并重复联系人】界面，在下方即可看到联系人名称相同的姓名列表，点击下方的【自动合并】按钮。

❺ 即可将名称相同的联系人合并在一起，点击【完成】按钮。

❻ 弹出【合并成功】界面，如果需要立即同步合并重复联系人后的通信录，则点击【立即同步】按钮，否则点击【下次再说】按钮。即可完成合并重复联系人的操作。

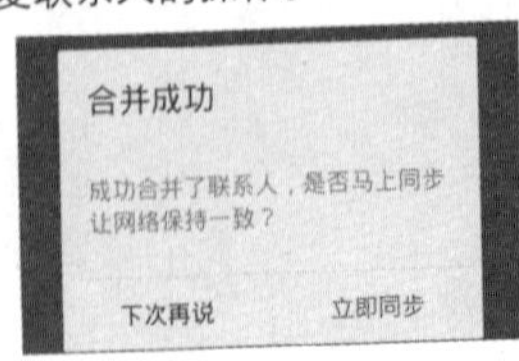

3. 备份人脉信息

如果手机丢了或者损坏，就不能正常获取人脉信息，为了以防万一，可以将人脉信息进行备份，发生意外时，只需要将备份的人脉信息恢复至新手机中即可。下面以“QQ 同步助手”为例介绍备份人脉信息的操作。需要注意的是，恢复备份时，必须使用同一账号登录“QQ 同步助手”才能够获取备份的人脉数据。

❶ 打开“QQ 同步助手”应用，点击左上角的☰按钮。

❷ 进入登录界面，点击上方的【登录】按钮即可使用 QQ 账号登录 QQ 同步助手，也可以使用手机号登录。

❸ 登录完成，返回至【QQ 同步助手】主界面，点击击下方的【备份到网络】按钮。

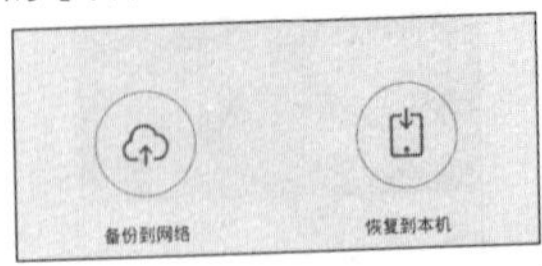

❹ 即可开始备份通信录中的联系人，并显示备份进度。

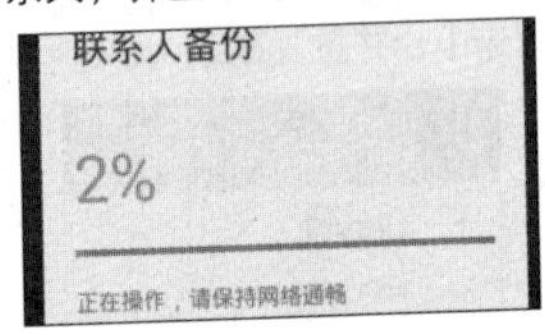

❺ 如果要恢复通信录，只要再次使用同一账号登录“QQ 同步助手”，在主界面点击【恢复到本机】按钮即可恢复通信录。

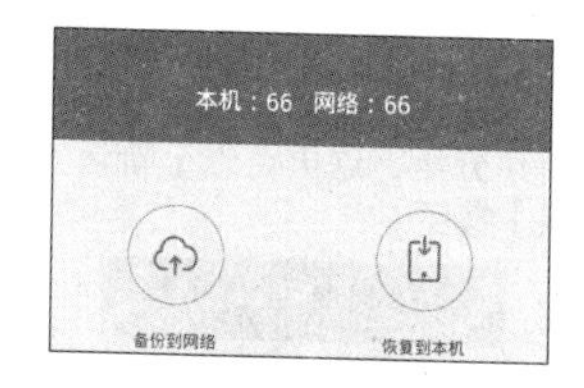

提示

使用“QQ 同步助手”应用还可以将短信备份至网络中。

技巧 9 通信录管理

要想获得高质量的人脉，管理好自己的通信录是必要的前提。如何找到一个好的工具非常重要，尤其是在这个信息数据大爆炸的时代。下面就为大家推荐两款应用，让你轻松管理好自己的通信录。

1. 名片管理——名片全能王

名片全能王是一款基于智能手机的名片识别软件，它能利用手机自带相机进行拍摄名片图像，快速扫描并读取名片图像上的所有联系信息，如姓名、职位、电话、传真、公司地址、公司名称等，并自动存储到电话本与名片中心。

安装并打开【全能名片王】应用，进入主界面，即可看到已经存储的名片，点击下方中间的【拍照】按钮。

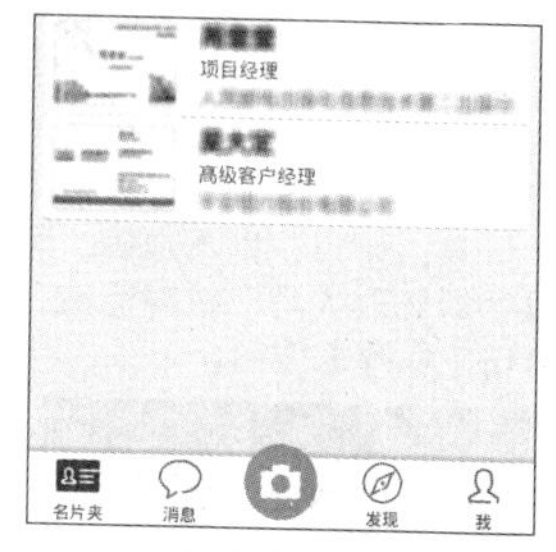

❶ 进入【拍照】界面，将要存储的名片放在摄像头下，移动手机，使名片在正中间显示，点击底部中间的【拍照】按钮。

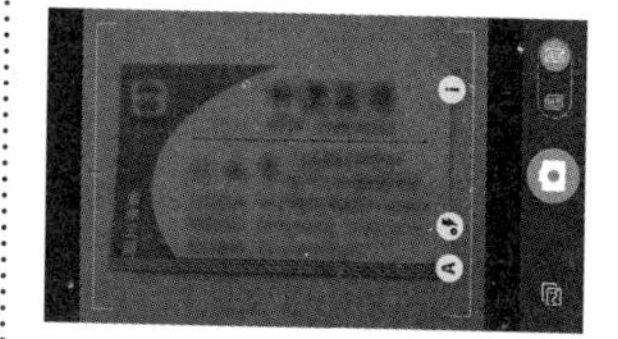

提示

① 拍摄名片时，如果是其他语言名片，需要设置正确的识别语言（可以在【通用】界面设置识别语言）。

② 保证光线充足，名片上不要有阴影和反光。

③ 在对焦后进行拍摄，尽量避免抖动。

④ 如果无法拍摄清晰的名片图片，可以使用系统相机拍摄识别。

❷ 拍摄完成，进入【核对名片信息】界面，在上方将显示拍摄的名片，在下方将显示识别的信息，如果识别不准确，可以手动修改内容。核对完成，点击【保存】按钮。

❸ 进入【添加到分组】界面，可以选择已有的分组，也可以新建分组，这里点击【新建分组】按钮。

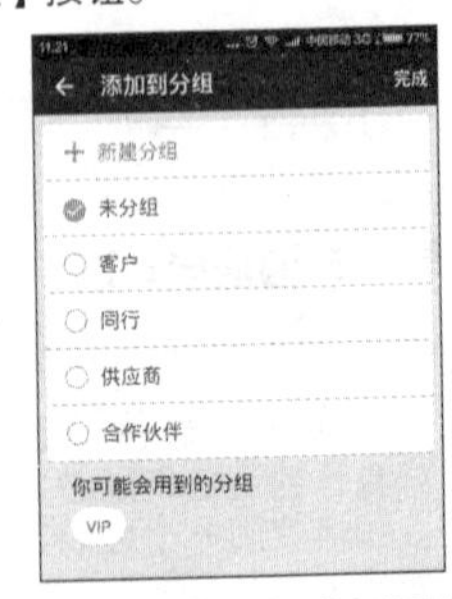

❹ 弹出【新建分组】对话框，输入分组名称，点击【确定】按钮，然后在【添加到分组】界面点击右上角的【保存】按钮，完成名片的存储。

此外，登录了名片全能王还可以实现将识别的名片存储在全能王的云端服务器中，并支持多种客户端的同步，只需要使用同一账号登录，即可在不同设置中随时查看和管理名片。

2. 通信录管理——微信电话本

微信电话本是一款高效智能的通信增强软件，它将手机中的拨号、通话记录、联系人以及短信 4 种功能集合为一体，不仅操作简单、管理方便，便于用户在不同操作间切换，还支持通知类短信自动归档、垃圾短信拦截、短信收藏和加密等智能管理，还有来电归属地、黑名单、联系人自动备份和超过 5000 万的陌生号码识别，可以让你的电话本与众不同。下图所示分别为微信电话本的主界面和设置界面。

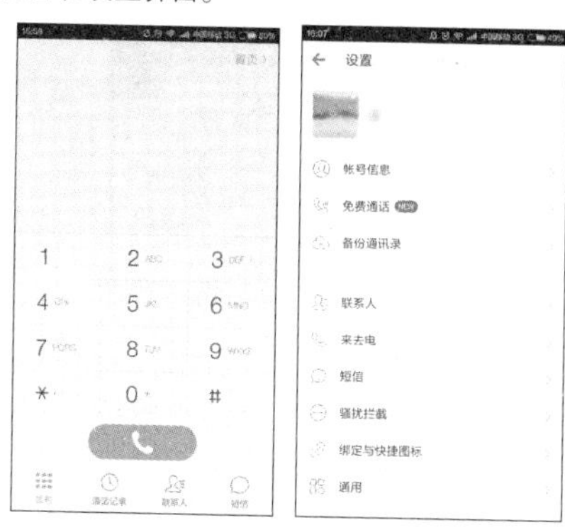

技巧 10 海量邮件管理

邮件作为工作、生活中常用的一种交流方式，处理电子邮件将占用大量的时间，如果邮件过多，造成积压后，想再找到重点邮件就比较困难，下面就介绍一些海量邮件管理的方法。

（1）将工作、生活学习邮箱分开

可以申请两个或者三个邮箱账号，将工作、生活和学习邮箱分开，这样能减少一个邮箱中大量邮件堆积的情况。

（2）善用邮箱客户端

使用支持邮箱多个账户同时登录的邮箱客户端，便于同时接收和管理多个账户的邮件，如电脑中常用的邮件客户端有 Foxmail、Outlook、网易闪电邮等，手机或平板中常用的邮件应用有网易邮箱大师、139 邮箱、邮箱管家等，使用邮箱客户端便于对多个邮箱账户同时管理。下面以 Foxmail 邮件客户端为例介绍添加多账户的方法。

❶ 打开 Foxmail 邮件客户端，单击右上角的【设置】按钮，在弹出的下拉列表中选择【账号管理】选项。

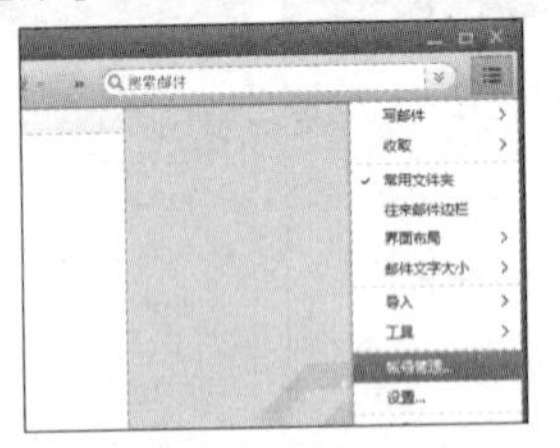

❷ 弹出【系统设置】对话框，在【账号】选项卡下单击【新建】按钮。

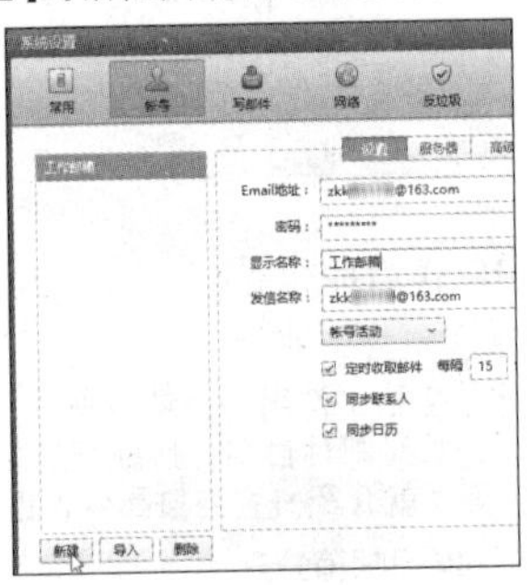

❸ 弹出【新建账号】对话框，在【E-mail 地址】和【密码】文本框中输入另外一个邮箱的账号及密码，单击【创建】按钮。

❹ 就完成了在邮箱客户端中添加多个账号的操作，即可使用该客户端同时收取多个邮箱的邮件。

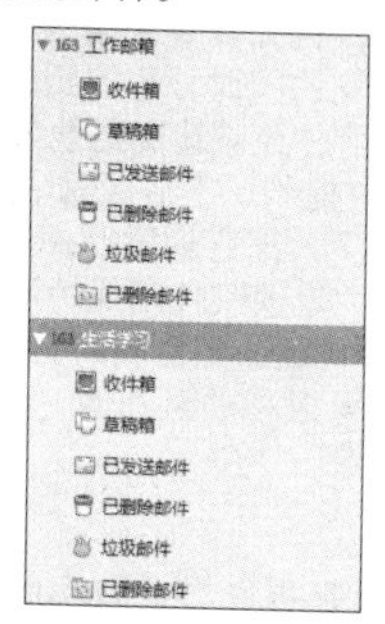

（3）立即处理还是定时处理

客户发送邮件的时间不是固定的，有时可能一小时内收到几十封邮件，有时可能收不到邮件，但收到邮件是立即处理还是定时处理更能提高办公效率，用户可以根据平时收到邮件的总量来选择。

如果邮件总量不太多，处理邮件所占用工作时间少于总工作时间的 10%，建议采取立即处理的方法，不仅能快速回应发件人，还可以提高事件的处理效率。

如果邮件总量太大，处理时间超过工作总时间的 10%，建议选用定时处理的方法，如每隔 2 小时，集中处理一次邮件，这样不仅能够避免邮件堆积，还能有效防止工作思路被打断。

（4）采用 4D 处理邮件

4D 是指 4 个英文单词所代表的动作，分别是行动(Do)、转发（Delegate）、搁置（Defer）、删除（Delete）。这 4 个动作涵盖了对任何一封邮件可能执行的动作。

① 行动：如果在阅读后发现邮件中含有需要由你来完成并且可以在很短的时间完成的任务，那么就要立刻有所行动。

② 转发：如果邮件中提到的工作可以转交给更适合的人，或者可以以更低成本完成的人，则要尽量将任务布置下去。可以在原邮件中加入对任务的说明、要求等，同时附上执行任务的人会需要用到的各种信息，告知其寻求帮助的方式，然后转发给适合这项工作的人。在转发的同时，也要记得通过抄送或单独的邮件通知原发件人这件事情已经被转交给他人处理。

③ 搁置：当邮件中提到的工作必须由你来做，但显然无法在短时间内完成的情况下，把它们暂时搁置起来，放入一个叫做“搁置”的单独文件夹，是使收件箱保持清空的好办法。

④ 删除：如果邮件只是通知性质的，并不需要进一步行动。确定以后会用到的邮件可以移动至其他“已处理邮件”文件夹，剩余的邮件要果断地删除。

（5）合理地管理邮件

合理地管理邮件也是提高办公效率的方法，如设置邮件的分类、置顶邮件、添加分类文件夹、设置快速回复等。下面就以 Foxmail 邮件客户端为例介绍。

① 设置邮件分类。使用分类工具的颜色和标签功能把邮件分成不同的类别，分别对待处理，如可以将未回复的邮件标记为红色，将分配给他人的邮件标记为蓝色，将等待回复的邮件标记为黄色，将需要搁置的邮件标记为橙色，将需要保留的邮件标记为绿色等。

② 置顶邮件。如果邮件是一份需要一段时间内处理的重要

内容，可以将其置顶显示。

❶ 选择要设置为置顶的邮件并单击鼠标右键，在弹出的快捷菜单中选择【星标置顶】命令。

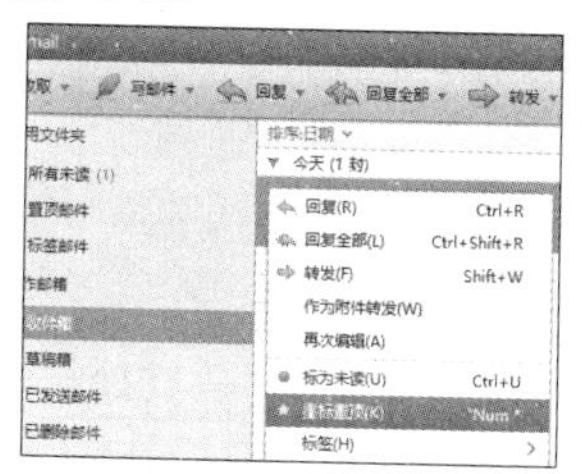

❷ 即可看到将邮件置顶后的效果，这样收到其他再多的邮件也能快速地找到该邮件。

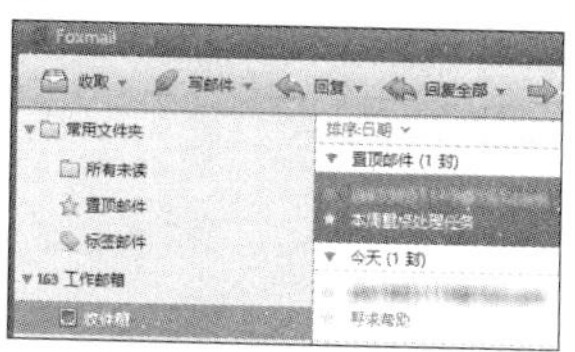

③ 添加分类文件夹。添加分类文件夹可以将分配给他人的邮件、等待回复的邮件、要搁置的邮件、要保留的邮件分别放置在不同的文件夹内，方便管理，提高查找邮件的效率。

❶ 在邮件客户端内，要添加文件夹的账户上单击鼠标右键，在弹出的快捷菜单中选择【新建文件夹】选项。

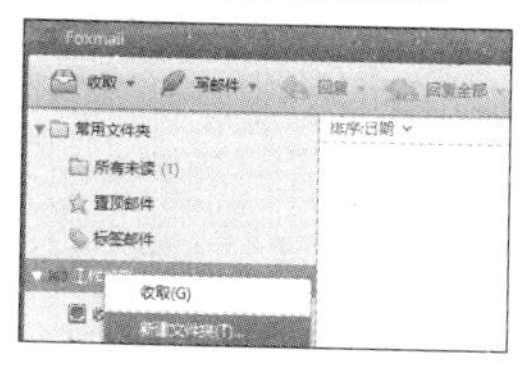

❷ 弹出【新建远程文件夹】对话框，在【文件夹名】文本框中输入要设置的文件夹名称，单击【确定】按钮。

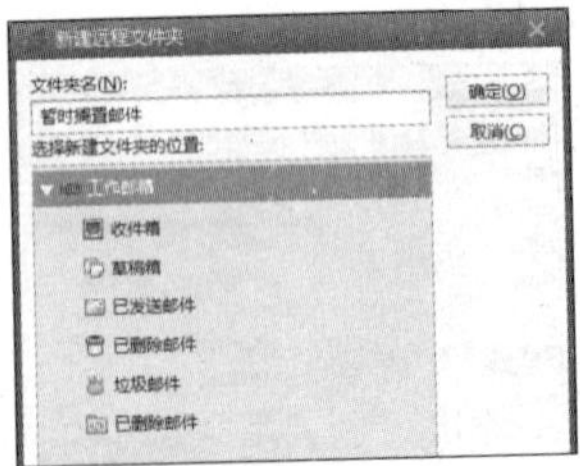

❸ 即可完成添加文件夹的操作，选择要移动位置的邮件并单击鼠标右键，在弹出的快捷菜单中选择【移动到】→【移到其他文件夹】命令。

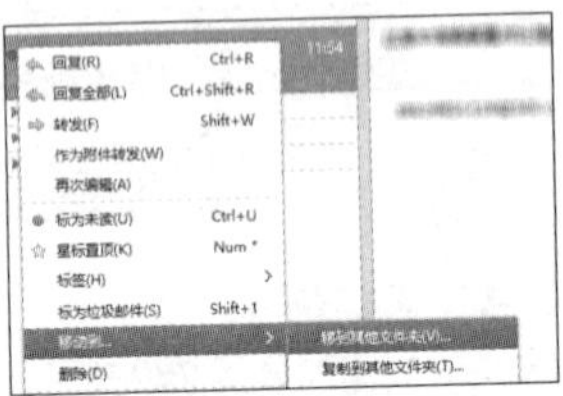

❹ 弹出【选择文件夹】对话框，选择要移动到的文件夹，单击【确定】按钮。

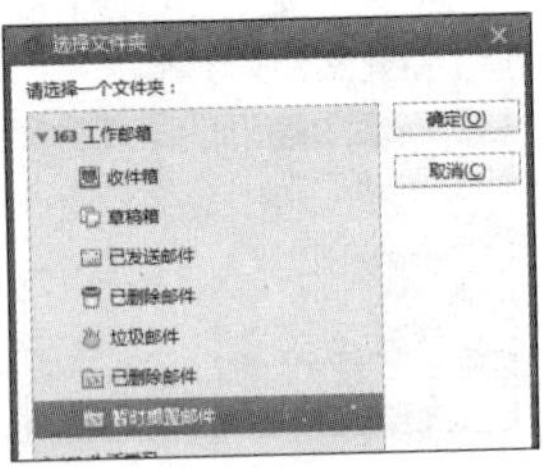

❺ 即可将选择的邮件移动至所选文件夹内。

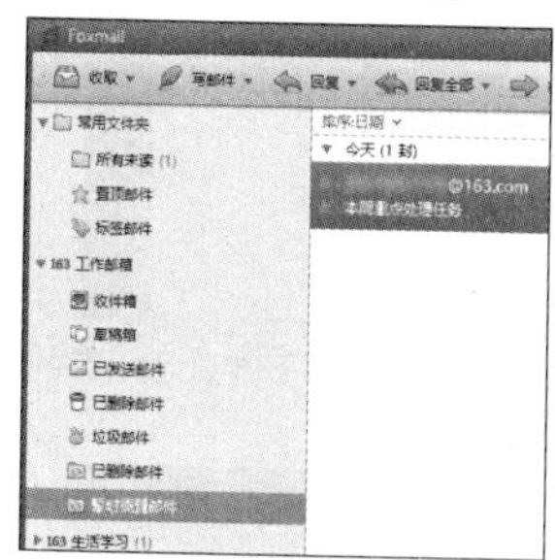

④ 设置签名。为邮件设置签名，如来信已经收到、感谢你的来信、我会尽快处理的等，可以快读答复发件人。需要注意的是一些邮件客户端不支持设置签名，但是在网页邮箱中可以设置，在邮件客户端中设置的签名在客户端中仍然能够使用。

技巧 11　记录一切（印象笔记）

印象笔记是一款多功能、跨平台的电子笔记应用。使用印象笔记可以记录所有的日常资讯，如工作文档、工作计划、学习总结、个人文件、时事新闻、图片，甚至是新注册的账号等，都可以通过印象笔记来记录，从而形成自己的资料系统，便于随时随地查找。并且笔记内容可以通过账户在多个设备之间进行同步，做到随时随地对笔记内容进行查看和记录。

（1）建立笔记本

在印象笔记中设置不同的笔记本和标签，可以轻松实现有效管理一切的目标，如可以按照月份、日期或者是根据事件的类别建立不同的笔记本。

❶ 在【印象笔记】主界面点击左上角的【设置】按钮☰，在打开的列表中选择【笔记本】选项。

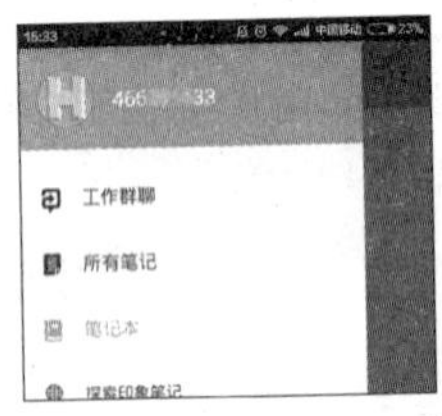

❷ 即可进入【笔记本】界面，在下方显示所有的笔记本，点击【新建笔记本】按钮。

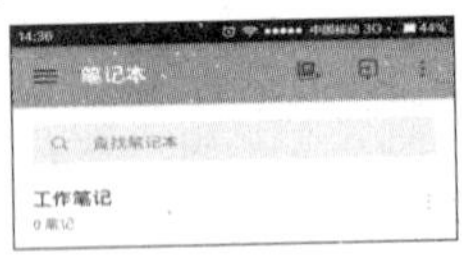

提示

初次使用时，仅包含一个名称为【我的第一个笔记本】的笔记本，印象笔记应用中至少需要包含一个笔记本，在没有创建其他笔记本之前，默认的笔记本是不能被删除的。

❸ 弹出【新建笔记本】界面，输入新笔记本的名称“个人文件”，点击【好】按钮。

❹ 即可完成笔记本的创建，使用同样的方法创建其他不用的分类笔记本。

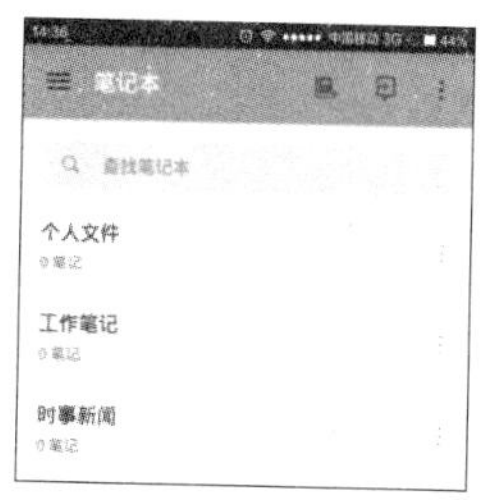

提示

长按要删除或重命名的笔记本，打开【笔记本选项】界面，在其中即可执行共享、离线保存、重命名、移动、添加快捷方式及删除等操作，这里选择【删除】选项。弹出【删除：我的第一个笔记本】界面，在下方的横线上输入“删除”文本，点击【好】按钮，完成笔记本的删除。

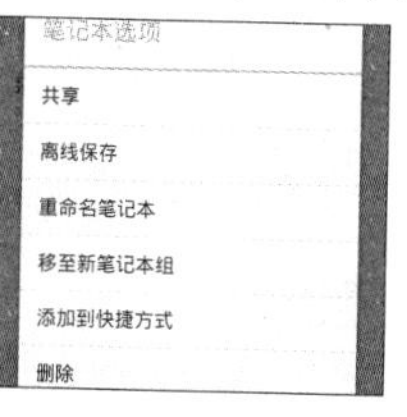

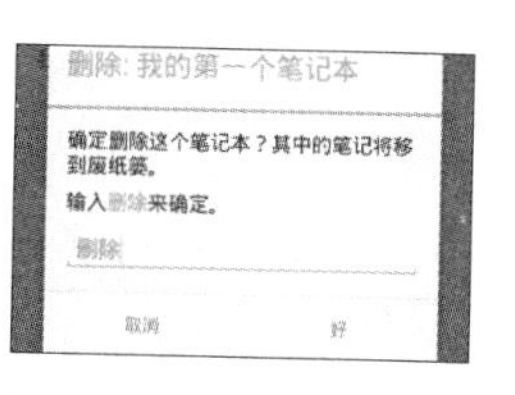

(2) 新建笔记

使用印象笔记应用可以创建拍照、附件、工作群聊、提醒、手写、文字笔记等多种新笔记种类，下面介绍创建新笔记的操作。

❶ 进入【印象笔记】主界面，或者是点击要添加笔记的笔记本，进入笔记本界面，点击下方的【创建新笔记】按钮⊕。

❷ 显示可以创建的新笔记类型，这里选择【文字笔记】选项。

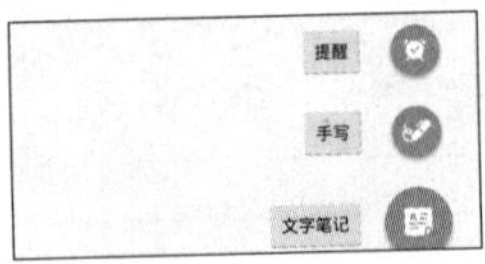

❸ 打开【添加笔记】界面，输入文字笔记内容。选择输入的内容，点击上方的A按钮，可以在打开的编辑栏中设置文字的样式。

❹ 点击笔记本名称后的【提醒】按钮，选择【设置日期】选项。

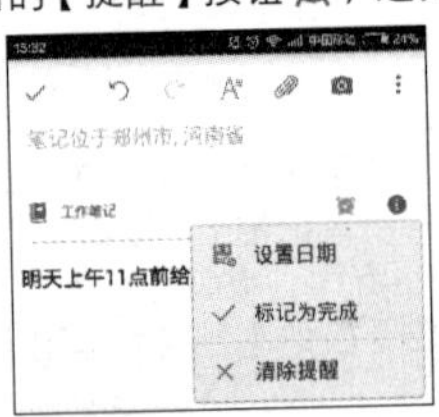

❺ 弹出【添加提醒】界面，设置提醒时间，点击【完成】按钮。

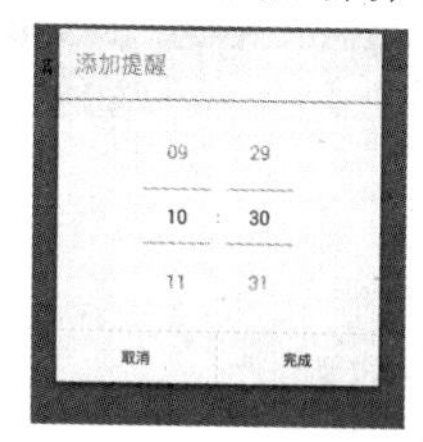

❻ 返回至【新建笔记】界面点击左上角的【确定】按钮✓，完成笔记的新建及保存。

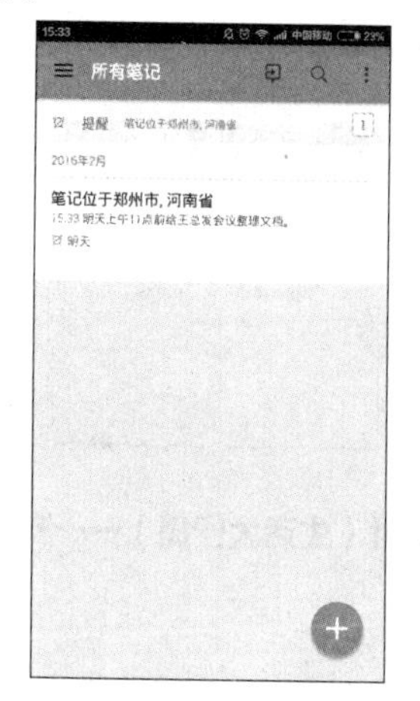

（3）搜索笔记

如果创建的笔记较多，可以使用印象笔记应用提供的搜索功能快速搜索并显示笔记，不仅可以按照笔记内容搜索笔记，还可以按照地点、方位、地图搜索笔记内容。具体操作步骤如下。

❶ 在【所有笔记】界面，点击界面上方的【搜索】按钮 。

❷ 输入要搜索的笔记类型，即可快速定位并在下方显示满足条件的笔记。

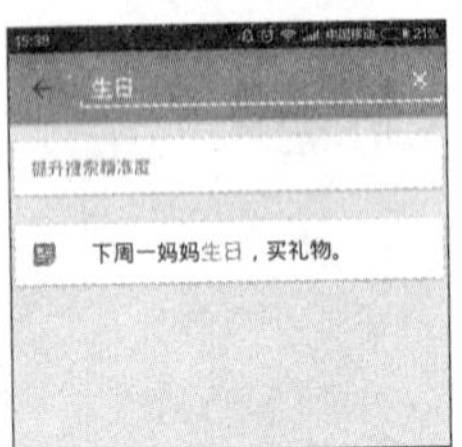

技巧 12 微支付（生活大便捷）——支付宝、微信支付

微支付是指在互联网上，进行的一些小额的资金支付。这种支付机制有着特殊的系统要求，在满足一定安全性的前提下，要求有尽量少的信息传输，较低的管理和存储需求，即速度和效率要求比较高。这种支付形式就称为微支付。常用的支付软件有支付宝、微信支付等，下面就简单介绍一些微支付的安全及操作

技巧。

1. 支付宝

支付宝主要提供支付及理财服务。包括网购担保交易、网络支付、转账、信用卡还款、手机充值、水电煤缴费、个人理财等多个领域。在进入移动支付领域后，为零售百货、电影院线、连锁商超和出租车等多个行业提供服务。

（1）打造安全的支付宝账户

① 牢记支付宝官方网址，警惕欺诈网站。

支付宝的官方网址是 https://www.alipay.com，不要单击来历不明的链接来访问支付宝。可以在打开后，单击浏览器上的收藏，以便下次访问方便。

② 用邮箱或手机号码注册一个支付宝账号。

可以用一个常用的电子邮箱或是手机号码来注册一个支付宝账号。

③ 安装密码安全控件。

首次访问支付宝网站时，系统会提示您安装控件，以便您的账户密码能得到保护。

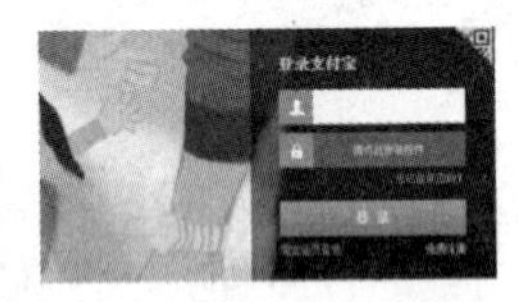

④ 设置高强度的“登录密码”和“支付密码”。

支付宝有两个密码，分别是：“登录密码”和“支付密码”，这两个密码需要分别设置，不能为了方便设置成同样一个密码，两个密码最好设置成不一样，会更安全。缺一不可的两重密码，使得你即使在不慎泄露某一项密码之后，账户资金安全依然能够获得保护。

⑤ 建议使用支付宝安全产品。

如果平时习惯用手机，建议开通短信校验服务，它是支付宝提供的增值服务，会员申请短信校验服务后，修改支付宝账户关键信息或交易时，如超过预设额度，将需要增加手机短信校验这一步骤，以提高会员支付宝账户及交易的安全性。这个服务目前也是免费提供的。

如果不习惯使用手机，建议免费开通手机绑定服务，如安装数字证书，可以使你的每一笔账户资金支出得到保障。同时也可作为淘宝二次验证工具，保障淘宝账户安全。

⑥ 多给电脑杀毒。

及时更新操作系统补丁，升级新版浏览器，安装反病毒软件和防火墙并保持更新；避免在网吧等公共场所使用网上银行，不要打开来历不明的电子邮件等；遇到问题可使用支付宝助手进行浏览器修复。

（2）支付宝的安全防护

作为财务支付软件，安全保证十分重要，在安全的环境下进行支付宝交易，才能防止用户的信息及财物不被泄露和盗用。下面介绍几招支付宝的安全防护操作。

① 设置登录密码

注册支付宝时，需要设置支付宝密码，也就是登录密码，登录密码作为支付宝账户安全的第一道防火墙，非常重要。登录密码设置有以下注意事项。

• 登录密码本身要有足够的复杂度，组号是数字、字母、符号的组合。

• 不要使用门牌号、电话号码、生日作为登录密码。

• 登录密码不要与淘宝账户登录密码、支付宝支付密码一样。

为了保证支付安全，建议每隔一段时间更换一次登录密码。

❶ 进入支付宝账户后进入【账户设置】页面，选择【安全设置】选项卡，单击【登录密码】选项后面的【重置】按钮。

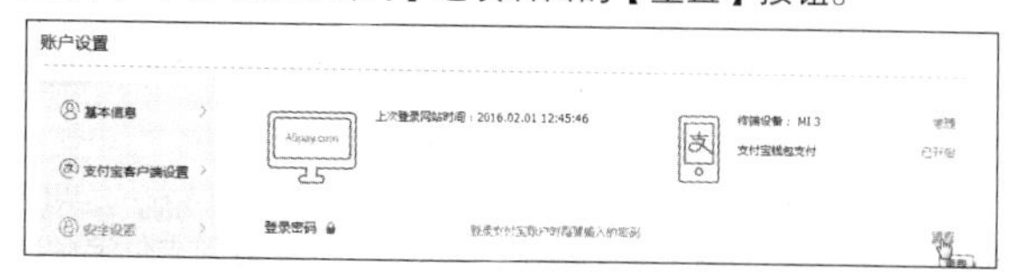

❷ 可以选择登录密码、手机或者邮箱验证，验证完成，进入【重置登录密码】页面，在【新的登录密码】和【确认新的登录密码】文本框中输入要设置的密码，单击【确认】按钮即可。

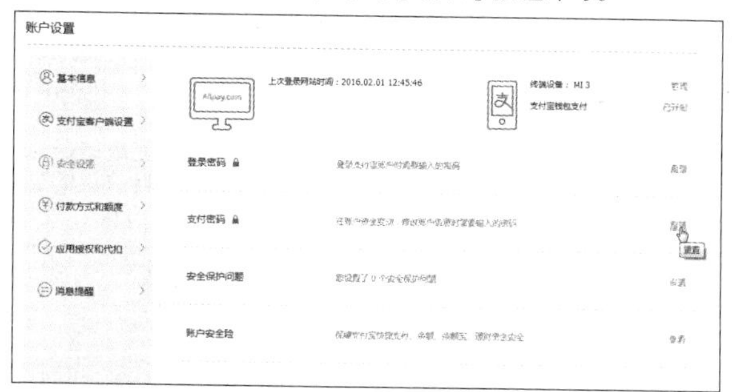

② 设置支付密码

支付密码是在支付的时候填写在“支付密码”密码框中的密码，这个密码比起登录密码更重要。通过支付宝支付，不管是在淘宝购物，还是在其他平台购物、支付等，都需要用到支付密码。

支付密码设置注意事项与设置登录密码类似。

如果要修改支付密码，可以进入支付宝账户后进入【账户设置】页面，选择【安全设置】选项卡，单击支付密码后面的【重置】按钮，然后根据需要进行设置即可。

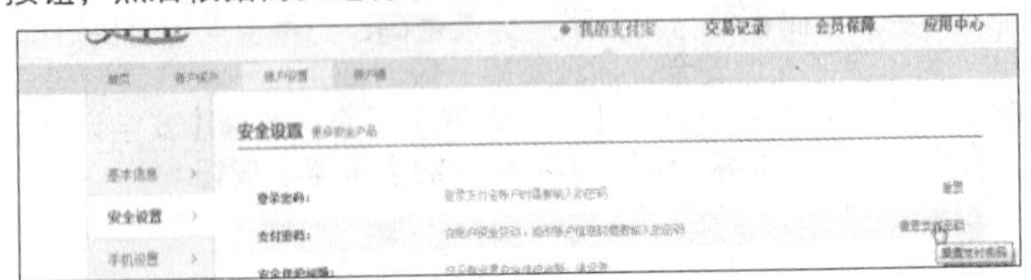

（3）使用手机支付宝转账到对方支付宝账户

首先登录手机支付宝钱包，进入【支付宝钱包】界面，点击【转账】按钮。最下面会出现【转给我的朋友】、【转到支付宝账户】和【转到银行卡】3个选项。你可以直接向手机通信录的好友转账，前提条件：你的好友手机号开通了支付宝账户，可以直接用手机号登录支付宝。

❶ 在【转账】界面点击下方的【转到支付宝账户】按钮。

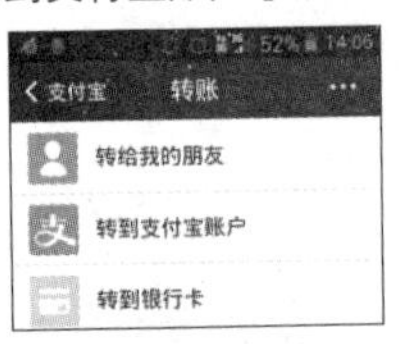

❷ 进入【转账到支付宝账户】界面，输入对方的支付宝账户，点击【下一步】按钮。

❸ 进入【转到支付宝账户】界面，输入转账金额，还可以按住【语音】按钮说几句提醒的话，输入相关信息后点击【确认转账】按钮，完成转账流程即可迅速转账。目前每笔最高20万元，手续费为0。

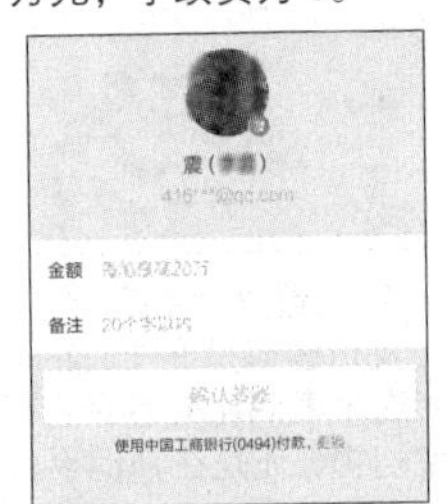

（4）使用手机支付宝转账到银行卡

在【转账】界面点击下方的【转到银行卡】按钮，在【转到银行卡】页面填写信息，包括姓名、卡号、银行及金额等。输入完毕后点击【下一步】按钮，完成后续操作即可。目前手机转账每笔最高 5 万元，手续费为 0。

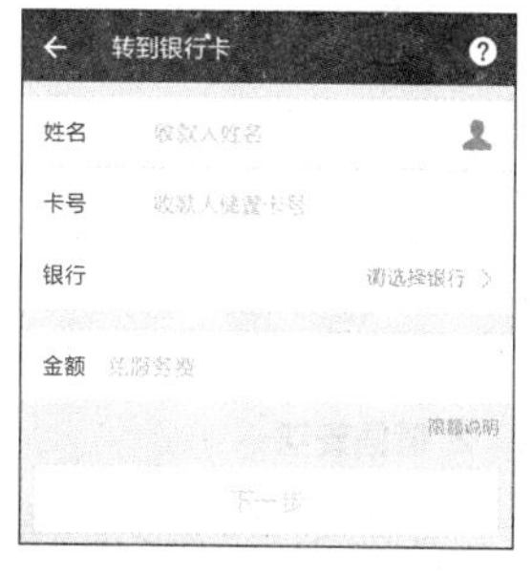

（5）使用网上银行给支付宝充值

① 充值前准备。

一张支付宝支持的银行卡，并且所持有的银行卡开通了网上银行功能。这个功能的办理只能去所在银行进行办理。

② 网上充值过程。

❶ 登录支付宝账号。

❷ 登录后，点击【充值】按钮开始进行充值。

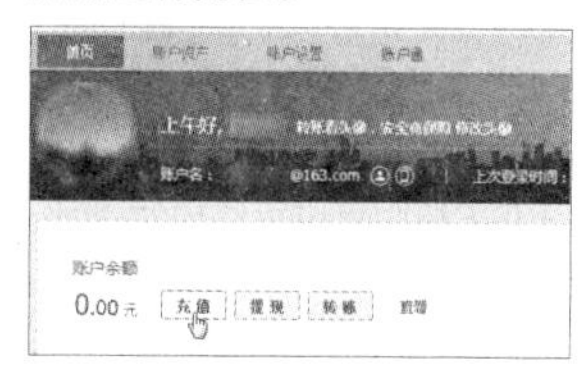

❸ 在打开的界面中选择【充值到余额】选项，然后选择【储蓄卡】选项里面的“银行”，点击【选择其他】按钮可以选择其他银行，以中国工商银行为例（注意充值只能用储蓄卡，信用卡不支持）。

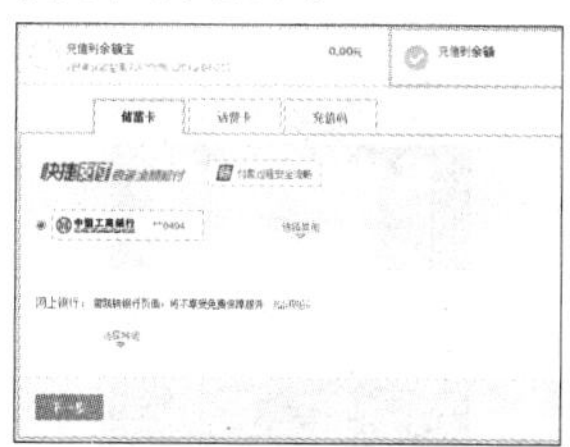

❹ 单击【下一步】按钮，进行充值金额的填写和确认。并输入支付宝支付密码，单击【确认充值】按钮，页面即会显示已成功充值的信息。

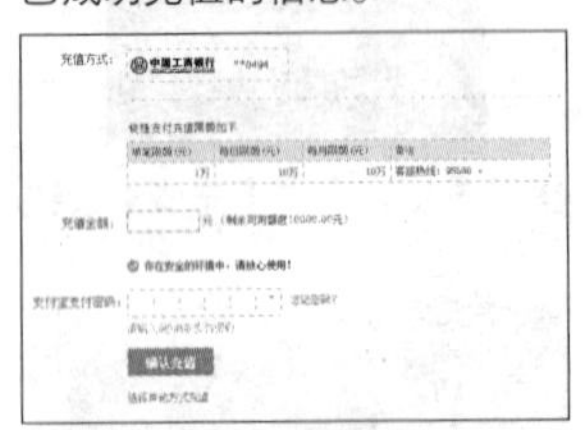

（6）利用支付宝给信用卡还款

信用卡还款是支付宝公司推出的在线还信用卡服务，你可以使用支付宝账户的可用余额、快捷支付含卡通或网上银行，轻松实现跨行、跨地区的为自己或为他人的信用卡还款，支付宝信用卡还款操作如下。

❶ 登录支付宝。

❷ 单击页面下方的【信用卡还款】按钮。

❸ 填写还款信息，选中【我已阅读并同意《支付宝还款协议》】复选框，单击【提交还款申请】按钮，然后根据提示付款即可。

2. 微信支付

微信支付是集成在微信客户端的支付功能，用户可以通过手机完成快速的支付流程。微信支付以绑定银行卡的快捷支付为基础，向用户提供安全、快捷、高效的支付服务。

（1）打开支付安全防护

想要保护好支付安全，我们可以在使用前，打开支付保护功能，这样就可以更好地保护我们安全的购物了。

❶ 打开微信后，点击右下角的

【我】按钮 ，在【我】界面选择【钱包】选项。

❷ 打开后，在这个里面可以看到很多可以购物的功能，如滴滴出行和美丽说等，这些在未保证安全之前都先别用，继续点击右上角按钮，在弹出的下拉列表中选择【支付安全】选项。

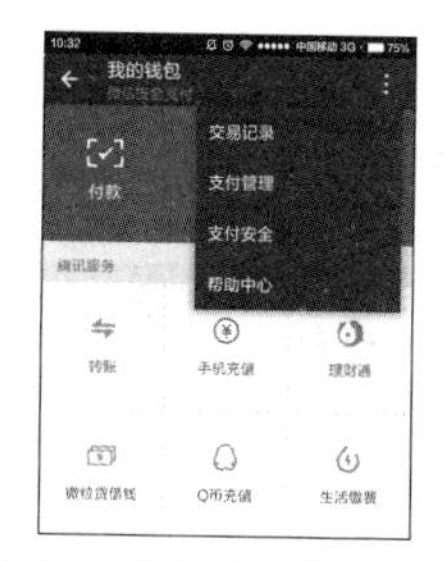

❸ 打开支付安全功能后，会出现 4 个防护方式，后两个是自动开启的，只有前两个需要设置开启，分别选择【手势密码】和【支付安全防护】选项，然后根据提示进行设置操作就可以了。

（2）锁定网银支付

❶ 可以通过使用第三方软件，

给支付加一道锁，如360卫士来实现，先打开【360卫士】→【隐私保护】→【隐私空间】→【程序锁】选项。

❷ 点击微信软件就可以进入加密的设置功能，然后再直接给你需要加密的软件加上一个手势密码就可以解决问题了。

（3）绑定银行卡

❶ 打开微信后，点击右下角的【我】 我 选项，在【我】界面选择【钱包】选项。

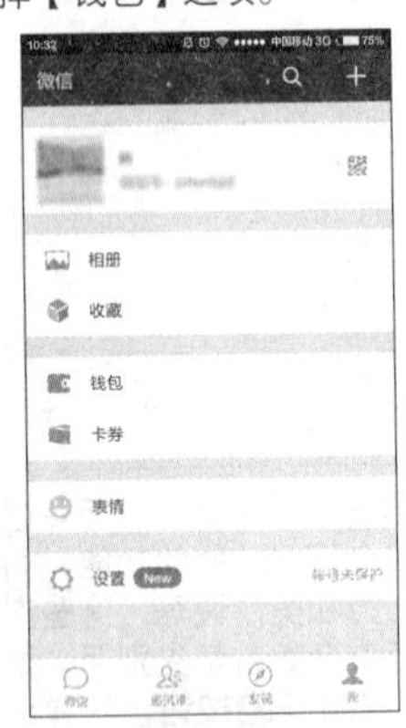

❷ 进入【我的钱包】界面，点击【银行卡】按钮。

❸ 进入【银行卡】界面，点击【添加银行卡】按钮。

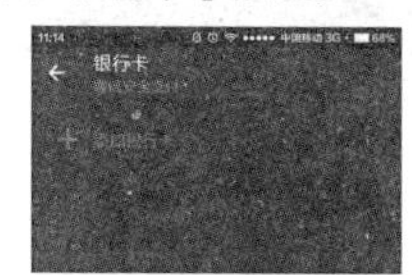

❹ 进入【添加银行卡】界面，设置支付密码。

❺ 在打开的界面输入持卡人、卡号等信息，点击【下一步】按钮。

❻ 填写银行卡信息，输入银行预留的手机号，并勾选【同意《用户协议》】复选框，然后点击【下一步】按钮。

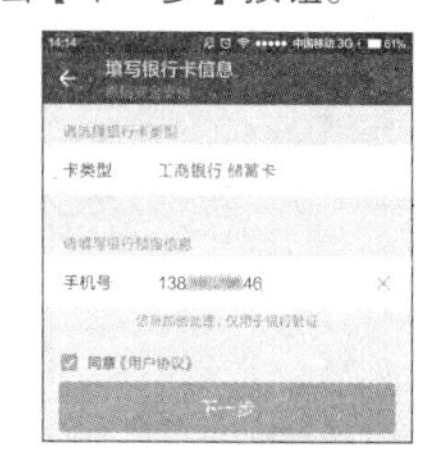

❼ 在【验证手机号】界面中点击【获取验证码】按钮，然后需要输入手机收到的验证码，点击【下一步】按钮。

❽ 至此，就完成了绑定银行卡的操作。

（4）使用微信给信用卡还款

❶ 打开微信后，点击右下角的【我】按钮，在【我】界面选择【钱包】选项。

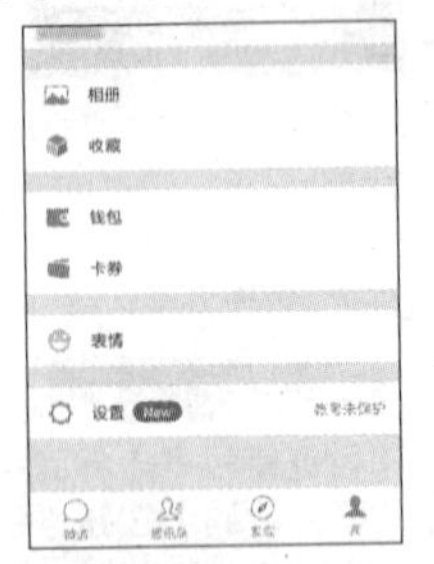

❷ 进入【我的钱包】界面，点击【信用卡还款】选项。

❸ 弹出【用微信还信用卡】对话框，点击“我要还款”按钮。

❹ 弹出【添加信用卡】界面，第一次使用时，要先添加还款的信用卡信息，包括信用卡号、持卡人和银行等信息，点击【确定】按钮。

❺ 信用卡添加成功后点击【现在去还款】按钮。

❻ 输入还款金额后点击【立即还款】按钮。

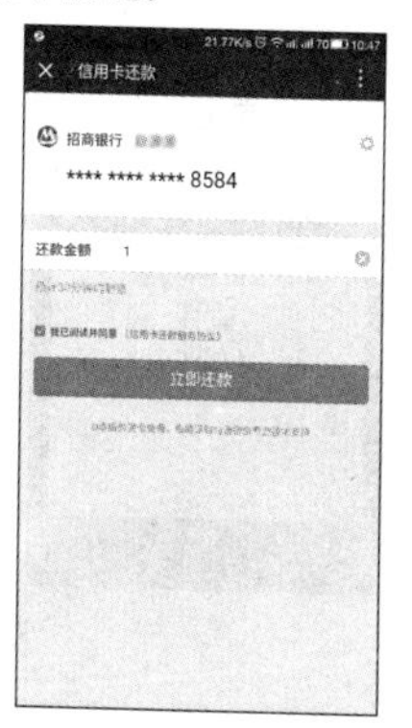

❼ 选择要支付的方式，可以选择零钱支付或储蓄卡支付，点击【确定】按钮，在弹出的【请输入支付密码】对话框中输入支付密码即可还款。

❽ 即可显示支付成功界面。

（5）使用微信支付

❶ 打开微信后，点击右下角的【我】按钮，在【我】界面选择【钱包】选项。

❷ 进入【我的钱包】界面，点击【手机充值】按钮。

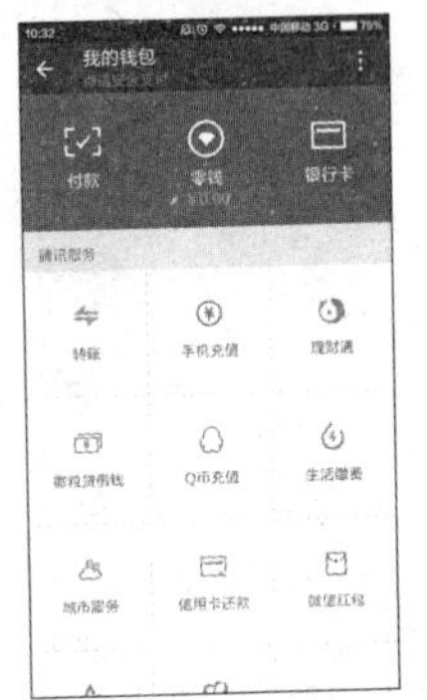

❸ 进入【手机话费充值】界面，输入要充值的手机号码，并点击充值金额（可选的充值金额有30元、50元、100元、200元、300元、500元）。

❹ 在弹出的界面中输入支付密码。

❺ 即可完成手机充值的操作。

（6）使用微信转账

❶ 打开微信后，点击右下角的【我】按钮，在【我】界面选择【钱包】选项。

❷ 进入【我的钱包】界面，点击【转账】按钮。

❸ 进入【转账】页面，可以搜索好友或者打开通信录，选择微信好友。

❹ 进入转账给朋友界面，输入转账金额，点击【转账】按钮。

❺ 微信转账需要输入微信支付密码，选择你的支付方式，并在【请输入支付密码】页面输入你的支付密码，即刻完成转账。

❻ 点击【完成】按钮，即可完成微信转账支付交易。同时在微信好友聊天记录中，可以看到一条转账的聊天记录。